# 建筑基桩通论

顾孙平 著

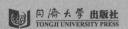

同济大学 出版社
TONGJI UNIVERSITY PRESS

自序 ……………………………………………………………………… XI

1 概述 …………………………………………………………………… 002

 1.1 基桩简史 ……………………………………………………………… 002

  1.1.1 预制桩简史 …………………………………………………………… 002

  1.1.2 灌注桩简史 …………………………………………………………… 005

 1.2 基本名词解释 ………………………………………………………… 007

2 桩的分类与基本适用条件 ……………………………………………… 024

 2.1 按材料分 ……………………………………………………………… 024

  2.1.1 混凝土桩 ……………………………………………………………… 024

  2.1.2 钢桩 …………………………………………………………………… 030

  2.1.3 木桩 …………………………………………………………………… 034

  2.1.4 水泥土桩 ……………………………………………………………… 034

  2.1.5 注浆微型桩 …………………………………………………………… 034

  2.1.6 石桩 …………………………………………………………………… 035

  2.1.7 砂、碎石桩 …………………………………………………………… 035

  2.1.8 CFG 桩 ………………………………………………………………… 035

  2.1.9 灰土桩 ………………………………………………………………… 035

  2.1.10 塑料套管混凝土桩（TC 桩）………………………………………… 036

  2.1.11 布袋注浆桩 …………………………………………………………… 036

  2.1.12 其他（合成）材料桩 ………………………………………………… 036

2.2 按形状分 ······ 037

    2.2.1 圆形桩 ······ 037

    2.2.2 方桩 ······ 037

    2.2.3 矩形桩 ······ 037

    2.2.4 板桩 ······ 037

    2.2.5 楔形桩 ······ 037

    2.2.6 地下连续墙 ······ 038

    2.2.7 大头桩 ······ 038

    2.2.8 扩孔桩 ······ 038

    2.2.9 树根桩 ······ 039

    2.2.10 竹节桩 ······ 039

2.3 按用途分 ······ 040

    2.3.1 承压桩 ······ 040

    2.3.2 抗拔桩 ······ 040

    2.3.3 抗拉、压桩 ······ 040

    2.3.4 挡土桩 ······ 040

    2.3.5 止水桩 ······ 041

    2.3.6 锚定桩 ······ 041

    2.3.7 支架桩 ······ 041

    2.3.8 抗水平力桩（斜桩） ······ 041

    2.3.9 挤密桩 ······ 041

    2.3.10 排水桩 ······ 041

    2.3.11 增强桩 ······ 042

    2.3.12 应力释放桩 ······ 042

    2.3.13 隔离桩 ······ 042

    2.3.14 纠偏桩 ······ 042

2.4 按成型工艺分 ······ 042

    2.4.1 预制成型桩 ······ 042

    2.4.2 现场成型桩 ······ 044

2.5 按成桩工艺分 ···································································· 047

    2.5.1 非挤土桩 ································································· 047

    2.5.2 部分挤土桩 ······························································ 047

    2.5.3 挤土桩 ··································································· 049

2.6 按沉桩工艺分 ···································································· 050

    2.6.1 静压沉桩 ································································· 050

    2.6.2 打入沉桩 ································································· 050

    2.6.3 振动沉桩 ································································· 051

    2.6.4 植入沉桩 ································································· 052

    2.6.5 水冲沉桩 ································································· 052

2.7 按承载性状分 ···································································· 052

    2.7.1 垂直承载型 ······························································ 052

    2.7.2 水平承载型 ······························································ 052

2.8 按受力状况分 ···································································· 053

    2.8.1 受压桩 ··································································· 053

    2.8.2 抗拔桩（受拉桩） ······················································· 053

    2.8.3 抗弯桩 ··································································· 053

    2.8.4 抗水平力桩 ······························································ 054

    2.8.5 抗剪桩 ··································································· 054

2.9 按桩径大小分 ···································································· 054

2.10 按桩长度分 ····································································· 055

2.11 按接桩工艺分 ··································································· 055

    2.11.1 无接头桩 ································································ 055

    2.11.2 有接头桩 ································································ 055

2.12 按长径比分 ····································································· 057

**3 基桩工程地质勘察** ································································· **062**

3.1 概述 ············································································ 062

3.2 岩土工程勘察分级 ································································ 062

3.3 各阶段勘察的基本要求 ···················································· 064

    3.3.1 可行性研究阶段的勘察要求 ···································· 064

    3.3.2 初步设计阶段的勘察要求 ······································ 064

    3.3.3 施工图设计阶段的勘察要求 ···································· 065

    3.3.4 《建筑桩基技术规范》对岩土工程勘察的特殊要求 ·········· 068

    3.3.5 基桩施工对岩土工程勘察的特殊要求 ························ 069

3.4 岩土分类 ································································· 069

# 4 基桩工程设计 ······················································· 074

4.1 基桩工程设计应收集的资料 ·············································· 074

4.2 荷载选用的有关规定 ···················································· 075

    4.2.1 概述 ······························································· 075

    4.2.2 一般规定 ························································· 076

    4.2.3 荷载组合 ························································· 076

4.3 基桩设计的一般规定 ···················································· 078

    4.3.1 基桩设计的一般步骤 ········································· 078

    4.3.2 基桩设计的一般规定 ········································· 079

    4.3.3 单桩竖向承载力特征值 ······································ 083

    4.3.4 抗震地区对基桩的基本要求 ·································· 131

4.4 桩的选型与布置基本要点 ················································ 131

4.5 基桩构造的一般规定 ···················································· 133

    4.5.1 混凝土预制桩 ··················································· 133

    4.5.2 灌注桩 ····························································· 134

    4.5.3 预应力混凝土空心桩 ········································· 136

    4.5.4 钢桩 ······························································· 136

    4.5.5 地下连续墙 ····················································· 137

    4.5.6 其他类型的基桩 ··············································· 138

4.6 特殊条件的基桩设计规定 ················································ 139

4.7 基桩耐久性的相关规定 ·················································· 145

4.8 基桩设计的选型建议 ……………………………………………………………… 147

    4.8.1 桩型初步设计 …………………………………………………………… 147

    4.8.2 桩位布置设计 …………………………………………………………… 149

    4.8.3 桩长设计 ………………………………………………………………… 151

    4.8.4 施工工艺设计 …………………………………………………………… 152

## 5 预制基桩的制作 …………………………………………………………………… 158

5.1 木桩的制作 ……………………………………………………………………… 158

5.2 混凝土桩的制作 ………………………………………………………………… 158

    5.2.1 先张法预应力混凝土管桩的制作 ……………………………………… 159

    5.2.2 非预应力钢筋混凝土方桩的制作 ……………………………………… 174

    5.2.3 水运工程中预制混凝土桩的质量要求 ………………………………… 176

    5.2.4 预制钢筋混凝土板桩 …………………………………………………… 180

    5.2.5 预制钢筋混凝土大头桩 ………………………………………………… 182

5.3 钢桩的制作 ……………………………………………………………………… 182

    5.3.1 钢管桩制作工艺 ………………………………………………………… 182

    5.3.2 钢板桩制作工艺 ………………………………………………………… 188

    5.3.3 H 型钢桩制作工艺 ……………………………………………………… 189

5.4 基桩耐久性及防腐要求 ………………………………………………………… 190

    5.4.1 木桩 ……………………………………………………………………… 190

    5.4.2 混凝土桩 ………………………………………………………………… 190

    5.4.3 钢桩 ……………………………………………………………………… 191

5.5 国内外制桩技术发展趋势 ……………………………………………………… 194

## 6 基桩施工组织设计 ………………………………………………………………… 198

6.1 基桩施工组织设计 ……………………………………………………………… 198

    6.1.1 基桩施工工艺的分类 …………………………………………………… 198

    6.1.2 基桩施工组织设计 ……………………………………………………… 198

6.2 预制桩的沉桩工艺与施工方案 ………………………………………………… 240

6.2.1 静力压桩沉桩工艺 ·················································· 240

6.2.2 锤击沉桩工艺 ························································ 241

6.2.3 震动沉桩工艺 ························································ 241

6.2.4 埋入式沉桩工艺 ···················································· 242

6.2.5 水冲沉桩工艺 ························································ 243

6.2.6 预制现浇沉桩工艺 ·················································· 244

6.3 预制桩沉桩施工方案 ·················································· 244

6.3.1 打入桩沉桩施工方案 ················································ 244

6.3.2 静压沉桩施工方案 ·················································· 254

6.3.3 振动沉（拔）桩施工方案 ············································ 256

6.3.4 埋入式沉桩施工方案 ················································ 259

6.3.5 水冲沉桩施工方案 ·················································· 260

6.3.6 锚杆静压沉桩施工方案 ·············································· 262

6.3.7 水上沉桩施工方案 ·················································· 266

6.4 就地灌注桩成桩工艺与施工组织设计 ···································· 272

6.4.1 灌注桩成桩工艺 ···················································· 272

6.4.2 冲孔灌注桩成桩工艺 ················································ 287

6.4.3 挖孔灌注桩 ························································ 293

6.4.4 沉管式灌注桩 ······················································ 300

6.4.5 套管式灌注桩 ······················································ 303

6.4.6 灌注桩后压浆 ······················································ 307

附录 ······································································ 318

一、澳门国际机场联络桥桩基工程施工组织设计 ························ 318

二、澳门国际机场联络桥基桩工程施工总结 ·························· 351

三、南浦大桥浦东主墩基桩施工小结 ································ 370

7 基桩质量要求及其检测 ···················································· 384

7.1 基桩质量检测概述 ···················································· 384

7.2 原材料检测 ·························································· 387

7.3 制桩质量要求及检测 ·················································· 389

    7.3.1 混凝土预制桩的制桩质量要求 ·············· 389

    7.3.2 高强混凝土预应力桩的产品质量检测 ·············· 397

    7.3.3 预制钢筋混凝土板桩 ·············· 400

    7.3.4 钢板桩 ·············· 400

    7.3.5 钢桩 ·············· 401

  7.4 成桩过程质量要求 ·············· 405

    7.4.1 预制桩沉桩质量要求 ·············· 405

    7.4.2 现场灌注桩成桩质量要求 ·············· 415

  7.5 成品桩质量检测 ·············· 426

  7.6 桩基础监测 ·············· 441

**8 基桩工程监理** ·············· **444**

  8.1 预制桩工程的监理 ·············· 444

    8.1.1 监理准备工作 ·············· 444

    8.1.2 基桩制作监理 ·············· 446

    8.1.3 陆上预制桩沉桩监理 ·············· 453

    8.1.4 板桩质量监理要点 ·············· 464

    8.1.5 预制桩试桩工程的监理要点 ·············· 465

    8.1.6 预制桩陆上基桩工程进度控制监理要点 ·············· 467

    8.1.7 预制桩陆上基桩工程验收 ·············· 469

  8.2 灌注桩工程监理 ·············· 473

    8.2.1 试桩工程监理 ·············· 473

    8.2.2 灌注桩工程施工监理细则 ·············· 482

  附录 ·············· 488

    一、关于"××大厦项目试桩工程调整进度计划"的批复意见 ·············· 488

    二、关于"××大厦基础桩试验计划大纲"的审批意见 ·············· 489

    三、××大厦试桩工程监理小结 ·············· 490

    四、××大厦桩基工程施工图监理审图意见 ·············· 493

  8.3 基桩工程造价管理 ·············· 494

# 9 基桩工程质量通病与防治要点 ·········· 502

## 9.1 预制桩常见质量通病与防治 ·········· 502

### 9.1.1 高强混凝土预应力桩图集中几个问题的探讨 ·········· 502

### 9.1.2 陆上预制桩施工常见质量通病与防治 ·········· 506

### 9.1.3 高桩码头工程预制桩常见质量通病与防治 ·········· 516

## 附录 ·········· 521

### 关于预制桩群桩挤土效应的简易计算 ·········· 521

## 9.2 就地灌注桩常见质量通病与防治 ·········· 533

### 9.2.1 钻孔灌注桩质量通病与防治 ·········· 533

### 9.2.2 夯扩桩的质量通病及其防治 ·········· 542

# 10 基桩工程展望 ·········· 548

## 10.1 对基桩工程的新要求 ·········· 548

## 10.2 基桩设计的新思路 ·········· 548

## 10.3 新型基桩不断涌现 ·········· 548

## 10.4 基桩施工设备的不断改进 ·········· 550

## 10.5 检测技术更科学，准确率高，速度快 ·········· 552

## 10.6 新标准、新规范不断推出 ·········· 552

## 计量单位对照表 ·········· 554

## 符号一览表 ·········· 555

# 后记 ·········· 562

有建筑就有基础，有基础就需要地基处理。

无论建筑物还是构筑物都可以分为基础、上部建筑两大部分。基础又分为天然地基基础、人工地基基础。基桩是人工地基基础中的主要基础形式。建筑物上部结构的荷载或作用就是通过基桩将承载力传给地面的。如果基桩不牢，轻者建筑物发生沉降、倾斜、开裂，出现墙面剥落、渗水和管道断裂等问题；重则会导致建筑物突然下沉、位移和倒塌等严重后果。

我国早在宋代的《营造法式》中就记录了包括基桩在内的多种地基处理方式。地面的浅表层通常包含淤泥、黏土、砂土、砾砂、风化岩和岩石等不同成分。建筑设计师针对不同的地表情况、使用需求，结合施工工艺设计使用不同的基桩；工程师则选择不同的成桩设备和成桩工艺。成桩时，若选用的成桩设备与使用的基桩不协调，要么桩达不到设计要求，要么桩存在各种质量问题。就像钉钉子一样，木匠会根据木头的种类、使用需要选择不同的钉子、工具（锤子）和钉钉子的方法；有的木头较硬，可以在钉钉子之前，先在木头上钻孔，再钉钉子。成桩也有类似的工艺。基桩就是将各种建筑材料在各种外力或各种工艺条件下形成各种构件，支撑地下或地表的各种建筑物等物体，防止其出现大的沉降或不均匀沉降，达到安全使用、方便使用的目的。

基桩工程发展至今，已经出现了多种材料或多种材料组合的工程桩，以满足各种不同的使用需求，达到了科学、合理的新高度。但是，在一个大型工程中如何选用既满足工程的使用需要，又经济合理、施工方便、对周围环境的影响最小的基桩，一直是各勘察、设计、建设、施工单位共同努力、不断追求的目标。

随着我国国家实力的增强、建设标准的提高，在软土地基上建设的单层或多层建筑物，均采用了相应的基桩作为基础，由此国家每年至少增加几十亿甚至上百亿元的基本建设费用。基桩在建筑工程中的重要性可想而知。

本书试图通过对基桩、基桩工程的阐述，为工程类专业人士提供相应的基础知识与实践指导。如书中提出了 12 种基桩分类方法；将地下连续墙划入现浇板桩的范畴；PHC 预制管桩使用的局限性，谨慎用于支承桩；预制桩挤土效应的简易计算，并提出多种组合桩的设想。还收录了作者申请的专利技术：预制桩后注浆工艺技术，一种预埋钢板与锚筋的连接构造，以期解决群桩挤土对预制桩承载力的影响及桩顶与承台的简易锚固方法。同时，本书也希望能够为非工程类读者提供一个了解基桩的窗口。

书中应用规范尽可能使用最新的规范、标准。但由于编写时间跨度较大，开始编写时，应用的规范可能已经过时，现已由新规范所替代。读者在查找资料时请尽可能查找最新的有效规范参考。在案例中，由于要反映当时的情况，该部分应用的还是当时的规范。在此表示十分的歉意。

顾孙平

2015 年冬

# 1 概述

# 1 概述

## 1.1 基桩简史

### 1.1.1 预制桩简史

最早出现的是木桩、竹桩。这是自然界赋予人类天然的桩材。早在距今 7 000 – 8 000 年前的新石器时代，人类在湖泊和沼泽里，就用木桩搭台作为水上的支撑依据。我国早在汉代已用木桩修桥。

基桩不仅用于建筑和修桥等工程，而且较早地用于武术练功中。相传在西周以前，约公元前一千多年，有一位祖师化名"云盘"，住在"西域天盘云程孝县清静宫玄金殿"，即现在的昆仑山一带。他创造了两种拳，一为"八卦"，一为"梅花"。其中的梅花拳，就有"梅花桩"的别称，武者站在木桩上练功。这也是桩最贴近生活的一个生动案例。

到我国宋代，基桩技术已经比较成熟。今上海市的龙华塔和山西太原的晋祠圣母殿，都是北宋（960 – 1127）年间修建的基桩建筑。

宋代李诫等人编纂的我国古代建筑巨著《营造法式》中也有关于桩的建筑记载："临水筑基。"

英国也保存了一些罗马时代修建的木桩基础的桥和民居建筑。

20 世纪初，上海一些高层建筑和码头、桥梁等采用木桩作为基桩。如国际饭店、外白渡桥、原上海港二区码头、原江南造船厂老 3# 船坞（后为新 3# 船坞）、原上钢三厂材料码头等建筑均为木桩基础。

19 世纪 20 年代，铸铁板桩开始用于修筑围堰和码头。到 20 世纪初，美国出现了各种形式的型钢，尤其 H 型钢受到营造商的重视。美国密西西比河地区的建筑大量采用钢桩基础。

1915 年，澳大利亚人休姆（W. R. Hume）发明了离心法成型混凝土构件。1934 年，日本开始制造离心钢筋混凝土管桩；1956 年，研制成功凹螺纹低松弛钢筋；1962 年，服部健一首先将萘磺酸甲醛缩合物用于混凝土分散剂；1964 年，日本花王石碱公司将其作为产品销售。同时期，联邦德国于 1963 年研制成功三聚氰胺磺酸盐甲醛缩合物，同时出现了多环芳烃磺酸盐甲醛缩合的减水剂。1964 年，日本对凹螺纹低松弛钢筋进行全面研究，并与预应力高强混凝土管桩进行了完美的结合；1966 年，日本开始生产预应力混凝土管桩；1968 年，日本颁布了世界上第一部官方管桩标准《先张法离心预应力混凝土管桩》（JISA 5335、JISA 5336）。这种凹螺纹低松弛钢筋一直沿用至今。1970 年，日本开发了离心预应力高强混凝土管桩（PHC 桩）；1972 年，开发出掺掺合料的管桩；1982 年，制定了新的管桩标准（JISA 5337），开发了钢管混凝土复合桩——SC 桩；1983 年，发明了密集型螺旋筋桩PRC 桩，比 PHC 桩具有更高的屈服强度、比 SC 桩更经济；1993 年，日本重新修订了国家标准（JISA 5337-93）。目前，日本混凝土管桩有 PHC 管桩（免压蒸已达 C120 的超高强度）、RC 钢筋混凝土管桩、PC 混凝土管桩、SC 钢管混凝土管桩、PRC 混凝土管桩、AG 竹节管桩、AHS-ST 大根柱管桩、H 型钢混凝土桩等。

1949 年，美国雷蒙特混凝土桩公司最早用离心法生产出第一根中空钢筋混凝土管桩，被简称为雷蒙特桩。美国混凝土学会（ACI）1961 年成立了第 543 专业委员会，1973 年提出了混凝土桩的设计、制造和安装规程。美国主要生产后张法预应力混凝土方桩和外方内圆的空心桩。

德国 Zublin 公司生产 $\phi 750mm \times 50m$、$\phi 850mm \times 42m$ 的管桩，还生产 $\phi 1\,000 \sim 1\,300mm \times 20m$ 锥形管桩。Centricon 公司生产的管桩可达 $\phi 1\,200mm$，长 36m。意大利生产的管桩在港口码头上得到广泛应用，其最大桩径为 $\phi 1\,800mm$，最大桩长达 36m。到 20 世纪 30 年代，欧洲大量采用钢桩。

我国直至 20 世纪 60 年代，由于钢材一直是紧缺物资，都很少使用钢桩。70 年代，上海宝山钢铁厂建设中，大量使用了钢管桩，主要用于主厂房和主原料码头等工程中。

我国铁路系统于 20 世纪 50 年代末开始生产预应力钢筋混凝土桩。60 年代交通部水运系统开始生产先张法预应力空心方桩，这种空心方桩空心部分不达桩顶和桩尖，采用胶囊充气作为空心的模板，施工控制要求较高，尤其是胶囊的定位，一旦偏心，造成桩壁厚度不均，沉桩时易产生断桩等质量事故。目前，基本上不再生产，已由 PHC 管桩替代。

20 世纪 60 年代末，铁道部丰台桥梁厂开始生产先张法预应力钢筋混凝土管桩（简称PC 管桩）。当时主要用于铁路桥梁的基础建设。70 年代开始研制生产后张法预应力混凝土管桩。1985 年上海虹桥宾馆首先使用预应力钢筋混凝土空心方桩（C60）于陆上高层建筑的基桩，开创了预应力空心方桩在陆上使用的先河。这是在预制工厂使用张拉台座、普通模板、空心胶囊作为内膜的预应力空心方桩，桩端和桩尖均无实心段。

1987 年，交通部第三航务工程局从日本全套引进预应力高强混凝土管桩（简称 PHC 管桩）生产线。1992 年，为适应生产和出口的需要，交通部第三航务工程局修编了国内第一个《先张法预应力离心高强混凝土管桩》企业标准（JQ/SH-00-KJ-1-001-92）；1994 年 12 月进行了修订（JQ/SH-00-KJ-1-001-95），1995 年 1 月 1 日起执行新标准，简称 95 企业标准。

95 企业标准共有十条、五个附录，包括：主题内容与使用范围、引用标准、代号、分类、性能、技术要求、试验内容及方法、检验规则、产品储存、产品出厂；附录 A 离心混凝土抗压强度试验方法、附录 B 管桩抗弯性能试验方法、附录 C 管节和整桩质量评定标准、附录 D 管节拼接和焊接质量评定标准、附录 E 表面缺陷修补方法。产品的外径仅为 400mm、500mm、600mm、800mm、1 000mm 五种规格，共有 16 种型号。当时只有国产Ⅳ级钢或进口高强低松弛钢筋，还没有国产的高强低松弛钢筋及相应的国家标准。参照日本的 JISG 3109 标准执行。

20 世纪 80 年代后期，宁波浙东水泥制品有限公司与有关科研院所合作，针对我国沿海地区淤泥软弱地质的特点，通过对 PC 管桩的改造，开发了先张法预应力混凝土薄壁管桩（简称 PTC 管桩）。

1989 年上海市第二座黄浦江大桥——南浦大桥采用 $\phi$914 钢管混凝土桩。

1992 年交通部第三航务工程局第二工程公司于上海外高桥码头一期工程进行水上试桩，首先在国内进行了 $\phi$800 高强预应力钢筋混凝土管桩（PHC）长桩（68m）水上试桩。

1993 年在澳门国际机场联络桥工程中大量使用 $\phi$800 PHC 管桩，累计长度约 12 万 m。

目前我国是世界上管桩产量最高的国家。从中国混凝土与水泥制品协会——预制混凝土桩分会、中国硅酸盐学会钢筋混凝土制品专业委员会年会传出的信息，统计至 2011 年我国有管桩生产企业 500 多家，年产量约 35 000 万 m，2012 年约 26 292 万 m，2013 年约 28 843.8 万 m。主要的产品有 PHC 桩、PC 桩、PHS 桩等，部分企业已经开发出 PHC（免压蒸）桩；桩的主要规格有 $\phi$300mm×7 ~ 11m、$\phi$400mm×7 ~ 13m、$\phi$500mm×7 ~ 15m、$\phi$600mm×7 ~ 15m、$\phi$700mm×7 ~ 20m、$\phi$800mm×7 ~ 30m、$\phi$1 000mm×7 ~ 50m、$\phi$1 200mm×15 ~ 50m，300mm×300mm×（ ≤ ）13m、350mm×350mm×（ ≤ ）14m、400mm×400mm×（ ≤ ）15m、450mm×450mm×（≤）15m、500mm×500mm×（≤）15m 等。从制作的长度看，已经突破了规范的约束。国产最长的单节管桩长度已经达到 55m。

国家标准设计图集已经出现了 $\phi$1 400mm 直径的管桩，而其中采用的 $\phi$14mm 低松弛预应力钢棒国内还没有生产，如果进口外国的产品，生产管桩的成本将大大增加，失去了管桩成本较低的优势，阻碍了管桩生产的发展。

上海是典型的冲击平原，典型的软土地基，而在上海又有众多的大型、特大型建筑工程，如黄浦江上的特大型桥梁，分布于全市各地的高层、超高层建筑。尤其陆家嘴，400m 以上的建（构）筑物就有多栋。这些建（构）筑物就是依靠深埋的基桩才能巍然耸立于大地之上，入云端微微律动而稳如泰山。

超高层建筑的基桩根据地质条件和使用要求的不同，有的设计为钢管桩，也有的设计为混凝土灌注桩、也有钢筋混凝土预制桩等。这样高强度的基桩可以设计出来，桩的施工机械也必须要跟上，否则无法满足设计要求。因此，预制桩施工的关键设备桩锤不断地趋于大型化。以筒式柴油锤为例，以锤的上活塞（冲击块）重量的大小表示锤的大小，较早期的为 500 ～ 5 400kg 中小型打桩锤；到 20 世纪 70 – 90 年代，发展为 6 000 ～ 15 000kg 大型、特大型锤；目前已经发展到 15 000 ～ 26 000kg 超大型锤。这些大型、特大型、超大型桩锤，在陆上受到地表承载力、桩工机械的起重能力、桩架高度等的限制，但在水上，可以安装在打桩船上，移动非常方便，起重能力、桩架高度都可以达到足够的起重量和高度，为水上施工大型预制基桩工程创造了条件。

近年，由于大型桩锤快速发展，打桩船的发展显得滞后。由于桩锤可以打更大更长的桩，导致预制桩的自重持续加大，现有的打桩船起重能力跟不上超大型桩的需要，不得不将预应力混凝土桩的部分改为钢管桩，减轻桩的自重，也便于穿过相应的硬土层。

### 1.1.2　灌注桩简史

相较于几乎与人类文明史同步的预制桩，灌注桩的历史就要短得多。

随着工业的发展和人口的增长，高层建筑不断增加，但很多城市的地基条件比较差，不能直接承受由高层建筑传来的上部荷载。地表以下存在着很厚的软土地基层，在受到桩锤沉桩能力限制的情况下，高层建筑仍沿用有限长度的预制摩擦桩，必然产生很大的沉降，严重影响高层建筑的正常、安全使用。于是工程师们借鉴掘井技术，于 1893 年，发明了人工挖孔至要求深度，在孔中灌注钢筋混凝土成桩的方法。随后 50 年中逐步出现了机械钻孔，直到 20 世纪 40 年代初大功率钻机在美国问世。"二战"以后欧美经济复苏与发展，钻孔机械得到了快速发展。

我国在 20 世纪二三十年代出现沉管灌注桩。上海 30 年代修建的一些高层建筑的基础就曾采用沉管灌注混凝土桩。随着大型钻孔机的发展，出现了钻孔灌注混凝土和钢筋混凝土灌注桩。

我国的钻孔灌注桩是在 1963 年诞生的。钻孔是利用水利部门打井用的大锅锥（孔径 60 ～ 70cm），用人力推磨方式钻孔。那是一个技术落后，设备、材料缺乏的年代，但就是靠人推方式建造了难以想象的重大工程。尤其在公路桥梁方面取得了一定的进展。

随后，有了自制的简单的冲击钻，只用一台 5t 卷扬机吊 3 ～ 4t 十字形或一字形钻头就可冲钻 $\phi 1 000$ ～ $\phi 1 200$mm 的孔。1965 年交通部组织各地专家，组成专题研究组，动员全国公路桥梁系统大协作，对钻孔桩的施工工艺、设计方法进行全面系统的研究。经过十年的大量实践、广大工程技术人员的艰巨而又细致的研究，终于在 1975 年我国交通部颁布了《公路桥涵技术设计规范》（试行），在这本规范中明确了灌注桩基础的设计计算方式。1985 年，在进一步研究的基础上，以及出于工程建设的需要，《公路桥涵地基与基础设计规范》（JTJ 024-85）颁布，此后钻孔灌注桩就有了符合我国具体条件和成桩方法的规范化设计方法，对指导生产和促进灌注桩技术的发展起到积极的推动作用。

技术转化为生产力才具有生命力，生产活动又推动技术的发展。由于大型、特大型公路、铁路桥梁的建设需要，高层、超高层建筑物、超高构筑物建设的需要，促使灌注桩向大直径、超长度方向发展。1985 年河南省郑州黄河大桥使用摩擦桩深 70m、桩径 $\phi 2\,200mm$；广东省肇庆西江大桥嵌岩桩直径达 $2\,500mm$；1986 年广东九江大桥设计使用变截面嵌岩桩，桩径 $\phi 3\,000mm/\phi 2\,500mm/\phi 2\,000mm$，开创了灌注桩设计的新思路。1992 年湖南省湘潭二桥项目设计使用 $\phi 5\,000mm/\phi 3\,500mm$ 大直径钻孔桩。20 世纪 80 年代后期，交通部科研院公路所与有关单位合作开展钻埋空心桩的试验研究，1992 年 5 月通过交通部组织的技术鉴定，建议推广。该技术在部分省市已将钻埋空心桩的直径放大到 $\phi 8\,000mm/\phi 6\,000mm$。80 年代后期在灌注桩领域的另一项重要成果是灌注桩后注浆技术的研究取得了突破，并运用于工程实践当中，这是一项解决超长桩桩尖沉渣、提高泥浆护壁灌注桩摩擦力的有效措施。该工艺已经于 2008 年被编入《建筑桩基技术规范》（JGJ 94-2008）。

20 世纪 50 年代后期，印度开始在膨胀土中采用多节扩孔桩，60 年代至 70 年代英国及前苏联在黑棉土、黄土、亚黏土、黏土和砂土中成功采用多节扩孔桩，承载力大大提高，沉降小，技术经济效果显著。我国于 20 世纪 70 年代后期，由北京市建筑工程研究所、建设部建筑机械研究所、北京市机械施工公司在国内首先研制开发出挤扩桩及其机械设备。经过多年的研究、开发，形成了挤扩支盘桩理论与实践体系。建设部已于 2005 年颁布了行业标准《挤扩支盘灌注桩技术规程》（CECS 192：2005）。挤扩支盘灌注桩为中小型灌注桩提高承载力开辟了新思路。

我国从 20 世纪 60 年代的"人工推磨"式钻进，到 60 年代后期逐步出现冲击钻、旋转钻孔灌注桩的试验；1972 年有关单位利用 SPJ-300 型和红星 -400 型水文钻机完成了 80 ~ 100m、直径 $1\,500mm$ 深孔灌注桩的施工；70 年代后期，随着改革开放步伐的加快，国内工程建设大量兴起，有关的工程机械企业、矿山机械企业逐步研制推出了 GZQ-1 型潜水钻机、QJC-40HF 汽车钻机、BDM-1/BDM-2 正反循环钻机、GJD-15、GJD-20 型钻机、KP-18 型钻机、ZJ-15-1 型钻机、GPF-20 型钻机。这些钻机虽钻孔效率各有不同，但都能完成直径 $\phi 2\,000mm$ 以内孔深 50 ~ 60m 的钻孔灌注桩施工。80 年代初研制出了 DBM-4 型气举反循环钻机，可以在 140MPa 岩石中钻进，性能超过了日本利根 TPC-20 钻机，而价格仅为其 1/4。上海探矿机械厂生产的 GPS-15 型钻机在软土中完成 $\phi 2\,500mm$ 直径、60m 桩长的钻进。在施工工艺上，采用分级扩孔措施，使用 BDM-4 型钻机完成了 $\phi 5\,000mm/\phi 3\,500mm$ 大直径钻孔。90 年代起随着各地长江大桥的兴建，设计桩径达到 2\,800 ~ 4\,000mm，这标志着我国桥梁基桩工程水平发展到一个新阶段。我国先后研制了多种型号的灌注桩钻孔机械，部分产品达到了国际先进水平。

随着城市后期的改造与建设发展，钻孔灌注桩以其独特的非挤土优越性，在城市改造建设的基础工程中独领风骚。虽然钻孔灌注桩的泥浆严重污染环境，但与其非挤土的优越性相比，仍然属于可控的不利因素。

## 1.2 基本名词解释

《现代汉语词典》对"桩"的解释如下：桩、桩子，一端或全部埋在土中的柱形物，多用于建筑或做分界的标志。目前用得最多的是建筑工程中各种各样的基桩。界桩，就是分界的标志。系缆桩，船或码头上用于系缆的柱形物（也叫系船柱），是固定在船甲板、码头或系缆墩上的专用柱状构件，端部有像帽舌伸出的外形。梅花桩，一种锻炼身体、练功用的木桩。本书所讲述的"桩"主要涉及建筑工程中各种各样的基桩，桩的形状也不局限于单一的"柱形物"，而表现为多种形式、多种结构。

工程中通常把桩或桩子叫做基桩或桩，而采用桩作为基础的叫做桩基，实施基桩的各项工作叫做桩基工程。由于桩基包括了桩及基础承台等结构，而本书仅对桩部分的相关问题进行探讨，因此大多称之为基桩。

基桩涉及的专业很多，相关的专业名词更多。如基础学科力学方面的，有静力学、结构力学、材料力学、断裂力学、岩土力学、流体力学等；材料学方面的，有钢材、混凝土、钢筋混凝土、木材、钢混凝土、钢水泥土、焊接、外加剂等；工程机械方面的，有制桩机械、运输机械、吊桩机械、桩成孔机械、沉桩机械、桩锤机械、水上运输、水上沉桩机械、接桩机械等；建筑学方面的，有工业与民用建筑、市政建筑、水利建筑、水运建筑、铁路建筑、公路建筑、航空建筑、农业建筑、建筑结构等；测量、检测仪器设备方面的，有GPS全球定位系统、全站仪、经纬仪、水准仪、红外测距仪、万能压力机、应力应变仪、测深仪、摄像机等。

本节仅对与基桩关联度高，又较常用的名词加以解释。

（1）建筑工程：为新建、改建或扩建房屋建筑物和附属构筑物设施所进行的规划、勘察、设计和施工、竣工等各项技术工作和完成的工程实体。指具体的工程建设项目。一个工程建设项目由一个或多个单项工程组成。

（2）单项工程：是指具有单独设计文件的，建成后可以独立发挥生产能力或效益的一组配套齐全的工程项目。单项工程从施工的角度看是一个独立的系统，在工程项目总体施工部署和管理目标的指导下，形成自身的项目管理方案和目标，依照其投资和质量要求，如期建成并交付使用。一个单项工程可以由一个或多个单位工程组成。

（3）单位工程：具有独立的设计文件，具备独立施工条件并能形成独立使用功能，但竣工后不能独立发挥生产能力或工程效益的工程，是构成单项工程的组成部分。一个工程建设项目由多个单位工程构成。在极少数情况下，由于工程极其简单，将建设项目中为主的建设内容列为一个单位工程，其他的可以作为单位工程建设内容。由于其简单，工程量极小，可以作为一个分部工程进行验收。故可能出现只有一个单位工程的工程项目。

（4）建筑物：用建筑材料构筑的空间和实体，供人们居住和进行各种活动的场所。在《辞海》中建筑物的解释是：通称"建筑"，一般指主要供人们进行生产、生活或其他活动的房屋或场所。例如：工业建筑、民用建筑、农业建筑、水工建筑和园林建筑等。通常一栋建筑物为一个单位工程。

（5）构筑物：人们一般不直接在内进行生产和生活活动的建筑物。通常一个构筑物为一个单位工程。

（6）分部工程：以建（构）筑物的相同部位或专业划分在一起的建设内容。多个分部工程构成一个单位工程。

（7）分项工程：以同一分部工程中的相同工序（工种）划分在一起的工程内容，叫做分项工程。分部分项工程的划分见图 1.2-1。

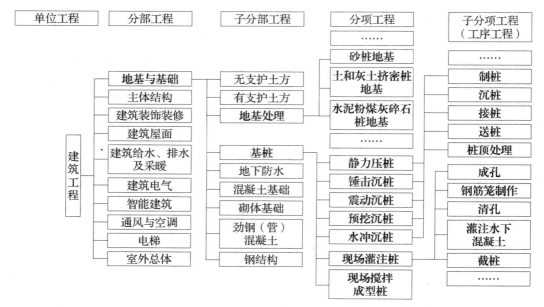

注：（1）图中仅显示一个工业与民用建筑单位建筑工程中相应的分部工程，不同专业相应的分部工程内容和数量有所不同。
　　（2）仅列出了地基与基础分部工程的子分部工程，桩基子分部工程的分项工程，预制桩和现场成型桩的工序工程。如图中粗体所示。

**图 1.2-1　建筑工程分部分项工程的划分**

（8）地基：支承基础的土体或岩体。

（9）基础：将结构所承受的各种荷载、作用传递到地基上的结构组成部分。

（10）基桩：桩基础中的单桩。也可以单指桩基工程中的桩。

（11）单桩：桩基础中的独立基桩，可以独立承载发挥作用，也可以和其他基桩或地基共同发挥作用。

（12）群桩：多于两根且按一定秩序排列的基桩称为群桩（特定情况下的定义除外）。

（13）桩基：同样在上述规范中给出了这样的定义：由设置于岩土中的桩和与桩顶连接的承台共同组成的基础或柱与桩直接连接的单桩基础，也称桩基础，构成见图1.2-2。

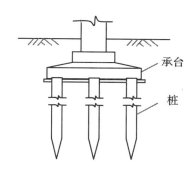

**图 1.2-2　桩基础构成示意图**

（14）桩基工程：包括桩基的勘察、设计、施工与质量的检验、验收。根据我国现行建设体制，基桩的地质勘察由相应的勘察资质的单位进行勘察；设计由相应的设计资质的单位进行；施工由相应的施工资质的单位进行。勘察单位根据相应的设计文件要求，依据相关规范、标准对相应范围内的地质情况进行勘察（评估），提供相应的地质勘察报告。设计单位主要根据建设单位委托的设计任务书，依据相关规范、标准、地质资料、拟建建（构）筑物荷载资料、当地建筑材料的供应情况、施工设备情况、建（构）筑物周围的环境情况等确定基桩的类型，基桩的形状、大小、长度、布置形式等，符合施工单位可制作、可采购、可施工、对周围环境影响最小的条件，达到经济、合理的目的。设计与勘察是一个相互渐进的过程，设计单位需要根据勘察单位提供的勘察报告，作出正确判断，确定项目选址；勘察单位将根据项目选址作进一步勘察，为设计单位逐步确定相应建（构）筑物的布置、基础形式等提供依据。施工单位根据设计施工图纸、建设单位的有关要求，通过招标竞标或直接委托等方式，获取项目施工任务，编制施工方案、组织施工管理人员，准备施工设备、采购相关基桩材料、制作相应产品，按计划、按方案组织基桩施工。

（15）基桩工程：与桩基工程相对应，主要是不包括桩基工程中的承台或盖梁等结构，仅指由单桩构成的基桩勘察、设计、施工与检测、验收等工作。

（16）承台：承受并传递上部结构的荷载或作用至基础的构件。见图1.2-2。

（17）复合桩基：单桩及其对应面积的承台下地基组成的复合承载基桩。

（18）减沉复合疏桩基础：软土地基天然地基承载力基本满足要求的情况下，为减小沉降采用疏布摩擦型桩的复合基桩。

（19）预制桩：预先在工厂或现场制作成桩构件，运用沉桩设备在现场沉入地基的桩。

（20）现场灌注桩：采用各种工艺在现场成孔，现场灌注各种（混凝土、水泥浆、砂、碎石等）材料，形成的桩。

（21）设计使用年限：设计规定的结构或结构构件不需要进行大修即可按预定目的使用的年限。

（22）可靠度：结构在规定的时间内，在规定的条件下，完成预定功能的概率。

（23）荷载：指的是使结构或结构构件产生内力和变形的外力及其他因素。习惯上指施加在工程结构上使工程结构或构件产生效应的各种直接作用，常见的有：结构自重、楼面活荷载、屋面活荷载、屋面积灰荷载、车辆荷载、吊车荷载、设备动力荷载以及风、雪、裹冰、波浪等自然荷载。

（24）永久荷载：在结构使用期间，其值不随时间变化，或其变化与平均值相比可以忽略不计，或其变化是单调的并能趋于限值的荷载。

（25）可变荷载：在结构使用期间，其值随时间变化，且其变化与平均值相比不可以忽略不计的荷载。

（26）偶然荷载：在结构设计年限内不一定出现，而一旦出现其量值很大，且持续时间很短的荷载。

（27）荷载代表值：设计中用于验算极限状态所采用的荷载量值，例如：标准值、组合值、频遇值和准永久值等。

（28）设计基准期：为确定可变荷载代表值而选用的时间参数。

（29）标准值：荷载的基本代表值，为设计基准期内最大荷载统计分布的特征值（例如均值、众值、中值或某个分位值）。

（30）组合值：对可变荷载，使组合后的荷载效应在设计基准期内的超越概率，能与该荷载单独出现时的相应概率趋于一致的荷载；或使组合后的结构具有统一规定的可靠指标的荷载值。

（31）频遇值：对可变荷载，在设计基准期内，其超越的总时间为规定的较小比率或超越频率为规定频率的荷载值。

（32）准永久值：对可变荷载，在设计基准期内，其超越的总时间约为设计基准期一半的荷载值。

（33）荷载设计值：荷载代表值与荷载分项系数的乘积。

（34）荷载效应：由荷载引起结构构件的反应，例如内力、变形和裂缝等。

（35）荷载组合：按极限状态设计时，为保证结构的可靠性对同时出现的各种荷载设计值的规定。

（36）基本组合：承载能力极限状态计算时，永久荷载和可变荷载的组合。

（37）偶然组合：承载能力极限状态计算时永久荷载、可变荷载和一个偶然荷载的组合，以及偶然事件发生后受损结构整体稳固性验算时永久荷载与可变荷载的组合。

（38）标准组合：正常使用极限状态计算时，采用标准值或组合值为荷载代表值的组合。

（39）频遇组合：正常使用极限状态计算时，对可变荷载采用频遇值或准永久值为荷载代表值的组合。

（40）准永久组合：正常使用极限状态计算时，对可变荷载采用准永久值为荷载代表值的组合。

（41）等效均布荷载：结构设计时，楼面上不连续分部的实际荷载，一般采用均布荷载代替；等效均布荷载系指其在结构上所得的荷载效应能与实际的荷载效应保持一致的均布荷载。

（42）极限状态：整个结构或结构的一部分超过某一特定状态就不能满足设计规定的某一功能要求，此特定状态为该功能的极限状态。

（43）承载能力极限状态：对应于结构或结构构件达到最大承载力或不适于继续承载的变形的状态。

（44）正常使用极限状态：对应于结构或结构构件达到正常使用或耐久性能的某项规定限值的状态。

（45）不可逆正常使用极限状态：当产生超越正常使用极限状态的作用卸除后，该作用产生的超越状态不可恢复的正常使用极限状态。

（46）可逆正常使用极限状态：当产生超越正常使用极限状态的作用卸除后，该作用产生的超越状态可以恢复的正常使用极限状态。

（47）荷载工况：为特定的验证目的，一组同时考虑的固定可变作用、永久作用、自由作用的某种相容的荷载布置以及变形和几何偏差。

（48）结构的整体稳固性：当发生火灾、爆炸、撞击或人为错误等偶然事件时，结构整体能保持稳固且不出现与起因不相称的破坏后果的能力。

（49）连续倒塌：初始的局部破坏，从构件到构件扩展，最终导致整个结构倒塌或与起因不相称的一部分结构倒塌。

（50）可靠性：结构在规定的时间内，在规定的条件下，完成预定功能的能力。

（51）失效概率 $P_f$ 结构不能完成预定功能的概率。

（52）可靠指标 $\beta$：度量结构可靠度的数值指标，可靠指标 $\beta$ 与失效概率 $P_f$ 的关系 $\beta = -\phi^{-1}(P_f)$，其中 $\phi^{-1}(\cdot)$ 为标准正态分布函数的反函数。

（53）极限状态法：不使结构超越某种规定的极限状态的设计方法。

（54）允许应力法：使结构或地基在作用标准值下产生的应力不超过规定的允许应力（材料或岩土强度标准值除以某一安全系数）的设计方法。

（55）单一安全系数法：使结构或地基的抗力标准值与作用标准值的效应之比不低于某一规定的安全系数的设计方法。

（56）作用：施加在结构上的集中力或分布力（直接作用，也称荷载）和引起结构外加变形或约束变形的原因（间接作用）。

（57）作用效应：由作用引起的结构或结构构件的反应。

（58）单个作用：可认为与结构上的任何其他作用之间在时间和空间上为统计独立的作用。

（59）永久作用：在设计所考虑的时间内始终存在且其量值变化与平均值相比可以忽略不计的作用，或其变化是单调的并趋于某个限值的作用。

（60）可变作用：在设计使用年限内其量值随时间变化，且其变化与平均值相比不可忽略不计的作用。

（61）偶然作用：在设计使用年限内不一定出现，而一旦出现其量值很大，且持续期很短的作用。

（62）地震作用：地震对结构所产生的作用。

（63）土工作用：由岩土、填方或地下水传递到结构上的作用。

（64）固定作用：在结构上具有固定空间分布的作用。当固定作用在结构某一点上的大小和方向确定后，该作用在整个结构上的作用即得以确定。

（65）自由作用：在结构上给定的范围内具有任意空间分布的作用。

（66）静态作用：使结构产生的加速度可以忽略不计的作用。

（67）动态作用：使结构产生的加速度不可忽略不计的作用。

（68）有界作用：具有不能被超越的且可确切或近似掌握其界限值的作用。

（69）无界作用：没有明确界限值的作用。

（70）作用的标准值：作用的主要代表值，可根据对观测数据的统计、作用的自然界限或工程经验确定。

（71）设计基准期：为确定可变作用等的取值而选用的时间参数。

（72）抗力：结构或结构构件承受作用效应的能力。

（73）单桩竖向极限承载力：单桩在竖向荷载作用下到达破坏状态前或出现不适于继续承载的变形时所对应的最大荷载，它取决于土对桩的支承阻力和桩身承载力。

（74）极限侧阻力：相应于桩顶作用极限荷载时，桩身侧面所发生的岩土阻力。

（75）极限端阻力：相应于桩顶作用极限荷载时，桩端所发生的岩土阻力。

（76）单桩竖向承载力特征值：单桩竖向极限承载力标准值除以安全系数后的承载力值。

（77）变刚度调平设计：考虑上部结构形式、荷载和地层分布以及相互作用效应，通过调整桩径、桩长、桩距等改变基桩支承刚度分布，以使建（构）筑物沉降趋于均匀、承台内力降低的设计方法。

（78）承台效应系数：竖向荷载下，承台底地基土承载力的发挥率。

（79）负摩阻力：桩周土由于自重固结、湿陷、地面荷载作用等原因而产生大于桩基的沉降所引起的对桩表面的向下摩阻力。

（80）下拉荷载：作用于单桩中性点以上的负摩阻力之和。

（81）土塞效应：敞口空心桩沉桩过程中土体涌入管内形成的土塞，对桩端阻力的发挥程度的影响效应。

（82）灌注桩后注浆：灌注桩成桩后一定时间，通过预设于桩身内的注浆导管及与之相连的桩端、桩侧注浆阀注入水泥浆，使桩端、桩侧土体（包括沉渣和泥皮）得到加固，从而提高单桩承载力，减小沉降。

（83）预制桩后注浆：在预制桩沉入地基后，通过一定的系统或工艺在桩尖部位注入一定量的水泥浆液，加密、加固桩尖土体，达到提高基桩承载力，控制或减少基桩沉降的目的。

（84）桩基等效沉降系数：弹性半无限体中群桩基础按明德林（Mindlin）解计算沉降量$\omega_M$与按等代墩基布辛奈斯克（Boussinesq）解计算沉降量$\omega_B$之比，用以反映明德林解应力分布对计算沉降的影响。

（85）地质资料：反映与建设工程有关的地形、地貌、地质、水文、气象条件的所有资料。主要指完整的岩土工程勘察报告。

（86）软土地基：指主要由淤泥、淤泥质土、冲填土、杂填土或其他高压缩性土层构成的地基。工程上常称"软弱地基"。

（87）地下水位：地表以下的水位高度。通常，地表以下均存在地下水。不同地区地下水位的高度变化很大，在我国的东部沿海地区，地下水位较高。地下水位的高、低，对选择何种桩型、何种成桩工艺都有较大的影响。

（88）工程地质学：简单地说，是调查、研究、解决与各类工程建筑有关的地质问题的科学。工程地质研究的主内容有：确定天然地基的岩土组分、组织结构、物理、化学与力学性质（特别是强度及应变）、地下水等对建筑工程稳定性的影响，进行岩土工程地质分类。

（89）地质勘察：根据建设工程要求，查明、分析、评价建设场地的地质、环境特征和岩土工程条件，编制勘察文件的活动。工程上称为"岩土工程勘察"。也叫地质勘察。

（90）淤泥：指的是在静水和缓慢的流水环境中沉积并含有机质的细粒土。其天然含水量大于液限，天然孔隙比大于1.5。当天然孔隙比小于1.5而大于1.0时，称淤泥质土。淤泥的主要特性是：天然含水率高于液限，孔隙比多大于1.0；干密度小，只有0.8～0.9g/cm³；压缩性特别高，强度极低，常处于流动状态，视为软弱地基。淤泥不宜作天然地基，因为它会产生较大的不均匀沉降，使建（构）筑物产生裂缝、倾斜，影响正常使用。

（91）黏土：是颗粒非常小的可塑的硅酸铝盐。除了铝外，黏土还包含少量镁、铁、钠、钾和钙，是一种重要的矿物原料。黏土一般由硅酸盐矿物在地球表面风化后形成，但是有些成岩作用也会产生黏土。在这些过程中黏土的出现可以作为成岩作用进展的指示。

（92）黏性土：指的是含黏土粒较多、透水性较小的土。压实后水稳性好，强度较高，毛细作用小。具膨胀、收缩特性，力学性质随含水量大小而变化。一般按黏粒（粒径小于0.005mm）含量多少分为三类：黏土，黏粒含量大于30%；亚黏土(亦称"粉质黏土")，黏粒含量在10%～30%之间；亚砂土，黏粒含量3%～10%。按塑性指数划分为三类：黏土，塑性指数大于17；亚黏土，塑性指数为10～17；轻亚黏土（亦称亚砂土），塑性指数为3～10。常作为建（构）筑物地基或用作堤坝、路堤填土材料。

（93）粉砂土：粉砂土是岩石经过风化作用后的产物，颗粒介于细砂土和粉土之间，其颗粒组成中以砂粒和粉粒为主，黏性颗粒含量相对较少。粉砂土的天然含水率较低，当颗粒较细时毛细作用较发达，在冬季冰冻区，粉砂土路基在冻结过程中水分的迁移积聚现象较为显著。

（94）砂土：粒径大于2mm、颗粒质量不超过总质量的50%，粒径大于0.075mm、颗粒质量超过总质量50%的土，定名为砂土。饱和的松散砂土在动荷载作用下丧失其原有强度而急剧转变为液体状态，这种振动液化现象是一种特殊的强度问题，它以强度的大幅度骤然丧失为特征。例如，1964 年美国阿拉斯加地震造成 10 000 多平方公里的砂土地层液化。1976 年中国唐山大地震造成 24 000 多平方公里的砂土地层液化。砂土地层液化可造成河道和水渠淤塞、道路破坏、地面下沉、房屋开裂、坝体失稳等严重灾害。因此预测地震砂土液化造成的危害以及治理可能液化的地基土，是当今国内外土动力学研究的一个重要方向。

（95）砂砾：指砂和砾石的混合物。

（96）岩石风化：岩石在太阳辐射、大气、水和生物作用下出现破碎、疏松及矿物成分次生变化的现象。据岩土工程勘察规范（GB 50021-2009）附录 A（A.O.3），岩石的风化程度可划分为未风化、微风化、中风化、强风化、全风化、残积土等。

（97）残积土：组织结构全部破坏，已风化为土状，锹、镐易挖掘，干钻可钻进，具可塑性。

（98）全风化：结构基本破坏，但尚可辨认，有残余结构强度，可用镐挖，干钻可钻进。

（99）强风化岩：结构大部分破坏，矿物成分显著变化，风化裂隙很发育，岩体破碎，用锹可挖，干钻不易钻进。

（100）中风化岩：结构部分破坏，沿节理面有次生矿物，风化裂隙发育，岩体被切割成岩块，用镐难挖，岩芯钻方可钻进。常见的为中风化泥质粉砂岩、粉砂质泥岩，局部见中风化砂砾岩、含砾泥质粉砂岩等。多呈紫褐色，岩芯多呈柱状、短柱状，原岩组织结构及矿物成分稍有改变，岩屑颗粒以粉砂为主。砂砾岩类含较多的砾石与卵石，胶结物以泥质为主，常含铁质，局部含硅质，岩石的坚硬程度常与胶结物成分有关。以泥质胶结为主的岩石，胶结力稍差，岩芯较软，锤击声哑，浸水易软化，日晒易碎裂，天然状态单轴抗压强度 $R$ 不大于 5MPa，属极软岩；胶结物中富含铁质的岩石，岩芯较完整，岩质较坚硬，锤击声较脆，天然状态单轴抗压强度 $R$ 多大于 5MPa，属软岩；局部地段胶结物中富含铁质与硅质，尤其是部分中风化砂砾岩，其岩质坚硬，锤击声脆，天然状态单轴抗压强度 $R$ 大于 15MPa，属较软岩。中风化岩常有较大的层面埋深，埋深不大地段可做人工挖孔桩桩端持力层，根据地区经验，人工挖孔桩桩端阻力特征值的经验值，极软岩类（天然状态单轴抗压强度 $R \leqslant 5MPa$）取 2 000 ~ 2 500kPa、软岩类（$5 < R \leqslant 15MPa$）取 2 500 ~ 3 000kPa、较软岩类（$15 < R \leqslant 30MPa$）取 3 000kPa。

（101）微风化岩：结构基本未变，仅节理面有渲染或略有变色，有少量风化裂隙。

（102）未风化岩石：岩质新鲜，偶见风化痕迹。

（103）湿陷性黄土：在一定的压力作用下受水浸湿时，土的结构迅速破坏，并产生显著附加下沉的黄土。

（104）基桩的耐久性：基桩按设计要求的承载能力正常工作的时间。基桩的耐久性主要是原材料和产品的耐久性。建筑结构设计要求的使用年限是 50 年或 100 年，自然要求基础的使用时间必须到达相应的年限甚至更长。因为，地面以上的结构可以比较容易地通过维修加固，延长其使用时间，基础就没那么容易。所以，基础通常需要具有更长的使用年限。

（105）大气区、浪溅区、水位变动区、水下区、泥下区：这是港口工程对桩在使用中划分的不同部位名称，不同的部位遭受的腐蚀程度不同，因此，需要采取相应的防腐措施；具体部位的表示见图 1.2-3。

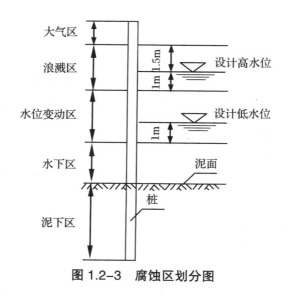

图 1.2-3　腐蚀区划分图

（106）成桩：将一种或多种材料经过多道工序，形成有一定承载能力的基桩的整个过程。包括预制桩、就地灌注桩、搅拌桩等所有基桩的形成过程。

（107）沉桩：将预制桩通过一定的工艺沉入地基的整个过程。沉桩仅指预制桩，后文若提到沉桩工艺也即指预制桩的沉桩工艺。

（108）贯入度：锤击沉桩时，每一锤将桩沉入地基的深度。为了提高锤击贯入度的统计精度，经常以 10 锤的贯入深度进行统计。通常以 cm/ 击、mm/ 击表示。贯入度是锤击沉桩中的重要参数，也是锤击沉桩停止锤击的重要指标。

（109）压桩力：通过一定的沉桩设备，作用于桩使桩沉入地基的压力。动摩擦力均小于静摩擦力，加上土体的粘结力，一般压桩力均小于桩的极限承载力，尤其在黏土中，土体强度有一个恢复过程，沉桩后较长时间方能达到正常的基桩承载力。

（110）试打桩：对于项目所在地没有成熟的沉桩经验，在确定基桩的设计、施工方案之前，根据已经掌握的地质资料、承载要求预先确定桩长、沉桩工艺进行试沉桩。测试预先确定的桩长可沉性、各土层的贯入性能、最终沉桩的停沉标准等，并结合试桩资料，最终确定基桩的设计方案和施工方案。

（111）试桩：就是根据初步设计方案，对拟建建（构）筑物的基桩进行试验、测试，将试验数据提供给设计师，对初步设计方案进行验算和修正，最终确定工程基桩的设计方案。试打桩是试桩的一部分。

（112）沉（成）桩顺序：基桩被有计划地按照一定的规则编制的先后沉（成）桩次序。沉（成）桩顺序是沉（成）桩施工组织设计中的重要内容。顺序编制的科学、合理，不仅能够顺利地把设计师设计的桩沉至设计要求的位置、标高，保证基桩的质量，对预制桩也能更好地保护环境，控制挤土效应所产生的后果，防止基桩之间的不良相互作用。

（113）静压桩机：静压桩机是一种依靠自身重量平衡沉桩过程中的阻力，将桩压入地基的设备。当静压力大于桩的入土阻力时，桩就沿入土方向按加压设备的工作速度逐步压入土中。静压桩机分为液压静压桩机、机械静压桩机。液压静力压桩是利用液压原理由高压油泵产生的高压油通过油缸把桩推入土下，这种压桩方法避免了锤击打桩所产生的振动、噪声等污染，因此施工时器械音低、无振动和无油烟，属于相对环保型沉桩设备。由于静压桩噪音低、无振动，因此被广泛用于软土地基的沉桩工程。但是，静压桩机的自重大，在沉桩施工时对地基地表的承载力有一定要求，否则压桩机将无法正常工作。也不能避免预制桩的挤土效应。

（114）打桩机：由冲击锤打击将桩沉入地基的设备。打桩机由桩锤、桩架及附属设备等组成。桩锤依附在桩架前部两根平行的竖直导杆（俗称龙门）之间，用提升吊钩吊升。桩架为一钢结构塔架，在其后部设有卷扬机，用以起吊桩和桩锤。桩架前面有两根导杆组成的导向架，用以控制打桩方向，使桩按照设计方位准确地贯入地层。打桩机的基本技术参数是桩架高度、起重量、可沉桩型、履带或行走机构的接地压力、冲击部分重量、冲击动能和冲击频率。桩锤按运动的动力来源可分为落锤、汽锤、柴油锤、液压锤等。

（115）蒸汽沉（打）桩锤：由水蒸汽推动的机器锤，锤头和汽缸的活塞杆装置能上下活动，1841 年由英国人内史密斯发明。

（116）柴油沉（打）桩锤：由燃料（柴油）混合燃烧产生的气体压力提升冲击活塞的桩锤，简称"柴油锤"、"桩锤"。柴油锤为建筑机械的一种，是基桩施工中的常用机械设备。它利用燃油爆炸推动活塞往复运动而锤击打桩，活塞重量从几百公斤到数十吨不等。按其冷却方式主要分为风冷式柴油锤、水冷式柴油锤两种。风冷式柴油锤在工作过程中的冷却方式为通过空气散热；水冷式柴油锤则通过水箱的冷却水进行冷却。

（117）桩架：支持桩身和桩锤，沉桩过程中引导桩的方向，并使桩锤能沿着要求的方向冲击的打桩设备。

（118）液压沉桩锤：以液压油作为工作介质，由液压能转换为机械冲击能的沉桩设备。经由液体压力驱动活塞往复运动作功，对外输出能量来进行工作。液压沉桩锤与广泛用于矿山、冶金、市政工程等行业施工中的液压破碎锤在原理上相似，但是在锤型和锤的能量上有较大的区别。液压沉桩锤锤型大、锤击能量大，简称"液压锤"。

（119）振动沉桩锤：是由桩锤带动桩共同振动，达到瞬间破坏桩周土体强度，使桩沉入地基的一种专用沉桩设备。理想状态下，振动沉桩锤的振动频率与所要沉桩的自振频率一致，振动锤以较小的振动力，产生锤桩一体的较大振动效果，既可以使用较小的动力，又可以将桩沉入预定的深度。不同桩长、不同质量的桩的自振频率是不同的。原先只有固定频率的振动锤，一般是依靠振动锤的强大激振力，强迫桩身振动，将桩沉入地基。随着科技的发展，现在已经有了可调频率的振动锤，将振动锤的频率调至与桩的自振频率一致。这是一个非常大的突破。振动沉桩锤又叫振动沉拔桩锤，既可沉桩又可拔桩。

（120）履带式打桩机：具有履带式行走机构的陆上打桩机械。一般主要由顶部滑轮组、带轨道的立柱、斜撑及调整机构、起架装置、操纵室及电器系统、液压系统、支腿油缸、卷扬机、平台、回转机构、回转支撑、支撑梁、履带梁、履带总成、行走机构、桩锤等组成。

（121）轨道式打桩机：沿轨道水平移动的打桩机。轨道式打桩机与履带式打桩机的主要区别在于其行走机构。轨道式打桩机也有各种型号。

（122）打桩船：将桩架、沉桩设备安装于一艘专用船上，称为打桩船。一般打桩船没有航行动力。为使打桩时能够正确定位，船上至少有 6 台锚机；为起吊基桩和打桩锤、替打等设备，至少配备三台以上起重卷扬机。现代打桩船锚机、起重系统都是由操控室操作控制。

（123）龙口：打桩架的前置部位，设有固定基桩的相应机构。根据水陆打桩架的不同，固定基桩的机构也各不相同。

（124）背板：通常在打桩船龙口内用于支撑并可抱住基桩的一种机构，打桩时可以在某一点固定住基桩，当桩沉到一定位置时可以将其松开。

（125）老锚船：常利用一艘无动力驳船锚泊在既定位置，作为施工临时浮码头的驳船。

（126）地龙：在离岸较近的水上打桩时，打桩船的一个或数个锚缆会系在岸上的某一部位，当岸边没有合适的系缆装置时，需要在打桩区域的适当位置挖埋一个供打桩船系缆用的临时地锚，该地锚叫做地龙。地锚主要由锚固扁担、合适的钢丝绳组成。将锚固扁担深埋于地下一定的深度，实际埋深要视打桩船锚车的拉力，一般凭经验确定。钢丝绳的直径应与锚缆的直径一致，锚固扁担应有足够的强度和刚度。

（127）替打：在锤与桩之间，替代桩直接承受锤击、可以约束桩顶（锤）自由度的工具。有的文献上也称"桩帽"。根据桩架、锤型的不同，主要有无轨替打和有轨替打。无轨替打直接挂在锤上；有轨替打挂于锤上，并有榫口套在桩架的轨道上，使替打具有相对确定的平面位置，上下可以自由移动。无轨替打长度短、质量轻、安装方便，基本不能约束桩顶自由度，当桩顶偏位时，替打将随桩顶而偏位，这样可以保证桩身的自由，沉桩过程中桩不易断裂，但容易产生偏心锤击。有轨替打一般长度要长一点，质量大、安装难度大一些。长度长、质量重都给陆上打桩架造成较大困惑。为了使得桩架自身足够轻便，控制桩架高度，陆上打桩架对桩架总高度、起重量都有严格的限制，否则，运输、行走不便，还有很可能受到空中高度的限制。所以替打又长又重不适用陆上打桩架。此外还有一种碟簧替打，又称碟簧桩帽，是含有弹簧钢制成碟簧堆的特制替打，能有效削减锤击沉桩时应力峰值，达到提高沉桩效率，保护桩顶完好的功能。由于碟簧桩帽自重较大，陆上沉桩工程中难以推广，水上打桩船也较少使用。

（128）桩垫：放在桩顶与替打之间，调节桩顶受锤击时压力的均匀程度，保护桩顶免遭打碎的"垫木"。较早时，普通混凝土桩的桩垫是用废旧木料，钉成与桩顶大小相似的垫块，在桩顶进入替打桩帽时，将垫块放在桩顶上。木块作为桩垫，经多次锤击，有时会粘在替打底面。由于废木料材质不均，不会均匀地黏在替打底面，而是局部，这样反而造成桩顶局部受力，易将桩顶打碎。所以，替打底部应经常清理。后期发展为采用夹板、厚纸板，既均匀又耐锤击，是一种较好的桩垫材料，一般厚度为 5 ~ 10cm。一般混凝土桩都应加桩垫，钢桩可以不加桩垫。

（129）锤垫：垫在锤座下放在替打顶部的"垫木"材料。锤垫常常用硬木放入替打顶部的上盆口内。如遇到每根桩锤击数很高，由于连续锤击硬木锤垫会燃烧起来。所以，也会采用其他材料，如旧钢丝绳、钢板等。

（130）送桩杆：当建（构）筑物的基础埋入自然地面以下一定深度时，其基桩需要沉入自然地面以下相应的深度，沉桩设备本身不能进入地下，需要采用与所沉桩相匹配的，长度与所沉桩顶埋深相一致的工具式短桩，叫送桩杆，也叫送桩器。

（131）静载荷试桩：采用一定的形式，在桩相关部位逐级施加竖向压力、竖向上拔力或水平推力，观测桩顶部随时间产生的沉降、上拔位移或水平位移，以确定相应的单桩竖向抗压承载力、单桩竖向抗拔承载力或单桩水平承载力的试验方法。

（132）小应变测试：采用低能量瞬态或稳态激振方式在桩顶激振，实测桩顶部的速度时程曲线或速度导纳曲线，应用波动理论分析或频域分析，对桩身完整性进行判定的检测方法。基桩检测规范中称为低应变法。

（133）大应变测试：用重锤冲击桩顶，实测桩顶部的速度和力时程曲线，通过波动理论分析，对单桩竖向抗压承载力和桩身完整性进行判定的检测方法。基桩检测规范中称为高应变法。

（134）钻芯检测：用钻机钻取芯样以检测桩长、桩身缺陷、桩底沉渣厚度以及桩身混凝土的强度、密实性和连续性，判定桩端岩土性状的一种检测方法。

（135）桩身完整性：反映桩身截面尺寸相对变化、桩身材料密实性和连续性的综合定性指标。这是一个定性指标，而不是定量指标，往往在工程中能够确定其性质就足够了。桩身完整性的分类详见 7.5 节。

（136）桩身缺陷：使桩身完整性恶化，在一定程度上引起桩身结构强度和耐久性降低的桩身断裂、裂缝、缩颈、夹泥（杂物）、空洞、蜂窝、松散等现象的通称。

（137）声波透射法：在预埋声测管之间发射并接受声波，通过实测声波在混凝土介质中传播的声时、频率和波幅衰减等声学参数的相对变化，对桩身完整性进行检测的方法。

（138）工程桩的计量单位：根据不同的使用需求使用不同的计量单位。在了解一个项目有多少桩时，预制桩常常以"根"或"m"为计量单位，现场灌注桩常常以"根"或"m³"为计量单位，钢桩，通常以"m"、"t"或"根"为计量单位；有的以多少节为计量单位，对于长桩或超长桩，每根桩有两节或更多节；在计算工程造价时通常以"m"、"m³"、"t"为计量单位，每根桩的接头数量则以"个"为计量单位；例如：一根桩有 4 节，则有 3 个接头。

## 参考文献

1. 梁思成.《营造法式》注释 [M]. 生活·读书·新知三联书店，2013.

2. 廖振中. 管桩简明手册 [M]. 四川大学出版社，2012.

3. 沈冰. 探索规律稳中求进砥砺前行——2012 年混凝土与水泥制品行业在转型中实现平稳较快增长 [OL]. 中国混凝土与水泥制品行业协会网站.

4. 沈冰. 2013 年混凝土与水泥制品行业步入结构调整提质增效转型发展攻坚期 [OL]. 中国混凝土与水泥制品行业协会网站.

5. 沈火群等. 55m 整节大直径 PHC 管桩的研制和应用 [J]. 中国港湾建设（第三期），2008.

6. 中华人民共和国国家质量监督检验检疫总局、中国国家标准化管理委员会. 中华人民共和国国家标准. 先张法预应力混凝土管桩（GB 13476-2009）[S]. 中国标准出版社，2010.

7. 上海工程机械厂有限公司 [OL]. www.semw.com.

8. 王伯惠等. 中国钻孔灌注桩新发展 [M]. 人民交通出版社，1999.

9. 中华人民共和国住房和建设部、中华人民共和国国家质量监督检验检疫总局. 中华人民共和国国家标准. 建筑工程施工质量统一验收标准（GB 50300-2013）[S]. 中国建筑工业出版社，2013.

10. 中华人民共和国建设部、中华人民共和国国家质量监督检验检疫总局. 中华人民共和国国家标准. 民用建筑设计术语标准（GB/T 50504-2009）[S]. 中国计划出版社，2009.

11. 中华人民共和国住房和城乡建设部. 中华人民共和国行业标准. 建筑桩基技术规范（JGJ 94-2008）[S]. 中国建筑工业出版社，2010.

12. 中交公路规划设计院有限公司. 公路桥涵地基与基础设计规范（JTG D63-2007）[S]. 人民交通出版社，2007.

13. 中华人民共和国住房和建设部、中华人民共和国国家质量监督检验检疫总局. 中华人民共和国国家标准. 工程结构可靠性设计统一标准（GB 50153-2008）[S]. 中国建筑工业出版社，2009.

14. 中华人民共和国国家标准. 混凝土结构设计规范（GB 50010-2010）[S]. 中国建筑工业出版社，2002.

15. 中华人民共和国住房和建设部、中华人民共和国国家质量监督检验检疫总局. 中华人民共和国国家标准. 建筑结构荷载规范（GB 50009-2012）[S]. 中国建筑工业出版社，2012.

16. 中华人民共和国交通运输部. 中华人民共和国行业标准. 港口工程桩基规范（JTS 167-4-2012）[S]. 人民交通出版社，2012.

17. 中华人民共和国建设部. 中华人民共和国行业标准. 建筑基桩检测技术规范（JGJ 106-2003）[S]. 中国建筑工业出版社，2003.

# 2 ╲ 桩的分类与基本适用条件

# 2  桩的分类与基本适用条件

一个大型工程中，根据不同的部位、不同的使用功能、不同的地质、环境条件，可能会采用多种型号的基桩。所以，首先要弄清桩有哪些种类与其基本的适用条件。用得好，不但能够发挥其最大的作用，而且取材容易、施工方便，造价也经济合理。

## 2.1  按材料分

### 2.1.1  混凝土桩

以混凝土或钢筋混凝土成型的各种形状的基桩以钢筋混凝土桩为主以下简称混凝土桩。形状主要有圆形、方形、矩形、圆形空心、方形空心、L形、楔形和多边形等。混凝土桩的强度标号一般为: C25、C30、C35、C40、C45、C50、C60、C80、C105、C120 等（后两种标号的混凝土桩，目前在国内还没有开发出工程产品）。尺寸一般方形有 200mm×200mm、250mm×250mm、300mm×300mm、350mm×350mm、400mm×400mm、450mm×450mm、500mm×500mm、550mm×550mm、600mm×600mm、700mm×700mm、800mm×800mm、900mm×900mm、1 000mm×1 000mm 等, 圆形有 $\phi$ 300、$\phi$ 400、$\phi$ 450、$\phi$ 500、$\phi$ 600、$\phi$ 700、$\phi$ 800、$\phi$ 900、$\phi$ 1 000、$\phi$ 1 200、$\phi$ 1 300、$\phi$ 1 400、$\phi$ 1 500、$\phi$ 1 800、$\phi$ 2 100、$\phi$ 2 500、$\phi$ 3 000、$\phi$ 4 000、$\phi$ 5 000 等; 最大的钻孔桩已达直径 9m, 挖孔桩已达 8m; 圆形和方形均有空心桩, 其壁厚各不相同。矩形（包括板桩）有 200mm×300mm、200mm×400mm、250mm×400mm、250mm×500mm、300mm×400mm、300mm×500mm、300mm×600mm、300mm×700mm、300mm×800mm、400mm×500mm、400mm×600mm、400mm×700mm、400mm×800mm、400mm×900mm、400mm×1 000mm 等, 特殊板桩宽度达 7.5m; 地下连续墙是放大了的现场灌注式的板桩, 其尺寸可大幅放大, 并可做成 L 形、T 形等形式; 可用于多种基础、围护等工程。

混凝土桩既可用于承压桩、也可用于抗拔桩、还可用于抗水平力桩、挡土桩、挡水桩等。混凝土桩可以制成小型、中型、大型桩, 可以做成短桩、长桩、超长桩; 可以制成单节长桩、超长桩, 也可以制成多节长桩、超长桩; 还可以由单桩组成排桩、箱桩。

混凝土桩的另一特点是: 制作成型方便、自重大, 造价较低。目前最常用的混凝土桩有高强先张法预应力钢筋混凝土管桩（简称 PHC 管桩, 混凝土强度 C80）、先张法预应力钢筋混凝土管桩（简称 PC 管桩, 混凝土强度 C60）、现场灌注钢筋混凝土桩（混凝土强度一般在 C30 ~ C40）、高强先张法预应力钢筋混凝土空心方桩（简称 PHS 桩, 混凝土强度 C80）、先张法预应力钢筋混凝土空心方桩（简称 PS 桩, 混凝土强度 C60）、预制钢筋混凝土方桩（混凝土强度一般在 C30 ~ C50）、预制钢筋混凝土板桩、大直径钻埋预应力混凝土空心桩、预应力U形钢筋混凝土板桩等。混凝土桩适用于极大部分的建（构）筑物的基桩工程。

灌注混凝土桩，当需要较高的承载力和较小的沉降时，可采取桩底、侧压浆的工艺来提高基桩的承载力和减小基桩的沉降量。混凝土桩的主要适用范围见表 2.1-1。

表 2.1-1　混凝土桩的主要适用条件

| 序号 | 桩类型 | 主要适用条件 |
|---|---|---|
| 1 | PHC 管桩（高强预应力钢筋混凝土管桩）、PC 管桩（预应力钢筋混凝土管桩） | 地质条件：填土、软黏土、硬黏土、沙土、密实沙土、砂砾、强风化岩，地下水位高、含水量高，但是在持力层为风化岩时，采用锤击沉桩方法，必须严格控制停锤贯入度，在贯入度突然变小时，应立即停锤。<br>桩型类别：摩擦桩、端承摩擦桩、承压桩、有限抗拔桩、围护桩，国内已经能够生产单节最大桩长 55m，最大桩径达 1 400mm。<br>施工工艺：静压法、锤击法、中掘法、水冲静压法、水冲锤击法等。<br>特　　点：工厂化生产，成本较低，制造质量易保证，施工较方便，沉桩时无方向性，施工定位简便，桩机可以在各个方向沉桩，抗拔性能较差，自重较重，当采用整桩沉桩时，大直径、超长桩，打桩船的起重能力难以达到。但有进一步大型化的趋势，新造打桩船的起重能力将进一步加大，桩锤大型化。陆上沉桩同样受到沉桩设备起重能力、桩架高度的限制，难以沉设大型桩及超长桩。沉桩时将对周围地基产生挤土效应。运输过程中须采取防滚动措施。$\phi 300$（壁厚70）的管桩主筋保护层厚度不足 35mm，只有 3.05mm，而箍筋的混凝土保护层厚度只有 2.6mm，虽然国标和标准图集中都存在这样的管桩，但使用这样的管桩，设计人员对其耐久性还应慎重斟酌。<br>　　适用于离已有周围管线、已建建（构）筑物较远的基础工程；或者需要采取相应的防挤土措施。管桩最薄弱的部位是桩接头部位，虽然桩接头端板是按照等强度设计的，甚至大于桩身强度，但是，该部位涉及的人为因素较多，大大增加了质量风险；主要包括预应力钢棒的镦头质量、端板的材质、厚度、加工精度、焊接质量、端板焊接后对钢棒镦头的性能影响等，上述因素导致桩接头出现质量问题的几率大大高于桩身，这是应该引起制桩厂家、研究机构、建设管理部门、设计单位高度重视的问题。管桩与上部结构的连接也是基桩的关键部位之一，最早有仅将管桩顶端板焊接适量锚固钢筋与上部结构基础连接，这是一个并非最佳的连接方式；宜采用桩芯灌注一定高度的钢筋混凝土，桩身应有一定长度、桩顶锚固钢筋并桩芯混凝土内伸出的钢筋一起锚入基础混凝土内。桩芯混凝土的灌注高度可参照有关规范执行。PC 桩混凝土强度较低，通常为 C60，配筋、管壁厚度较轻型；主要适用于小型、多层建筑。沉桩方法与 PHC 管桩类似 |

| 序号 | 桩类型 | 主要适用条件 |
|---|---|---|
| 2 | 钻孔灌注桩 | **地质条件：** 填土、软黏土、硬黏土、砂土、密实砂土、砂砾、强风化岩、中微风化岩、岩石，地下水位高、含水量高。<br>**桩型类别：** 摩擦桩、摩擦端承桩、端承摩擦桩、端承桩、嵌岩桩、承压桩、抗拔桩、扩孔桩、围护桩、型钢支撑桩等，成孔直径已经可达 5 000mm 以上，桩长 120m 以上，大直径、超长桩多用于大型、特大型桥梁等工程中。<br>**施工工艺：** 干作业法钻孔灌注桩；泥浆护壁法钻孔灌注桩；套管护壁法钻孔灌注桩；钻孔机械成孔、灌注混凝土（水下），桩侧、桩底后注浆。<br>**特　　点：** 无挤土，无振动，低噪声，无废气排放，对施工现场环境影响较小；可做成超大直径、超长桩，单桩承载力高；辅以扩底、桩尖、桩身注浆工艺，可有效控制沉降，提高桩承载力；大直径桩可用以一柱一桩，简化上部结构；大直径可采用大间距布置形式，避免群桩效应；避免整桩运输，可以在桩身根据需要灵活配筋，采用较低的配筋率；可以做成嵌岩桩，这是预制桩无法达到的；现场施工环节较多，质量控制难度较大，水下灌注混凝土，易出现断桩、缩颈、桩身夹泥等事故，充盈系数较大，混凝土用量较高。特大型钻孔灌注桩成桩周期长，桩孔护壁要求高，尤其在砂性土层中成桩，否则易造成塌孔、断桩等事故。现场施工环境较差，施工措施费用较高；但超长、超大型钻孔灌注桩辅以桩周、桩尖后注浆工艺以其超大承载力而截至目前仍无其他桩型所替代。一般灌注桩控制沉渣厚度、桩孔缩颈、断桩、钢筋笼的实际设置长度、桩长、混凝土强度等质量问题仍是钻孔灌注桩所涉及的主要质量问题。与预制桩的造价相比，还要具体情况具体分析。由于现场灌注桩的混凝土是在现场灌注，为了灌注的方便需要较大的混凝土塌落度，而且，一般无法采用人工振捣或其他方法，使得混凝土更为密实，只能靠混凝土自密实。所以一般灌注桩的混凝土强度不会高于C40，没有发挥混凝土可以更高强度的优点，从而增加混凝土的用量，使得基桩自重有较大的增加。 |
| 3 | 挖孔灌注桩 | **地质条件：** 填土、软黏土、硬黏土、砂土、密实砂土、强风化岩、中微风化岩，地下水位较低、含水量较小、渗透系数小。<br>**桩型类别：** 摩擦桩、端承摩擦桩、端承桩、承压桩、抗拔桩、嵌岩桩等。<br>**施工工艺：** 人工或机械挖孔、导管式灌注混凝土。<br>**特　　点：** 主要为人海战，劳动生产率低，挖孔人员安全风险较大，直接灌注混凝土，混凝土浪费少。不适用于地下水位高、渗透系数大的地质条件，否则其措施费用较高，可改为其他方式成孔。为保证作业人员的安全：人工挖孔成孔方式不宜用于新填土、或受化学污染的场地；不宜用于沿海围垦区场地；不宜用于紧邻输水或污水隧道的场地；不宜用于下卧层为大孔性大理石的场地；不宜用于深度过深的基桩工程等；干式挖土机械较难在人工护壁的桩孔中展开挖土，易以损坏桩孔护壁，若采用钢管桩等其他护壁方式，可有限度地采用机械式挖土工艺，加快施工进度。其他特点与钻孔灌注桩类似。 |
| 4 | 冲孔灌注桩 | **地质条件：** 填土、抛石、软黏土、硬黏土、砂土、密实砂土、强风化岩、中微风化岩，地下水位较高、含水量大。<br>**桩型类别：** 摩擦桩、端承摩擦桩、端承桩，承压桩、抗拔桩，超长、超高承载力施工难度大。<br>**施工工艺：** 冲击成孔、泥浆护壁、水下灌注混凝土，桩侧、桩底后注浆。<br>**特　　点：** 施工速度较慢，效率较低，充盈系数比钻孔灌注桩更大，但可以解决特殊地质条件下的成孔问题，具有一定的挤土效应。尤其能够解决抛石中的灌注桩成孔问题。其他特点与钻孔灌注桩类似。 |

| 序号 | 桩类型 | 主要适用条件 |
|---|---|---|
| 5 | PHS 桩（高强预应力钢筋混凝土空心方桩） | 地质条件：填土、软黏土、硬黏土、砂土、密实砂土、砂砾、强风化岩，地下水位高、含水量高，但是在持力层为风化岩时，采用锤击沉桩方法，必须严格控制停锤贯入度，在贯入度突然变小时，应立即停锤。<br>桩型类别：摩擦桩、端承摩擦桩、承压桩、有限抗拔桩，超长、超高承载力施工难度大，不宜用于大型桩、超长桩。<br>施工工艺：静压法、锤击法、中掘法、水冲静压法、水冲锤击法等。<br>特　　点：工厂化生产，成本较低，制造质量易保证，施工较方便，抗拔性能差，自重较重，当采用整桩沉桩时，大型、超长桩，打桩船的起重能力难以达到。陆上沉桩同样受到沉桩设备起重能力的限制，难以沉设大型桩及超长桩。沉桩时将对周围地基产生挤土效应。边长为 300mm（中孔直径为 160mm）的空心方桩，桩壁最薄处厚度仅为 70mm，与直径为 300mm 的管桩主筋保护层厚度存在同样的问题；方桩的堆放、运输途中相对稳定，但沉桩时具有方向性，需要沉桩施工机械调整方向，否则不利于基桩的受力，且有可能因为桩平面方向的改变，加上沉桩的允许偏位，桩和基础梁边缘的距离小于规范规定的允许最小值。<br>　　与管桩相比，边长小于 500mm 的方桩与周长相当的管桩相比，PHS 桩的混凝土用量小于 PHC 桩；当 PHS 桩边长大于等于 550 后，与周长相当的管桩相比，PHS 桩的混凝土用量逐渐大于 PHC 桩；但 PHS 桩随着边长的逐渐增大，从边长 450mm 开始，桩接头出现问题的可能性大大增加。这是因为随着桩断面的加大，桩接头的焊缝高度始终没有变化。虽然，按照等强度设计的理念，桩断面的加大，焊缝长度也随之加大，但实际上，桩的轴力已经大大增加，而且桩的轴力并非均匀分布于桩的焊缝上，尤其是方桩的转角，该区域焊缝质量不易保证，但是，受力往往大于其他部位。桩型较小，由于焊缝强度大大于桩身应力，接头的弱点不易暴露。当桩断面越来越大时，就容易导致接头断裂。设计对桩的方向性有要求时，对接头受力更不利。因此 PHS（HKFZ、PS、KFZ）桩的接头设计能够进一步研究，做出相应的改进。 |
| 6 | 钢筋混凝土方桩 | 地质条件：填土、软黏土、硬黏土、砂土、密实砂土、砂砾、强风化岩，不宜用于地下水有侵蚀性或海水工况条件。<br>桩型类别：摩擦桩、端承摩擦桩、承压桩、抗拔桩，超长、超高承载力施工难度大，不宜用于大型桩、超长桩。<br>施工工艺：锤击法、静压法等。<br>特　　点：制作条件要求低，可进行现场预制，施工方便，但自重大，只能制作、沉设中小型桩，混凝土用量高、钢筋含钢量较高，成本较高，现场预制的多数为非预应力桩；由于是非预应力，桩易出现开裂、断桩。也可以工厂预制，做成预应力空心方桩。 |
| 7 | 预制钢筋混凝土板桩 | 地质条件：填土、软黏土、硬黏土、砂土、密实砂土、砂砾、强风化岩，在地下水有侵蚀性或海水工况条件下，应采取相应的措施。<br>桩型类别：摩擦桩、端承摩擦桩、挡土围护桩等。<br>施工工艺：静压法、锤击法、开槽钻孔埋入法，水冲法、振动锤法等。<br>特　　点：制作条件要求低，施工方便，由于通常采用非预应力，桩易出现开裂，在地质条件允许的情况下，采用大宽度预制板桩，可以达到理想的工效，替代现浇地下连续墙，桩长受到一定限制。 |

| 序号 | 桩类型 | 主要适用条件 | | |
|---|---|---|---|---|
| 8 | 沉管式灌注桩 | 地质条件：填土、软黏土、硬黏土、砂土、砂砾、强风化岩。<br>桩型类别：摩擦桩、端承摩擦桩等。<br>施工工艺：振动锤击法、锤击法、现场灌注混凝土等。<br>特　点：制作条件要求低，施工方便，具有挤土效应，桩易出现开裂，适用桩径较小、桩长较短，设计承载力较小的基桩。 | | |
| 9 | 大直径钻埋预应力混凝土空心桩 | 地质条件：填土、软黏土、硬黏土、砂土、密实砂土、砂砾、强风化岩等地质条件。<br>桩型类别：摩擦桩、端承摩擦桩、端承桩，可以制成大直径超长桩。<br>施工工艺：钻孔、预制安装、桩周回填，桩周、桩底注浆等。<br>特　点：成孔与灌注桩相似，管节制作可以达到较高强度，逐节安装省却了大型沉桩机械，可以达到其他预制桩难于达到的深度，施工方便，混凝土用料较省。但是管节沉放安装、预应力张拉、管节接缝密封、注浆等要求高，施工环节多，易导致质量事故，桩周和桩底注浆量大，施工周期较长，比预制打入桩施工周期长好几倍。 | | |
| 10 | 混凝土钢管桩 | 地质条件：填土、软黏土、硬黏土、砂土、密实砂土、砂砾、强风化岩等地质条件。<br>桩型类别：摩擦桩、摩擦端承桩、端承摩擦桩、端承桩、抗拔桩、抗水平力桩、挡土围护桩。<br>施工工艺：锤击法、静压法、水冲法等。<br>特　点：工厂制作、施工方便，质量易于保证，成本较高，桩强度高、刚度大，防腐要求高，自重较轻，可以制成大型长桩；穿透硬土层的能力较强；具有一定的挤土效应。 | | |
| 11 | 后张法预应力钢筋混凝土大管桩 | 地质条件：填土、软黏土、硬黏土、砂土、密实砂土、砂砾、强风化岩等地质条件。<br>桩型类别：摩擦桩、摩擦端承桩、端承摩擦桩、端承桩、抗拔桩、抗水平力桩、挡土围护桩。<br>施工工艺：锤击法、静压法、水冲法等。<br>特　点：制作、施工较方便，成本较高，桩强度高、刚度大，防腐要求高，自重较轻。离心法制成 2m～3m 管节，再在专用胎架上拼装至设计要求的桩长，管节预制时须预留张拉钢绞线的孔，拼装时管节端面须采用粘结剂，并将穿钢绞线的孔位对准，穿入钢绞线后对称张拉、孔道注浆、放张。详见相关规范。后张法预应力大管桩的直径一般为 1000mm～1800mm。后张法大管桩的优点在于管节制作设备较简单、小型化，管桩在整体张拉时利用桩身自身强度，张拉设备简单方便，但是效率较低，制作速度较慢，优点是可以做成大型超长桩，但是太大会受到沉桩设备起重能力的限制。 | | |
| 12 | 现浇钢筋混凝土板桩（地下连续墙） | 地质条件：填土、软黏土、硬黏土、砂土、密实砂土、砂砾、风化岩等地质条件。<br>桩型类别：抗水平力桩、挡土围护桩、地下外围护结构。<br>施工工艺：导墙定位、专用成槽设备成槽、泥浆护壁、水下灌注钢筋混凝土，接缝及桩底注浆等。<br>特　点：利用各种挖槽机械，借助于泥浆的护壁作用，在地下挖出窄而深的沟槽，并在其内浇注适当的材料而形成一道具有防渗（水）、挡土和承重功能的连续地下墙体。 | | |

| 序号 | 桩类型 | 主要适用条件 |
|------|--------|------|
| 12 | 现浇钢筋混凝土板桩（地下连续墙） | 开挖技术起源于欧洲。它是根据打井和石油钻井使用泥浆和水下浇注混凝土的方法而发展起来的，1950 年在意大利米兰首先采用了护壁泥浆地下连续墙施工，20 世纪五六十年代该项技术在西方发达国家及苏联得到推广，成为地下工程和深基础施工中有效的技术。由于目前挖槽机械发展很快，与之相适应的挖槽工法层出不穷；有不少新的工法已经不再使用膨润土泥浆；墙体材料已经由过去以混凝土为主而向多样化发展；不再单纯用于防渗或挡土支护，越来越多地作为建（构）筑物的基础，所以很难给地下连续墙一个确切的定义。<br><br>经过几十年的发展，地下连续墙技术已经相当成熟，其中以日本在此技术上最为发达，已经累计建成了 1 500 万 m² 以上，目前地下连续墙的最大开挖深度为 140m，最薄的地下连续墙厚度为 20cm。1958 年，我国水电部门首先在青岛丹子口水库用此技术修建了水坝防渗墙，到目前为止，全国绝大多数省份都先后应用了此项技术，估计已建成地下连续墙 120 万～140 万 m²。地下连续墙已经并且正在代替很多传统的施工方法，而被用于基础工程的很多方面。在它的初期阶段，基本上都是用作防渗墙或临时挡土墙。通过开发使用许多新技术、新设备和新材料，现在已经越来越多地用作结构物的一部分或用作主体结构，最近十年更被用于大型的深基坑工程中。通常地下连续墙主要被用于：（1）水利水电、露天矿山和尾矿坝（池）和环保工程的防渗墙；（2）建（构）筑物地下室（基坑）；（3）地下构筑物（如地下铁道、地下道路、地下停车场和地下街道、商店以及地下变电站等）；（4）市政管沟和涵洞；（5）盾构等工程的竖井；（6）泵站、水池；（7）码头、护岸和干船坞；（8）地下油库和仓库；（9）各种深基础和基桩地下连续墙。<br><br>之所以能得到如此广泛的应用，与其具有的优点是分不开的，地下连续墙具有以下一些优点：（1）施工时振动小，噪音低，非常适于在城市施工；（2）墙体刚度大，用于基坑开挖时，可承受很大的土压力，极少发生地基沉降或塌方事故，已经成为深基坑支护工程中必不可少的挡土结构；（3）防渗性能好，由于墙体接头形式和施工方法的改进，使地下连续墙几乎不透水；（4）可以贴近施工。由于具有上述几项优点，使我们可以紧贴原有建（构）筑物建造地下连续墙；（5）可用于逆作法施工。地下连续墙刚度大，易于设置埋设件，很适合于逆作法施工；（6）适用于多种地基条件。地下连续墙对地基的适用范围很广，从软弱的冲积地层到中硬的地层、密实的砂砾层，各种软岩和硬岩所有的地基都可以建造地下连续墙。（7）可用作刚性基础。目前地下连续墙不再单纯作为防渗防水、深基坑维护墙，而且越来越多地用地下连续墙代替桩基础、沉井或沉箱基础，承受更大荷载。（8）用地下连续墙作为土坝、尾矿坝和水闸等水工建（构）筑物的垂直防渗结构，是非常安全和相对经济的；（9）占地少，可以充分利用建筑红线以内有限的地面和空间，充分发挥投资效益；（10）工效高、工期短、质量可靠、经济效益高。<br><br>但地下连续墙也存在一些不足：（1）在一些特殊的地质条件下（如很软的淤泥质土，含漂石的冲积层和超硬岩石等），施工难度很大； |

| 序号 | 桩类型 | 主要适用条件 |
|---|---|---|
| 12 | 现浇钢筋混凝土板桩（地下连续墙） | （2）如果施工方法不当或施工地质条件特殊，可能出现相邻墙段不能对齐和漏水的问题；（3）地下连续墙如果用作临时的挡土结构，比其他方法所用的费用要高；（4）在城市施工时，废泥浆的处理比较麻烦；（5）由于地下连续墙成片采用泥浆护壁，配筋多，导致墙壁钢筋比例高，若作为永久性结构的一部分，必须采取相应的结构措施，如另行浇筑镶面钢筋混凝土，但在基坑外侧的露筋就很难处理，不利于达到结构的耐久性要求。<br>　　地下连续墙的分类：（1）按成墙方式可分为桩排式、槽板式、组合式等；（2）按墙的用途可分为防渗墙、临时挡土墙、永久挡土（承重）墙、作为基础用的地下连续墙等；（3）按墙体材料可分为钢筋混凝土墙、塑性混凝土墙、固化灰浆墙、自硬泥浆墙、预制墙、泥浆槽墙（回填砾石、黏土和水泥三合土）、后张预应力地下连续墙、钢制地下连续墙等；（4）按开挖情况可分为地下连续墙（开挖）、地下防渗墙（不开挖）等。 |
| 13 | 挤扩支盘灌注桩 | 地质条件：填土、软黏土、硬黏土、砂土、密实砂土、砂砾、强风化岩等地质条件。<br>桩型类别：摩擦桩、端承摩擦桩、端承桩、摩擦端承桩、抗拔桩等。<br>施工工艺：钻孔成孔、泥浆护壁、专用设备扩孔、水下灌注钢筋混凝土等。<br>特　　点：钻孔灌注桩的一种特殊形式。在钻孔成孔后，使用专用设备，根据桩身所在地质条件，对桩孔一处或多处及孔底进行挤扩，使桩身成为一个多支盘的挤扩桩形状，再对桩身灌注混凝土，形成一个桩身由多支盘受力的挤扩支盘灌注桩，可大大提高桩的承载力，在同样受力条件下，减少基桩沉降量，达到节约材料，降低工程造价的目的。但是，由于需要使用专用挤扩设备，增加了施工工序，延长了单桩施工周期，在砂性土壤条件下增加了缩颈、塌孔的质量风险。 |
| 14 | 预应力"U"型钢筋混凝土板桩 | 地质条件：填土、软黏土、硬黏土、砂土、密实砂土、砂砾、强风化岩等地质条件。<br>桩型类别：挡土桩、止水桩，主要用于工程围堰、施工围堰等。<br>施工工艺：静压或锤击沉桩、开槽埋桩等。<br>特　　点：板桩的抗弯、抗裂性能增强，工厂化预制，制桩质量易于保证，桩身混凝土强度较高，板桩缝需要进行防渗处理。 |
| 15 | 锚杆静压桩 | 地质条件：填土、软黏土、硬黏土、砂土、密实砂土、砂砾、强风化岩等地质条件。<br>桩型类别：摩擦桩、端承摩擦桩、端承桩、摩擦端承桩，主要用于提高已有建（构）筑物基础承载力、控制沉降、纠正已有建（构）筑物的沉降偏差等。<br>施工工艺：锚杆静压等。<br>特　　点：桩节长度受施工空间的限制，每节桩长 2～4m 的较多，主要为承压桩。 |

## 2.1.2 钢桩

采用钢材制作成型的桩，主要有钢管桩、钢板桩（锁扣型钢板桩、搭扣型钢板桩）、水泥土 H 形钢桩（SMW 工法桩）、钢构桩、钢管混凝土桩等。钢材材质主要有 Q235、

Q345 等，实际工程采用何种材质视设计经比较而定。

钢桩可用于各种基础、围挡、止水围护等，钢桩的特点是强度高、自重轻、施工方便，但是造价较高。

### 1. 钢管桩

钢管桩的直径主要有 $\phi 500$、$\phi 600$、$\phi 609$、$\phi 660$、$\phi 700$、$\phi 800$、$\phi 900$、$\phi 914$、$\phi 1\,000$、$\phi 1\,200$、$\phi 1\,500$、$\phi 2\,000$、$\phi 3\,000$ 等。由于钢管桩制作方便，根据设计计算承载要求可以更精确。钢管桩的长度、壁厚也是根据设计计算确定。

钢管桩适用于几乎所有建（构）筑物的基桩工程，当有特殊要求或在特殊环境中使用时要采取相应的防腐等措施。但往往由于造价较高，更多的建设单位望钢却步，更愿意采用混凝土或钢筋混凝土桩。

### 2. 锁扣型钢板桩

这是一种槽型、槽边缘带锁扣的钢板桩，既能挡土，又能防水。在地下水位较高的软土中，它利用密合性较好的锁扣，首先挡住了土和大部分的水，当板桩两侧形成水位差时，水和泥土会部分的渗过锁扣，由于锁扣的缝隙很小，泥土会很快地将锁扣的缝隙堵住，达到更好的止水效果。

锁扣型钢板桩单根最长可达 30m 甚至更长。可以周转重复使用，但会有一定损耗，应经过整修后使用，方可达到相应的效果并方便沉桩施工。

### 3. 搭扣型钢板桩

主要采用热轧槽钢等型钢，槽钢在沉入时一正一反，将槽钢的槽口搭接起来，所以称为搭扣型钢板桩。搭扣型钢板桩主要作用是挡土，主要材料是热轧槽钢，长度一般在 12m 以内。一般采用 24 – 36 型号的槽钢。

### 4. SMW 工法桩

是水泥土搅拌排桩与 H 型钢桩两者结合的典范。水泥土搅拌排桩具有连续止水的效果，但是抗弯能力很差，而插入 H 型钢桩后，既不影响水泥土排桩的止水效果，又大大增加了其抗弯能力、抗剪能力。因此，被广泛运用于软土地基的基坑围护工程中。

### 5. 钢构桩

通常以型钢插入混凝土内制成的桩，国内常见于深基坑的支撑桩等。

现在，城市空间越来越宝贵，许多大型公共建筑需要构建地下二层或三层甚至更多的地下空间；也有很多将道路建成高架或隧道。大型公共建筑地下空间大，开挖深度深。为了保证周围地基的安全，便于基坑的开挖施工，需要在基坑上搭设临时性栈桥。临时性栈桥的基桩必须达到施工地坪的高度，一般基桩会严重影响建（构）筑物底板和各层地下室楼板钢筋的安装。采用底板以下部分是混凝土灌注桩，底板以上部分是角钢组成的钢桩（我们通常称作为"格构柱"），只要钢筋稍作弯曲，就可以穿在其中，解决了底板和楼板钢筋不能穿越的难题。施工完成，底板以上暴露的格构柱将被拆除。钢结构的拆除也是比较方便的。

也有将型钢与混凝土预制成型钢混凝土桩，再沉入地基。

### 6. 钢管混凝土桩

钢管桩与混凝土桩相结合的一种桩型。可以按上下分，部分混凝土部分钢管，通常上部为混凝土桩，下部为钢管桩，可以容易地穿过相应的硬土层，同时还可以减轻整桩的重量，便于沉桩设备起吊沉桩。可以内外分，通常外围为钢管，管内为混凝土或钢筋混凝土，工程上常叫做外钢内混凝土。还有桩尖使用钢管桩的，主要是为了便于穿过或进入一定深度的硬土层。外钢内混凝土常用于特殊环境条件下的基桩工程或有特殊要求的基桩工程。施工方法常有先打入钢管桩，按要求取出桩内土体，再灌注钢筋混凝土；也有预制成钢管混凝土桩，直接沉入地基。

各类钢桩的适用条件见表2.1-2。

表 2.1-2　钢桩、木桩以及其他各类桩的适用条件

| 序号 | 桩类型 | 主要适用条件 |
|---|---|---|
| 1 | 钢管桩 | 地质条件：填土、软黏土、硬黏土、砂土、密实砂土、砂砾、强风化岩。<br>桩型类别：摩擦桩、端承摩擦桩、端承桩、摩擦端承桩，承压桩、抗拔桩，适宜用于超长、超高承载力基桩。<br>施工工艺：锤击法、静压法、中掘法、水冲静压法、水冲锤击法、振动法等。<br>特　　点：强度高，制作、施工方便，工厂生产，重量轻、造价高，抗腐蚀性能一般。 |
| 2 | 钢板桩 | 地质条件：填土、软黏土、硬黏土、砂土、密实砂土、砂砾、强风化岩。<br>主要用途：挡土、挡水、围堰。<br>施工工艺：振动法、静压法、锤击法等。<br>特　　点：特殊形状，抗渗性较好，刚度较大，用于特殊部位、特殊情况，工厂生产，施工速度快。 |
| 3 | 型钢搅拌桩（SMW工法） | 地质条件：填土、软黏土、硬黏土、砂土、密实砂土、强风化岩。<br>主要用途：挡土、挡水、围堰。<br>施工工艺：搅拌振动法、搅拌静压法、搅拌锤击法。<br>特　　点：基本切断渗水水流，具有一定的抗水平力和抗弯性能。 |
| 4 | 钢管混凝土管桩 | 地质条件：填土、软黏土、硬黏土、砂土、密实砂土、砂砾、强风化岩。<br>桩型类别：摩擦桩、端承摩擦桩、端承桩、摩擦端承桩，承压桩、抗拔桩。<br>施工工艺：锤击灌注法、静压灌注法、锤击法、静压法、中掘法、水冲静压法、水冲锤击法。<br>特　　点：制作、成桩方便，造价较高。 |

| 序号 | 桩类型 | 主要适用条件 |
|---|---|---|
| 5 | 型钢支撑桩 | 地质条件：填土、软黏土、硬黏土、砂土、密实砂土、砂砾、强风化岩、中微风化岩。<br>桩型类别：支撑桩、型钢桩。<br>施工工艺：钻孔灌注法、挖孔灌注法、冲孔灌注法，预制沉入法。<br>特　　点：下部为混凝土灌注桩，上部为型钢格构柱，型钢为预制安装，方便基础结构的施工，又可保证施工栈桥、平台的施工安全。 |
| 6 | 木桩 | 地质条件：填土、软黏土、硬黏土、砂土、密实砂土、砂砾、强风化岩。<br>主要用途：板桩、景观板桩、支撑桩。<br>施工工艺：夯击法、锤击法、振动法、埋入锤击法等。<br>特　　点：制作方便，材料环保，桩型较小，不宜承受较大荷载，视环境条件，耐久性差异大。 |
| 7 | 水泥土搅拌桩 | 地质条件：填土、软黏土、硬黏土、砂土、密实砂土、强风化岩。<br>主要用途：挡土、挡水、围堰、地基加固等。<br>施工工艺：搅拌注浆法，搅拌粉喷法。<br>特　　点：在软土地区的基础工程中，水泥土搅拌桩往往做成重力式基坑挡土墙，这种挡土墙的优点是：施工方便。基坑内没有支撑，基坑开挖方便，基础基桩施工部分后围护桩就可同步施工。缺点是：这种挡土墙的挡土能力有限，抗剪、抗位移能力较差，一旦位移又遇到雨季，基坑易发生危险，施工质量较难控制，水泥掺量不易保证，造价较高，增加基坑周围后续的开挖施工难度。 |
| 8 | 石桩 | 地质条件：填土、软土、砂土等。<br>主要用途：地基加固、挡土。<br>施工工艺：插入法、夯击法、埋置法。<br>特　　点：利用天然石材，强度高。 |
| 9 | 砂、碎石桩 | 地质条件：填土、软黏土、砂土、强风化岩等。<br>主要用途：挤密、排水、地基加固，提高地基承载力。<br>施工工艺：钻孔灌注法、振动沉管灌注法、锤击沉管灌注法。<br>特　　点：工艺简单，取材方便，造价较低。 |
| 10 | 水泥、粉煤灰、碎石桩（CFG桩） | 地质条件：填土、软黏土、粉土、砂土、强风化岩等。<br>主要用途：挤密、排水、地基加固，提高地基承载力。<br>施工工艺：钻孔灌注法、振动沉管灌注法、锤击沉管灌注法。<br>特　　点：工艺简单，取材方便，造价较低。 |
| 11 | 灰土桩 | 地质条件：填土、软黏土、湿陷性黄土等。<br>主要用途：挤密、地基加固。<br>施工工艺：人工或机械挖孔，在孔中夯填一定比例的灰土。<br>特　　点：取材、施工方便，加固深度较浅。 |

| 序号 | 桩类型 | 主要适用条件 |
|---|---|---|
| 12 | 塑料套管混凝土桩（TC桩） | 地质条件：填土、软土等。<br>主要用途：地基加固。<br>施工工艺：沉放扩孔桩尖、塑料套管，灌注混凝土、桩顶插筋。<br>特　点：桩径小、现场灌注，施工较方便，当桩长超过 20m 时成本高于预应力管桩。主要用于高速公路路基加固；可以在其他工程中推广运用。 |
| 13 | 布袋注浆桩 | 地质条件：填土、软土等。<br>主要用途：挤密、地基加固。<br>施工工艺：机械钻孔成孔、安放土工织物袋、往织物袋内注浆。<br>特　点：高压注浆，挤密加固土体，提高软土地基的承载力；主要用于铁路路基加固。 |
| 14 | 其他（合成）材料桩 | 地质条件：填土、软黏土、砂土、强风化岩等。<br>主要用途：景观排桩、地基加固、排水等。<br>施工工艺：振动法、锤击法、振动插管法等。<br>特　点：制作方便，机械化、工厂化程度较高。 |

## 2.1.3　木桩

使用木材制成方形或圆形的桩。由于建（构）筑物越来越高大，基桩所要承受的荷载越来越大，木桩越来越不能满足工程使用的需要，也由于木材的资源稀缺性、强度低，通常建（构）筑物的基础已经不再使用木桩。

目前，木桩常用于景观性河岸围挡（景观驳岸）等部位。木桩的特点是取材加工方便，重量轻，环境污染小。如采用混凝土桩作为河道景观驳岸的基桩，在一定时间内桩周围的水体会呈碱性，影响水体生物的生长。

## 2.1.4　水泥土桩

亦称水泥土搅拌桩。利用水泥或水泥浆与泥土搅拌而成的桩，施工方便，造价较低，但是强度较低，抗剪强度、抗拉强度均较低。通常用于地基加固、围护止水等。水泥桩包括单头水泥土搅拌桩、双头水泥土搅拌桩、三头水泥土搅拌桩、旋喷桩等。

有的文献将水泥土搅拌桩等归类为柔性、半柔性桩。

## 2.1.5　注浆微型桩

注浆微型桩群支护体系，简称"注浆微型桩"，是在滑坡体抗滑段采用两排或多排钻孔，下入钢花管（常用直径 60～90mm）进行压力注浆，用于加固钢管周围的滑坡体、滑面及其以下的岩土体，使密排的钢花管微型桩及其间的岩土体形成一个坚固的连续整体，共同起抗滑挡墙作用。

**1. 抗滑挡墙主要作用**

（1）支挡作用：钢管及其周围的水泥浆体形成一个微型桩，许多微型桩密布在滑体上，穿过滑动面嵌入滑床基岩中成为锚固桩，从而对滑体产生支挡作用，增加抗滑力。

（2）增阻作用：劈裂注浆形成树根桩，浆液凝固时具有黏聚性和吸水性，将滑体和不动体黏聚形成一个扩散状复合体，使滑带土的性质得到改善，提高黏聚力、内摩擦角，增大摩擦阻力，从而改善滑面处岩土体的抗滑作用。

（3）抗滑挡墙作用：多排微型桩及其间被加固的岩土体形成了一连续的抗滑挡墙，在滑坡整治工程中起到挡土墙的作用。

（4）挤密加固作用：通过水泥浆体的充填、挤密，使岩土体密度加大，空隙减少，渗透系数减小，从而减少地表水的渗入，提高滑体的稳定性。

**2. 优点**

便于施工，对环境破坏小，钢材和水泥用量较少，比较经济。

**3. 注浆微型桩群支护体系适用范围**

（1）适用于治理含水量大的崩坡积、残坡积等软黏土滑坡。

（2）滑坡滑体厚度不大。

（3）滑坡存在抗滑段。

## 2.1.6 石桩

用整块石材做成的桩。包括方桩、板桩等。多用于古代的桥梁、驳岸、内河码头等部位。

## 2.1.7 砂、碎石桩

利用钢管等沉入软土地基内，在拔出钢管的同时灌入孔中砂或碎石，形成砂、石桩。砂石桩主要起到挤密加固地基，排水固结土壤的作用。

## 2.1.8 CFG 桩

意为水泥、粉煤灰、碎石桩，由碎石、石屑、砂、粉煤灰掺水泥加水拌和，用各种成桩机械制成的可变强度桩。

## 2.1.9 灰土桩

在人工挖掘的桩孔中夯填 2:8 或 3:7 的灰土形成的桩。主要适用于地下水位较低、承载力要求不高的杂填土，也可用于湿陷性黄土的地基加固。

## 2.1.10 塑料套管混凝土桩（TC桩）

在软土中预插入塑料套管，再往塑料套管中灌入混凝土，形成软土地基中的支撑结构。主要用于高速公路的软基加固。

塑料套管混凝土桩由钢筋混凝土桩尖、塑料套管、套管内现浇混凝土、桩顶插筋等组成。钢筋混凝土桩尖略大于塑料套管，起到扩孔、顺利将塑料套管埋入地下并提高桩尖承载力的作用；塑料套管相当于地下现浇混凝土桩的模板，现浇混凝土形成桩身；桩顶插筋便于和上部结构连接。

钢筋混凝土桩尖直径为 $\phi 250 \sim 350mm$ 圆台型，顶面埋设有相应的塑料套管，便于与上部的塑料套管连接；塑料套管为 $\phi 160 \sim 200mm$ 的 PVC 波纹管；混凝土采用 C25（粗骨料粒径小于 25mm，混凝土塌落度为 18 ~ 22mm）；桩顶插筋根据设计需要设置。

沉管埋设设备主要采用液压打设机、静压振动打设机等设备，混凝土灌注采用常用的混凝土灌注设备；采用小型超长振捣棒振捣。

钢筋混凝土桩的优点是桩径小，桩周比表面积大，在桩长小于 20m 的范围内，与其他地基加固的方式相比在经济上具有优势，施工比较简单，与沉管灌注桩相比不易导致断桩事故。缺点是加固深度不宜超过 20m，加固深度超过 20m 时，PC 桩具有明显的优势；且与 PC 桩相比施工步骤多，质量保证性低。其受力性能有待进一步研究。

## 2.1.11 布袋注浆桩

布袋注浆桩是注浆技术与土工织物应用的新技术，是以土工织物袋和注浆浆液形成的似圆柱状硬化体，加固软弱土体的新工艺。主要原理是：利用取土设备成孔，将土工织物袋送入设计深度的孔内，通过注浆管高压注入水泥浆成桩。高压注浆膨胀织物袋挤压周围土体产生挤密作用，土工织物袋具有排水、隔水、加筋作用，硬化后桩体与桩间土形成人工复合地基，使地基的稳定性和承载力得到提高；最终达到加速土体固结、提高土体承载力、减少土体压缩变形的效果，以有效控制地基的工后沉降，满足地基的稳定性。

## 2.1.12 其他（合成）材料桩

天然材料、有机合成材料以及其他合成材料制成的桩。主要有天然的毛竹桩、塑料排水板（桩）、橡胶桩、合成木材桩、塑料混凝土管桩等。

以上各类桩的适用条件详见表 2.1-2。

## 2.2 按形状分

### 2.2.1 圆形桩

截面为圆形的基桩，包括圆环形和圆柱形。圆环形主要有钢管桩、先张法预应力钢筋混凝土管桩、后张法预应力钢筋混凝土管桩、毛竹桩等，圆柱形主要有就地灌注桩、搅拌桩、木桩、钢管混凝土桩、旋喷桩、砂、石桩等。钢管桩、钢筋混凝土管桩成型方便，易以工厂化、机械化生产；钢筋混凝土管桩结合高压蒸养工艺，可以大大缩短养护周期，提高工厂产量。圆形桩另一个特点是，理论上在各个水平方向上的抗弯力矩相同，这给沉桩带来方便，也与方桩形成了鲜明的对比。

### 2.2.2 方桩

截面为方形的基桩。主要有钢筋混凝土方桩、钢方桩、木方桩等。最常用的是钢筋混凝土方桩。主要有预应力钢筋混凝土空心方桩、高强预应力钢筋混凝土空心方桩、非预应力钢筋混凝土方桩等。钢筋混凝土方桩沉桩时须注意桩的方向，通常桩边线应与轴线平行，设计有特殊要求应按设计要求。这对沉桩时桩架行走的方向也有相应的要求。

### 2.2.3 矩形桩

桩截面为矩形的基桩。主要有钢筋混凝土矩形桩、钢矩形桩、木矩形桩等。矩形桩主要用于不同方向具有不同受力要求的部位或工程，包括矩形板桩等。矩形桩对沉桩方向有严格的要求。必须按照设计图纸规定，长边与长边一致，短边与短边一致。

### 2.2.4 板桩

主要用于挡土、挡水的基桩，同时承受相应的垂直荷载。主要包括钢筋混凝土板桩、钢板桩等，钢板桩又分拉森钢板桩、槽钢板桩、其他型钢板桩。钢筋混凝土板桩主要用于挡土结构，当给予板桩缝适当处理后，还可以挡水。拉森钢板桩是近似 U 形的钢板桩，在桩的两侧都有锁口，沉桩时可将锁口锁住，锁口既可起到连接作用，也可挡水，既是一种基桩，也是一种快速施工的器具，还可以拔出重复使用。为配合拉森板桩的施工，需制作异形板桩、定位桩。如果把板桩的截面加以扩大，就成了地下连续墙，地下连续墙也是板桩的一类。

### 2.2.5 楔形桩

预制或就地成型的楔形短桩。主要作用为挤密浅层土体，改善土的物理、力学性质，提高地基承载力。楔形桩的主要形状如图 2.2-1。楔形桩在含水量较高的软土地基中使用效果较差。在软土地基中,当桩沉入一定数量后,由于挤土效应、孔隙水压力的作用,很快会将楔形桩挤出地面,从而失去加固作用。

图 2.2-1　楔形桩各种形状

## 2.2.6　地下连续墙

采用专用施工机械成槽或成孔后,浇筑混凝土或插入预制混凝土构件所形成的连续地下墙体。地下连续墙可用于基坑围护、地下建筑的外围护结构,水利、航务工程建(构)筑物的挡墙等。可以做成一字形、L 形、T 形,甚至弧形等形状。一般都是现浇钢筋混凝土结构,也可以采用预制沉入式钢筋混凝土板式结构。

地下连续墙需使用专用成槽设备,一般采用泥浆护壁。地下连续墙通常分段施工,每一段称之为"一幅"。为了尽可能减少段与段之间接缝可能发生的渗水,导致墙后土体流失,需要采取多重措施对其进行防范。从墙体的段与段之间的连接可以分为柔性接头与刚性接头。从接头的构造情况看刚性接头的止水效果好于柔性接头。第二重防范措施,在墙体的内外采取止水措施。墙外使用高压旋喷桩等设置止水帷幕,墙内采取注浆堵漏等方法进行防渗,另设置引流槽,将可能发生的渗水引导至集水井,再通过机械集中排出。

地下连续墙的优缺点详见 2.1.1 节。

## 2.2.7　大头桩

根据承台结构的需要,桩顶比桩身有规则地要大的基桩。常用于水下结构的施工。由于水下施工难度较大,常将桩顶做成大头,将其作为承台的一部分,减少水上施工工序。如船台水上部分的基桩等。

## 2.2.8　扩孔桩

将桩尖或桩身直径扩大的基桩,主要用在就地灌注桩等基桩中。桩尖直径扩大的方法主要有人工扩孔、机械扩孔、爆破扩孔、注浆扩孔等。前三种可以称之为明扩,后一种称为暗扩。

明扩是将桩尖或部分桩身直径扩大后再灌注混凝土，混凝土灌注完毕就形成了桩尖直径比桩身直径大的基桩。暗扩则是灌注桩已经完成混凝土的灌注程序，在事先预埋的钢管内通过压力在桩尖或桩身局部部位注入一定量的水泥浆，形成桩尖的特殊加固土体，有的可以达到或相当于桩身的一部分，可以提高桩的承载力，减少桩的沉降量。

## 2.2.9 树根桩

采用钻机在地基中成孔，放入钢筋或钢筋笼，采用压力通过注浆管向孔中注入水泥浆或水泥砂浆，形成小直径的钻孔灌注桩。由于采用小型钻机施工，可在土中以不同的倾斜角度成孔，从而形成竖直的和倾斜的桩，用于加层改造工程的地基加固、在既有建（构）筑物下施工地下隧道时对既有建（构）筑物基础的托换，或用于作为边坡上建（构）筑物以及码头下提高地基承载力和边坡稳定性。树根桩的直径宜为 150 ~ 300mm，桩长不宜超过 30m，桩的布置可采用直桩型或网状结构斜桩型。

树根桩法适用于淤泥、淤泥质土、黏性土、粉土、砂土、碎石土、黄土和人工填土等地基土上既有建筑的修复和增层、古建筑的整修、地下铁道的穿越等加固工程。

## 2.2.10 竹节桩

竹节桩包括预制竹节形管桩、竹节形钻孔灌注桩。竹节形管桩是将管桩模板做成竹节形，制成的管桩就是一节一节的竹节形管桩。竹节形钻孔灌注桩主要是运用钻孔灌注桩钻机的不同转速形成不同孔径的钻孔灌注桩。竹节形桩都是为了提高桩周的摩阻力而设计的，达到提高部分承载力的目的。竹节桩提高承载力的效果尚有待进一步研究。见图 2.2-2。

图 2.2-2 竹节桩形状示意图

## 2.3 按用途分

### 2.3.1 承压桩

承受基础承台传给的压力的基桩。大部分工程桩属于承压桩。承压桩包括端承桩、端承摩擦桩、摩擦端承桩、摩擦桩等。承压桩通常有混凝土或钢筋混凝土桩、钢桩等，可以是预制桩，也可以是就地灌注桩。

承压桩的特点是以承受压力为主。预制桩除了桩尖设置桩靴外，通常从桩尖至桩顶材料、形状基本一致，其中一个很大的原因是因为预制桩在沉桩进入持力层时，桩身各处承受的锤击应力比较相近；而在使用过程中，桩的下部受的力要小一些，尤其是摩擦型桩。就地灌注桩可以充分利用混凝土的承压特点，桩内的钢筋布置可以分段考虑，桩上部配筋较多，中部少量配筋，下部更少或不配筋。这是因为桩没有绝对的承压，也没有绝对的受拉，在施工、使用的各个不同阶段，或同一阶段，其受力状况都是变化的，按受压或受拉进行区分，是基桩在使用过程中的主要受力状态。

### 2.3.2 抗拔桩

承受抗拔力的基桩。在工程中常常需要抵抗向上的力，这个力通过基础传至基桩。如地下室空间会受到地下水的浮托力；当其上的建筑（构）物自重不足以抵消浮托力时，基桩就会受到向上的拉力。为了建（构）筑物的稳定，建筑师利用基桩将基础拉住，将整个建筑拉住，这种桩就是抗拔桩。抗拔桩可以是预制桩，也可以是灌注桩。抗拔桩的一个很大的特点就是，比承压桩配置更多的钢筋，如果是就地灌注桩，必须整根桩都要配置钢筋，因为混凝土的抗拉能力远小于抗压能力，而抗拔桩整根桩都要发挥抗拉能力。

### 2.3.3 抗拉、压桩

很多桩在施工和使用的不同阶段既受拉也受压，不同阶段受拉压情况不一样。预制桩在锤击沉桩过程中就是既受压又受拉；很多深基坑的基桩，在基坑至上部结构施工至一定高度的阶段，为了抵抗地下水的浮托力，基桩处于受拉状态，上部结构的自重大于浮托力，基桩才承受压力。

### 2.3.4 挡土桩

能挡住土方、承受一定的土体压力的基桩。挡土桩主要有钢筋混凝土板桩、钢板桩、预制管桩、就地灌注桩、木桩、水泥土搅拌桩等。

## 2.3.5 止水桩

能挡住水的基桩，且能达到一定的止水程度。主要有拉森板桩、钢筋混凝土板桩、水泥土搅拌桩等。

## 2.3.6 锚定桩

用于拉锚结构的基桩。如锚定板桩等。

## 2.3.7 支架桩

工程中常用于便道、便桥、施工支架的基桩，施工中常用的有木桩、钢混凝土桩、钢桩等。

## 2.3.8 抗水平力桩（斜桩）

能够较大程度抵抗水平力的基桩。垂直沉入地基的桩抵抗水平力的能力较差。如果要提高普通垂直沉入地基的桩的水平抵抗能力，就要把桩的直径或边长做得比较大，这样就增加了造价，而且增加了施工难度；为了既节约造价、方便施工，又能够较大程度地抵抗上部结构传来的水平力，工程技术人员采用斜桩这一结构形式，达到两全其美的效果。

但是正常情况下，一般建（构）筑物是不设斜桩的。通常，建（构）筑物受到的水平力（风的侧向压力、水流力、土压力等）较小，施工过程中的水平力应在施工方案中采取一些临时措施加以解决，避免无端增加造价。地下室外墙所承受的水平力，通常对于整个建（构）筑物来说，两个方向基本是对称的，所以，只要建（构）筑物内部能够抵抗土体压力就可以了。在水运、水利、公路、桥梁等建（构）筑物中，建在岸边、边坡等位置的建构（筑）物，就需要单边抵抗土压力或水压力的作用，这时需要采用各种不同的结构来抵抗相应的水平力。码头为了抵抗船舶水平撞击力，高桩码头通常会设有斜桩。

## 2.3.9 挤密桩

利用端部可封闭的钢管沉入软土地基，然后拔出钢管，灌入砂、碎石，达到排水、挤密地基的效果。楔形桩也可认为是挤密桩的一种。通常对浅层地基加固具有一定的效果，且施工比较方便。砂、石桩就是其中的主要类型。

## 2.3.10 排水桩

在软土地基中采用一定工艺，设置相应的纵向排水通道，排出土体中的水，达到固结土体、提高土体的承载力、降低土体的自然沉降的目的。主要有塑料排水板（桩）、砂、碎石桩等。

### 2.3.11 增强桩

在空心钢筋混凝土桩的上部（接近桩顶的一定范围内）数米至十数米（根据桩的承载力计算确定）填入一定强度的混凝土或钢筋混凝土，增强桩顶的承载力，达到提高整根桩的承载力的目的。而近桩尖部位桩身的受力较小，桩空心部位不填混凝土，达到节约材料、提高整桩承载能力的效果。

### 2.3.12 应力释放桩

也称应力释放孔，是对某一区域布置一定数量、一定直径的钻孔，达到释放地基应力（孔隙水压力）的作用等。

### 2.3.13 隔离桩

用于不同地基、不同承载力地基之间的分隔，防止引起不均匀沉降的基桩。

### 2.3.14 纠偏桩

用于已有建（构）筑物纠正平面位置或标高偏差的基桩。纠偏桩实质上还是承压桩。因为主要用于建（构）筑物不均匀沉降的调整，所以称之为纠偏桩。纠偏桩的特点是一般在建（构）筑物竣工或结构完成以后实施施工，因此会受到环境、场地等诸多条件的限制。如可能需要在室内进行基桩施工，施工机械和每节桩的长度将受到极大的限制，每节桩长小于施工空间的高度，纠偏桩的施工顺序、速度，事先都要进行详细的安排。

有时，一种桩需要发挥多种功能，如既要挡土又要止水、既要受压又要受拉、既要受压又要抗水平力等。具体用途根据工程使用需要确定。

## 2.4 按成型工艺分

### 2.4.1 预制成型桩

在工厂或现场预先制作的基桩，简称为预制桩。预制桩的种类很多，主要包括先张法高强预应力钢筋混凝土管桩、先张法高强预应力钢筋混凝土空心方桩、后张法预应力钢筋混凝土管桩、先张法预应力钢筋混凝土方桩、预制钢筋混凝土方桩、预制钢筋混凝土板桩、钢管桩、钢板桩、木桩、毛竹桩和其他合成材料预制桩等。

预制成型桩由于是在工厂或现场预制，比较容易做成各种需要的形状，达到受力性能较好、比较经济的目的。

预制混凝土桩可以比较容易地制成预应力高强混凝土桩,达到节省材料、降低桩身自重、节约造价等目的。因为,一是具有良好的浇筑、养护环境;二是可以使用塌落度较小的混凝土,且具有可以使混凝土达到比较密实程度的工艺措施。

**1. 先张法预应力钢筋混凝土管桩**

给钢筋混凝土管桩内主钢筋预先施加拉应力、采用离心法制作成型、进行一定方式的养护制成的桩。预应力钢筋混凝土管桩分两大类:一类是先张法预应力钢筋混凝土管桩,另一类是在混凝土成型后再张拉钢筋,称为后张法预应力钢筋混凝土管桩。先张法每节预应力钢筋混凝土管桩的两端都有圆环状的经加工过的钢板,叫端板。接桩时只要将两块端板进行焊接即可完成。先张法预应力混凝土管桩又分先张法预应力高强混凝土管桩(代号 PHC,采用高温高压蒸养,混凝土强度为 C80)、先张法预应力钢筋混凝土管桩(代号 PC,常压蒸养,混凝土强度为 C60)、先张法预应力混凝土薄壁管桩(代号 PTC,常压蒸养,混凝土强度为 C60)。各类预应力混凝土管桩广泛运用于工业与民用建筑、铁路、公路与桥梁、港口、水利、市政等工程的建(构)筑物基桩工程中。也是目前建设工程中使用较多的一种预制桩型。

**2. 先张法预应力钢筋混凝土空心方桩**

主要有先张法预应力高强混凝土空心方桩(代号 PHS 或 HKFZ,混凝土强度为 C80)、预应力混凝土空心方桩(代号 PS 或 KFZ,混凝土强度为 C60)。

**3. 预应力混凝土空心方桩**

在专用的台座上生产,大约只在桩身中间的 3/4 存在空心,多数桩顶和桩尖不空心。预应力混凝土空心方桩可以制成多节桩也可以制成整根长桩或超长桩。目前基本上已经被 PHC、PHS 桩替代。

**4. 预制钢筋混凝土方桩**

为非预应力钢筋混凝土桩,其制作工艺简单,制作场地的适应性强,可以在工厂制作,也可以在现场制作。

工厂制作,可以采用工业化模板,周转次数多,钢筋的加工安装可以按工厂化、专业化的要求进行,相对效率较高;但是桩的运输成本较高,尤其是长桩运输难度更大。

现场制作,可以采用特殊的现场制作工艺:叠合与半叠合制作工艺。即将施工现场的地面作为制桩场地,通常第一层在地坪上浇筑 100mm 厚的素混凝土垫层基础,相对对制作场地的要求比较低,场地的投入少。以单双号为基桩的分批制作批次,当第一批次为单号桩,制作完成,混凝土强度达到拆模强度时,双号位置的空位,即为下一批次制作桩的位置。只要在空位上涂好脱模隔离剂、装上桩尖、桩顶位置的模板,安装好钢筋笼、吊环等构件就可以浇筑混凝土了,这种将上一批次的桩,作为下一批次桩的模板的制作工艺称为叠合法制桩工艺。一般地基可以叠制三层。

半叠合法,只有上下叠合,而不能平面叠合的制作工艺,称为半叠合法制桩工艺。一般地基可以叠制三层。如现场制作有槽隼的钢筋混凝土板桩等。

**5. 预制钢筋混凝土板桩**

有槽隼的钢筋混凝土矩形桩,主要用于挡土等。预制钢筋混凝土板桩可以在工厂制作,也可以在现场制作。

现场制作钢筋混凝土板桩的制作工艺就是半叠合法制桩工艺。现场制作的一大优点是不需要运输大型超长构件,尤其是进场道路受到限制时,优势更为明显。

**6. 大直径钻埋预应力混凝土空心桩**

详见 2.1 节。

**7. 钢管桩**

通常是将设计厚度的钢板卷成一定直径的钢管形成的基桩。钢板卷管主要有两种形式:一种是螺纹卷管,称为螺纹焊制钢管桩;一种是直缝卷管,称为直缝焊制钢管桩。使用卷板、自动螺纹钢管卷制设备、自动焊接制成的钢管桩,称为螺纹焊制钢管桩。直缝焊制钢管桩则采用钢板卷制,直缝焊接制成。

**8. 钢板桩**

钢材通过热轧成型或钢板焊接成型的各种板桩。主要有 U 形钢板桩(拉森钢板桩)、槽型钢板桩、V 形钢板桩、一字型钢板桩等。

**9. H 型钢桩**

主要由轧钢厂热轧成型的 H 型钢制成的钢桩。国内常用于软土地基的围护工程中。

**10. 预制注浆桩**

采用一定的方式或工艺,制桩时埋入相应的注浆管道,待沉桩完毕后,按照设计要求在桩尖或相应的桩身部位注入一定量的水泥浆,达到消除桩尖空隙、提高桩身承载力、减少基桩的初期沉降等目的。详见发明专利"一种预制桩后注浆装置及其工艺"(申请号 201410490010.8)。

## 2.4.2 现场成型桩

在施工现场、设计所要求的桩位上,使用一定的设备、采用一定的工艺去除相应的土体、灌注相应的桩身材料或通过搅拌相应的土体、注入相应的凝结材料,就地形成基桩的施工工艺,统称为现场成型桩。

为了现场成型的方便,现场成型桩多数为圆形。当有特殊需要时可做成板形、T 形、L 形等。

**1. 混凝土灌注桩**

采用各种成孔工艺,在地基岩土内形成桩孔,安放钢筋笼后或直接灌注混凝土形成的桩,称为混凝土灌注桩。混凝土灌注桩可以作为建(构)筑物的基桩,也可以作为基坑围护桩等。

(1)钻孔灌注桩

采用各种钻机在地基岩土内钻孔形成的混凝土灌注桩,叫做钻孔灌注桩。钻孔灌注桩包括扩孔钻孔灌注桩、竹节形钻孔灌注桩、桩尖注浆钻孔灌注桩、套管型钻孔灌注桩等。钻孔灌注桩还可分为承压型钻孔灌注桩、抗拔型钻孔灌注桩、抗弯型钻孔灌注桩等。

钻孔灌注桩可以组成排桩,作为围护挡土桩。

a. 扩孔钻孔灌注桩:采用相应的钻孔设备,扩大桩尖孔径的钻孔灌注桩,称为扩孔钻孔灌注桩。

b. 竹节形钻孔灌注桩:详见 2.2.10 节。

c. 桩尖注浆钻孔灌注桩:在钻孔灌注桩的钢筋笼上安装 1 ~ 3 根直径约为 20mm 的钢管,在基桩混凝土强度达到一定值后,对桩尖注入一定比例的水泥浆,可根据桩径、地基性质、承载要求等确定注浆数量及其他参数。

d. 套管型钻孔灌注桩:利用钢管作为套管,在套管内钻孔、清除泥土,灌注混凝土或钢筋混凝土形成的桩。

e. 承压型钻孔灌注桩:承压型钻孔灌注桩是从其受力性能进行区分的,主要承受上部结构传来的压力。主要特点是桩身可以部分配筋,而不是全桩配筋,这是利用其受力特性,节约钢材。预制桩通常采用上下相同的桩材。

f. 抗拔型钻孔灌注桩:在多数情况下桩身承受基础承台传来的拉力的钻孔灌注桩。与承压型钻孔灌注桩正好相反,桩身必须全部配筋,才能保证抗拔力传至桩尖。

g. 抗弯型钻孔灌注桩:主要用于承受侧向压力的钻孔灌注桩,如基坑围护钻孔灌注桩、护岸挡土钻孔灌注桩等。

h. 泥浆护壁钻孔灌注桩:主要用于地下水位较高的黏土、黏性土、粉土、砂土、填土、碎石土、强风化岩等土层,广泛运用于工业与民用建筑、市政工程、公路、铁路、桥梁、国防等工程中。

(2)冲孔灌注桩

采用重锤冲击成孔的灌注桩叫做冲孔灌注桩。冲孔灌注桩适用于各种地质条件,采用泥浆护壁措施,尤其适用地下水位较高、水量充沛的嵌岩灌注桩,成桩速度比较慢,对临近桩有一定的影响。

（3）挖孔灌注桩

采用人工或机械挖孔成孔的灌注桩叫做挖孔式灌注桩。在人工挖孔成孔过程中，必须采取相应的护壁措施。通常挖入一定深度后灌注相应高度的护壁混凝土，护壁混凝土呈圆台型。当挖入深度达到持力岩层时，可根据设计需要进行扩孔并嵌入微风化岩一定深度。

（4）沉管式灌注桩

采用相应直径的钢管沉入地基，在套管内灌入（钢筋）混凝土，同时拔出钢管，混凝土则形成相应的灌注桩。沉管式灌注桩的主要特点是施工速度快，适用桩的承载力较小。缺点一是施工质量受挤土效应的影响较大，二是挤土对周边环境的影响仍然存在。

**2. 水泥土搅拌桩**

详见 2.1 节。

**3. SMW 工法**

详见 2.1 节。

**4. 旋喷桩**

旋喷桩是利用钻机将旋喷注浆管及喷头钻至桩底设计高程，将预先配制好的水泥及其添加剂浆液通过高压发生装置使液流获得巨大能量后，从注浆管边的喷嘴中高速喷射出来，形成一股能量高度集中的液流，直接劈裂土体，喷射过程中，钻杆边旋转边提升，使浆液与土体充分搅拌混合，在土中形成一定直径的柱状体，水泥混合浆液在土体中逐步固结，从而使地基加固。当水泥混合浆液达到预定强度时，地基加固达到预定效果。

旋喷桩的直径一般为 1 000 ～ 1 200mm，水泥用量约为加固体的 18% ～ 25%。土体加固后可以达到较高的强度。

**5. 砂、石桩**

详见 2.1 节。

**6. 地下连续墙**

详见 2.1 节。

**7. 盒子桩**

由钢管、型钢、板桩、钢板等组成的箱型盒子，挖除盒中的土体后，灌注钢筋混凝土形成的基础承载体，称为盒子桩。

**8. 注浆微型桩**

详见 2.1 节。

## 2.5 按成桩工艺分

### 2.5.1 非挤土桩

非挤土桩就是桩成型过程中基本上不扰动桩周围以外的土体，对桩周围的土体影响很小。尤其在已有建（构）筑物、需要保护的重要管线、铁路、隧道、公路、桥梁等附近使用，可以减少对已有建（构）筑物、管线、铁路、隧道、公路、桥梁等的影响，避免采取其他保护措施，从整体上达到安全、经济的目的。

非挤土桩以就地灌注桩为主，成桩工艺主要包括钻孔灌注桩、挖孔灌注桩、预钻孔埋入预制桩等。前两种非挤土桩具有成桩设备简单、对周围的环境影响几可忽略等优点，但是也会受到很多的影响或限制：一是地质条件的限制，成桩质量在有的土层中较难控制；二是泥浆护壁钻孔灌注桩，桩径大、桩长，延长了桩成孔至灌注混凝土的时间，易导致钻孔塌孔、缩颈等问题。

**1. 钻孔灌注桩**

工程现场通过机械钻孔在地基土中形成桩孔，并在其内放置钢筋笼、灌注混凝土而做成的桩。钻孔灌注桩通常采用泥浆护壁的方法保持钻孔的形状。

**2. 挖孔灌注桩**

工程现场直接进行边挖土边形成桩孔护壁，待挖至设计深度或达到设计要求的地质条件后，安装钢筋笼、灌注混凝土形成的基桩。多数采用人工挖土的方式。

**3. 预钻孔埋入预制桩**

根据埋入桩径大小，预先钻孔，再将桩埋入孔中，根据需要对桩周进行回填、注浆处理。

### 2.5.2 部分挤土桩

部分挤土桩是介于非挤土桩与挤土桩之间的一种桩型或成桩工艺。部分挤土桩既有就地灌注桩，又有预制沉入桩。部分挤土就地灌注桩是在桩孔成孔过程中产生一定的挤土效应，并对周围的地质环境产生一定的影响。部分挤土预制沉入桩是在预制桩沉入前采用钻孔取土的方法，先将桩位的部分土体取出，再将桩插入孔内，这种桩孔的取土是不完全的，取土的深度或占桩长的比例，决定了预制桩沉桩过程中挤土效应的大小，取土的比例较大，预制桩沉桩的挤土效应就较小。但是，取土一是降低了基桩施工的工效，二是可能会降低基桩的承载力。要达到不取土沉桩的承载力，还要采取其他相应的措施，一般取土深度比较有限，桩深层的挤土效应仍然不能解除，因此没有得到很好的推广。

敞口式钢管桩从直观的角度看，其挤土量应为钢管桩壁厚的体积，而实际挤土效应大于钢管桩本身的体积。在工程实践中，钢管桩沉至自然地面标高时，极大多数桩内的土体标高低于桩外的泥面标高，这是因为，一是桩内的土体受到了压缩，二是钢管桩虽然是敞口的，但是，仍然由于桩内管壁的阻力作用，在沉桩过程中，位于桩尖圆柱体下方的土体，部分被挤到桩的外围，而不是全部切入钢管桩内，我们也把这种效应叫做"土塞作用"。敞口预应力大直径混凝土空心桩、H形钢桩这种效应会更加明显。但是，H形钢桩一般的长度较小，也较少用于基础基桩，较多的用于围护等工程中，其挤土效应并不显得很重要。

混凝土空心桩则不同。较小直径（≤600mm）的混凝土空心桩，其土塞作用就更加明显，一是由于桩径较小，二是由于桩的壁厚较之于钢管桩要厚的多，更容易产生土塞。因此，当桩径较大时桩的土塞效应会有所减小。所以，严格地说较大直径的混凝土空心桩才算作部分挤土桩。

部分挤土桩的优缺点并非介于挤土桩与非挤土桩之间。

**1. 冲孔灌注桩**

对周围的挤土效应很小。有时可以将其归入非挤土桩范畴。

**2. 预成孔挤扩灌注桩**

钻孔式挤扩灌注桩属于部分挤土桩，冲孔挤扩灌注桩属于挤土桩。

**3. 钢管护壁挖孔灌注桩**

一般桩径较大，为1.5～6m。

**4. 预钻孔打入（静压）预制桩**

为减少挤土效应，在沉桩位置预先钻孔取土至一定深度，再沉入相应的基桩。这是预制桩的一种沉桩工艺。

**5. 打入（静压）敞口式钢管桩**

钢管桩的壁厚薄，挤土效应低，但还是有一定的挤土作用。有时归入挤土桩范畴。

**6. 打入（静压）敞口式大直径混凝土管桩**

大直径混凝土管桩，其壁厚与直径之比较小，桩沉入土中时，挤土量较小；有时归入挤土桩范畴。

**7. 水泥土搅拌桩**

水泥土搅拌桩在成桩过程中，由于水泥浆或水泥注入过程中有一定压力，故对桩周围的地基土形成一定的挤密效应，通常桩周围的一定范围内均有相应的隆起。

**8. 旋喷桩**

旋喷桩的注浆压力比水泥土搅拌桩的压力更高，注浆量更大，同样对周围的地基土产生隆起的情况。

## 9. MJS 桩

一种高压喷射注浆加固地基工艺。采用多孔管和前端造成装置，实现了孔内强制排浆和地基内压力监测，通过调整强制排浆量控制地基内压力，把对环境的影响降到最低。可以全方位、任意角度、大直径进行地基加固。

### 2.5.3 挤土桩

挤土桩就是沉桩时将桩身位置的土体完全挤开的基桩。它的好处是沉桩速度快、效率高、承载力稳定，尤其是预制挤土桩（打入、静压预制桩，包括闭口预应力混凝土空心桩和闭口钢管桩），桩身的质量可以在沉入前进行控制、检测，不符合制桩质量标准的可以不用。沉桩速度较快，施工方便，对地表的环境影响较小，在同样地质条件，均不作注浆处理的前提下预制桩单位面积的摩擦力高于灌注桩。

预制挤土桩最大的缺点是沉桩时会产生挤土效应，对周围建（构）筑物产生一定的破坏作用，控制不好，同一建（构）筑物的基桩相互之间由于挤土效应，使得相邻的桩产生位移、倾斜、断裂的也不在少数；其次，陆上沉预制桩，中、长桩都需要接桩，现场接桩不但降低了沉桩工效，增加现场接桩质量的控制难度，也会由于接桩增加沉桩的滞歇时间，从而增加沉桩难度；其三，沉桩设备相对较大，沉桩时对地基有一定的要求，否则要进行地基加固，这样会增加工程费用，增加投资，如采用打入桩施工工艺，噪声大，油烟对环境形成一定的污染；其四，由于挤土效应，后沉桩对先沉桩的挤土作用，导致先沉桩被上挤，在沉桩结束后有一定的沉降，但不会沉至原来的深度，这样导致预制桩在使用时，大部分桩的桩尖与地基土有一定的空隙，不但降低了桩的承载力，还增加了基桩的初期沉降。这是很多设计人员在设计中难以解决的问题。

#### 1. 沉管灌注桩

沉管灌注桩施工进度较快，但桩不宜过长，且由于挤土效应使得刚刚灌注的基桩，形成断裂。因此，当桩位布置比较密，桩径稍大，采用沉管灌注桩时桩身质量是较难控制的。

#### 2. 套管夯（挤）扩灌注桩

简称夯压桩，是在普通锤击沉管灌注桩的基础上加以改进发展起来的一种新型桩。它是在桩管内增加一根与外桩管长度基本相同的内夯管，以代替钢筋混凝土预制桩靴，与外管同步打入设计深度，并作为传力杆，将桩锤击力传至桩端夯扩成大头形，并且增大了地基的密实度；同时，利用内管和桩锤的自重将外管内的现浇桩身混凝土压密成型，使水泥浆压入桩侧土体并挤密桩侧的土，使桩的承载力大幅度提高。

沉管夯扩灌注桩在施工过程中常出现一些质量问题，如断桩、缩颈、桩尖深度不足、混凝土离析、夹泥、强度偏低、桩顶位移量大、桩中钢筋笼偏移、桩顶预留钢筋长度不足等问题，应根据地质条件、施工设备等情况事前做好相应的防范措施。

## 2.6 按沉桩工艺分

沉桩工艺是指预制桩沉桩工艺。预制桩是在工厂或现场预制，然后通过一定的沉桩设备、方法将基桩沉入地基。

预制沉桩工艺的主要优点为制桩工厂化，效率高、制桩快，基桩质量易于保证；承载力高，比较容易制成预应力高强混凝土桩，节约材料，降低造价，对现场地表环境影响小。

缺点是预制桩沉桩时产生挤土效应，导致周围地基挤密、隆起，遇有管线的，导致管线断裂，对于较浅基础的其他建（构）筑物，导致建（构）筑物的不均匀沉降、开裂等；单节桩长度较长导致运输比较困难，大型桩，需要大型沉桩设备，沉桩时可能需要对地基进行加固。多节预制桩的接头是预制桩的薄弱部位，易于导致各种基桩质量问题。

### 2.6.1 静压沉桩

静压沉桩也叫静力压桩，是运用专用的静力压桩机械，将压力分段连续地作用于桩身，使桩沉入地基的一种预制桩沉桩工艺。

**1. 机械式静压沉桩**

通过机械机构将桩架的压力作用于桩身，使基桩沉至设计标高的沉桩方式。

**2. 液压式静压沉桩**

主要通过液压机构将桩架的压力作用于桩身，使基桩沉至设计标高的沉桩方式。

**3. 锚杆式静压沉桩**

在特定的环境条件下，作用于桩身的压力是由锚固于原有基础的锚杆提供，每节桩长严格受控于沉桩环境空间的高度，这种沉桩方式称为锚杆式静压沉桩。多用于已有地基的加固、已有建（构）筑物的纠偏等。

### 2.6.2 打入沉桩

使用专用的打桩架（陆上和水上），选用各种锤型将桩打入地基的沉桩工艺。主要包括蒸汽锤击沉桩、柴油锤击沉桩（水冷式柴油锤、风冷式柴油锤）、液压锤击沉桩、震动锤击沉桩等。

**1. 蒸气锤击沉桩**

利用蒸汽作为动力驱动锤芯提升，锤芯作自由落体运动进行锤击沉桩的沉桩工艺，称为蒸气锤击沉桩。在建国初期，我国主要采用这种工艺。

**2. 柴油锤击沉桩**

利用柴油在气缸内爆发驱动锤芯向上提升，锤芯做自由落体运动进行锤击沉桩的沉桩工艺，称为柴油锤击沉桩。按冷却方式分为水冷式、风冷式两种，按气缸导向方式分为导杆式、筒式两种，按使用区域分为水上、陆上两种。

蒸气锤击沉桩与柴油锤击沉桩共同的特点是锤芯都是做自由落体运动，将动能转化为冲击能传至桩身，使得桩身克服土体阻力，将桩沉入地基。锤击的沉桩能力大小，主要由锤芯的大小和锤芯提升的高度以及能量传递过程中能量的损失程度决定。能量传递的损失主要在替打顶部的锤垫与替打与桩接触面之间的桩垫。锤垫与桩垫主要起到调节锤、替打、桩之间的接触性能，调匀接触面压力，延长冲击接触时间，起到一定的降低锤击作用力峰值的作用，保护桩顶。但其会消耗一部分能量，降低锤击沉桩的效率。

**3. 液压锤击沉桩**

液压锤的锤芯是依靠液体压力将其顶起，锤芯的下落可以是自由落体运动，也可以由液压系统提供向下的压力，使锤芯最大可以达到两倍的自由落体加速度，使锤芯的动能大大增加。一般用于大型超长桩的沉桩施工。但由于落锤速度快，缩短了锤击时间，大大提高了锤击力峰值，易将桩顶打坏。

## 2.6.3 振动沉桩

振动沉桩是将具有一定振动频率和一定激振力的动力源，与附属夹紧装置组成的振动沉、拔桩设备进行沉桩的工艺。振动沉桩设备的核心是振动源。一般振动源有两种：一种为电动振动锤，另一种为液压振动锤。电动振动锤的振动动力由电动机供给；液压振动锤的振动动力由液压动力供给。

振动沉桩将振动机构通过夹紧装置与所要沉的桩形成整体，在振动机构产生的激振力作用下，桩周的土体产生液化甚至流动，这时土体的强度大大降低，可以用较小的力将桩沉至设计标高。如桩的自重或桩与振动锤的自重已足够将桩沉至设计标高。振动机构的振动频率可达 3 000 ~ 5 000 次 /min，激振力根据其配置的动力与振动装置确定。

振动沉桩常用于钢板桩的沉桩，钢板桩耐振动能力较强，若为混凝土桩，小桩容易产生裂缝或断桩，大桩由于桩身自重较大，难以产生共振。

振动沉桩设备同样具有振动拔桩的功能。

### 2.6.4 植入沉桩

植入沉桩与种树的原理相似，就是先钻、挖桩孔，再把桩种进去。但是，桩孔比树孔要深得多，难度也就大得多。在软土地基，挖深孔，没有相应的措施都会塌孔。植入沉桩需要相应的挖孔或钻孔设备，或专用的植入沉桩设备。

植入钻孔时桩周土体结构有所破坏，桩的承载力恢复需要相应的时间，需要采取一定的加固措施。

### 2.6.5 水冲沉桩

水冲沉桩与"水冲辅助沉桩"有本质的区别。在锤击沉桩或静压沉桩的过程中，碰到较硬或较密的非持力层的硬土层，常规的沉桩设备难以将桩沉至设计标高，采用水冲辅助沉桩工艺，减小硬土层的桩尖阻力，使桩沉至设计标高，这是水冲辅助沉桩。水冲沉桩自始至终为水冲降低或减少桩端或桩周阻力，由桩的自重沉至设计标高。

水冲辅助沉桩有内冲内排、内冲外排、外冲外排几种工艺。

水冲辅助沉桩可以将桩沉至设计标高，但是，水冲沉桩污染现场环境，沉桩工人作业环境较差，水冲后桩周土体结构受到破坏，到达正常土体的强度，需要等待较长的时间，或根据使用需要采取相应的加固措施。

## 2.7　按承载性状分

### 2.7.1 垂直承载型

主要承受垂直压力或垂直向上的拉力的桩。

**1. 摩擦型桩**

（1）摩擦桩：在承载能力极限状态下，桩顶竖向荷载由桩侧阻力承受，桩端阻力可小到忽略不计。

（2）端承摩擦桩：在承载能力极限状态下，桩顶竖向荷载主要由桩侧阻力承受。

**2. 端承型桩**

（1）端承桩：在承载能力极限状态下，桩顶竖向荷载由桩端阻力承受，桩侧阻力小到可忽略不计。

（2）摩擦端承桩：在承载能力极限状态下，桩顶竖向荷载主要由桩端阻力承受。

### 2.7.2 水平承载型

主要承受各种水平荷载的桩称为水平承载型桩，包括抗弯桩、抗剪桩。水平荷载主要有土压力、水压力、波浪压力、船舶撞击力、风侧向压力等。

**1. 自立型抗弯桩**

依靠桩本身的抗弯能力抵抗水平荷载的桩，称为自立型抗弯桩。

**2. 支撑型抗弯桩**

依靠桩本身不足以抵抗水平荷载，需要在桩的相应位置采用支撑或拉锚等措施，方可抵抗水平荷载的桩，称为支撑型抗弯桩。

# 2.8 按受力状况分

桩的受力状况，主要有受压、受拉、受弯等。在施工和使用的不同的阶段其受力状况不尽相同。预制桩的受力状况比现场灌注桩的受力状况相对复杂。灌注桩成桩后基本上直接承受使用期间的使用荷载或作用，也是它的设计最大荷载；而预制桩就要相对复杂，预制桩在使用前需要经过预制、吊运、沉桩等过程。每个过程其受力状况都不一样。如预应力桩在预制过程中需要考虑其张拉应力的受力情况等；在吊运过程中，需要考虑桩的自重弯矩的影响，有的桩节长度就受桩身自重弯矩的限制；在沉桩过程中，要考虑打桩的拉、压应力或压桩的压应力，受挤土影响的预制桩还可能受复杂的挤土应力作用。上述这些可通称为施工荷载。在施工过程中，施工荷载可能会大于使用荷载，如检测、质量控制把关不严，就有可能在已经沉完的桩中，出现已经破坏的桩，当作正常的桩在使用。

## 2.8.1 受压桩

在基桩的使用过程中，以承受垂直压力为主的基桩，称为受压桩。大部分建（构）筑物基础的基桩为受压桩。主要类型的基桩均可以用作受压桩。

## 2.8.2 抗拔桩（受拉桩）

在基桩的使用过程中，以承受垂直拉力为主的基桩，称为受拉桩。基础埋深较深，地下水位较高，使用期间荷载小于地下水的上托力，其基础就要布置抗拔桩。不是所有的桩型都可以用作抗拔桩，须经设计计算确认。薄壁管桩、A 型管桩等不宜用作抗拔桩。

## 2.8.3 抗弯桩

在使用过程中主要承受水平压力（土压力、水压力）的桩。抗弯桩主要有板桩、地下连续墙、搅拌桩等。

### 2.8.4 抗水平力桩

在使用过程中承受水平（动）力的基桩，称其为抗水平力桩。主要用于码头、桥梁等，常以斜桩的形式出现。水平动力主要来自于船舶的靠泊力、撞击力、水流力、土压力、车辆行驶产生的水平力等。

### 2.8.5 抗剪桩

防止岩土滑移的基桩。要求基桩具有较好的抗剪能力。

抗弯、抗水平力、抗剪三者之间存在相互关联，也可以统称为抗水平荷载的桩。不同的行业有其特殊的桩型。

## 2.9 按桩径大小分

按桩径分没有绝对的界限，只是一种约定俗成（设计直径 $d$，圆桩为桩的外径，方桩为桩的外边长，矩形桩为桩的长边边长）。

**1. 微型桩**

$d \leqslant 250$mm；常用于多层、复合地基加固等。

**2. 小直径桩**

$250$mm $< d \leqslant 400$mm；也称小型桩。常用于多层、小高层、一般道路桥梁等基础工程中。

**3. 中等直径桩**

$400$mm $< d \leqslant 800$mm；也称中型桩。常用于小高层、高层工业与民用建筑、桥梁、水运建筑等基础工程中。

**4. 大直径桩**

$800$mm $< d \leqslant 2\,500$mm；也称大型桩。常用于超高层、大型、特大型桥梁、码头、大型工业设备基础、海上风力发电基础等工程中。

**5. 超大直径桩**

$d > 2\,500$mm。也称超大型桩，最大的直径可达到几十米。常用于特大型桥梁等工程中。

微型桩至大型桩一般用得比较多，也是比较常见的桩型。

超大型桩常用于大型基础设施工程中。特大型桥梁、超高大建（构）筑物等的基桩直径可达 3～5m。在海洋、海岸工程中采用桩式构筑物的基桩可以大大放大。如建在丹麦 Hanstholm 水深 12m，由直径为 12.5m、壁厚为 0.25m 的构件组成；利比亚 Marsael Brega 处的圆柱形壳体沉箱，长 53.8m、宽 16m；日本大阪港的钢管防波堤，由直径为 2m、管间平均间距为 5cm 的钢管组成。

## 2.10 按桩长度分

### 1. 短桩

桩长 ≤ 15m 的桩，单节桩通常归入短桩系列。

### 2. 长桩

15m ＜桩长 ≤ 60m 多节或整根桩为长桩。

（1）多节长桩：在沉桩时有一个或多个桩接头的长桩，通常指预制桩。

（2）整根长桩：在成桩时没有桩接头的长桩。包括预制桩和就地灌注桩。

### 3. 超长桩

桩长大于 60m 的多节桩或整根桩为超长桩。

（1）多节超长桩：由两节或两节以上的桩，通过一定的方式需要在沉桩时连接起来的超长桩。

（2）整根超长桩：由整根预制或由两节或两节以上的桩通过一定的方式在工厂连接起来整根运输至沉桩现场的超长桩，或在现场由两节以上的多节桩在沉桩前拼接而成的超长桩，或由各种工艺成孔的超长灌注桩。

## 2.11 按接桩工艺分

一般情况下，接桩工艺是指两节预制桩拼接时的接桩方式，主要是指预制桩沉桩的接桩方式，现场灌注桩通常不接桩。

### 2.11.1 无接头桩

现场灌注桩一般均无现场接桩，为无接头桩。现场灌注桩可以做成各种长度、各种直径的无接头桩。

预制桩中又分为无接头短桩、无接头长桩。

### 1. 无接头短桩

截面较小的单节桩，一般截面小于 300mm × 300mm（$\phi$ 300mm），桩长在 20m 以内。此类桩多为钢筋混凝土预制桩、木桩、钢板桩等。

### 2. 无接头长桩

主要为预应力钢筋混凝土长桩、钢桩、灌注桩等。

### 2.11.2 有接头桩

在工厂或现场将两节或以上的单节桩拼接而成的桩为有接头桩。

**1. 工厂接桩**

工厂接桩，整桩运输、整桩沉桩，基本上用于水上沉桩，一是在陆上运输困难，二是陆上一般没有这样高的桩架。工厂接桩目前多数为焊接接桩，有钢桩和钢筋混凝土桩，因钢桩和钢筋混凝土桩的防腐措施不同，桩接头的防腐要求也不一样。

**2. 现场接桩**

是指预制桩多于一节，桩在现场沉桩过程中，实施桩接头的连接，叫现场接桩。也有少数为了修补或连接断桩，需要现场接桩。

由于长桩在陆上会遇到运输问题、起吊问题、桩架的高度问题等，迫使陆上预制桩的单节长度一般控制在 16m 以内。所以，大部分陆上预制桩工程会遇到现场接桩的问题。现场接桩的特点是简便易行、速度快、造价低、易以保证质量。因此，自从出现陆上接桩，设计技术人员根据当时的技术条件提出了多种现场接桩的方式，有硫磺胶泥接桩、法兰接桩、角钢焊接接桩、钢端板焊接接桩、焊接接桩、榫接接桩、套接接桩、钢套箍接桩、其他机械式接桩等。

（1）硫磺胶泥接桩：较早用于钢筋混凝土方桩的现场接桩。通常在下节桩的桩顶预留 4 个带有螺纹的孔（锚孔），上节桩的下端预埋四根连接钢筋，当下节桩沉至相应的标高时，将上节桩的桩顶、预留锚孔清理干净，在下节桩的桩顶设置专用模板，在设置模板的同时将硫磺胶泥加热到熔融状态，并且将上节桩起吊就位，一切准备妥当后将胶泥灌入模板内，然后将上节桩的锚固钢筋慢慢插入锚孔，待其冷却到一定温度后，即可继续沉桩。

（2）法兰接桩：将上下节桩的桩顶或下端做成相应的法兰，通常设 8 个螺栓，在接桩时法兰位置对准后，拧上螺栓，并将螺帽焊牢，即可沉桩。

（3）角钢焊接接桩：通常将下节桩的桩顶及上节桩的下端做成钢桩帽，在桩的四个角外面绑焊四根角钢，桩接头之间主要有角钢传递桩身的受力作用。

（4）钢端板焊接接桩：主要是目前常用的 PHC 管桩、PHS 空心方桩的接桩方式，这是一种焊接接桩方式。

（5）焊接接桩：主要指钢桩的接桩方式。一般的钢管桩直接采用焊接接桩的方式，钢板桩、H 型钢桩等可在接头位置加焊连接板，以确保接头的强度和刚度。

（6）榫接接桩：上下节桩的接头位置做成对榫，根据材料特性，可再进行加固处理。

（7）套接接桩：有多种套接方式。一种是小桩外面直接套大桩，一种是在处理断桩接头时，在接头外面加一个套管，在套管内灌注钢筋混凝土，还有类似于钢套箍的连接方式。

（8）钢套箍接桩：近年发展起来、用于管桩快速接桩的一种接桩方式，它具有连接快速、强度高、质量易于保证等特点，但接桩费用较高，钢材用量较多。

（9）机械式接桩：一种类似于钢套箍的接桩方式，主要是速度快效率高，国内尚有待于开发。

## 2.12 按长径比分

长径比也叫长细比，指整桩的长度与桩断面的长度或直径之比。

**1. 大长细比桩**

一般桩的长细比为 40 ~ 60 之间。长细比大于 60 的桩可称为大长细比桩。多数与桩的材质、受力情况、制作工艺、成（沉）桩工艺等有关。预应力桩、钢桩可制成大长细比桩；非预应力预制桩不宜做成大长细比桩，否则在桩的起吊过程中容易开裂。大长细比的桩通常桩长比较长，多用于软土地基的摩擦桩。有的桩长细比可达 100 甚至以上。

**2. 中长细比桩**

介于大、小长细比之间的桩为中长细比桩。

**3. 小长细比桩**

长细比小于 40 的桩，可称为小长细比桩。小长细比的桩多出现在软土地基的低承载力摩擦桩、基岩或较高持力层埋藏较浅的支承桩。

桩长细比的划分没有绝对的理论模式。但对于工程实际具有一定的指导意义。

工程桩分类汇总，见表 2.12-1。

表 2.12-1　工程桩分类表

| 序号\类别 | 1 | 2 | 3 | 4 | 5 | 6 | 7 | 8 | 9 | 10 | 11 |
|---|---|---|---|---|---|---|---|---|---|---|---|
| 材料 | 混凝土（钢筋混凝土） | 钢 | 木 | 钢管混凝土 | 型钢混凝土 | 型钢水泥土 | 水泥土 | 砂、碎石 | 释放孔 | CFG桩 | 其他 |
| 形状 | 圆形、方形、矩形、圆形空心、外方内圆、板形、大头桩、扩孔桩、竹节桩、楔形桩等 | 圆形、方形、槽形、"工"字形"V"字形等 | 圆形、方形、板形 | 圆形 | 上方下圆 | 圆形、板形 | 圆形 | 圆形 | 圆形 | 圆形 | 兼具上述各种形状 |
| 用途 | 承压桩、抗拔桩、挡土桩、止水桩、锚定桩、支架桩、抗水平力桩、纠偏桩等 | 承压桩、抗拔桩、挡土桩、止水桩、锚定桩、支架桩、抗水平力桩、纠偏桩等 | 承压桩、抗拔桩、挡土桩、止水桩、支架桩、抗水平力桩、纠偏桩 | 承压桩、抗拔桩、抗水平力桩 | 支架桩 | 挡土桩、止水桩 | 挡土桩、止水桩 | 挤密、排水、释放应力 | 释放应力 | 挤密提高承载力 | 多种用途 |

| 序号<br>类别 | 1 | 2 | 3 | 4 | 5 | 6 | 7 | 8 | 9 | 10 | 11 |
|---|---|---|---|---|---|---|---|---|---|---|---|
| 对地基的作用效应 | 非挤土桩、部分挤土桩、挤土桩 | 部分挤土桩、挤土桩 | 挤土桩 | 部分挤土桩、挤土桩 | 非挤土桩、部分挤土桩、挤土桩 | 部分挤土桩、挤土桩 | 部分挤土桩、挤土桩 | 部分挤土桩、挤土桩 | 非挤土桩 | 挤土 | 非挤土桩、部分挤土桩、挤土桩 |
| 成型工艺 | 预制成型、现场成型 | 预制成型 | 预制成型 | 预制成型、现场成型 | 预制成型、现场成型 | 预制成型、现场成型 | 现场成型 | 现场成型 | 现场成型 | 现场成型 | 预制成型、现场成型 |
| 成桩工艺 | 预制沉入+注浆；钻孔灌注、冲孔灌注、挖孔灌注、沉管灌注+注浆 | 预制沉入 | 预制沉入+注浆 | 预制沉入与现场灌注 | 现场灌注与预制放入 | 现场拌制与预制沉入 | 现场拌制 | 现场沉入灌注 | 现场成桩 | 现场成桩 | 预制沉入就地灌注 |
| 沉桩工艺 | 柴油锤击沉桩液压锤击沉桩震动锤击沉桩机械静压沉桩液压静压沉桩 | 柴油锤击沉桩液压锤击沉桩震动锤击沉桩机械静压沉桩 | 柴油锤击沉桩液压锤击沉桩震动锤击沉桩机械静压沉桩 | 柴油锤击沉桩液压锤击沉桩震动锤击沉桩机械静压沉桩液压静压沉桩+灌注桩 | 灌注桩+型钢结构 | 现场搅拌桩+型钢桩 | — | 锤击或振动沉管 | — | 锤击或振动沉管 | 上述各种方法 |
| 接桩工艺 | 焊接接桩胶泥接桩法兰接桩套箍接桩 | 焊接接桩 |  | 榫接接桩套接接桩 | 焊接接桩 | 型钢插入式 | 型钢插入式 | 平面搭接 | — | — | 多种方法 |
| 承载性状 | 摩擦桩、端承桩、抗弯桩 | 摩擦桩、端承桩、抗弯桩 | 摩擦桩、端承桩、抗弯桩 | 摩擦桩、端承桩、抗弯桩 | 摩擦桩、端承桩 | 摩擦桩、抗弯桩 | 抗弯桩、抗滑桩 | — | — | 摩擦桩 | 多种性状 |
| 受力 | 受压、受弯、受拉 | 受压、受弯、受拉 | 受压、受弯、受拉 | 受压、受弯、受拉 | 受压、受拉 | 受土体侧向压力 | 受土体侧向压力 | 受压 | 释放应力 | 受压 | 受压、受弯、受拉等 |
| 桩径 | 超大、大、中、小 | 超大、大、中、小 | 小 | 大、中、小 | 中、小 | 中、小 | 中、小 | 中、小 | 中、小 | 中、小 | 大、中、小 |
| 长度 | 短、中、长、超长 | 短、中、长、超长 | 短 | 短、长、超长 | 短、长 | 短、长 | 短、长 | 短、长 | 短、长 | 短、长 | 短、中、长、超长 |
| 长细比 | 大、中、小 | 大、中、小 | 中、小 | 大、中、小 | 中、小 | 中、小 | 中、小 | 中、小 | 小 | 小 | 大、中、小 |

**参考文献**

1. 日本预制桩材料与技术简介 [OL]. www.concrete365.com.

2. 徐志钧等. 新型桩挤扩支盘灌注桩设计施工与工程应用 [M]. 机械工业出版社，2007.

3. 张福贵等. 预制冲沉板桩在营船港闸改建工程中的运用水利水电科技进展（第22卷第3期）[J]. 2002.

4. 冯忠居等. 桥梁基桩新技术——大直径钻埋预应力混凝土空心桩 [M]. 人民交通出版社，2005.

5. 中华人民共和国住房和城乡建设部. 中华人民共和国行业标准. 型钢水泥土搅拌墙技术规程（JGJ/T 186-2009）[S]. 中国建筑工业出版社，2010.

6. 朱宝龙等. 注浆微型桩群支护体系作用机理及其工程应用 [M]. 科学出版社，2009.

7. 陈永辉等. 塑料套管混凝土桩技术及应用 [M]. 北京中国建筑工业出版社，2011.

8. 上海铁路局. 铁路布袋注浆桩地基处理工艺试验工作指南 [M]. 中国铁道出版社，2012.

9. 一种预制桩后注浆装置及其工艺 [P]. 中国. 发明专利（申请号 201410490010）. 2014.

10. [美] 赫尔别克主编. 李玉成等译. 海岸及海洋工程手册（第一卷）[M]. 大连理工大学出版社，1992.

# 3 / 基桩工程地质勘察

# 3 基桩工程地质勘察

## 3.1 概述

　　基桩工程的设计必须具备两个基本条件：一是基础之上建（构）筑物的基本使用要求，二是建（构）筑物实施建筑位置的基本地形、地貌、地质、水文、气象等情况。基本使用要求可以在设计或相应的咨询单位指导下由建设单位具体确定。基本地形、地貌、地质、水文、气象情况则需要地质勘察单位进行相应的勘察、测量、分析、判断，形成地质勘察报告。

　　具有地质勘探能力的单位，依法取得相应的地质勘察资质，根据自身取得资质的相应等级，承接相应等级的勘察项目，依据国家《岩土工程勘察规范》（GB 50021）等规范、标准对拟建建（构）筑物位置及其周围一定范围内的地形、地貌、地质、水文、气象进行勘探、测量，提供一整套的工程地形、地貌、地质、水文、气象等资料，为设计单位进行建筑工程设计、施工单位的基础施工提供基本的地形、地貌、地质、水文、气象勘察资料（以下简称地质勘察资料）。

　　地质勘察根据建设工程情况可分阶段进行。可行性研究阶段，地质勘察应符合选择场址方案的要求；初步勘察阶段应满足初步设计的要求；详细勘察阶段应符合施工图设计的要求；场地条件复杂或有特殊要求的工程，还应进行施工阶段的施工勘察。

　　在已建建筑比较密集的地区，可以参考周围已建建（构）筑物的地质资料，为节约资源，可行性研究勘察、初步勘察有时可以省略。但是，详细勘察是不能省去的。

## 3.2 岩土工程勘察分级

　　**1. 根据工程的规模和特征，以及由于岩土工程问题造成工程破坏或影响正常使用的后果分**

　　可分为三个工程重要性等级：

　　（1）一级工程：重要工程，后果很严重。

　　（2）二级工程：一般工程，后果严重。

　　（3）三级工程：次要工程，后果不严重。

　　**2. 根据场地的复杂程度分**

　　可按下列规定分为三个场地等级：

　　（1）符合下列条件之一者为一级场地（复杂场地）：

a. 对建筑抗震危险的地段。

b. 不良地质作用强烈发育。

c. 地质环境已经或可能受到强烈破坏。

d. 地形、地貌复杂。

e. 有影响工程的多层地下水、岩溶裂隙水或其他水文地质条件复杂，需专门研究的场地。

（2）符合下列条件之一者为二级场地：

a. 对建（构）筑物抗震不利的地段。

b. 不良地质作用一般发育。

c. 地质环境已经或可能受到一般破坏。

d. 地形、地貌较复杂。

e. 基础位于地下水位以下的场地。

（3）符合下列条件之一者为三级场地：

a. 抗震设防烈度小于或等于6度，或对建筑抗震有利的地段。

b. 不良地质作用不发育。

c. 地质环境基本未受破坏。

d. 地形、地貌简单。

e. 地下水对工程无影响。

从一级开始，向二级、三级推定，以最先满足的为准；地基的等级按同样的方法确定。

对抗震有利还是不利和危险地段的划分，应按现行国家标准《建筑抗震设计规范》（GB 50011）的规定确定。

**3. 根据地基的复杂程度分**

可按下列规定分为三个地基等级：

（1）符合下列条件之一者为一级地基（复杂地基）：

a. 岩土种类多，很不均匀，性质变化大，需特殊处理。

b. 严重湿陷、膨胀、盐渍、污染的特殊性岩土，以及其他情况复杂，需作专门处理的岩土。

（2）符合下列条件之一者为二级地基（中等复杂地基）：

a. 岩土种类较多，不均匀，性质变化较大。

b. 除本条第一款规定以外的特殊性岩土。

（3）符合下列条件者为三级地基（简单地基）：

a. 岩土种类单一，均匀，性质变化不大。

b. 无特殊性岩土。

**4. 根据工程重要性等级、场地复杂程度等级和地基复杂程度等级分**

可按下列条件划分为三个等级：

（1）甲级：在工程重要性、场地复杂程度和地基复杂程度等级中有一项或多项为一级。

（2）乙级：除勘察等级为甲级和丙级以外的勘察项目。

（3）丙级：工程重要性、场地复杂程度和地基复杂程度等级均为三级。

建筑在岩质地基上的一级工程，当场地复杂程度等级和地基复杂程度等级均为三级时，岩土工程勘察等级可定为乙级。

## 3.3　各阶段勘察的基本要求

### 3.3.1　可行性研究阶段的勘察要求

可行性研究勘察，应对拟建场地的稳定性和适宜性作出评价。主要工作包括：收集区域地质、地形、地貌、地震、矿产、当地的工程地质、岩土工程和建筑经验等资料；在充分收集和分析已有资料的基础上，通过踏勘了解场地的地层、构造、岩性、不良地质作用和地下水等工程地质条件；当拟建场地的工程地质条件复杂，已有资料不能满足时，应根据具体情况进行工程地质测绘和必要的勘探工作；当有两个或两个以上拟选场地时，应进行比选分析。

### 3.3.2　初步设计阶段的勘察要求

初步勘察应对场地内拟建建筑地段的稳定性作出评价，主要包括以下工作：收集拟建工程的有关文件、工程地质和岩土工程资料、工程场地范围内的地形图；初步查明地质构造、地层结构、岩土工程特性、地下水埋藏条件；查明场地不良地质作用的成因、分布、规模、发展趋势，并对场地的稳定性作出评价；对抗震烈度等于或大于 6 度的场地，应对场地和地基的地震效应做出初步评价；季节性冻土地区，应调查场地土的标准冻结深度；初步判定水和土对建筑材料的腐蚀性；高层建筑初步勘察时，应对可能采取的地基基础类型、基坑开挖与支护、工程降水方案进行初步分析评价。

初步勘察的勘探工作应符合下列要求：勘探线应垂直地貌单元、地质构造和地层界线布置；每个地貌单元均应布置勘探点，在地貌单元交接部位和地层变化较大的地段，勘探点应予加密；在地形平坦地区，可按网格布置勘探点；对岩质地基，勘探线和勘探点的布置、勘探孔的深度，应根据地质构造、岩体特性、风化情况等，按地方标准和当地经验确定，对土质地基，尚应符合相关规范的规定。

### 3.3.3 施工图设计阶段的勘察要求

施工图设计阶段需要对工程地质进行详细的勘察。

**1. 基本要求**

详细勘察应按单体建（构）筑物或建筑群提出详细的岩土工程资料和设计、施工所需的岩土参数，对建筑地基作出岩土工程评价，并对地基类型、基础形式、地基处理、基坑支护、工程降水和不良地质作用的防治等提出建议。主要应进行下列工作：

（1）收集附有坐标和地形的建筑总平面图，场地的地面整平标高，建（构）筑物的性质、规模、荷载、结构特点、基础形式、埋置深度，地基允许变形等资料。

（2）查明不良地质的类型、成因、分布范围、发展趋势和危害程度，提出整治方案的建议。

（3）查明建筑范围内的岩土层类型、深度、分布、工程特性，分析和评价地基的稳定性、均匀性和承载力。

（4）对需进行沉降计算的建筑，提供地基变形参数，预测建筑的变形特征。

（5）查明埋藏的河道、沟浜、墓穴、防空洞、孤石、老建筑的基础、已有管线等对工程不利的埋藏物。

（6）查明地下水的埋藏条件，提供地下水位及其变化幅度；论证地下水在施工期间对工程和环境的影响。对情况复杂的重要工程，需论证使用期间水位变化和需提出抗浮设防水位时，应进行专门研究。

（7）在季节性冻土地区，提供场地土的标准冻结深度。

（8）判定水和土对建筑材料的腐蚀性。

（9）对抗震设防烈度等于或大于 6 度的场地进行勘察时，应确定场地类别。当场地位于抗震危险地段时，应根据现行国家标准《建筑抗震设计规范》（GB 50011）的要求，提出专门研究的建议。

（10）当需进行基坑开挖、支护和降水设计时，应查明、分析基坑开挖深度范围内的岩土分布情况，分层提供支护设计所需的岩土抗剪强度指标，基坑开挖可能发生的问题、开挖可能影响的范围和需要采取的支护措施建议。

（11）当场地水文地质条件复杂，在基坑开挖过程中需要对地下水进行控制（降水、隔渗），且已有资料不能满足要求时，应进行专门的水文地质勘察。

（12）勘探点的布置、勘探孔的深度，应符合规范的相关规定。

（13）基坑或基槽开挖后，岩土条件与勘察资料不符或发现必须查明的异常情况时，应进行施工勘察；在工程施工和使用期间，当地基土、边坡体、地下水等发生未曾估计到的变化时，应进行监测，并对工程和环境影响进行分析评价。

（14）地基承载力应结合地区经验按有关标准综合确定。有不良地质作用的场地，建在坡上或坡顶的建筑，以及基础侧旁开挖的建筑，应评价其稳定性。

**2. 基桩岩土工程勘察要求**

在一般岩土工程勘察的基础上，针对建筑工程的基础为基桩工程的情况提出专门要求的勘察作业。

基桩岩土工程勘察必须满足以下要求：

（1）查明场地各层岩土的类型、深度、分布、工程特性和变化规律。

（2）当采用基岩作为桩的持力层时，应查明基岩的岩性、构造、岩面变化、风化程度，确定其坚硬程度、完整程度和基本质量等级，判定有无洞穴、临空面、破碎岩体或软弱岩层。

（3）查明水文地质条件，评价地下水对基桩设计和施工的影响，判定水质对建筑材料的腐蚀性。

（4）查明不良地质作用，可液化土层和特殊性岩土的分布及对基桩的危害程度，并提出防治措施的建议。

（5）评价成桩的可能性，论证桩的施工条件及其对环境的影响。

（6）土质地基勘探点间距应符合下列条件：

对端承桩宜为 12 ~ 24m，相邻勘探孔揭露的持力层层面高差宜控制为 1 ~ 2m；

对摩擦桩宜为 20 ~ 35m，当地层条件复杂，影响成桩或设计有特殊要求时，勘探点应适当加密；

复杂地基的一柱一桩工程，宜每柱设置勘探点。

（7）桩基岩土工程勘察宜采用钻探和触探以及其他原位测试相结合的方式进行，对软黏土、黏性土、粉土和砂土的测试手段，宜采用静力触探和标准贯入试验；对碎石土宜采用重型或超重型圆锥动力触探。

（8）勘探孔的深度应符合下列规定：

a. 一般性勘探孔的深度应达到预计桩长以下 3 ~ 5$d$（$d$ 为桩径），且不得小于 3m，对于大直径桩不得小于 5m。

b. 控制性勘探孔深度应满足下卧层验算要求；对需验算沉降的基桩，应超过地基变形深度。

c. 钻至预计深度遇软弱层时，应予加深；在预计勘探孔深度内遇稳定坚实岩土时，可适当减小。

d. 对嵌岩桩，应钻入预计嵌岩面以下 3 ~ 5$d$，并穿过溶洞、破碎带，到达稳定地层。

e. 对可能有多种桩长方案时，应根据最长桩方案确定。

（9）岩土室内试验应满足下列要求：

当需要估算桩的侧阻力、端阻力和验算下卧层强度时，宜进行三轴剪切试验或无侧限抗压强度试验；三轴剪切试验的受力条件应模拟工程的实际情况。

对需估算沉降的基桩工程，应进行压缩试验，试验最大压力应大于上覆自重压力与附加压力之和。

当桩端持力层为基岩时，应采取岩样进行饱和单轴抗压试验，必要时尚应进行软化试验，对软岩和极软岩，可进行天然湿度的单轴抗压强度试验。对无法取样的破碎和极破碎的岩石，宜进行原位测试。

（10）单桩竖向和水平承载力，应根据工程等级、岩土性质和原位测试成果并结合当地经验确定。对地基基础设计等级为甲级的建（构）筑物和缺乏经验的地区，应进行静载荷试验。试验数量不少于 1%，且每个场地不少于 3 个。对承受较大水平荷载的桩，应进行桩的水平荷载试验；对承受上拔力的桩，应进行抗拔试验。勘察报告应提出估算有关岩土的桩基侧阻力和端阻力。必要时提出估算的竖向和水平承载力和抗拔承载力。

（11）对需要进行沉降计算的桩基工程，应提供计算所需的各层岩土的变形参数，并宜根据任务要求，进行沉降估算。

（12）桩基工程的岩土工程勘察报告除提供上述相关内容外，应提供符合以下要求的相关报告：

a. 岩土工程勘察报告所依据的原始资料，应进行整理、检查、分析，确认无误后方可使用。

b. 岩土工程勘察报告应资料完整、真实正确、数据无误、图表清晰、结论有据、建议合理、便于使用和适宜长期保存，并应因地制宜、重点突出、有明确的工程针对性。

**3. 岩土工程勘察报告**

岩土工程勘察报告应根据任务要求、勘察阶段、工程特点和地质条件等具体情况编写，并应包括下列内容：

（1）勘察目的、任务要求和依据的技术标准。

（2）拟建工程概况。

（3）勘察方法和勘察工作布置。

（4）场地地形、地貌、地层、地质构造、岩土性质及其均匀性。

（5）各项岩土性质指标，岩土的强度参数、变形参数、地基承载力的建议值。

（6）地下水埋藏情况、类型、水位及其变化。

（7）土和水对建筑材料的腐蚀性。

（8）可能影响工程稳定的不良地质作用的描述和对工程危害程度的评价。

（9）场地稳定性和适宜性的评价。

岩土工程勘察报告应对岩土利用、整治和改造的方案进行分析论证，提出建议；对工程施工和使用期间可能发生的岩土工程问题进行预测，提出监控和预防措施的建议。

（1）成果报告应附相应的图表：

a. 勘探点平面布置图。

b. 工程地质柱状图。

c. 工程地质剖面图。

d. 原位测试成果图表。

e. 室内试验成果图表。

（2）当需要时，尚应附综合工程地质图、综合地质柱状图、地下水等水位线图、素描、照片、综合分析图表以及岩土利用、整治和改造方案的有关图表、岩土工程计算简图、计算成果图表等。

（3）勘察报告的文字、术语、代号、符号、数字、计量单位、标点，均应符合国家有关标准的规定。

### 3.3.4 《建筑桩基技术规范》对岩土工程勘察的特殊要求

**1. 勘探点的间距**

（1）对于端承型桩（含嵌岩桩）：主要根据桩端持力层顶面坡度决定，宜为 12 ~ 24m。当相邻两个勘探点揭露出的桩端持力层层面坡度大于 10% 或持力层起伏较大、地层分布复杂时，应根据具体工程条件适当加密勘探点。

（2）对于摩擦型桩：宜按 25 ~ 35m 布置勘探孔，但遇到土层的性质或状态在水平方向分布变化较大，或存在可能影响成桩的土层时，应适当加密勘探点。

（3）复杂条件下的柱下单桩基础应按柱列线布置勘探点，并宜每桩设一勘探点。

**2. 勘探的深度**

（1）宜布置 1/3 ~ 1/2 的勘探孔为控制性孔，对于设计等级为甲级的建筑桩基，至少应布置 3 个控制性孔；设计等级为乙级的建筑桩基，至少应布置 2 个控制性孔，控制性孔应穿透桩端平面以下压缩层厚度；一般性勘探孔应深入预计桩端平面以下 3 ~ 5 倍桩身设计直径，且不得小于 3m；对于大直径桩，不得小于 5m。

（2）嵌岩桩的控制性钻孔应深入预计桩端平面以下不小于下 3 ~ 5 倍桩身设计直径，一般性钻孔应深入预计桩端平面以下 1 ~ 3 倍桩身设计直径，当持力层较薄时，应有部分钻孔钻穿持力岩层。在岩溶、断层破碎带地区，应查明溶洞、溶沟、溶槽、石笋等的分布情况，钻孔应钻穿溶洞或断层破碎带进入稳定土层，进入深度应满足上述控制性钻孔和一般性钻孔的要求。

在勘探深度范围内的每一层，均应采取不扰动试样进行室内试验或根据土质情况选用有效的原位测试方法进行原位测试，提供设计所需参数。

### 3.3.5 基桩施工对岩土工程勘察的特殊要求

遇到下列情况时应进行施工勘察，配合设计、施工单位，解决与施工有关的工程地质问题，出具相应的勘察资料。

（1）试桩或成桩时发现明显的与原勘察资料不一致的复杂地质情况，如按计划配备合适的桩锤，无法将桩沉至设计标高且差异较大的。

（2）地基中溶洞或土洞较发育，需进一步查明和处理的。

（3）出现边坡失稳，需要进行观测和处理的。

（4）试桩达不到设计承载力的。

（5）地下水对成桩作业有严重影响需要查明的。

## 3.4 岩土分类

我国建筑地基基础设计、勘察、施工相关规范中有关土的分类基本一致，稍有差异。岩土的分类有的是按土的形成年代分，有的是按土的颗粒分，有的是按土的成因分。从研究的角度可以有很多种分类方法。从使用的角度可以按使用需要进行分类。为便于了解，现将相关规范中有关土的定名汇总为表 3.4-1。由于有些土层可以作为持力层，有些土层不可以作为持力层，在某些土的指标介于两种土层之间，层理分辨不太清晰时，设计、施工人员在运用地质勘察报告时应综合其他指标、试桩情况判断各层土的相应特性。

表 3.4-1　不同规范中土的定名汇总对照表

| 序号 | 岩土分类 | 勘察规范 | | | 设计规范 | | |
|---|---|---|---|---|---|---|---|
| 1 | 特殊土 | 人工填土 | | | 人工填土 | | |
| 2 | 黏性土 | 黏性土 | 流塑 | $I_L \leq 0$ | 黏性土 | 流塑 | $I_L \leq 0$ |
| | | | 软塑 | $0 < I_L \leq 0.25$ | | 软塑 | $0 < I_L \leq 0.25$ |
| | | | 可塑 | $0.25 < I_L \leq 0.75$ | | 可塑 | $0.25 < I_L \leq 0.75$ |
| | | | 硬塑 | $0.75 < I_L \leq 1$ | | 硬塑 | $0.75 < I_L \leq 1$ |
| | | | 坚硬 | $I_L > 1$ | | 坚硬 | $I_L > 1$ |

| 序号 | 岩土分类 | | 勘察规范 | | 设计规范 |
|---|---|---|---|---|---|
| 3 | 砂土 | 粉土 | 粒径大于 0.075mm 的颗粒含量不超过全重 50%，且 $I_p \leqslant 10$ | — | — |
| 4 | | 粉砂 | 粒径大于 0.075mm 的颗粒含量超过全重 50% | 粉砂 | 粒径大于 0.075mm 的颗粒含量超过全重 50% |
| 5 | | 细砂 | 粒径大于 0.075mm 的颗粒含量超过全重 85% | 细砂 | 粒径大于 0.075mm 的颗粒含量超过全重 85% |
| 6 | | 中砂 | 粒径大于 0.25mm 的颗粒含量超过全重 50% | 中砂 | 粒径大于 0.25mm 的颗粒含量超过全重 50% |
| 7 | | 粗砂 | 粒径大于 0.5mm 的颗粒含量超过全重 50% | 粗砂 | 粒径大于 0.5mm 的颗粒含量超过全重 50% |
| 8 | | 砾砂 | 粒径大于 2mm 的颗粒含量占全重 25% ~ 50% | 砾砂 | 粒径大于 2mm 的颗粒含量占全重 25% ~ 50% |
| 9 | 碎石土 | 角砾圆砾 | 粒径大于 2mm 的颗粒含量超过全重 50% | 角砾圆砾 | 粒径大于 2mm 的颗粒含量超过全重 50% |
| 10 | | 卵石碎石 | 粒径大于 20mm 的颗粒含量超过全重 50% | 卵石碎石 | 粒径大于 20mm 的颗粒含量超过全重 50% |
| 11 | | 漂石块石 | 粒径大于 200mm 的颗粒含量超过全重 50% | 漂石块石 | 粒径大于 200mm 的颗粒含量超过全重 50% |
| 12 | 岩石 | 坚硬岩 | $f_r > 60$ | 坚硬岩 | $f_{rk} > 60$ |
| 13 | | 较硬岩 | $60 \geqslant f_r > 30$ | 较硬岩 | $60 \geqslant f_{rk} > 30$ |
| 14 | | 较软岩 | $30 \geqslant f_r > 15$ | 较软岩 | $30 \geqslant f_{rk} > 15$ |
| 15 | | 软岩 | $15 \geqslant f_r > 5$ | 软岩 | $15 \geqslant f_{rk} > 5$ |
| 16 | | 极软岩 | $f_r \leqslant 5$ | 极软岩 | $f_{rk} \leqslant 5$ |

注：$I_L$—液性指数。

　　$f_r$—饱和单轴抗压强度值（MPa）。

　　$f_{rk}$—饱和单轴抗压强度标准值（MPa）。

　　在工程中将天然地基分为岩石和土两大类。岩石包括各种类型和各种性质，如按风化程度分为岩石、微风化岩、中风化岩、强风化岩等；按岩石的性质分为沉积岩、火山灰岩、岩浆岩等。土包括淤泥、黏土、黏性土、粉土、粉砂、细砂、中砂、粗砂、砂砾、砾石、碎石、湿陷性黄土、冻土、填土等。

**参考文献**

1. 中华人民共和国建设部、中华人民共和国国家质量监督检验检疫总局联合发布. 中华人民共和国国家标准. 岩土工程勘察规范（GB 50021-2001）[S]. 中国建筑工业出版社, 2009.

2. 中华人民共和国建设部、中华人民共和国国家质量监督检验检疫总局. 中华人民共和国国家标准. 建筑地基基础设计规范（GB 50007-2002）[S]. 中国建筑工业出版社, 2002.

3. 中华人民共和国建设部、中华人民共和国国家质量监督检验检疫总局. 中华人民共和国国家标准. 建筑抗震设计规范（GB 50011-2010）[S]. 中国建筑工业出版社, 2010.

4. 中华人民共和国住房和城乡建设部. 中华人民共和国行业标准. 建筑桩基技术规范（JGJ 94-2008）[S]. 中国建筑工业出版社, 2010.

5. 中交公路规划设计院有限公司. 公路桥涵地基与基础设计规范（JTG D63-2007）[S]. 人民交通出版社, 2007.

6. 中华人民共和国交通运输部. 中华人民共和国行业标准. 港口工程桩基规范（JTS 167-4-2012）[S]. 人民交通出版社, 2012.

# 4 \ 基桩工程设计

# 4 基桩工程设计

基桩工程设计是建筑结构设计中非常重要的部分。大部分建筑的基础就是靠基桩将上部建筑的荷载或作用（固定的、活动的）传至大地。所谓荷载包括建（构）筑物的自身荷载，建筑设备、办公、生活家具的荷载，工作、生活、交通的人群荷载，交通车辆等的荷载，风形成的荷载（风吹的力量转换），雪形成的荷载，水流以及波浪产生的荷载，施工过程中产生的临时荷载（施工设备、施工材料等），地震地区的地震荷载或作用、土壤固结产生的作用等。

本章主要根据《建筑地基基础设计规范》、《建筑桩基技术规范》、《公路桥涵地基与基础设计规范》以及《港口工程桩基规范》等国家和行业标准，简要阐述基桩工程设计的一般规定、基本要求、基桩的选型等情况。

## 4.1 基桩工程设计应收集的资料

基桩工程设计应收集齐全相应的资料，主要包括岩土工程勘察资料，水文、气象资料，建筑场地与环境条件的有关资料，拟建建（构）筑物的有关资料，施工条件的有关资料，供设计比较用的有关桩型及实施的可行性资料等。

**1. 岩土工程勘察资料应包括的内容**

（1）基桩按两类极限状态进行设计所需用岩土物理力学参数及原位测试参数。

（2）对建筑场地的不良地质作用，如滑坡、崩塌、泥石流、岩溶、土洞等，有明确判断、结论和防治方案。

（3）地下水位埋藏情况、类型和水位变化幅度及抗浮设计水位，土、水的腐蚀性评价，地下水浮力计算的设计水位。

（4）抗震设防区按设防烈度提供的液化土层资料。

（5）有关地基土冻胀性、湿陷性、膨胀性评价。

（6）建筑地区的气象、水文资料。

**2. 建筑场地与环境条件的有关资料**

（1）建筑场地现场，包括交通设施、高压架空线、地下管线和地下建（构）筑物的分布。

（2）相邻建（构）筑物的安全等级、基础形式及埋置深度。

（3）附近类似工程地质条件场地的基桩工程试桩资料和单桩承载力设计参数。

（4）附近类似工程的实测沉降资料。

（5）周围建（构）筑物的防振、防噪声的要求。

（6）泥浆排放、弃土条件。

（7）建（构）筑物所在地区的抗震设防烈度和建筑场地类别。

**3. 拟建建（构）筑物的有关资料**

（1）建（构）筑物的总平面布置图。

（2）建（构）筑物的结构类型、荷载，建（构）筑物的使用条件和设备对基础竖向及水平位移的要求。

（3）建筑结构的安全等级。

**4. 施工条件的有关资料**

（1）施工机械设备条件、制桩条件、动力条件、施工工艺对地质条件的适应性。

（2）水、电及有关建筑材料的供应条件。

（3）施工机械的进出场及现场运行条件。

（4）道路、桥梁、水上运输、装卸条件。

**5. 工程造价和工期**

**6. 供设计比较用的有关桩型及实施的可行性资料**

## 4.2　荷载选用的有关规定

### 4.2.1　概述

基桩的荷载就是桩上需要承受的力和作用，决定了设计所要选用什么桩型、桩径、桩长，也影响到桩的材料的选择、施工工艺选择，直接影响建筑的造价，决定建（构）筑物是否能够安全使用。荷载选用过大，造成桩径、桩长过大，增加不必要的造价，还可能给施工带来困难；荷载选用过小，导致设计桩径、桩长小而短，不能满足使用要求，轻者，导致建（构）筑物沉降过大，影响建（构）筑物的管线等与室外的接驳等，重者，导致建（构）筑物严重倾斜，无法使用，甚至倒塌等严重事故。所以荷载的选用，是基桩设计非常重要的一环。

（1）基础承受的荷载主要分为三类：

a. 永久荷载：包括建筑自重、土压力、水压力、预应力等。

b. 可变荷载：包括楼面活荷载、屋面活荷载、积灰荷载、吊车荷载、车辆荷载、火车荷载、缆车荷载、船舶荷载、货物荷载、风荷载、雪荷载、波浪压力、水流力、冰荷载、温度作用、收缩作用、挤土作用等。

c. 偶然荷载：包括爆炸力、撞击力、地震力等。

（2）建筑结构设计时，应按规范规定对不同荷载采用不同的代表值：

a. 对永久荷载应根据设计要求采用标准值为代表值。

b. 对可变荷载应根据设计要求采用标准值、组合值、频遇值或准永久值作为代表值。

c. 对偶然荷载应按建筑结构使用的特点确定其代表值。

（3）荷载的标准值、荷载组合应按《建筑结构荷载规范》（GB 50009）等规范规定采用。

（4）确定可变荷载代表值时应采用50年或结构使用年限相应的设计基准期。

（5）承载能力极限状态设计或正常使用极限状态按标准组合设计时，对可变荷载应按规定的荷载组合采用荷载的组合值或标准值为其荷载代表值。可变荷载的组合值，应为可变荷载的组合值乘以荷载组合值系数。

（6）正常使用极限状态按频遇组合设计时，应采用可变荷载的频遇值或准永久值作为其荷载代表值。可变荷载的频遇值，应为可变荷载标准值乘以频遇值系数。可变荷载准永久值，应为可变荷载标准值乘以准永久值系数。

## 4.2.2　一般规定

地基基础设计时，所采用的荷载效应最不利组合与相应的抗力限值应按下列规定：

（1）按地基承载力确定基础底面积及埋深或按单桩承载力确定桩数时，传至基础或承台底面上的荷载效应应按正常使用极限状态下荷载效应的标准组合。相应的抗力应采用地基承载力特征值或单桩承载力特征值。

（2）计算地基变形时，传至基础底面上的荷载效应应按正常使用极限状态下荷载效应的准永久组合，不应计入风荷载和地震作用。相应的限值因为地基变形的允许值。

（3）计算挡土墙压力、地基或斜坡稳定及滑坡推力时，荷载效应应按承载能力极限状态下荷载效应的基本组合，但其分项系数均为1.0。

（4）在确定基础或桩台高度、支档结构截面、计算基础或支档结构内力、确定配筋和验算材料强度时，上部结构传来的荷载效应组合和相应的基底反力，应按承载能力极限状态下荷载效应的基本组合，采用相应的分项系数。当需要验算裂缝宽度时，应按正常使用极限状态荷载效应标准组合。

（5）基础设计安全等级、结构设计使用年限、结构重要性系数应按有关规范的规定采用，但结构的重要性系数 $\gamma_0$ 不应小于1.0。

## 4.2.3　荷载组合

根据《工程结构可靠性设计统一标准》、《建筑结构荷载规范》的有关规定：

（1）建筑结构设计应根据使用过程中在结构上可能同时出现的荷载，按承载能力极限状态和正常使用极限状态分别进行荷载组合，并应取各自的最不利组合进行设计。

（2）对于承载能力极限状态，应按荷载的基本组合或偶然组合计算荷载组合的效应设计值。并应采用下列表达式进行设计：

$$\gamma_0 S_d \leq R_d \qquad (4.2\text{-}1)$$

式中　$\gamma_0$——结构重要性系数，其值应按各有关建筑结构设计规范的规定采用；

　　　$S_d$——作用组合的效应（如轴力、弯矩或表示几个轴力弯矩的向量）设计值；

　　　$R_d$——结构构件抗力的设计值，应按各有关建筑结构设计规范的规定确定。

（3）荷载基本组合的效应设计值 $S_d$，应按下式进行计算：

$$S_d = \sum_{j=1}^{m} \gamma_{G_j} S_{G_jk} + \gamma_{Q_1} \gamma_{L_1} S_{Q_1k} + \sum_{i=2}^{n} \gamma_{Q_i} \gamma_{L_i} \psi_{C_i} S_{Q_ik} \qquad (4.2\text{-}2)$$

式中　$S_d$、$R_d$ 与上式同义。

　　　$\gamma_{G_j}$——第 $j$ 个永久荷载的分项系数，应按相应的规范规定采用；

　　　$\gamma_{Q_i}$——第 $i$ 个可变荷载的分项系数，其中 $\gamma_{Q_1}$ 为主导可变荷载 $Q_1$ 的分项系数，应按相应的规范规定采用；

　　　$\gamma_{L_i}$——第 $i$ 个可变荷载考虑设计使用年限的调整系数，其中 $\gamma_{L_1}$ 为主导可变荷载 $Q_1$ 考虑设计使用年限的调整系数；

　　　$S_{G_jk}$——按第 $j$ 个永久荷载标准值 $G_{jk}$ 计算的荷载效应值；

　　　$S_{Q_ik}$——按第 $i$ 个可变荷载标准值 $Q_{ik}$ 计算的荷载效应值，其中 $S_{Q_1k}$ 为诸可变荷载效应中起控制作用者；

　　　$\psi_{G_i}$——第 $i$ 个可变荷载 $Q_i$ 的组合值系数；

　　　$m$——参与组合的永久荷载数。

　　　$n$——参与组合的可变荷载数。

（4）由永久荷载控制的效应设计值，应按下式进行计算：

$$S_d = \sum_{j=1}^{m} \gamma_{G_j} S_{G_jk} + \sum_{i=1}^{n} \gamma_{Q_i} \gamma_{L_i} \psi_{C_i} S_{Q_ik} \qquad (4.2\text{-}3)$$

注：（1）基本组合中的效应设计值，使用于荷载与荷载效应为线性的情况。

　　（2）当对 $S_{Q_ik}$ 无法明显判断时，应轮次以各可变荷载效应作为 $S_{Q_ik}$，并选取其中最不利的荷载组合效应设计值。

（5）基本组合的荷载分项系数，应按下列规定采用：

a. 永久荷载的分项系数应符合下列规定：

当永久荷载效应对结构不利时，对由可变荷载效应控制的组合应取 1.2，对由永久荷载效应控制的组合应取 1.35；

当永久荷载效应对结构有利时，不应大于 1.0。

b. 可变荷载的分项系数应符合下列规定：

对标准值大于 4kN/m² 的工业房屋楼面结构的活荷载，应取 1.3；

其他情况应取 1.4。

c. 对结构的倾覆、滑移或漂浮验算，荷载的分项系数应满足有关的建筑设计规范的规定。

## 4.3 基桩设计的一般规定

### 4.3.1 基桩设计的一般步骤

基桩设计是一个复杂而细致的过程，综合了多方面的知识、技术和经验。选择最适宜的桩型是基桩设计的重要一环。如何选择必须通盘考虑以下诸因素：地质条件、荷载性质、施工方法对周围结构物和环境的影响，现场的制约条件、交通运输条件，施工设备、材料的供给情况，安全，工期，造价，基础的设计寿命，项目建设地的法律、法规规定等。基桩设计的一般程序见图 4.3-1。

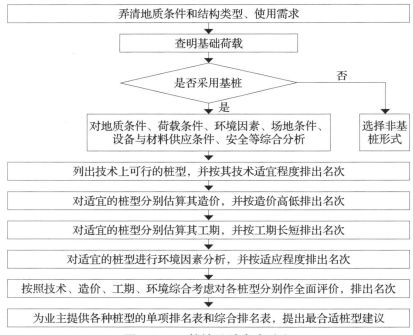

**图 4.3-1　基桩设计参考流程**

我国地域辽阔，各地自然地质条件差别极大，东、西部地区经济发展水平很不平衡，施工的机械化水平和技术水平都有很大的差别。因此，基桩设计方法与施工技术极其多元化，几乎所有的桩型全国各地都在使用，有些地区已经否定的方法可能在别的地区还在发展。先进的现代化工艺设备与传统的比较陈旧的工艺设备并存；预制桩与现场灌注桩并存；

大直径与中小直径桩并存；短桩、长桩与超长桩并存；锤击、振动与静压沉桩方法并存；钻孔、冲孔、挤扩孔与人工挖孔的成孔方法并存；混凝土、钢材与木材等多种材料的桩并存。在我国，各种桩型几乎都有适合它们的土质、环境和需求，都有其应有的价值和地位。桩型上的这种特点主要是由两个原因造成的，一是经济上的考虑；二是技术发展条件的不同。要在全国推行一种或几种桩型是不可能的，因地制宜、从实际出发选择桩型是基桩设计极为重要的设计思想。

我国正处于高速发展时期，基本建设规模巨大。全国各地都有一批优秀的勘察、设计企业，尤其是长期从事基础勘察设计研究的企业，他们对当地的地形、地质、水文等情况有其独到的理解和体会，异地勘察、设计企业应当重视当地企业积累的经验。随着中西部地区资本与技术的流入，国家开发西部战略的推进，东部沿海地区先进的勘察设计理念与当地经验的结合，一定能设计出更符合实际的、技术上可行的、经济上合理的优秀基础工程。

### 4.3.2 基桩设计的一般规定

**1. 桩基础应按照两类极限状态设计**

为了达到保证建（构）筑物的安全、充分使用相应的建筑材料、方便施工、施工期间对周围环境的影响减到最小、造价合理、保证基桩使用的耐久性等多重目标，基桩应按以下方法设计：

（1）承载能力应达到极限状态：基桩达到最大承载能力、整体失稳或发生不适于继续承载的变形。

（2）正常使用极限状态：基桩达到建（构）筑物正常使用所规定的变形限值或达到耐久性要求的某项限值。

**2. 设计等级规定**

根据建筑规模、功能特征、对差异变形的适应性、场地地基、建（构）筑物体型的复杂性、由于基桩问题可能造成建筑破坏或影响正常使用的程度，应将基桩设计分成三个等级（见表 4.3-1），按不同等级进行基桩工程的设计。

表 4.3-1　建筑基桩设计等级规定

| 设计等级 | 建筑类型 |
| --- | --- |
| 甲级 | （1）重要的建（构）筑物。<br>（2）30 层以上或高度超过 100m 的高层建筑。<br>（3）体型复杂且层数相差超过 10 层的高低层（含纯地下室）连体建筑。<br>（4）20 层以上框架—核心筒结构及其他对差异沉降有特殊要求的建筑。<br>（5）场地和地基条件复杂的 7 层以上的一般建筑及坡地、岸边建筑。<br>（6）对相邻既有工程影响较大的建筑。 |
| 乙级 | 除甲级、丙级以外的建筑。 |
| 丙级 | 场地和地基条件简单、荷载分布均匀的 7 层及 7 层以下的一般建筑。 |

**3. 承载能力和稳定性验算**

基桩应根据具体条件分别进行下列承载能力计算和稳定性验算：

（1）应根据基桩的使用功能和受力特征分别进行基桩的竖向承载力计算和水平承载能力计算。

（2）应对桩身和承台结构承载力进行计算；对于桩侧土不排水抗剪强度小于 10kPa 且长径比大于 50 的桩，应进行桩身压屈验算；对于混凝土预制桩，应按吊桩、运输和锤击作用进行桩身承载力验算；对于钢管桩应进行局部压屈验算。

（3）当桩端平面以下存在软弱下卧层时，应进行软弱下卧层承载力验算。

（4）对位于坡地、岸边的基桩，应进行整体稳定性验算。

（5）对于抗浮、抗拔基桩，应进行基桩和群桩的抗拔承载力计算。

（6）对于抗震设防区的基桩，应进行抗震承载力验算。

**4. 沉降验算**

满足下列条件的基桩应进行沉降计算：

（1）设计等级为甲级的非嵌岩桩和非深厚坚硬持力层的建筑基桩。

（2）设计等级为乙级的体型复杂、荷载分部显著不均匀或桩端平面以下存在软弱土层的建筑基桩。

（3）软土地基多层建筑减沉复合疏桩基础。

**5. 水平位移验算**

对受水平荷载较大，或对水平位移有严格限制的建筑基桩，应计算其水平位移。

**6. 抗裂和裂缝宽度验算**

应根据基桩所处的环境类别和相应的裂缝控制等级，验算桩和承台正截面的抗裂和裂缝宽度。

**7. 作用效应组合与抗力规定**

基桩设计时，所采用的作用效应组合与相应的抗力应符合下列规定：

（1）确定桩数和布桩时，应采用传至承台底面的荷载效应标准组合；相应的抗力应采用基桩或复合基桩承载力特征值。

（2）计算荷载作用下的基桩沉降和水平位移时，应采用荷载效应准永久组合；计算水平地震作用、风载作用下的基桩水平位移时，应采用水平地震作用、风载效应标准组合。

（3）验算坡地、岸边建筑基桩的整体稳定性时，应采用荷载效应标准组合；抗震设防区应采用地震作用效应和荷载效应的标准组合。

（4）在计算基桩结构承载力、确定尺寸和配筋时，应采用传至承台顶面的荷载效应基本组合；当进行承台和桩身裂缝控制验算时，应分别采用荷载效应标准组合和荷载效应准永久组合。

（5）基桩结构安全等级、结构设计使用年限和结构重要性系数 $\gamma_0$ 应按现行有关建筑结构规范的规定采用，除临时性建筑外，重要性建筑系数 $\gamma_0$ 应不小于 1.0。

（6）对基桩结构进行抗震验算时，其承载力调整系数 $\gamma_{RE}$ 应按现行国家标准[29]的规定采用。

**8. 基桩实施规定**

桩筏基础以减小差异沉降和承台内力为目标的变刚度调平设计，宜结合具体条件按下列规定实施：

（1）对于主裙楼连体建筑，当高层主体采用基桩时，裙房（含纯地下室）的地基或基桩刚度宜相对弱化，可采用天然地基、复合地基、疏桩或短桩基础。

（2）对于框架 - 核心筒结构高层建筑基桩，应强化核心筒区域基桩刚度（如适当增加桩长、桩径、桩数，采用后注浆等措施），相对弱化核心筒外围基桩刚度（采用复合基桩、视地层条件减小桩长）。

（3）对于框架 - 核心筒结构高层建筑天然地基承载力满足要求的情况下，宜于核心筒区域局部设置增强刚度、减小沉降的摩擦型桩。

（4）对于大体量筒仓、储罐的摩擦型基桩，宜按内强外弱原则布桩。

（5）对上述按变刚度调平设计的基桩，宜进行上部结构—承台—桩—土共同工作分析。

**9. 软土地基多层建筑规定**

软土地基上的多层建（构）筑物，当天然地基承载力基本满足要求时，可采用减沉复合疏桩基础。

**10. 应进行沉降计算的基桩规定**

对于规范规定应进行沉降计算的建筑基桩，在其施工过程及建成后使用期间，应进行系统的沉降观测直至沉降稳定。

**11. 基桩构造规定**

桩和基桩的构造应符合下列要求：

（1）摩擦型桩的中心距不宜小于桩身直径的 3 倍；扩底灌注桩的中心距不宜小于扩底直径的 1.5 倍，当扩底直径大于 2m 时，桩端净距不宜小于 1m。在确定桩距时尚应考虑施工工艺中挤土效应对临近桩的影响。

（2）扩底灌注桩的扩底直径，不宜大于桩身直径的 3 倍。

（3）桩底进入持力层的深度据地质条件、荷载和施工工艺确定，宜为桩身直径的 1 ～ 3

倍。在确定桩底进入持力层的深度时，尚应考虑特殊土、岩溶以及震陷液化等影响。嵌岩灌注桩周边嵌入完整和较完整的未风化、微风化、中风化硬质岩体的最小深度，不宜小于0.5m。

（4）布置桩位时宜使基桩承载力合力点与竖向永久荷载合力作用点重合。

（5）混凝土预制桩的混凝土强度等级不应低于C30；灌注桩的混凝土强度等级不应低于C20；预应力桩的混凝土强度等级不应低于C40。

（6）桩的主筋应经计算确定。打入式预制桩的最小配筋率不宜小于0.8%；静压预制桩的最小配筋率不宜小于0.6%；灌注桩的最小配筋率不宜小于0.2%～0.65%（小直径桩取大值）。

（7）配筋长度：

a. 受水平荷载和弯矩较大的桩，配筋长度应通过计算确定。

b. 基桩承台下存在淤泥、淤泥质土或液化土层时，配筋长度应穿过淤泥、淤泥质土或液化土层。

c. 坡地岸边的桩、8度及8度以上地震地区的桩、抗拔桩、嵌岩端承桩应通常配筋。

d. 桩径大于600mm的钻孔灌注桩，构造钢筋的长度不宜小于桩长的2/3。

（8）桩顶嵌入承台内的长度不宜小于50mm。主筋伸入承台内的锚固长度不宜小于钢筋直径（Ⅰ级钢）的30倍和钢筋直径（Ⅱ级钢、Ⅲ级钢）的35倍。对于大直径灌注桩，当采用一柱一桩时，可设置承台或将桩和柱直接连接。桩和柱的连接可按相关规范的要求实施。

（9）大型钢套管复合基桩，尤其在水上施工时，应对钢套管的刚度和整体稳定性进行验算，避免由于水头压力过大或波浪压力导致钢套管失圆变形等重大工程事故。

**12. 基础设计标准的变化**

随着我国国力的增强，人们生活水平的提高，建筑设计的标准也在不断地提高。除了工程本身或工艺上对地基基础的要求外，我国早期的地基基础设计规范与现行设计规范相比，在要求上作了一定的调整。详见表4.3-2。

表4.3-2　建（构）筑物地基变形允许值比较表

| 变形特征 | | 老规范 | | 新规范 | |
|---|---|---|---|---|---|
| | | 砂土和中低压缩性黏土 | 高压缩性黏性土 | 中、低压缩性土 | 高压缩性土 |
| 砌体承重结构基础的局部倾斜 | | 0.002 | 0.003 | 0.002 | 0.003 |
| 工业与民用建筑相邻柱基的沉降差 | （1）框架结构 | 0.002$l$ | 0.003$l$ | 0.002$l$ | 0.003$l$ |
| | （2）砌体墙填充的边排柱 | 0.0007$l$ | 0.001$l$ | 0.0007$l$ | 0.001$l$ |
| | （3）当基础不均匀沉降时不产生附加应力的结构 | 0.005$l$ | 0.005$l$ | 0.005$l$ | 0.005$l$ |

| 变形特征 | | 老规范 | | 新规范 | |
|---|---|---|---|---|---|
| | | 砂土和中低压缩性黏土 | 高压缩性黏性土 | 中、低压缩性土 | 高压缩性土 |
| 单层排架结构（柱距为 6m）柱基的沉降量（mm） | | （120） | 200 | （120） | 200 |
| 桥式吊车的轨面（按不调整轨道考虑） | 横向 | 0.004 | | 0.004 | |
| | 纵向 | 0.003 | | 0.003 | |
| 多层和高层建筑的整体倾斜 | （$H_g \leqslant 24$） | | | 0.004 | |
| | （$24 < H_g \leqslant 60$） | | | 0.003 | |
| | （$60 < H_g \leqslant 100$） | | | 0.0025 | |
| | （$H_g > 100$） | | | 0.002 | |
| 高炉基础的倾斜 | | 0.0015 | | — | |
| 高耸构筑物基础的沉降量（mm） | | （200） | 400 | — | |
| 体型简单的高层建筑基础的平均沉降量（mm） | | — | — | 200 | |
| 高耸结构基础的倾斜 | （$H_g \leqslant 20$） | $\leqslant 0.008$ | | 0.008 | |
| | （$20 < H_g \leqslant 50$） | $\leqslant 0.006$ | | 0.006 | |
| | （$50 < H_g \leqslant 100$） | $\leqslant 0.005$ | | 0.005 | |
| | （$100 < H_g \leqslant 150$） | — | | 0.004 | |
| | （$150 < H_g \leqslant 200$） | — | | 0.003 | |
| | （$200 < H_g \leqslant 250$） | — | | 0.002 | |
| 高耸结构基础的沉降量（mm） | （$H_g \leqslant 100$） | — | | 400 | |
| | （$100 < H_g \leqslant 200$） | — | | 300 | |
| | （$200 < H_g \leqslant 250$） | — | | 200 | |

注：（1）括号内的数字仅适用于中压缩性土。
（2）$l$ 为相邻柱基的距离，$H_g$ 为自室外地面起算的建（构）筑物高度（m）。
（3）表中数值为建（构）筑物地基实际最终变形允许值。
（4）倾斜指基础倾斜方向两端点的沉降差与其距离的比值。
（5）局部倾斜指砌体承重结构沿纵向 6～10m 内基础两点的沉降差与其距离的比值。

从表 4.3-2 可以看出，新老规范对建（构）筑物相邻柱基的沉降差做了相应的规定。由于老规范编制时，建设规模小，几乎没有高大建（构）筑物，所以当时对于高度为 100m 以上的规定是空白。但新规范对建（构）筑物的整体倾斜作了更严格的规定，且规定的范围其建筑高度已经到达了 250m。但实践总是会超越理论；现在国内建筑高度大于 250m 的建筑或构筑物已经远超百座。相信在不久的将来我们的标准将进一步完善。同时，从对比中可以看出，我们对建（构）筑物基础沉降要求的标准有所提高。

### 4.3.3 单桩竖向承载力特征值

单桩承载力的确定通常有三种方法：静力法计算单桩承载力，偏向于理论分析；原位测试法确定单桩承载力，偏向于地质勘探；经验法确定单桩承载力，偏向于设计计算。下面结合上述三种，介绍国内有关规范确定单桩极限承载力的方法。

**1.《建筑地基基础设计规范》（GB 50007–2011）的相关规定**

（1）本节包括混凝土预制桩和混凝土灌注桩低桩承台基础。竖向受压桩按桩身竖向受力情况可分为摩擦型桩和端承型桩。摩擦型桩的桩顶竖向荷载主要由桩侧阻力承受；端承型桩的桩顶竖向荷载主要由桩端阻力承受。

（2）基桩设计应符合下列规定：

a. 所有基桩均应进行承载力和桩身强度计算。对预制桩尚应进行运输、吊装和锤击等过程中的强度和抗裂验算。

b. 桩基础沉降验算应符合本节 1（15）的规定。

c. 桩基础的抗震承载力验算应符合现行国家标准《建筑抗震设计规范》（GB 50011）的有关规定。

d. 基桩宜选用中、低压缩性土层作桩端持力层。

e. 同一结构单元内的基桩，不宜选用压缩性差异较大的土层作为桩端持力层，不宜采用部分摩擦桩和部分端承桩。

f. 由于欠固结软土、湿陷性土和场地填土的固结，场地大面积堆载，降低地下水位等原因，引起桩周土的沉降大于桩的沉降时，应考虑桩侧负摩阻力和沉降的影响。

g. 对位于坡地、岸边的基桩，应进行基桩的整体稳定验算。基桩应与边坡工程统一规划，同步设计。

h. 岩溶地区的基桩，当岩溶上覆土层的稳定性有保证，且桩端持力层承载力及厚度满足要求，可利用上覆土层作为持力层。当必须采用嵌岩桩时，应对岩溶进行施工勘察。

i. 应考虑基桩施工中挤土效应对基桩及周边环境的影响；在深厚饱和软土中不宜采用大片密集有挤土效应的基桩。

j. 应考虑深基坑开挖中，坑底土回弹隆起对桩身受力及桩承载力的影响。

k. 基桩设计时，应结合地区经验考虑桩、土、承台的共同工作。

l. 在承台及地下室周围的回填中，应满足填土密实度要求。

（3）桩和基桩的构造，应符合下列规定：

a. 摩擦型桩的中心距不宜小于桩身直径的 3 倍；扩底灌注桩的中心距不宜小于扩底直径的 1.5 倍；当扩底直径大于 2m 时，桩端净距不宜小于 1m。在确定桩距时尚应考虑施工工艺中挤土等效应对临近桩的影响。

b. 扩底灌注桩的扩底直径，不应大于桩身直径的 3 倍。

c. 桩底进入持力层的深度，宜为桩身直径的 1 ~ 3 倍。在确定桩底进入持力层深度时，尚应考虑特殊土、岩溶以及震陷液化等影响。嵌岩灌注桩周边嵌入完整和较完整的未风化、微风化、中风化硬质岩体的最小深度，不宜小于 0.5 m。

d. 布置桩位时宜使基桩承载力合力点与竖向永久荷载合力作用点重合。

e. 设计使用年限不少于 50 年时，非腐蚀环境中预制桩的混凝土强度等级不应低于 C30，预应力桩不应低于 C40，灌注桩的混凝土强度等级不应低于 C25；二 b 类环境及三类、四类、五类微腐蚀环境中不应低于 C30；在腐蚀环境中的桩，桩身混凝土的强度等级应符合现行国家标准《混凝土结构设计规范》（GB 50010）的有关规定。设计使用年限不少于 100 年的桩，桩身混凝土的强度等级宜适当提高。水下灌注混凝土的桩身混凝土强度等级不宜高于 C40。

f. 桩身混凝土的材料、最小水泥用量、水灰比、抗渗等级等应符合现行国家标准《混凝土结构设计规范》（GB 50010）、《工业建筑防腐蚀设计规范》（GB 50046）及《混凝土结构耐久性设计规范》（GB/T 50476）的有关规定。

g. 桩的主筋配置应经计算确定。预制桩的最小配筋率不宜小于 0.8%（锤击桩）、0.6（静压桩），预应力桩不宜小于 0.5%；灌注桩最小配筋率不宜小于 0.2% ~ 0.65%（小直径桩取大值）。桩顶以下 3 ~ 5 倍桩身直径范围内，箍筋宜适当加强加密。

h. 桩身纵向钢筋配筋长度应符合下列规定：

受水平荷载和弯矩较大的桩，配筋长度应通过计算确定；

基桩承台下存在淤泥、淤泥质土或液化土层时，配筋长度应穿过淤泥、淤泥质土或液化土层；

坡地岸边的桩、8 度或 8 度以上地震区的桩、抗拔桩、嵌岩端承桩应通长配筋；

钻孔灌注桩构造钢筋的配筋长度不宜小于桩长的 2/3；桩施工在基坑开挖前完成时，其配筋长度不宜不宜小于基坑深度的 1.5 倍。

i. 桩身配筋可根据计算结果及施工工艺要求，可沿桩身纵向不均匀配筋。腐蚀环境中的灌注桩主筋直径不宜小于 16mm，非腐蚀性环境中灌注桩主筋直径不应小于 12mm。

j. 桩顶嵌入承台内的长度不应小于 50mm。主筋伸入承台内的锚固长度不应小于钢筋直径（HPB 235）的 30 倍和钢筋直径（HRB 335 和 HRB 400）的 35 倍。对大直径灌注桩，当采用一桩一柱时，可设置承台或将桩和柱直接连接。桩和柱的连接可按规范关于高杯口基础的要求选择截面尺寸和配筋，柱纵筋插入桩身的长度应满足锚固长度的要求。

k. 灌注桩主筋混凝土保护层厚度不应小于 50mm；预制桩不应小于 45mm；预应力管桩

不应小于 35mm；腐蚀环境中的灌注桩不应小于 55mm。

（4）群桩中单桩桩顶竖向力应按下列公式计算：

a. 轴心竖向力作用下：

$$Q_k = \frac{F_k + G_k}{n}$$

(4.3-1)

偏心竖向力作用下：

$$Q_{ik} = \frac{F_k + G_k}{n} \pm \frac{M_{xk} y_i}{\Sigma y_i^2} \pm \frac{M_{yk} x_i}{\Sigma x_i^2}$$

(4.3-2)

b. 水平力作用下：

$$H_{ik} = \frac{H_k}{n}$$

(4.3-3)

式中　$F_k$ ——相应于荷载效应标准组合时，作用于基桩承台顶面的竖向力（kN）；

　　　$G_k$ ——基桩承台自重及承台上土自重标准值（kN）；

　　　$Q_k$ ——相应于荷载效应标准组合轴心竖向力作用下任一单桩的竖向力（kN）；

　　　$Q_{ik}$ ——相应于作用的标准组合时，偏心竖向力作用下第 $i$ 根桩的竖向力（kN）；

　　　$n$ ——基桩中的桩数；

$M_{xk}$、$M_{yk}$ ——相应于荷载效应标准组合作用于承台底面通过桩群形心的 $x$、$y$ 轴的力矩（kN·m）

　　$x_i$、$y_i$ ——桩 $i$ 至桩群形心的 $y$、$x$ 轴线的距离（m）；

　　　$H_k$ ——相应于荷载效应标准组合时，作用于承台底面的水平力（kN）；

　　　$H_{ik}$ ——相应于荷载效应标准组合时，作用于任一单桩的水平力（kN）。

（5）单桩承载力计算应符合下列表达式：

a. 轴心竖向力作用下：

$$Q_k \leqslant R_a$$

(4.3-4)

式中　$R_a$——单桩竖向承载力特征值（kN）。

偏心竖向力作用下，除满足上文（4）a 公式外，尚应满足下列要求：

$$Q_{ikmax} \leqslant 1.2R_a$$

(4.3-5)

b. 水平荷载作用下：

$$H_{ik} \leqslant R_{Ha}$$

(4.3-6)

式中　$R_{Ha}$——单桩水平承载力特征值（kN）。

（6）单桩竖向承载力特征值的确定应符合下列规定：

a. 单桩竖向承载力特征值应通过单桩竖向静载荷试验确定。在同一条件下的试桩数量，不宜少于总桩数的 1%，且不应少于 3 根，单桩的静载荷试验，应按有关规范附录 Q 进行。

b. 当桩端持力层为密实砂卵石或其他承载力类似的土层时，对单桩竖向承载力很高的大直径端承型桩，可采用深层平板载荷试验确定桩端土的承载力特征值，试验方法应符合《建筑地基基础设计规范》（GB 50007-2011）附录 D 的规定。

c. 地基基础设计等级为丙级的建（构）筑物，可采用静力触探及标贯试验参数结合工程经验确定单桩竖向承载力特征值。

d. 初步设计时单桩竖向承载力特征值可按下式估算：

$$R_a = q_{pa}A_p + u_p\sum q_{sia}l_i \qquad (4.3\text{-}7)$$

式中　　$R_a$ ——单桩竖向承载力特征值；

$q_{pa}$、$q_{sia}$ ——桩端端阻力、桩侧阻力特征值（kPa），由当地静载荷试验结果统计分析得出；

$A_p$ ——桩底端横截面面积（m²）；

$u_p$ ——桩身周边长度（m）；

$l_i$ ——第 $i$ 层岩土的厚度（m）。

e. 桩端嵌入完整及较完整的硬质岩中时，当桩长较短且入岩较浅时，可按下式估算单桩竖向承载力特征值：

$$R_a = q_{pa}A_p \qquad (4.3\text{-}8)$$

式中　　$q_{pa}$ ——桩端岩石承载力特征值（kN）。

f. 嵌岩灌注桩桩端以下 3 倍桩径且不小于 5m 范围内应无软弱夹层、断裂破碎带和洞穴分布；且在桩底应力扩散范围内无岩体临空面。当桩端无沉渣时，桩端岩石承载力特征值，应根据岩石饱和单轴抗压强度标准值按规范相应条款确定，或按《建筑地基基础设计规范》（GB 50007-2011）附录 H 用岩石地基载荷试验确定。

（7）当作用于基桩上的外力主要为水平力或高层建筑承台下为软弱土层、液化土层时，应根据使用要求对桩顶变位的限制，对桩顶的水平承载力进行验算。当外力作用面的桩距较大时，基桩的水平承载力可视为各单桩的水平承载力的总和。当承台侧面的土未经扰动或回填密实时，可计算土抗力的作用。当水平推力较大时，宜设置斜桩。

（8）单桩水平承载力特征值应通过现场水平载荷试验确定。必要时可进行带承台桩的载荷试验。单桩水平载荷试验，应按《建筑地基基础设计规范》（GB 50007-2011）附录 S 的规定进行。

（9）当基桩承受拔力时，应对基桩进行抗拔验算。单桩抗拔承载力特征值应通过单桩竖向抗拔荷载试验确定，并加载至破坏。单桩竖向抗拔载荷试验，应按《建筑地基基础设计规范》（GB 50007-2011）附录 T 的规定进行。

（10）桩身混凝土强度应满足桩的承载力设计要求。

（11）按桩身混凝土强度计算桩的承载力时，应按桩的类型和成桩工艺的不同将混凝土的轴心抗压强度设计值乘以工作条件系数 $\phi_c$，轴心受压时桩身强度应符合规范的规定。当桩顶以下 5 倍桩身直径范围内螺旋式箍筋间距不大于 100mm 且钢筋耐久性得到保证的灌注桩，可适当计入桩身纵向钢筋的抗压作用。

桩轴心受压时：

$$Q \leqslant A_p f_c \phi_c \tag{4.3-9}$$

式中　$Q$ ——相应于荷载效应基本组合时的单桩竖向力设计值（kN）；
　　　$A_p$ ——桩身横截面积（m²）；
　　　$f_c$ ——混凝土轴心抗压强度设计值 (kPa)；按现行《混凝土结构设计规范》取值；
　　　$\phi_c$ ——工作条件系数，非预应力预制桩取 0.75，预应力桩取 0.55 ~ 0.65，灌注桩取 0.6 ~ 0.8（水下灌注桩、长桩或混凝土强度等级高于 C35 时用低值）。

（12）非腐蚀环境中的抗拔桩应根据环境类别控制裂缝宽度满足设计要求，预应力混凝土管桩应按桩身裂缝控制等级为二级的要求进行桩身混凝土抗裂验算。腐蚀环境中的抗拔桩和受水平力或弯矩较大的桩应进行桩身混凝土抗裂验算，裂缝控制等级应为二级；预应力混凝土管桩裂缝控制等级应为一级。

（13）基桩沉降计算应符合下列规定：

a. 对以下建（构）筑物的基桩应进行沉降验算：

地基基础设计等级为甲级的建（构）筑物基桩；

体型复杂、荷载不均匀或桩端以下存在软弱土层的设计等级为乙级的建（构）筑物基桩；

摩擦型基桩。

b. 桩基础的沉降不得超过建（构）筑物的沉降允许值，并应符合《建筑地基基础设计规范》表 5.3-4 的规定。

（14）嵌岩桩、设计等级为丙级的建（构）筑物基桩、对沉降无特殊要求的条形基础下不超过两排桩的基桩、吊车工作级别 A5 及 A5 以下的单层工业厂房基桩（桩端下为密实土层）可不进行沉降验算。当有可靠地区经验时，对地质条件不复杂、荷载均匀、对沉降无特殊要求的端承型基桩也可不进行沉降验算。

（15）计算桩基础沉降时，最终沉降量宜按单向压缩分层总和法计算。地基内的应力分布宜采用各向同性均质线性变形体理论，按实体深基础方法或明德林应力公式进行计算，应按《建筑地基基础设计规范》（GB 50007-2011）附录 R 的规定进行。

（16）以控制沉降为目的设置基桩时，应结合地区经验，并满足下列要求：

a. 桩身强度应按桩顶荷载设计值验算；

b. 桩、土荷载分配应按上部结构与地基共同作用分析确定；

c. 桩端进入较好的土层，桩端平面处土层应满足下卧层承载力设计要求；

d. 桩距可采用 4 ~ 6 倍桩身直径。

**2. 《建筑桩基技术规范》（JGJ 94–2008）关于单桩竖向承载力的规定**

（1）桩顶作用效应计算

对于一般建（构）筑物和受水平力（包括力矩和水平剪力）较小的高层建筑群桩基础，应按下列公式计算柱、墙、核心筒群桩中基桩或复合基桩的桩顶作用效应：

a. 竖向力

轴心竖向力作用下：

$$N_k = \frac{F_k + G_k}{n} \tag{4.3-10}$$

偏心竖向力作用下

$$N_{ik} = \frac{F_k + G_k}{n} \pm \frac{M_{xk}y_i}{\sum y_j^2} \pm \frac{M_{yk}x_i}{\sum x_j^2} \tag{4.3-11}$$

b. 水平力

$$H_{ik} = \frac{H_k}{n} \tag{4.3-12}$$

式中    $F_k$ ——荷载效应标准组合下作用于承台顶面的竖向力；

$G_k$ ——基桩承台和承台上土自重标准值，对稳定的地下水位以下部分应扣除水的浮力；

$N_k$ ——荷载效应标准组合轴心竖向力作用下，基桩或复合桩的平均竖向力；

$N_{ik}$ ——荷载效应标准组合偏心竖向力作用下，第 $i$ 基桩或复合桩的平均竖向力；

$M_{xk}$、$M_{yk}$ ——荷载效应标准组合下，作用于承台底面，绕通过桩群形心的 $x$、$y$ 主轴的力矩；

$x_i$、$x_j$、$y_i$、$y_j$ ——第 $i$、$j$ 基桩或复合基桩至 $y$、$x$ 轴的距离；

$H_k$ ——荷载效应标准组合下，作用于基桩承台底面的水平力；

$H_{ik}$ ——荷载效应标准组合下，作用于第 $i$ 基桩或复合基桩的水平力；

$n$ ——基桩中的桩数。

对于主要承受竖向荷载的抗震设防区低承台基桩，在同时满足下列条件时，桩顶作用效应计算可不考虑地震作用：

a. 按现行国家标准《建筑抗震设计规范》（GB 50011）规定不进行基桩抗震承载力验算的建（构）筑物；

b. 建筑场地位于建筑抗震的有利地段。

属于下列情况之一的基桩，计算基桩的作用效应、桩身内力和位移时，宜考虑承台（包括地下墙体）与基桩协同工作和土的弹性抗力作用，其计算方法可按《建筑桩基技术规范》（JGJ 94-2008）附录 C 的规定进行。

a. 位于 8 度和 8 度以上抗震设防区的建筑，当其基桩承台刚度较大或由于上部结构与承台协同作用能增强承台的刚度时。

b. 其他受较大水平力的基桩。

（2）基桩竖向承载力计算

a. 基桩竖向承载力计算应符合下列要求：

荷载效应标准组合

轴心竖向力作用下：

$$N_k \leq R \tag{4.3-13}$$

偏心竖向力作用下，除满足上式外，尚应满足下式要求：

$$N_{kmax} \leq 1.2R \tag{4.3-14}$$

地震作用效应和荷载效应标准组合

轴心竖向力作用下：

$$N_{Fk} \leq 1.25R \tag{4.3-15}$$

偏心竖向力作用下，除满足上式外，尚应满足下式要求：

$$N_{Fkmax} \leq 1.5R \tag{4.3-16}$$

式中　$N_k$ —— 荷载效应标准组合轴心竖向力作用下，基桩或复合基桩的平均竖向力；
　　　$N_{kmax}$ —— 荷载效应标准组合轴心竖向力作用下，桩顶最大竖向力；
　　　$N_{Fk}$ —— 地震作用效应和荷载效应标准组合下，基桩或复合基桩的平均竖向力；
　　　$N_{Fkmax}$ —— 地震作用效应和荷载效应标准组合下，基桩或复合基桩的最大竖向力；
　　　$R$ —— 基桩或复合基桩竖向承载力特征值。

b. 单桩竖向承载力特征值 $R_a$ 应按下式确定：

$$R_a = \frac{1}{K} Q_{uk} \tag{4.3-17}$$

式中　$Q_{uk}$ —— 单桩竖向极限承载力标准值；
　　　$K$ —— 安全系数，取 $K=2$。

c. 对于端承型基桩、桩数少于 4 根的摩擦型柱下独立基桩或由于地层土性、使用条件等因素不宜考虑承台效应时，基桩竖向承载力特征值应取单桩竖向承载力特征值。

d. 对于符合下列条件之一的摩擦型基桩，宜考虑承台效应确定其符合基桩的竖向承载力特征值：

上部结构整体刚度较好、体型简单的建（构）筑物；

对差异沉降适应性较强的排架结构和柔性构筑物；

按变刚度调平原则设计的基桩刚度相对弱化区；

软土地基的减沉复合疏桩基础。

e. 考虑承台效应的复核基桩竖向承载力特征值可按下列公式确定：

不考虑地震作用时：

$$R = R_a + \eta_c f_{ak} A_c \tag{4.3-18}$$

考虑地震作用时：

$$R = R_a + \frac{\zeta_a}{1.25} \eta_c f_{ak} A_c \tag{4.3-19}$$

$$A_c = (A - nA_{ps})/n \tag{4.3-20}$$

式中   $\eta_c$ ——承台效应系数，可按表4.3-3取值；

     $f_{ak}$ ——承台下1/2承台宽度且不超过5m深度范围内各层土的地基承载力特征值按厚度加权的平均值；

     $A_c$ ——计算基桩所对应的承台底净面积；

     $A_{ps}$ ——桩身截面面积；

     $A$ ——承台计算域面积，对于柱下独立基础，$A$ 为承台总面积；对于桩筏基础，$A$ 为柱、墙筏板的1/2跨距和悬臂边2.5倍筏板厚度所围成的面积；桩集中布置于单片墙下的桩筏基础，取墙两边各1/2跨距围成的面积，按条形承台计算 $\eta_c$；

     $\zeta_a$ ——地基抗震承载力调整系数，应按现行国家标准《建筑抗震设计规范》（GB 50011）采用。

当承台底为可液化土、湿陷性土、高灵敏度软土、欠固结土、新填土时，沉桩引起超孔隙水压力和土体隆起时，不考虑承台效应，取 $\eta_c=0$。

表4.3-3 承台效应系数 $\eta_c$

| $B_c/l$ ＼ $s_a/d$ | 3 | 4 | 5 | 6 | ＞6 |
|---|---|---|---|---|---|
| ≤ 0.4 | 0.06 ~ 0.08 | 0.14 ~ 0.17 | 0.22 ~ 0.26 | 0.32 ~ 0.38 | 0.5 ~ 0.8 |
| 0.4 ~ 0.8 | 0.08 ~ 0.10 | 0.17 ~ 0.20 | 0.26 ~ 0.30 | 0.38 ~ 0.44 | |
| ＞ 0.8 | 0.10 ~ 0.12 | 0.2 ~ 0.22 | 0.30 ~ 0.34 | 0.44 ~ 0.50 | |
| 单排桩条形承台 | 0.15 ~ 0.18 | 0.25 ~ 0.30 | 0.38 ~ 0.45 | 0.50 ~ 0.60 | |

注：（1）表中 $s_a/d$ 为桩中心距与桩径之比；$B_c/l$ 为承台宽度与桩长之比。当计算基桩为非正方形排列时，$s_a = \sqrt{A/n}$，$A$ 为承台计算域面积，$n$ 为总桩数。

（2）对桩布置与墙下的箱、筏承台，$\eta_c$ 可按单排桩条形承台取值。

（3）对于单排桩条形承台，当承台宽度小于 $1.5d$ 时，$\eta_c$ 按非条形承台取值。

（4）对于采用后注浆灌注桩的承台，$\eta_c$ 宜取低值。

（5）对于饱和黏性土中的挤土基桩、软土地基上的基桩承台，$\eta_c$ 宜取低值的0.8倍。

（3）单桩竖向极限承载力

一般规定

a. 设计采用的单桩竖向极限承载力标准值应符合下列规定：

设计等级为甲级的建筑桩基，应通过单桩静载试验确定；

设计等级为乙级的建筑桩基，当地质条件简单时，可参照地质条件相同的试桩资料，结合静力触探等原位测试和经验参数综合确定；其余均应通过单桩静载试验确定；

设计等级为丙级的建筑基桩，可根据原位测试和经验参数确定。

b. 单桩竖向极限承载力标准值、极限侧阻力标准值和极限端阻力标准值应按下列规定确定：

单桩竖向静载试验应按现行行业标准《建筑基桩检测技术规范》（JGJ 106）执行；

对于大直径端承型桩，也可通过深层平板（平板直径应与孔径一致）载荷试验确定极限端阻力；

对于嵌岩桩，可通过直径为 0.3m 岩基平板载荷试验确定极限端阻力标准值，也可通过直径为 0.3m 嵌岩短墩载荷试验确定极限侧阻力标准值和极限端阻力标准值；

桩的极限侧阻力标准值和极限端阻力标准值宜通过埋设桩身轴力测试元件由静载试验确定，并提供测试结果建立极限侧阻力标准值和极限端阻力标准值与土层物理指标、岩石饱和单轴抗压强度以及与静力触探等土的原位测试指标间的经验关系，以经验参数法确定单桩竖向极限承载力。

原位测试法

c. 当根据单桥探头静力触探资料确定混凝土预制桩单桩竖向极限承载力标准值时，如无当地经验，可按下式计算：

$$Q_{UK} = Q_{sk} + Q_{pk} = u\sum q_{sik}l_i + \alpha p_{sk}A_p \tag{4.3-21}$$

当 $p_{sk1} \leqslant p_{sk2}$ 时：

$$P_{sk} = \frac{1}{2}(p_{sk1} + \beta \cdot p_{sk2}) \tag{4.3-22}$$

当 $p_{sk1} > p_{sk2}$ 时：

$$P_{sk} = p_{sk2} \tag{4.3-23}$$

式中　$Q_{sk}$、$Q_{pk}$——分别为总极限侧阻力标准值和总极限端阻力标准值；

　　　　　$u$——桩身周长；

　　　　　$q_{sik}$——用静力触探比贯入阻力值估算桩周第 $i$ 层土的极限侧阻力标准值；

$l_i$——桩周第 $i$ 层土的厚度；

$\alpha$——桩端阻力修正系数，可按表4.3-4取值；

$p_{sk}$——桩端附近的静力触探比贯入阻力标准值（平均值）；

$A_p$——桩端面积；

$p_{sk1}$——桩端全截面以上8倍桩径范围内的比贯入阻力平均值；

$p_{sk2}$——桩端全截面以下4倍桩径范围内的比贯入阻力平均值，如桩端持力层为密实砂土层，
其比贯入阻力平均值超过20MPa时，则需乘以表4.3-5中 $c$ 予以折减后，再计算 $p_{sk}$；

$\beta$——折减系数，按表4.3-6选用。

### 表 4.3-4　桩端阻力修正系数 $\alpha$ 值

| 桩长（m） | $l < 15$ | $15 \leqslant l \leqslant 30$ | $30 < l \leqslant 60$ |
|---|---|---|---|
| $\alpha$ | 0.75 | 0.75 ~ 0.90 | 0.90 |

注：桩长 $15\mathrm{m} \leqslant l \leqslant 30\mathrm{m}$，$\alpha$ 值按 $l$ 值直线内插；$l$ 为桩长（不包括桩尖高度）。

### 表 4.3-5　系数 $c$

| $P_{sk}$（MPa） | 20 ~ 30 | 35 | > 40 |
|---|---|---|---|
| 系数 $c$ | 5/6 | 2/3 | 1/2 |

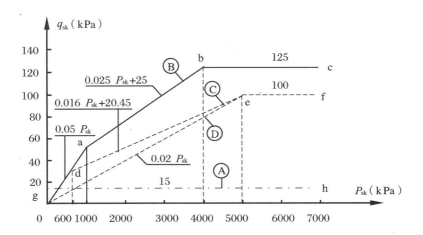

注：（1）$q_{sik}$ 值应结合土工试验资料，依据土的类别、埋藏深度、排列次序，按图4.3-2折线取值；图4.3-2
中，直线 Ⓐ（线段gh）适用于地表下6m范围内的土层，折线 Ⓑ（线段oabc）适用于粉土及
砂土土层（或无粉土及砂土土层地区）的黏性土；折线 Ⓒ（线段odef）适用于粉土及砂土土层
以下的黏性土；折线 Ⓓ（线段oef）适用于粉土、粉砂、细砂及中砂。

（2）$p_{sk}$ 为桩端穿过的中密~密实砂土、粉土的比贯入阻力平均值；$p_{sl}$ 为砂土、粉土的下卧软土层的
比贯入阻力平均值。

（3）采用的单桥探头，圆锥底面积为 $15\mathrm{cm}^2$ 底部带 $7\mathrm{cm}$ 高滑套，锥角 $60°$。

（4）当桩端穿过粉土、粉砂、细砂及中砂层底面时，折线 Ⓓ 估算的 $q_{sik}$ 值需乘以表4.3-7中的系数 $\eta_s$ 值。

### 图 4.3-2　$q_{sk} - P_{sk}$ 曲线

表 4.3-6　折减系数 $\beta$

| $p_{sk2}\,/\,p_{sk1}$ | $\leqslant 5$ | 7.5 | 12.5 | $\geqslant 15$ |
|---|---|---|---|---|
| $\beta$ | 1 | 5/6 | 2/3 | 1/2 |

表 4.3-7　系数 $\eta_s$ 值

| $p_{sk}\,/\,p_{s1}$ | $\leqslant 5$ | 7.5 | $\geqslant 10$ |
|---|---|---|---|
| $\eta_s$ | 1.0 | 0.5 | 0.33 |

d. 当根据双桥探头静力触探资料确定混凝土预制桩单桩竖向极限承载力标准值时，对于黏性土、粉土和砂土，如无当地经验时可按下式计算：

$$Q_{uk} = Q_{sk} + Q_{pk} = u\Sigma l_i \cdot \beta_i \cdot f_{si} + \alpha \cdot q_c \cdot A_p \qquad (4.3\text{-}24)$$

式中　$f_{si}$ —— 第 $i$ 层土的探头平均侧阻力（kPa）；

$\quad\quad q_c$ —— 桩端平面上、下探头阻力，取桩端平面以上 $4d$（$d$ 为桩的直径或边长）范围内按土层厚度的探头阻力加权平均值（kPa），然后再和桩端平面以下 $1d$ 范围内的探头阻力进行平均；

$\quad\quad \alpha$ —— 桩端阻力修正系数，对于黏性土、粉土取 2/3，饱和砂土取 1/2；

$\quad\quad \beta_i$ —— 第 $i$ 层土桩侧阻力综合修正系数，黏性土、粉土：$\beta_i = 10.04\,(f_{si})^{-0.55}$；

$\quad\quad$ 砂土：$\beta_i = 5.05\,(f_{si})^{-0.45}$。

注：双桥探头的圆锥底面积为 15cm$^2$，锥角 60°，摩擦套筒高 21.85cm，侧面积 300cm$^2$。

经验参数法

e. 当根据土的物理指标与承载力参数之间的经验关系确定单桩竖向极限承载力标准值时，宜按下式估算：

$$Q_{uk} = Q_{sk} + Q_{pk} = u\Sigma q_{sik} l_i + q_{pk} A_p \qquad (4.3\text{-}25)$$

式中　$q_{sik}$ —— 桩侧第 $i$ 层土的极限侧阻力标准值，如无当地经验时，可按表 4.3-8 取值；

$\quad\quad q_{pk}$ —— 极限端阻力标准值，如无当地经验时，可按表 4.3-9 取值。

f. 根据土的物理指标与承载力参数之间的经验关系，确定大直径桩单桩极限承载力标准值时，可按下式计算：

$$Q_{uk} = Q_{sk} + Q_{pk} = u\Sigma \psi_{si} q_{sik} l_i + \psi_p q_{pk} \cdot A_p \qquad (4.3\text{-}26)$$

式中　$q_{sik}$ —— 桩侧第 $i$ 层土的极限侧阻力标准值，如无当地经验时，可按表 4.3-8 取值，对于扩底桩斜面及变截面以上 $2d$ 长度范围内不计侧阻力；

$\quad\quad q_{pk}$ —— 桩径为 800mm 的极限端阻力标准值，对于干作业挖孔（清底干净）可采用深层荷载板试验确定，当不能进行荷载板试验时，可按表 4.3-10 取值。

$\psi_{si}$、$\psi_p$——大直径桩侧阻力、端阻力尺寸效应系数，按表 4.3-11 取值；

$u$——桩身周长，当人工挖孔桩桩周护壁为振捣密实的混凝土时，桩身周长可按护壁外径计算。

### 表 4.3-8　桩的极限侧阻力标准值 $q_{sik}$（kPa）

| 土的名称 | 土的状态 | | 混凝土预制桩 | 泥浆护壁钻（冲）孔桩 | 干作业钻孔桩 |
|---|---|---|---|---|---|
| 填土 | – | | 22 ~ 30 | 20 ~ 28 | 20 ~ 28 |
| 淤泥 | – | | 14 ~ 20 | 12 ~ 18 | 12 ~ 18 |
| 淤泥质土 | – | | 22 ~ 30 | 20 ~ 28 | 20 ~ 28 |
| 黏性土 | 流塑<br>软塑<br>可塑<br>硬可塑<br>硬塑<br>坚硬 | $I_L > 1$<br>$0.75 < I_L \leq 1$<br>$0.50 < I_L \leq 0.75$<br>$0.25 < I_L \leq 0.50$<br>$0 < I_L \leq 0.25$<br>$I_L \leq 0$ | 24 ~ 40<br>40 ~ 55<br>55 ~ 70<br>70 ~ 86<br>86 ~ 98<br>98 ~ 105 | 21 ~ 38<br>38 ~ 53<br>53 ~ 68<br>68 ~ 84<br>84 ~ 96<br>96 ~ 102 | 21 ~ 38<br>38 ~ 53<br>53 ~ 66<br>66 ~ 82<br>82 ~ 94<br>94 ~ 104 |
| 红黏土 | $0.7 < a_\omega \leq 1$<br>$0.5 < a_\omega \leq 0.7$ | | 13 ~ 32<br>32 ~ 74 | 12 ~ 30<br>30 ~ 70 | 12 ~ 30<br>30 ~ 70 |
| 粉土 | 稍密<br>中密<br>密实 | $e > 0.9$<br>$0.75 < e \leq 0.9$<br>$e < 0.75$ | 26 ~ 46<br>46 ~ 66<br>66 ~ 88 | 24 ~ 42<br>42 ~ 62<br>62 ~ 82 | 24 ~ 42<br>42 ~ 62<br>62 ~ 82 |
| 粉细砂 | 稍密<br>中密<br>密实 | $10 < N \leq 15$<br>$15 < N \leq 30$<br>$N > 30$ | 24 ~ 48<br>48 ~ 66<br>66 ~ 88 | 22 ~ 46<br>46 ~ 64<br>64 ~ 86 | 22 ~ 46<br>46 ~ 64<br>64 ~ 86 |
| 中砂 | 中密<br>密实 | $15 < N \leq 30$<br>$N > 30$ | 54 ~ 74<br>74 ~ 95 | 53 ~ 72<br>72 ~ 94 | 53 ~ 72<br>72 ~ 94 |
| 粗砂 | 中密<br>密实 | $15 < N \leq 30$<br>$N > 30$ | 74 ~ 95<br>95 ~ 116 | 74 ~ 95<br>95 ~ 116 | 76 ~ 98<br>98 ~ 120 |
| 砾砂 | 稍密<br>中密（密实） | $5 < N_{63.5} \leq 15$<br>$N_{63.5} > 15$ | 70 ~ 110<br>116 ~ 138 | 50 ~ 90<br>116 ~ 130 | 60 ~ 100<br>112 ~ 130 |
| 圆砾、角砾 | 中密、密实 | $N_{63.5} > 10$ | 160 ~ 200 | 135 ~ 150 | 135 ~ 150 |
| 碎石、卵石 | 中密、密实 | $N_{63.5} > 10$ | 200 ~ 300 | 140 ~ 170 | 150 ~ 170 |
| 全风化软质岩 | – | $30 < N \leq 50$ | 100 ~ 120 | 80 ~ 100 | 80 ~ 100 |
| 全风化硬质岩 | – | $30 < N \leq 50$ | 140 ~ 160 | 120 ~ 140 | 120 ~ 150 |
| 强风化软质岩 | – | $N_{63.5} > 10$ | 160 ~ 240 | 140 ~ 200 | 140 ~ 220 |
| 强风化硬质岩 | – | $N_{63.5} > 10$ | 220 ~ 300 | 160 ~ 240 | 160 ~ 260 |

注：（1）对于尚未完成自重固结的填土和以生活垃圾为主的杂填土，不计算其侧阻力。

（2）$a_\omega$ 为含水比，$a_\omega = \omega / \omega_1$，$\omega$ 为土的天然含水量，$\omega_1$ 为土的液限。

（3）$N$ 为标准贯入击数；$N_{63.5}$ 为重型圆锥动力触探击数。

（4）全风化、强风化软质岩和全风化、强风化硬质岩系指其母岩分别为 $f_{rk} \leq 15MPa$，$f_{rk} > 30MPa$ 的岩石。

## 4.3-9 桩的极限端阻力标准值 $q_{pk}$（kPa）

| 土名称 | 土的状态 | | 混凝土预制桩桩长 $l$（m） | | | | 泥浆护壁钻（冲）孔桩桩长 $l$（m） | | | | 干作业钻孔桩桩长 $l$（m） | | |
|---|---|---|---|---|---|---|---|---|---|---|---|---|---|
| | | | $l \leq 9$ | $9 < l \leq 16$ | $16 < l \leq 30$ | $l > 30$ | $5 < l < 10$ | $10 \leq l < 15$ | $15 \leq l < 30$ | $30 \leq l$ | $5 \leq l < 10$ | $10 \leq l < 15$ | $15 \leq l$ |
| 黏性土 | 软塑 | $0.75 < I_L \leq 1$ | 210~850 | 650~1400 | 1200~1800 | 1300~1900 | 150~250 | 250~300 | 300~450 | 300~450 | 200~400 | 400~700 | 700~950 |
| | 可塑 | $0.50 < I_L \leq 0.75$ | 850~1700 | 1400~2200 | 1900~2800 | 2300~3600 | 350~450 | 450~600 | 600~750 | 750~800 | 500~700 | 800~1100 | 1000~1600 |
| | 硬可塑 | $0.25 < I_L \leq 0.50$ | 1500~2300 | 2300~3300 | 2700~3600 | 3600~4400 | 800~900 | 900~1000 | 1000~1200 | 1200~1400 | 850~1100 | 1500~1700 | 1700~1900 |
| | 硬塑 | $0 < I_L \leq 0.25$ | 2500~3800 | 3800~5500 | 5500~6000 | 6000~6800 | 1100~1200 | 1200~1400 | 1400~1600 | 1600~1800 | 1600~1800 | 2200~2400 | 2600~2800 |
| 粉土 | 中密 | $0.75 \leq e \leq 0.9$ | 950~1700 | 1400~2100 | 1900~2700 | 2500~3400 | 300~500 | 500~650 | 650~750 | 750~850 | 800~1200 | 1200~1400 | 1400~1600 |
| | 密实 | $e < 0.75$ | 1500~2600 | 2100~3000 | 2700~3600 | 3600~4400 | 650~900 | 750~950 | 900~1100 | 1100~1200 | 1200~1700 | 1400~1900 | 1600~2100 |
| 粉砂 | 稍密 | $10 < N \leq 15$ | 1000~1600 | 1500~2300 | 1900~2700 | 2100~3000 | 350~500 | 450~600 | 600~700 | 650~750 | 500~950 | 1300~1600 | 1500~1700 |
| | 中密、密实 | $N > 15$ | 1400~2200 | 2100~3000 | 3000~4500 | 3600~5500 | 600~750 | 750~900 | 900~1100 | 1100~1200 | 900~1000 | 1700~1900 | 1700~1900 |
| 细砂 | 中密、密实 | $N > 15$ | 2500~4000 | 3600~5000 | 4400~6000 | 5300~7000 | 650~850 | 900~1200 | 1200~1500 | 1500~1800 | 1200~1600 | 2000~2400 | 2400~2700 |
| 中砂 | 中密、密实 | $N > 15$ | 4000~6000 | 5500~7000 | 6500~8000 | 7500~9000 | 850~1050 | 1100~1500 | 1500~1900 | 1900~2100 | 1800~2400 | 2800~3800 | 3600~4400 |
| 粗砂 | 中密、密实 | $N > 15$ | 5700~7500 | 7500~8500 | 8500~10000 | 9500~11000 | 1500~1800 | 2100~2400 | 2400~2600 | 2600~2800 | 2900~3600 | 4100~4600 | 4600~5200 |
| 砾砂 | 中密、密实 | $N > 15$ | 6000~9500 | | 9000~10500 | | 1400~2000 | | 2000~3200 | | 3500~5000 | | |
| 角砾、圆砾 | | $N_{63.5} > 10$ | 7000~10000 | | 9500~11500 | | 1800~2200 | | 2200~3600 | | 4000~5500 | | |
| 碎石、卵石 | | $N_{63.5} > 10$ | 8000~11000 | | 10500~13000 | | 2000~3000 | | 3000~4000 | | 4500~6500 | | |
| 全风化软质岩 | | $30 < N \leq 50$ | 4000~6000 | | | | 1000~1600 | | | | 1200~2000 | | |
| 全风化硬质岩 | | $30 < N \leq 50$ | 5000~8000 | | | | 1200~2000 | | | | 1400~2400 | | |
| 强风化软质岩 | | $N_{63.5} > 10$ | 6000~9000 | | | | 1400~2200 | | | | 1600~2600 | | |
| 强风化硬质岩 | | $N_{63.5} > 10$ | 7000~11000 | | | | 1800~2800 | | | | 2000~3000 | | |

注：（1）砂土和碎石类土中桩的极限端阻力取值，宜综合考虑土的密实度、桩端进入持力层的深径比 $h_b/d$，土愈密实，$h_b/d$ 愈大，取值愈高。

（2）预制桩的岩石极限端阻力指桩端支承于中、微风化基岩表面或进入强风化岩、软质岩一定深度条件下极限端阻力。

（3）全风化、强风化软质岩和全风化、强风化硬质岩指其母岩分别为 $f_{rk} \leq 15\text{MPa}$，$f_{rk} > 30\text{MPa}$ 的岩石。

**表 4.3-10 干作业挖孔桩（清底干净，D=800mm）极限端阻力标准值 $q_{pk}$（kPa）**

| 土名称 | | 状态 | | |
|---|---|---|---|---|
| 黏性土 | | $0.25 < I_L \leqslant 0.75$ | $0 < I_L \leqslant 0.25$ | $I_L \leqslant 0$ |
| | | $800 \sim 1\,800$ | $1\,800 \sim 2\,400$ | $2\,400 \sim 3\,000$ |
| 粉土 | | $-$ | $0.75 \leqslant e \leqslant 0.9$ | $e < 0.75$ |
| | | $-$ | $1\,000 \sim 1\,500$ | $1\,500 \sim 2\,000$ |
| 砂土、碎石类土 | | 稍密 | 中密 | 密实 |
| | 粉砂 | $500 \sim 700$ | $800 \sim 1\,100$ | $1\,200 \sim 2\,000$ |
| | 细砂 | $700 \sim 1\,100$ | $1\,200 \sim 1\,800$ | $2\,000 \sim 2\,500$ |
| | 中砂 | $1\,000 \sim 2\,000$ | $2\,200 \sim 3\,200$ | $3\,500 \sim 5\,000$ |
| | 粗砂 | $1\,200 \sim 2\,200$ | $2\,500 \sim 3\,500$ | $4\,000 \sim 5\,500$ |
| | 砾砂 | $1\,400 \sim 2\,400$ | $2\,600 \sim 4\,000$ | $5\,000 \sim 7\,000$ |
| | 圆砾、角砾 | $1\,600 \sim 3\,000$ | $3\,200 \sim 5\,000$ | $6\,000 \sim 9\,000$ |
| | 碎石、卵石 | $2\,000 \sim 3\,000$ | $3\,300 \sim 5\,000$ | $7\,000 \sim 11\,000$ |

注：（1）当桩进入持力层的深度 $h_b$ 分别为 $h_b \leqslant D$，$D < h_b \leqslant 4D$，$h_b > 4D$ 时，$q_{pk}$ 可相应取低、中、高值。

（2）砂土密实度可根据标贯击数判定：$N \leqslant 10$ 为松散，$10 < N \leqslant 15$ 为稍密，$15 < N \leqslant 30$ 为中密，$N$ 大于 30 为密实。

（3）当桩的长径比 $l/d \leqslant 8$ 时，$q_{pk}$ 宜取较低值。

（4）当对沉降要求不严时，$q_{pk}$ 宜取较高值。

**表 4.3-11 大直径灌注桩侧阻力尺寸效应系数 $\psi_{si}$、端阻力尺寸效应系数 $\psi_p$**

| 土类型 | 黏性土、粉土 | 砂土、碎石类土 |
|---|---|---|
| $\psi_{si}$ | $(0.8/d)^{1/5}$ | $(0.8/d)^{1/3}$ |
| $\psi_p$ | $(0.8/D)^{1/4}$ | $(0.8/D)^{1/3}$ |

注：当为等直径桩时，表中 $D=d$。

钢管桩

g. 当根据土的物理指标与承载力参数之间的经验关系确定钢管桩单桩竖向极限承载力标准值时，可按下列公式计算：

$$Q_{uk} = Q_{sk} + Q_{pk} = u\Sigma q_{sik} l_i + \lambda_p q_{pk} \cdot A_p \tag{4.3-27}$$

当 $h_b/d < 5$ 时：

$$\lambda_p = 0.16 h_b/d \tag{4.3-28}$$

当 $h_b/d \geqslant 5$ 时：

$$\lambda_p = 0.8 \tag{4.3-29}$$

式中    $q_{sik}$、$q_{pk}$ ——分别按表4.3-8、表4.3-9取与混凝土预制桩相同值；

$\lambda_p$ ——桩端土塞效应系数，对于闭口钢管桩 $\lambda_p=1$，按上列第2、3式取值；

$h_b$ ——桩端进入持力层深度；

$d$ ——钢管桩外径。

对于带隔板的半敞口钢管桩，应以等效直径 $d_e$ 代替 $d$ 确定 $\lambda_p$；$d_e=d/\sqrt{n}$；其中 $n$ 为桩端隔板分隔数，见图4.3-3。

$n=2$          $n=4$          $n=9$

**图4.3-3  隔板分割**

混凝土空心桩

h. 当根据土的物理指标与承载力参数之间的经验关系确定敞口预应力混凝土空心桩单桩竖向极限承载力标准值时，可按下列公式计算：

$$Q_{uk} = Q_{sk} + Q_{pk} = u\Sigma q_{sik} l_i + q_{pk}(A_j + \lambda_p A_{pl})\qquad(4.3\text{-}30)$$

当 $h_b/d_1 < 5$ 时：

$$\lambda_p=0.16(h_b/d_1)\qquad(4.3\text{-}31)$$

当 $h_b/d_1 \geq 5$ 时：

$$\lambda_p = 0.8\qquad(4.3\text{-}32)$$

式中    $q_{sik}q_{pk}$ ——分别按表4.3-8、表4.3-9取与混凝土预制桩相同值；

$A_j$ ——空心桩桩端净面积；管桩：$A_j=(\pi/4)(d^2-d_1^2)$；空心方桩：$A_j=b^2-(\pi/4)d_1^2$；

$A_{pl}$ ——空心桩敞口面积：$A_{pl}=(\pi/4)d12$；

$\lambda_p$ ——桩端土塞效应系数；

$d$、$b$ ——空心桩外径、边长；

$d_1$ ——空心桩内径。

嵌岩桩

i. 桩端置于完整、较完整基岩的嵌岩桩单桩竖向极限承载力，由桩周土中极限侧阻力和嵌岩段总极限阻力组成。当根据岩石单轴抗压强度确定单桩竖向极限承载力标准值时，可按下列公式计算：

$$Q_{UK} = Q_{sk}+Q_{rk}\qquad(4.3\text{-}33)$$

$$Q_{sk} = U\sum q_{ski}l_i \qquad\qquad (4.3\text{-}34)$$

$$Q_{rk} = \zeta_r f_{rk} A_p \qquad\qquad (4.3\text{-}35)$$

式中　$Q_{sk}$、$Q_{rk}$——分别为土的总极限侧阻力、嵌岩段总极限阻力；

　　　　$q_{ski}$——桩周第 $i$ 层土的极限侧阻力，无当地经验时，可根据成桩工艺按规范取值；

　　　　$f_{rk}$——岩石饱和单轴抗压强度标准值，黏土岩取天然湿度单轴抗压强度标准值；

　　　　$\zeta_r$——嵌岩段侧阻和端阻综合系数，与嵌岩深径比 $h_r/d$、岩石软硬程度和成桩工艺有关，可按表 4.3-12 采用；表中数值使用于泥浆护壁成桩，对于干作业成桩（清底干净）和泥浆护壁成桩后注浆，应取表列数值 1.2 倍。

表 4.3-12　嵌岩段侧阻和端阻综合系数 $\zeta_r$

| 嵌岩深径比 $h_r/d$ | 0 | 0.5 | 1.0 | 2.0 | 3.0 | 4.0 | 5.0 | 6.0 | 7.0 | 8.0 |
|---|---|---|---|---|---|---|---|---|---|---|
| 极软岩、软岩 | 0.60 | 0.80 | 0.95 | 1.18 | 1.35 | 1.48 | 1.57 | 1.63 | 1.66 | 1.70 |
| 较硬岩、坚硬岩 | 0.45 | 0.65 | 0.81 | 0.90 | 1.00 | 1.04 | – | – | – | – |

注：（1）极软岩、软岩 $f_{rk} \leqslant 15\text{MPa}$，较硬岩、坚硬岩 $f_{rk} > 30\text{MPa}$，介于两者之间可内插取值。

　　（2）$h_r$ 为桩身嵌岩深度，当岩面倾斜时，以坡下方的嵌岩深度为准；当 $h_r/d$ 为非表列值时，$\zeta_r$ 可内插取值。

**后注浆灌注桩**

j. 后注浆灌注桩的单桩极限承载力，应通过静载试验确定。在符合规范第 6.7 节后注浆技术实施规定的条件下，其后注浆单桩极限承载力标准值可按下式计算：

$$Q_{uk} = Q_{sk} + Q_{gsk} + Q_{gpk} = u\Sigma\, q_{sjk}\, l_j + u\Sigma\,\beta_{si}\, q_{sik}\, l_{gi} + \beta_p q_{pk} A_p \qquad (4.3\text{-}36)$$

式中　$Q_{sk}$——后注浆非竖向增强段的总极限侧阻力标准值；

　　　　$Q_{gsk}$——后注浆竖向增强段的总极限侧阻力标准值；

　　　　$Q_{gpk}$——后注浆总极限端阻力标准值；

　　　　$u$——桩身周长；

　　　　$l_j$——后注浆非竖向增强段第 $j$ 层土厚度；

　　　　$l_{gi}$——后注浆竖向增强段内第 $i$ 层土厚度；对于泥浆护壁成孔灌注桩，当为单一桩尖后注浆时，竖向增强段为桩端以上 12m，当为桩端、桩侧复合注浆时，竖向增强段为桩端以上 12m 及各桩侧注浆断面以上 12m，重叠部分应扣除；对于干作业灌注桩，竖向增强段为桩端以上、桩侧注浆断面上下各 6m；

　$q_{sjk}$、$q_{sik}$、$q_{pk}$——分别为后注浆竖向增强段第 $i$ 土层初始极限侧阻力标准值、非竖向增强段第 $j$ 土层初始极限侧阻力标准值、初始极限端阻力标准值；根据规范确定；

　　　$\beta_{si}$、$\beta_p$——分别为后注浆侧阻力、端阻力增强系数，无当地经验时，可按表 4.3-13 取值。对于桩径大于 800mm 的桩，应按规范规定进行侧阻和端阻尺寸效应修正。

k. 后注浆钢导管注浆后可等效替代纵向主筋。

表 4.3-13　后注浆侧阻力增强系数 $\beta_{si}$、端阻力增强系数 $\beta_p$

| 土层名称 | 淤泥<br>淤泥质土 | 黏性土<br>粉土 | 粉砂<br>细砂 | 中砂 | 粗砂<br>砾砂 | 砾石<br>卵石 | 全风化岩<br>强风化岩 |
|---|---|---|---|---|---|---|---|
| $\beta_{si}$ | 1.2 ~ 1.3 | 1.4 ~ 1.8 | 1.6 ~ 2.0 | 1.7 ~ 2.1 | 2.0 ~ 2.5 | 2.4 ~ 3.0 | 1.4 ~ 1.8 |
| $\beta_p$ | — | 2.2 ~ 2.5 | 2.4 ~ 2.8 | 2.6 ~ 3.0 | 3.0 ~ 3.5 | 3.2 ~ 4.0 | 2.0 ~ 2.4 |

注：干作业钻、挖孔桩，$\beta_p$ 按表列值乘以小于 1.0 的折减系数。当桩端持力层为黏性土或粉土时，折减系数取 0.6，为砂土、碎石土时，取 0.8。

液化效应

1. 对于桩身周围有液化土层的低承台基桩，当承台底面上下分别有厚度不小于 1.5m、1.0m 的非液化土或非软弱土层时，可将液化土层极限侧阻力乘以土层液化影响折减系数 $\psi_l$ 计算单桩极限承载力标准值。土层液化影响系数可按表 4.3-14 确定。

表 4.3-14　土层液化影响折减系数 $\psi_l$

| $\lambda_N = N / N_{cr}$ | 自地面算起的液化土层深度 $d_L$（m） | $\psi_l$ |
|---|---|---|
| $\lambda_N \leq 0.6$ | $d_L \leq 10$<br>$10 < d_L \leq 20$ | 0<br>1/3 |
| $0.6 < \lambda_N \leq 0.8$ | $d_L \leq 10$<br>$10 < d_L \leq 20$ | 1/3<br>2/3 |
| $0.8 < \lambda_N \leq 1.0$ | $d_L \leq 10$<br>$10 < d_L \leq 20$ | 2/3<br>1.0 |

注：（1）$N$ 为饱和土标贯击数实测值；$N_{cr}$ 为液化判别标准值。
　　（2）对于挤土桩当桩距不大于 $4d$，且桩的排数不少于 5 排、总桩数不少于 25 根时，土层影响折减系数可按表列数值提高一档取值；桩间土标贯击数达到 $N_{cr}$ 时，取 $\psi_l = 1$。

当承台底面上下非液化土层厚度小于以上规定时，土层液化影响折减系数 $\psi_l$ 取 0。

（4）特殊条件下基桩竖向承载力验算

软弱下卧层验算

a. 对于桩距不超过 $6d$ 的群桩基础，桩端持力层下存在承载力低于桩端持力层承载力 1/3 的软弱下卧层时，可按下列公式验算软弱下卧层的承载力（见图 4.3-4）：

$$\sigma_z + \gamma_{mz} \leqslant f_{az} \qquad (4.3\text{-}37)$$

$$\sigma_z = \frac{(F_k + G_k) - 1.5(A_o + B_o) \cdot \Sigma q_{sik} l_i}{(A_o + 2t \cdot \tan\theta)(B_o + 2t \cdot \tan\theta)} \qquad (4.3\text{-}38)$$

式中　$\sigma_z$——作用于软弱下卧层顶面的附加应力；

$\gamma_{mz}$ ——软弱层顶面以上各层重度（地下水位以下取浮重度）按厚度加权平均值；

$t$ ——硬持力层厚度；

$f_{az}$ ——软弱下卧层经深度 $z$ 修正的地基承载力特征值；

$A_0$、$B_0$ ——桩群外缘矩形底面的长、短边边长；

$q_{sik}$ ——桩周第 $i$ 层土的极限侧阻力标准值，无当地经验时，可根据成桩工艺按表 4.3-8 取值；

$\theta$ ——桩端硬持力层压力扩散角，按表 4.3-15 取值。

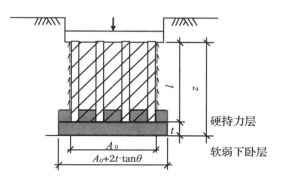

图 4.3-4　软弱下卧层承载力验算

表 4.3-15　桩端硬持力层压力扩散角 $\theta$

| $E_{s1}/E_{s2}$ | $t=0.25B_0$ | $t \geqslant 0.50B_0$ |
|---|---|---|
| 1 | 4° | 12° |
| 3 | 6° | 23° |
| 5 | 10° | 25° |
| 10 | 20° | 30° |

注：（1）$E_{s1}$、$E_{s2}$ 为硬持力层、软弱下卧层的压缩模量。

（2）当 $t < 0.25B_0$ 时取 $\theta = 0°$，必要时，宜通过试验确定；当 $0.25B_0 < t < 0.50B_0$ 时可内插取值。

负摩擦力计算

b. 符合下列条件之一的基桩，当桩周土层产生的沉降超过基桩的沉降时，在计算基桩的承载力时应计入桩侧负摩阻力：

桩穿越较厚松散土层、自重湿陷性黄土、欠固结土、液化土层进入相对较硬土层时；

桩周存在软弱土层，临近桩侧地面承受局部较大的长期荷载，或地面大面积堆载（包括填土）时；

由于降低地下水位，使桩周土有效应力增大，并产生显著压缩沉降时。

c. 桩周土沉降可能引起桩侧负摩阻力时，应根据工程具体情况考虑负摩阻力对基桩承载力和沉降的影响；当缺乏可参照的工程经验时，可按下列规定验算（本条中基桩的竖向承载力特征值 $R_a$ 只计中性点以下部分侧阻值及端阻值）：

对于摩擦型基桩可取桩身计算中性点以上侧阻力为零，并可按下式验算基桩承载力：

$$N_k \leqslant R_a \tag{4.3-39}$$

对于端承型基桩除应满足上式要求外，尚应考虑负摩阻力引起的下拉荷载 $Q_g^n$，并可按下式验算基桩承载力：

$$N_k + Q_g^n \leqslant R_a \tag{4.3-40}$$

当土层不均匀或建（构）筑物对不均匀沉降较敏感时，尚应将负摩阻力引起的下拉荷载计入附加荷载验算基桩沉降。

d. 桩侧负摩阻力及其引起的下拉荷载，当无实测资料时可按下列规定计算：

中性点以上单桩桩周第 $i$ 层土负摩阻力标准值，可按下列公式计算：

$$q_s^n = \xi_{ni}\sigma_i{}' \tag{4.3-41}$$

当填土、自重湿陷性黄土湿陷、欠固结土层固结和地下水降低时：

$$\sigma_i{}' = \sigma_{\gamma i}{}' \tag{4.3-42}$$

当地面分布大面积荷载时：

$$\sigma_i{}' = p + \sigma_{\gamma i}{}' \tag{4.3-43}$$

$$\sigma_{\gamma i}{}' = \sum_{e=1}^{i-1}\gamma_e \Delta z_e + \frac{1}{2}\gamma_i \Delta z_i \tag{4.3-44}$$

式中    $q_{si}^n$ —— 第 $i$ 层土桩侧负摩阻力标准值；当按上列第一式计算值大于正摩阻力标准值时，取正摩阻力标注值设计；

       $\xi_{ni}$ —— 桩周第 $i$ 层土负摩阻力系数，可按表 4.3-16 取值；

       $\sigma_{\gamma i}$ —— 由土自重引起的桩周第 $i$ 层土平均竖向有效应力；桩群外围桩自地面算起，桩群内部桩自承台底算起；

       $\sigma_i$ —— 桩周第 $i$ 层土平均竖向有效应力；

   $\gamma_e$、$\gamma_i$ —— 分别为第 $i$ 计算土层和其上第 $e$ 土层的重度，地下水位以下取浮重度；

  $\Delta z_e$、$\Delta z_i$ —— 第 $i$ 层土、第 $e$ 层土厚度；

         $p$ —— 地面均布荷载。

表 4.3-16   负摩阻力系数 $\xi_n$

| 土类 | $\xi_n$ |
|---|---|
| 饱和软土 | 0.15 ~ 0.25 |
| 黏性土、粉土 | 0.25 ~ 0.40 |
| 砂土 | 0.35 ~ 0.50 |
| 自重湿陷性黄土 | 0.20 ~ 0.35 |

注：（1）在同类土中，对于挤土桩取表中较大值，对于非挤土桩，取表中较小值。
    （2）填土按其组成取表中同类土的较大值。

考虑群桩效应的基桩下拉荷载可按下式计算：

$$Q_g^n = \eta_n \cdot u \sum_{i=1}^{n} q_{si}^n l_i \tag{4.3-45}$$

$$\eta_n = S_{ax} \cdot S_{ay} \Big/ \left[ \pi d \left( \frac{q_s^n}{\gamma_m} + \frac{d}{4} \right) \right] \tag{4.3-46}$$

式中　$n$ —— 中性点以上土层数；

　　　$l_i$ —— 中性点以上第 $i$ 土层的厚度；

　　　$\eta_n$ —— 负摩阻力群桩效应系数；

$S_{ax}$、$S_{ay}$ —— 分别为纵、横向桩的中心距；

　　　$q_s^n$ —— 中性点以上桩周土层厚度加权平均负摩阻力标准值；

　　　$\gamma_m$ —— 中性点以上桩周土层厚度加权平均重度（地下水位以下取浮重度）。

对于单桩基础或按上列第二式计算的群桩效应系数 $\eta_n > 1$ 时，取 $\eta_n = 1$。

中性点深度 $l_n$ 应按桩周土层沉降与桩沉降相等的条件计算确定，也可参照表4.3-17确定。

**表 4.3-17　中性点深度 $l_n$**

| 持力层性质 | 黏性土、粉土 | 中密以上砂 | 砾石、碎石 | 基岩 |
|---|---|---|---|---|
| 中性点深度比 $l_n/l_o$ | 0.5 ~ 0.6 | 0.7 ~ 0.8 | 0.9 | 1.0 |

注：（1） $l_n$、$l_o$ —分别为自桩顶算起的中性点深度和桩周软弱土层深度。

（2）桩穿过自重湿陷性黄土时，$l_n$ 可按表列数值增大10%（持力层为基岩除外）。

（3）当桩周土层固结与基桩固结沉降同时完成时，取 $l_n = 0$。

（4）当桩周土层计算沉降量小于20mm时，$l_n$ 应按表列数值乘以 0.4 ~ 0.8 折减。

抗拔基桩承载力验算

e. 承受拔力的基桩，应按下列公式同时验算群桩基础呈整体破坏和呈非整体破坏时基桩的抗拔承载力：

$$N_k \leqslant \frac{T_{gk}}{2} + G_{gp} \tag{4.3-47}$$

$$N_k \leqslant \frac{T_{uk}}{2} + G_p \tag{4.3-48}$$

式中　$N_k$ —— 按荷载效应标准组合计算的基桩拔力；

　　　$T_{gk}$ —— 群桩呈整体破坏时基桩的抗拔极限承载力标准值，可按本节 f 条确定；

　　　$T_{uk}$ —— 群桩呈非整体破坏时基桩的抗拔极限承载力标准值，可按本节 f 条确定；

　　　$G_{gp}$ —— 群桩基础所包围体积的桩土总自重除以总桩数，地下水位以下取浮重度；

　　　$G_p$ —— 基桩自重，地下水位以下取浮重度，对于扩底桩应表4.3-18确定桩、土柱体周长，计算桩、土自重。

f. 群桩基础及其基桩的极限抗拔承载力的确定应符合下列规定：

对于设计等级为甲级和乙级建筑基桩，基桩的抗拔极限承载力应通过现场单桩上拔静载荷试验确定。单桩上拔静载荷试验及抗拔极限承载力标准值取值可按现行行业标准《建筑基桩检测技术规范》（JGJ 106）进行；

如无当地经验时，群桩基础及设计等级为丙级建筑基桩，基桩的抗拔极限承载力取值可按下列规定计算：

群桩呈非整体破坏时，基桩的抗拔极限承载力标准值可按下式计算：

$$T_{uk} = \Sigma \lambda_i q_{sik} u_i l_i \tag{4.3-49}$$

式中　$T_{uk}$ —— 基桩抗拔极限承载力标准值；
　　　$u_i$ —— 桩身周长，对于等直径桩取 $u = \pi d$；对于扩底桩按表 4.3-18 取值；
　　　$q_{sik}$ —— 桩侧表面第 $i$ 层土的抗压极限侧阻力标准值，可按表 4.3-8 取值；
　　　$\lambda_i$ —— 抗拔系数，可按表 4.3-19 取值。

**表 4.3-18　扩底桩破坏表面周长 $u_i$**

| 自桩底起算的长度 $l_i$ | ≤（4 ~ 10）$d$ | >（4 ~ 10）$d$ |
|---|---|---|
| $u_i$ | $\pi D$ | $\pi d$ |

注：$l_i$ 对于软土取低值，对于卵石、碎石取高值；$l_i$ 取值按内摩擦角增大而增加。

**表 4.3-19　抗拔系数 $\lambda$**

| 土类 | $\lambda$ 值 |
|---|---|
| 砂土 | 0.50 ~ 0.70 |
| 黏性土、粉土 | 0.70 ~ 0.80 |

群桩呈整体破坏时，基桩的抗拔极限承载力标准值可按下式计算：

$$T_{gk} = \frac{1}{n} u_l \Sigma \lambda_i q_{sik} l_i \tag{4.3-50}$$

式中　$u_l$ —— 桩群外围周长。

g. 季节性冻土上轻型建筑的短桩基础，应按下列公式验算其抗冻拔稳定性：

$$\eta_f q_f u z_0 \leq T_{gk} / 2 + N_G + G_{gp} \tag{4.3-51}$$

$$\eta_f q_f u z_0 \leq T_{uk} / 2 + N_G + G_p \tag{4.3-52}$$

式中　$\eta_f$ —— 冻深影响系数，按表 4.3-20 采用；
　　　$q_f$ —— 切向冻胀力，按表 4.3-21 采用；
　　　$u_0$ —— 季节性冻土的标准冻深；
　　　$T_{gk}$ —— 标准冻深线以下群桩呈整体破坏时基桩抗拔极限承载力标准值，可按本节 f 条规定；

$T_{uk}$ ——标准冻深线以下单桩抗拔极限承载力标准值，可按本节 f 条规定；

$N_G$ ——基桩承受的桩承台底面以上建（构）筑物自重、承台及其上土重标准值。

表 4.3-20　冻深影响系数 $\eta_f$

| 标准冻深（m） | $z_0 \leq 2.0$ | $2.0 < z_0 \leq 3.0$ | $z_0 > 3.0$ |
|---|---|---|---|
| $\eta_f$ | 1.0 | 0.9 | 0.8 |

表 4.3-21　切向冻胀力 $q_f$（kPa）值

| 冻胀性分类<br>土类 | 弱冻胀 | 冻胀 | 强冻胀 | 特强冻胀 |
|---|---|---|---|---|
| 黏性土、粉土 | 30 ~ 60 | 60 ~ 80 | 80 ~ 120 | 120 ~ 150 |
| 砂土、砾（碎）石、（黏、粉粒含量 > 15%） | < 10 | 20 ~ 30 | 40 ~ 80 | 90 ~ 200 |

注：（1）表面粗糙的灌注桩，表中数值应乘以系数 1.1 ~ 1.3。
（2）本表不适用于含盐量大于 0.5% 的冻土。

h. 膨胀土上轻型建筑的短桩基础，应按下列公式验算群桩基础呈整体破坏的抗拔稳定性：

$$u \sum q_{ei} l_{ei} \leq T_{gk} / 2 + N_G + G_{gp} \tag{4.3-53}$$

$$u \sum q_{ei} l_{ei} \leq T_{uk} / 2 + N_G + G_p \tag{4.3-54}$$

式中　$T_{gk}$ ——群桩呈整体破坏时，大气影响急剧层下稳定土层中基桩的抗拔极限承载力标准值，可按本节 f 条规定计算；

$T_{uk}$ ——群桩呈非整体破坏时，大气影响急剧层下稳定土层中基桩的抗拔极限承载力标准值，可按本节 f 条规定计算；

$q_{ei}$ ——大气影响急剧层中第 i 层土的极限胀切力，由现场浸水试验确定；

$l_{ei}$ ——大气影响急剧层中第 i 层土的厚度。

（5）桩基沉降计算

a. 建筑基桩沉降变形计算值不应大于桩基沉降允许变形值。

b. 基桩沉降变形可用下列指标表示：

沉降量；

沉降差；

整体倾斜：建（构）筑物桩基础倾斜方向两端点的沉降差与其距离之比值；

局部倾斜：墙下条形承台沿纵向某一长度范围内桩基础两点的沉降差与其距离之比值。

c. 计算基桩沉降变形时，基桩沉降指标应按下列规定选用：

由于土层厚度与性质不均匀、荷载差异、体形复杂、相互影响等因素引起的地基沉降变形，对于砌体结构应由局部倾斜控制；

当其结构为框架、框架－剪力墙、框架－核心筒结构时，尚应控制柱（墙）之间的差异沉降。

d. 建筑基桩沉降变形允许值，应按表 4.3-22 规定采用。

表 4.3-22    建筑基桩沉降变形允许值

| 变形特征 | | 允许值 |
|---|---|---|
| 砌体承重结构基础的局部倾斜 | | 0.002 |
| 各类建筑相邻柱（墙）基的沉降差<br>（1）框架、框架－剪力墙、框架－核心筒结构<br>（2）砌体墙填充的边排柱<br>（3）当基础不均匀沉降时不产生附加应力的结构 | | $0.002l_0$<br>$0.0007l_0$<br>$0.005l_0$ |
| 单层排架结构（柱距为 6m）基桩的沉降量（mm） | | 120 |
| 桥式吊车轨面的倾斜（按不调整轨道考虑）<br>纵向<br>横向 | | 0.004<br>0.003 |
| 多层和高层建筑的整体倾斜 | $H_g \leqslant 24$<br>$24 < H_g \leqslant 60$<br>$60 < H_g \leqslant 100$<br>$H_g > 100$ | 0.004<br>0.003<br>0.0025<br>0.002 |
| 高耸结构基桩的整体倾斜 | $H_g \leqslant 20$<br>$20 < H_g \leqslant 50$<br>$50 < H_g \leqslant 100$<br>$100 < H_g \leqslant 150$<br>$150 < H_g \leqslant 200$<br>$200 < H_g \leqslant 250$ | 0.008<br>0.006<br>0.005<br>0.004<br>0.003<br>0.002 |
| 高耸结构基础的沉降量（mm） | $H_g \leqslant 100$<br>$100 < H_g \leqslant 200$<br>$200 < H_g \leqslant 250$ | 350<br>250<br>150 |
| 体形简单的剪力墙结构高层建筑基桩最大沉降量（mm） | − | 200 |

注：$l_0$ 为相邻柱（墙）二测点间距离，$H_g$ 为自室外地面算起的建（构）筑物高度（m）。

e. 对于表 4.3-22 中未包括的建筑基桩沉降变形允许值，应根据上部结构对基桩沉降变形的适应能力和使用要求确定。

桩中心距不大于 6 倍桩径的基桩

f. 对于桩中心距不大于 6 倍桩径的基桩，其最终沉降量计算可采用等效作用分层总和法。等效作用面位于桩端平面，等效作用面积为桩承台投影面积，等效作用附加压力近似取承台底平均附加压力。等效作用面以下的应力分布采用各向同性均质直线变形体理论。计算模式如图 4.3-5 所示，基桩任一点最终沉降量可按角点法按下式计算：

$$s = \psi \cdot \psi_e \cdot s' = \psi \cdot \psi_e \sum_{j=1}^{m} p_{0j} \sum_{i=1}^{n} \frac{z_{ij} \bar{a}_{ij} - z(i-1)\bar{a}(i-1)j}{E_{si}} \qquad (4.3\text{-}55)$$

式中  $s$ ——基桩最终沉降量（mm）；

$s'$ ——采用布辛奈斯克（Boussinesq）解，按实体深基础分层总和法计算出的基桩沉降量；

$\psi$ ——基桩沉降计算经验系数，当无当地经验时可按本节第 2（5）k 条确定；

$\psi_e$ ——基桩等效沉降系数，可按本节 2（5）k 条确定；

$m$ ——角点法计算点对应的矩形荷载分块数；

$p_{0j}$ ——第 $j$ 块矩形地面在荷载效应准永久组合下的附加压力（kPa）；

$n$ ——基桩沉降计算深度范围内所划分的土层数；

$E_{si}$ ——等效作用面以下第 $i$ 层土的压缩模量（MPa），采用地基土在自重压力至自重压力加附加压力作用时的压缩模量；

$z_{ij}$、$z(i-1)$ ——桩端平面第 $j$ 块荷载作用面至第 $i$ 层土、第 $i$-1 层土底面的距离（m）；

$\bar{a}_{ij}$、$\bar{a}(i-1)j$ ——桩端平面第 $j$ 块荷载计算点至第 $i$ 层土、第 $i$-1 层土底面深度范围内平均附加应力系数，可按《建筑桩基技术规范》（JGJ 94-2008）附录 D 选用。

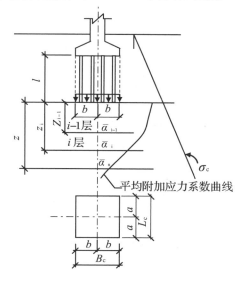

图 4.3-5  基桩沉降计算示意图

g. 计算矩形基桩中点沉降时，基桩沉降量可按下式简化计算：

$$s = \psi \cdot \psi_e \cdot s' = 4 \cdot \psi \cdot \psi_e \, p_0 \sum_{i=1}^{n} \frac{z_i \bar{a}_i - z_{i-1} \bar{a}_{i-1}}{E_{si}} \qquad (4.3\text{-}56)$$

式中  $p_0$ ——在荷载效应准永久组合下承台底的平均附加力；

$\bar{a}_i$、$\bar{a}_{i-1}$ ——平均附加应力系数，根据矩形长宽比 a/b 及深宽比 $\dfrac{z_i}{b} = \dfrac{2z_i}{B_c}$，$\dfrac{z_{i-1}}{b} = \dfrac{2z_{i-1}}{B_c}$ 可按《建筑桩基技术规范》（JGJ 94-2008）附录 D 选用；

h. 基桩沉降计算深度 $Z_n$ 应按应力比法确定，即计算深度处的附加应力 $\sigma_z$ 与土的自重应力 $\sigma_c$ 应符合下列公式要求：

$$\sigma_z \leqslant 0.2\,\sigma_c \tag{4.3-57}$$

$$\sigma_z \leqslant \sum_{j=1}^{m} a_j p_{oj} \tag{4.3-58}$$

式中　$a_j$——附加应力系数，可根据角点法划分的矩形长宽比及深度比按《建筑桩基技术规范》（JGJ 94-2008）附录 D 选用。

i. 基桩等效沉降系数 $\psi_e$ 可按下列公式简化计算：

$$\psi_e = C_0 + \frac{n_b - 1}{C_1(n_b - 1) + C_2} \tag{4.3-59}$$

$$n_b = \sqrt{n \cdot B_c / L_c} \tag{4.3-60}$$

式中　$n_b$——矩形布桩时的短边布桩数，当布桩不规则时可按上列第二式近似计算，$n_b > 1$；$n_b = 1$ 时可按规范规定计算；

$C_0$、$C_1$、$C_2$——根据群桩距径比 $s_a/d$、长径比 $l/d$ 及基础长宽比 $l_c/B_c$，按《建筑桩基技术规范》（JGJ 94-2008）附录 E 确定；

$L_0$、$B_1$、$n$——分别为矩形承台的长、宽及中桩数。

j. 当布桩不规则时，等效桩径比可按下列公式近似计算：

圆形桩：

$$\frac{s_a}{d} = \sqrt{A} / (\sqrt{n} \cdot b) \tag{4.3-61}$$

方形桩：

$$\frac{s_a}{d} = 0.886 \sqrt{A} / (\sqrt{n} \cdot b) \tag{4.3-62}$$

式中　$A$——桩基承台总面积；

$b$——方形桩截面边长。

k. 当无当地可靠经验时，桩基沉降计算经验系数 $\psi$ 可按表 4.3-23 选用。对于采用后注浆施工工艺的灌注桩，桩基沉降计算经验系数应根据桩端持力土层类别，乘以 0.7（砂、砾、砾石）~ 0.8（黏性土、粉土）折减系数；饱和土中采用预制桩（不含复打、复压、引孔沉桩）时，应根据桩距、土质、沉桩速率和顺序等因素，乘以 1.3 ~ 1.8 挤土效应系数，土的渗透性低，桩距小，桩数多，沉桩速率快时取大值。

表 4.3-23　桩基沉降计算经验系数 $\psi$

| $\overline{E}_a$ | ≤ 10 | 15 | 20 | 35 | ≥ 50 |
|---|---|---|---|---|---|
| $\psi$ | 1.2 | 0.9 | 0.65 | 0.50 | 0.40 |

注：（1）$\overline{E}_a$ 为沉降计算深度范围内压缩模量的当量值，可按下式计算：$\overline{E}_a = \Sigma A_i / \Sigma \dfrac{A_i}{E_{si}}$，式中 $A_i$ 为第 $i$ 层土附加压力系数沿土层厚度的积分值，可近似按分块面积计算。

（2）$\psi$ 可根据 $\overline{E}_a$ 内插取值。

l. 计算桩基沉降时，应考虑相邻基础的影响，采用叠加原理计算；桩基等效沉降系数可按独立基础计算。

m. 当桩基形状不规则时，可采用等效矩形面积计算桩基等效沉降系数，等效矩形的长宽比可根据承台实际尺寸和形状确定。

单桩、单排桩、疏桩基础

n. 对于单桩、单排桩、桩中心大于 6 倍桩径的疏桩基础的沉降计算应符合下列规定：

承台底地基土不分担荷载的桩：桩端平面以下地基中由桩基引起的附加应力，按考虑桩径影响的明德林（Mindelin）解《建筑桩基技术规范》（JG J94-2008）附录 F 计算确定。将沉降计算点水平面影响范围内各基桩对应力计算点产生的附加应力叠加，采用单向压缩分层总和法计算土层的沉降，并计入桩身压缩 $s_{e0}$ 桩基的最终沉降量可按下列公式计算：

$$s = \psi \sum_{i=1}^{n} \frac{\sigma_{zi}}{E_{si}} \Delta Z_i + S_e \tag{4.3-63}$$

$$\sigma_{zi} = \sum_{j=1}^{m} \frac{Q_j}{l_j^2} [\alpha_j I_{p,ij} + (1 - \alpha_j)] I_{s,ij} \tag{4.3-64}$$

$$S_e = \xi_e \frac{Q_j l_j}{E_c A_{ps}} \tag{4.3-65}$$

承台底地基土分担荷载的复合桩基：将承台底土压力对地基中某点产生的附加应力按布辛奈斯克（Boussinesq）解《建筑桩基技术规范》（JGJ 94-2008）附录 D 的规定计算，与基桩产生的附加应力叠加，采用与本条上列相同方法计算沉降。其最终沉降量可按下列公式计算：

$$s = \psi \sum_{i=1}^{n} \frac{\sigma_{zi} + \sigma_{zci}}{E_{si}} \Delta z_i + s_e \tag{4.3-66}$$

$$\sigma_{zci} = \sum_{k=1}^{u} \alpha_{ki} \cdot p_{c,k} \tag{4.3-67}$$

式中　$m$ ——以沉降计算点为圆心，0.6 倍桩长为半径的水平面影响范围内的基桩数；

$n$ —— 沉降计算深度范围内土层的计算分层数；分层数应结合土层性质，分层厚度不应超过计算深度的 0.3 倍；

$\sigma_{zi}$ —— 水平面影响范围内各基桩对应力计算点桩端平面以下第 $i$ 层土 1/2 厚度处产生的附加竖向应力之和；应力计算点应取与沉降计算点最近的桩中心点；

$\sigma_{zci}$ —— 承台压力对应力计算点桩端平面以下第 $i$ 层土 1/2 厚度处产生的应力，可将平台板划分为 $u$ 个矩形块，可按《建筑桩基技术规范》（JGJ 94-2008）附录 D 采用角点法计算；

$\Delta z_i$ —— 第 $i$ 计算土层厚度；

$E_{si}$ —— 第 $i$ 土层的压缩模量（MPa），采用土的自重压力至土的自重压力加附加压力作用时的压缩模量；

$Q_j$ —— 第 $j$ 桩在荷载效应准永久组合作用下（对于符合桩基应扣除承台底土分担荷载），桩顶的附加荷载（kN）；当地下室埋深超过 5m 时，取荷载效应准永久组合作用下的总荷载为考虑回弹再压缩的等待附加荷载；

$l_j$ —— 第 $j$ 桩桩长（m）；

$A_{ps}$ —— 桩身截面面积；

$\alpha_j$ —— 第 $j$ 桩总桩端阻力与桩顶荷载之比，近似取极限总端阻力与单桩极限承载力之比；

$I_{p,ij}$、$I_{s,ij}$ —— 分别为第 $j$ 桩的桩端阻力和桩侧阻力对计算轴线第 $i$ 计算土层 1/2 厚度处应力影响系数，可按《建筑桩基技术规范》（JGJ 94-2008）附录 F 确定；

$E_c$ —— 桩身混凝土的弹性模量；

$p_{c,k}$ —— 第 $k$ 块承台底均布压力，可按 $p_{c,k} = \eta_{c,k} \cdot f_{ak}$ 取值，其中 为第 $k$ 块承台底板的承台效应系数，按表 4.3-3 确定；为承台底地基承载力特征值；

$\alpha_{ki}$ —— 第 $k$ 块承台底角点处，桩端平面以下第 $i$ 计算土层 1/2 厚度处的附加应力系数；可按《建筑桩基技术规范》（JGJ 94-2008）附录 D 确定；

$s_e$ —— 计算桩身压缩；

$\xi_e$ —— 桩身压缩系数。端承型桩，取 $\xi_e=1.0$。摩擦型桩，当 $l/d \leq 30$ 时，取 $\xi_e=2/3$；$l/d \geq 50$ 时，取 $\xi_e=1/2$；介于两者之间可线性插值。

$\psi$ —— 沉降计算经验系数，无当地经验时，可取 1.0。

o. 对于单桩、单排桩、疏桩复合桩基础的最终沉降计算深度 $Z_n$ 处由桩引起的附加应力 $\sigma_z$、由承台土压力引起的附加应力 $\sigma_{zc}$ 与土的自重应力 $\sigma_c$ 应符合下式要求：

$$\sigma_z + \sigma_{zc} = 0.2\,\sigma_c \qquad\qquad (4.3\text{-}68)$$

**3. 《公路桥涵地基与基础设计规范》（JTGD 63–2007）**

《公路桥涵地基与基础设计规范》（JTGD63-2007）对桩基础的计算方法和构造要求作了专门的规定：

（1）地基承载力的验算，应以修正后的地基承载力允许值 $[f_a]$ 控制。该值是在地基原位测试或规范给出的各类岩土承载力基本允许值 $[f_{a0}]$ 的基础上，经修正而得。

（2）地基承载力允许值应按以下原则确定：

a. 地基承载力基本允许值应首先考虑由载荷试验或其他原位测试取得，其值不应大于地基极限承载力的 1/2。对于中小桥、涵洞，当受现场条件限制，或载荷试验和原位试验确有困难时，也可按照规范 3.3.3 条采用。

b. 地基承载力基本允许值尚应根据基底埋深、基础宽度及地基土的类别按照规范 3.3.4 条规定进行修正。

c. 软土地基承载力允许值可按照本节 e 条确定。

d. 其他特殊性岩土地基承载力基本允许值可参照各地区经验或相应的标准确定。

（3）地基承载力基本允许值 $[f_{a0}]$ 可根据岩土类别、状态及其物理力学特性指标按表 4.3-23 至表 4.3-29 选用。

a. 一般岩石地基可根据强度等级、节理按表 4.3-24 确定承载力基本允许值 $[f_{a0}]$。对于复杂的岩层（如溶洞、断层、软弱夹层、易溶岩石、软化岩石等）应按各项因素综合确定。

表 4.3–24　岩石地基承载力基本允许值 $[f_{a0}]$

| $[f_{a0}]$（kPa）<br>坚硬程度 ＼ 节理发育程度 | 节理不发育 | 节理发育 | 节理很发育 |
|---|---|---|---|
| 坚硬岩、较坚硬岩 | ＞3 000 | 3 000～2 000 | 2 000～1 500 |
| 较软岩 | 3 000～1 500 | 1 500～1 000 | 1 000～800 |
| 软岩 | 1 200～1 000 | 1 000～800 | 800～500 |
| 极软岩 | 500～400 | 400～300 | 300～200 |

b. 碎石土地基可根据其类别和密实程度按表 4.3-25 确定承载力基本允许值 $[f_{a0}]$。

表 4.3–25　碎石土地基承载力基本允许值 $[f_{a0}]$

| $[f_{a0}]$（kPa）<br>土名 ＼ 密实程度 | 密实 | 中密 | 稍密 | 松散 |
|---|---|---|---|---|
| 卵石 | 1 200～1 000 | 1 000～650 | 650～500 | 500～300 |
| 碎石 | 1 000～800 | 800～550 | 550～400 | 400～200 |
| 圆砾 | 800～600 | 600～400 | 400～300 | 300～200 |
| 角砾 | 700～500 | 500～400 | 400～300 | 300～200 |

注：（1）由硬质岩组成，填充砂土者取高值，由软质岩组成，填充黏性土者取低值。
　　（2）半胶结的碎石土，可按密实的同类土的 $[f_{a0}]$ 值提高 10%～30%。
　　（3）松散的碎石土在天然的河床中很少遇见，需特别注意鉴定。
　　（4）漂石、块石的 $[f_{a0}]$ 值，可参照卵石、碎石适当提高。

c. 砂土地基可根据土的密实度和水位情况按表 4.3-26 确定承载力基本允许值 $[f_{a0}]$。

表 4.3-26　砂土地基承载力基本允许值 $[f_{a0}]$

| $[f_{a0}]$（kPa）<br>土及水位情况 | 密实度 | 密实 | 中密 | 稍密 | 松散 |
|---|---|---|---|---|---|
| 砾砂、粗砂 | 与湿度无关 | 550 | 430 | 370 | 200 |
| 中砂 | 与湿度无关 | 450 | 370 | 330 | 150 |
| 细砂 | 水上 | 350 | 270 | 230 | 100 |
| 细砂 | 水下 | 300 | 210 | 190 | — |
| 粉砂 | 水上 | 300 | 210 | 190 | — |
| 粉砂 | 水下 | 200 | 110 | 90 | — |

d. 粉土地基可根据土的天然孔隙比 $e$ 和天然含水量 $w$（%）按表 4.3-27 确定承载力基本允许值 $[f_{a0}]$。

表 4.3-27　粉土地基承载力基本允许值 $[f_{a0}]$

| $[f_{a0}]$（kPa）<br>$e$ | $w$（%）<br>10 | 15 | 20 | 25 | 30 | 35 |
|---|---|---|---|---|---|---|
| 0.5 | 400 | 380 | 355 | — | — | — |
| 0.6 | 300 | 290 | 280 | 270 | — | — |
| 0.7 | 250 | 235 | 225 | 215 | 205 | — |
| 0.8 | 200 | 190 | 180 | 170 | 165 | — |
| 0.9 | 160 | 150 | 145 | 140 | 130 | 125 |

e. 老黏性土地基可根据压缩模量 $E_s$ 按表 4.3-28 确定承载力基本允许值 $[f_{a0}]$。

表 4.3-28　老黏土承载力基本允许值 $[f_{a0}]$

| $E_s$（MPa） | 10 | 15 | 20 | 25 | 30 | 35 | 40 |
|---|---|---|---|---|---|---|---|
| $[f_{a0}]$（kPa） | 380 | 430 | 470 | 510 | 550 | 580 | 620 |

注：当老黏土 $E_s$ < 10MPa 时，承载力基本允许值 $[f_{a0}]$ 按一般黏性土（表 4.3-28）确定。

f. 一般黏性土可根据液性指数 $I_L$ 和天然孔隙比 $e$ 按表 4.3-29 确定承载力基本允许值 $[f_{a0}]$。

表 4.3-29　一般黏性土地基承载力基本允许值 $[f_{a0}]$

| $[f_{a0}]$（kPa）<br>$e$ | $I_L$<br>0 | 0.1 | 0.2 | 0.3 | 0.4 | 0.5 | 0.6 | 0.7 | 0.8 | 0.9 | 1.0 | 1.1 | 1.2 |
|---|---|---|---|---|---|---|---|---|---|---|---|---|---|
| 0.5 | 450 | 440 | 430 | 420 | 400 | 380 | 350 | 310 | 270 | 240 | 220 | — | — |
| 0.6 | 420 | 410 | 400 | 380 | 360 | 340 | 310 | 280 | 250 | 220 | 200 | 180 | — |
| 0.7 | 400 | 370 | 350 | 330 | 310 | 290 | 270 | 240 | 220 | 190 | 170 | 160 | 150 |

| $[f_{a0}]$（kPa）<br>$e$ \ $I_L$ | 0 | 0.1 | 0.2 | 0.3 | 0.4 | 0.5 | 0.6 | 0.7 | 0.8 | 0.9 | 1.0 | 1.1 | 1.2 |
|---|---|---|---|---|---|---|---|---|---|---|---|---|---|
| 0.8 | 380 | 330 | 300 | 280 | 260 | 240 | 230 | 210 | 180 | 160 | 150 | 140 | 130 |
| 0.9 | 320 | 280 | 260 | 240 | 220 | 210 | 190 | 180 | 160 | 140 | 130 | 120 | 110 |
| 1.0 | 250 | 230 | 220 | 210 | 190 | 170 | 160 | 150 | 140 | 120 | 110 | — | — |
| 1.1 | — | — | 160 | 150 | 140 | 130 | 120 | 110 | 100 | 90 | — | — | — |

注：（1）土中含有粒径大于 2mm 的颗粒质量超过总质量 30% 以上者，$[f_{a0}]$ 可适当提高。

（2）当 $e < 0.5$ 时，取 $e=0.5$；当 $I_L < 0$ 时，取 $I_L=0$。此外超过表列范围的一般黏性土，$[f_{a0}]=57.22E_s^{0.57}$。

g. 新近沉积黏性土地基可根据液性指数 $I_L$ 和天然孔隙比 $e$ 按表 4.3-30 确定承载力基本允许值 $[f_{a0}]$。

表 4.3-30　新近沉积黏性土地基承载力基本允许值 $[f_{a0}]$

| $[f_{a0}]$（kPa）<br>$e$ \ $I_L$ | $\leq 0.25$ | 0.75 | 1.25 |
|---|---|---|---|
| $\leq 0.8$ | 140 | 120 | 100 |
| 0.9 | 130 | 110 | 90 |
| 1.0 | 120 | 100 | 80 |
| 1.1 | 110 | 90 | — |

（4）修正后的地基承载力允许值 $[f_a]$ 按下式确定：

$$[f_a]=[f_{a0}]+k_1\gamma_1(b\text{-}2)+k_2\gamma_2(h\text{-}3) \tag{4.3-69}$$

当基础位于水中不透水地层上时，$[f_a]$ 按平均常水位至一般冲刷线的水深每米再增大 10kPa。

式中　$[f_a]$——修正后的地基承载力允许值（kPa）；

$b$——基础底面的最小边宽（m），当 $b < 2m$ 时，取 $b=2m$，当 $b > 10m$ 时，取 $b=10m$；

$h$——基底埋置深度（m），自天然地面起算，有水流冲刷时自一般冲刷线起算；当 $h < 3m$ 时，取 $h=3m$；当 $h/b > 4$ 时，取 $h=4b$；

$k_1$、$k_2$——基底宽度、深度修正系数，根据基底持力层土的类别按表 4.3-31 确定；

$\gamma_1$——基地持力层土的天然重度（kN/m³）；若持力层在水面以下且为透水者，应取浮重度；

$\gamma_2$——基底以上各土层的加权平均重度（kN/m³），换算时若持力层在水位以下且不透水时，不论基底以上土层的透水性如何，一律取饱和重度；当持力层透水时则水中部分土层取浮重度。

表 4.3-31 地基土承载力宽度、深度修正系数 $k_1$、$k_2$

| 土类\系数 | 黏性土 | | | 粉土 | 砂土 | | | | | | | | 碎石土 | | | |
|---|---|---|---|---|---|---|---|---|---|---|---|---|---|---|---|---|
| | 老黏性土 | 一般黏性土 | | 新近沉积黏性土 | | 粉砂 | | 细砂 | | 中砂 | | 砾砂、粗砂 | | 碎石圆砾、角砾 | | 卵石 | |
| | | $I_L \geqslant 0.5$ | $I_L < 0.5$ | | | 中密 | 密实 | 中密 | 密实 | 中密 | 密实 | 中密 | 密实 | 中密 | 密实 | 中密 | 密实 |
| $k_1$ | 0 | 0 | 0 | 0 | 0 | 1.0 | 1.2 | 1.5 | 2.0 | 2.0 | 3.0 | 3.0 | 4.0 | 3.0 | 4.0 | 3.0 | 4.0 |
| $k_2$ | 2.5 | 1.5 | 2.5 | 1.0 | 1.5 | 2.0 | 2.5 | 3.0 | 4.0 | 4.0 | 5.5 | 5.0 | 6.0 | 5.0 | 6.0 | 6.0 | 10.0 |

（5）软土地基承载力允许值 $[f_a]$ 按下列规定确定：

软土地基承载力基本允许值 $[f_{a0}]$ 应由载荷试验或其他原位测试取得。载荷试验或原位测试确有困难时，对于中小桥、涵洞基底未经处理的软土地基，承载力允许值 $[f_a]$ 可采用以下两种方法确定：

a. 根据原状土天然含水量 $w$，按表 4.3-32 确定软土地基承载力基本允许值 $[f_{a0}]$，然后按下式计算修正后的地基承载力允许值 $[f_a]$：

$$[f_a] = [f_{a0}] + \gamma_2 h \tag{4.3-70}$$

式中 $\gamma_2$、$h$ 的意义同 4.3-69 式。

表 4.3-32 软土地基承载力基本允许值 $[f_{a0}]$

| 天然含水量 $w$（%） | 36 | 40 | 45 | 50 | 55 | 65 | 75 |
|---|---|---|---|---|---|---|---|
| $[f_{a0}]$（kPa） | 100 | 90 | 80 | 70 | 60 | 50 | 40 |

b. 根据原状土强度指标确定软土地基承载力允许值 $[f_a]$：

$$[f_a] = \frac{5.14}{m} k_p C_u + \gamma_2 h \tag{4.3-71}$$

$$k_p = \left(1 + 0.2 \frac{b}{l}\right)\left(1 - \frac{0.4H}{bl C_u}\right) \tag{4.3-72}$$

式中 $m$ ——抗力修正系数，可视软土灵敏度及基础长宽比等因素选用 1.5 ~ 2.5；
$\quad C_u$ ——地基不排水抗剪强度标准值（kPa）；
$\quad k_p$ ——系数；
$\quad H$ ——由作用（标准值）引起的水平力（kN）；
$\quad b$ ——基础宽度（m），有偏心作用时，取 $b-2e_b$；
$\quad l$ ——垂直于 $b$ 边的基础长度（m），有偏心作用时，取 $l-2e_l$；
$\quad e_b$、$e_l$ ——偏心作用在宽度和长度方向的偏心距；
$\qquad$ 其余符号意义同 4.3-69 式。

c. 经排水固结方法处理的软土地基，其承载力基本允许值 $[f_{a0}]$ 应通过载荷试验或其他原位测试方法确定，经复合地基方法处理的软土地基，其承载力基本允许值应通过载荷试验确定，然后按 4.3-70 式计算修正后的软土地基承载力允许值 $[f_a]$。

（6）地基承载力允许值 $[f_a]$ 应根据地基受荷阶段及受荷情况，乘以下列规定的抗力系数 $\gamma_R$。

a. 使用阶段

当地基承受作用短期效应组合或作用效应偶然组合时，可取 $\gamma_R$=1.25；但对承载力允许值 $[f_a]$ 小于 150kPa 的地基，应取 $\gamma_R$=1.0；

当地基承受的作用短期效应组合仅包括结构自重、预加力、土重、土侧压力、汽车和人群效应时，应取 $\gamma_R$=1.0；

当基础建于经多年压实未遭破坏的旧桥基（岩石旧桥基除外）上时，不论地基承受的作用情况如何，抗力系数均可取 $\gamma_R$=1.5；对 $[f_a]$ 小于 150kPa 的地基，可取 $\gamma_R$=1.25；

基础建于岩石旧桥基上，应取 $\gamma_R$=1.0。

b. 施工阶段

地基在施工荷载作用下，可取 $\gamma_R$=1.25；

当墩台施工期间承受单向推力时，可取 $\gamma_R$=1.5。

**4.《港口工程桩基规范》（JTS 167–4–2012）**

《港口工程桩基规范》（JTS167-4-2012）对基桩承载力作了相应的规定（本部分未注明规范均为《港口工程桩基规范》）。

一般规定

（1）打入桩中心距不宜小于 3.5 倍桩径或边长；灌注桩中心距不宜小于 2.5 倍桩径，嵌岩桩的中心距不宜小于 2 倍桩径，采用冲孔工艺时不宜小于 3 倍桩径。

（2）基桩设计中，桩的中心距大于等于表 4.3-33 规定时可按单桩计算，不满足时应按群桩计算。

表 4.3-33 按单桩计算承载力的最小桩距

| 桩的类型 | 轴向承载桩 | 水平承载桩 |
|---|---|---|
| 打入桩、灌注桩 | 中心距 6d，或中心距 3d ~ 6d 且桩端进入良好持力层 | 沿水平力作用方向桩与桩中心距 6d ~ 8d，砂土桩径较大时取较小值，黏性土、桩径较小时取较大值 |
| 嵌岩桩 | 以嵌岩段承受轴向力为主时，中心距 2d；考虑覆盖层段承受较大轴向力时，中心距 3d | 以嵌岩段承受水平力为主时，沿水平力作用方向，中心距 2d；以覆盖层段承受水平力为主时，中心距 6d ~ 8d，砂土、桩径较大时取较小值，黏性土、桩径较小时取较大值 |

注：（1）d 为圆桩直径或方桩边长。
（2）同类土质中，打入桩取较大值，灌注桩取较小值。

（3）打入桩和灌注桩宜选择中密或密实砂层、硬黏性土层、碎石类土、风化岩层等良好土层作为桩端持力层，桩端位置的确定应符合下列规定：

a. 桩端进入持力层的深度宜满足下列要求：

黏性土和粉土，不小于两倍桩径和边长；

中等密实砂土，不小于 1.5 倍桩径或边长；

密实砂土和碎石类土，不小于 1 倍桩径或边长；

风化岩，根据其力学性能确定，强风化岩，不小于 1.5 倍桩径或边长。

b. 桩端以下 4 倍桩径或边长范围内存在软弱土层时，应考虑冲剪破坏的可能性。

c. 在确定打入桩进入硬土层的深度时，应根据类似工程经验考虑桩的可沉性，必要时进行试沉桩。锤击沉桩应考虑桩的性能、桩身强度、桩的入土深度等因素。

（4）嵌岩桩宜嵌入新鲜基岩或微风化岩中，经论证后也可嵌入中等风化岩。入岩深度的确定应符合下列规定：

a. 桩的嵌岩深度应同时满足承受轴向力和水平力的要求。

b. 嵌岩深度的起算面应考虑岩面倾斜的不利影响。

c. 嵌岩桩桩端以下一定深度范围内存在溶洞、溶沟和溶槽等不利因素时，应采取必要的技术措施。

（5）减少基桩不均匀沉降对结构的不利影响，应符合下列规定：

a. 同一桩台的基桩，桩端宜处于同一土层，且桩端高层不宜相差太大，当桩端进入不同的土层时，打入桩各桩最终沉桩贯入度不宜相差过大。

b. 同一桩台同时采用嵌岩桩和非嵌岩桩时，应进行充分论证。

（6）灌注桩进入全风化岩、强风化岩和其他难以有效嵌岩的岩层或进入有效嵌岩岩层的深度小于 1 倍桩径时，应按灌注桩设计。

（7）灌注桩单桩轴向力设计值由计算确定时，桩身自重与置换土重的差值应作为荷载考虑，由试桩确定时可不计入桩身自重与置换土重的差值。

（8）采用灌注桩时，必要时可采取灌注桩后注浆工法提高桩的承载力并减小沉降。


轴向承载力

（1）单桩轴向承载力除下列情况外应根据静载荷试验确定：

a. 当附近工程有试桩资料，且沉桩工艺相同，地质条件相近时。

b. 附属建（构）筑物。

c. 桩数较少的建（构）筑物，并经技术论证。

d. 有其他可靠的替代试验方法时。

（2）当进行静载荷试桩时，单桩轴向承载力设计值应按下式计算：

$$Q_d = \frac{Q_k}{\gamma_R} \qquad (4.3\text{-}73)$$

式中　$Q_d$——单桩轴向承载力设计值（kN）；

　　　$Q_k$——单桩轴向极限承载力标准值（kN），当试桩数量 $n \geqslant 2$ 时，且各桩的极限承载力最大值与最小值之比值小于等于 1.3 时，取其平均值作为单桩轴向极限承载力标准值，其比值大于 1.3 时，经分析确定；

　　　$\gamma_R$——单桩轴向承载力分项系数，按表 4.3-34 取值。

表 4.3-34　单桩轴向承载力抗力分项系数

| 桩类型 | | 静载试验法（$\gamma_R$） | 经验参数法 | | |
|---|---|---|---|---|---|
| 打入法 | | 1.30 ~ 1.40 | $\gamma_R$ 取 1.45 ~ 1.55 | | |
| 灌注法 | | 1.50 ~ 1.60 | $\gamma_R$ 取 1.55 ~ 1.65 | | |
| 嵌岩桩 | 抗压 | 1.60 ~ 1.70 | 覆盖层 $\gamma_R$ | 预制桩 | 1.45 ~ 1.55 |
| | | | | 灌注桩 | 1.55 ~ 1.65 |
| | | | 嵌岩段 $\gamma_{cR}$ | 1.70 ~ 1.80 | |
| | 抗拔 | 1.80 ~ 2.00 | 桩身嵌岩见本章 4 轴向力（4）d 锚杆嵌岩见本章 4 轴向力（9）~（12） | | |

注：（1）受压桩当地质情况复杂或永久作用所占比重较大时取大值，反之取小值；抗拔桩地质情况复杂或永久作用所占比重小时取大值，反之取小值。
　　（2）采用表中经验参数法的分项系数时，应采用本规范建议的计算公式及相应的参数计算承载力标准值。
　　（3）$\gamma_{cs}$ 为覆盖层单桩轴向受压承载力分项系数，$\gamma_{cR}$ 为嵌岩段单桩轴向受压承载力分项系数。

（3）凡允许不做静载荷试桩的工程，可根据具体情况采用承载力经验参数法或静力触探等方法确定单桩轴向极限承载力。

（4）按承载力经验参数法确定单桩轴向极限承载力设计值时，应符合下列规定：

a. 桩身实心或桩端封闭的打入桩轴向抗压承载力设计值可按下式计算：

$$Q_d = \frac{1}{\gamma_R}(U\Sigma q_{fi}l_i + q_R A) \qquad (4.3\text{-}74)$$

式中　$Q_d$——单桩轴向承载力设计值（kN）；

　　　$\gamma_R$——单桩轴向承载力分项系数，按表 4.3-34 取值；

　　　$U$——桩身截面周长（m）；

　　　$q_{fi}$——单桩第 $i$ 层土的单位面积极限桩侧摩阻力标准值(kPa)，无当地经验值时，可按表 4.3-35 取值；

　　　$l_i$——桩身穿过第 $i$ 层土的长度（m）；

　　　$q_R$——单桩单位面积极限桩端阻力标准值(kPa)，无当地经验值时，可按表 4.3-36 取值；

　　　$A$——桩身截面面积（m²）。

b. 钢管桩和预制混凝土管桩轴向抗压承载力设计值可按下式计算：

$$Q_d = \frac{1}{\gamma_R}\left(U\Sigma q_{fi}l_i + \eta q_R A\right) \tag{4.3-75}$$

式中　$Q_d$ ——单桩轴向承载力设计值（kN）；

$\gamma_R$ ——单桩轴向承载力分项系数，按表 4.3-34 取值；

$U$ ——桩身截面周长（m）；

$q_{fi}$ ——单桩第 $i$ 层土的单位面积极限桩侧摩阻力标准值 (kPa)，无当地经验值时，可按表 4.3-35 取值；

$l_i$ ——桩身穿过第 $i$ 层土的长度（m）；

$\eta$ ——承载力折减系数，可按地区经验取值，无当地经验值时，可按表 4.3-37 取值。

$q_R$ ——单桩单位面积极限桩端阻力标准值 (kPa)，无当地经验值时，可按表 4.3-36 取值；

$A$ ——桩身截面面积（m²）。

### 表 4.3-35　打入桩单位面积极限侧摩阻力标准值 $q_f$（kPa）

| 土的名称 | 土的状态 | 土层深度 | | | | | | | | | | | | | | | |
|---|---|---|---|---|---|---|---|---|---|---|---|---|---|---|---|---|---|
| | | 0~2 | 2~4 | 4~6 | 6~8 | 8~10 | 10~13 | 13~16 | 16~19 | 19~22 | 22~26 | 26~30 | 30~35 | 35~40 | 40~45 | 45~50 | 50以上 |
| 淤泥 | $I_L > 1.0$  $1.5 < e \le 2.4$ | 2~4 | 4~6 | 6~8 | 8~10 | 10~12 | 12~14 | 14~16 | 16~18 | 18~20 | 18~20 | 18~20 | 18~20 | 18~20 | 18~20 | 18~20 | 18~20 |
| 黏土 $I_p > 17$ | $I_L > 1.0$ | 4~7 | 6~9 | 9~11 | 11~13 | 13~15 | 15~17 | 17~18 | 18~21 | 20~23 | 20~23 | 20~23 | 20~23 | 20~23 | 20~23 | 20~23 | 20~23 |
| | $0.75 < I_L \le 1.0$ | 11~14 | 14~17 | 18~21 | 21~24 | 23~26 | 26~29 | 30~33 | 33~36 | 34~36 | 38~41 | 39~46 | 43~46 | 43~46 | 43~46 | 43~46 | 43~46 |
| | $0.50 < I_L \le 0.75$ | 26~34 | 30~38 | 33~41 | 36~44 | 40~48 | 44~51 | 47~55 | 51~59 | 44~47 | 56~64 | 58~66 | 62~70 | 64~71 | 64~71 | 64~71 | 64~71 |
| | $0.25 < I_L \le 0.50$ | 30~39 | 34~43 | 38~47 | 41~50 | 45~54 | 48~54 | 53~57 | 57~62 | 59~63 | 63~72 | 65~78 | 69~78 | 73~81 | 73~81 | 73~81 | 73~81 |
| | $0 < I_L \le 0.25$ | 42~51 | 46~55 | 50~59 | 54~63 | 58~67 | 62~70 | 66~75 | 71~80 | 75~86 | 77~88 | 79~93 | 84~97 | 88~97 | 88~97 | 88~97 | 88~97 |
| 粉质黏土 $10 < I_p \le 17$ | $I_L > 1.0$ | 10~12 | 13~16 | 16~18 | 19~21 | 21~23 | 23~25 | 26~28 | 28~30 | 30~32 | 30~32 | 30~32 | 30~32 | 30~32 | 30~32 | 30~32 | 30~32 |
| | $0.75 < I_L \le 1.0$ | 22~25 | 25~28 | 28~31 | 31~34 | 33~36 | 36~39 | 39~42 | 41~44 | 43~46 | 43~46 | 43~46 | 43~46 | 43~46 | 43~46 | 43~46 | 43~46 |
| | $0.50 < I_L \le 0.75$ | 30~37 | 34~41 | 37~44 | 40~47 | 43~50 | 46~53 | 50~57 | 54~61 | 58~65 | 59~66 | 61~71 | 64~71 | 64~71 | 64~71 | 64~71 | 64~71 |
| | $0.25 < I_L \le 0.50$ | 40~48 | 44~51 | 47~55 | 51~59 | 54~62 | 57~65 | 62~70 | 66~77 | 69~77 | 71~79 | 73~81 | 73~81 | 73~81 | 73~81 | 73~81 | 73~81 |
| | $0 < I_L \le 0.25$ | 47~55 | 51~59 | 55~63 | 59~67 | 62~70 | 66~74 | 71~79 | 75~83 | 79~89 | 81~91 | 83~96 | 88~100 | 92~100 | 92~100 | 92~100 | 92~100 |
| 粉土 $I_p < 10$ | $0.75 < I_L \le 1.0$ | 21~27 | 24~30 | 27~33 | 30~36 | 33~39 | 35~41 | 39~45 | 41~49 | 45~52 | 45~53 | 45~53 | 45~53 | 45~53 | 45~53 | 45~53 | 45~53 |
| | $0.50 < I_L \le 0.75$ | 25~33 | 28~36 | 31~39 | 34~42 | 36~44 | 39~47 | 41~49 | 44~52 | 46~54 | 46~54 | 46~54 | 46~54 | 46~54 | 46~54 | 46~54 | 46~54 |
| | $0.25 < I_L \le 0.50$ | 34~42 | 37~45 | 41~49 | 44~54 | 46~54 | 49~57 | 52~60 | 57~65 | 58~66 | 59~67 | 61~69 | 61~69 | 61~69 | 61~69 | 61~69 | 61~69 |
| | $0 < I_L \le 0.25$ | 43~51 | 47~55 | 50~58 | 57~62 | 57~65 | 64~68 | 64~72 | 72~76 | 73~80 | 75~81 | 79~83 | 82~87 | 85~90 | 85~93 | 85~93 | 85~93 |

| 土的名称 | 土的状态 | 土层深度 | | | | | | | | | | | | | | | |
|---|---|---|---|---|---|---|---|---|---|---|---|---|---|---|---|---|---|
| | | 0~2 | 2~4 | 4~6 | 6~8 | 8~10 | 10~13 | 13~16 | 16~19 | 19~22 | 22~26 | 26~30 | 30~35 | 35~40 | 40~45 | 45~50 | 50以上 |
| 细砂 粉砂 | 稍密 | 25~33 | 28~36 | 31~39 | 34~42 | 36~44 | 39~47 | 41~49 | 44~52 | 46~54 | 46~54 | 46~54 | 46~54 | 46~54 | 46~54 | 46~54 | 46~54 |
| | 中密 | 34~42 | 37~45 | 41~49 | 44~52 | 46~54 | 49~57 | 52~60 | 55~63 | 57~65 | 58~66 | 59~67 | 61~69 | 61~69 | 61~69 | 61~69 | 61~69 |
| | 密实 | 43~51 | 47~55 | 50~58 | 54~62 | 57~65 | 60~68 | 64~72 | 68~76 | 72~80 | 73~81 | 75~83 | 79~87 | 82~90 | 85~93 | 85~93 | 85~93 |
| 中粗砂 | $N > 30$ | 55~56 | 60~70 | 64~74 | 68~78 | 72~82 | 76~86 | 82~92 | 87~97 | 92~102 | 94~104 | 97~107 | 103~113 | 108~118 | 113~123 | 118~128 | 118~128 |

注：（1）$I_p$—土的塑性指数；$I_L$—土的液性指数；$N$—土的标贯击数；$e$—土的天然孔隙比。
（2）本表适用于以侧摩阻力为主的摩擦桩，对于以端摩阻力为主的端承桩应另行确定。
（3）有当地工程经验时宜按当地经验取值。

## 表 4.3-36　打入桩单位面积极限桩端阻力标准值 $q_R$（kPa）

| 土的名称 | 土的状态 | 土层深度（m） | | | | | | | | | | |
|---|---|---|---|---|---|---|---|---|---|---|---|---|
| | | 5~10 | 10~15 | 15~20 | 20~25 | 25~30 | 30~35 | 35~40 | 40~45 | 45~50 | 50~55 | 55以上 |
| 黏土 $I_p > 17$ | $I_L > 1.0$ | 50~150 | 150~250 | 250~350 | 350~450 | 450~550 | 550~600 | 600~650 | 650~700 | 700~750 | 750~775 | 775 |
| | $0.75 < I_L \leqslant 1.0$ | 100~300 | 300~500 | 500~700 | 700~900 | 900~1100 | 1100~1200 | 1200~1300 | 1300~1400 | 1400~1500 | 1500~1550 | 1550 |
| | $0.50 < I_L \leqslant 0.75$ | 300~500 | 500~700 | 700~950 | 950~1200 | 1200~1400 | 1400~1500 | 1500~1600 | 1600~1750 | 1750~1850 | 1850~1900 | 1900 |
| | $0.25 < I_L \leqslant 0.50$ | 500~700 | 700~950 | 950~1200 | 1200~1430 | 1430~1650 | 1650~1800 | 1800~1950 | 1950~2100 | 2100~2250 | 2250~2350 | 2350 |
| | $0 < I_L \leqslant 0.25$ | 700~970 | 970~1250 | 1250~1500 | 1500~1750 | 1750~2000 | 2000~2200 | 2200~2300 | 2300~2450 | 2450~2600 | 2600~2700 | 2700 |
| 粉质 黏土 $10 < I_p \leqslant 17$ | $I_L > 1.0$ | 100~250 | 250~395 | 395~500 | 500~600 | 600~725 | 725~800 | 800~875 | 875~950 | 950 | 950 | 950 |
| | $0.75 < I_L \leqslant 1.0$ | 200~500 | 500~790 | 790~1000 | 1000~1200 | 1200~1450 | 1450~1600 | 1600~1750 | 1750~1900 | 1900 | 1900 | 1900 |
| | $0.50 < I_L \leqslant 0.75$ | 400~700 | 700~1050 | 1050~1400 | 1400~1750 | 1750~2050 | 2050~2200 | 2200 | 2200 | 2200 | 2200 | 2200 |
| | $0.25 < I_L \leqslant 0.50$ | 600~1000 | 1000~1300 | 1300~1600 | 1600~1900 | 1900~2200 | 2500 | 2500 | 2500 | 2500 | 2500 | 2500 |
| | $0 < I_L \leqslant 0.25$ | 800~1300 | 1300~1800 | 1800~2200 | 2200~2500 | 2500~2800 | 2800~3100 | 3100 | 3100 | 3100 | 3100 | 3100 |

| 土的名称 | 土的状态 | 土层深度（m） | | | | | | | | | | |
|---|---|---|---|---|---|---|---|---|---|---|---|---|
| | | 5~10 | 10~15 | 15~20 | 20~25 | 25~30 | 30~35 | 35~40 | 40~45 | 45~50 | 50~55 | 55以上 |
| 粉土 $I_p < 10$ | $0.75 < I_L \leqslant 1.0$ | 600~1 000 | 1 000~1 400 | 1 400~1 800 | 1 800~2 150 | 2 150~2 400 | 2 400~2 650 | 2 650 | 2 650 | 2 650 | 2 650 | 2 650 |
| | $0.50 < I_L \leqslant 0.75$ | 720~1 170 | 1 170~1 620 | 1 620~2 070 | 2 070~2 385 | 2 385~2 700 | 2 700~2 880 | 2 880 | 2 880 | 2 880 | 2 880 | 2 880 |
| | $0.25 < I_L \leqslant 0.50$ | 800~1 360 | 1 360~1 840 | 1 840~2 320 | 2 320~2 680 | 2 680~3 000 | 3 000~3 200 | 3 200 | 3 200 | 3 200 | 3 200 | 3 200 |
| | $0 < I_L \leqslant 0.25$ | 1 200~1 840 | 1 840~2 400 | 2 400~2 880 | 2 880~3 280 | 3 280~3 600 | 3 600~3 840 | 3 840 | 3 840 | 3 840 | 3 840 | 3 840 |
| 细砂 粉砂 | 稍密 | 900~1 530 | 1 530~2 070 | 2 070~2 430 | 2 430~2 790 | 2 790~3 060 | 3 060 | 3 060 | 3 060 | 3 060 | 3 060 | 3 060 |
| | 中密 | 1 350~2 070 | 2 070~2 700 | 2 700~3 060 | 3 060~3 420 | 3 420~3 690 | 3 690 | 3 690 | 3 690 | 3 690 | 3 690 | 3 690 |
| | 密实 | 1 800~2 700 | 2 700~3 510 | 3 510~3 960 | 3 960~4 320 | 4 320~4 590 | 4 590 | 4 590 | 4 590 | 4 590 | 4 590 | 4 590 |
| 中粗砂 | $N > 30$ | 2 160~3 420 | 3 420~4 680 | 4 680~5 625 | 5 625~6 480 | 6 480~7 200 | 7 200~7 785 | 7 785~8 000 | 8 000~8 200 | 8 200~8 550 | 8 550 | 8 550 |

注：（1）$I_p$—土的塑性指数；$I_L$—土的液性指数；$N$—土的标贯击数；$e$—土的天然孔隙比。

（2）未经充分论证并采取适当措施，$I_L > 1.0$ 的土层不宜作为永久结构的持力层。

（3）本表适用于以侧摩阻力为主的摩擦桩，对于以端摩阻力为主的端承桩应另行确定。

（4）有当地工程经验时宜按当地经验取值。

### 表 4.3-37　桩端承载力折减系数 $\eta$

| 桩型 | 桩的外径（m） | $\eta$ | 取值说明 |
|---|---|---|---|
| 敞口钢管桩 | $d < 0.6$ | 入土深度大于 20$d$，且桩端进入持力层的深度大于 5$d$ 时，取 1.00~0.80 | 根据桩径、入土深度和持力层特性综合分析；入土深度较大，进入持力层深度较大，桩径较小时取大值，反之取小值 |
| | $0.6 \leqslant d \leqslant 0.8$ | 入土深度大于或等于 20$d$ 时取 0.85~0.45 | |
| | $0.8 < d \leqslant 1.2$ | 入土深度大于 20m 或 20$d$ 时取 0.50~0.30 | |
| | $1.2 < d \leqslant 1.5$ | 入土深度大于 25m 时取 0.35~0.20 | |
| | $d > 1.5$ | 入土深度小于 25m 时取 0 入土深度大于等于 25m 时取 0.25~0 | |

| 桩型 | 桩的外径（m） | $\eta$ | 取值说明 |
|---|---|---|---|
| 半敞口钢管桩 | — | 参照同条件的敞口钢管桩酌情增大 | 持力层为黏性土时增大值不宜大于敞口时的 20%；较密实砂性土增大值可适当增加 |
| 混凝土管桩 | $d<0.8$ | 入土深度大于 20m 时取 1.00 | 根据桩径、入土深度和持力层特性综合分析；入土深度较大，进入持力层深度较大，桩径较小时取大值，反之取小值 |
| | $0.8\leq d<1.2$ | 入土深度大于 20d 或 20m 时取 1.00～0.80 | |
| | $d=1.2$ | 入土深度大于 20m 时取 0.85～0.75 | |

注：（1）表中 $d$ 为桩的外径。
（2）表层为淤泥时，入土深度应当折减。
（3）有经验时可适当增减。
（4）若深度深度大于 30m 或 30d 进入持力层深度大于 5d，可分别认为入土深度较大和进入持力层深度较大。
（5）本表不适用于持力层为全风化岩和强风化岩层的情况，不适用于直径大于 2m 的桩。

c.灌注桩单桩轴向抗压承载力设计值可按下式确定：

$$Q_d = \frac{1}{\gamma_R}(U\Sigma\psi_{si}q_{fi}l_i + \psi_p q_R A) \tag{4.3-76}$$

式中　$Q_d$——单桩轴向承载力设计值（kN）；
　　　$\gamma_R$——单桩轴向承载力分项系数，按表 4.3-34 取值；
　　　$U$——桩身截面周长（m）；
　　　$q_{fi}$——单桩第 $i$ 层土的单位面积极限桩侧摩阻力标准值(kPa)，无当地经验值时，可按表 4.3-39 取值；
　　　$l_i$——桩身穿过第 $i$ 层土的长度（m）；
　　　$\psi_{si}$、$\psi_p$——桩侧阻力、端阻力尺寸效应系数，当桩径不大于 0.8m 时，均取 1.0，当桩径大于 0.8m 时，可按表 4.3-38 取用；
　　　$q_R$——单桩单位面积极限桩端阻力标准值（kPa），无当地经验值时，可按表 4.3-40 取值；
　　　$A$——桩身截面面积（m²）。

表 4.3-38　桩侧阻力尺寸效应系数 $\psi_{si}$、端阻力尺寸效应系数 $\psi_p$

| 土类别 | 黏性土、粉土 | 砂土碎、石类土 |
|---|---|---|
| $\psi_{si}$ | $(0.8/d)^{1/5}$ | $(0.8/d)^{1/3}$ |
| $\psi_p$ | $(0.8/d)^{1/4}$ | $(0.8/d)^{1/3}$ |

注：（1）$d$ 为桩的直径（m）。
（2）有经验时可适当增大。

#### 4.3-39　灌注桩极限单位面积桩侧摩阻力标准值 $q_f$（kPa）

| 土名称 | 土的状态 | 推荐值 | 备注 |
|---|---|---|---|
| 淤泥 | $I_L > 1.0$<br>$1.5 < e \leqslant 2.4$ | 8 ~ 18 | 土层深度 0 ~ 2 倍桩径或边长范围内的侧摩阻力不计 |
| 淤泥质土 | $I_L > 1.0$<br>$1.0 < e \leqslant 1.5$ | 12 ~ 23 | 土层深度 0 ~ 2 倍桩径或边长范围内的侧摩阻力不计 |
| 黏性土<br>$I_p > 10$ | $I_L > 1.0$<br>$e \leqslant 1.0$ | 18 ~ 28 | 土层深度 0 ~ 2 倍桩径或边长范围内的侧摩阻力不计 |
| | $0.75 < I_L \leqslant 1.0$ | 28 ~ 50 | — |
| | $0.50 < I_L \leqslant 0.75$ | 50 ~ 65 | — |
| | $0.25 < I_L \leqslant 0.50$ | 60 ~ 80 | — |
| | $0 < I_L \leqslant 0.25$ | 65 ~ 95 | — |
| | $I_L \leqslant 0$ | 90 ~ 105 | — |
| 粉土<br>$I_p \leqslant 10$ | $e > 0.9$ | 20 ~ 40 | — |
| | $0.75 < e \leqslant 0.9$ | 30 ~ 60 | — |
| | $e < 0.75$ | 55 ~ 80 | — |
| 粉砂、细砂 | $10 < N \leqslant 15$ | 20 ~ 40 | — |
| | $15 < N \leqslant 30$ | 40 ~ 60 | — |
| | $N > 30$ | 55 ~ 80 | — |
| 中砂 | $15 < N \leqslant 30$ | 50 ~ 70 | — |
| | $N > 30$ | 70 ~ 94 | — |
| 粗砂 | $15 < N \leqslant 30$ | 70 ~ 98 | — |
| | $N > 30$ | 98 ~ 120 | — |
| 砾砂 | $5 < N_{63.5} \leqslant 15$ | 60 ~ 100 | — |
| | $N_{63.5} > 15$ | 112 ~ 130 | — |
| 角砾、圆砾 | $N_{63.5} > 10$ | 130 ~ 150 | — |
| 碎石、卵石 | $N_{63.5} > 10$ | 150 ~ 170 | — |
| 全风化软质岩 | $30 < N \leqslant 50$ | 80 ~ 100 | — |
| 全风化硬质岩 | $30 < N \leqslant 50$ | 120 ~ 140 | — |
| 强风化软质岩 | $N_{63.5} > 10$ | 140 ~ 200 | — |
| 强风化硬质岩 | $N_{63.5} > 10$ | 160 ~ 240 | — |

注：（1）$I_p$—土的塑性指数；$I_L$—土的液性指数；$N$—土的标贯击数；$e$—土的天然孔隙比；$N_{63.5}$ 重型
　　　圆锥动力触探击数。
　　（2）全风化、强风化软质岩和全风化、强风化硬质岩系指其母岩分别为饱和单轴抗压强度标准值
　　　$f_{rk} \leqslant 30MPa$ 和 $f_{rk} > 30MPa$ 的岩石。
　　（3）有经验时可适当增减。

### 表 4.3-40　灌注桩极限单位面积桩端阻力标准值 $q_R$（kPa）

| 土名称 | 土的状态 | 泥浆护壁钻（冲）孔桩 泥面以下桩长 l（m） | | | | 干作业钻孔桩泥面 以下桩长 l（m） | | |
|---|---|---|---|---|---|---|---|---|
| | | $5 \leqslant l$ $< 10$ | $5 \leqslant l$ $< 10$ | $5 \leqslant l$ $< 10$ | $l \geqslant 30$ | $5 \leqslant l$ $< 10$ | $5 \leqslant l$ $< 10$ | $l \geqslant 15$ |
| 黏性土 $I_p > 10$ | $0.75 < I_L \leqslant 1$ | 150 ～ 250 | 250 ～ 300 | 300 ～ 450 | 300 ～ 450 | 200 ～ 400 | 400 ～ 700 | 700 ～ 950 |
| | $0.50 < I_L \leqslant 0.75$ | 350 ～ 450 | 450 ～ 600 | 600 ～ 750 | 750 ～ 800 | 500 ～ 700 | 800 ～ 1 100 | 1 000 ～ 1 600 |
| | $0.25 < I_L \leqslant 0.50$ | 800 ～ 900 | 900 ～ 1 000 | 1 000 ～ 1 200 | 1 200 ～ 1 400 | 850 ～ 1 100 | 1 500 ～ 1 700 | 1 700 ～ 1 900 |
| | $0 < I_L \leqslant 0.25$ | 1 100 ～ 1 200 | 1 200 ～ 1 400 | 1 400 ～ 1 600 | 1 600 ～ 1 800 | 1 600 ～ 1 800 | 2 200 ～ 2 400 | 2 600 ～ 2 800 |
| 粉土 $I_p \leqslant 10$ | $0.75 < e \leqslant 0.9$ | 300 ～ 500 | 500 ～ 650 | 650 ～ 750 | 750 ～ 850 | 500 ～ 950 | 1 300 ～ 1 600 | 1 500 ～ 1 700 |
| | $e < 0.75$ | 650 ～ 900 | 750 ～ 950 | 900 ～ 1 100 | 1 100 ～ 1 200 | 1 200 ～ 1 700 | 1 400 ～ 1 900 | 1 600 ～ 2 100 |
| 粉砂 | $10 < N \leqslant 15$ | 350 ～ 500 | 450 ～ 600 | 600 ～ 700 | 650 ～ 750 | 500 ～ 950 | 1 300 ～ 1 600 | 1 500 ～ 1 700 |
| | $N > 15$ | 600 ～ 750 | 750 ～ 900 | 900 ～ 1 100 | 1 100 ～ 1 200 | 900 ～ 1 000 | 1 700 ～ 1 900 | 1 700 ～ 1 900 |
| 细砂 | | 650 ～ 850 | 900 ～ 1 200 | 1 200 ～ 1 500 | 1 500 ～ 1 800 | 1 200 ～ 1 600 | 2 000 ～ 2 400 | 2 400 ～ 2 700 |
| 中砂 | $N > 15$ | 850 ～ 1 050 | 1 100 ～ 1 500 | 1 500 ～ 1 900 | 1 900 ～ 2 100 | 1 800 ～ 2 400 | 2 800 ～ 3 800 | 3 600 ～ 4 400 |
| 粗砂 | | 1 500 ～ 1 800 | 2 100 ～ 2 400 | 2 400 ～ 2 600 | 2 600 ～ 2 800 | 2 900 ～ 3 600 | 4 000 ～ 4 600 | 4 600 ～ 5 200 |
| 砾砂 | $N > 15$ | 1 400 ～ 2000 | | 2 000 ～ 3 200 | | 3 500 ～ 5 000 | | |
| 角砾、 圆砾 | $N_{63.5} > 10$ | 1 800 ～ 2 200 | | 2 200 ～ 3 600 | | 4 000 ～ 5 500 | | |
| 碎石、 卵石 | $N_{63.5} > 10$ | 2 000 ～ 3 000 | | 3 000 ～ 4 000 | | 4 500 ～ 6 500 | | |
| 全风化 软质岩 | $30 < N \leqslant 50$ | 1 000 ～ 1 600 | | | | 1 200 ～ 2 000 | | |
| 全风化 硬质岩 | $30 < N \leqslant 50$ | 1 200 ～ 2 000 | | | | 1 400 ～ 2 400 | | |
| 强风化 软质岩 | $N_{63.5} > 10$ | 1 400 ～ 2 200 | | | | 1 600 ～ 2 600 | | |
| 强风化 硬质岩 | $N_{63.5} > 10$ | 1 800 ～ 2 800 | | | | 2 000 ～ 3 000 | | |

注：（1）$I_p$—土的塑性指数；$I_L$—土的液性指数；$N$—土的标贯击数；$e$—土的天然孔隙比；$N_{63.5}$重型圆锥动力触探击数。

（2）砂土和碎石类土中桩的极限端阻力取值，宜综合考虑土的密实度、桩端进入持力层的深径比，土愈密实，深径比愈大，取值可愈高。

（3）全风化、强风化软质岩和全风化、强风化硬质岩系指其母岩分别为饱和单轴抗压强度标准值 $f_{rk} \leqslant 30\text{MPa}$ 和 $f_{rk} > 30\text{MPa}$ 的岩石。

（4）有经验时可适当增减。

d. 嵌岩桩单桩轴向抗压承载力设计值可按下式计算：

$$Q_{cd} = \frac{U_1 \Sigma \xi_{fi} q_{fi} l_i}{\gamma_{cs}} + \frac{U_2 \xi_s f_{rk} h_r + \xi_p f_{rk} A}{\gamma_{cR}} \qquad (4.3\text{-}77)$$

式中　$Q_{cd}$——嵌岩桩单桩轴向抗压承载力设计值（kN）；

　　$U_1$、$U_2$——分别为覆盖层桩身周长（m）和嵌岩段桩身周长（m）；

　　$\xi_{fi}$——桩周第 $i$ 层土的侧阻力计算系数，$D \leq 1.0$m 时，岩面以上 $10D$ 范围内的覆盖层，取 0.5 ~ 0.70，$10D$ 以上覆盖层取 1.0；$D > 1.0$m 时，岩面以上 10m 范围内的覆盖层，取 0.5 ~ 0.70，10m 以上覆盖层取 1.0；$D$ 为覆盖层中桩的外径；

　　$q_{fi}$——桩周第 $i$ 层土的单位面积极限侧阻力标准值(kPa)，打入的预制型嵌岩桩按表 4.3-35 取值，灌注型嵌岩桩按表 4.3-39 取值；

　　$l_i$——桩穿过第 $i$ 层土的长度（m）；

　　$\gamma_{cs}$——覆盖层单桩轴向受压承载力分项系数，按表 4.3-34 取值；

　　$\xi_s$、$\xi_p$——分别为嵌岩段侧阻力和端阻力计算系数，与嵌岩深径比 $h_r/d$ 有关，可按表 4.3-41 取值；

　　$f_{rk}$——岩石饱和单轴抗压强度标准值（kPa），应根据工程勘察报告提供的数据并结合工程经验确定；黏土质岩石取天然湿度单轴抗压强度标准值；$f_{rk}$ 值大于桩身混凝土轴心抗压强度标准值 $f_{ck}$ 时，取 $f_{ck}$ 值；遇水软化岩层或 $f_{rk}$ 小于 10MPa. 桩的承载力宜按灌注桩计算；

　　$h_r$——桩身嵌入基岩的长度（m）；当 $h_r > 5D'$ 时取 $5D'$；当岩层表面倾斜时应以岩面最低处计算嵌岩深度；$D'$ 为嵌岩段桩径；

　　$A$——嵌岩段桩端面积（m²）；

　　$\gamma_{cR}$——嵌岩段单桩轴向受压承载力分项系数，可按表 4.3-34 取值。

表 4.3-41　嵌岩段侧阻力和端阻力计算系数 $\xi_s$、$\xi_p$

| 嵌岩深径比 $h_r/d$ | 1.0 | 2.0 | 3.0 | 4.0 | 5.0 |
|---|---|---|---|---|---|
| $\xi_s$ | 0.070 | 0.096 | 0.093 | 0.083 | 0.070 |
| $\xi_p$ | 0.72 | 0.54 | 0.36 | 0.18 | 0.12 |

注：当嵌入中等风化岩时，按表中数值乘以 0.7 ~ 0.8 计算。

e. 后注浆灌注桩单桩极限轴向抗压承载力，应通过静载荷试验确定，在符合本规范有关后注浆技术实施规定的条件下，其单桩轴向承载力设计值可按下式估算：

$$Q_d = \frac{1}{\gamma_R} (U \Sigma \beta_{si} \psi_{si} q_{fi} l_i + \beta_p \psi_p q_R A) \qquad (4.3\text{-}78)$$

式中　$Q_d$——单桩轴向承载力设计值（kN）；

　　$\gamma_R$——单桩轴向承载力分项系数，按表 4.3-34 取值；

　　$U$——桩身截面周长（m）；

　　$\beta_{si}$——第 $i$ 层土的侧阻力增强系数，可按表 4.3-42 取值，在饱和土层中压浆时，仅对桩端以上 8 ~ 12m 范围的桩侧阻力进行增强修正；在非饱和土层中压浆时，仅对桩端以上 4 ~ 5m 范围的桩侧阻力进行增强修正；对于非增强影响范围，$\beta_{si}=1.0$；

　　$\psi_{si}$、$\psi_p$——桩侧阻力、端阻力尺寸效应系数，当桩径大于 0.8m 时，均取 1.0. 当桩径大于 0.8m 时，按表 4.3-38 取值；

$q_{fi}$——单桩第 $i$ 层土的单位面积极限侧阻力标准值（kPa），无当地经验值时，可表 4.3-39 取值；

$l_i$——桩穿过第 $i$ 层土的长度（m）；

$\beta_p$——端阻力增强系数，可按表 4.3-42 取值；

$q_R$——单桩单位面积极限桩端阻力标准值（kPa），无当地经验值时，若孔底沉渣厚度指标符合规范有关规定，可按表 4.3-40 取值；

$A$——桩端截面面积（m²）；

（5）沉桩条件允许时，可采用半敞口式或封闭式桩尖提高钢管桩的轴向承载力。

（6）凡允许不作静载荷试桩的工程，打入桩和灌注桩的单桩抗拔承载力设计值可按下式计算：

$$Q_d = \frac{1}{\gamma_R} \ (U \Sigma \xi_i q_{fi} l_i + G\cos\alpha) \tag{4.3-79}$$

式中 $T_d$——单桩抗拔极限承载力设计值（kN）；

$\gamma_R$——单桩抗拔承载力分项系数，与抗拔桩取相同数值，可按表 4.3-34 取值；

$U$——桩身截面周长（m）；

$\xi_i$——折减系数，对黏性土取 0.7 ~ 0.8，对砂土取 0.5 ~ 0.6，桩的入土深度大时取大值，反之取小值；

$q_{fi}$——单桩第 $i$ 层土的单位面积极限侧阻力标准值（kPa），打入桩按表 4.3-38 取值，灌注桩按表 4.3-40 取值；

$l_i$——桩身穿过第 $i$ 层土的长度（m）；

$\beta_p$——端阻力增强系数，可按表 4.3-42 取值；

$G$——桩重力（kN），水下部位按浮重计；

$\alpha$——桩轴线与垂线夹角（°）。

表 4.3–42　后注浆侧阻力增强系数 $\beta_{si}$、端阻力增强系数 $\beta_p$

| 土层名称 | 黏性土、粉土 | 粉砂 | 细砂 | 中砂 | 粗砂 | 砂砾 | 碎石土 |
|---|---|---|---|---|---|---|---|
| $\beta_{si}$ | 1.3 ~ 1.4 | 1.5 ~ 1.6 | 1.5 ~ 1.7 | 1.6 ~ 1.8 | 1.5 ~ 1.8 | 1.6 ~ 2.0 | 1.5 ~ 1.6 |
| $\beta_p$ | 1.5 ~ 1.8 | 1.8 ~ 2.0 | 1.8 ~ 2.1 | 2.0 ~ 2.3 | 2.2 ~ 2.4 | 2.2 ~ 2.4 | 2.2 ~ 2.5 |

注：当地质条件比较复杂或持力层为软弱土层时，增减系数应作适当折减。

（7）不进行抗拔试验的嵌岩桩，若嵌岩深度不小于 3 倍桩径，其单桩轴向抗拔承载力设计值可按下式计算：

$$Q_{id} = \frac{U_1 \Sigma \xi'_{fi} \xi_{fi} q_{fi} l_i + G\cos\alpha}{\gamma_{is}} + \frac{U_2 \xi'_s f_{rk} h_r}{\gamma_{Ir}} \tag{4.3-80}$$

式中 $Q_{id}$——嵌岩桩单桩轴向抗拔承载力设计值（kN）；

$U_1$、$U_2$——分别为覆盖层桩身截面周长（m）和嵌岩段桩身周长（m）；

$\xi'_{fi}$——第 $i$ 层土的侧阻力抗拔折减系数，取 0.7 ~ 0.8；

$\xi_{fi}$ —— 桩周第 $i$ 层土的侧阻力计算系数；$D \leqslant 1.0$m 时，岩面以上 10$D$ 范围内的覆盖层，取 0.5 ~ 0.70，10$D$ 以上覆盖层取 1.0；$D > 1.0$m 时，岩面以上 10m 范围内的覆盖层，取 0.5 ~ 0.70，10m 以上覆盖层取 1.0；$D$ 为覆盖层中桩的外径；

$q_{fi}$ —— 桩周第 $i$ 层土的单位面积极限侧阻力标准值（kPa），打入预制型嵌岩桩按表 4.3-35 取值，灌注桩按表 4.3-39 取值；

$l_i$ —— 桩身穿过第 $i$ 层土的长度（m）；

$G$ —— 桩重力（kN），水下部位按浮重力计；

$\alpha$ —— 桩轴线与垂线夹角（°）；

$\gamma_{si}$ —— 覆盖层单桩轴向抗拔承载力分项系数，预制桩取 1.45 ~ 1.55，灌注桩取 1.55 ~ 1.65；

$\xi'_s$ —— 嵌岩段侧阻力抗拔计算系数，取 0.045；

$f_{rk}$ —— 岩石饱和单轴抗压强度标准值（kPa）；$f_{rk}$ 的取值应根据工程勘察报告提供的数据并结合工程经验确定；黏土质岩石取天然湿度单轴抗压强度标准值；当 $f_{rk}$ 值大于桩身混凝土轴心抗压强度标准值 $f_{ck}$ 时，取 $f_{ck}$ 值；遇水软化岩层或 $f_{rk}$ 小于 10MPa 桩的承载力宜按灌注桩计算；

$h_r$ —— 桩身嵌入基岩的长度（m）；当 $h_r > 5d$ 时取 5d；当岩层表面倾斜时，应以岩面最低处计算嵌岩深度；$d$ 为嵌岩段桩径；

$\gamma_{lr}$ —— 嵌岩段单桩轴向抗拔承载力分项系数，取 2.0 ~ 2.2。

（8）桩端达到或进入基岩的受拉桩，可采用锚杆嵌岩的方式增加桩的抗拔能力，锚杆的锚固长度应按计算确定且不宜小于 3m；

（9）锚杆嵌岩桩中锚杆总的抗拔力设计值应按下式计算：

$$P_d = \frac{\Sigma p_{di}}{\gamma_p} \qquad (4.3\text{-}81)$$

式中　$P_d$ —— 嵌岩桩中锚杆总的抗拔力设计值（kN）；

$P_{di}$ —— 单根锚杆抗拔力设计值（kN）；

$\gamma_p$ —— 抗拔力综合系数，取 1.1。

（10）锚杆嵌岩桩中单根锚杆的极限抗拔力标准值，宜通过现场试验确定。

（11）进行现场试验时，单根锚杆抗拔力设计值应按下式计算：

$$P_{di} = \frac{p_{ki}}{\gamma_k} \qquad (4.3\text{-}82)$$

式中　$P_{di}$ —— 单根锚杆抗拔力设计值（kN）；

$P_{ki}$ —— 单根锚杆极限抗拔力标准值（kN）；

$\gamma_k$ —— 抗拔力分项系数，取 1.5 ~ 1.7；对硬质岩节理不发育、裂隙小或临时建（构）筑物取较小值，反之取大值。

（12）不进行现场试验时，锚杆嵌岩桩中单根锚杆的钢筋截面积、有效锚固长度等的计算，应符合下列规定：

a. 锚杆钢筋截面积应按下式计算：

$$A_s = \frac{p_{di}}{f_\gamma} \times 10^3 \tag{4.3-83}$$

式中　$A_s$——单根锚杆钢筋截面积（$mm^2$）；

　　　$P_{di}$——单根锚杆抗拔力设计值（kN）；

　　　$f_\gamma$——锚杆钢筋抗拉强度设计值（MPa）。

b. 单根锚杆有效锚固长度应按下列第一式计算水泥浆体或混凝土对钢筋的握裹力所需长度，按下列第二式计算水泥浆体或混凝土与岩体的粘结抗拔力所需长度，并取两者大值。

$$L_e = \frac{\gamma_d p_{di}}{\pi d' q_{fk}} \tag{4.3-84}$$

$$L_e = \frac{\gamma_d p_{di}}{\pi d q'_{fk}} \tag{4.3-85}$$

式中　$L_e$——锚杆有效锚固长度（m），不计基岩面上强风化岩；

　　　$\gamma_d$——分项系数，取 1.7 ~ 1.9；按照上列第一式计算时，带肋钢筋取小值，光面钢筋取大值；按照上列第二式计算时，对硬质岩、岩体完整的取小值，反之取大值；

　　　$P_{di}$——单孔锚杆抗拔力设计值（kN）；

　　　$d'$——锚杆钢筋直径（mm）；

　　　$q_{fk}$——锚杆钢筋与水泥浆体或混凝土的粘结强度标准值（MPa），宜通过实验确定；无经验或缺乏实验资料时，可取浆体或混凝土抗压强度标准值的 10%；

　　　$d$——锚孔直径（mm）；

　　　$q'_{fk}$——水泥浆体与岩石间的粘结强度标准值（MPa），$q'_{fk}$ 的取值宜根据具体工程，通过钻取锚固基岩岩芯经试验确定；当无试验资料时，可取灌浆体抗压强度标注值 10% 和锚孔岩体的抗剪强度标准值两者之较小值，岩石的抗剪强度标准值应根据工程勘察报告提供的数据并结合工程经验确定。

（13）对地质复杂的工程，或存在影响桩的轴向承载力可靠性的情况时，宜采用高应变动力试验法对单桩轴向承载力进行检测，检测应符合下列规定：

a. 检测桩数可取总桩数的 2% ~ 5%，且不得少于 5 根。

b. 采用动力试验法对桩承载力进行检测时，应符合国家现行有关标准的规定。

（14）遇下列情况时，基桩设计应考虑负摩阻力的影响，必要时应采取有效的减小桩的负摩阻力的工程措施：

a. 桩身穿过新近沉积或人工填筑的土层，该土层在其自重力作用下仍未固结稳定。

b. 桩台附近有大面积堆载时。

c. 存在其他会引起桩入土范围内土层产生压缩的因素时。

（15）按群桩设计的基桩，其轴向极限承载力设计值应考虑群桩效应的影响，并应符合下列规定：

a. 对高桩承台，可按单桩计算所得承载力设计值乘以群桩折减系数的方法确定，折减系数可按下列公式计算；高桩码头节点下的双桩，当间距小于 3 倍桩径时，折减系数可取 0.9 ~ 0.95，桩距小、入土深度大时取小值。

高桩承台的桩基需考虑群桩作用时，桩的轴向承载力折减系数可按下列公式计算：

$$\lambda = \frac{1}{1+\eta} \tag{4.3-86}$$

$$\eta = 2A_1 \frac{m-1}{m} + 2A_2 \frac{n+1}{n} + 4A_3 \frac{(m-1)(n-1)}{mn} \tag{4.3-87}$$

$$A_1 = \left( \frac{1}{3S_1} - \frac{1}{2L\tan\phi} \right) d \tag{4.3-88}$$

$$A_2 = \left( \frac{1}{3S_2} - \frac{1}{2L\tan\phi} \right) d \tag{4.3-89}$$

$$A_2 = \left( \frac{1}{3 \cdot \sqrt{S_1^2 + S_2^2}} - \frac{1}{2L\tan\phi} \right) d \tag{4.3-90}$$

式中 $\lambda$ ——群桩折减系数；

$\eta$ ——公式代换量；

$A_1$、$A_2$、$A_3$ ——公式代换量，当计算值小于 0 时取 0；

$n$ ——高桩承台横向每排桩的桩数；

$m$ ——高桩承台纵向每排桩的桩数；

$L$ ——相邻桩的平均入土深度（m）；

$S_1$ ——纵向桩距，当桩距不等时，可取其平均值（m）；

$S_2$ ——横向桩距，计算方法与 $S_1$ 相同（m）；

$\phi$ ——土的固结快剪内摩擦角。对成层土，可取桩入土深度范围内 $\phi$ 角的加权平均值（°）；

$d$ ——桩径或桩宽（m）。

b. 对低桩承台，可按国家现行标准确定。

水平力作用下桩的计算

（1）承受水平力或力矩作用的单桩，其入土深度宜满足弹性长桩条件；弹性长桩、中长桩和刚性桩的划分标准按表 4.3-43 确定。

表 4.3-43  弹性长桩、中长桩、刚性桩划分标准

| 弹性长桩 | 中长桩 | 刚性桩 |
|---|---|---|
| $L_t \geq 4T$ | $4T > L_t \geq 2.5T$ | $L_t < 2.5T$ |

注：$L_t$ —桩的入土深度。

　　$T$ —桩的相对刚度特征值（m），按《港口工程桩基规范》（JTS 167-4-2012）有关规定计算。

（2）承受水平力或力矩作用的弹性桩长，其桩身内力和变形的确定应符合下列规定。

a. 单桩在水平力作用下的桩身内力和变形可采用 m 法计算，也可采用 NL 法或 P—Y 曲线法计算，有关计算方法见《港口工程桩基规范》（JTS 167-4-2012）附录 D。

b. 重要工程采用的计算参数应根据水平静载荷试验确定。

c. 当必须考虑波浪等荷载的往复作用时，土抗力的有关参数宜通过试验等方法确定。

d. 有经验时也可采用假想嵌固点法计算，假想嵌固点位置可按下式确定：

$$t = \eta T \tag{4.3-91}$$

式中　$t$ ——受弯嵌固点距泥面深度（m）；

　　　$\eta$ ——系数，取 1.8 ~ 2.2，桩顶铰接或桩的自由长度较大时取较小值，桩顶无转动或桩的自由长度较小时取较大值；

　　　$T$ ——桩的相对刚度特征值（m）。

e. 当按假想嵌固点法计算排架时，桩在泥面以下的内力和变形，可将计算排架时求得的桩在泥面处的内力作为荷载，按《港口工程桩基规范》（JTS 167-4-2012）附录 D 中的 m 法进行计算。

（3）承受水平力或力矩作用的中长桩或刚性桩，应对桩身结构和变位进行必要的验算，且应对桩侧土体应力进行验算，验算应符合下列规定。

a. 桩的计算可采用 m 法，也可采用 P-Y 曲线法，计算参数的确定应满足本节（2）条的有关规定，计算方法见《港口工程桩基规范》（JTS 167-4-2012）附录 D。

b. 承受水平力或力矩作用的中长桩或刚性桩，其桩侧土体水平压应力应满足下列要求：

$$\sigma_{h/3} \leq \frac{4}{\cos\phi} \left( \frac{\gamma}{3} \tan\phi + c \right) \eta \tag{4.3-92}$$

$$\sigma_h \leq \frac{4}{\cos\phi} (\gamma h \tan\phi + c) \eta \tag{4.3-93}$$

$$\eta = 1 - 0.8 \frac{M_g}{M} \tag{4.3-94}$$

式中　$\sigma_{h/3}$、$\sigma_h$ ——泥面以下 $h/3$ 处和 $h$ 处土的水平压应力（kN/m²）；

　　　$\phi$ ——土的内摩擦角（°）；

　　　$\gamma$ ——土的容重（kN/m³），对透水性材料，应考虑水的浮力作用；

　　　$h$ ——桩的入土深度（m）；

　　　$c$ ——土的粘聚力（kN/m²）；

　　　$\eta$ ——考虑总荷载中恒载所占比例的影响系数；

　　　$M_g$ ——恒载对桩底中心产生的力矩（kN·m）；

　　　$M$ ——总荷载对桩底产生的力矩（kN·m）。

（4）嵌岩桩在水平力作用下的受力特性应通过静载荷试验确定。

（5）不进行水平静载荷试验的嵌岩桩，嵌岩端按固接设计时，嵌岩深度应不小于计算嵌岩深度，且应不小于 1.5 倍嵌岩段桩径。计算嵌岩段深度可按下式计算。

$$h_\tau' \leqslant \frac{4.23V_d + \sqrt{17.92V_D^2 + 12.7\beta f_{rk}M_dD'}}{\beta f_{rk}D'} \tag{4.3-95}$$

式中　$h_\tau'$ —— 计算嵌岩深度（m）；

$V_d$ —— 基岩顶面处桩身剪力设计值（kN）；

$\beta$ —— 系数，取 0.2 ~ 1.0，根据岩层侧面构造和风化程度而定，节理发育的取小值，反之取大值，中风化岩不宜大于 0.6；

$f_{rk}$ —— 岩石饱和单轴抗压强度标准值（kPa），frk 的取值应根据工程勘察报告提供的数据并结合工程经验确定；当 $\beta f_{rk}$ 大于桩身混凝土轴心抗压强度标准值 $f_{ck}$ 时，$\beta f_{rk}$ 取 $f_{ck}$。

$M_d$ —— 基岩顶面处桩身弯矩设计值（kN·m）；

$D'$ —— 嵌岩段桩身直径（m）。

（6）进入基岩的桩，应根据基岩性能等按下列规定确定计算方法。

a. $f_{rk} > 30$MPa 时，可按嵌岩桩计算。

b. $f_{rk} < 10$MPa 时，可按灌注桩计算。

c. $10$MPa $\leqslant f_{rk} \leqslant 30$MPa 时，应根据岩体的结构和成分，综合分析其与桩身的相互作用特性，确定采用的计算方法。在岩面处能对桩身有效嵌固时，可按嵌岩桩计算；当基岩基本反映为土的特征时，应按灌注桩计算。

（7）覆盖层土对嵌岩桩的水平抗力，当覆盖层较薄且强度较低时，不宜考虑覆盖层土的作用；当覆盖层较厚或有一定厚度且强度较高时，可计入覆盖层土的作用。土体对桩的作用可按规范附录 D 考虑。

（8）对于打入桩和灌注桩，当进行群桩静载荷试验时，应与单桩静载荷试验比较，确定群桩计算参数和水平承载力。无条件进行静载荷试验时，对按群桩设计的全直桩基桩，在非往复水平力作用下，可按水平地基反力系数折减后的单桩设计，其折减系数可按表4.3-44 取值。

表 4.3-44　沿受力方向的水平地基反力的折减系数

| 系数 | 桩距为 3 倍桩径或边长 | 桩距大于等于单桩最小间距 |
|---|---|---|
| $m$ | 0.25 | 1 |
| $k_n$ | 0.20 | 1 |

注：（1）单桩最小间距按表 4.3-33 确定。
（2）桩距介于 3 倍桩径或边长与单桩最小间距之间时，采用线性插入取值。
（3）$k_n$ 为采用 $N_L$ 法的单桩水平地基反力系数，$m$ 为采用 $m$ 法的单桩水平地基反力系数随深度线性增加的比例系数。

#### 4.3.4 抗震地区对基桩的基本要求

抗震设防区桩基的设计原则应符合下列规定：

（1）桩进入液化土层以下稳定土层的长度（不包括桩尖部分）应按计算确定；对于碎石土，砾、粗、中砂，密实粉砂，坚硬黏性土尚不应小于 $2 \sim 3d$，对其他非岩石土尚不宜小于 $4 \sim 5d$。

（2）承台和地下室侧墙周围应采用灰土、级配砂石、压实性较好的素土回填，并分层夯实，也可采用素混凝土回填。

（3）当承台周围为可液化土或地基承载力特征值小于 40kPa（或不排水抗剪强度小于 15）的软土，且基桩水平承载力不满足计算要求时，可将承台外每侧 1/2 承台边长范围内的土进行加固。

（4）对于存在液化扩展的地段，应验算基桩在土流动的侧向作用力下的稳定性。

## 4.4 桩的选型与布置基本要点

桩的选型与布置是基桩设计的基本内容。建筑上部传给基桩的荷载、地基的承载条件、建（构）筑物的使用要求、当地的材料供应和施工条件等因素决定桩的选型与布置，不同的桩型与基桩的布置影响着基桩的承载能力、工程进度、施工难度、工程造价等。因此，桩的选型与布置是非常重要的一环。

**1. 桩型与沉桩工艺**

应根据建筑结构类型、荷载性质、桩的使用功能、穿越土层、桩端持力层、地下水位、施工设备、施工环境、施工经验、制桩材料供应条件等，按安全适用、经济合理的原则选择。

（1）对于框架 – 核心筒等荷载分布很不均匀的桩筏基础，宜选择基桩尺寸和承载力可调性较大的桩型和成桩工艺。

（2）挤土沉管灌注桩用于淤泥和淤泥质土层时，应局限于多层住宅基桩。

（3）抗震设防烈度为 8 度及以上地区，不宜采用预应力混凝土管桩（PC）和预应力混凝土空心方桩（PS）。

**2. 基桩的间距与布置方式**

桩顶的力通过桩身传至地基，地基内有各种力相互作用；不仅在使用期间存在相互的作用力，在施工期间的相互作用和牵制也是必须要考虑的。因此，基桩的间距与布置方式规范上也有明确的规定。

（1）基桩的最小中心距应符合表 4.4-1 的规定；当施工中采用减小挤土的可靠措施时，可根据当地经验适当减小。

表 4.4-1　基桩的最小中心间距

| 土类与成桩工艺 | | 排数不少于 3 排桩数不少于 9 根的摩擦型桩基桩 | 其他情况 |
|---|---|---|---|
| 非挤土灌注桩 | | 3.0$d$ | 3.0$d$ |
| 部分挤土桩 | 非饱和土饱和非黏性土 | 3.5$d$ | 3.0$d$ |
| | 饱和黏性土 | 4.0$d$ | 3.5$d$ |
| 挤土桩 | 非饱和土、饱和非黏性土 | 4.0$d$ | 3.5$d$ |
| | 饱和黏性土 | 4.0$d$ | 4.0$d$ |
| 钻、挖孔扩底桩 | | 2$D$ 或 $D$+2.0m（当 $D$＞2m） | 1.5$D$ 或 $D$+1.5m（当 $D$＞2m） |
| 沉管夯扩、钻孔挤土桩 | 非饱和土、饱和非黏性土 | 2.2$D$ 且 4.0$d$ | 2.0$D$ 且 3.5$d$ |
| | 饱和黏性土 | 2.5$D$ 且 4.5$d$ | 2.2$D$ 且 4.0$d$ |

注：（1）$d$—圆桩的设计直径或方桩的设计边长，$D$—扩大端设计直径。
　　（2）当纵横向桩距不相等时，其最小中心距应满足"其他情况"一栏的规定。
　　（3）当为端承桩时，非挤土灌注桩的"其他情况"一栏可减小至 2.5$d$。

（2）排列基桩时，宜使桩群承载力合力点与竖向永久荷载合力作用点重合，并使基桩受水平力和力矩较大方向有较大抗弯截面模量。

（3）对于桩箱基础、剪力墙结构桩筏（含平板和梁板式承台）基础，宜将桩布置于墙下。

（4）对于框架－核心筒结构桩筏基础应按荷载分布考虑相互影响，将桩相对集中布置于核心筒和柱下；外围框架柱宜采用复合基桩，有合适桩端持力层时，桩长宜减小。

（5）应选择较硬土层作为桩端持力层。桩端全断面进入持力层的深度，对于黏性土、粉土不宜小于 2$d$，砂土不宜小于 1.5$d$，碎石类土不宜小于 1$d$。当存在软弱下卧层时，桩端以下硬持力层厚度不宜小于 3$d$。

（6）对于嵌岩桩，嵌岩深度应综合荷载、上覆土层、基岩、桩径、桩长诸因素确定；对于嵌入倾斜的完整和较完整岩的全断面深度不宜小于 0.4$d$ 且不小于 0.5m，倾斜度大于 30％的中风化岩，宜根据倾斜度及岩石完整性适当加大嵌岩深度；对于嵌入平整、完整的坚硬岩和较硬岩的深度不宜小于 0.2$d$，且不应小于 0.2m。

（7）水上高桩承台结构的基桩，当采用单桩、多桩承台、分段下横梁结构形式时，应考虑施工期间单桩或多桩的稳定性，保证施工期间的安全、稳定。

## 4.5 基桩构造的一般规定

### 4.5.1 混凝土预制桩

（1）混凝土预制桩的截面边长不应小于200mm；预应力混凝土预制空心桩的截面边长不应小于350mm。

（2）预制桩的混凝土强度等级不应低于C30；预应力混凝土实心桩的混凝土强度等级不应低于C40；预制桩纵向钢筋的保护层厚度不应小于35mm。

（3）预制桩的桩身配筋应按吊运、打桩及桩在使用中的受力等条件计算确定。采用锤击法沉桩时，预制桩的最小配筋率不宜小于0.8％。静压法沉桩时，最小配筋率不宜小于0.6％，主筋直径不宜小于14mm，打入桩桩顶以下4～5d长度范围内箍筋应加密，并设置钢筋网片。

（4）预制桩的分节长度应根据施工条件及运输条件确定；每根桩的接头数量不宜超过3个。

（5）预制桩的桩尖将主筋合拢焊在桩尖辅助钢筋上，对于持力层为密实砂和碎石类土时，宜在桩尖处包以钢板桩靴，加强桩尖。

（6）预应力混凝土空心桩按截面形式可分为管桩、空心方桩；按混凝土强度等级可分为预应力高强混凝土管桩（PHC）、空心方桩（PHS），预应力混凝土管桩（PC）和空心方桩（PS），离心成型的先张法预应力混凝土桩的截面尺寸、配筋、桩身极限弯矩、桩身竖向承载力设计值等参数可按《建筑桩基技术规范》（JGJ 94-2008）附录 B 确定。

（7）预应力混凝土空心桩桩尖形式宜根据地层性质选择闭口形或敞口形；闭口形分为平底十字形和锥形。

（8）采用焊接形式接桩时，桩帽或端板等的焊接构件，不得采用铸钢、高碳钢等不宜焊接的材质。

（9）混凝土板桩，预制混凝土板桩桩尖的单面斜度不宜过陡，防止单向挤压力过大，造成板桩倾斜；板桩的凹凸榫应有相应的配合公差，避免板桩缝隙过大，降低挡土效果；过小，会增加沉桩阻力。

（10）PHC管桩是目前建设工程基础中使用最多的基桩形式，国家也有相应的标准、标准设计图集，各省市也有相应的标准设计图集，有的为企业图集，得到当地有关部门的推荐。设计单位在使用时，应选择不低于国家标准的图集使用。

（11）预制型嵌岩桩的构造要求

a. 预制型嵌岩桩的嵌岩型式，可根据桩的使用要求、地质条件和施工条件确定，并可按下列方法选用：

桩承受较大的水平力或力矩，可采用预制型植入嵌岩桩；

桩主要承受轴向压力和较小水平力或上拔力，可采用预制型芯柱嵌岩桩；

桩主要承受轴向上拔力，可采用预制型锚杆嵌岩桩；

桩承受水平力或力矩并承受加大上拔力，可采用预制芯柱和锚杆组合式嵌岩桩；承受较大扭矩的桩宜采用钢管桩或预应力混凝土管桩嵌岩。

b. 桩身结构应符合相应规范的规定。

c. 对锤击沉桩的钢管桩、钢护筒和预应力混凝土管桩，必要时应根据地质和施工条件，对桩端口采取局部加强措施；停锤贯入度的确定，应避免桩端钢板卷边的产生。

d. 植入式嵌岩桩桩端内应灌注强度等级不低于 C30 的混凝土，灌注高度不宜低于岩面以上 1.0 倍桩径。桩端外侧应用混凝土和水泥砂浆进行加固，混凝土强度等级不宜低于 C30，水泥砂浆的强度等级不宜低于 M30。

e. 芯柱嵌岩桩桩端钢筋笼主筋和箍筋应符合灌注型嵌岩桩的相应要求，主筋混凝土的保护层厚度不小于 35mm；便于安装导管和灌注水下混凝土，主筋可采用型钢和钢管。

### 4.5.2 灌注桩

#### 1. 灌注桩配筋的规定

（1）配筋率

当桩身直径为 300 ~ 2 000mm 时，正截面配筋率可取 0.65% ~ 0.2%（小直径桩取高值），对受荷载特别大的桩、抗拔桩和嵌岩端承桩应根据计算确定配筋率，并不应小于上述规定值。

（2）配筋长度

a. 端承型桩和位于坡地、岸边的基桩应沿桩身等截面或变截面通长配筋。

b. 摩擦型灌注桩配筋长度不应小于 2/3 桩长；当受水平荷载时，配筋长度尚不宜小于 4.0/$\alpha$（$\alpha$ 为桩的水平变形系数）。

c. 对于受地震作用的基桩，桩身配筋长度应穿过可液化土层和软弱土层，进入稳定土层的深度不应小于相应深度（对于碎石土，砾、粗、中砂、密实粉砂、坚硬黏性土尚不应小于 2 ~ 3$d$，对其他非岩石土尚不宜小于 4 ~ 5$d$）。

d. 受负摩阻力的桩、因先成桩后开挖基坑而随地基土回弹的桩，其配筋长度应穿过软弱土层并进入稳定土层，进入的深度不应小于 2 ~ 3$d$。

e. 抗拔桩因地震作用、冻胀或膨胀力作用而受拔力的桩，应等截面或变截面通常配筋。

（3）主筋规定

对于受水平荷载的桩，主筋不应小于 8$\phi$12；对于抗压桩和抗拔桩，主筋不应小于 6$\phi$10；纵向主筋应沿桩身周边均匀布置，其净距不应小于 60mm。

（4）箍筋规定

a. 箍筋应采用螺旋式，直径不应小于 6mm，间距宜为 200～300mm。

b. 受水平荷载较大的基桩、承受水平地震作用的基桩以及考虑主筋作用计算桩身受压承载力时，桩顶以下 5d 范围内的箍筋应加密，间距不应大于 100mm。

c. 当桩身位于液化土层范围内时箍筋应加密。

d. 当考虑箍筋受力作用时，箍筋配置应符合现行国家标准《混凝土结构设计规范》（GB 50010）的有关规定。

e. 当钢筋笼长度超过 4m 时，应每隔 2m 设一道直径不小于 12mm 的焊接加劲箍筋。

**2. 桩身混凝土及混凝土保护层厚度的规定**

（1）桩身混凝土强度等级不得小于 C25，混凝土预制桩尖强度等级不得小于 C30。

（2）灌注桩主筋的混凝土保护层厚度不应小于 35mm，水下灌注桩的主筋混凝土保护层厚度不得小于 50mm。

（3）四类、五类环境中桩身混凝土保护层厚度应符合国家现行标准《港口工程混凝土结构设计规范》（JTJ 267）、《工业建筑防腐蚀设计规范》（GB 50046）的相关规定。

**3. 扩底灌注桩扩底端尺寸规定**

（1）对于持力层承载力较高、上覆土层较差的抗压桩和桩端以上有一定厚度较好土层的抗拔桩，可采用扩底；扩底端直径与桩身直径之比 $D/d$，应根据承载力要求及扩底端侧面和桩端持力层土性特征以及扩底施工方法确定；挖孔桩的 $D/d$ 不应大于 3，钻孔桩的 $D/d$ 不应大于 2.5。

（2）扩底端侧面的斜率应根据实际成孔及土体自立条件确定，$a/h_c$ 可取 1/4～1/2，砂土可取 1/4，粉土、黏性土可取 1/3～1/2。

（3）抗压桩扩底端地面宜呈锅底形，矢高 $h_b$ 可取（0.15～0.2）D。

**4. 灌注型嵌岩桩的构造规定《港口工程桩基规范》（JTS-167-4）**

（1）灌注型嵌岩桩桩身构造应符合灌注桩的有关规定。

（2）灌注型嵌岩桩嵌岩段的配筋，应根据桩的受力计算确定，并应符合下列规定：

a. 主筋宜采用热轧带肋钢筋，直径不应小于 14mm，截面积应计算确定，且配筋率不宜小于 0.6%，根数不宜少于 12 根，应沿周长均匀通长布置。当嵌岩孔径小于桩径时，嵌岩段主筋伸入上部桩内的长度，受压桩不应小于 35 倍主筋直径，受拉桩不应小于 40 倍主筋直径。

b. 箍筋宜采用 HPB300 级钢筋，直径不应小于 6mm，间距应取 200 ~ 300mm，在岩面上下 1 000 ~ 2 000mm 范围内箍筋间距取 100 ~ 150mm，宜采用螺旋或环式箍筋，并宜每隔 2m 左右焊接一道加强箍筋，其直径不宜小于 16mm。

（3）灌注型锚杆嵌岩桩的锚杆直径不宜小于 25mm，必要时也可采用型钢。锚杆伸入岩面以上桩身的长度不因小于锚固长度。

（4）锚孔内灌注水泥浆的立方体抗压强度标准值不应小于 35MPa，且应压浆密实，并掺加适量膨胀剂。

### 4.5.3 预应力混凝土空心桩

（1）离心成型的先张法预应力混凝土桩的截面尺寸、配筋、桩身极限弯矩、桩身轴向受压承载力设计值等参数可按《建筑桩基技术规范》（JGJ 94）的有关规定确定。

（2）预应力混凝土空心桩桩尖形式宜根据地层性质选择闭口形或敞口形；闭口形分为平底十字形和锥形。

（3）预应力混凝土空心桩质量要求，尚应符合国家现行标准《先张法预应力混凝土管桩》（GB 13476）和《预应力混凝土空心方桩》（JG 197）及其他的有关标准规定。

（4）预应力混凝土桩的连接可采用端板焊接连接、法兰连接、机械啮合连接、螺纹连接。每根桩的接头数量不宜超过 3 个。

（5）桩端嵌入遇水易软化的强风化岩、全风化岩和非饱和土的预应力混凝土空心桩，沉桩后，应对桩端以上约 2m 范围内采取有效的防渗措施，可采用微膨胀混凝土填芯或在内壁预涂柔性防水材料。

### 4.5.4 钢桩

（1）钢桩可采用管形、H 形或其他异形钢材。

（2）钢桩的分段长度宜为 12 ~ 15m。钢板桩的长度应根据使用需要确定。

（3）钢桩焊接接头应采取等强度连接。

（4）钢桩的端部形式应根据桩所穿越的土层、桩端持力层性质、桩的尺寸挤土效应等因素综合考虑确定，并可按下列规定采用：

a. 桩端形式：敞口：带加强箍（带内隔板、不带内隔板），不带加强箍（带内隔板、不带内隔板）；闭口：平底、锥底。

b. H 形钢桩可采用下列桩端形式：带端板；不带端板：锥底、平底（带扩大翼、不带扩大翼）。

（5）钢桩的防腐处理应符合下列规定：

钢桩的腐蚀速率当无实测资料时可按表 4.5-1 确定；

表 4.5-1　钢桩年腐蚀速率

| 钢桩所处环境 | | 单面腐蚀率（mm/y） |
| --- | --- | --- |
| 地面以上 | 无腐蚀性气体或腐蚀性挥发介质 | 0.05 ~ 0.1 |
| 地面以下 | 水位以上 | 0.05 |
| | 水位以下 | 0.03 |
| | 水位变动区 | 0.1 ~ 0.3 |

钢桩防腐处理可采用外表面涂防腐涂层，增加防腐余量及阴极保护；当钢管桩同外界隔绝时，可不考虑内防腐。

### 4.5.5　地下连续墙

#### 1. 地下连续墙的相关规定

（1）地下连续墙可采用现浇或预制钢筋混凝土结构。现浇地下连续墙的截面可采用矩形、T 形、L 形或钻孔排桩等形式。

（2）地下连续墙墙体的截面形式、单元体长度应根据墙体的受力情况、施工条件和环境条件等确定。现浇地下连续墙单元体的宽度可取 4 ~ 8m。

（3）地下连续墙的单元体之间接头形式：现浇墙体可分为刚性接头、柔性接头；预制安装墙体可分为防渗漏墙体、不防渗墙体。具体工程采用何种接头形式应根据使用要求、地质环境条件、施工条件等确定。

（4）地下连续墙的厚度或排桩的直径应根据其使用的受力状况、材料性能、允许裂缝宽度计算确定。现浇地下连续墙的厚度宜控制在 500 ~ 1 200mm，排桩桩径宜大于550mm；预制地下连续墙的厚度宜控制在 400 ~ 800mm。当计算厚度大于 1 200mm 时，可选用 T 形断面或支撑、锚拉结构。

（5）地下连续墙的混凝土强度等级不应低于 C25，钢筋的保护层厚度不小于 60mm，在水位变动区或有一定侵蚀性水源的环境中的永久性结构钢筋的保护层厚度不宜小于70mm；受力钢筋应采用 Ⅱ 级或 Ⅲ 级钢，钢筋直径不宜小于 14mm。

（6）构造钢筋可采用 Ⅰ 级钢筋。矩形、T 形现浇地下连续墙的构造钢筋不得小于12mm，排桩、预制地下连续墙的构造钢筋直径不得小于 8mm。

（7）现浇地下连续墙的钢筋笼长度宜小于地下连续墙深度 100 ~ 200mm，钢筋笼底部宜适当收窄，钢筋笼的主筋应伸出墙顶并留有足够的锚固长度。当采用接头管接头时，其侧端距接头管应留有 150 ～ 200mm 的空隙。

（8）现浇地下连续墙的钢筋笼的配置除应满足使用工况的受力要求，尚应满足钢筋笼吊装时的受力要求。

（9）地下连续墙的设计计算可参照《港口工程地下连续墙结构设计与施工规程》（JTJ 303-2003）。

**2. 工程设计案例：上海世博会 500kV 静安输变电工程**

上海世博会 500kV 静安输变电工程是世博会重要配套工程，为全地下 4 层筒形结构，地下建筑直径（外径）为 130m，地下结构开挖深度为 34m，已进入到⑦$_1$层砂质粉土层中，顶板落深 2m。工程建设规模列全国同类工程之首。

本工程采用 1.2m 厚、57.5m 深地下连续墙作为围护结构，已进入到⑦$_1$层砂质粉土中；基桩采用 $\phi$800mm 抗拔桩及 $\phi$950mm 立柱桩，已进入到⑧$_1$层中砂中。本工程结构采用逆作法施工，结构外墙为 1 200mm 厚地下连续墙加 800mm 厚内衬墙的两墙合一结构。

正常使用阶段采用桩端深度达 82.3m 的钻孔灌注桩作为抗拔基础。与浅埋的地下工程相比，该深埋地下结构抗拔桩设计面临的特殊问题是如何反映如此大体量深层地下开挖卸荷对抗拔桩承载特性的影响。主要表现在：深埋地下结构抗拔桩地面试桩开挖段侧摩阻力的扣除；开挖卸荷后桩周土体围压减小对基桩承载力削弱的影响；开挖卸荷基底隆起对桩产生的预拉力。

## 4.5.6 其他类型的基桩

从桩身材料分，其他类型的基桩基本上是由钢、木、混凝土以及其他合成材料演化出来的。

如 SMW 工法桩是由水泥土搅拌桩与型钢组合而成的；水泥土搅拌桩是把混凝土中的水泥拿出来，经过一定的工艺掺到地基土中，使地基土在一定的范围内得到加固，形成一种新的基桩；砂、石桩是将混凝土中的砂石，经过相应的工艺，分别形成砂、碎石桩；将钢管打入或埋入（钻埋）地基，并在钢管内灌入混凝土或注浆，就形成了钢管混凝土桩或注浆微型桩（群桩支护体系）。

随着国家基本建设和建筑技术的发展，还会开发出新的建筑基桩形式。但是它们的基本原理是一致的：经过一定的施工工艺，在建筑地基中加入或形成相应的构件（刚性或柔性），可以支撑建筑荷载或承受相应的作用，控制或减小地基或坡岸等的变形，达到安全使用的目的。

因此，其他类型的基桩，有的已经使用多年，经验、教训很多，编制并经多次修改形成了相应的规范，可以按照相应的规范进行设计、施工、验收。有的还在实施总结阶段，有待形成新的规范，这就需要设计、施工人员逐步进行论证，确实可行的方可用于工程实践。有的尚在试验阶段，那就需要在本地得到有效的试验数据方可作为实际设计、施工的依据用于工程实践。虽然要承担一定的风险，但这是推动建筑基桩技术发展的最好途径。

## 4.6　特殊条件的基桩设计规定

**1. 软土地基的基桩设计原则**

（1）软土中的基桩宜选择中低压缩性的土层作为桩端持力层。

（2）桩周围软土因自重固结、场地填土、场地大面积堆载、降低地下水位、大面积挤土沉桩等原因而产生的沉降大于基桩的沉降时，应视具体工程情况分析计算桩侧负摩阻力对基桩的影响。

（3）先成桩后开挖基坑时，必须合理安排基坑挖土顺序和控制分层开挖的深度，防止土体侧移对桩的影响。

**2. 湿陷性黄土地区的基桩设计原则**

（1）基桩应穿透湿陷性黄土层，桩端应支承在压缩性底的黏性土、粉土、中密和密实沙土以及碎石类土层中。

（2）湿陷性黄土地基中，设计等级为甲、乙级建筑基桩的单桩极限承载力，宜以浸水载荷试验为主要依据。

（3）自重湿陷性黄土地基中的单桩极限承载力，应根据工程具体情况分析计算桩侧负摩阻力的影响。

**3. 季节性冻土和膨胀土地基中的基桩设计原则**

（1）桩端进入冻深线或膨胀土的大气影响急剧层以下的深度，应满足抗拔稳定性验算要求，且不得小于 4 倍桩径及 1 倍扩大端直径，最小深度应大于 1.5m。

（2）为减小和消除冻胀或膨胀对基桩的作用，宜采用钻（挖）孔灌注桩。

（3）确定基桩竖向极限承载力时，除不计入冻胀、膨胀深度范围内桩侧阻力外，还应考虑地基土的冻胀、膨胀作用，验算基桩的抗拔稳定性和桩身受拉承载力。

（4）为消除基桩受冻胀或膨胀作用的危害，可在冻胀或膨胀深度范围内，沿桩周及承台作隔冻、隔胀处理。

**4. 岩溶地区的基桩设计原则**

（1）岩溶地基的基桩，宜采用钻、冲孔桩。

（2）当单桩荷载较大，岩层埋深较浅时，宜采用端承型灌注桩。

**5. 坡地、岸边基桩的设计原则**

（1）对建于坡地、岸边的基桩，不得将桩支承于边坡潜在的滑动体上。桩端进入潜在滑裂面以下稳定岩土层的深度，应能保证基桩的稳定。

（2）建筑基桩与边坡应保持一定的水平距离；建筑场地内的边坡必须是完全稳定的边坡，当有崩塌、滑坡等不良地质现象存在时，应按现行国家标准《建筑边坡工程技术规范》（GB 50330）的规定进行整治，确保其稳定性。

（3）新建坡地、岸边建筑基桩工程应与建筑边坡工程统一规划、同步设计，合理确定施工顺序。

（4）不宜采用挤土桩。

（5）应验算最不利荷载效应组合下基桩的整体稳定性和基桩水平承载力。

**6. 抗震设防区基桩的设计原则**

（1）桩进入液化土层以下稳定土层的长度（不包括桩尖部分）应按计算确定；对于碎石土，砾、粗、中砂、密实粉砂，坚硬黏性土尚不应小于 $2 \sim 3d$，对其他非岩石土尚不宜小于 $4 \sim 5d$。

（2）承台和地下室侧墙周围应采用灰土，级配碎石、压实性较好的素土回填，并分层夯实。

（3）当承台周围为可液化土或地基承载力特征值小于 40kPa（或不排水抗剪强度小于 15kPa）的软土，且基桩水平承载力不满足计算要求时，可将承台外每侧 1/2 承台边长范围内的土进行加固。

（4）对于存在液化扩散的地段，应验算基桩在土流动的侧向作用力下的稳定性。

**7. 可能出现负摩擦力的基桩设计原则**

（1）对于填土建筑场地，宜先填土并保证填土的密实性，软土场地填土前应采取预设塑料排水板等措施，待填土地基基本稳定后方可成桩。

（2）对于地面有大面积堆载的建（构）筑物，应采取减小地面沉降对建（构）筑物基桩影响的措施。

（3）对于自重湿陷性黄土地基，可采用强夯、挤密土桩等先行处理，消除上部或全部土的自重湿陷；对于欠固结土宜采取限期排水预压等措施。

（4）对于挤土沉桩，应采取消减超孔隙水压力、控制沉桩速率等措施。

（5）对于中性点以上的桩身可对表面进行处理，以减少负摩擦阻力。

**8. 抗拔基桩的设计原则**

（1）应根据环境类别及水土对钢筋的腐蚀、钢筋种类对腐蚀的敏感性和荷载作用时间等因素确定抗拔桩的裂缝控制等级。

（2）对于严格要求不出现裂缝的一级裂缝控制等级，桩身应设置预应力筋；对于一般要求不出现裂缝的二级裂缝控制等级，桩身宜设置预应力筋。

（3）对于三级裂缝控制等级，应进行桩身裂缝宽度计算。

（4）当基桩抗拔承载力要求较高时，可采用桩侧后注浆、扩底等技术措施。

**9. 水运工程的基桩设计原则**

（1）桩的承载力应根据不同的受力情况，分别按桩身结构强度、地基土对桩的支承能力计算确定，并取其小值。

（2）桩的承载能力极限状态设计应包括以下内容：

a. 根据桩的受力情况进行地基土对桩的轴向承载力、水平承载力和软弱下卧层承载力验算。

b. 桩身受压、受弯、受拉、受剪及受扭承载力验算。

c. 桩的压屈稳定验算等。

（3）桩的正常使用极限状态设计应包括以下内容：

a. 混凝土桩的抗裂或限裂验算。

b. 柔性系靠船桩的水平变形计算等。

（4）对实际有可能同时作用于桩的荷载，应根据《港口工程可靠性设计统一标准》（GB 50158）的规定，按设计极限状态和设计状况进行组合。

（5）桩基设计应考虑沉降和水平变位对结构的影响。

（6）桩基设计应考虑岸坡变形、冲刷、淤积和土的沉降等因素对桩的不利影响。

（7）桩基设计与施工应满足耐久性要求，冻融地区尚应考虑桩体冻胀、冰凌对桩的破坏和撞损等影响。

（8）进行静载荷试验的桩宜同时进行高应变动力试验。

（9）桩基设计与施工应具备下列资料：

a. 使用要求。

b. 水文、气象、地形、工程环境和冲淤等资料。

c. 工程地质和水文地质报告及评价。

d. 必要的载荷试验或试沉桩资料。

e. 有碍沉桩或成孔的障碍物的探测报告。

f. 主要施工机具、设备等条件资料。

（10）水上基桩工程地质勘察除应符合《港口岩土工程勘察规范》（JTS 133）的要求外，尚应满足以下要求：

a. 钻孔间距应符合下列规定：

摩擦桩钻孔间距：土层简单时宜取 30 ~ 50m，土层复杂时宜取 15 ~ 25m。以中密或密实砂层、硬黏土层以及风化岩等土层作为桩端持力层时，应对该土层的顶面高程及分布情况予以查明；当相邻两钻孔所探明的持力层顶面高差大于 2m 时，应在两钻孔之间补钻孔；

嵌岩桩钻孔间距：宜取 15 ~ 25m。相邻两钻孔间的岩面坡度大于 10% 时，应根据具体工程条件适当加密钻孔，地质条件复杂的工程每根桩宜布置钻孔；

b. 控制性钻孔宜为钻孔总数的 1/3 ~ 1/2。钻孔深度应钻至桩尖高程以下，且不宜小于下列规定：

对摩擦桩，一般黏性土取 5 ~ 8m，老黏土、中密和密实沙土宜取 3 ~ 5m，碎石土宜取 2m，且不宜小于 3 ~ 5 倍桩径；

对嵌岩桩，不宜小于 3 ~ 5 倍桩径，持力层岩层较薄时，应有部分钻孔钻穿持力岩层，并对持力层进行重新评估；

遇疑似孤石时应钻穿并适当加密钻孔。

c. 采用基岩作为桩的持力层或采用嵌岩桩时，应查明基岩的岩性、构造、岩面变化、风化程度，确定其坚硬度、完整程度和基本质量等级，判定有无洞穴、临空面、破碎岩体或软弱岩层；岩溶地区还应查明溶洞、溶槽、溶沟和石笋的分布情况；必要时尚应查明水文地质情况。

d. 各层土的物理、力学性能指标宜包括含水量、重度、孔隙比、流限、塑限、灵敏度、颗粒成分、密实度、压缩系数、压缩模量、无侧限抗压强度、粘聚力、内摩擦角、标准贯入击数、和现场十字板剪切强度、岩石饱和单轴抗压强度、岩体完整性指标及质量等级等。

e. 基桩需进行水平力试验时，在地表以下 16 倍桩径深度范围内每间隔 1m 均应有土样的物理力学试验指标，16 倍桩径以下深度取样的间距可适当放大；需要应用 $P - Y$ 曲线法验算水平力作用下桩身内力和变形时，应采用三轴仪进行剪切强度试验。

（11）桩的型式应根据使用要求、水文、地质要求、施工条件、环境条件、和耐久性条件等要求，按安全适用、经济合理的原则选用。

（12）水上工程宜优先选用打入桩，打入桩选型应按下列情况确定：

a. 抗弯要求不高时，可选用预应力混凝土方桩，内河中、小型工程也可选用预制钢筋混凝土方桩。

b. 抗弯要求较高时，沉桩贯入难度不大的，可采用预应力混凝土管桩。

c. 抗弯要求较高时，沉桩贯入难度较大或桩长较长时，预应力混凝土管桩或管桩与钢管桩组成的组合桩。

d. 抗弯要求高或沉桩贯入困难，宜采用钢管桩或钢管桩内灌注钢筋混凝土的组合桩。

（13）下列情况宜采用灌注桩：

a. 地质条件复杂、岩面起伏较大或地下障碍物较多，打入桩难以下沉的。

b. 采用打入桩不经济的。

c. 锤击沉桩可能导致岸坡稳定性不足或附近有重要建（构）筑物时。

d. 施工条件限制，桩数较少、水域狭窄或水深不足，难于使用大型水上沉桩设备的。

e. 需避免挤土影响的。

（14）岩面以上无覆盖层或覆盖层较薄时宜采用嵌岩桩，嵌岩桩选型应按下列情况确定：

a. 桩在岩面处抗弯要求较高或轴向抗压要求较高时，宜采用桩芯嵌岩或芯柱嵌岩。

b. 以增加桩的抗拔能力为目的时，宜采用锚杆嵌岩。

c. 在岩面处抗弯和抗拔要求均较高时，宜采用组合式嵌岩。

（15）打入桩、灌注桩、嵌岩桩可采用直桩和斜桩，桩的斜度除应考虑受力要求外，尚应考虑地质、水文、水深、当地材料供应和施工等条件。

**10. 桥梁工程的基桩设计原则**

（1）钻（挖）孔桩适用于各类土层（包括碎石类土层和岩石层），但应注意：

a. 钻孔桩用于淤泥及可能发生流砂的土层时，宜先做试桩。

b. 挖孔桩宜用于无地下水或地下水量不多的地层。

（2）沉桩可用于黏性土、砂土以及碎石类土等。

（3）在同一基桩中，除特殊设计外，不宜同时采用摩擦桩和端承桩；不宜采用直径不同、材料不同和桩端深度相差过大的桩。

（4）对于具有下列情况的大桥、特大桥，应通过静载荷试验确定单桩承载力：

a. 桩的入土深度远超过常用桩。

b. 地质情况复杂，难以确定桩的承载力。

c. 有其他特殊要求的桥梁用桩。

（5）钻孔桩设计直径不宜小于 800mm；挖孔桩直径或最小边宽度不宜小于 1 200mm；钢筋混凝土管桩直径可采用 400 ～ 800mm，管壁最小厚度不宜小于 80mm。

（6）混凝土桩的基本构造要求：

a. 桩身混凝土强度等级：钻（挖）孔桩、沉桩不应低于 C25；管桩填芯混凝土不应低于 C15。

b. 钢筋混凝土沉桩的桩身，应按运输、沉入和使用各阶段内力要求通长配筋。桩的两端和接桩区箍筋或螺旋筋的间距须加密，其值可取 40 ~ 50mm。

c. 钻（挖）孔桩应按桩身内力大小分段配筋。当内力计算表明不需配筋时，应在桩顶 3.0 ~ 5.0m 设构造钢筋：

桩内主筋不应小于 16mm，每桩的主筋数量不应少于 8 根，其净距不应小于 80mm 且不应大于 350mm；

如配筋较多，可采用束筋。组成束筋的单根钢筋直径不应大于 36mm，组成束筋的单根钢筋根数，当其直径不大于 28mm 时不应大于 3 根，当其直径大于 28mm 时应为 2 根。束筋成束后等代直径为 $d$，式中 $n$ 为单束钢筋根数，$d$ 为单根钢筋直径；

钢筋保护层厚度不应小于 60mm；

闭合式箍筋或螺旋筋直径不应小于主筋直径的 1/4，且不应小于 8mm，其中距不应大于主筋直径的 15 倍且不应大于 300mm；

钢筋龙骨架上每隔 2.0 ~ 2.5m 设置直径为 16 ~ 32mm 的加筋箍一道；

钢筋笼四周应设置突出的定位钢筋、定位混凝土块，或采用其他定位措施；

钢筋笼底部的主筋宜稍向内弯曲，作为导向。

d. 钢筋混凝土预制桩的分节长度应根据施工条件决定，并尽量减少接头数量。接头强度不应低于桩身强度，接头法兰盘不应突出与桩身之外，在沉桩时和使用过程中接头不应松动和开裂。

e. 桩端嵌入非饱和状态强风化岩的预应力混凝土敞口管桩，应采取有效的预防渗水软化桩端持力层的措施。

f. 河床岩层有冲刷时，钻孔桩有效深度应考虑岩层最低冲刷标高。

（7）钢桩的基本构造要求：

a. 钢桩可采用管型或 H 型，其材质应符合现行国家有关规范、标准的规定。

b. 钢桩焊接接头应采用等强度连接。使用的焊条、焊丝和焊剂应符合现行国家有关规范、标准的规定。

c. 钢桩的端部形式，应根据桩所穿越的土层、桩端持力层性质、桩的尺寸、挤土效应等因素综合考虑确定。

钢管桩可采用的端部形式有：敞口带加强箍（带内隔板、不带内隔板）；敞口不带加强箍（带内隔板、不带内隔板）；闭口平底、锥底。

H型钢桩可采用的桩端形式有：带端板；不带端板、锥底、平底（带扩大翼、不带扩大翼）。

d. 钢桩的防腐处理应符合下列规定：

海水环境中，钢桩的单面年平均腐蚀速度可按表4.6-1取值。

**表4.6-1　海水环境中钢桩单面年平均腐蚀速度**

| 部位 | （mm/y） | 部位 | （mm/y） |
|------|---------|------|---------|
| 大气区 | 0.05～0.10 | 水位变动区，水下区 | 0.12～0.20 |
| 浪溅区 | 0.20～0.50 | 泥下区 | 0.05 |

注：（1）表中年平均腐蚀速度适用于pH=4～10的环境条件，对有严重污染的环境条件，应适当加大。
　　（2）对水质含盐量层次分明的河口或年平均气温高、波浪大、流速大的环境，其对应部位的年平均腐蚀速度应适当增大。

钢桩防腐处理可采用外表面涂防腐层、增加腐蚀余量和阴极保护等方法；当钢管桩内壁同外界隔绝时，可不考虑内壁防腐。

（8）桩的布置和中距应符合下列要求：

a. 群桩的布置可采用对称形、梅花形或环形。

b. 桩的中距应符合以下要求：

摩擦桩：锤击、静压沉桩，在桩端处的中距不应小于桩径（或边长）的3倍，对于软土地基宜适当增大；振动沉入砂土内的桩，在桩端处的中距不应小于桩径（或边长）的4倍。桩在承台底面处的中距不应小于桩径（或边长）的1.5倍。钻孔桩的中距不应小于桩径的2.5倍。挖孔桩的中距可参照钻孔桩采用；

端承桩：支承或嵌固在基岩中的钻（挖）孔桩中距，不应小于桩径的2.0倍；

扩底灌注桩：钻（挖）孔扩底灌注桩中距不应小于1.5倍扩底直径或扩底端净距不小于1 000mm，取较大值。

c. 边桩或角桩外侧与承台边缘的距离，对于直径或边长小于等于1 000mm的桩不应小于0.5倍桩径（或边长），并不应小于250mm；对于直径大于1 000mm的桩，不应小于0.3倍桩径（或边长），或边长并不应小于500mm。

## 4.7　基桩耐久性的相关规定

无论什么材料的基桩，当在不同的环境中时，其耐久性是不同的。不同工程的性质对耐久性的要求也是不同的。规范中对各种不同基桩的耐久性作了相应的规定。

（1）基桩结构的耐久性应根据设计使用年限、现行国家标准《混凝土设计规范》（GB 50010）、《钢结构设计规范》（GB 50017）等的环境类别规定以及水、土对钢、混凝土腐蚀性的评价进行设计。

（2）二类、三类环境中，设计使用年限为50年的基桩结构混凝土耐久性应符合表4.7-1的规定。

表4.7-1　二类和三类环境基桩结构混凝土耐久性的基本要求

| 环境类别 | | 最大水灰比 | 最小水泥用量（kg/m³） | 混凝土最低强度等级 | 最大氯离子含量（%） | 最大碱含量（kg/m³） |
|---|---|---|---|---|---|---|
| 二 | a | 0.60 | 250 | C25 | 0.3 | 3.0 |
| | b | 0.55 | 275 | C30 | 0.2 | 3.0 |
| 三 | | 0.50 | 300 | C30 | 0.1 | 3.0 |

注：（1）氯离子含量系指其与水泥用量的百分率。
　　（2）预应力构件混凝土中的最大氯离子含量为0.06%，最小水泥用量为300kg/m³；混凝土最低强度等级应按表中规定提高两个等级。
　　（3）当混凝土中加入活性掺合料或能提高耐久性的外加剂时，可适当降低最小水泥用量。
　　（4）当使用非碱活性骨料时，对混凝土中碱含量不作限制。
　　（5）当有可靠工程经验时，表中混凝土最低强度等级可降低一个等级。

（3）混凝土桩身裂缝控制等级及最大裂缝宽度应根据环境类别和水、土介质腐蚀性等级按表4.7-2规定选用。

表4.7-2　混凝土桩身的裂缝控制等级及最大裂缝宽度限值

| 环境类别 | | 钢筋混凝土桩 | | 预应力钢筋混凝土桩 | |
|---|---|---|---|---|---|
| | | 裂缝控制等级 | $\omega_{um}$（mm） | 裂缝控制等级 | $\omega_{um}$（mm） |
| 二 | a | 三 | 0.2（0.3） | 二 | 0 |
| | b | 三 | 0.2 | 二 | 0 |
| 三 | | 三 | 0.2 | 二 | 0 |

注：（1）水、土为中、强腐蚀性时，抗拔桩裂缝控制的等级应提高一级。
　　（2）二a类环境中，位于稳定地下水位以下的基桩，其最大裂缝宽度限值可采用括号中数值。

（4）四类、五类环境基桩结构耐久性设计可按国家现行标准《港口工程混凝土结构设计规范》（JTJ 267）和《工业建筑防腐设计规范》（GB 50046）等执行。

（5）对三、四、五类环境基桩结构，受力钢筋宜采用环氧树脂涂层带肋钢筋。

基桩工程设计是一种复杂的、技术性非常强的工作，以上仅对基桩工程设计最基本的要求作了介绍。具体设计时可查阅相关规范和专业技术书籍。

## 4.8 基桩设计的选型建议

### 4.8.1 桩型初步设计

**1. 概述**

基桩设计是一个复杂的过程。好的基桩设计成果，既要有复杂的理论计算，也要有丰富的实际设计和施工经验。

基桩设计主要涉及建筑学科、工程力学、材料学科、工程地质、气象水文、工程机械、施工工艺、材料供应、工程的重要性、工程造价、建（构）筑物的使用环境等。

基桩设计是一个渐进的过程。首先根据建（构）筑物的基本要求，确定上部结构传给基桩的荷载或作用，确定一个初步的基本桩型，按此桩型，进行桩位布置，在此过程中可能发现地质条件等的限制，需要对桩型进行调整，然后重新进行布桩。经过几次调整达到较佳的桩型、桩位布置形式，进行试桩验证，根据试桩结果还要对桩型和桩位布置进行修正。最终确定桩型、桩位布置，可以出具施工图。

如上海南浦大桥主桥墩基桩工程，初步设计阶段主要选择两种桩型为备选桩型，一种为钻孔灌注桩，一种为钢管混凝土桩。根据两种桩的试桩结果、工程的重要性、基桩质量的保证程度、基桩的施工进度等情况，最终建设单位选择采用钢管混凝土桩。桩位布置形式见"南浦大桥基桩工程施工总结"一节。

**2. 桩的选型**

（1）使用需求

荷载与作用的大小直接决定桩的大小与长短。建（构）筑物的重要性、设计使用年限等均影响到基桩设计安全系数的取用、基桩在有效使用年限中的保证率等，也会影响桩型的大小等。

使用需求中沉降控制要求是影响设计桩型的一个重要因素。很多时候，为了达到沉降控制要求，设计人员不得不加大桩的断面、加长桩长，但往往会忽略这样一个事实：预制桩在群桩或近似群桩的情况下，由于挤土效应，桩尖与持力层之间有一层浮土或空隙，这对于控制基桩的初始沉降非常不利，而这种效应在试桩时不会很明显地反映出来，尤其是单独试桩时，沉桩的数量少，挤土效应小。在实际工程中，群桩或近似群桩布置的基桩，必须考虑初始沉降较大的问题。我们曾经做过实地测量，先沉桩被后沉桩挤土拱起，导致桩顶标高上升，最大的达150mm左右，一般的也要达到100mm左右。当沉桩作业面远离后，先沉的桩桩顶标高将慢慢回落，但仍高出沉桩停锤时的标高约50mm。软土地基中的灌注桩则存在沉渣无法彻底清除，导致初始沉降较大的问题。

（2）环境条件

a. 地质（水文地质）条件是决定地基承载能力的决定因素，直接影响基桩的施工工艺、桩型选择。如果有足够的水深和水域面积、通航条件，可采用水上施工工艺。水上施工船舶的施工工艺与陆上成（沉）桩工艺有着完全不同的施工设备、定位工艺、桩长要求等。而在水陆结合部位，是两种施工工艺相结合的施工方案。还要根据水位变化情况，选择采用水上沉桩或陆上沉桩，分析采用桩基形式的合理性、经济性，确定是否采用桩基，采用何种桩基。

b. 材料供应条件也很重要。应优先使用项目建设地材料的桩型以及与之配套的施工工艺，否则运输、加工的成本会较高。

c. 成桩工艺也会对周围环境产生影响。非挤土沉桩工艺几乎对周边地基没有影响；部分挤土桩或挤土桩则对周边约为一个桩长的半径范围内产生影响，排水性差的黏性土影响尤其明显。挤土效应产生的地面隆起、不均匀沉降对地基的破坏可能会相当严重。

值得指出的是，通常我们会将冲孔灌注桩、敞口钢管桩、敞口大直径混凝土管桩归入部分挤土桩的范围，而实际上这三种桩是有本质区别的。冲孔灌注桩更接近非挤土桩，敞口钢管桩、敞口大直径混凝土管桩则更接近挤土桩。所以在地下水位比较丰富、地质条件较为复杂的情况下，不一定非要采用挖孔灌注桩，可以采用冲孔灌注桩。而在对挤土效应比较敏感，造成的后果比较严重时，也不宜使用敞口钢管桩、敞口大直径混凝土管桩。

（3）施工条件

a. 材料设备的运输条件：当工期非常紧迫，进入现场的运输条件又受到严重限制时，则应根据现场地质条件及运输条件选择合适的成桩工艺，避免大型沉桩机械或大型预制桩的运输。如进入现场的道路通行能力、桥梁的允许荷载、航道水深、通航河道桥梁的净高等。

b. 场地或水域条件：沉桩时场地所能承受的施工机械的荷载，如承载力要求高静压桩设备能否使用；施工常水位不能满足施工船舶吃水的需要等。

c. 施工对周边环境的影响：除了环境影响中提到的预制桩挤土效应外，柴油锤击沉桩的噪声、油烟污染、振动影响，振动锤的噪声与振动影响，灌注桩的泥浆污染等。

（4）建设要求

a. 工期要求：由于前期准备工作的繁琐与复杂，往往周期较长，导致实施周期一再被压缩，从基桩工程一开始就要赶工期。为此，设计应考虑采用既要保证质量，价格又比较合理、施工方便、工期易于保证的桩型和成桩工艺。由于桩型和沉桩工艺多种多样，需要设计单位具有相应的施工经验，经过技术、经济比较作出比较合理的选择。

预制桩：当周边环境需要保护，防止挤土要求较高的时候，控制预制桩沉桩速度是最好的措施，这与控制工期正好相反。所以，在上述情况下应慎重选择预制桩。预制桩具有较高的经济性，但也是要经过综合分析，才能确定是否使用。

灌注桩：由于灌注桩的施工机械自重较轻（主要指钻孔灌注桩），施工时对场地的荷载要求低，对周边地区无挤土效应，且施工噪声小，当工期要求紧迫时，可以适当增加成桩机械，达到加快进度的目的。所以当地质条件允许时，即使工期要求紧迫，也可以选择灌注桩。

挤土灌注桩：主要为沉管灌注桩。该桩既具有预制桩的挤土效应，又具有灌注桩现场成型的特性。在灌注混凝土强度较低的时间内，继续沉管施工，之前施工的基桩会产生挤土断裂的可能。由于混凝土在地下较低温的环境下，其强度增长的时间会较长。这样也会加大影响范围。

b. 造价要求：通常在达到相同承载、使用要求的情况下，建设方要求使用造价较低的基桩形式。当造价与工期、造价与质量甚至造价与安全发生矛盾的时候，就要具体情况具体分析：若影响工期较少，即使在关键线路上，可以在后续工序中优化，并赶上总工期，则应采用较低价格的基桩形式；如采用较低价格的基桩形式对工期造成比较严重的影响且无法弥补的，则应采用施工速度快的桩型。总之，对具体情况可采用价值工程原理进行分析。

c. 质量要求：基桩的形式必须满足相应的质量要求。当上海南浦大桥面对基桩形式选择灌注桩还是钢管桩的矛盾时，虽然当时钢材供应非常紧张、钢管桩造价也比灌注桩要高，建设指挥部仍然果断决定采用钢管桩，这是在既进行了实地试验，又考虑了质量第一的情况下作出的抉择。

d. 环境保护要求：出于环境保护的要求，有时会改变设计的基本桩型。如当预制桩挤土会影响周边的管线和建（构）筑物基础的安全时，我们必须改用就地灌注桩，这是消除挤土影响的最好方法，但是可能会导致造价增加，泥浆也会影响施工场地及其周围在施工期间的环境质量。

## 4.8.2 桩位布置设计

### 1. 桩位布置的基本形式

桩位布置主要有承台布置形式、排桩布置形式、群桩布置形式、疏桩布置形式等。

（1）承台布置形式

承台布置形式主要分单桩承台、多桩承台两种。多桩承台指从两根桩至数十根桩的大承台。达到数十根桩的大承台实际已经是群桩的布置形式了，但还是一个大承台。承台桩位布置的基本形式见图 4.8-1。有些承台出于上部结构受力的需要，承台内的基桩部分需要设置成斜桩。斜桩是承受水平力的较佳方式之一。但设置斜桩时需要保证各桩位之间具有一定的空间距离，避免斜桩与其他桩碰擦，不仅使后打的桩无法达到设计的标高，还可能造成断桩等事故。

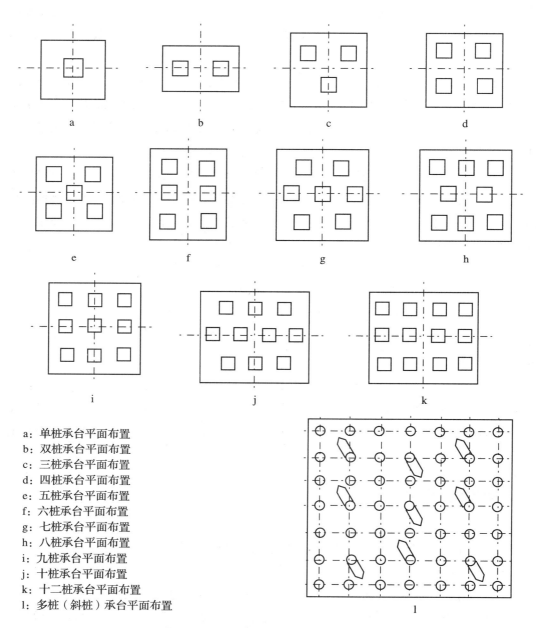

a：单桩承台平面布置
b：双桩承台平面布置
c：三桩承台平面布置
d：四桩承台平面布置
e：五桩承台平面布置
f：六桩承台平面布置
g：七桩承台平面布置
h：八桩承台平面布置
i：九桩承台平面布置
j：十桩承台平面布置
k：十二桩承台平面布置
l：多桩（斜桩）承台平面布置

**图 4.8-1　承台桩位布置的基本形式**

（2）排桩布置形式

排桩布置形式多用于桥梁、高桩码头、厂房等工程中。排桩布置主要有直桩排桩布置，直桩、斜桩混合排桩布置等。

排桩布置时，同一排桩之间的距离必须符合规范关于桩之间最小距离的规定。排与排之间的距离一般大于 $8d$（桩直径）。当排与排之间的距离大于 $15d$ 时，排桩的布置会演化为排承台的布置，这是由于单排桩的承载力不能满足要求，而要增加桩的数量才能满足承载力要求。

当排桩中出现斜桩时，同样要注意桩在空间位置上有足够的距离，避免桩在地面以下碰擦，避免出现断桩、桩沉不到设计标高的情况。水上布置斜桩时，斜桩的扭角还要考虑施工船舶的施工可行性、安全性。避免在水深较深、桩的自由长度较长的情况下桩轴线平行布置或近似平行布置的斜桩布置形式。

排桩布置的基桩结构往往配有单桩承台、帽梁结构、下横梁结构等。

（3）群桩布置形式

应根据建（构）筑物的荷载情况，在相应的基础范围内，将基桩基本均匀地布置。群桩布置的最小桩距不应小于有关规范相应的规定。

当群桩中出现斜桩时，同样要注意桩在空间位置上有足够的距离，避免桩在地面以下碰擦，避免出现断桩、桩沉不到设计标高的情况。水上群桩布置斜桩时，斜桩的扭角还要考虑施工船舶的施工可行性、安全性。

（4）疏桩布置形式

软土地基上修建多层建筑，当地基承载力基本满足要求时，可设置穿过软土层进入较好土层的疏布摩擦型桩，由桩和桩间土共同分担荷载。这种减沉复合基桩称为减沉复合疏桩基础，桩的布置称为疏桩布置形式。

### 4.8.3 桩长设计

当桩顶的荷载或作用以及桩型基本确定之后，桩长的设计显得既简单又复杂。

如拟建建（构）筑物周边有较多的已建建（构）筑物，甚至有相近荷载或作用的基桩工程，且地质条件的变化较小，并经过试桩与周边的基桩工程基本一致，可以参考周边的基桩工程资料，并经计算确定拟建工程的基桩桩长。在沉桩过程中应做好记录，及时将资料反馈给设计单位，尤其是出现异常情况时，应及时作出相应的处理。

如拟建建（构）筑物周边没有相应建（构）筑物，无法参考已建基桩的资料，且地质情况相当复杂,桩长的设计就增加了难度。以实际案例说明复杂地质条件下的桩长设计方法,详见附录 6-2 "某国际机场联络桥桩基工程施工小结"。

### 4.8.4 施工工艺设计

**1. 概述**

不同施工工艺就相同直径、桩长的桩基承载力表现出较大的区别。在相同地质条件下,灌注桩的桩侧摩阻力小于预制桩的桩侧摩阻力。

当灌注桩采用桩端后注浆工艺,灌注桩的桩端阻力得到了很大的提高,桩端阻力甚至高于预制桩。

一般预制桩具有质量易于保证、承载力高、节省材料、节约造价、施工方便、速度快等优点,但是也有挤土效应明显、高承载力的桩沉桩难度大等缺点。如采用静压沉桩工艺,压桩力受到较大的限制,压桩设备对地表承载力要求较高,难以达到锤击沉桩的最大承载力;如采用锤击沉桩工艺,预制桩还存在噪声、油烟污染,振动影响边坡稳定,影响周围的精密仪器仪表正常工作等问题。

现场灌注桩同样具有相应的优点和缺点。因此,工程技术人员开发出了大直径钻埋预应力混凝土空心桩、灌注桩桩端注浆等新工艺,较大地提高了灌注桩的桩端承载力,最大限度地扩大了灌注桩的使用范围,解决了特大型桥梁的基桩施工难题。

**2. 一般工业与民用建筑基桩施工工艺设计**

一般工业与民用建筑的特点之一是绝大部分为陆上建筑。由于陆上可用的施工机械很多,为基桩施工工艺的选择留下了很大的空间。

基桩初步设计之时,往往施工单位还未确定,需要设计单位通过自己的经验或咨询相应的施工企业初步确定相应的施工工艺。评估该种施工工艺的可行性,是设计阶段的一项重要任务。如果设计的桩型没有可行的施工工艺予以实现,或者完成这种桩型需要付出特别昂贵的代价,就需要适当作出调整。

基桩工程设计本身就是要在经济、合理的前提下确定成桩方式(预制沉入桩、就地灌注桩等)、桩材、桩型、桩长等参数。确定成桩方式是设计的难点和重点之一。桩材、桩型、桩长等参数与成桩方式又有密切的关系,同时,设计确定的成桩方法须经济合理、施工方便,施工难度的增加也会增加造价或者增加控制基桩质量的难度。

选择何种成桩工艺与地质情况、环境情况、承载要求有着密切的关系。表 4.8-1 所示为从环境和地质条件出发考虑选择相应的沉桩工艺。

表 4.8-1　各种环境和地质条件宜选择的成桩工艺

| 序号 | 工艺 | 开阔区域 | | 建筑密集区域 | |
|---|---|---|---|---|---|
| | | 软土地区 | 基岩地区 | 软土地区 | 基岩地区 |
| 1 | 成桩工艺 | 预制成桩 | 就地灌注成桩 | 就地灌注成桩 | 就地灌注成桩 |
| 2 | 沉桩工艺 | 静压沉桩 | — | — | — |
| 3 | | 锤击沉桩 | — | — | — |
| 4 | | 振动沉桩 | — | — | — |
| 5 | 成孔工艺 | — | 钻孔灌注桩 | 钻孔灌注桩 | 钻孔灌注桩 |
| 6 | | — | 冲孔灌注桩 | 冲孔灌注桩 | 冲孔灌注桩 |
| 7 | | — | 挖孔灌注桩 | 挖孔灌注桩 | 挖孔灌注桩 |

**3. 水运工程基桩施工工艺设计**

水运工程主要有水上成桩、陆上成桩、水陆变动区成桩等形式。水上成桩主要在内河、河口、近海、外海等区域；陆上成桩主要在港区的建（构）筑物，包括陆上的堆场、装卸机械的基础等；水陆变动区主要在采用陆上或水上施工方案均不太方便的区域，如受潮汐影响的岸边或浅水区域、受洪水影响的内河岸边区域等。

水上成桩有预制沉桩、现场灌注桩等。预制沉桩多数采用锤击沉桩，很少采用静压沉桩。锤击沉桩包括气动锤击沉桩、柴油锤击沉桩、液压锤击沉桩、振动锤击沉桩、预钻孔沉桩、水冲沉桩等，水上沉桩多数采用柴油锤击沉桩。现场灌注桩包括钻孔灌注桩、挖孔灌注桩、冲孔灌注桩。水上沉桩多数采用打桩船沉桩。也有采用搭设施工排架，将陆上的沉桩设备移至水上进行施工的。

水陆变动区成桩中，水域和陆域会随水位的变化而变化。水位升高陆域减少，水位降低陆域增加。多数水位的变化是有基本规律的。河口和沿海地区潮汐的变化与其所处的地理位置、月球的应力有关，除受台风、季风或地震等影响外，比较规则，而且可以预测。内河因为受上游洪水的影响水位会暴涨、暴跌，有时还比较难以预测。水陆变动区可根据最大水深、最大水深可保持的时间、水流、水域面积、打桩船和运桩驳船的通航和系缆条件等，先确定是否可以采用水上沉桩方案，再选择采用何种水上沉桩设备。最大水深要能够满足打桩船的最大吃水深度，且最大水深能保持的时间至少足够一根桩的沉桩时间。

水陆变动区不能采用打桩船沉桩时，可以采用陆上成桩工艺。陆上成桩可以是预制沉桩，也可以是现场灌注桩。为减少水位变动区对水域的影响，可以搭设临时排架，将陆上沉桩设备移至临时排架上进行沉桩。临时排架的支撑需要进行计算设计，具有相应的安全系数，以确保施工期间的安全。现场灌注桩的成桩设备也可以移至临时排架上进行施工。码头或引桥的近岸部分往往会遇到原驳岸的护堤抛石，在抛石区成桩，需要事先将抛石清除，方可确保成桩的顺利进行。如果抛石厚度较大难以清除，可以改选冲孔灌注桩的工艺。

水陆变动区也可采用先回填的方式变水上成桩为陆上成桩。也有将码头的引桥变为部分引桥、部分引堤的方式。。

当位于岩基埋藏深度较浅的区域成桩时，需要进行嵌岩桩施工。嵌岩桩施工需要根据嵌岩桩的受力性质、嵌岩要求等确定工艺。

**4. 桥梁基桩工程施工工艺设计**

随着高速公路、高速铁路的大量兴建，大型、特大型桥梁的记录不断被刷新。桥梁的兴建不断从平原向丘陵、山地、江、河、湖、海延伸。在平原、丘陵的陆地施工时，可以参照陆上基桩施工方案。在水陆变动区可以参照水运工程水陆变动区的施工方案。

在道桥工程中填土施工可称为"筑岛法"，打桩船也可采用临时驳船上架设沉桩设备进行施工。但在有的内河上，水位高差大，水流湍急，采用一般的浮式平台有较大的风险，应慎重使用。在宽阔并具有足够水深的水域，可采用相应的打桩船施工作业。

在山区，往往要在山沟、山涧之间架设桥梁，这就要根据地形、地质、交通等条件设计成桩工艺。当临时道路铺通以后，就可以参照丘陵地区成桩工艺进行施工。具体见《公路桥涵施工技术规范》（JTG/TF50）的规定。

**5. 可能被忽略的问题**

（1）压桩力、最后锤击贯入度与极限承载力的关系

施工单位最关心的是桩能不能沉入设计要求的位置，设计单位最关心的则是桩沉完后能不能达到设计要求的承载力。因此，我们常常看到设计单位提交给施工单位的施工图、施工说明等文件中，提出压桩力不能小于多少、最后锤击贯入度不能大于多少。其说法是否科学、合理尚可商榷。不同的地质状况，其地基承载力的恢复系数差异很大，压桩的时候是动摩擦，与设计要求的桩静摩擦力又有很大的差异。很有可能整个基桩施工完毕，没有一根桩达到设计要求的极限荷载，但所有桩全部达到设计要求的极限承载力。而影响最后锤击贯入度因素就更多，包括选用的锤型、地质条件、桩顶的完整情况、桩垫、锤垫情况、测量误差情况等，最后贯入度越小，上述因素的影响程度就越大。所以当设计文件上提出相应的要求时，应尽可能注明相应的边界条件，至少设定一定的范围。

（2）最大压桩力与最小贯入度的约定

压桩力与贯入度是设计单位在选择桩型时所要重点考虑的，也是指导施工单位选择沉桩设备、确定沉桩停沉条件的重要指标。最小压桩力与最大贯入度是比较明确的，最大压桩力与最小贯入度就常常难觅踪影。这两个重要指标是由桩构件本身的强度来控制的。在

实际操作中，有的基桩，按照预定最大压桩力配备的压桩机械及其配重，在进入持力层后，离设计要求的桩尖标高还有几十厘米甚至几米就压不下去了，甚至把桩机都顶起来，意味着实际压桩力已经大于桩身结构的允许荷载，这是不允许的。因此，事先设定好最大压桩力限值，对施工、对设计都是一种约束。而最小贯入度是指沉桩过程中桩尖碰到相应的硬土层，沉桩贯入度小于桩锤或桩材的允许贯入度的数值。否则桩锤打在刚体上，很快就会把桩锤打坏；而桩也不是刚体，当桩端没有位移时，桩很容易被打坏。因此一般桩锤是有最小贯入度规定的，但这一点往往会被忽略。

**参考文献**

1. 工程建设规范汇编　地基基础设计与施工规范　工业与民用建筑地基与基础设计规范（TJ7-74）[S]. 中国建筑工业出版社，1985.

2. 中华人民共和国建设部、中华人民共和国国家质量监督检验检疫总局. 中华人民共和国国家标准. 建筑地基基础设计规范（GB 50007-2011）[S]. 中国建筑工业出版社，2002.

3. 中华人民共和国建设部、中华人民共和国国家质量监督检验检疫总局. 中华人民共和国国家标准. 建筑抗震设计规范（GB 50011-2010）[S]. 中国建筑工业出版社，2010.

4. 中华人民共和国住房和城乡建设部. 中华人民共和国行业标准. 建筑桩基技术规范（JGJ 94-2008）[S]. 中国建筑工业出版社，2010.

5. 中交公路规划设计院有限公司. 公路桥涵地基与基础设计规范（JTG D63-2007）[S]. 人民交通出版社，2007.

6. 中华人民共和国交通运输部. 中华人民共和国行业标准. 港口工程桩基规范（JTS 167-4-2012）[S]. 人民交通出版社，2012.

7. 文新伦等. 上海世博500kV地下变电站57.5m深地下连续墙施工质量的控制与实践 [J]. 建筑施工（第一期），2009.

8. 中华人民共和国交通运输部. 中华人民共和国行业标准. 板桩码头设计与施工规范（JTS 167-3-2009）[S]. 人民交通出版社，2009.

# 5

预制基桩的制作

# 5  预制基桩的制作

桩的制作就是指预制桩的制作。就地灌注桩的成桩过程就是桩的形成过程，它的成桩与成型几乎是在同时完成。预制桩则突出了"预制"。

目前涉及桩基础工程的规范有很多。有国家级规范《建筑地基基础设计规范》（GB 50007）、《建筑地基基础工程施工验收规范》（GB 50202）、国家行业规范《建筑桩基技术规范》（JGJ 94）、《港口工程桩基规范》（JTS 167）、《公路桥涵地基与基础设计规范》（JTGD 63）、《公路桥涵施工技术规范》（JTJ/TF 50）等，还有各个省市的地方规范、标准。

## 5.1  木桩的制作

制作木桩的材料应根据设计尺寸，选用节疤少、无空心腐蚀、大小头径相差小，全长的弯曲矢高不大于桩径之半，桩木 1m 范围内木纹的扭转不大于桩木圆周之半的松木、杉木、橡木等木材。制作之前必须剥去树皮。

桩顶应锯平并垂直于桩的轴线。为防止沉桩时桩头劈裂，桩顶可加铁箍。铁箍可以用 4mm × 100mm 的扁铁制作，也可以使用 $\phi$8 圆钢制作。使用圆钢作为桩箍，应使用两根焊在一起。

桩尖应锯成三面或四面的斜楔面，其尖端应在桩轴线上，桩尖的长度应根据地质条件而定，一般可取 1 ~ 1.5 倍桩径长度。桩尖需要穿过硬土、沙砾石土层，桩尖可安装钢靴。

单根木桩长度不够时，可将木桩接长。木桩接头的断面平整并与桩轴线垂直。接桩可用铁夹板或木夹板以螺栓或刺钉联接固定。每根木桩一般不超过一个接头。接头位置应进入土中，还需符合以下要求：

（1）在高桩承台底面以下不小于 2m。

（2）相邻桩的接头高差大于 0.75m。

（3）在同一承台的同一标高平面内接头数量不超过 25%。

（4）考虑防洪的木桩，接头应在局部冲刷线以下 1m。

常水位以上的桩木应采取适当的防腐措施，避免桩顶等部位腐烂。

## 5.2  混凝土桩的制作

预制混凝土桩实际上都是钢筋混凝土预制桩，往往简称为混凝土桩。预制混凝土桩主要包括：预制先张法预应力高强混凝土管桩、预制先张法预应力高强混凝土空心方桩、预制非预应力钢筋混凝土方桩、预制预应力钢筋混凝土空心方桩、预制预应力钢筋混凝土大头桩、预制后张法预应力钢筋混凝土大管桩、预制钢筋混凝土板桩等。下面分别介绍以上几种预制混凝土桩的主要制作工艺。

## 5.2.1 先张法预应力混凝土管桩的制作

### 1. 概述

（1）《先张法预应力混凝土管桩》（GB 13476-2009）统一规定了管桩规格：

a. 管桩按外径分为 300mm、（350mm）、400mm、（450mm）、500mm、（550mm）、600mm、700mm、800mm、1000mm、1200mm、1300mm、1400mm 等规格（括号内规格为非优选系列）。标准图集中推荐桩长为 7 ~ 30m，国内已经成功生产出最大单节桩长为 55m。

b. 先张法预应力混凝土管桩按混凝土有效预压应力值分四种型号，对应的型号与预压应力值见表 5.2-1。

表 5.2-1　管桩型号与有效预压应力值对照表

| 管桩型号 | A | AB | B | C |
|---|---|---|---|---|
| 有效预压应力值（N/mm²） | 4 | 6 | 8 | 10 |

注：有效预压应力计算值应在各自规定值的 ±5% 范围内。

c. 规范统一规定了管桩壁厚，并在旧规范基础上作了调整，详见表 5.2-2。

表 5.2-2　管桩新旧标准壁厚对照表（单位：mm）

| 外径 | PC（新） | PC（旧）最小壁厚 | PHC（新） | PHC（旧）最小壁厚 |
|---|---|---|---|---|
| 300 | 70 | 60 | 70 | 60 |
| 400 | 95 | 75 | 95 | 65 |
| 500 | 100、125 | 90 | 100、125 | 80 |
| 600 | 110、130 | 100 | 100、125 | 90 |
| 800 | 110、130 | 120 | 110、130 | 110 |
| 1000 | 130 | 130 | 130 | 140 |

d. 新标准规定了预应力钢筋最小配筋面积，统一规定了由混凝土有效预压应力值和抗裂弯矩计算出管桩的结构配筋。

e. 规定了混凝土保护层厚度：外径 300mm 的管桩预应力钢筋的混凝土保护层厚度不得小于 25mm（突破了混凝土结构规范的规定：预应力混凝土结构的主筋保护层不小于

35mm），其余规格管桩预应力钢筋的混凝土保护层厚度不得小于40mm。用于特殊要求环境下的管桩，预应力钢筋的混凝土保护层厚度尚应满足相关规范的要求。

f. 明确规定并提高了抗弯性能指标。

g. 规定了管桩端板的材质和最小厚度：管桩端板的材质和最小厚度，是影响管桩接头质量和管桩耐久性的关键因素。

h. 新标准提高了钢筋的配筋和螺旋筋的配置。

i. 新标准首次列出了管桩的抗剪性能指标及其试验方法。

j. 定性地提出了管桩的耐久性要求。

（2）预制混凝土管桩涉及的国家、行业、地方标准：

a. 已颁布执行的规范、标准

国家标准：

《先张法预应力混凝土管桩》（GB 13476-2009）

《混凝土结构设计规范》（GB 50010-2010）

《建筑地基基础设计规范》（GB 50007-2011）

《混凝土结构耐久性设计规范》（GB/T50476-2008）

《建筑抗震设计规范》（GB 50011-2010）

《预应力混凝土管桩》国家建筑标准设计图集（10G409-2010）

《预应力混凝土用钢棒》（GB/T 5223.3-2005）

《钻芯检测离心高强混凝土抗压强度试验方法》（GB/T 19496-2004）

《通用硅酸盐水泥》（GB 175-2007）

《普通混凝土用砂、石质量及检验方法》（JGJ 52-2006）

《混凝土用水标准》（JGJ 63-2006）

《工业建筑防腐设计规范》（GB 50046-2008）

《用于水泥和混凝土中的粒化高炉矿渣粉》（GB/T 18046-2008）

《混凝土外加剂应用技术规范》（GB 50119-2003）

《预应力混凝土空心方桩》国家建筑标准设计图集（08SG360-2008）

《先张法预应力混凝土薄壁管桩》（JC 888-2001）

《预应力高强混凝土管桩用硅砂粉》（JC/T 950-2005）

《港口工程预应力混凝土大直径管桩设计与施工规程》（JTJ 216-97）

《建筑桩基技术规范》（JGJ 94-2008）

《预制高强混凝土薄壁管桩》（JGJ 272-2010）

《预应力离心混凝土空心方桩》（JC/T 2029-2010）

《混凝土制品用冷拔低碳钢丝》（JC/T 540-2006）

《先张法预应力混凝土管桩用端板》（JC/T 947-2005）

地方标准：

《02 系列结构标准设计图集》天津市工程建设标准设计（DBJT 29-46-2002）

《先张法预应力混凝土薄壁管桩》天津市工程建设标准设计（02G11DBGJ/T-46-2002）

《预应力混凝土管桩》中南建筑标准设计图集（04ZG207）

《预应力混凝土管桩基础技术规范》湖北省地方标准（DB42/489-2008）

《预应力混凝土管桩》06 系列山东省建筑标准设计图集（L06G407）

《先张法预应力混凝土管桩图集》江苏省地方标准苏（G03-2002）

《先张法预应力混凝土管桩》上海市地方标准（G502 沪 2000）

《先张法预应力混凝土管桩》浙江省地方标准（2002 浙 G22）

《02 系列结构标准设计图集》河南省工程建设标准设计（04YG102）（三）

《先张法预应力混凝土管桩》云南省建筑标准设计图集（29DBJ/T53-01-2007）

《锤击式预应力管桩基础技术规程广东省标准》（DBJ/T 15-22-2008）

《预应力混凝土管桩技术规程》天津市工程建设标准（DB 29-110-2010）

《先张法预应力混凝土管桩》天津市工程建设标准设计（02G10DBJ/T-44-2002）

《先张法预应力混凝土管桩基础技术规程》江苏省工程建设标准（DGJ32/TJ109-2010）

《先张法预应力混凝土管桩基础技术规程》福建省工程建设地方标准（DBJ13-86-2007）

《先张法预应力离心混凝土空心方桩》天津市工程建设标准设计（DBJT29-187-2009），
图集号：津09G305；还必须符合天津建科 [2011]324 号文《预应力混凝土空心方桩技术规定》

《先张法预应力混凝土管桩基础技术规程》安徽省工程建设地方标准（DBJ34/T1198-2010）

《预应力混凝土管桩基础技术规程》辽宁省地方标准（DB21/T1565-2007、J11131-2008）

《预应力混凝土管桩基础技术规程》河北省工程建设标准（DB13[J]/T105-2010）

《静压预应力混凝土管桩基础技术规程》吉林省工程建设地方标准（DB22/T432-2006）

《预应力离心混凝土空心方桩图集》浙江地方标准（G35 浙 2010）

《先张法预应力高强混凝土管桩基础技术规程》四川省建筑标准设计（DBJ04-275-2009）

《HKFZ/KFZ 先张法预应力混凝土空心方桩》（2012 沪 G/T-502）上海市建筑产品推荐性图集 192

《静压预制混凝土桩基础技术规程》广东省标准（DBJ/T 15-94-2013）

b. 正在制定修订的标准

国家标准：

《先张法预应力混凝土异形桩》

行业标准：

《水泥制品工艺技术规程第 6 部分：先张法预应力混凝土管桩》

《先张法预应力混凝土管桩用端板》（JC/T 947-2005）

《预应力混凝土桩安全生产要求》

《硅砂粉技术规程》

《水泥制品用矿渣粉应用技术规程》

《预应力离心混凝土空心方桩用端板》

《混凝土外加剂安全生产要求》

《用于耐腐蚀水泥制品的碱矿渣粉煤灰混凝土》

（3）《先张法预应力混凝土管桩》（GB 13476-2009）标准规定的基本尺寸见表 5.2-3。

表 5.2-3　管桩基本尺寸表

| 外径 D（mm） | 型号 | 壁厚 t（mm）PC、PHC | 长度 L（m） | 预应力筋最小配筋面积（mm²） | 外径 D（mm） | 型号 | 壁厚 t（mm）PC、PHC | 长度 L（m） | 预应力筋最小配筋面积（mm²） |
|---|---|---|---|---|---|---|---|---|---|
| 300 | A | 70 | 7～11 | 240 | 700 | A | 130 | 7～15 | 1 170 |
|  | AB |  |  | 384 |  | AB |  |  | 1 664 |
|  | B |  |  | 512 |  | B |  |  | 2 340 |
|  | C |  |  | 720 |  | C |  |  | 3 250 |
| 400 | A | 95 | 7～12 | 400 | 800 | A | 110 | 7～30 | 1 350 |
|  | AB |  |  | 640 |  | AB |  |  | 1 875 |
|  | B |  | 7～13 | 900 |  | B |  |  | 2 700 |
|  | C |  |  | 1 170 |  | C |  |  | 3 750 |
| 500 | A | 100 | 7～14 | 704 |  | A | 130 | 7～30 | 1 440 |
|  | AB |  | 7～15 | 990 |  | AB |  |  | 2 000 |
|  | B |  |  | 1 375 |  | B |  |  | 2 880 |
|  | C |  |  | 1 625 |  | C |  |  | 4 000 |
|  | A | 125 | 7～14 | 768 | 1 000 | A | 130 | 7～30 | 2 048 |
|  | AB |  | 7～15 | 1 080 |  | AB |  |  | 2 880 |
|  | B |  |  | 1 500 |  | B |  |  | 4 000 |
|  | C |  |  | 1 875 |  | C |  |  | 4 928 |
| 600 | A | 110 | 7～15 | 896 | 1 200 | A | 150 | 7～30 | 2 700 |
|  | AB |  |  | 1 260 |  | AB |  |  | 3 750 |
|  | B |  |  | 1 750 |  | B |  |  | 5 625 |
|  | C |  |  | 2 125 |  | C |  |  | 6 930 |
| 600 | A | 130 | 7～15 | 1 024 | 1 300 | A | 150 | 7～30 | 3 000 |
|  | AB |  |  | 1 440 |  | AB |  |  | 4 320 |
|  | B |  |  | 2 000 |  | B |  |  | 6 000 |
|  | C |  |  | 2 500 |  | C |  |  | 7 392 |
| 700 | A | 110 | 7～15 | 1 080 | 1 400 | A | 150 | 7～30 | 3 125 |
|  | AB |  |  | 1 536 |  | AB |  |  | 4 500 |
|  | B |  |  | 2 160 |  | B |  |  | 6 250 |
|  | C |  |  | 3 000 |  | C |  |  | 7 700 |

注：根据供需双方协议，可以生产其他规格、型号、长度的管桩。

（4）管桩的抗弯性能见表5.2-4。

### 表5.2-4　管桩的抗弯性能

| 外径D（mm） | 型号 | 壁厚t（mm）PHC | 抗裂弯矩（kN·m） | 极限弯矩（kN·m） | 外径D（mm） | 型号 | 壁厚t(mm)PHC | 抗裂弯矩（kN·m） | 极限弯矩（kN·m） |
|---|---|---|---|---|---|---|---|---|---|
| 300 | A | 70 | 25 | 37 | 700 | A | 130 | 275 | 413 |
| 300 | AB | 70 | 30 | 50 | 700 | AB | 130 | 332 | 556 |
| 300 | B | 70 | 34 | 62 | 700 | B | 130 | 388 | 698 |
| 300 | C | 70 | 39 | 79 | 700 | C | 130 | 459 | 918 |
| 400 | A | 95 | 54 | 81 | 800 | A | 110 | 392 | 589 |
| 400 | AB | 95 | 64 | 106 | 800 | AB | 110 | 471 | 771 |
| 400 | B | 95 | 74 | 132 | 800 | B | 110 | 540 | 971 |
| 400 | C | 95 | 88 | 176 | 800 | C | 110 | 638 | 1 275 |
| 500 | A | 100 | 103 | 155 | 800 | A | 130 | 408 | 612 |
| 500 | AB | 100 | 125 | 210 | 800 | AB | 130 | 484 | 811 |
| 500 | B | 100 | 147 | 265 | 800 | B | 130 | 560 | 1 010 |
| 500 | C | 100 | 167 | 334 | 800 | C | 130 | 663 | 1 326 |
| 500 | A | 125 | 111 | 167 | 1 000 | A | 130 | 736 | 1 104 |
| 500 | AB | 125 | 136 | 226 | 1 000 | AB | 130 | 883 | 1 457 |
| 500 | B | 125 | 160 | 285 | 1 000 | B | 130 | 1 030 | 1 854 |
| 500 | C | 125 | 180 | 360 | 1 000 | C | 130 | 1 177 | 2 354 |
| 600 | A | 110 | 167 | 250 | 1 200 | A | 150 | 1 177 | 1 766 |
| 600 | AB | 110 | 206 | 346 | 1 200 | AB | 150 | 1 412 | 2 330 |
| 600 | B | 110 | 245 | 441 | 1 200 | B | 150 | 1 668 | 3 002 |
| 600 | C | 110 | 285 | 569 | 1 200 | C | 150 | 1 962 | 3 924 |
| 600 | A | 130 | 180 | 270 | 1 300 | A | 150 | 1 334 | 2 000 |
| 600 | AB | 130 | 223 | 374 | 1 300 | AB | 150 | 1 670 | 2 760 |
| 600 | B | 130 | 265 | 477 | 1 300 | B | 150 | 2 060 | 3 710 |
| 600 | C | 130 | 307 | 615 | 1 300 | C | 150 | 2 190 | 4 380 |
| 700 | A | 110 | 265 | 397 | 1 400 | A | 150 | 1 524 | 2 286 |
| 700 | AB | 110 | 319 | 534 | 1 400 | AB | 150 | 1 940 | 3 200 |
| 700 | B | 110 | 373 | 671 | 1 400 | B | 150 | 2 324 | 4 190 |
| 700 | C | 110 | 441 | 883 | 1 400 | C | 150 | 2 530 | 5 060 |

（5）管桩结构的配筋主要包括预应力钢筋和螺旋箍筋。配筋指标见表5.2-5。

### 表5.2-5 管桩结构配筋指标

| 外径D（mm） | 型号 | 壁厚t（mm） | 预应力钢筋分布圈直径（mm） | 预应力钢筋配筋指标 | 外径D（mm） | 型号 | 壁厚t（mm） | 预应力钢筋分布圈直径（mm） | 预应力钢筋配筋指标 |
|---|---|---|---|---|---|---|---|---|---|
| 300 | A | 70 | 230 | 6φ7.1 | 700 | A | 130 | 590 | 13φ10.7 |
|  | AB |  |  | 6φ9.0 |  | AB |  |  | 26φ12.6 |
|  | B |  |  | 8φ9.0 |  | B |  |  | 26φ10.7 |
|  | C |  |  | 8φ10.7 |  | C |  |  | 26φ12.6 |
| 400 | A | 95 | 308 | 10φ7.1φ/Tφ9.0 | 800 | A | 110 | 690 | 15φ10.7 |
|  | AB |  |  | 10φ9.0/7φ10.7 |  | AB |  |  | 15φ12.6 |
|  | B |  |  | 10φ10.7 |  | B |  |  | 30φ10.7 |
|  | C |  |  | 13φ10.7 |  | C |  |  | 30φ12.6 |
| 500 | A | 100 | 406 | 11φ9.0 | 800 | A | 130 | 690 | 16φ10.7 |
|  | AB |  |  | 11φ10.7 |  | AB |  |  | 16φ12.6 |
|  | B |  |  | 11φ12.6 |  | B |  |  | 32φ10.7 |
|  | C |  |  | 13φ12.6 |  | C |  |  | 32φ12.6 |
| 500 | A | 125 | 406 | 12φ9.0 | 1 000 | A | 130 | 880 | 32φ9.0 |
|  | AB |  |  | 12φ10.7 |  | AB |  |  | 32φ10.7 |
|  | B |  |  | 12φ12.6 |  | B |  |  | 32φ12.6 |
|  | C |  |  | 15φ12.6 |  | C |  |  | 32φ14.0 |
| 600 | A | 110 | 506 | 14φ9.0 | 1 200 | A | 150 | 1 060 | 30φ10.7 |
|  | AB |  |  | 14φ10.7 |  | AB |  |  | 30φ12.6 |
|  | B |  |  | 14φ12.6 |  | B |  |  | 45φ12.6 |
|  | C |  |  | 17φ12.6 |  | C |  |  | 45φ14.0 |
| 600 | A | 130 | 506 | 16φ9.0 | 1 300 | A | 150 | 1 160 | 24φ12.6 |
|  | AB |  |  | 16φ10.7 |  | AB |  |  | 48φ10.7 |
|  | B |  |  | 16φ12.6 |  | B |  |  | 48φ12.6 |
|  | C |  |  | 20φ12.6 |  | C |  |  | 48φ14.0 |
| 700 | A | 110 | 590 | 12φ10.7 | 1 400 | A | 150 | 1 260 | 25φ12.6 |
|  | AB |  |  | 24φ9.0 |  | AB |  |  | 50φ10.7 |
|  | B |  |  | 24φ10.7 |  | B |  |  | 50φ12.6 |
|  | C |  |  | 24φ12.6 |  | C |  |  | 50φ14.0 |

注：（1）若采用不同于表中规定的钢筋直径进行等面积代换，代换后预应力钢筋最小配筋面积应符合标准的规定，钢筋的间距不小于2倍的钢筋直径，且不小于粗骨料最大粒径的4/3。

（2）由于 GB/T 5223.3-2005 中低松弛螺旋槽钢棒目前国内市场上最大直径尚只有 φ12.6mm，对于直径大于 1 000mm 的 C 型管桩，采用 φ12.6mm 钢筋配筋时，钢筋的间距太密，不利于浇筑混凝土，建议采用质量符合有关标准的 φ14.0mm 的钢筋。

（6）管桩的抗剪性能见表 5.2-6。

表 5.2-6　管桩的抗剪性能指标

| 外径 D（mm） | 型号 | 壁厚 t（mm）PHC | 抗裂剪力（kN） | 外径 D（mm） | 型号 | 壁厚 t（mm）PHC | 抗裂剪力（kN） |
|---|---|---|---|---|---|---|---|
| 300 | A | 70 | 96 | 700 | A | 130 | 435 |
|  | AB |  | 111 |  | AB |  | 498 |
|  | B |  | 124 |  | B |  | 556 |
|  | C |  | 136 |  | C |  | 610 |
| 400 | A | 95 | 173 | 800 | A | 110 | 468 |
|  | AB |  | 200 |  | AB |  | 520 |
|  | B |  | 224 |  | B |  | 573 |
|  | C |  | 245 |  | C |  | 652 |
| 500 | A | 100 | 239 |  | A | 130 | 526 |
|  | AB |  | 271 |  | AB |  | 584 |
|  | B |  | 302 |  | B |  | 648 |
|  | C |  | 331 |  | C |  | 725 |
|  | A | 125 | 284 | 1 000 | A | 130 | 695 |
|  | AB |  | 327 |  | AB |  | 774 |
|  | B |  | 364 |  | B |  | 858 |
|  | C |  | 399 |  | C |  | 1 262 |
| 600 | A | 110 | 316 | 1 200 | A | 150 | 946 |
|  | AB |  | 362 |  | AB |  | 1 056 |
|  | B |  | 404 |  | B |  | 1 175 |
|  | C |  | 443 |  | C |  | 1 334 |
| 600 | A | 130 | 362 | 1 300 | A | 150 | 1 018 |
|  | AB |  | 417 |  | AB |  | 1 149 |
|  | B |  | 465 |  | B |  | 1 302 |
|  | C |  | 510 |  | C |  | 1 408 |
| 700 | A | 110 | 390 | 1 400 | A | 150 | 1 092 |
|  | AB |  | 437 |  | AB |  | 1 236 |
|  | B |  | 481 |  | B |  | 1 385 |
|  | C |  | 545 |  | C |  | 1 511 |

（7）管桩（PHC）的力学性能指标

a. PHC 管桩的力学性能指标见表 5.2-7。

表 5.2-7　PHC 管桩力学性能指标

| 外径 D（mm） | 型号 | 壁厚 t（mm） | 混凝土有效预压应力计算值 $\sigma_{ce}$ | 桩身受弯承载力设计值（kN·m） | 桩身受剪承载力设计值（kN） | 桩身轴心受拉承载力设计值（kN） | 桩身轴心受压承载力设计值（未考虑屈服影响）（kN） | 按标准计算的抗裂弯矩 ≤ kN·m | 按标准组合计算的抗裂拉力 ≤ kN |
|---|---|---|---|---|---|---|---|---|---|
| 300 | A | 70 | 4.15 | 26 | 80 | 204 | 1 271 | 25 | 214 |
|  | AB |  | 6.37 | 40 | 94 | 326 |  | 31 | 333 |
|  | B |  | 8.19 | 51 | 104 | 435 |  | 36 | 432 |
|  | C |  | 10.87 | 65 | 118 | 612 |  | 43 | 583 |

| 外径D (mm) | 型号 | 壁厚t (mm) | 混凝土有效预压应力计算值 $\sigma_{ce}$ | 桩身受弯承载力设计值 (kN·m) | 桩身受剪承载力设计值 (kN) | 桩身轴心受拉承载力设计值 (kN) | 桩身轴心受压承载力设计值（未考虑屈服影响）(kN) | 按标准计算的抗裂弯矩 ≤ kN·m | 按标准组合计算的抗裂拉力 ≤ kN |
|---|---|---|---|---|---|---|---|---|---|
| 400 | A | 95 | 4.3 | 64 | 146 | 381 | 2 288 | 60 | 299 |
| | AB | | 5.87 | 88 | 164 | 536 | | 70 | 550 |
| | B | | 8.03 | 119 | 187 | 765 | | 84 | 762 |
| | C | | 10.01 | 145 | 205 | 995 | | 97 | 961 |
| 500 | A | 100 | 4.84 | 132 | 206 | 598 | 3 158 | 118 | 623 |
| | AB | | 6.59 | 178 | 233 | 842 | | 138 | 855 |
| | B | | 8.75 | 233 | 262 | 1 169 | | 164 | 1 151 |
| | C | | 10.06 | 264 | 278 | 1 381 | | 180 | 1 333 |
| 500 | A | 125 | 4.53 | 136 | 243 | 653 | 3 701 | 123 | 683 |
| | AB | | 6.18 | 186 | 273 | 918 | | 144 | 939 |
| | B | | 8.24 | 245 | 308 | 1 275 | | 170 | 1 266 |
| | C | | 9.93 | 290 | 333 | 1 594 | | 193 | 1 542 |
| 600 | A | 110 | 4.6 | 206 | 276 | 762 | 4 255 | 191 | 796 |
| | AB | | 6.26 | 281 | 305 | 1 071 | | 224 | 1 094 |
| | B | | 8.34 | 369 | 343 | 1 488 | | 265 | 1 474 |
| | C | | 9.81 | 428 | 368 | 1 806 | | 295 | 1 750 |
| 600 | A | 130 | 4.63 | 227 | 312 | 870 | 4 824 | 205 | 909 |
| | AB | | 6.31 | 309 | 352 | 1 224 | | 240 | 1 249 |
| | B | | 8.40 | 407 | 396 | 1 700 | | 285 | 1 683 |
| | C | | 10.12 | 482 | 429 | 2 125 | | 323 | 2 050 |
| 700 | A | 110 | 4.60 | 299 | 322 | 918 | 5 124 | 282 | 959 |
| | AB | | 6.33 | 410 | 365 | 1 306 | | 331 | 1 332 |
| | B | | 8.52 | 543 | 413 | 1 836 | | 395 | 1 815 |
| | C | | 11.16 | 689 | 464 | 2 550 | | 475 | 2 418 |
| 700 | A | 130 | 4.38 | 315 | 366 | 995 | 5 850 | 299 | 1 042 |
| | AB | | 6.04 | 434 | 413 | 1 414 | | 350 | 1 449 |
| | B | | 8.24 | 245 | 308 | 1 275 | | 417 | 1 977 |
| | C | | 8.14 | 578 | 467 | 1 989 | | 501 | 2 640 |
| 800 | A | 110 | 4.89 | 434 | 384 | 1 148 | 5 992 | 402 | 1 194 |
| | AB | | 6.58 | 582 | 431 | 1 594 | | 469 | 1 620 |
| | B | | 9.01 | 782 | 491 | 2 295 | | 568 | 2 252 |
| | C | | 11.76 | 983 | 551 | 3 188 | | 685 | 2 993 |
| 800 | A | 130 | 4.57 | 454 | 433 | 1 224 | 6 876 | 427 | 1 279 |
| | AB | | 6.16 | 610 | 485 | 1 700 | | 496 | 1 739 |
| | B | | 8.47 | 827 | 553 | 2 448 | | 599 | 2 422 |
| | C | | 11.10 | 1 051 | 622 | 3 400 | | 721 | 3 228 |
| 1 000 | A | 130 | 4.97 | 831 | 574 | 1 741 | 8 929 | 766 | 1 809 |
| | AB | | 6.75 | 1 123 | 648 | 2 448 | | 901 | 2 438 |
| | B | | 8.97 | 1 465 | 729 | 3 400 | | 1 071 | 3 338 |
| | C | | 10.65 | 1 705 | 785 | 4 189 | | 1 205 | 4 006 |

| 外径 D（mm） | 型号 | 壁厚 t（mm） | 混凝土有效预压应力计算值 $\sigma_{ce}$ | 桩身受弯承载力设计值（kN·m） | 桩身受剪承载力设计值（kN） | 桩身轴心受拉承载力设计值（kN） | 桩身轴心受压承载力设计值（未考虑屈服影响）（kN） | 按标准计算的抗裂弯矩 ≤ kN·m | 按标准组合计算的抗裂拉力 ≤ kN |
|---|---|---|---|---|---|---|---|---|---|
| 1 200 | A | 150 | 4.73 | 1 327 | 783 | 2 295 | 12 434 | 1 262 | 2 393 |
| | AB | | 6.36 | 1 781 | 880 | 3 188 | | 1 469 | 3 251 |
| | B | | 9.04 | 2 481 | 1 017 | 4 781 | | 1 817 | 4 689 |
| | C | | 10.73 | 2 883 | 1 096 | 5 891 | | 2 045 | 5 626 |

b. PC 管桩的力学性能指标见表 5.2-8。

### 表 5.2-8 PC 管桩力学性能指标

| 外径 D（mm） | 型号 | 壁厚 t（mm） | 混凝土有效预压应力计算值 $\sigma_{ce}$ | 桩身受弯承载力设计值（kN·m） | 桩身受剪承载力设计值（kN） | 桩身轴心受拉承载力设计值（kN） | 桩身轴心受压承载力设计值（未考虑屈服影响）（kN） | 按标准计算的抗裂弯矩 ≤ kN·m | 按标准组合计算的抗裂拉力 ≤ kN |
|---|---|---|---|---|---|---|---|---|---|
| 300 | A | 70 | 4.14 | 26 | 76 | 204 | 974 | 24 | 214 |
| | AB | | 6.35 | 39 | 89 | 326 | | 30 | 332 |
| | B | | 8.15 | 48 | 99 | 435 | | 35 | 431 |
| | C | | 10.79 | 60 | 112 | 612 | | 43 | 581 |
| 400 | A | 95 | 4.29 | 63 | 138 | 381 | 1 752 | 59 | 399 |
| | AB | | 5.85 | 85 | 156 | 536 | | 69 | 549 |
| | B | | 8.66 | 121 | 184 | 842 | | 87 | 827 |
| | C | | 9.94 | 135 | 195 | 995 | | 96 | 958 |
| 500 | A | 100 | 4.83 | 129 | 195 | 598 | 2 419 | 115 | 622 |
| | AB | | 6.56 | 172 | 221 | 842 | | 136 | 854 |
| | B | | 8.70 | 220 | 249 | 1 169 | | 161 | 1 148 |
| | C | | 10.61 | 256 | 271 | 1 488 | | 185 | 1 417 |
| | A | 125 | 4.52 | 134 | 230 | 653 | 2 853 | 121 | 682 |
| | AB | | 6.16 | 180 | 260 | 918 | | 141 | 937 |
| | B | | 8.19 | 233 | 292 | 1 275 | | 168 | 1 263 |
| | C | | 9.87 | 270 | 317 | 1 594 | | 190 | 1 537 |
| 600 | A | 110 | 4.58 | 203 | 256 | 762 | 3 260 | 187 | 795 |
| | AB | | 6.24 | 272 | 289 | 1 071 | | 220 | 1 092 |
| | B | | 8.29 | 350 | 326 | 1 488 | | 261 | 1 471 |
| | C | | 10.67 | 426 | 363 | 2 019 | | 310 | 1 922 |
| 600 | A | 130 | 4.62 | 223 | 296 | 870 | 3 695 | 201 | 908 |
| | AB | | 6.28 | 299 | 334 | 1 224 | | 236 | 1 247 |
| | B | | 8.35 | 386 | 377 | 1 700 | | 281 | 1 679 |
| | C | | 10.45 | 461 | 415 | 2 231 | | 328 | 2 132 |

| 外径 $D$（mm） | 型号 | 壁厚 $t$（mm） | 混凝土有效预压应力计算值 $\sigma_{ce}$ | 桩身受弯承载力设计值（kN·m） | 桩身受剪承载力设计值（kN） | 桩身轴心受拉承载力设计值（kN） | 桩身轴心受压承载力设计值（未考虑屈服影响）（kN） | 按标准计算的抗裂弯矩 ≤ kN·m | 按标准组合计算的抗裂拉力 ≤ kN |
|---|---|---|---|---|---|---|---|---|---|
| 700 | A | 110 | 4.94 | 315 | 314 | 995 | 3 925 | 286 | 1 033 |
| | AB | | 6.77 | 423 | 357 | 1 414 | | 339 | 1 431 |
| | B | | 9.06 | 542 | 404 | 1 989 | | 407 | 1 943 |
| | C | | 11.80 | 565 | 453 | 2 763 | | 491 | 2 580 |
| 700 | A | 130 | 4.68 | 331 | 355 | 1 071 | 4 481 | 302 | 1 116 |
| | AB | | 6.43 | 447 | 403 | 1 523 | | 357 | 1 548 |
| | B | | 8.63 | 579 | 456 | 2 142 | | 428 | 2 107 |
| | C | | 11.27 | 708 | 513 | 2 975 | | 516 | 2 803 |
| 800 | A | 110 | 5.17 | 450 | 372 | 1 224 | 4 590 | 406 | 1 267 |
| | AB | | 6.93 | 591 | 419 | 1 700 | | 477 | 1 716 |
| | B | | 9.45 | 767 | 478 | 2 448 | | 581 | 2 377 |
| | C | | 12.27 | 919 | 536 | 3 400 | | 702 | 3 149 |
| 800 | A | 130 | 4.82 | 470 | 419 | 1 301 | 5 267 | 430 | 1 352 |
| | AB | | 6.48 | 622 | 471 | 1 806 | | 503 | 1 835 |
| | B | | 8.86 | 817 | 538 | 2 601 | | 610 | 2 549 |
| | C | | 11.56 | 994 | 604 | 3 613 | | 737 | 3 387 |
| 1 000 | A | 130 | 5.20 | 852 | 555 | 1 836 | 6 840 | 770 | 1 899 |
| | AB | | 6.97 | 1 117 | 624 | 2 550 | | 904 | 2 572 |
| | B | | 8.91 | 1 379 | 693 | 3 400 | | 1 056 | 3 330 |
| | C | | 12.58 | 1 758 | 806 | 5 236 | | 1 356 | 4 822 |
| 1 200 | A | 150 | 5.00 | 1 378 | 760 | 2 448 | 9 525 | 1 274 | 2 539 |
| | AB | | 6.71 | 1 814 | 855 | 3 400 | | 1 492 | 3 442 |
| | B | | 9.48 | 2 432 | 990 | 5 100 | | 1 858 | 4 950 |
| | C | | 11.58 | 2 806 | 1 081 | 6 545 | | 2 416 | 6 135 |

**2. 制作预应力混凝土管桩对原材料的要求**

预应力混凝土管桩涉及的材料主要包括：胶凝材料、粗骨料、细骨料、掺合料、减水剂、拌合用水、预应力钢筋、螺旋筋、端板、桩套箍等。由于管桩的特性，制作管桩对原材料有比较严格的要求。

（1）水泥

管桩最常用的胶凝材料是硅酸盐水泥。其技术要求主要有以下几点：

a. 采用标号大于等于 42.5 的 P I 型或 P II 型早强硅酸盐水泥，要求矿物组成 C3S+C2S 的含量大于等于 75%，3d 强度大于 30MPa，28d 强度宜大于 52MPa。

b. 水泥对减水剂有良好的适应性。

c. C3A 含量应在 7% ~ 7.8% 并保持稳定。

d. 凝结时间相对稳定，初凝 2h 左右，终凝 3h 左右。

e. 压蒸安定性试验合格。

f. 总碱含量（当量氯化钠）低于 0.6%。

g. 水泥到场温度宜低于 60℃，最高不应超过 70℃。

h. 水泥粒径级配合理。

i. 应结合实际生产工艺，确定合理水泥掺量。

（2）粗骨料

a. 粗骨料宜采用碎石或被破碎的卵石，其最大粒径不应大于 25mm，且不得超过钢筋净距的 3/4。粒径规格为 5 ～ 25mm，宜达到最佳级配连续。

b. 质地坚硬，表面粗糙的花岗岩、石灰岩；破碎的卵石不应残留未破碎的光滑面。

c. 技术指标尚应符合规范要求。

（3）细骨料

宜采用洁净的天然硬质中粗砂或人工砂。砂的细度模数为 2.5 ～ 3.2，人工砂的细度模数为 2.5 ～ 3.5。砂的颗粒级配、含泥量、有害杂质含量、坚固性等指标均应符合相关标准。

（4）掺合料

常用掺合料包括硅砂粉、粉煤灰、矿渣微粉等。适用管桩掺合料的技术要求应符合相关规范的要求。

（5）减水剂

减水剂应符合《混凝土外加剂》（GB 8076）的规定，禁止使用氯盐类外加剂。

（6）拌合用水

拌合用水应符合行业标准《混凝土用水标准》（JGJ 63）的规定。

（7）预应力钢筋

管桩用预应力钢筋应采用预应力混凝土用钢棒，它是低合金钢热轧盘条，常用材质是 30Mn 或者 30MnSi。质量标准应符合国家标准《预应力混凝土用钢棒》GB/T 5223.3-2005 的规定。其外形尺寸和允许公差应符合国家标准 GB/T 14981 的规定；表面质量应符合国家标准 GB 1499 的规定。

（8）螺旋筋

螺旋筋宜采用低碳钢热轧圆盘条，混凝土制品用冷拔低碳钢丝。其质量应符合 GB/T 701、JC/T 540 标准的有关规定。

（9）端板

端板的原材料应采用 Q235B 钢材。对端板的质量要求应符合 JC/T947、GB 13476-2009

的有关规定：

a. 端板的材质必须符合规范规定，应有相应的材料合格证和复试报告。其化学成分应符合表 5.2-9 的规定；力学性能应符合表 5.2-10 的规定。

表 5.2-9　端板钢材的化学成分

| 化学成分 | C | Si | Mn | S | P |
|---|---|---|---|---|---|
| % | 0.14 ~ 0.22 | ≤ 0.3 | 0.30 ~ 0.65 | ≤ 0.050 | ≤ 0.045 |

表 5.2-10　端板钢材的力学性能

| 屈服点（N/mm²） | 伸长率（%） | 抗拉强度（N/mm²） |
|---|---|---|
| ≥ 225 | ≥ 25 | 375 ~ 500 |

b. 端板的加工质量应符合 GB/T1804 的有关规定。

c. 端板外观不得有可见裂缝；外表面应平整，不得有凹坑和麻点；端板的计算厚度应扣除端板内表面的凹坑和麻点的深度。

d. 端板的最小厚度应符合国家标准的要求，见表 5.2-11。

表 5.2-11　管桩端板的最小厚度

| 钢棒直径（mm） | 7.1 | 9.0 | 10.7 | 12.6 |
|---|---|---|---|---|
| 端板最小厚度（mm） | 16 | 18 | 20 | 24 |

e. 端板制作的允许偏差

主筋锚孔应均匀分布，锚孔与锚孔之间的弧度偏差不大于 ±10′，且其累计偏差不大于 ±10′。

在部分厂家的产品中有时发现预制管桩或空心方桩的端板是其他材质，焊接性能下降，有的甚至端板厚度不足，大大降低了桩接头的受力性能，在沉桩过程中，桩接头容易断裂。在某工程的施工中曾经发现 60% 以上的静压或锤击基桩属于 Ⅲ、Ⅳ 类桩，经过复压、接桩加固处理，对加固的基桩重新进行了试桩，方达到设计要求。

（10）桩套箍

桩套箍是位于桩端四周的裙板，材质的性能应符合 GB/T 700 中 Q215、Q235 的规定。桩套箍的结构应符合国家建筑标准设计图集 10G409-2 的规定，制作偏差应符合 GB 13476 的规定。桩套箍应与端板连接牢固。

**3. 管桩的生产**

（1）管桩生产的基本工艺流程，见图 5.2-1。

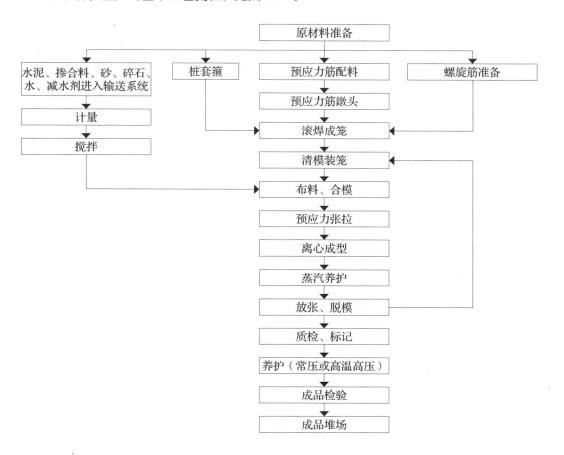

图 5.2-1　管桩生产的基本工艺流程图

（2）管桩的生产

管桩生产是一种工厂化流水生产工艺。管桩生产车间基本上有两种布置方式：一种是直线型布置，又称单跨横向流水布置，指主生产车间是单跨车间，管桩横向流水作业布置；另一种是环形布置，又称双跨横向流水布置，指主生产车间是双跨车间，管桩亦是横向流水作业布置。两种布置方式各有自己的优缺点。

a. 直线型布置的主要优缺点

优点：劳动生产率较高，班产量达 250 ~ 300 节；车间布置比较紧凑，占地面积较少。

缺点：多台吊机共用一根轨道，主要工序过分集中，要求管理严格，配合默契；工人布料时需避让吊机,人较紧张,安全性较低。

b. 环形平面布置的主要优缺点

优点:主要工序分散在两个车间,工人没有直线型那么紧张,工人避让吊机的时间减少,安全性较高;管理上比直线型要容易一些,并为提高自动化、机械化创造条件。

缺点:占地面积较大,增加了转运工作,转运占用了两个车间的部分面积;由于增加了一次吊运时间,生产率比直线型略低。

生产优质、稳定的管桩产品,是一项技术要求较高的生产活动。其中主要包括混凝土原材料、添加剂等材料计量的准确性,计量不准就会导致混凝土质量的不稳定;预应力主筋下料长度的准确与否,直接影响每根钢筋张拉应力的大小,容易导致部分钢筋受较大力,部分钢筋受较小力,直接影响桩的受力性能;布料、离心、成型也会影响桩及其端部混凝土的密实性,同样影响整桩的质量。因此,制造预应力混凝土管桩的每道工序都能保证质量,才能制造出合格的管桩产品。具体制造工艺、方法、要求可参见相关管桩资料等。

(3)预应力混凝土管桩的发展趋势——新工艺、新技术、新产品

a. 自动化管桩生产线

我们的近邻日本、韩国都有自动化程度较高的管桩生产线。一条年产 180 万米的管桩生产线只有 50 ~ 60 名工人,其中自动化生产线上的人员一个班仅为 20 ~ 30 人。排除人工费很高的考虑外,主要还是由于生产线大大降低了工人的劳动强度,几乎工人操作最危险的岗位都由机器来完成,对产品的质量更有保障,降低了由于人为操作的不利影响因素。

b. 免压蒸超高强预应力混凝土管桩

日本等国家已经发明一种外加剂,使得混凝土管桩在无压蒸条件下达到 C80、C100、C120 等级别。其优点是:

取消压蒸工序,缩短生产周期,减少能耗,降低成本。经过几个小时的蒸养即可出池,出池后自然放置不超过 3 天,就可稳定达到 PHC 管桩的强度要求;

能实现少(无)余浆,使余浆变成混凝土的一部分,减少对环境的污染;

可以激发管桩混凝土的潜能,管桩不经压蒸,可以降低脆性,延续混凝土后期强度的增长。

c. 端板加工专用组合机床

一般端板加工的主要工序包括:车削、冲孔、钻孔、攻丝、冲槽等,这些工序要在两台或两台以上的设备加工完成。

采用专用组合机床可以将上述工序在一台组合机床上连续完成,大大提高了工效。自动化程度的提高对管理工作提出了更高的要求。

d. 机械接头

为满足抗拔、承受水平载荷的要求，日本推出了三节钢箍式机械连接接头。这种接头需要对管桩端板进行加强，端板四周加工成"L"型翼缘，连接钢箍套住端板及翼缘，并用螺栓将钢箍与端板翼缘连接。这种机械连接接头强度可保证达到桩身强度，连接速度加快，但造价较高。采用这种接头与同规格的桩端板钢材用量相比，以 $\phi600$ 为例，接头约增加钢材用量 60%。这从另一个侧面反映了发明使用管桩最早的日本，已经发现焊接型管桩接头中存在的问题。

机械式接头虽然解决了管桩端板与端板之间的焊接问题，但仍然没有解决预应力钢筋与端板的锚固问题，这也是一个管桩连接的薄弱部位。

e. 防腐型管桩

防腐型管桩主要采取提高主筋保护层厚度、掺入高效减水剂、降低水胶比、掺加抗腐蚀性掺合料等措施。

f. 抗水平力混合配筋管桩

在管桩内配以预应力、非预应力两种钢筋，达到增加管桩抵抗水平力的功能。主要用于江河、湖泊、水库等水利设施的边坡维护挡土、边坡抗滑及坝身土体加固等工程。也可在公路、铁路等基础设计的边坡维护、桥梁、港口码头基础施工加固、工业与民用建筑的深基坑支护等领域使用。

g. 变径桩

变径桩包括竹节桩、大根柱桩。竹节桩是为了增加桩身土体阻力，大根柱桩是为了增加桩端阻力，也可以将两种桩型相结合，既有扩大的桩端，又有竹节型桩身。

h. H 型钢混凝土桩

在日、韩等国已开始大量使用的 H 型钢混凝土桩，具有与普通管桩无法比拟的优越性，是传统的钢桩与混凝土桩优点较完美的结合。该桩中心是 H 型钢，周围是密实的混凝土；H 型钢的存在，抗弯、抗拔性能大大优于普通混凝土管桩；混凝土包裹住 H 型钢不被侵蚀，这是一种比较完美的结合。

**4. 先张法预应力高强混凝土空心方桩**

上海市建筑产品推荐性应用图集 192 HKFZ/KFZ 先张法预应力混凝土空心方桩（2012 沪 G/T-502），其钢筋笼和桩外形均为方形，桩空心部分为圆形。主要由钢筋笼、端板、桩套箍、混凝土等组成。预应力空心方桩的生产工艺与 PHC 桩的生产工艺相似。

**5. 先张法预应力空心方桩**

这是一种在张拉台座上进行张拉的技术，可以采用普通钢模板作为外模板，应用充气胶囊作为空心的内模板，普通的混凝土浇筑方法，混凝土强度可以达到 C60。混凝土采用常压蒸汽养护，当混凝土强度达到设计强度的 70％，可以放张切割钢筋。张拉台座占地多、周转慢、效率低，一般桩断面为 500mm×500mm、600mm×600mm，桩长 20～70m。由于 PHC 桩的快速发展，这种预应力桩已经逐步淘汰，基本上不再生产。

**6.后张法预应力混凝土大管桩**

主要生产工艺见 5.2.3 节。

**7.预应力空心桩的质量检验**

见第 7 章。

### 5.2.2 非预应力钢筋混凝土方桩的制作

非预应力钢筋混凝土预制桩（以下简称混凝土预制方桩）主要包括工厂预制和现场预制两种。

工厂预制可以有相应的生产线、模板体系，生产效率较高，但需要将桩从工厂运输至现场。如果道路运输条件限制可以改为现场预制。

混凝土预制方桩的主要优点是制作方便，不需要专用台座、甚至不需要专用模板，可以在工厂也可以在现场预制，由于含钢量较高，经常被用作抗拔桩。如在现场预制更是省却了大型构件运输的问题。

缺点是一般混凝土强度较低，混凝土用量多，含钢量较高，钢材利用率低，相对造价较高，耐抗锤击性较差，相同截面积的基桩承载力较低；桩在预制、吊运、沉桩过程中易于开裂等。在 PHC、PC 等预制桩出现并逐渐普及后，非预应力钢筋混凝土预制桩已经越来越少用了。

制作混凝土预制方桩的注意事项：

（1）预制场地必须平整坚实，当采用现场重叠法制桩工艺时，应对地基强度进行验算，以便确定重叠法制桩的重叠层数。

（2）制桩模板宜采用具有足够刚度的钢模板，并应平整，尺寸准确，其误差应小于制桩的允许误差。

（3）钢筋骨架的主筋连接宜采用对焊和电弧焊，当钢筋直径大于 20mm 时，宜采用机械接头连接。主筋接头配置在同一截面的数量，应符合下列规定：

a. 当采用对焊或电弧焊时，对于受拉钢筋，不得超过 50％。

b. 相邻两根主筋接头截面的距离应大于 35dg（dg 为主筋直径），并不应小于 500mm。

c. 必须符合现行行业标准《钢筋焊接及验收规程》（JGJ 18）、《钢筋机械连接通用技术规程》（JGJ 107）的规定。

d. 混凝土预制桩钢筋骨架的允许偏差应符合表 5.2-12 的规定。

表 5.2-12　预制桩钢筋骨架的允许偏差

| 项次 | 项目 | 允许偏差（mm） |
|------|------|----------------|
| 1 | 主筋间距 | ±5 |
| 2 | 桩尖中心线 | 10 |
| 3 | 箍筋间距或螺旋筋间距 | ±20 |
| 4 | 吊环沿纵轴线方向 | ±20 |
| 5 | 吊环沿垂直于纵轴线方向 | ±20 |
| 6 | 吊环露出桩表面的高度 | ±10 |
| 7 | 主筋距桩顶距离 | ±5 |
| 8 | 桩顶钢筋网片位置 | ±10 |
| 9 | 多节桩桩顶预埋件位置 | ±3 |

e. 确定桩的单节长度时应符合下列规定：

满足桩架的有效高度、制作场地条件、运输和装卸能力；

避免在桩尖接近或处于硬持力层中接桩；

满足吊运时桩的抗弯能力和桩的裂缝开展验算要求。

f. 浇筑混凝土预制桩时，宜从桩顶开始灌筑，并应防止另一端砂浆积聚过多。

g. 锤击预制桩的骨料粒径宜为 5 ～ 40mm。

h. 锤击预制桩应在强度和混凝土龄期均达到要求后，方可锤击。

i. 采用重叠法制作时，应符合下列规定：

桩与邻桩及底模之间的接触面不得粘连；

上层桩与邻桩的浇筑，必须在下层桩或邻桩的混凝土达到设计强度的 30% 以上时，方可进行；

桩的重叠层数最多不超过 4 层。

混凝土预制桩的表面应平整、密实，制作允许偏差应符合表 5.2-13 的规定。

表 5.2-13　预制混凝土实心桩制作允许偏差

| 项次 | 项目 | 允许偏差（mm） |
|------|------|----------------|
| 1 | 横截面边长 | ±5 |
| 2 | 桩顶对角线之差 | ≤ 5 |
| 3 | 保护层厚度 | ±5 |
| 4 | 桩身弯曲矢高 | 不大于1‰桩长且不大于20 |
| 5 | 桩尖偏心 | ≤ 10 |
| 6 | 桩顶面与桩纵轴线垂直，其最大倾斜偏差不大于桩顶横截面边长 | 1%注 |
| 7 | 桩节长度 | ±20 |

注：《港口工程桩基规范》（JTS 167-4-2012）规定的数值。

j. 离心混凝土强度等级评定方法，应符合国家现行标准《先张法预应力混凝土管桩》（GB 13476）和《预应力混凝土空心方桩》（JG 197）的规定。

### 5.2.3 水运工程中预制混凝土桩的质量要求

**1. 预制混凝土方桩**

（1）水运工程中使用预制混凝土桩的制作工艺除按现行行业标准《水运工程混凝土施工规范》（JTS 202）的有关规定执行外，尚应符合下列规定：

a. 在露天台座制作预应力混凝土桩，应采取保证预加应力值的措施，并应减少钢筋张拉与混凝土浇筑两工序之间温度差的影响。

b. 浇筑桩身混凝土必须连续进行，不得留有施工缝。

c. 利用空气胶囊制作空心桩时，在使用前应对胶囊进行检查，漏气或质量不合格的不得使用，并应采取控制胶囊上浮及偏心的有效措施。

d. 桩身混凝土采用潮湿养护时，养护时间不应少于 14 天，龄期不应少于 28 天；采用常压蒸养时，龄期不应少于 14 天。

（2）拼接的预制桩上下两节宜同槽拼制，拼接处的预埋铁件加工制作应符合设计要求，接头平整密贴，上下节桩拼制时纵轴线弯曲矢高应符合表 5.2-14 的规定，并在桩上可视部位编号。

表 5.2-14　水运工程预制混凝土方桩允许偏差

| 项次 | 项目 | | 允许偏差（mm） |
|---|---|---|---|
| 1 | 长度 | | ±50 |
| 2 | 横截面 | 边长 | ±5 |
| | | 空心桩空心或管心直径 | ±10 |
| | | 空心或管心中心与桩中心偏差 | ±20 |
| 3 | 桩尖对桩纵轴的偏差 | | ＜15 |
| 4 | 桩顶面与桩纵轴线垂直，其最大倾斜偏差不大于桩顶横截面边长 | | 1% |
| 5 | 桩顶外伸钢筋长度偏差 | | ±20 |
| 6 | 桩纵轴线的弯曲矢高 | | 不大于 0.1% 桩长，且不大于 20 |
| 7 | 混凝土保护层 | | +5，0 |

（3）预制混凝土方桩的观感质量应符合下列规定：

a. 桩身表面干缩产生的细微裂缝宽度不得超过 0.2mm，深度不得超过 20mm，裂缝长度不得超过 1/2 桩宽。

b. 桩身缺陷的允许值应满足下列要求：

在桩表面的蜂窝、麻面、气孔的深度不超过 5mm，且在每个面上所占面积的总和不超过该面面积的 0.5%；

沿边缘棱角破损的深度不超过 5mm，且每 10m 长的边棱角上只有一处破损，在一根桩上边棱角的破损总长度不超过 500mm。

c. 对不符合上述规定的桩，必须进行修补，在满足质量要求后方可使用。

（4）预制桩桩顶部位应标明生产单位、工程名称、类型、尺寸、混凝土浇筑日期及编号。

（5）根据地质条件、锤型、沉桩方法、基桩数量和运输条件等，应有一定数量的备用桩。

由于预制预应力钢筋混凝土空心方桩（由专用台座预制，使用空心胶囊作为空心模板）生产效率较低、质量控制难度大，曾经只有少数预制厂能够生产的这种桩型，现在已经由预应力高强混凝土管桩替代。

**2. 预应力混凝土管桩**

（1）后张法预应力混凝土大直径管桩

后张法预应力混凝土大直径管桩是由混凝土管节通过张拉穿入管节的钢绞线，对管节形成预压应力，利用灌注浆液使得钢绞线与管节形成整体，制成设计规格的管桩。


主要制作工艺

后张法预应力混凝土大直径管桩的制作主要分为制作管节、管节拼接、穿钢绞线、张拉、孔道注浆、养护等工序。

a. 制作管节

管节的直径一般在 1 200mm 及以上，但是，每节管节的长度可为数米，一般为 4 米，管节的壁厚约为 130 ~ 160mm，具体的壁厚，根据承载力由设计计算确定。管节制作步骤：

材料、工具准备：制作管节原材料是钢筋、混凝土；工具式模板：包括工具式胎膜，工具式管节外膜；

绑扎管节钢筋；

拌制混凝土；

安装管节钢筋；

安装管节模板；

安装预留孔模板（管模）；

离心灌注管节混凝土；

在合适的强度时抽出预留孔模板；

脱模养护，管节存放。

b. 管节拼接

拼接管节需要在专用的台架上进行。拼接前先将台架清理干净，台架顶面调平。

管节拼接前，必须经检验合格。外观质量应符合《港口工程桩基规范》（JTS 167-4）的有关规定。贯穿钢绞线的预留孔必须通透，无堵塞或缩孔现象。发现有堵塞或缩孔现象的必须经处理合格后方可用于拼接。

c. 穿钢绞线

钢绞线使用前应经检验并符合相关规范的要求，并采取切实措施，保护钢绞线不受污染、损伤或扭曲。应采用切割机切割钢绞线。

d. 张拉

应根据桩长决定单向张拉还是双向张拉。当桩长大于 40m 采用双向张拉时，张拉顺序应对称并两端同步。使用的锚具、夹具等均应符合有关规范的要求。张拉顺序宜按十字对称顺序进行。

e. 孔道注浆

应将所有准备工作全部完成后拌制浆液，注浆应从一端压注，当另一端满孔流出且无气泡时可视为注浆密实。

f. 养护

养护时间应满足规范规定的时间。浆体强度和钢绞线的粘结强度达到设计要求方可切割钢绞线。


制作注意事项

a. 后张法预应力混凝土大直径管桩的钢筋骨架制作和安装除应符合设计要求和有关标准外，尚应确保钢筋保护层垫块牢固。

b. 后张法预应力混凝土大直径管桩混凝土的浇筑必须连续进行，在管节中不得留施工缝。

c. 后张法预应力混凝土大直径管桩的管节质量应符合下列规定：

管节的外壁面不应产生裂缝；内壁面由干缩产生的细微裂缝宽度不得超过 0.2mm，深度不宜大于 10mm，长度不得超过 0.5 倍桩径；

管节混凝土表面应密实，不得出现露筋、空洞、缝隙夹渣等缺陷；

管节混凝土表面蜂窝、麻面、砂线等缺陷程度应满足表 5.2-15 的规定。预制管节允许偏差应符合表 5.2-16 的规定。

表 5.2-15　管节表面缺陷限值

| 缺陷＼限值＼部位 | 大气去、浪溅区、水位变动区及陆上结构的外露区 | 水下区及泥面以下部位 |
|---|---|---|
| 蜂窝面积 | 小于所在面积的 2‰，且一处面积不大于 0.4m² | 小于所在面积的 2‰，且一处面积不大于 0.4m² |
| 麻面砂斑面积 | 小于所在面积 5‰ | 小于所在面积 10‰ |
| 砂线长度 | 每 10m² 累计长度不大于 0.3m | — |

表 5.2-16　预制管节允许偏差

| 项目 | 允许偏差（mm） | 项目 | 允许偏差（mm） | 项目 | 允许偏差（mm） |
|---|---|---|---|---|---|
| 管节外周长 | ±10 | 管节壁厚 | ±10 0 | 管壁端面倾斜 | 6/100 |
| | | | | 管节椭圆度 | 5 |
| 管节长度 | ±3 | 管节断面倾斜 | d‰ | 预留孔直径 | ±3 |

注：d 为管节直径，б 为管节壁厚，单位均为 mm。

d. 后张法预应力混凝土大直径管桩拼接所采用的材料除应符合现行行业标准《水运工程混凝土施工规范》（JTS 202）的有关规定外，尚应符合下列规定：

钢绞线的种类、钢号和直径应符合设计规定，机械性能应符合国家现行标准。运输、堆放和保存应符合现行国家标准《预应力混凝土用钢绞线》（GB/T 5224）的有关规定；

钢绞线不应采取氧气切割下料，严禁使用扭曲、损伤或腐蚀的钢绞线，并不得与油脂的有害杂质等接触；

管桩拼接的粘结剂技术指标应符合现行国家标准《混凝土结构加固设计规范》（GB 50376）的有关规定，且应满足设计和施工要求；

粘结剂固化后，龄期 14d 的胶体抗压强度不得低于 70MPa，抗拉强度不得小于 30MPa，试验应按现行国家标准《树脂浇注体性能试验方法》（GB/T 2567）的有关规定进行；

粘结剂的粘结能力应满足拉伸强度不小于 10MPa 的要求，接头固化后，其交接处的正拉粘结强度应大于管节混凝土本体劈裂抗拉强度。

e. 后张法预应力混凝土大直径管桩的管节拼接应符合下列规定：

管节混凝土强度应达到设计强度，且混凝土龄期不应少于 14d；

管节端面的浮浆应清楚并磨平，表面缺陷应采用环氧砂浆修补，预留孔孔内的污物杂质应冲洗干净，孔内积水应予排除。

f. 后张法预应力混凝土大直径管桩的管节拼接时钢绞线张拉应符合下列规定：

对称的两束钢绞线应同时张拉，并应分组同步进行，桩长超过 40m 应两端同时张拉；

锚具应按现行国家标准《混凝土结构工程施工质量验收规范》（GB 50204）和《预应力筋锚具、夹具和连接器》（GB/T 14370）的有关规定验收，其锚固力低于钢绞线破坏强度90%时不得使用；

张拉过程应按要求记录，张拉预应力实测值与设计规定值的偏差不应超过 ±5%。

g. 后张法预应力混凝土大直径管桩拼接后的管桩允许偏差应满足表 5.2-17 的有关规定；桩外侧不得产生拼接裂缝，内侧裂缝的宽度、深度和长度均不得超过表 5.2-18 的有关规定。

表 5.2-17　预制混凝土管桩制作允许偏差

| 项次 | 项目 | 允许偏差（mm） |
|---|---|---|
| 1 | 直径 | ±5 |
| 2 | 长度 | ±0.5% 桩长 |
| 3 | 管壁厚度 | −5 |
| 4 | 保护层厚度 | +10，−5 |
| 5 | 桩身弯曲（度）矢高 | 1‰ 桩长 |
| 6 | 桩尖偏心 | ≤ 10 |
| 7 | 桩头板平整度 | ≤ 2 |
| 8 | 桩头板偏心 | ≤ 2 |

表 5.2-18　管桩制作允许偏差

| 项目 | 允许偏差（mm） | 项目 | 允许偏差（mm） |
|---|---|---|---|
| 管桩长度 | ±100 | 拼接处错牙 | 6 |
| 桩顶倾斜 | < 0.5%$d$ | 拼缝处弯曲矢高 | 8 |

h. 后张法预应力混凝土大直径管桩的浆体应满足灌浆工艺要求，并应符合下列规定：

浆体的稠度 30min 内应保持在 16 ~ 20s；

浆体的无约束膨胀率应控制在 5% ~ 10% 之内；

浆体的水胶比不应大于 0.35，且 28$d$ 强度不应小于 40MPa；

气温低于 5℃时不宜进行灌浆，必须灌浆时，应采取可靠措施。

i. 后张法预应力混凝土大直径管桩预留孔灌浆后孔内必须密实，浆体强度达到设计强度的 70%，且浆体和钢绞线的粘结力大于 0.2MPa 时，方可切割钢绞线、移动或吊运管桩；浆体强度达到 100% 设计强度时，管桩才能出厂，管桩出厂前必须进行验收。

## 5.2.4　预制钢筋混凝土板桩

预制钢筋混凝土板桩多用于挡土驳岸、板桩码头等工程中。桩长可从数米至约 30 米甚至更长，板桩有挡土板桩、挡土止漏板桩等不同形式。

普通挡土板桩一般沿整个桩长 3/4 或全部设有公母榫。设置公母榫的优点是可以使前后板桩具有一定的耦合性，不易偏位，延长桩缝长度，延长渗径，具有一定的防渗漏作用。

挡土止漏板桩沿整个桩长的下部 1/2 左右为公母榫，上部 1/2 左右均为母榫。在沉桩完毕后需将母榫内的淤泥清除，然后灌注袋装水泥砂浆。当灌注的水泥砂浆达到一定的强度后，方可填土加载，起到较好的防渗挡土作用。

基于以上板桩的功能，板桩的断面有凹槽和凸榫。普通板桩一边有凸榫，另一边就有凹槽；止漏板桩一边有凹槽，另一边不全部有凸榫。板桩的断面图见图 5.2-2。

a. 凹槽凸榫对称断面　　b. 凹槽对称断面　　c. 无槽榫断面　　d. 板桩桩尖示意图

**图 5.2-2　板桩断面与桩尖示意图**

板桩桩尖的长边为对称斜面，宽边一边为直面，一边为斜面。通常根据沉桩顺序，有凸榫的一边为直面，有凹榫的一面为斜面。斜面的长度和斜率，可以根据桩长、桩尖位置的地质情况进行调整，也可以在打桩过程中根据沉桩情况进行修正。板桩桩尖外形示意图见图 5.2-2d。

挡土板桩通常是紧密排列，为了沉桩方便，桩顶截面在宽度方向需缩小尺寸，以便替打沉至相同的标高。一般桩顶高度约 500mm，每边缩小 50mm，即桩在紧密情况下，桩顶有 100mm 的间隙。

由于板桩在宽度方向存在槽榫结构，所以板桩的侧模需要根据槽榫结构做成凹凸型，预制板桩的允许偏差，见表 5.2-19。

**表 5.2-19　混凝土板桩制作允许偏差**

| 序号 | 项目 | | 允许偏差（mm） |
|---|---|---|---|
| 1 | 长度 | | ±50 |
| 2 | 横截面 | 宽度 | +10 −5 |
| | | 厚度 | +10 −5 |
| 3 | 榫槽中心对桩轴线偏移 | | 5 |
| 4 | 榫槽表面错台 | | 3 |
| 5 | 抹面平整度（用 2m 靠尺检查） | | 6 |
| 6 | 桩身侧向弯曲矢高 | | $L/1\,000$ 且不大于 20 |
| 7 | 桩顶面倾斜 | | 5 |
| 8 | 桩尖对纵轴线偏移 | | 10 |

注：$L$ 为板桩长度，单位为 mm。

钢筋混凝土板桩一般为非预应力桩，但是可以开发预应力钢筋混凝土板桩，这对降低板桩的含钢量，将板桩制作得更长，提高板桩的使用范围，具有非常积极的意义。

钢筋混凝土板桩截面一般做到500mm×250mm，随着施工设备、技术的发展，大型起吊、运输机械的开发与运用，钢筋混凝土板桩的截面可以做得更大，加上预应力技术的进一步发展可以将板桩做得更宽、更长。

板桩的制作除了侧模板与方桩不一样，钢筋也要与槽榫结构配合一致。其他的制作工艺与要求可参照钢筋混凝土方桩的工艺与要求。

### 5.2.5 预制钢筋混凝土大头桩

当有特殊要求时，设计可选用预制钢筋混凝土大头桩，如船台基桩等。大头桩的桩身可以是方形或矩形。

预制钢筋混凝土大头桩可以是预应力桩，可以是非预应力桩。为了预制和后道工序施工的方便，大头桩通常做成两侧放大的"花篮型"，见图5.2-3。若要做成四周放大的大头桩，则大头部分的模板工艺过于复杂，使得制作困难，制桩的效率大大下降，质量控制困难。

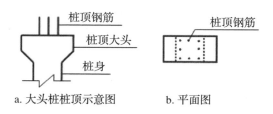

a. 大头桩桩顶示意图　　　b. 平面图

**图 5.2-3　大头桩桩顶示意图**

大头桩的制作工艺主要是桩顶的外形与配筋构造与钢筋混凝土桩有差异，其余的工艺方法均相似。由于桩顶的模板稍微复杂一点，所以，安装桩顶模板时应严格按照设计尺寸并采取防砂浆渗漏的措施，确保桩顶的外形尺寸和混凝土浇筑的密实度。

大头桩的验收标准参照设计要求执行，当设计没有要求时，可参照预制钢筋混凝土方桩的标准验收。

## 5.3　钢桩的制作

### 5.3.1 钢管桩制作工艺

钢管桩的制作工艺主要有两种：直卷焊接钢管桩、螺旋卷制焊接钢管桩。有规范称为卷制直焊缝和螺旋焊缝两种。

选用何种制作工艺，需要根据使用要求、材料供应、生产设备等条件确定。直卷焊接钢管桩使用平板进行卷管，手工、自动焊接，由直焊缝和环焊缝焊接组成钢管桩分段；螺旋卷制焊接钢管桩使用卷板，自动卷管成型、自动焊接、自动分段切割，制作效率较高，前提是必须使用卷板。

**1. 制作钢管桩的基本要求**

钢板放样下料时，应根据工艺要求预放切割、磨削刨边和焊接收缩等的加工余量。钢板卷制前，应清除坡口处有碍焊接的毛刺和氧化物。

螺旋焊缝钢管所需钢带宽度，应按所制钢管的直径和螺旋成型的角度确定；钢带对接焊缝与管端的距离不得小于100mm。

管节外形尺寸的允许偏差应满足表5.3-1的规定。

表 5.3-1  管节外形尺寸允许偏差

| 偏差名称 | 允许偏差 | 说明 |
|---|---|---|
| 钢管外周长 | ±0.5%周长，且不大于10mm | 测量外周长 |
| 管端椭圆度 | ±0.5%$d$，且不大于10mm | 两相互垂直的直径之差 |
| 管端平整度 | 2mm | 多管节拼接时以整桩质量要求为准 |
| 管端平面倾斜 | 小于0.5%$d$，并不得大于4mm | 多管节拼接时以整桩质量要求为准 |
| 桩管壁厚度 | 按所用钢材的相应标准规定 | |

注：$d$为钢管桩外径。

钢管桩宜在工厂整根制作，也可在工厂分段制作后现场拼接，钢管桩分段长度可按最大运输能力考虑。

管节拼装定位应在专门台架上进行，台架应平整、稳定，管节对口应保持在同一轴线上进行，多管节拼接应减少累积误差。

管节对口拼装时，相邻管节的焊缝应错开1/8周长以上，相邻管节的管径差应满足表5.3-2的规定。

表 5.3-2  相邻管节的管径允许偏差

| 管径（mm） | 相邻管节的管径差（mm） | 说明 |
|---|---|---|
| ≤700 | ≤2 | 用两管节的外周长之差表示，此差应≤$2\pi$（mm） |
| >700 | ≤3 | 用两管节的外周长之差表示，此差应≤$3\pi$（mm） |

管节对口拼接时可采用夹具和楔子等辅助工具校正管端圆度，相邻管节对口的板边高差 $\Delta$ 应满足下列要求：

（1）板厚 $\delta \leqslant 10$mm 时，$\Delta$ 不超过 1mm；

（2）板厚 $10 < \delta \leqslant 20$mm 时，$\Delta$ 不超过 2mm；

（3）板厚 $\delta > 20$mm 时，$\Delta$ 不超过 $\delta/10$，且不大于 3mm。

管节拼装检查合格后，应进行定位电焊。电焊高度应小于设计焊缝高度的 2/3，点焊长度宜取 40 ~ 60mm，点焊时所用的焊接材料和焊接工艺应和正式施焊相同。点焊处的缺陷应及时铲除，不得将其留在正式焊缝中。

管节拼装时用的夹具等辅助工具，不应妨碍管节焊接时的自由伸缩。

钢管桩成品的外形尺寸允许偏差应满足表 5.3-3 的要求。

表 5.3-3　钢管桩外形尺寸允许偏差

| 偏差名称 | 允许偏差（mm） |
|---|---|
| 桩长偏差 | +300，0 |
| 桩纵轴线弯曲矢高 | 不大于桩长的 0.1%，且不得大于 30 |

钢管桩成品外观表面不得有明显缺陷，当缺陷深度超过公称壁厚 1/8 时，应予修补。

整桩或管节出厂应有产品合格证明书。

**2. 钢管桩的焊接**

（1）焊接材料的型号和质量应符合设计要求，并应附有出厂合格证明书，必要时应按有关规定进行检验。

（2）焊条、焊丝和焊剂应存放在干燥处，焊前应按产品说明书要求进行烘焙，并在规定时间内使用。

（3）焊接前应将焊接坡口及其附近 20 ~ 30mm 范围内的铁锈、油污、水汽和杂物清除干净。

（4）焊接应按焊接工艺所规定的方法、程序、参数和技术措施进行，减少焊接变形和内应力，保证质量。施工时对首次采用的钢材、焊接材料、焊接方法等应进行焊接工艺评定，并根据评定结果确定焊接工艺。

（5）焊接必须由具有资格证书的焊工担任，并应进行焊缝机械性能试验，试验应符合下列规定：

a. 焊接试验所采用的工艺、方法和材料应与正式焊接时相同。试件可在钢管上取样，也可采用试板进行。在钢管上取样时，试验应垂直于焊缝截取；采用试板时，试板的焊接材料和焊接工艺应与正式焊接时相同。试验应满足表5.3-4的要求。

表5.3-4 焊接接头的试验项目及要求

| 试验项目 | 试验要求 | 试件数量 |
|---|---|---|
| 抗拉强度 | 不低于母材的下限 | 不少于2个 |
| 冷弯角度 $\alpha$，弯心直径 $d$ | 低碳钢 $\alpha \geqslant 120°$，$d=2\delta$ | 不少于2个 |
| | 低合金钢 $\alpha \geqslant 120°$，$d=3\delta$ | |
| 冲击韧性 | 不低于母材的下限 | 不少于2个 |

注：$\delta$ 为板厚。

b. 焊接接头机械性能试验取样及试验方法应按现行国家标准《焊接接头拉伸试验方法》（GB/T 2651）、《焊接接头弯曲试验方法》（GB/T 2653）和《焊接接头冲击试验方法》（GB/T 2650）等标准的有关规定执行。

（6）管节对接宜采用多层焊，封底焊时宜用小直径的焊条或焊丝施焊，每层焊缝焊完后，应清除熔渣并进行外观检查，有缺陷的焊缝应及时铲除，多层焊的接头应错开。

（7）管节对口焊接宜对称施焊，减少变形和内应力。

（8）焊接宜在室内进行，现场拼装焊接应采取防晒、防雨、防风和防寒等措施。

（9）焊接作业区的环境温度低于0℃时，应对焊接两侧不小于100mm范围内的母材加热到20℃以上后方可施焊，且在焊接过程中均不应低于这一温度。手工焊时应采用碱性低氢型焊条。环境温度低于-10℃时，不宜进行焊接；当采取有效措施，确能防止冷裂缝产生的，可不受此限。

（10）对接焊缝应设有一定的加强面，加强面高度和遮盖宽度应满足表5.3-5的规定。采用单面焊双面成型工艺时，管内也应有一定的加强高度，可取1mm左右；采用带有内衬板的V形剖面单面焊时应保证衬板与母材融合。

表5.3-5 对接焊缝加强尺寸

| 项目 \ 管壁厚度 | < 10 | 10 ~ 20 | > 20 |
|---|---|---|---|
| 高度 $C$ | 1.5 ~ 2.5 | 2 ~ 3 | 2 ~ 4 |
| 宽度 $e$ | 1 ~ 2 | 2 ~ 3 | 2 ~ 3 |
| 示意图 | | | |

角焊缝高度的允许偏差为 +2mm，0mm。

采用对接双面焊时，反面焊接前应对正面焊缝根部进行清理，铲除焊根处的熔渣和未焊透等缺陷，清理后的焊接面应露出金属光泽。

焊接工作完成后，所有拼装辅助装置、残留的焊瘤和熔渣等应清除。

对所有焊缝均应进行外观检查；焊缝金属应紧密，焊道应均匀，焊缝金属与母材的过渡应平顺，不得有裂缝、未融合、未焊透、焊瘤烧穿等缺陷。

焊缝外观缺陷的允许范围和处理方法应满足表 5.3-6 的要求。

表 5.3-6　焊缝外观缺陷的允许范围和处理方法

| 缺陷名称 | 允许范围 | 超过允许的处理方法 |
|---|---|---|
| 咬边 | 深度不超过 0.5mm，累计总长度不超过焊缝长度的 10% | 补焊 |
| 超高 | 2～3 | 进行修正 |
| 表面裂缝未融合，未焊透 | 不允许 | 铲除缺陷后重新焊接 |
| 表面气孔、弧坑、夹渣 | 不允许 | 铲除缺陷后重新补焊 |

对焊缝内部应进行无损检测，其检测方法和数量按设计要求确定。设计未作规定时，可按现行国家标准《钢结构设计规范》（GB 50017）的有关规定确定焊缝的质量等级要求，满足表 5.3-7 的规定。

表 5.3-7　无损焊缝探伤的方法和要求

| 探伤数量　　探伤方法　焊缝种类 | 焊缝质量等级 | 超声波探伤 | 射线探伤 |
|---|---|---|---|
| 环缝 | 一级 | 100% | 超声波有疑问时，采用射线探伤检查 |
| 纵缝 | | 100% | |
| 环缝 | 二级 | 100% | 超声波有疑问时，增加射线探伤检查 |
| 纵缝 | | 20% | |

注：（1）T 形焊缝、十字形焊缝：焊接时的起弧点及近桩顶环缝重点检查。
　　（2）现场拼装焊缝的探伤数量应适当增加。
　　（3）表中检测数量以每根桩的焊缝总长度计算。
　　（4）柔性靠船桩等孤立建（构）筑物的焊缝等级应取一级。

**3. 钢管桩的涂层施工要求**

（1）钢管桩防护层所用涂料的品种和质量均匀满足设计要求。

（2）涂层施工应在陆上进行，涂刷前应根据涂料的性质和涂层厚度确定合适的施工工艺，涂刷应符合下列规定：

a. 涂底前应将钢管桩表面的铁锈、氧化层、油污、水汽和杂物清理干净；钢管桩除锈宜采用喷丸、喷砂和酸洗等工艺，除锈应符合设计文件或有关标准的规定。

b. 钢管桩涂底应在工厂进行；现场拼接的焊缝两边各 100mm 范围内，在焊接前不涂底，待拼装焊接后再行补涂；桩顶埋入混凝土的部位，涂层的涂刷范围应符合设计要求。

c. 各层涂料的厚度和涂刷层数，应满足设计要求，必要时应采用测厚仪检查；各涂层应厚度均匀，并有足够的固化时间，各层涂刷的间隔时间应按产品说明书的要求或通过实验确定。

d. 涂层有破损时应及时修补，修补采用的涂料应与原涂层材料相同。

（3）施工场地应具有干燥和良好的通风条件，并避免烈日暴晒；低温和阴雨条件下施工，应采取确保工程质量的措施；桩身表面潮湿时，不得进行涂层施工。

（4）钢管桩的运输和施工过程中应对涂层进行保护。

（5）对已沉的钢管桩进行涂层修补时，应考虑潮水对涂层质量的影响。修补前应做好除锈和干燥工作，并铲除已经松动的旧涂层；修补所用的涂料应具有厚浆和快干的特点；平均潮位以下的涂层修补，应采取确保涂层固化和良好附着力的有效措施。当无法保证达到上述要求时，应采取其他有效的防腐措施。

（6）涂层施工应符合现行行业标准《海港工程钢结构防腐蚀技术规范》（JTS 153-3）的有关规定。

**4. 钢管桩的堆放和运输**

（1）钢管桩应按不同的规格分别堆存，堆放应安全可靠，堆放形式和层数应避免桩产生纵向变形和局部压屈变形；长期堆存时应采取防腐蚀等保护措施。

（2）钢管桩在起吊运输和堆放过程中，应避免碰撞、摩擦等造成涂料破损、管端变形和损伤。

（3）钢管桩的径厚比（直径／钢管桩的壁厚）较大时，应在需要的部位设置防止变形的加固措施。

（4）水上运输钢管桩宜采用驳船运输，也可采用密封浮运或其他方式运输，并应符合下列规定：

a. 采用驳船运输时，驳船应具备足够的长度和稳定性；钢管桩宜放置在半圆形专用支架上，必要时应用缆索紧固。

b. 采用密封浮运时应满足水密要求，并考虑风浪的影响，密封装置应便于安装和拆卸。浮运途经主要航道的，应采取措施确保航行安全。

**5. 钢管桩的质量要求**

水上施工的钢管桩多数为拼接完成，整根出厂。由于施工环境特殊，其质量要求与陆上施工有相应的差异。陆上施工采用钢管桩的项目，均为分节加工出厂，现场焊接接桩。因此，陆上施工的钢管桩制作允许偏差（表5.3-8）与接桩焊缝外观允许偏差（表5.3-9）也与水运工程的质量标准有所不同。

表 5.3-8　钢管桩制作允许偏差

| 项次 | 项目 | | 允许偏差（mm） |
|---|---|---|---|
| 1 | 外径或断面尺寸 | 桩端部 | ±0.5% 外径或边长 |
| | | 桩身 | ±0.1% 外径或边长 |
| 2 | 长度 | | > 0 |
| 3 | 矢高 | | ≤ 1‰ 桩长 |
| 4 | 端部平整度 | | ≤ 2，H 型桩 ≤ 1 |
| 5 | 端部平面与桩身中心线的倾斜值 | | ≤ 2 |

表 5.3-9　接桩焊缝允许偏差

| 项目 | 允许偏差（mm） |
|---|---|
| 上下节桩错口 | |
| ① 钢管桩外径 ≥ 700mm | 3 |
| ② 钢管桩外径 < 700mm | 2 |
| H 型钢桩 | 1 |
| 咬边深度（焊缝） | 0.5 |
| 加强层高度（焊缝） | 2 |
| 加强层宽度（焊缝） | 3 |

## 5.3.2　钢板桩制作工艺

钢板桩主要有拉森钢板桩和槽型钢板桩、一字型钢板桩等。各种钢板桩又有各自不同的规格。

钢板桩主要分为工厂制作和现场制作两部分。钢板桩一般均为轧钢厂轧制而成，多数为标准长度，尤其是槽型钢板桩，一般为定长12m，规格可根据市场供货与现场需要确定。

拉森钢板桩型号基本上与不同的厂家有关，有的厂家是相同的。桩长可以定制，可以按常用尺寸套用。

钢板桩的现场制作主要是由于现有的桩长不够或特殊情况下桩型不能满足要求，必须现场加工少量的异形钢板桩。

桩长不够需要进行接桩。槽钢板桩拼接比较方便，拉森板桩如果沉桩方式采用小锁扣工艺，对止水效果有较高要求，拼接要求比较高，而且一般效果不好，锁扣部位的焊接、错牙较难控制，沉桩时在接缝位置容易产生较大的阻力，不易控制桩顶标高。所以一般情况不采取接长拉森板桩的工艺。

异形板桩主要用以起始定位板桩（简称定位桩）或板桩墙合拢时的异形扇形桩。定位桩的加工一般由定位钢管桩或定位方钢桩与半根拉森桩焊接组成，有的定位桩在两侧均焊有半根拉森桩。制作焊接的要求可按钢管桩的要求执行。当该桩仅作为施工措施使用时，可按施工组织设计的要求进行制作。

由于沉桩过程中，板桩的纵向倾斜，使得在板桩墙合拢时容易出现具有扇形面的"龙口"，最后的封口桩应加工成梯形或倒梯形的板桩。可以将板桩切割开，按照龙口的"梯度"，将板桩中间切掉一个三角形，或加焊一块三角形钢板，拼成一根与龙口梯度相同的梯形板桩。见图 5.3-1、图 5.3-2。

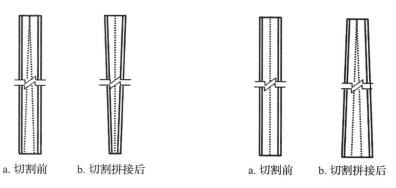

| a. 切割前　　b. 切割拼接后 | a. 切割前　　b. 切割拼接后 |
|---|---|

图 5.3-1　钢板桩中间切掉部分示意图　　图 5.3-2　钢板桩中间加焊部分示意图

当钢板桩作为工程桩使用时，应按设计或规范要求进行防腐。

### 5.3.3　H 型钢桩制作工艺

H 型钢桩的制作与钢板桩的制作相类似。H 型钢桩的制作主要由轧钢厂轧制而成，当设计的规格超过轧钢厂轧制的已有规格时，需要使用钢板进行焊接拼接成 H 型钢桩，焊接工艺、质量要求应符合有关规范的要求。但是这样加工就不太经济，加工的成本较高，不利于节约工程投资。因此，使用钢板加工 H 型钢桩较少。必须要加工时可参照钢管桩制作的质量要求实施。

H 钢桩的长度可根据设计要求，由轧钢厂直接生产相应长度的 H 型钢，也可以现场拼接至设计要求长度。

## 5.4 基桩耐久性及防腐要求

基桩的耐久性及防腐要求应视基桩的工作环境、设计使用年限、项目的重要程度、使用材料以及成桩工艺等的不同而定。一般情况下相同的耐久性要求水运工程对基桩的防腐要求较高，尤其在海上的基桩工程。为此我们结合《港口工程桩基规范》（JTJ 254）的规定，以水运工程的基桩防腐要求为例，阐述基桩的防腐要求。

### 5.4.1 木桩

使用木桩作为工程桩的应视使用环境、用途对木桩进行防腐处理。处理范围见表 5.4-1 木桩的防腐处理要求。

表 5.4-1　木桩的防腐处理要求

| 用途 ＼ 部位 | （地下）低水位以下 | （地下）低水位以上 |
|---|---|---|
| 基础桩 | 原木状态 | 防腐处理 |
| 围护桩 | 原木状态 | 原木状态 |
| 景观驳岸桩 | 原木状态 | 防腐处理 |

木桩制作时已经发现有开裂的应采用铁箍加以约束，防止继续开裂；对桩上的接桩、坚强等铁件应按相应部位的防腐处理要求进行防腐处理。

### 5.4.2 混凝土桩

（1）钢筋混凝土桩的混凝土强度等级不宜低于 C35，预应力混凝土桩的混凝土强度等级不宜低于 C40，预应力混凝土管桩的混凝土强度不宜低于 C60，钢筋的混凝土保护层厚度应符合现行行业标准《水运工程混凝土结构设计规范》（JTS 151）的有关规定，后张法预应力混凝土大管桩的混凝土保护层厚度不应小于 50mm。

（2）空心方桩的外保护层厚度应满足现行行业标准《水运工程混凝土结构设计规范》（JTS 151）的有关规定，内壁保护层厚度不宜小于 40mm。采用胶囊抽芯制桩工艺时，尚应考虑胶囊上浮的影响。

（3）锤击下沉的空心桩桩顶4倍桩宽范围内应做成实心段，冰冻地区桩顶实心段长度应适当加长。

（4）每根桩的接桩数量不宜多于一个，接桩位置宜设在泥面以下内力较小处。接桩结构的外露铁件应采取有效的防腐措施。在接头上下各两倍桩宽范围内应做成实心段。配筋应符合《港口工程桩基规范》（JTS 167-4）的有关规定。

（5）预应力管桩在泥面以下2m以上范围内的管节接头外露铁件，应按现行行业标准《海港工程钢结构防腐蚀技术规范》（JTS 153-3）的有关规定采取防腐措施。

（6）混凝土桩的表面缺陷应符合《水运工程混凝土施工规范》（JTS 202）的有关规定。

（7）桩身表面干缩产生的细微裂缝宽度不得超过0.2mm宽度，深度不得超过20mm，裂缝长度不得超过1/2桩宽。

（8）桩身缺陷的允许值应满足下列要求：

a. 在桩表面的蜂窝、麻面和气孔的深度不超过5mm，且在每个面上所占面积的总和不超过该面面积总和的5%。

b. 沿边缘棱角破损的深度不超过5mm，且每10m长的边棱角上只有一处破损，在一根桩上的边棱角破损总长度不超过500mm。

（9）后张法预应力大直径混凝土管桩的管节外壁面不应产生裂缝，内壁面由干缩产生的细微裂缝缝宽度不得超过0.2mm宽度，深度不得超过10mm，裂缝长度不得超过1/2桩径。管节混凝土表面应密实，不得出现露筋、空洞和缝隙夹渣等缺陷；管节表面蜂窝、麻面、砂线等缺陷程度应满足表5.4-2的规定；管桩拼接制成整桩后外侧不得产生拼接裂缝，内侧的裂缝宽度、深度、长度均不得大于管节的要求。

表5.4-2　后张法预应力大直径混凝土管桩管节表面缺陷限值

| 缺陷　　　　　限值　　　　　部位 | 大气区、浪溅区、水位变动区及陆上结构的外露部位 | 水下区及泥面以下部位 |
|---|---|---|
| 蜂窝面积 | 小于所在面积的2‰，且一处面积不大于0.4m² | 小于所在面积的2‰，且一处面积不大于0.4m² |
| 麻面、砂斑面积 | 小于所在面积的5‰ | 小于所在面积的10‰ |
| 砂线长度 | 每10m²累计长度不大于0.3m | — |

## 5.4.3 钢桩

（1）港口工程钢管桩腐蚀区的划分见1.2节图1.2-3。

（2）对有掩护海港，腐蚀区的划分应满足下列要求：

a. 大气区和浪溅区的分界线为设计高水位加 1.5m。

b. 浪溅区与水位变动区的分界线为设计高水位减 1.0m。

c. 水位变动区与水下区的分界线为设计低水位减 1.0m。

d. 水下区与泥下区的分界线为泥面。

（3）对无掩护海港，大气区、浪溅区、水位变动区、水下区和泥下区的划分应符合现行行业标准《海港工程钢结构防腐蚀技术规范》（JTS 153-3）的有关规定。

（4）河港工程中钢管桩腐蚀区的划分可参照有掩护海港工程的有关规定执行。

（5）钢管桩必须进行防腐蚀处理，防腐蚀可采用下列措施：

a. 外壁加覆防腐涂层或其他覆盖层。

b. 增加管壁预留腐蚀裕量厚度。

c. 水下采用阴极保护。

d. 选用耐腐蚀钢种。

（6）钢管桩防腐措施的选择应根据建（构）筑物重要性、使用年限、腐蚀环境、结构部位、施工可能性、维护方法、对环境的影响和防腐材料等经技术经济比较确定，并应符合下列规定：

a. 大气区的防腐蚀应采用涂层或金属喷涂层。

b. 浪溅区和水位变动区的防腐蚀宜采用重防腐涂层或金属热喷涂层加封闭涂层保护，也可采用树脂砂浆或包覆有机复合层、复合耐蚀金属层保护。

c. 水下区的防腐蚀可采用阴极保护和涂层联合保护或单独采用阴极保护。当单独采用阴极保护时，应考虑施工期间的防腐蚀措施。钢管桩承受交变应力时，水下区必须采取阴极保护。

d. 泥下区的防腐蚀宜采用阴极保护。

e. 钢管桩的防腐蚀不宜单独采用预留腐蚀裕量措施。

f. 海港工程钢管桩防腐蚀措施可按表 5.4-3 采用，必要时可采用两种或两种以上措施，也可采用其他有效措施进行保护；河港工程可参照海港工程选用。

表 5.4-3　海港工程钢管桩防腐蚀措施

| 方法 ＼ 部位 | 大气区 | 浪溅区 | 水位变动区 | 水下区 | 泥下区 |
|---|---|---|---|---|---|
| 涂层 | 必须 | 必须 | 必须 | 可用 | 不需 |
| 包覆层 | 可用 | 可用 | 可用 | 不需 | 不需 |
| 预留腐蚀厚度 | 可用 | 必须 | 必须 | 可用 | 可用 |
| 阴极保护 | 无效 | 无效 | 可用 | 可用 | 可用 |

（7）钢管桩的内壁与外界空间密闭隔绝时，可不考虑内壁腐蚀。

（8）设计应考虑钢管桩在施工期间的防腐蚀措施。

（9）钢管桩的预留腐蚀厚度可参照类似环境下钢结构的腐蚀实测数据确定，也可按下式计算确定：

$$\Delta\delta=V\,[(1-P_t)t_1+(t-t_1)] \tag{5.4-1}$$

式中　$\Delta\delta$ —— 在建（构）筑物使用年限 $t$ 年内，钢管桩所需要的管壁预留的单面预留厚度（mm）采用防腐蚀措施的海港工程，如果使用年限超过 10 年，其水下区以上部位的预留腐蚀厚度不应小于 2mm；

　　$V$ —— 钢材的单面年平均腐蚀速度（mm/a）；

　　$P_t$ —— 采用土层保护或阴极保护，或采用阴极保护与土层联合防腐措施时的保护效率（%）；

　　$t_1$ —— 采用土层保护或阴极保护，或采用阴极保护与土层联合防腐措施时的使用年限（a）；

　　$t$ —— 被保护的钢结构设计使用年限。

（10）海港工程碳素钢的单面年平均腐蚀速度可按表 5.4-4 取值，有条件时可按现场实测确定；河港工程平均低水位以上区域的年平均腐蚀速度可取 0.06mm/a，平均低水位以下区域的年平均腐蚀速度可取 0.03mm/a。

表 5.4-4　海港工程碳素钢单面年平均腐蚀速度 V

| 部位 | | V（mm/a） |
| --- | --- | --- |
| 大气区 | | 0.05 ~ 0.10 |
| 浪溅区 | 有掩护条件 | 0.20 ~ 0.30 |
| | 无掩护条件 | 0.40 ~ 0.50 |
| 水位变动区，水下区 | | 0.12 |
| 泥下区 | | 0.05 |

注：（1）表中年平均腐蚀速度适用于 pH=4 ~ 10 的环境条件，对有严重污染的环境，应适当增大或改变防腐措施。

　　（2）采用低合金钢时可参照表中数值取值，但大气区应适当减小。

　　（3）对水质含盐量层次分明的河口，或年平均气温高、波浪大和流速大的环境，其对应部位的年平均腐蚀速度适当增大。

（11）采用涂层保护时，在涂层的设计使用年限内其保护效率可取 50% ~ 95%，采用阴极保护时，其保护效率 P 可按表 5.4-5 取值；采用阴极保护与涂层联合防腐蚀措施时，其保护效率在平均潮位以下可取 85% ~ 95%；平均潮位以上仅按涂层的保护效率取值。

表 5.4-5　阴极保护效率 $P$

| 部位 | $P(\%)$ |
|---|---|
| 平均潮位至设计低水位 | $40 \leqslant P < 90$ |
| 设计低水位以下 | $P \geqslant 90$ |

（12）涂层的涂刷范围和材料应符合下列规定：

a. 桩顶处涂层的涂刷范围应伸入桩帽或横梁底标高以上 50 ~ 100mm，水位变动区应至设计低水位以下 1.5m，水下区应至泥面以下 1.5m；沉桩困难，预计桩端达不到设计高程时，涂刷范围应适当加大。

b. 涂层前的除锈及底漆的质量要求应符合国家现行标准《海港工程钢结构防腐蚀技术规范》（JTS 153-3）和《钢结构工程施工质量验收规范》（GB 50205）的有关规定。

c. 采用土层和阴极保护联合防腐措施时，涂层材料应具有耐电压和耐碱等良好性能。

（13）采用阴极保护的工程，所需要保护的钢管桩之间应进行导电连接。型钢或钢筋等导电体与钢管桩必须焊接，不得采用钢丝绑扎等方法。

（14）阴极保护可采用牺牲阳极阴极保护、外加电流阴极保护或两种保护的联合，对于电阻率大于 $500\,\Omega\cdot cm$ 的海水和淡海水中的防腐措施，不宜采用牺牲阳极的阴极保护方法。

（15）钢管桩防腐的其他要求应按国家现行标准《海港工程钢结构防腐蚀技术规范》（JTS 153-3）的有关规定执行。

## 5.5　国内外制桩技术发展趋势

**1. 桩的尺寸向长、大方向发展**

基于高层、超高层建筑、大型、特大型桥梁工程承载的需要，桩径越来越大、桩长越来越长。

**2. 桩的尺寸向短、小方向发展**

基于老城区改造、老基础托换加固、建（构）筑物纠偏加固、增层以及补桩等需要，小桩及静压锚杆桩技术日益成熟。小桩，又称微型桩或 M 桩，实质上是小直径压力注浆桩，桩径为 70 ~ 250mm，桩长为 8 ~ 20m。锚杆静压桩断面为 200mm×200mm ~ 300mm×300mm，桩节长度为 1.0 ~ 3.5m，桩入土深度为 3 ~ 30m。

**3. 发展自动化程度更高的制桩成套设备**

无论是混凝土桩还是钢桩的制作，工厂化、机械化程度越来越高，大量繁重、危险的工作将由机械代替，减少手工劳动，既解放劳动生产力，又能进一步保障工人的安全，提高制桩的质量。我国的预制桩需求量如此巨大，制桩技术必须迎头赶上，生产出更多、更好、更便宜的基桩产品。

## 参考文献

1. 中华人民共和国住房和建设部、中华人民共和国国家质量监督检验检疫总局. 中华人民共和国国家标准. 建筑工程施工质量统一验收标准（GB 50300-2013）[S]. 中国建筑工业出版社，2013.

2. 中华人民共和国国家质量监督检验检疫总局、中国国家标准化管理委员会. 中华人民共和国国家标准. 先张法预应力混凝土管桩（GB 13476-2009）[S]. 中国标准出版社，2010.

3. 中华人民共和国住房和城乡建设部. 中华人民共和国行业标准. 建筑桩基技术规范（JGJ 94-2008）[S]. 中国建筑工业出版社，2010.

4. 中交公路规划设计院有限公司. 公路桥涵地基与基础设计规范（JTG D63-2007）[S]. 人民交通出版社，2007.

5. 中华人民共和国交通运输部. 中华人民共和国行业标准. 港口工程桩基规范（JTS 167-4-2012）[S]. 人民交通出版社，2012.

6. 中华人民共和国国家标准. 混凝土结构设计规范（GB 50010-2010）[S]. 中国建筑工业出版社，2002.

7. 沈保汉. 桩基础施工技术现状及发展方向[J]. 施工技术（第5期），2000.

# 6

基桩施工组织设计

# 6 基桩施工组织设计

## 6.1 基桩施工组织设计

基桩施工组织设计是基桩工程实施的一个重要环节。基桩工程的成功与否，就落实在基桩施工上。基桩施工的组织设计是保证基桩工程顺利进行的重要技术文件，建设单位、施工单位对此必须引起高度的重视。

### 6.1.1 基桩施工工艺的分类

基桩施工工艺主要分为预制桩施工工艺、就地灌注桩施工工艺、预制灌注组合施工工艺、灌注预制组合施工工艺四种。详见第 2 章。

预制桩施工工艺包括桩制作、装卸、运输、测量定位、沉入、接桩、截除、桩身质量检测、防挤土工程措施等施工工艺或方案。

就地灌注桩施工工艺包括测量定位、护筒设置、成孔与护壁、泥浆制作与费浆处理（泥浆护壁法）、桩身骨架的制作和安装、桩身材料的灌注、桩端或及桩周注浆、截除、桩身质量检测等。在特定的区域沉桩，还要考虑沉桩施工平台的施工。

预制灌注组合施工工艺是以预制为主灌注为辅的基桩成桩工艺。

灌注预制组合施工工艺是以灌注为主预制为辅的基桩成桩工艺。

有时预制和灌注都是成桩过程中重要的施工工序，就按灌注方式在先还是预制方式在先来划分相应的施工工艺。如先泥浆护壁钻孔成孔，再安装预制桩节的成桩工艺，就称其为灌注预制桩；先沉预制桩，再在预制桩孔内清土现场灌注钢筋混凝土，就称其为预制灌注成桩工艺。

### 6.1.2 基桩施工组织设计

#### 1. 基桩施工组织设计应收集的资料

（1）施工图纸：设计说明、建（构）筑物总平面定位图、基础平面图、基桩工程平面布置图、基桩结构图等；相关基桩的标准图集。

（2）地质勘察报告。

（3）气象、水文资料。

（4）物探报告。

（5）周边地区的建（构）筑物、各种地上地下管线的分布资料，与拟建建筑的基桩的距离等。

（6）试桩资料（试成孔、试打桩、小应变、静载荷试桩等）。

（7）测量基点、基线资料。

（8）当地周边的道路、桥梁、航道资料。

（9）设计图纸、工程验收使用的相关规范、标准资料。

（10）可能使用的沉桩设备资料。

（11）项目施工合同（招、投标文件资料）。

（12）周边地区的材料、基桩供应信息。

（13）项目施工总进度计划对基桩施工的进度要求等。

**2. 基桩施工组织设计的编制内容**

（1）编制依据

编制依据即基桩施工组织设计应收集的资料。

（2）概况

a. 参建单位：建设单位、总包单位、设计单位、监理单位、基桩供货单位（如有）、检测单位等。

b. 工程概况：项目名称、建设地点、占地面积、总建筑面积，单位工程名称及其建筑面积、层数、总高度，基础埋深等。

c. 基桩概况：试桩桩型、桩长、试桩方式（堆载方式、锚桩方式、自平衡荷载箱方式）、极限承载力要求、基础的检测要求；工程桩桩型、桩长、桩尖标高、桩顶标高、送桩深度、各种桩型数量、桩位布置情况等；停锤或停压标准；后注浆要求等；灌注桩的护筒要求、成孔工艺、桩身骨架的材料要求、桩身填充材料的要求等。

d. 地质情况：桩尖持力层以上所有各层土的物理、力学性质、含水率、渗透系数、地下水位、标贯击数、Ps 值、地下障碍物及其分布等。

e. 气象水文：雨季的时间、灾害性天气的常发时间、年降雨量，计划施工期间的最高、最低气温，风向、风力、常风向；最高、最低水位、常水位，潮汐情况（如有）、水深。

f. 环境情况：自然环境和人文环境。桩基础周围建（构）筑物分布情况，周围道路情况、管线情况、架空线缆情况、河道、水域情况，周围是否有居民、学校、和其他特殊使用要求的建筑等。

g. 交通条件：周边的道路、桥梁情况，港口、码头情况，航道通航情况等。

（3）施工方案的主要内容

成桩工艺的选择

a. 边界条件分析

工程概况分析

设计采用预制桩需要考虑的因素：

桩长、桩型、极限承载力、桩尖持力层土质情况、地表土承载力情况、周围环境情况、单节最大桩长、桩重、预制桩的运输情况，若为水上沉桩，整桩的长度、重量、桩径、水位、水深等。

如极限承载力较高，采用静压桩的可能性有多大，地表土承载力是否能够安全承载静压桩架的荷载；采用锤击桩施工工艺，选用何种桩架，何种锤型；原定的桩型是否适合锤击，周围环境复杂的情况是否需要采取防挤土和防震措施，挤土效应对基桩工程本身可能产生的影响、如何防范与处理等。

设计采用就地灌注桩需要考虑的因素：

当地的地质条件、各层土体的内摩擦角、内聚力，土体颗粒组成，含水率、渗透系数、周围环境水源情况，持力层情况；桩径、桩长、桩尖是否扩大、设计要求进入持力层的深度；是否适合人工挖孔桩，是否适合钻孔灌注桩，是否需要采用冲孔灌注桩施工工艺等；实地调查后是否需要改变就地灌注桩的施工工艺，改变的必要性、可行性，改变后的承载能力、工程造价等。

基桩类型及用途分析

工程中的基桩是垂直承载桩还是水平承载桩，是摩擦桩还是端承桩，是摩擦端承桩还是端承摩擦桩。不同的桩型对桩尖进入持力层的要求不尽相同，如是抗弯桩，对桩尖进入持力层基本要求，桩长或桩尖标高控制原则。

若设计对基桩既有承载力要求又有沉降控制要求，则桩尖进入持力层必须要有足够的深度等。

周围环境分析

首先，是否可以采用预制桩，包括可以采用预制桩、采取相应的防护措施后可以采用、采取相应的措施后仍不能采用、不能采用等情况；采取措施后增加工程造价的经济性。经分析，如与原设计桩型不一致的，还要与原设计研究变更成桩工艺。其次，地下是否存在障碍物，是否可以清除，不能清除的采取何种变更措施等。

地质资料的进一步分析

除了在工程概况中所做的分析以外，还要看整个基桩工程所涉及的地质条件的相应变化，如果变化特别大，是否需要增加施工钻探，是否要补孔，确实需要的，应及时组织补钻孔，进一步探明地质情况，可事先对桩长、施工工艺做进一步调整。

试桩情况分析

大型基桩工程，或周边没有类似工程实例、或工程地质条件变化大等基桩工程应首先进行试桩。整个基桩工程实施前应对试桩资料进行全面的分析：试桩的沉桩工艺的适应性，若预制桩：试桩沉桩的沉桩贯入度或静压桩压力，终沉贯入度或终沉压力，沉桩深度，接桩时间，试桩与锚桩的沉桩顺序等；灌注桩：孔深、沉渣厚度、试桩与锚桩的钢筋笼安装时间等；小应变对桩的检测情况，试桩的测试情况，P-S 曲线情况，残余沉降量等情况。

试桩沉桩时终沉贯入度较小或终沉压力较大，试桩时 P-S 曲线较平缓，总沉降量较小，残余沉降较小。达到设计极限承载力尚未破坏，且经试桩后设计未改变原设计桩长，桩位的布置形式为仍群桩布置，则一是要认真考虑沉桩顺序，避免封闭型沉桩顺序，二是事先告知设计单位，到沉桩中后期可能有部分桩达不到设计要求的桩尖标高。这是因为桩的挤土效应，导致后沉部分桩位的土被挤密的结果。如果硬要沉至设计标高，将会导致桩身破坏的可能。

设计承载力与预计承载力的差异分析

根据地质条件、试桩情况、以往的施工经验等对设计要求承载力与预计承载力进行评估，预计承载力高于设计承载力，可能会发生桩尖或桩顶标高达不到设计要求而无法将桩继续沉入，如采用压桩工艺沉桩的，会将桩架顶起，出现不安全因素；需要立即决定继续加载沉桩至设计标高还是截桩；当采用锤击沉桩工艺的，可能会使用正常大小的锤型，进入持力层后贯入度大大减小，小于 3mm/ 击。这种评估，可以提前向设计提出，请设计单位做好处置方案的准备，以节约时间、降低成本。

b. 综合分析结果，确定成桩工艺，选择施工设备

经过以上分析，可以确定基桩工程的施工工艺。根据施工工艺确定成桩施工的机械设备。

成桩施工方案

a. 预制桩

根据场地情况、桩长、桩节长度、总桩数、沉桩进度计划、周围环境对沉桩进度的控制要求、周围居民对沉桩施工的时间控制要求等，确定每天的平均工作时间，确定每天的沉桩数量，计算、确定沉桩设备数量，相应地确定运输、装卸、场内驳运、接桩等设备的数量。

b. 现场灌注桩

根据前述分析，采用何种现场灌注桩成桩工艺：钻孔灌注桩、挖孔灌注桩、沉管灌注桩、冲孔灌注桩或其中的几种成桩工艺；根据确定的成桩工艺，详述在本项目中的施工顺序、操作要点、人员配备、注意事项等。

（4）编制沉桩顺序图

一项基桩工程可能有多种桩型，编制沉桩顺序图，将确定制桩、运桩顺序或制作钢筋笼、钻孔、挖孔的顺序，是保证基桩施工质量、安全、进度的基本要求和措施。

（5）编制施工总平面布置图

施工总平面布置与基桩施工顺序图几乎是在同时进行和完成的，当施工总平面布置与沉桩顺序发生矛盾时，相互之间还要进行平衡、协调，或者要进行分阶段布置，达到最佳的沉桩顺序、最优的平面布置。

（6）施工进度计划

a. 掌握合同工期的含义

如"自发包方下达开工令基桩工程开工至基桩施工人员退场为 60 日历天"，表示开工前准备工作不计入基桩工程工期，但是进入后期至退场的时间则包含在工期内；60 日历天意味着包含了天气因素、设备因素、地质因素、环境影响因素可能引起的停工时间均计算在总工期内，并且包括节假日等国定假日。实际可用工期小于 60 天，具体要根据项目情况估算确定。一般可用时间最多按合同工期的 90% 计。有的项目节假日是强制要求停工的，因此，一定要根据有效作业时间进行工期的安排。但当按照技术上可行的最大限度安排了成桩机械设备和劳动力仍无法满足工期要求时，应与发包人协商、调整工期，否则会带来严重的质量问题或其他后果。

b. 计算成桩效率

根据施工总平面布置，确定最多可布置多少个作业面，每个作业面可同时作业的时间（不是所有的作业面都有相同的工作量直至整个基桩工程完成，作业面的工作量具有不均衡性），计算可能在多少时间内完成，通常会提前完成。这时可以调整、减少作业面，直至略有提前完成即可。上述计算中运用的时间为实际施工时间。根据桩的型号、采用的成桩设备、周围的环境条件、试桩数据、以往经验确定每个作业面每工班完成成桩数量。

c. 确定作业面数量

经过上述计算，并根据承包单位的自身力量确定成桩的设备、施工人员的配备，可以确定必须开多少个作业面，方可按计划完成基桩的施工任务。同时可以确定施工人员、机械的配备计划。

d. 协调确定供料计划

根据作业面数量确定预制桩或钢筋、混凝土的材料供应计划，并与相关单位确认；若预制桩或材料供应单位不能满足上述计划要求，则在相应的范围内进行修正，当修正满足总工期要求的即可实施，不能满足要求的应协商调整供料计划。

e. 编制施工总进度计划

根据最终的调整结果，确定基桩工程的施工总进度计划，根据施工总进度计划编制工、料、机计划。

（7）根据现场条件确定测量方案

测量定位是基桩工程的重要一环，确定基桩的位置，就是确定建（构）筑物的位置，因此基桩工程的测量是非常重要的。

（8）工、料、机计划

根据成桩工艺、作业面数量、每个工作日的班次，计算确定相应的施工机械、施工人员的数量。为了保证施工安全，每个班组的作业时间不得超过8小时，超过8小时的应由其他的作业班组替换。根据作业面数量和班组的作业时间，配备相应的质检、安全管理人员以及辅助作业人员，如测量、试验等人员。当工、料、机计划与施工总进度计划发生矛盾时，在不影响施工总进度时可进行微调；当对总进度计划产生影响时，应对影响的程度进行评估，当影响的程度可以忽略或通过其他措施可以解决的，应继续原来的计划安排，否则应对总进度计划及工、料、机计划进行全面的调整。

（9）施工组织管理体系

一般的基桩工程应配备项目负责人、技术负责人、安全负责人、测量负责人、试验负责人、采购负责人，每个施工班组应确定一名班长。一般工程的组织机构宜采用直线式组织管理模式，特大型工程可采用矩阵式组织管理模式。

（10）影响施工安全、质量、进度的主要因素

保证施工安全、质量、进度的措施，应针对项目的具体情况，提出相应的对策措施。

a. 影响安全的主要因素

按工作进展主要风险点有：设备进场运输、装卸、安装、试车的安全；预制桩或原材料进场、运输、装卸；吊桩、喂桩、桩定位、桩架设备的移位、行走的安全；地基不平整或承载力不足引起的桩架倾斜的防范与应对措施；打桩、压桩可能碰到地下障碍物，出现突然偏位、断桩的应对方案；沉桩期间周边建（构）筑物、管线观测数据的反馈信息，对沉桩进度的影响分析；灌注桩钻孔、钢筋笼安装；电焊、用电安全；机械设备的拆除、装卸、外运等；挖孔桩可能碰到流沙、塌孔、断层、溶洞、暗河等不良地质，不良地质中可能碰到沼气、硫化氢等有毒有害气体的防范措施；若为水上沉桩，水深条件、是否乘潮作业、作业船舶搁浅的可能性与风险、作业区域水下障碍物对船舶可能造成的影响、风浪对施工船舶的影响、施工船舶锚缆对航道航行船舶可能产生的影响、航行通告的发布时间、港航监督管理部门对水上作业时间的要求、岸边地锚埋设、走锚的可能性、地锚周围对无关人等的危险、台风或季风对施工船舶的影响等。无论何种施工工艺，安全用电、机械设备的安全操作始终贯穿其中；应针对有存在可能的风险点，编制相应的对策或应急预案。

b. 影响质量的主要因素

项目可能碰到的质量问题：预制桩制桩质量问题、基桩制桩过程的监督检查、进场基桩外观检查与资料核查，直至可采用小应变事先检查桩的完整性；沉桩过程的观察，是否有突变情况，如贯入度突变、静压力突变、位置突变等；接桩质量的控制，电焊接桩等的冷却时间的控制，沉桩顺序、进度的控制；挤土效应对桩偏位的分析、预测与防范；桩垂直度控制、接桩时桩顶倾斜的控制与防治措施；停锤、停压标准的控制，桩顶标高的控制等。灌注桩则要注意钻孔灌注桩试成孔工艺的符合性、孔径、孔深测试，定时测试沉渣厚度，穿越砂层的塌孔情况，上述情况的分析与可能发生问题的防范措施；开孔或埋管位置的控制，钻孔钻头直径的符合性，各阶段泥浆比重的控制与测试，钢筋笼制作质量的控制（原材料、加工、制作），钢筋笼安装质量控制、接头焊接质量、钢筋笼的附件安装（检测管、注浆管、吊筋、保护层垫块等），孔径、孔深、泥浆比重、沉渣的控制，导管的完好性，混凝土初灌量与连续灌注的控制，导管提升速度与埋入混凝土深度的控制，灌注混凝土的充盈系数、设计桩顶标高混凝土的翻浆高度的控制等；人工挖孔桩的孔径、孔深，桩尖进入持力层的深度、直径，遇到流砂层、富含水层的处理方法与措施，遇到溶洞、暗河、断层的工程措施等，钢筋笼的制作与安装，混凝土浇灌与水下混凝土灌注的施工措施等。

c. 影响工程进度的主要因素

影响项目进度的主要风险有：预制桩供桩进度能否跟上沉桩进度、沉桩设备的配备是否能够按计划到达工地，设备完好率，天气、水位、未探明的地质条件，原材料的供应情况、技术工人的准备情况、工程进度款的支付、周围环境对工程进度的影响，针对上述情况可能产生的风险，应采取相应的措施。

分析了影响安全、质量、进度的有关因素，就可以比较容易地制定相应的对策措施。

（11）工程成本控制措施

施工企业控制基桩施工成本可以从以下几个方面考虑：

预制桩：

a. 只要运输条件许可，尽可能采用高强预应力空心桩，少用或不用非预应力桩，降低每延 m 钢筋和混凝土的用量，达到节约成本的目的。从承载性能上考虑预制桩桩周摩阻力大于灌注桩未注浆的桩周摩阻力。这既是设计需要考虑的问题也是施工企业应该考虑的问题。

b. 尽可能选用离建设项目较近的预制厂家，减少桩的运费。

c. 合理选用沉桩设备，既可以将桩顺利的沉入地基，又可以适当减少沉桩机械的转移费用。

d. 编制科学合理的沉桩顺序，既要便于控制某一方向的沉桩挤土效应，又要考虑适当减少空架的移动距离，在沉桩速率没有限制的情况下，可以加快施工进度。

e. 保证质量、施工安全是控制工程成本的有效措施，任何质量问题和安全事故，都会导致增加工程成本。

f. 运用切实可行的新技术、新工艺，进一步提高基桩的承载效率。

现场灌注桩：

a. 根据地质情况、周边的环境情况、地下水情况等因素合理选用成孔工艺，提高成孔工效和成孔质量，降低工程成本。

b. 科学使用桩端后注浆工艺，提高桩端承载力，合理减少桩长、减少桩数，节约工程造价。

c. 编制科学合理的施工平面布置图、成桩顺序图，按图施工，减少桩架重复移动次数，提高成桩效率。

d. 加强成孔质量的控制，保持桩身垂直，泥浆比重适当，防止塌孔，合理确定桩顶翻浆高度，控制灌注桩的充盈系数，控制混凝土的灌注量。

e. 控制混凝土的灌注质量，防止堵管、断桩，防止质量和安全事故的发生。

（12）重大风险分析及其对策措施

针对项目的重大风险源进行分析，并提出相应的对策措施、应急预案。通常基桩工程的重大风险源主要有：

预制桩：

a. 制作风险：预制桩的制作分工厂制作与现场制作。工厂制作属于厂内制造工作，多数工厂制作的实施方案均不予阐述。现场预制的风险主要有钢筋笼、模板起吊安装风险，使用钢筋加工机械风险，使用电焊机、对焊机风险，触电风险，火灾风险等。施工企业应考察制桩企业的各项管理制度及管理效果，管理制度齐全，且能够严格执行，制作的风险应在可控范围，否则制桩质量难以保证，供桩进度也会出现问题。

b. 基桩起吊风险：起重机械选择不当，起重量不足，起重高度不够，选用索具不当，可能导致起重设备损坏、超重情况下刹车失灵等，装卸时均有可能发生事故，并有可能导致基桩开裂、断损、人员伤亡等。检查设备性能、保养管理制度：设备性能完全满足要求，保养管理完好，起重指挥持证上岗、专人负责。

c. 基桩运输风险：路况不熟可能导致无法行进，装车固定不牢可能导致严重交通事故；水上运输：航道是否适合相应的船舶航行，是否有禁止航行的风浪或急流。运输道路是否存在限载、限高的道路或桥梁，限高、限航的航道。编制方案时应前往路政、航运管理部门了解情况，并要求运输部门实地了解，没有问题方可实施。

d. 基桩可沉性风险：预制桩沉入时对地质条件更敏感。由于地质条件的复杂，设计对桩端标高要求穿过相应的硬土层，其中有的土层具有较高的强度和密实度，桩尖穿过时需要较高的压力或动力，桩贯入度较小，沉桩时间长、总锤击数高，有的锤击贯入度小于3mm，桩顶标高比原设计标高高出许多，最终导致截桩。充分了解地质情况，必要时可以补充钻孔。经分析可能出现无法沉至设计标高的情况时，可以事先向设计单位提出，做好相应的记录，并在实施过程中做好相应的防范措施。

e. 地表承载力风险：地表承载力的高低主要看是否能够承受基桩施工机械的工作压力。承载力过低，施工机械在沉桩或移位行走过程中会发生深陷、倾斜，轻者无法正常工作，重者导致桩架倾覆、压桩架的负重块滑落，造成严重安全和质量事故，沉桩时导致基桩断裂。沉桩前，做好排水、降水措施以及必要的地基加固工作，确保沉桩期间施工的安全。

f. 地基挤土危害风险：地基挤土是预制桩最常见的施工过程中产生的危害，如所在场地开阔，待基桩施工完成后的一定时间，对环境的影响自然会消除，但挤土对基桩本身也会产生危害。由于挤土作用，会将桩拥挤上浮，有的桩抗拉能力弱的部位，甚至会拉断，导致严重的质量事故。详细的分析处理方案见相关章节。如果在距离基桩周围 1 倍桩长的范围内有需要保护的各种管线、建（构）筑物，则要做好严格的防护措施，方可开始进行沉桩，采取包括控制沉桩速率、开挖防挤沟、设置应力释放孔、打设排水板等措施。对周围管线、建（构）筑物进行观测，发现挤土造成的危害，应立即采取措施。

g. 高空作业风险：桩架等高度均较高，都有可能产生高空坠物的危险，有时也会需要操作人员到达桩顶的上部进行作业，都要按照高空作业的规定做好防范措施。

h. 水上作业风险：主要包括水上运输安全、施工船舶或其锚缆占用航道时应注意的安全，在水位涨落的水域施工时应严密注意施工船舶的吃水深度，防止船舶搁浅，在流速较大的水域，需注意水流可能导致的走锚事故。充分了解施工区域及其周围的水域条件、水位变化情况，针对实际情况制定相应的措施。

i. 基桩承载力达不到设计要求的承载力风险：由于地质勘察的误判、设计计算的差异或因施工质量等问题导致基桩的承载力达不到设计预先确定标准。没有当地经验确定基桩的承载力，应先进行试桩。

j. 接桩焊接质量风险：目前高强预应力空心桩的接桩方式基本上是焊接。这种桩的焊接实际上有较高的要求，第一道焊缝要求单面焊接双面成型，第二、第三道焊缝要求无杂质、均匀，且高出焊件表面约 3mm。由于混凝土桩采用钢质端板，规范要求焊接完成后须冷却8min，方可继续沉桩。施工单位为了赶进度往往做不到，有的甚至焊接完成马上沉桩，冷却时间不足 1min（规范规定钢桩焊接冷却时间不少于 1min），这给桩接头焊缝受力带来非常不利的影响。混凝土桩的焊接接头冷却时间必须达到 8min。

k. 不明地质条件风险：不明地质条件主要表现为承载力特别低，产生"溜桩"，在桩尖到达持力层之前，出现承载力较高的夹层或强度较高的风化岩，甚至孤石等硬土层，使桩尖无法达到原设计的桩尖标高，沉桩压力陡升，贯入度接近为零，桩顶标高甚至大大高于设计标高。应会同勘察、设计、施工、监理研究处理方案。若在边坡附近沉桩，尤其是锤击或振动沉桩，一定要注意边坡的稳定性，防止失稳、滑坡等地质灾害的发生。沉桩过程中应加强观测，发现异常立即进行处置，需要时先撤离现场，待边坡稳定或经处理稳定后再进场施工。

l. 断桩、桩顶打碎等风险：在基桩承载力要求较低，桩型较小时不易发生断桩、桩顶打碎等风险。设计要求的承载力较高，地质条件复杂的情况下比较容易发生断桩、桩顶打碎等风险。发生断桩的因素较多，主要由基桩的质量问题与异常的地质条件所致。桩顶打碎主要发生在锤击桩的沉桩工艺中，一是因为桩顶密实度容易出现问题，二是受过大的锤击应力。可以在桩顶设置弹性垫层，达到扩散应力、保护桩顶的目的，同时要保证制桩质量，确保桩顶密实度，分析地质条件，当出现中、微风化岩地质埋藏较浅的条件时，尤其要注意断桩、桩顶打碎的风险。

m. 水位急剧变化风险：在水陆变动区、潮差较大的河口、近海等区域，水位可能发生急剧变化，使水上施工平台淹没、施工船舶发生不必要的位移等。若水位急剧下降，可能导致施工船舶搁浅，造成严重的船机事故。因此，施工前应充分了解当地的水位变化规律，在时间安排上应留有足够的余地。

n. 大风、暴雨、雪灾等自然灾害风险：根据现有的气象预报条件，大风、暴雨、雪灾等自然灾害天气是可以预测、预报的。必须对预报的自然灾害天气引起足够的重视，并做好相应的防范措施。

o. 基桩施工平台的安全风险：采用水上平台施工时，必须保证平台具有足够的承载力，平台构件必须具有足够的强度和刚度，并保证在高水位时不被淹没。不得将灌注桩的套管用于桩基施工平台的支撑。

灌注桩：

a. 不明地质条件：灌注桩按不同的成孔工艺会碰到不同地质风险。钻孔灌注桩可能会碰到障碍物、孤石等不利的地质条件，需要查明后采取相应的措施方可继续施工；挖孔灌注桩可能碰到的问题有：地下水位突变：地下水位受降雨、洪涝等灾害影响较大，在地质条件比较复杂，尤其在砂土或存在中粗砂的地质中，受到山洪等的影响，可能会迅速上升，挖孔桩碰到大水量的砂层，宜改变成孔工艺，否则不但成孔困难，而且施工人员安全受到巨大威胁；地层中夹杂有毒、有害气体的，不应采用人工挖孔成孔。

b. 塌孔、倾斜：当在砂层中钻进时，泥浆比重、黏度设置不当容易造成塌孔；钻机不平、桩架不直容易造成倾斜。

c. 断钻：碰到障碍物、孤石等容易卡钻，处理不当将造成钻头断脱、掉钻。

d. 钢筋笼安装不到位：由于塌孔、桩身倾斜，钢筋笼在孔内被卡住，使得钢筋笼无法安装到位。塌孔可能是因为钢筋笼安装时间过长；而钢筋数量多、直径大，焊接作业量大等，是钢筋笼安装时间过长的原因。

e. 断桩：一是缩颈到一定程度就是断桩，二是由于灌注混凝土时导管拔出混凝土导致断桩。导管拔出混凝土包括两种情况：一种是在正常灌注混凝土时，由于导管上提过快，导致桩身混凝土中夹杂泥浆，以致桩身断开；另一种情况是灌注过程中，混凝土等待时间过长，桩中已经灌注的混凝土初凝，有的甚至导管无法拔出，导致断桩。

f. 缩颈：小应变检测时，发现桩局部缩颈。

g. 钢筋笼掉落：钢筋笼安装时固定不牢，在插入导管或浇筑混凝土时，钢筋笼掉落导致开挖时桩顶不见钢筋。

h. 桩底无法注浆：设计需要桩端注浆的灌注桩，由于注浆管不通等因素，在注浆时无法注入相应的浆液，导致基桩承载力达不到设计要求的承载力。必须设法打通注浆管，注入相应的浆液，提高基桩的承载力。

i. 水上作业、水位急剧变化、自然灾害、基桩施工平台的安全等风险与预制桩施工具有相似的风险。

处理灌注桩质量通病有很多方法，详见 9.2 节。

（13）基桩工程竣工验收需要收集的资料

基桩工程验收是一般建筑工程验收程序中第一个验收项目。为保证工程质量，不仅在施工过程中要求控制好每个环节，还要求同时留下相应的资料，因此收集、整理基桩工程资料，在施工组织设计中就要有所规划、细化和明确。

基桩工程的验收资料主要包括：

a. 基桩工程的施工承包合同文件。

b. 图纸会审记录，设计交底会议纪要。

c. 施工组织设计及其批复。

d. 开工报告及其开工令。

e. 试桩资料。

f. 预制桩或原材料的质量合格证、复试报告。

g. 沉桩记录，隐蔽工程验收资料。

h. 业务联系单。

i. 设计修改通知单。

j. 基桩工程竣工图。

k. 基桩完整性测试报告。

l. 施工监理基桩工程质量评估报告等。

收集完整资料应采取的措施：

a. 配备专职资料员，并应经专门培训，做事认真细致。

b. 全程参与，全程收集，按照事先既定方案，编码整理、保管。

c. 各级施工管理人员应配合资料员，做好整理归档工作，做到及时、准确，并且要求资料的准确性应由编制人负责，专职资料员有义务检查督促，保证资料的准确及时。

**3. 基桩施工组织设计的编制程序**

基桩施工组织设计是在收集资料、分析论证的基础上逐步优化、细化编制而成，有的在实施过程中还要根据情况进行不断的调整。基桩工程施工组织设计的编制流程见图 6.1-1。

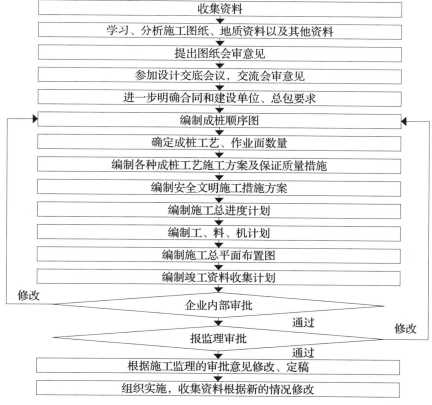

图 6.1-1　基桩施工组织设计编制流程图

基桩工程施工组织设计一般由项目技术负责人牵头组织有关人员进行编制。项目负责人必须全程参与，并对有关问题进行决策。重大问题应会同企业有关部门进行研究，必要时应聘请有关专家进行论证，力争在开工前做好充分的技术准备，为基桩工程施工的顺利进行打下基础。

大型基桩施工组织设计的编制是一个循序渐进的过程。尤其地质条件比较复杂时，需要通过试成（沉）桩、试桩以及初期沉桩参数的分析论证，对施工工艺参数进行不断的修正，才能选择比较合适的沉桩施工工艺，配以合适的施工机械，形成合理的沉桩顺序。

**4. 施工（规范）要求**

（1）预制桩沉桩工艺的分类

预制桩沉桩工艺按沉入的方式可分为锤击沉桩、静压沉桩、振动沉桩、植入沉桩、水冲沉桩以及预制灌注沉桩等；按沉桩设备所处的环境可分为陆上沉桩、水上沉桩等；在河道、山沟等位置搭设排架，采用陆上沉桩机械进行沉桩的均属于陆上沉桩；主要采用水上打桩船或起重船等设备在水上进行的沉桩，属于水上沉桩。

陆上沉桩的特点：由于受桩架自重和稳定性的限制，桩架高度不能无限长高。因此，除了微小型桩外，中、长桩必须进行接桩；预制桩的桩径受到较大的限制，单节重量、长度均受到限制，大型的沉桩桩锤使用也将受到限制。

水上沉桩的特点：由于打桩船的桩架高度可以做成较高的高度，总高度可达100m以上，扣除大型吊钩、桩锤高度、替打高度、安全富余高度等，加上可以利用的水深，打桩船所能沉的预制桩长度可达80m左右。可以避免水上接桩的麻烦。当然，在必要的时候，水上接桩也是可以的。

（2）沉桩顺序原则

常规的沉桩顺序：先深后浅、先长后短、先大后小、先预制后现浇、先挤土桩后半挤土桩、非挤土桩，相邻轴线的桩在条件均允许的情况下先直桩后斜桩。具体的沉桩顺序则要考虑诸多因素：

a. 所有桩中桩尖标高最深的桩应先沉入；通常桩尖标高较深的桩长度较长，断面较大。

b. 运桩车辆进入现场后宜先远后近，逐步后退，沉桩后地面会留下桩孔，即使回填，也会容易使运桩车辆陷入其中。

c. 多台桩架同时沉桩，应有合适的间距以及适合桩机就位的空间条件；如有的桩位临近河边、不可移动的障碍物等，就不能使用中心式静压沉桩机械，需要使用其他形式的沉桩机械。

d. 与基础承台施工进度基本同步；当作业面足够时，沉桩顺序还应结合流水施工顺序统筹考虑。

e. 当既有预制桩又有现场灌注桩时，宜先预制桩后现场灌注桩；应先挤土桩后半挤土桩或非挤土桩。

f. 相邻灌注桩距离较小的成桩顺序需要间隔跳序成桩。

g. 避免形成"关门桩"、"闭合桩"。

h. 应结合上部结构施工方案统筹安排沉桩顺序。

i. 所有因素分析、理顺关系后，绘制沉桩顺序图，将沉桩顺序号标注在沉桩顺序图上。

（3）测量施工方案

基桩工程的测量主要包括平面位置控制、桩顶标高的控制。基桩位置的确定即确定建（构）筑物的相应位置。所以，桩位的控制测量是整个建（构）筑物控制测量的第一道工序，是非常重要的。

测量放样的程序

测量放样的程序主要从审核图纸开始，审核桩位图与总平面图，与建筑轴线位置图以及结构专业图上的尺寸是否一致，所有的桩都必须有相应的定位尺寸。否则，应在图纸会审时向设计单位提出，有关问题应在基桩开始施工前进行妥善的解决。接收并复核原始测量基点、就地校核施工测量仪器、测放施工基点、基线或建（构）筑物轮廓线、测放样桩、桩定位、控制桩顶标高、竣工桩位测量、整理编制竣工资料等。详见图 6.1-2。

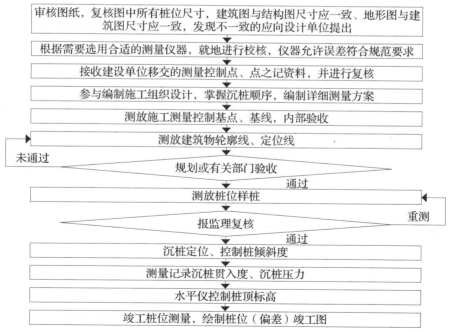

图 6.1-2　基桩工程测量放样程序图

陆上沉桩平面位置控制测量方法

测量方法主要包括交会法、极坐标法、尺量法等。

陆上沉桩的平面位置控制测量方案比较简单，但是也要考虑：原始测量基点、基线的稳定性，建（构）筑物整体轮廓线与基桩轴线的一致性，样桩位置的可变性，桩垂直度偏差对桩顶位置的影响，送桩深度对桩顶位置偏差的影响，挤土效应对桩位的影响等。测量方案还包括桩顶标高的控制等。

原始测量基点必须经复核方可使用；基点设置的位置应稳定可靠、视线良好，使用过程中应定期复核。

建（构）筑物整体轮廓线与基桩轴线应图与图之间一致、图与现场一致，发现不一致的应在设计交底时及时指出，提请设计修改或调整。

由于现场施工机械的行走与碾压、沉桩挤土的影响，测放较久的样桩会产生偏位，因此，一次测放样桩的数量不宜过多，并及时进行复测，及时进行修正。

规范要求基桩竣工垂直度允许偏差为 1%，由于桩长较长，若不注意沉桩时桩的垂直度，竣工桩顶偏位很容易超出规范的允许偏差；若定位时仪器视平线的位置桩位完全正确，桩的垂直度偏差为 1%，仪器高度 1.5m，送桩深度为 5m（假设沉桩时地面标高为 ±0.00），定位偏差为 10 ~ 20mm，群桩情况下，挤土对桩顶位置的影响可达 50 ~ 100mm 甚至更大，则桩顶的竣工偏位为：15+（1.5+5）× 1% × 1 000+75=155mm（有时定位偏差也会正好抵消，上式中挤土影响桩顶的偏位取中值 75mm，桩定位偏差取 15mm），这样会大于规范规定的桩顶平面位置的允许偏差 150mm。上述偏位中还未考虑开挖、边坡压力对桩偏位的影响，而且挤土影响的偏位往往会大于 75mm；一般民用建筑地下为 1 层，现在为了开发利用地下空间，地下室为 2 层或 3 层的越来越多，则送桩深度会达到或超过 10m，这样桩顶的偏差还会加大。为了控制桩顶的竣工偏位，桩在定位时的垂直度应根据竣工偏位的要求适当提高，可以提高到 1/200 或更高。虽然在规范规定的允许偏差中考虑了送桩深度对偏差的影响，但是，往往设计要求的精度会更高一些。如承台桩或基础梁桩本身竣工桩位的允许偏差要求较高。

在有经验的情况下，可将桩位向挤土方向的反方向设置提前量，待沉桩结束，基桩位置更趋正确。但这要求有充分的经验数据，才可以设置预偏值，否则，桩的偏位会越来越大。

桩顶标高的控制，应考虑桩的使用功能、挤土效应等影响因素，确定桩顶标高按图示标高控制、提高控制还是降低控制；若考虑挤土效应桩顶标高应适当降低控制；半挤土或桩位布置比较分散的基桩（群桩挤土效应降低），已经基本没有挤土效应，则应按设计标高控制；如船台水下部分的大头桩、桩顶直接安装预制构件的基桩等，桩顶标高应降低控制。提高或降低的量应有相应的经验数据做参考。

水上沉桩平面位置控制测量方法

水上沉桩的测量方案相对比较复杂。正因为没有陆上那么方便测量，相关的工程及其研究单位开发了很多测量定位方法，主要有直角交会定位法、任意角交会定位法（上述两种定位方法为较早时期常用的定位方法，通称为交会法）。现在海上工程越来越远离海岸，使用经纬仪、全站仪进行交会定位测量已不能满足工程测量的需要。随着全球定位系统的运用，工程 RTK-GPS 测量定位法等得到了广泛的运用，定位精度越来越高。国内多艘打桩船上已经配备了相应的 RTK-GPS 测量定位系统，可以达到工程定位的精度。

水上沉桩施工放样应符合下列规定：

a. 桩位放样精度及仪器等级应符合规范要求，详见表 6.1-1。

表 6.1-1　桩位放样精度及仪器等级一览表

| 精度及仪器等级　　$D$（m）<br>项目 | $D \leqslant 200$ | $200 < D \leqslant 500$ | $500 < D \leqslant 900$ | $900 < D \leqslant 1\,000$ |
|---|---|---|---|---|
| 角度允许测设误差（″） | 26.0 | 10.0 | 6.5 | 5.0 |
| 光电测距允许相对误差 | 1/9 000 | 1/20 000 | 1/32 000 | 1/40 000 |
| 测角仪器 | 6″级 | 6″级 | 2″级 | 2″级 |

注：$D$—测量仪器至桩的距离。

b. 放样前，根据测量控制点和桩位平面图计算放样参数，并绘制定位图及数据表。

c. 前方交会时，相邻两台仪器视线的夹角控制在 30° ~ 150°。

d. 采用三台仪器作角度或方向交会时，所产生的误差三角形的重心到三角形各边的距离不大于 50mm。

e. 控制斜桩桩位、斜度和平面扭角。

f. 在前后视距相等的条件下，采用水准仪测设定位标高和停锤标高。

g. 随时观测桩位变化情况，沉桩结束时测定沉桩施工偏位。

桩位放样、定位测量之前应对桩位控制点的编号和后视点的位置进行复核。

公路桥涵基桩工程的测量方法

公路桥梁的建设地理条件比较复杂，桩的平面位置与标高多变，桩位的确定即确定了道桥的轴线位置，桩顶的标高应符合承台、帽梁等标高的变化。公路桥涵的测量环境既有陆上测量的环境特性，又有水上测量的环境特性。

公路桥涵基桩工程的测量方法主要包括尺量、交会法、极坐标法、RTK-GPS 测量定位法等。

公路桥涵控制测量的基本要求：

a. 根据桥梁的形式、跨径及设计要求的施工精度，编制施工测量方案，选定控制测量等级，确定测量方法。

b. 测量施工前，应由勘察设计单位对控制性桩点进行现场交接，并应在复测原控制网的基础上，根据施工需要适当加密、优化，建立施工测量控制网。

c. 对测量控制点，应编号绘于施工总平面图上，并应采取有效措施妥善保护。施工过程中，应对控制网（点）进行不定期的检测和定期复测，定期复测周期不应超过6个月，当发现控制点的稳定性有问题时，应立即进行局部或全面复测。

d. 桥梁工程施工的平面、高程控制测量允许误差应符合现行行业标准《公路桥涵施工技术规范》（JTG/TF 50）的有关规定。

公路桥涵放样测量的基本要求：

a. 桥涵工程施工放样测量时，应对桥涵各墩台的控制性里程桩号、基础坐标、设计高程等数据进行复核计算，确认无误后再施测。

b. 施工放样测量需设置临时控制点时，其精度应符合相应等级的精度要求，并应与相邻控制点闭合。

c. 当有良好的丈量条件时可采用直接丈量法进行墩台施工定位。直接丈量应对尺长、温度、拉力、垂度和倾斜进行改正计算；计算方法应符合有关规范的规定。

d. 前方交会时，相邻两台仪器视线的夹角控制在30°～150°；采用三台仪器作角度或方向交会时，所产生的误差三角形的重心到三角形各边的距离不大于50mm。

e. 采用GPS实时动态测量系统（RTK）进行宽阔水域、海上基桩工程的施工放样测量时，基准站的设置及测量方法宜符合所用设备的相应技术规定，测量精度应满足现行有关行业标准的规定。

基桩工程竣工偏位允许偏差。一般工业与民用建筑工程允许偏差详见表6.1-2；有特殊要求的基桩工程桩位允许偏差按设计要求执行。

表 6.1-2　预制桩沉桩竣工允许偏差表

| 项目 | 允许偏差（mm） |
|---|---|
| 带有基础梁的桩（1）垂直基础梁中心线；（2）沿基础梁中心线 | $100+0.01H$<br>$150+0.01H$ |
| 桩数为 1～3 根基桩中的桩 | 100 |
| 桩数为 4～16 根基桩中的桩 | 1/2 桩径或边长 |
| 桩数大于16根基桩中的桩（1）最外边的桩；（2）中间桩 | 1/3 桩径或边长<br>1/2 桩径或边长 |

注：$H$ 为施工现场地面标高至桩顶设计标高的距离。

水运工程基桩工程竣工允许偏差，详见表6.1-3。

表 6.1-3　水运工程基桩竣工允许偏差一览表

| 沉桩区域 \ 桩型 | 混凝土方桩（mm） | | 预应力混凝土管桩、钢管桩（mm） | |
|---|---|---|---|---|
| | 直桩 | 斜桩 | 直桩 | 斜桩 |
| 内河和有掩护水域 | 100 | 150 | 100 | 150 |
| 近岸无掩护水域 | 150 | 200 | 150 | 200 |
| 离岸无掩护水域 | 200 | 250 | 250 | 300 |

注：（1）近岸指距岸500m及以内，离岸指距岸超过500m。
（2）直径小于等于600mm的管桩按方桩允许偏差执行。
（3）长江和掩护条件较差的河口港沉桩可按"近岸无掩护水域"标准执行。
（4）墩台中间桩可按上表规定放宽50mm。
（5）表列允许偏差不包括由锤击震动等所引起的岸坡变形产生的基桩位移。

公路桥梁工程基桩竣工允许偏差，详见表6.1-4。

表 6.1-4　公路桥梁工程基桩允许偏差一览表

| 检查项目 | | | 允许偏差（mm） |
|---|---|---|---|
| 桩位（mm） | 群桩 | 中间桩 | $d/2$，且不大于250 |
| | | 外缘桩 | $d/4$ |
| | 单排桩 | 顺桥方向 | 40 |
| | | 垂直桥轴方向 | 50 |
| 倾斜度 | | 直桩 | 1% |
| | | 斜桩 | $\pm 0.15\tan\theta$ |

注：（1）$d$ 为桩的直径或短边边长。
（2）倾斜角"$\theta$"为桩纵轴线与垂直线的夹角。
（3）深水中采用打桩船沉桩时，其允许偏差应符合设计文件或现行行业标准《港口工程桩基规范》
（JTJ 254）的规定。

## 5. 基桩运输与装卸

预制桩就要涉及基桩的运输与装卸。

目前，一般陆上运输预制桩的桩长都在20m以内。这是由几方面的制约因素决定的：一是桩的起吊自重引起的弯矩决定预制桩不能过长，否则会引起预制桩开裂，裂缝宽度会超过预制桩的允许裂缝宽度；二是运输车辆不能过长，否则部分道路无法通过；三是桩架、起重设备需要大大加大，不但不经济，还会造成沉桩现场地基承载力不足，沉桩时需要对现场地基进行加固，这样是不经济的。而一般基桩的单节长度在 10 ～ 15m，特殊用途的桩有 2 ～ 3m，主要在室内锚杆静压基桩工程中使用；也有达到 30m 甚至更长，这要视具体情况而定。

（1）陆上混凝土预制桩的起吊、运输和堆放

混凝土实心桩的吊运应符合下列规定：

a. 混凝土强度应达到 70% 及以上方可吊运，达到 100% 方可运输。

b. 桩起吊时应采取相应措施，保证安全平稳，保护桩身质量。

c. 水平运输时应做到桩身平稳放置，严禁场地上直接拖拉桩体。

预应力混凝土空心桩的吊运应符合下列规定：

a. 出厂前应作出厂检查，其规格、批号、制作日期应符合所属的验收批号内容。

b. 在吊运过程中应轻吊轻放，避免剧烈碰擦。

c. 单节桩可采用专用吊钩钩住桩两端内壁直接进行水平起吊。

d. 运至施工现场时应进行检查验收，严禁使用质量不合格及在吊运过程中产生裂缝的桩。

预应力混凝土空心桩的堆放应符合下列规定：

a. 堆放场地应平整坚实，最下层与地面接触的垫木应有足够的宽度和高度。堆放时桩应稳固，不得滚动。

b. 应按不同规格、长度及施工流水顺序依次分别堆放。

c. 当场地条件许可时，宜单层堆放；当叠层堆放时，外径为 500 ～ 600mm 的桩不宜超过 3 层，外径为 300 ～ 400mm 的桩不宜超过 4 层。

d. 垫木宜选用耐压的长木枋或枕木，不得使用有棱角的金属构件。

取桩应符合下列规定：

a. 当桩叠层堆放超过 2 层时，应采用吊机取桩，严禁拖拉取桩。

b. 三点支撑自行式打桩机不应拖拉取桩。

（2）水上混凝土预制桩的起吊、运输和堆放

基桩水上运输与吊运的要求比较高。一般情况，水上运输、吊运、沉桩都是整根运输、吊运、沉桩。目前国内主要的打桩船可以施打 80m 长甚至更长的桩，这就需要起吊、运输设备均可达到以上要求。水上基桩的运输、起吊还应注意以下要求：

a. 预制钢筋混凝土桩、预应力混凝土桩和预应力混凝土管桩吊运时，桩身混凝土强度应符合设计要求，提前吊运应经验算。

b. 吊桩时桩身可采用绳扣捆绑或夹具夹持，其吊点位置距离设计位置的允许偏差为 ±200mm，为防止绳扣破坏桩角，捆绑式吊点位置宜用麻袋或木块等衬垫。

c. 吊桩时应使各吊点同时受力，徐徐起落，减少震动。（图 6.1-3）

图中起吊 50 米长桩没有采用钢扁担（钢桁架）试吊

**图 6.1-3　长桩整桩起吊图**

d. 场内宜采用钢桁架多点吊运，钢桁架应具有足够的刚度，防止吊桩时过大变形，吊索应与桩纵轴线垂直；采用起重船或起重机吊运时，吊索与桩纵轴线夹角不应小于 45°。

e. 采用其他形式吊运时，应按桩身实际情况验算，对按多点吊设计的桩，拖运时应采取措施，保持全部支点在同一平面上。

f. 桩的堆存应符合下列规定：

堆放场地应平整坚实；

按 2 点吊设计的桩，可用 2 点支垫堆存，支垫位置可按设计吊点位置确定，偏差不宜超过 200mm。桩长期堆存时，宜采用多点支垫；

按 4 点吊或 4 个吊点以上设计的桩，可采用多支垫堆存，堆存时垫木应均匀放置，桩两端悬臂长度不得大于设计规定；

桩多层堆存时，堆放层数应按地基承载力、垫木强度和堆垛稳定性确定；各层垫木应位于同一垂直面上，堆放层数不宜超过 3 层，各层之间应支垫牢固；

用岸坡坡顶作为临时堆存场地时，应验算岸坡的稳定性。

g. 驳船装运基桩时，应符合下列规定：

装驳应根据施工时的沉桩顺序和吊桩的可能性，按落驳图要求分层进行；

驳船装桩应采用多支垫堆放，垫木均匀放置，并适当布置通楞，垫木顶面应在同一平面上；

桩堆放应考虑驳船在落驳、运输和卸驳吊起时的稳定性要求。

h. 装驳后需做长途运输时，应符合下列规定：

船体应作严格检查，采取必要的加固措施；

有风浪影响时应水密封舱；

桩堆应采取加撑和系绑等措施，防止因风浪影响，发生驳船倾斜；

管桩装驳应采用专用支架，防止管桩滚动，必要时采用系绑等措施，防止滚动、失稳。

### 6. 成桩设备选用

（1）陆上成（沉）桩设备的选择

预制桩沉桩设备的选择

a. 锤击桩沉桩设备的选择

锤击桩沉桩设备主要包括沉桩桩机与桩锤。

锤击桩桩机主要有履带式、步履式、轨道式和滚轴式等种类。后两种运用较早，移动不太方便，如轨道式，在顺轨道方向移动方便，但垂直轨道方向移动就比较困难。步履式是随着液压技术的发展而发展起来的，相对于轨道式、滚轴式，移动比较方便。履带式桩机是目前具有相对优势的陆上沉桩设备。由于履带式移动方便，沉桩效率高，环境适应性强，有逐步取代其他沉桩机械的趋势。

选择沉桩设备须根据地质情况、基桩情况判断。

轨道式打桩机的主要技术参数见表 6.1-5。步履式打桩机的主要技术参数见表 6.1-6。履带式打桩机又分悬挂式履带打桩机、三点式履带打桩机（部分）等，主要技术参数见表 6.1-7、表 6.1-8。悬挂式履带式打桩机构造示意图见图 6.1-4，三点式履带打桩机构造示意图见图 6.1-5。国产三支点式履带打桩机主要技术性能见表 6.1-9。

**表 6.1-5 轨道式打桩机技术参数表**

| 项目名称 | | 型号 | | | | | |
|---|---|---|---|---|---|---|---|
| | | DJG12 | DJG18 | DJG25 | DJG40 | DJG60* | DJG100* |
| 适用最大柴油锤型号 | | D12/D8 | D18/D16 | D25/D30 | D40/D42 | D60/D62 | D100 |
| 立柱长度（m） | | 18 | 21 | 24 | 27 | 33 | 40 |
| 锤导轨中心距（mm） | | 330 | 330 | 330 | 330 | 600 330/600 | 600 330/600 |
| 立柱倾斜范围（°） | 前倾 | 5 | 5 | 5 | 5 | 5 | 5 |
| | 后倾 | 14 | 18.5 | 18.5 | 18.5 | | |
| 立柱水平调整范围（mm） | | — | 500 | 500 | 500 | 500 | 500 |
| 上平台回转角度（°） | | 360 | 360 | 360 | 360 | 360 | 360 |
| 桩架负荷能力（kN） | | ≥ 60 | ≥ 100 | ≥ 160 | ≥ 240 | ≥ 300 | ≥ 500 |
| 桩架行走速度（km/h） | | ≤ 0.5 | ≤ 0.5 | ≤ 0.5 | ≤ 0.5 | ≤ 0.5 | ≤ 0.5 |
| 上平台回转速度（rad/min） | | ＜ 1 | ＜ 1 | ＜ 1 | ＜ 1 | ＜ 1 | ＜ 1 |
| 轮距（mm） | | 3 000 | 3 800 | 4 400 | 4 400 | 6 000 | 6 000 |
| 打桩机总质量（t） | | ≤ 12 | ≤ 20 | ≤ 33 | ≤ 45 | ≤ 65 | ≤ 100 |

注：* 为建议值。

## 表 6.1–6　常用步履式打桩机技术参数表

| 项目名称 | | 型号 | | | | | |
|---|---|---|---|---|---|---|---|
| | | DJB12 | DJB18 | DJB25 | DJB40 | DJB60 | DJB100 |
| 适用最大柴油锤型号 | | D12 | D18 | D25 | D40 | D60 | D100 |
| 导杆长度（m） | | 18 | 21 | 24 | 27 | 33 | 40 |
| 锤导轨中心距（mm） | | 330 | 330 | 330 | 330 | 600 330/600 | 600 330/600 |
| 导杆倾斜范围（°） | 前倾 | 5 | 5 | 5 | 5 | 5 | 5 |
| | 后倾 | 18.5 | 18.5 | 18.5 | 18.5 | — | — |
| 上平台回转角度（°） | | ≥ 120 | ≥ 120 | ≥ 120 | 360 | 360 | 360 |
| 桩架负荷能力（kN） | | ≥ 60 | ≥ 100 | ≥ 160 | ≥ 240 | ≥ 300 | ≥ 500 |
| 桩架行走速度（km/h） | | ≤ 0.5 | ≤ 0.5 | ≤ 0.5 | ≤ 0.5 | ≤ 0.5 | ≤ 0.5 |
| 上平台回转速度（rad/min） | | < 1 | < 1 | < 1 | < 1 | < 1 | < 1 |
| 履板轨距（mm） | | 3 000 | 3 800 | 4 400 | 4 400 | 6 000 | 6 000 |
| 履板长度（mm） | | 6 000 | 6 000 | 8 000 | 8 000 | 10 000 | 10 000 |
| 接地压力（MPa） | | < 0.098 | < 0.098 | < 0.120 | < 0.120 | < 0.120 | < 0.120 |
| 打桩机总质量（kg） | | ≤ 14 000 | ≤ 24 000 | ≤ 36 000 | ≤ 48 000 | ≤ 70 000 | ≤ 120 000 |

## 表 6.1–7　悬挂式履带打桩机主要参数表

| 项目名称 | | 型号 | | | | |
|---|---|---|---|---|---|---|
| | | DJU18B | DJU25B | DJU40B | DJU60B | DJU100B |
| 导杆长度（m） | | 21 | 24 | 27 | 33 | 33 |
| 锤导轨中心距（mm） | | 30 | 330 | 330 | 330/600 | 330/600 |
| 导杆倾斜范围（°） | 前倾 | 5 | 5 | 5 | 5 | 5 |
| | 后倾 | 18.5 | 18.5 | 18.5 | — | — |
| 导杆水平调整范围（mm） | | 200 | 200 | 200 | 200 | 200 |
| 桩架负荷能力（kN） | | ≥ 100 | ≥ 160 | ≥ 240 | ≥ 300 | ≥ 500 |
| 桩架行走速度（km/h） | | ≤ 0.5 | ≤ 0.5 | ≤ 0.5 | ≤ 0.5 | ≤ 0.5 |
| 上平台回转速度（rad/min） | | < 1 | < 1 | < 1 | < 1 | < 1 |
| 履带运输时全宽（mm） | | ≤ 3 300 | ≤ 3 300 | ≤ 3 300 | ≤ 3 300 | ≤ 3 300 |
| 履带工作时全宽（mm） | | | | 3 960 | 3 960 | 3 960 |
| 接地压力（MPa） | | < 0.098 | < 0.098 | < 0.120 | < 0.120 | < 0.120 |
| 打桩机总质量（kg） | | ≤ 40 000 | ≤ 50 000 | ≤ 60 000 | ≤ 80 000 | ≤ 100 000 |

## 表 6.1–8　KH180-2S、80R-3 型液压履带吊机架规格（前托架式 3100 型）[1]

| 锤 | | | 桩帽质量（t） | | | | 桩（单节） | | | 打斜桩的后倾角度（°） | 全机质量[4]（行走时）(t) | 对地面的平均压强（MPa） |
|---|---|---|---|---|---|---|---|---|---|---|---|---|
| 形式 | 质量（t） | 桩帽质量（t） | 钻头 | 螺旋钻杆 | | 钻机允许拔出荷载（t） | 导向[2]架长度（m） | 长度（m） | 质量（t） | | | |
| | | | 形式（相当于） | 长度[3]（m） | 质量（t） | | | | | | | |
| KB80 | 20.5 | 4.0 | | | | | 21 | 13 | 8.0 | 20 | 91.9 | 0.122 |
| | | | | | | | 24 | 16 | 5.0 | 16 | 93.5 | 0.124 |
| MH72 | 18.4 | 3.5 | | | | | 21 | 13 | 10.0 | 20 | 89.3 | 0.118 |
| | | | | | | | 24 | 16 | 8.0 | 16 | 90.9 | 0.120 |

| 锤 形式 | 锤 质量(t) | 桩帽质量(t) | 钻头 形式(相当于) | 钻头 质量(t) | 螺旋钻杆 长度(m)[3] | 螺旋钻杆 质量(t) | 钻机允许拔出荷载(t) | 导向架长度(m)[2] | 桩(单节) 长度(m) | 桩(单节) 质量(t) | 打斜桩的后倾角度(°) | 全机质量(行走时)(t)[4] | 对地面的平均压强(MPa) |
|---|---|---|---|---|---|---|---|---|---|---|---|---|---|
| KB60 | 15.0 | 3.0 | | | | | | 21 | 13 | 10.0 | 20 | 85.4 | 0.113 |
| | | | | | | | | 24 | 16 | 10.0 | 16 | 87.0 | 0.115 |
| | | | | | | | | 27 | 19 | 10.0 | 13 | 88.6 | 0.117 |
| 45 | 11.0 | 2.0 | | | | | | 21 | 14 | 10.0 | 20 | 80.4 | 0.106 |
| | | | | | | | | 24 | 17 | 10.0 | 16 | 82.0 | 0.109 |
| | | | | | | | | 27 | 20 | 10.0 | 13 | 83.6 | 0.111 |
| | | | | | | | | 30 | 23 | 10.0 | 11 | 84.9 | 0.113 |
| | | | D-120H | 9.5 | 23 | 5.3 | 40.0 | 27 | 23 | 10.0 | | 89.1 | 0.118 |
| | | | | | 26 | 6.0 | 40.0 | 30 | 26 | 10.0 | | 91.1 | 0.121 |
| | | | D-80H | 7.0 | 23 | 5.3 | 40.0 | 27 | 23 | 10.0 | | 86.4 | 0.114 |
| | | | | | 26 | 6.0 | 40.0 | 30 | 26 | 10.0 | | 88.4 | 0.117 |
| 45 | 11.0 | 2.0 | D-80H | 7.0 | 17 | 3.9 | 40.0 | 21 | 14 | 10.0 | | 95.0 | 0.126 |
| | | | | | 20 | 4.6 | 40.0 | 24 | 17 | 10.0 | | 97.3 | 0.129 |
| | | | D-60H | 6.0 | 17 | 2.7 | 40.0 | 21 | 14 | 8.0 | | 92.2 | 0.122 |
| | | | | | 20 | 3.2 | 40.0 | 24 | 17 | 8.0 | | 94.3 | 0.125 |
| 35 | 8.5 | 1.0 | D-60H | 7.0 | 20 | 4.6 | 40.0 | 24 | 18 | 8.0 | | 93.8 | 0.124 |
| | | | | | 23 | 5.6 | 40.0 | 27 | 21 | 8.0 | | 96.1 | 0.127 |

注：（1）机器必须在履带伸出时方可行走。

（2）长度 21m 以内的导向架可以靠机器执行竖立，导向架长度大于等 24m 时，需要吊机帮助竖立。

（3）表中螺旋钻长度包括螺旋钻动力头在内。

（4）当机器总质量超过 95t，履带下地基应采取措施，防止履带压力过大造成不均匀沉陷。

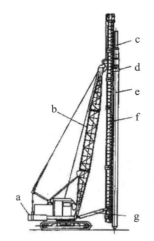

a. 本体；b. 吊臂；c. 桩锤；d. 桩帽
e. 桩；f. 立柱；g. 支撑叉

图 6.1-4

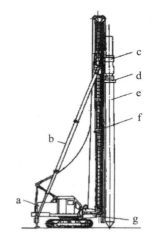

a. 本体；b. 斜撑；c. 桩锤；d. 桩帽
e. 桩；f. 立柱；g. 主柱支撑

图 6.1-5

表 6.1-9　国产三支点式履带打桩机主要技术性能

| 型号 | DJU18 | DJU25 | DJU40 | DJU60 | DJU100 | DJU72A |
|---|---|---|---|---|---|---|
| 适用最大柴油锤型号 | D18 | D25 | D40 | D60 | D100 | D72 |
| 立柱长度（m） | 21 | 24 | 27 | 3 | 33 | 26.5 |
| 锤导轨中心距（mm） | 330 | 330 | 330 | 330/600 | 330/600 | — |
| 立柱倾斜度（°）前 | 5 | 5 | 5 | 5 | 5 | 5 |
| 后 | 18.5 | 18.5 | 18.5 | — | — | — |
| 立柱水平调整范围（mm） | 200 | 200 | 200 | 200 | 200 | — |
| 桩架负荷能力（不小于）（t） | 10 | 16 | 24 | 30 | 50 | |
| 桩架行走速度（km/h） | 0.5 | 0.5 | 0.5 | 0.5 | 0.5 | 0.6~1.2 |
| 上平台回转速度（rad/min） | <1 | <1 | <1 | <1 | <1 | 2.5 |
| 履带运输时全宽（mm） | 3 300 | 3 300 | 3 300 | 3 300 | 3 300 | 3 460 |
| 履带外扩后宽（mm） | — | — | 3 960 | 3 960 | 3 960 | 4 220 |
| 接地比压（Pa） | <9.8×10⁴ | <9.8×10⁴ | <1.2×10⁵ | <1.2×10⁵ | <1.2×10⁵ | — |
| 发动机功率（kW） | 80 ~ 100 | 130 ~ 160 | 180 ~ 240 | 180 ~ 240 | 180 ~ 240 | 135 |
| 桩架作业时总重（t） | 40 | 50 | 60 | 80 | 100 | 95 |
| 生产厂 | 上海工程机械厂 | | 抚顺挖掘机厂 | | | 四海工程机械厂 |

$接地比压：<9.8×10^4$、$<1.2×10^5$

桩锤主要有柴油锤、液压锤、振动锤、气动锤等。柴油锤有水冷式柴油锤、风冷式柴油锤。液压锤有单向顶升自落式，也称为单作用式液压锤；对应的是双作用式，按照作用的介质分为油压作用式和气压作用式两种。油压作用式液压锤冲击块通过液压油提升到一定高度后，由液压控制系统控制，液压油改变方向，推动冲击块以大于自由落体的速度冲击桩顶。这时冲击能除冲击块的重力外，还有压力油的强大推力。气压作用式液压锤冲击块通过液压油提升的同时，压缩顶部氮气，当冲击块下落时，压缩的气体压力同时作用于油缸活塞的顶部，使冲击块以更高的速度冲击桩顶。双作用式液压锤的冲击能量要比单作用式液压锤的冲击能大，打桩效率更高。因此，液压锤更适用于大型高强度基桩。桩锤性能见表6.1-10、表6.1-11、表6.1-12。

表 6.1-10　国内外柴油打桩锤主要性能参数

| 制造厂 | 型号 | 冷却方式 | 尺寸（mm） | | | 总重（kg） | 上活塞重（kg） | 一次打击能量（kg·m） | 打击次数（次/分） | 燃料消耗 | 润滑油消耗 | 燃油箱容积（升） | 润滑油箱容积（升） | 水箱容积（升） | 备注 |
|---|---|---|---|---|---|---|---|---|---|---|---|---|---|---|---|
| | | | 总高 | 宽度 | 厚度 | | | | | 升/小时 | | | | | |
| 石川岛播磨工业（日） | IDH-12A | 风 | 4 180 | 470 | 673 | 2 735 | 1 250 | 30.6 | 40~60 | 8 | 0.8 | 32 | 3.5 | | |
| | IDH-J23 | 风 | 4 251 | 670 | 768 | 5 100 | 2 300 | 58.8 | 40~70 | 14 | 1.5 | 50 | 7 | | |
| | IGH-J34 | 风 | 4 412 | 850 | 935 | 7 700 | 3 400 | 85.8 | 40~70 | 18 | 2 | 80 | 8 | | |
| | IDH-J43 | 风 | 4 512 | 930 | 990 | 10 000 | 4 300 | 107.9 | 40~70 | 26 | 3 | 80 | 14 | | |

| 制造厂 | 型号 | 冷却方式 | 尺寸(mm) | | | 总重(kg) | 上活塞重(kg) | 一次打击能量(kg·m) | 打击次数(次/分) | 燃料消耗 | 润滑油消耗 | 燃油箱容积(升) | 润滑油箱容积(升) | 水箱容积(升) | 备注 |
|---|---|---|---|---|---|---|---|---|---|---|---|---|---|---|---|
| | | | 总高 | 宽度 | 厚度 | | | | | 升/小时 | | | | | |
| 神户制钢所（日） | K13 | 水 | 4 050 | 616 | 739 | 2 900 | 1 300 | 36.3 | 40~60 | 3~8 | 1 | 40 | 5 | 70 | 上为上活塞 下为下活塞 |
| | K25 | 水 | 4 550 | 768 | 839 | 5 200 | 2 500 | 73.6 | 39~60 | 9~12 | 1.5 | 40 | 7 | 80 | |
| | K35 | 水 | 4 550 | 881 | 934 | 7 500 | 3 500 | 101.0 | 39~60 | 12~16 | 2 | 48 | 9.5 | 140 | |
| | K45 | 水 | 4 830 | 996 | 1 074 | 10 500 | 4 500 | 132.4 | 39~60 | 17~21 | 2.5 | 65 | 13.5 | 170 | |
| | KB45 | 水 | 5 460 | 996 | 1 071 | 11 000 | 4 500 | 132.4 | 35~60 | 17~21 | 上 3.5；下 | 95 | 上 15；下 15 | 220 | |
| | KB60 | 水 | 5 770 | 1 135 | 1 301 | 15 000 | 6 000 | 156.9 | 35~60 | 24~30 | 3.5 | 130 | 上 25；下 25 | 350 | |
| | KB80 | 水 | | 1 700 | | 20 500 | | 235 | 35~60 | | 上 4；下 4 | | | | |
| | K150 | 水 | 7 000 | | 2 000 | 36 500 | 15 000 | 388.4 | 42~60 | 60~75 | 上 9；下 5 | 600 | 上 50；下 50 | 700 | |
| 三菱重工业（日） | M14S | 水 | 3 951.6 | 633 | 751 | 3 300 | 1 350 | 35.3 | 42~60 | 9~14 | 1.2 | 22 | 3 | 60 | |
| | MB22 | 水 | 4 856.6 | 744 | 869 | 5 300 | 2 200 | 57.9 | 39~60 | 9~14 | 2~3 | 55 | 10 | 110 | |
| | M23 | 水 | 4 056.6 | 744 | 869 | 5 100 | 2 300 | 60.8 | 42~60 | 9~14 | 1.8 | 38 | 5.5 | 90 | |
| | M33 | 水 | 4 526.6 | 896 | 1 034 | 7 700 | 3 300 | 86.3 | 40~60 | 13~20 | 1.8 | 55 | 7.5 | 100 | |
| | MB40 | 水 | 5 644.6 | 990 | 1 267 | 10 900 | 4 100 | 107.9 | 38~60 | 15~22 | 3~4 | 90 | 18 | 170 | |
| | M43 | 水 | 4 703.6 | 990 | 1 267 | 10 300 | 4 100 | 113.8 | 40~60 | 15~22 | 2.6 | 70 | 10.7 | 150 | |
| | MB70 | 水 | 5 951.6 | 1 956 | 1 615 | 21 100 | 7 200 | 191.2 | 38~60 | 25~37 | 5~6 | 175 | 25 | 450 | |
| | MH72B(陆) | 水 | | | | 17 540 | 7 200 | 211.8 | 25~37 | 5~6 | | 158 | 44 | 435 | |
| | MH72B(水) | 水 | | | | 19 200 | 7 200 | 211.8 | 25~37 | 5~6 | | 158 | 44 | 435 | |
| | MH80B(陆) | 水 | | | | 18 340 | 8 000 | 215.8 | 44~60 | 30~40 | 5~6 | 158 | 44 | 435 | |
| | MH80B(水) | 水 | | | | 20 000 | 8 000 | 215.8 | 44~60 | 30~40 | 5~6 | 158 | 44 | 435 | |
| DELMAG（德国） | D2 | 风 | 3 816 | 385 | 510 | 1 140 | 500 | 12.3 | 42~60 | 5 | 0.5 | 11.5 | 2 | | |
| | D12 | 风 | 4 245 | 480 | 629 | 2 565 | 1 250 | 30.6 | 42~60 | 8 | 0.75 | 15.5 | 3 | | |
| | D22 | 风 | 4 320 | 618 | 765 | 4 710 | 2 200 | 53.9 | 42~60 | 13 | 1.5 | 38.5 | 7 | | |
| | D30 | 风 | | | | 5 280 | 2 200 | 73.6 | | | | | | | |
| | D44 | 风 | 4 790 | 720 | 950 | 9 500 | 4 300 | 117.7 | 37~56 | 17 | 3 | 88 | 18 | | |
| | D55 | 风 | 5 416 | 770 | 1 050 | 11 956 | 5 400 | 172.6 | 36~47 | 21 | 3 | 88 | 18 | | |
| | D62-22 | 风 | 5 910/6 910 | 800 | 970 | 11 870/12 280 | 6 200 | 223.2 | 35~50 | 20 | 3.2 | 98 | 31.5 | | |
| | D80-23 | 风 | 6 200/7 200 | 890 | 1 110 | 16 365/16 905 | 8 000 | 272 | 36~45 | 25 | 2.9 | 155 | 32 | | |
| | D100-13 | 风 | 6 358/7 358 | 890 | 1 110 | 19 820/20 360 | 10 000 | 340 | 36~45 | 30 | 2.9 | 155 | 32 | | |
| | D150-42 | 风 | 6 990 | 990 | 1 500 | 28 450 | 15 000 | 512 | 36~52 | 40 | 4.8 | 310 | 45 | | |
| | D200-42 | 风 | 8 175 | 1 250 | 1 825 | 53 680 | 20 000 | 682 | 36~52 | 60 | 5.8 | 439 | 80 | | |
| MCKIRN-ANTERRYCORP（美） | DE10 | 风 | 3 710 | | | 1 410 | 500 | 12.0 | 48~52 | 3.4 | | 34.1 | 3.8 | | 半复动式 |
| | DE20 | 风 | 4 040 | | | 2 440 | 910 | 21.7 | 48~52 | 6.1 | | 56.8 | 11.4 | | |
| | DE30 | 风 | 4 570 | | | 3 690 | 1 270 | 30.4 | 48~52 | 7.6 | | 64.8 | 18.9 | | |
| | DE40 | 风 | 4 570 | | | 4 460 | 1 810 | 43.4 | 48~52 | 11.4 | | 71.9 | 18.9 | | |
| | DA35 | 风 | 5 180 | | | 4 540 | 1 270 | 48.2 | 48 | 7.6 | | 90.8 | 41.6 | | |
| | DA35 | 风 | 5 180 | | | 4 540 | 1 270 | 82 | 10.2 | | | 90.8 | 41.6 | | |

## 表 6.1-11　国内外柴油打桩锤主要性能参数

| 制造厂 | 型号 | 冷却方式 | 尺寸(mm) | | | 总重(kg) | 上活塞重(kg) | 一次打击能量(kg·m) | 打击次数(次/分) | 燃料消耗 | 润滑油消耗 | 燃油箱容积(升) | 润滑油箱容积(升) | 水箱容积(升) | 备注 |
|---|---|---|---|---|---|---|---|---|---|---|---|---|---|---|---|
| | | | 总高 | 宽度 | 厚度 | | | | | 升/小时 | | | | | |
| LINK-BELTSPEEDER（美） | 180 | 风 | 3 430 | | | 2 060 | 780 | 11.0 | 90~95 | | | 21.3 | 7.2 | | 半复动式 |
| | 312 | 风 | 3 275 | | | 4 710 | 1 750 | 20.3 | 100~105 | | | 34.1 | 6.1 | | 半复动式 |
| | 440 | 风 | 4 425 | | | 4 670 | 1 810 | 24.7 | 86~90 | | | 49.2 | 6.8 | | 半复动式 |
| | 520 | 风 | 4 115 | | | 5 690 | 2 300 | 35.7 | 80~84 | | | 41.6 | 7.6 | | 半复动式 |
| 俄罗斯 | C-994 | 水 | 3 825 | | | | 600 | 15.7 | 50~60 | | | | | | |
| | C-995 | 水 | 3 955 | | | | 1 250 | 32.4 | 50~60 | | | | | | |
| | C-996 | 水 | 4 335 | | | | 1 800 | 47.1 | 50~60 | | | | | | |
| | C-1047 | 水 | 4 970 | | | | 2 500 | 65.7 | 50~60 | | | | | | |
| | C-1048 | 水 | 5 145 | | | | 3 500 | 92.2 | 50~60 | | | | | | |
| | CⅡ-54 | 水 | 5 300 | | | | 5 000 | 132.4 | 50~60 | | | | | | |

| 制造厂 | 型号 | 冷却方式 | 尺寸（mm） | | | 总重（kg） | 上活塞重（kg） | 一次打击能量（kg·m） | 打击次数（次/分） | 燃料消耗 | 润滑油消耗 | 燃油箱容积（升） | 润滑油箱容积（升） | 水箱容积（升） | 备注 |
|---|---|---|---|---|---|---|---|---|---|---|---|---|---|---|---|
| | | | 总高 | 宽度 | 厚度 | | | | | 升 / 小时 | | | | | |
| 上海工程机械厂 | D2-1 | 水 | 2 376 | 310 | 220 | 230 | 120 | 2.0 | 50～60 | 1.1 | | 1.9 | | 5 | 高压雾化 |
| | D2-6 | 水 | 3 665 | 520 | 662.5 | 1 600 | 600 | 14.7 | 42～70 | 3.4 | | 23 | | | 高压雾化 |
| | D2-12 | 风 | 3 830 | 528 | 692.5 | 2 750 | 1 200 | 29.4 | 40～60 | | | 21 | 3 | | |
| 上海工程机械厂、浦沅工程机械厂 | D2-18 | 风 | 3 947 | 578 | 790 | 4 000 | 1 800 | 45.1 | 40～60 | 9 | 上1.5;下0.8 | 37 | 上6.5;下4 | | |
| 浦沅工程机械厂 | D2-25 | 水 | 4 780 | 805 | 850 | 5 650 | 2 500 | 61.3 | 40～60 | 18.5 | 2～3 | 46 | 12 | 180 | |
| | D2-40 | 水 | 4 870 | 880 | 1 060 | 9 150 | 4 000 | 98.1 | 40～60 | 23 | 上2;下1.5 | 58 | 上13;下12 | 200 | |
| 上海工程机械厂、浦沅工程机械厂、武汉桥梁机械厂等 | D12 | 风 | 3 830 | 528 | 693 | 2 400 | 1 200 | 30 | 40～60 | | | | | | – |
| | D13 | 风 | 3 830 | 528 | 693 | 2 500 | 1 300 | 33 | 40～60 | | | | | | |
| | D15 | 风 | 3 830 | 528 | 693 | 2 700 | 1 500 | 37.5 | 40～60 | | | | | | |
| | D18 | 风 | 3 950 | 578 | 790 | 4 200 | 1 800 | 45 | 40～60 | | | | | | |
| | D22 | 风 | 3 950 | 578 | 790 | 4 710 | 2 200 | 55 | 40～60 | | | | | | |
| | D25 | 水 | 4 870 | 825 | 897 | 6 490 | 2 500 | 64.5 | 40～60 | | | | | | |
| | D32 | 水 | 4 870 | 825 | 897 | 6 490 | 3 200 | 80 | 39～52 | | | | | | |
| | D35 | 水 | 5 100 | 800 | 962 | 8 800 | 3 500 | 87.5 | 39～52 | | | | | | |
| | D40 | 水 | 4 780 | 940 | 1 023 | 9 300 | 4 000 | 100 | 39～52 | | | | | | |
| | D45 | 水 | 4 900 | 940 | 1 023 | 9 590 | 4 500 | 112.5 | 37～53 | | | | | | |
| | D46 | 风 | 5 100 | 940 | 1 023 | 8 925 | 4 600 | 153.4 | 36～45 | | | | | | |
| | D50 | 风 | 5 280 | 940 | 1 023 | 10 500 | 5 000 | 125 | 37～53 | | | | | | |
| | D60 | 风 | 5 770 | 940 | 1 023 | 12 270 | 6 000 | 180 | 35～50 | | | | | | |
| | D72 | 风 | 5 905 | 940 | 1 023 | 16 765 | 7 200 | 216 | 35～50 | | | | | | |
| | D80 | 风 | 7 200 | 890 | 1 110 | 17 120 | 8 000 | 272 | 36～45 | | | | | | |
| | D100 | 风 | 7 350 | 890 | 1 110 | 20 570 | 10 000 | 340 | 36～45 | | | | | | |
| | D220 | 风 | 7 900 | | | 49 000 | 22 000 | 733 | 45～136 | 70 | 6.5 | 360 | 100 | – | |

| 制造厂 | 型号 | 冷却方式 | 尺寸（mm） | | | 总重（kg） | 上活塞重（kg） | 一次打击能量（kg·m） | 打击次数（次/分） | 燃料消耗 | 润滑油消耗 | 燃油箱容积（升） | 润滑油箱容积（升） | 乙醚（升） | 适宜最大桩重（kg） |
|---|---|---|---|---|---|---|---|---|---|---|---|---|---|---|---|
| | | | 总高 | 宽度 | 厚度 | | | | | 升 / 小时 | | | | | |
| 上海工程机械厂 | D8 | 风 | 4 700 | 410 | 590 | 1950 | 800 | 23 940～12 790 | 38～52 | 4 | 1 | 20 | 6 | 1 | 2 500 |
| | D16-32 | 风 | 4 984 | 485 | 665 | 3250 | 1 600 | 53 460～25 585 | 36～52 | 5.5 | 1 | 32 | 9 | 1.2 | 5 000 |
| | D19-24 | 风 | 4 984/5 570 | 485 | 665 | 3 550/3 695 | 1 812 | 57 858～28 800 | 37～52 | 6.6 | 1 | 32 | 9 | | 6 000 |
| | D25-32/33 | 风 | 5 514/5 570 | 640 | 715 | 5 330/5 610 | 2 500 | 78 970～39 975 | 37～52 | 8 | 1 | 67 | 19 | 1.7 | 7 000 |
| | D30-32 | 风 | 5 514 | 640 | 715 | 5 830/6 110 | 3 000 | 94 765～47 971 | 37～52 | 10 | 1 | 67 | 19 | 1.7 | 8 000 |
| | D36-32/33 | 风 | 5 539/6 285 | 785 | 848 | 7 800/8 190 | 3 600 | 113 522～55 450 | 37～53 | 11.5 | 2 | 89 | 17 | 1.5 | 10 000 |
| | D46-32/33 | 风 | 5 539/6 285 | 785 | 848 | 8 800/9 190 | 4 600 | 145 305～70 850 | 37～53 | 16 | 2 | 89 | 17 | 1.5 | 15 000 |
| | D50C | 风 | 5 285/6 285 | 785 | 848 | 9 200/9 590 | 5 000 | 145 305～70 850 | 39～53 | 16 | 2 | 89 | 17 | 1.5 | 15 000 |
| | D62-22 | 风 | 6 164/6 910 | 800 | 970 | 11 870/12 280 | 6 200 | 218 960～107 050 | 35～50 | 20 | 3.2 | 98 | 31.5 | 1.5 | 25 000 |
| | D80-23 | 风 | 6 454/7 200 | 890 | 1 110 | 16 365/16 805 | 8 000 | 266 830～171 085 | 36～45 | 55 | 2.9 | 155 | 32 | 1.0 | 30 000 |
| | D100-13 | 风 | 6 612/7 358 | 890 | 1 110 | 19 820/20 360 | 10 000 | 333 540～213 860 | 36～45 | 30 | 2.9 | 155 | 32 | 1.0 | 40 000 |
| | D128 | 风 | 7 600 | 1 136 | | 27 000 | 12 800 | ≤426 500 | ≥36 | 36.6 | 2.9 | 200 | 28.6 | | 51 000 |
| | D138 | 风 | 7 600 | 1 136 | | 28 000 | 13 800 | ≤459 800 | ≥36 | 40.5 | 2.9 | 200 | 28.6 | | 53 000 |
| | D160 | 风 | 8 020 | 1 400 | | 35 000 | 16 000 | ≤533 000 | ≥36 | 46 | 4.5 | 240 | 40.3 | | 70 000 |
| | D180 | 风 | 8 150 | 1 400 | | 37 500 | 18 000 | ≤590 000 | ≥36 | 54 | 4.5 | 240 | 40.3 | | 80 000 |
| | D220 | 风 | 7 900 | 1 300 | | 45 400 | 22 000 | ≤733 000 | ≥36 | 70 | 6.5 | 360 | 100 | | 100 000 |
| | D250 | 风 | 8 020 | 1 335 | | 49 000 | 25 000 | ≤833 000 | ≥36 | 80 | 6.5 | 360 | 100 | | 120 000 |
| | D260 | 风 | 8 020 | 1 300 | | 51 500 | 26 000 | ≤866 000 | ≥36 | 85 | 6.5 | 360 | 100 | | |

注：适宜最大桩重为工厂预估值。

表 6.1-12　国内外柴油打桩锤主要性能参数

| 制造厂 | 型号 | 冷却方式 | 尺寸（mm） | | | 总重（kg） | 上活塞重（kg） | 一次打击能量（kg·m） | 打击次数（次/分） | 燃料消耗（升/小时） | 润滑油消耗（升/小时） | 燃油箱容积（升） | 润滑油箱容积（升） | 水箱容积（升） | 备注 |
|---|---|---|---|---|---|---|---|---|---|---|---|---|---|---|---|
| | | | 总高 | 宽度 | 厚度 | | | | | | | | | | |
| LINK-BELTSPEEDER（美） | 180 | 风 | 3 430 | | | 2 060 | 780 | 1 120 | 90~95 | | | 21.3 | 7.2 | | 半复动式 |
| | 312 | 风 | 3 275 | | | 4 710 | 1 750 | 2 070 | 100~105 | | | 34.1 | 6.1 | | 半复动式 |
| | 440 | 风 | 4 425 | | | 4 670 | 1 810 | 2 520 | 86~90 | | | 49.2 | 6.8 | | 半复动式 |
| | 520 | 风 | 4 115 | | | 5 690 | 2 300 | 3 640 | 80~84 | | | 41.6 | 7.6 | | 半复动式 |
| 国产导杆式 | D1-600 | | | | | 600 | 228 | | 50~60 | 3.1 | | 11 | | | |
| | D1-1200 | | | | | 1200 | 576 | | 50~60 | 5.5 | | 11.5 | | | |
| | D1-1800 | | | | | 1800 | 972 | | 45~50 | 6.9 | | 22 | | | |
| 上海金泰公司工程机械厂-导杆式 | DD2 | | 2 080 | 460 | 460 | 460 | 220 | | | | | | | | |
| | DD4 | | 2 400 | 600 | 560 | 720 | 400 | | | | | | | | |
| | DD6 | | 3 300 | 680 | 750 | 1 250 | 600 | | | | | | | | |
| | DD12 | | 4 700 | 750 | 750 | 2 160 | 1 200 | | | | | | | | |
| | DD18 | | 4 740 | 800 | 850 | 3 100 | 1 800 | | | | | | | | |
| | DD25 | | 4 920 | 960 | 970 | 4 200 | 2 500 | | | | | | | | |
| | DD30 | | | | | 4 700 | 3 000 | 7 500 | 42~50 | | | | | | |
| | DD40 | | 5 580 | 1 170 | 1 260 | 7 200 | 4 000 | 10 000 | 42~50 | | | | | | |
| | DD63 | | 6 040 | 1 300 | 1 370 | 11 000 | 6 300 | 18 900 | 42~50 | | | | | | |
| | DD80 | | 6 150 | 1 310 | 1 520 | 14 000 | 8 000 | 24 000 | 35~50 | | | | | | |

柴油锤锤击沉桩需要控制每根桩的总锤击数，锤击数过多会引起材料疲劳。每根桩的建议总锤击数见表 6.1-13。

表 6.1-13　锤击沉桩锤击数建议控制值

| 桩型 | 总锤击数 | 最后 5m 锤击数 |
|---|---|---|
| 钢管或型钢 | ＜3 500~4 000 | ＜1 000~1 200 |
| 预应力钢筋混凝土 | ＜2 000~2 500 | ＜700~800 |
| 钢筋混凝土 | ＜1 500~2 000 | ＜500~600 |

柴油锤在沉桩过程中，随着桩阻力的增加，锤击反力增加，锤的活塞冲程也会加大，以增加锤的打击能量。当活塞质量一定，锤的打击能量可以通过其冲程进行估算，冲程可以通过每分钟锤击数进行计算。

活塞的冲程：

$$H=（1/2）gt^2 \qquad (6.1-1)$$

1 分钟活塞跳动的次数为 $N$，则 $t=60/（2N）=30/N$；取 $g=9.81\text{m/s}^2$，则：

$$H=4415/N^2 \text{（m）}$$

一般柴油锤的冲程在 1.0~3.6m 之间，柴油锤锤击数与活塞冲程计算见表 6.1-14。记录下每分钟锤击数，即可推算出柴油锤的活塞跳高。

表 6.1-14　柴油锤锤击数与活塞跳高关系表

| 活塞行程(m) | 1 | 1.05 | 1.08 | 1.11 | 1.14 | 1.18 | 1.23 | 1.26 | 1.31 | 1.36 | 1.41 | 1.46 | 1.51 | 1.57 | 1.63 | 1.70 |
|---|---|---|---|---|---|---|---|---|---|---|---|---|---|---|---|---|
| 每分钟锤击数（次/min） | 66 | 65 | 64 | 63 | 62 | 61 | 60 | 59 | 58 | 57 | 56 | 55 | 54 | 53 | 52 | 51 |
| 活塞行程(m) | 1.77 | 1.84 | 1.92 | 2.00 | 2.09 | 2.18 | 2.28 | 2.39 | 2.50 | 2.63 | 2.76 | 2.90 | 3.06 | 3.22 | 3.41 | 3.60 |
| 每分钟锤击数（次/min） | 50 | 49 | 48 | 47 | 46 | 45 | 44 | 43 | 42 | 41 | 40 | 39 | 38 | 37 | 36 | 35 |

b. 静压桩沉桩设备的选择

静力压桩机按加压方式分为卷扬机加压、液压加压、卷扬机与液压联合加压三种；按压力的传递方式可分为顶压式和抱压式两种；按桩所在桩架的位置分中压式（压桩时桩在桩架的偏中间位置）和边压式（桩处于压桩机边上）两种。

陆上压桩设备为加大与地面的接触面积，降低压桩机对地面的压强，采用接触面较大的船型机构，均用液压驱动。静力压桩机部分型号的主要参数见表 6.1-15、表 6.1-16。

表 6.1-15　YZY 系列静力压桩机主要技术参数

| 参数 \ 型号 | YZY-200 | YZY-280 | YZY-400 | YZY-500 | YZY-200 | YZY-250 | YZY-300 | YZY-400 |
|---|---|---|---|---|---|---|---|---|
| 最大压入力（kN） | 2 000 | 2 800 | 4 000 | 5 000 | 2 000 | 2 500 | 2 940 | 4 000 |
| 单桩承载力（参考值）(kN) | 1 300~1 500 | 1 800~2 100 | 2 600~3 000 | 3 200~3 700 | 1 300~1 500 | 1 500~1 800 | 1 800~2 100 | 2 600~3 000 |
| 边桩距离（m） | 3.9 | 3.5 | 3.5 | 4.5 | | | | |
| 接地压力（MPa）长船／短船 | 0.08/0.09 | 0.094/0.12 | 0.097/0.125 | 0.09/0.137 | | | | |
| 压桩截面尺寸（m）（长×宽） 最小 | 0.35×0.35 | 0.35×0.35 | 0.35×0.35 | 0.4×0.4 | 0.3×0.3 | 0.3×0.3 | 0.3×0.3 | 0.3×0.3 |
| 压桩截面尺寸（m）（长×宽） 最大 | 0.5×0.5 | 0.5×0.5 | 0.5×0.5 | 0.5×0.5 | 0.5×0.5 | 0.5×0.5 | 0.5×0.5 | 0.5×0.5 |
| 行走速度（长船）（m/min） 伸程 | 5.4 | 5.28 | 4.14 | 4.98 | 3.06 | 3.95 | 3.12 | 3.0 |
| 压桩速度（m/min）慢（2缸）／快（4缸） | 1.98 | 2.28 | 4.74 | 1.38/4.2 | 3.06/2.16 | 0.78/1.98 | 0.78/1.98 | 1.2/1.92 |
| 一次最大转角（rad） | 0.46 | 0.45 | 0.4 | 0.21 | 0.20 | 0.2 | 0.19 | 0.18 |
| 液压系统额定工作压力（MPa） | 20 | 26.5 | 24.3 | 22 | | | 25 | 25 |
| 配电功率（kw） | 96 | 112 | 112 | 132 | | | 112 | 112 |
| 工作吊机 起重力矩（kN·m） | 460 | 460 | 480 | 720 | | | | |
| 工作吊机 单节桩长（m） | 13 | 13 | 13 | 13 | 13 | 13 | 13 | 13 |
| 整机质量（t） 自质量（t） | 80 | 90 | 130 | 150 | 64.3 | 76 | 135 | 135 |
| 整机质量（t） 配质量（t） | 130 | 210 | 290 | 350 | 180 | 200 | 190 | 280 |
| 运输尺寸（m）（宽×高） | 3.38×4.2 | 3.38×4.3 | 3.39×4.4 | 3.38×4.4 | | | | |

### 表 6.1-16 ZYJ 系列静力压桩机主要技术参数

| 参数＼型号 | ZYJ80 | ZYJ120 | ZYJ180 | ZYJ240 | ZYJ320 | ZYJ380 | ZYJ420 | ZYJ500 | ZYJ600 | ZYJ680 | ZYJ800 | ZYJ900 | ZYJ1000 | ZYJ1200 |
|---|---|---|---|---|---|---|---|---|---|---|---|---|---|---|
| 额定压桩力(kN) | 800 | 1 200 | 1 800 | 2 400 | 3 200 | 3 800 | 4 200 | 5 000 | 6 000 | 6 800 | 8 000 | 9 000 | 10 000 | 12 000 |
| 额定工作油压(MPa) | 19.5 | 23.1 | 22.0 | 23.1 | 24.7 | 24.5 | 23.6 | 25 | 23.9 | 23.5 | 24.4 | 24.2 | 24.1 | 23.4 |
| 压桩速度(m/min) 高速 | 3.1 | 3.1 | 5.4 | 5.0 | 5.5 | 4.5 | 4.5 | 4.5 | 4.5 | 5.0 | 4.0 | 5.0 | 4.2 | 3.6 |
| 压桩速度(m/min) 低速 | 1.5 | 1.5 | 1.0 | 0.9 | 0.9 | 1.0 | 1.0 | 0.70 | 0.70 | 0.85 | 0.7 | 0.85 | 0.75 | 0.70 |
| 压桩行程(m) | 1.5 | 1.5 | 1.6 | 1.6 | 1.6 | 1.8 | 1.8 | 1.8 | 1.8 | 1.8 | 1.8 | 1.8 | 1.8 | 1.8 |
| 位移(m) 纵向 | 1.6 | 1.6 | 2.2 | 2.2 | 3.0 | 3.6 | 3.6 | 3.6 | 3.6 | 3.6 | 3.6 | 3.6 | 3.6 | 3.6 |
| 位移(m) 横向 | 0.4 | 0.4 | 0.5 | 0.5 | 0.6 | 0.6 | 0.6 | 0.6 | 0.6 | 0.7 | 0.7 | 0.7 | 0.7 | 0.7 |
| 转角(°) | 11 | 11 | 12 | 12 | 10 | 8 | 8 | 8 | 8 | 8 | 8 | 8 | 8 | 8 |
| 升降(m) | 0.6 | 0.65 | 0.75 | 0.9 | 1.0 | 1.0 | 1.0 | 1.0 | 1.0 | 1.1 | 1.1 | 1.1 | 1.1 | 1.1 |
| 方桩(mm) 最小 | 200 | 200 | 200 | 200 | 300 | 300 | 300 | 300 | 300 | 350 | 350 | 350 | 350 | 350 |
| 方桩(mm) 最大 | 300 | 300 | 400 | 400 | 500 | 500 | 500 | 500 | 500 | 600 | 600 | 600 | 600 | 600 |
| 最大圆桩(mm) | $\phi300$ | $\phi300$ | $\phi400$ | $\phi400$ | $\phi500$ | $\phi600$ | $\phi600$ | $\phi600$ | $\phi600$ | $\phi800$ | $\phi800$ | $\phi800$ | $\phi800$ | $\phi800$ |
| 边桩距离(m) | 0.45 | 0.45 | 0.8 | 0.8 | 0.8 | 0.68 | 0.68 | 0.68 | 0.68 | 1.0 | 1.0 | 1.0 | 1.0 | 1.0 |
| 角桩距离(m) | 0.8 | 0.8 | 1.15 | 1.15 | 1.35 | 1.2 | 1.2 | 1.2 | 1.2 | 1.53 | 1.53 | 1.53 | 1.53 | 1.53 |
| 额定起吊质量($10^3$kg) | 5.0 | 5.0 | 8.0 | 8.0 | 12.0 | 16.0 | 16.0 | 16.0 | 16.0 | 25.0 | 25.0 | 25.0 | 25.0 | 25.0 |
| 变幅力矩(kN·m) | 160 | 160 | 400 | 400 | 400 | 600 | 600 | 600 | 600 | 800 | 800 | 800 | 900 | 900 |
| 功率(kW) 压桩 | 15 | 22 | 37 | 37 | 37 | 60 | 60 | 74 | 90 | 111 | 111 | 111 | 135 | 135 |
| 功率(kW) 起重 | 7.5 | 7.5 | 22 | 22 | 22 | 30 | 30 | 30 | 30 | 45 | 45 | 45 | 45 | 45 |
| 尺寸(m) 工作长 | 7 000 | 8 000 | 10 000 | 10 000 | 12 000 | 12 000 | 12 500 | 13 200 | 13 500 | 14 000 | 13 800 | 14 500 | 18 000 | 18 000 |
| 尺寸(m) 工作高 | 4 054 | 4 254 | 5 200 | 6 200 | 6 550 | 6 860 | 6 980 | 7 030 | 7 760 | 8 260 | 8 460 | 9 160 | 9 300 | 9 300 |
| 尺寸(m) 运输高 | 2 650 | 2 880 | 2 900 | 2 920 | 2 940 | 2 940 | 2 940 | 2 940 | 2 940 | 3 020 | 3 020 | 3 100 | 3 100 | 3 100 |
| 总质量(含配重)($10^3$kg) | ≥82 | ≥122 | ≥182 | ≥245 | ≥325 | ≥383 | ≥425 | ≥503 | ≥602 | ≥682 | ≥802 | ≥902 | ≥1 002 | ≥1 202 |

c. 振动沉桩设备的选择

振动沉桩设备主要由两部分组成：起重机、振动锤。起重机一般由相应的打桩架或履带式起重机承担。振动锤按动力、振频、结构可分为以下几类：

按动力可分为电动振动锤和液压振动锤：前者是耐震电动机，后者是柴油发动机驱动液压泵—马达系统；

按振频可分为低频（15 ~ 20Hz）、中频（20 ~ 60Hz）、高频（100 ~ 150Hz）、超高频（1 000 ~ 1 500Hz），适用于不同的地质和桩型；

按振动偏心块的结构可分为固定式偏心块和可调式偏心块。

DZJ 系列可调偏心力矩振动锤是 1998 年通过建设部鉴定的部级科技成果推广项目，DZJ 系列可调偏心力矩振动锤主要参数见表 6.1-17，部分电动振动锤的主要参数见表 6.1-18，国外液压振动锤主要技术参数见表 6.1-19。

**表 6.1-17　DZJ 系列可调偏心力矩振动锤主要参数**

| 项目＼型号 | 小型 | 中型 | | | | 大型 | | |
|---|---|---|---|---|---|---|---|---|
| | DZJ45 | DZJ60 | DZJ90 | DZJ135 | DZJ90KS | DZJ180 | DZJ200 | DZJ240 |
| 电机功率（kW） | 45 | 60 | 90 | 135 | 45×2 | 180 | 200 | 240 |
| 静偏心力矩（N·m） | 0~206 | 0~353 | 0~403 | 0~754 | 0~700 | 0~2 940 | 0~2 940 | 0~3 528 |
| 激振力（kN） | 0~338 | 0~477 | 0~546 | 0~843 | 0~815 | 0~1 029 | 0~1 430 | 0~1 822 |
| 转速（rad/min） | 1 200 | 1 100 | 1 100 | 1 000 | 1 020 | 560 | 660 | 680 |
| 空载振幅（mm） | 0~6.2 | 0~7.0 | 0~6.6 | 0~8.5 / 0~7.45 | 0~8.2 | 0~17.4 | 0~16.7 | 0~12.2 |
| 允许拔桩力（kN） | 180 | 215 | 254 | 392 | 300 | 588 | 588 | 686 |
| 允许加压力（kN） | | | | | 120 | | | |
| 振动质量（kg） | 3 960 | 5 100 | 6 400 | 9 060 | 8 715 | 13 900 | 13 900 | 17 390 |
| 质量（kg） | 4 100 | 5 800 | 7 300 | 10 720 / 12 000 | 10 577 | 19 350 | 20 000 | 29 500 |
| 钢管夹头可变幅度（标准）（mm） | | φ700 ~ φ2 000 | | | | φ700 ~ φ1 200 | φ700 ~ φ1 800 | φ700 ~ φ2 000 |

**表 6.1-18　国产电动振动锤一览表**

| 型号 | 电动机功率（kW） | 偏心力矩（N·m） | 激振力（kN） | 偏心轴转速（rad/min） | 空载振幅（mm） | 允许加压力（kN） | 允许拔桩力（kN） | 外形尺寸（长×宽×高）（m） | 质量（t） | 生产厂 |
|---|---|---|---|---|---|---|---|---|---|---|
| DZ4 | 4 | 16.9 | 22.5 | 1 100 | 3.9 | 15 | 15 | 1.01×0.76×0.5 | 0.4 | 江苏省东台市机械厂 |
| DZ11 | 11 | 50 | 74 | 1 150 | 5.0 | 60 | 60 | 0.72×1.3×1.53 | 1.63 | 浙江省瑞安市建筑机械厂 |
| DZ11（DZ5） | 11 | 80 | 50 | 750 | 5.0 | 60 | 60 | 1.02×0.7×1.3 | 0.72 | 江阴振冲器厂 |
| DZ22（DZ20Y） | 22 | 140 | 40 | 950 | 8.0 | 80 | 120 | 1.02×1.30×1.76 | 2.55 | 浙江省瑞安市建筑机械厂 |
| DZ22（DZ15） | 22 | 136 | 150 | 970 | 7.0 | 80 | 120 | 1.10×1.07×1.55 | 2.1 | 江阴振冲器厂 |
| DZ30（DZ30Y） | 30 | 154 | 120 | 908 | 11 | 100 | 367 | 1.36×0.91×1.77 | 2.4 | 桂林市建工机械厂 |
| DZ30 | 30 | 150 | 185 | 1 050 | 7.5 | 80 | 120 | 1.05×1.35×1.84 | 2.92 | 浙江省瑞安市建筑机械厂 |
| | 30 | 19 | 225 | 1 250 | 6.2 | | 118 | 1.82×1.19×0.76 | 2.28 | 上海工程机械厂 |
| | 30 | 180 | 160 | 900 | 8.7 | 80 | 120 | 1.36×1.05×1.84 | 2.9 | 浙江省瑞安市建宏工程机械厂 |
| | 30 | 205 | 186 | 930 | 7.2 | 98 | 118 | 1.28×1.34×1.90 | 2.9 | 四川省乐山市高频焊管厂 |
| DZ30J | 30 | 194 | 208 | 980 | 10 | 100 | 140 | 1.20×0.99×2.54 | 3.8 | 浙江省瑞安市振中工程机械厂 |
| DZ37 | 37 | 245 | 228 | 930 | 7.8 | 118 | 127 | 1.30×1.40×2.00 | 3.2 | 四川省乐山市高频焊管厂 |
| DZ3（Z40） | 37 | 180 | 260 | 1 150 | 7.5 | 120 | 120 | 1.09×1.45×1.98 | 3.38 | 江苏省东台市机械厂 |
| DZJ37 | 37 | 0~318 | 0~256 | 850 | 0~11.3 | 80 | 100 | 1.27×1.09×1.93 | 3.4 | 桂林市建工机械厂 |
| | 37 | 0~278 | 0~252 | 920 | 0~10 | 90 | 120 | 1.47×1.15×1.94 | 3.66 | 浙江省瑞安市建筑机械厂 |
| DZJ37（DZ37J） | 37 | 0~300 | 0~271 | 900 | 0~13 | 80 | 100 | 1.42×1.15×1.90 | 3.35 | 江阴振冲器厂 |
| DZJ37（DZF40Y） | 37 | 0~318 | 0~256 | 850 | 13.5 | | 100 | 1.32×1.15×1.99 | 3.4 | 兰州建筑通用机械总厂 |
| DZJ37（DZJ40） | 37 | 0~300 | 0~271 | 900 | 13 | 80 | 100 | 1.28×1.10×1.92 | 3.3 | 江苏省东台市机械厂 |
| DZ37KA | 37 | 320/240/160 | 142/178/221 | 629/814/1 110 | 9/6.7/4.5 | 100 | 160 | 1.45×1.33×1.65 | 3.65 | 湖南省桩机制造厂 |
| DZ37KB | 37 | 321/241/161 | 139/175/217 | 629/814/1 110 | 8.2/6.1/4.1 | 100 | 160 | 1.41×1.39×1.47 | 4.0 | 湖南省桩机制造厂 |
| DZ40 | 40 | 250 | 260 | 900 | 9.1 | 150 | 120 | 1.45×1.09×1.98 | 3.3 | 浙江省瑞安市建宏工程机械厂 |
| | 40 | 250/180 | 230/60 | 900/1 150 | 10.4/7.5 | 120 | 120 | 1.09×1.45×1.98 | 3.38 | 浙江省瑞安市建筑机械厂 |
| DZ45 | 45 | 206/294 | 342/402 | 1 100 | 6.9/5.2 | 176 | 147 | 1.95×1.18×1.06 | 3.06 | 上海工程机械厂 |
| | 45 | 196 | 290 | 1 150 | 9.0 | 120 | 120 | 1.30×1.50×2.10 | 3.1 | 浙江省瑞安市建筑机械厂 |
| | 45 | 300 | 284 | 90 | 8.4 | 120 | 157 | 1.30×1.50×2.10 | 3.5 | 四川省乐山市高频焊管厂 |
| | 45 | 363 | 240 | 810 | 8 | 118 | 120 | 1.55×1.30×1.95 | 4.0 | 建设部建设机械研究院中联建设机械产业公司 |
| DZ45（VM2-2500） | 45 | 190/230/250 | 281/340/370 | 1 150 | 5.9/7.1/7.7 | 160 | 200 | 1.31×1.18×2.12 | 3.46 | 兰州建筑通用机械总厂 |
| DZ45A | 45 | 245 | 363 | 1 150 | 8.9 | 100 | 157 | 1.31×1.18×2.37 | 3.83 | 兰州建筑通用机械总厂 |
| | 45 | 245 | 363 | 1 150 | 8.9 | 100 | 160 | 1.31×1.20×2.34 | 3.88 | 浙江省瑞安市振中工程机械厂 |
| DZ45B | 45 | 263 | 260 | 800 | 13.7 | 98 | 157 | 1.38×1.22×2.36 | 3.93 | 兰州建筑通用机械总厂 |
| DZ45KS | 22×2 | 242 | 270 | 1 000 | 8.5 | 96 | 160 | 2.10×1.14×2.07 | 4.29 | 浙江省瑞安市振中工程机械厂 |
| | 22×2 | 225 | 263 | 1 000 | 9.4 | 100 | 120 | 1.90×1.14×1.69 | 3.94 | 江苏省东台市机械厂 |

| 型号 | 电动机功率 (kW) | 偏心力矩 (N·m) | 激振力 (kN) | 偏心轴转数 (rad/min) | 空载振幅 (mm) | 允许加压力 (kN) | 允许拔桩力 (kN) | 外形尺寸 (长×宽×高)(m) | 质量 (t) | 生产厂 |
|---|---|---|---|---|---|---|---|---|---|---|
|  | 22×2 | 200 | 270 | 1 100 | 8.2 | 113 | 130 | 1.90×1.24×1.75 | 3.7 | 浙江省瑞安市建宏工程机械厂 |
|  | 22×2 | 225 | 262 | 1 000 | 13 | 120 | 120 | 1.90×1.05×1.66 | 3.85 | 桂林市建工机械厂 |
|  | 22×2 | 200 | 271 | 1 100 | 8.1 | 120 | 130 | 1.90×1.24×1.75 | 3.69 | 浙江省瑞安市建筑机械厂 |
|  | 22×2 | 225 | 263 | 1 000 | 8.3 | 160 | 120 | 1.66×1.07×1.67 | 4.0 | 四川省乐山市高频焊管厂 |
| DZ45KA | 22×2 | 230/200 | 280/210 | 1 100 | 7.1/10.1 | 120 | 160 | 1.90×1.06×1.66 | 3.5 | 湖南省邵阳市建设工程机械厂 |
|  |  | 389/292/194 | 172/216/267 | 629/814/1 110 | 10.4/7.8/5.3 | 100 | 160 | 1.45×1.33×1.64 | 3.8 | 湖南省桩机制造厂 |
| DZ45KB | 45 | 397/298/199 | 172/216/267 | 629/814/1 110 | 9.9/7.4/4.9 | 100 | 160 | 1.41×1.39×1.47 | 4.1 | 湖南省桩机制造厂 |
| DZ55（DZ60） | 55 | 300 | 350 | 900 | 9.5 | 150 | 200 | 1.58×1.24×2.14 | 4.84 | 浙江省瑞安市建宏工程机械厂 |
| DZ55 | 55 | 310 | 280 | 900 | 9.5 | 120 | 150 | 1.24×1.58×1.98 | 4.8 | 浙江省瑞安市建筑机械厂 |
|  | 55 | 437 | 255 | 718 | 11 | 176 | 196 | 1.45×1.90×2.30 | 6.0 | 四川省乐山市高频焊管厂 |
| DZ55(DZ60) | 55 | 300/230 | 276/345 | 900/1 150 | 9.5/7.2 | 120 | 150 | 1.24×1.58×2.14 | 4.84 | 浙江省瑞安市建筑机械厂 |
|  | 55 | 230 | 345 | 1 150 | 7.2 | 120 | 150 | 1.24×1.58×2.14 | 4.84 | 江苏省东台市机械厂 |
| DZ55KB | 55 | 477/358/239 | 211/266/328 | 629/814/1 110 | 10/7.5/5.0 | 118 | 160 | 1.55×1.39×1.67 | 4.89 | 湖南省桩机制造厂 |
| DZ60(VM2-4000) | 60 | 300/360 | 405/486 | 1 100 | 7.8/9.4 |  | 250 | 1.37×1.28×2.35 | 4.49 | 兰州建筑通用机械总厂 |
| DZ60 | 60 | 363 | 300 | 810 | 10 | 160 | 180 | 2.00×1.24×1.85 | 5.0 | 建设部建设机械研究院中联建设机械产业公司 |
| DZ60A | 60 | 360 | 486 | 1 100 | 9.8 | 100 | 200 | 1.37×1.28×2.51 | 4.94 | 兰州建筑通用机械总厂 |
|  | 60 | 360 | 419 | 1 020 | 9.8 | 100 | 200 | 1.37×1.25×2.62 | 5.06 | 浙江省瑞安市振中工程机械厂 |
| DZ60B | 60 | 490 | 353 | 800 | 13 | 98 | 196 | 1.45×1.31×2.56 | 5.26 | 兰州建筑通用机械厂 |
| DZ60C | 60 | 588 | 295 | 670 | 15.2 | 96 | 196 | 1.58×1.23×2.55 | 5.45 | 兰州建筑通用机械厂 |
| DZJ60 | 60 | 0～500 | 0～453 | 900 | 0～12 | 100 | 200 | 1.50×1.25×2.10 | 5.1 | 兰州建筑通用机械总厂 |
| DZ60KS | 30×2 | 352 | 435 | 1 050 | 9.2 | 113 | 154 | 2.16×1.05×2.11 | 5.4 | 兰州建筑通用机械总厂 |
|  | 30×2 | 305 | 320 | 960 | 8.8 | 120 | 140 | 2.11×1.21×1.79 | 4.83 | 江苏省东台市机械厂 |
|  | 30×2 | 270 | 360 | 1 100 | 7.6 | 120 | 200 | 2.05×1.26×1.85 | 4. | 浙江省瑞安市建宏工程机械厂 |
|  | 30×2 | 359/270 | 265/360 | 830/1 113 | 11/8 | 160 | 180 | 2.80×1.21×1.76 | 5.3 | 桂林市建工机械厂 |
|  | 30×2 | 270 | 360 | 1 100 | 7.6 | 120 | 200 | 2.05×1.25×1.85 | 4.5 | 浙江省瑞安市建筑机械厂 |
|  | 30×2 | 332/295 | 270/310 | 862/980 | 10/9 | 160 | 180 | 2.28×1.76×1.21 | 5.1 | 中国人民解放军6409工厂 |
|  | 30×2 | 359/270 | 270/360 | 830/1 100 | 12/9 | 120 | 160 | 1.23×2.10×1.90 | 4.6 | 四川省乐山市高频焊管厂 |
| DZ60KSA | 30×2 | 370 | 460 | 1 050 | 10 | 200 | 200 | 2.10×1.28×1.90 | 5.47 | 浙江省瑞安市振中工程机械厂 |
| DZ75 | 75 | 350 | 420 | 900 | 9.5 | 150 | 250 | 1.66×1.2×2.24 | 5.8 | 浙江省瑞安市建宏工程机械厂 |
| DZJ75 | 75 | 0~655 | 0~593 | 900 | 11 | 146 | 235 | 1.74×1.39×2.30 | 7.77 | 兰州建筑通用机械总厂 |
| VX80 | 75 | 220/360 | 199~553 | 900~1 500 | 3.4~5.5 |  |  | 1.55×1.25×2.55 | 7.4 | 兰州建筑通用机械总厂 |
| DZ75KS | 37×2 | 350 | 470 | 1 100 | 7.4 | 120 | 200 | 2.20×1.29×1.99 | 5.2 | 浙江省瑞安市建宏工程机械厂 |
|  | 37×2 | 340 | 460 | 1 100 | 9.0 | 140 | 220 | 2.09×1.35×1.95 | 4.7 | 浙江省瑞安市建筑机械厂 |
|  | 37×2 | 370 | 414 | 1 000 | 10.9 | 120 | 200 | 2.10×1.25×1.90 | 4.9 | 浙江省瑞安市振中工程机械厂 |
| DZ90 | 90 | 400 | 540 | 1 100 | 7.1 | 180 | 250 | 1.36×1.78×2.35 | 5.61 | 浙江省瑞安市建筑机械厂 |
|  | 90 | 392/490 | 529/666 | 1 100 | 6.9/8.6 |  | 255 | 2.41×1.52×1.19 | 5.6 | 上海工程机械厂 |
| DZ90(VM2-5000) | 90 | 300/400/500 | 405/541/677 | 1 100 | 5.4/7.2/9.0 |  | 300 | 1.52×1.37×2.69 | 5.86 | 兰州建筑通用机械总厂 |
| DZ90A | 90 | 460 | 570 | 1 050 | 10.3 | 120 | 240 | 1.53×1.37×2.65 | 6.16 | 兰州建筑通用机械总厂 |
|  | 90 | 460 | 570 | 1 050 | 10.3 | 120 | 240 | 1.53×1.28×2.65 | 6.15 | 浙江省瑞安市振中工程机械厂 |
| DZ90KS | 45×2 | 510 | 570 | 1 000 | 9.7 | 120 | 240 | 2.38×1.41×2.05 | 7.18 | 浙江省瑞安市振中工程机械厂 |
|  | 45×2 | 400 | 500 | 1 050 | 9.3 | 180 | 250 | 2.16×1.45×1.95 | 4.95 | 浙江省瑞安市建宏工程机械厂 |
|  | 45×2 | 460 | 535 | 1 020 | 9 | 150 | 250 | 2.40×1.31×2.07 | 6.1 | 浙江省瑞安市建宏工程机械厂 |

| 型号 | 电动机功率(kW) | 偏心力矩(N·m) | 激振力(kN) | 偏心轴转数(rad/min) | 空载振幅(mm) | 允许加压力(kN) | 允许拔桩力(kN) | 外形尺寸(长×宽×高)(m) | 质量(t) | 生产厂 |
|---|---|---|---|---|---|---|---|---|---|---|
| DZ110KS | 55×2 | 530 | 616 | 1 020 | 11 | 140 | 240 | 2.38×1.41×2.05 | 6.5 | 浙江省瑞安市振中工程机械厂 |
| | 55×2 | 510 | 593 | 1 020 | 10 | 120 | 240 | 2.39×1.41×2.06 | 6.5 | 江苏省东台市机械厂 |
| DZ120(VM2-7000) | 120 | 600/710 | 644/763 | 980 | 8.6/10.1 | | 350 | 1.72×1.13×2.80 | 6.9 | 兰州建筑通用机械总厂 |
| DZ120A | 120 | 680 | 775 | 1 000 | 11.6 | 100 | 350 | 1.72×1.54×2.92 | 8.18 | 兰州建筑通用机械总厂 |
| DZ150(VM-10000) | 150 | 600/800/1 000 | 812/1 082/1 354 | 1 100 | 8.0/10.6 | | 50 | 1.37×1.32×6.6 | 9.34 | 兰州建筑通用机械总厂 |
| LHV~07L | | | 50~135 | 1 100~1 180 | | | | 1.07×0.78×1.18 | 1.1 | 兰州建筑通用机械总厂 |

### 表 6.1-19　国外液压振动锤主要技术参数

| 型号 | 偏心力矩(N·m) | 激振力(kN) | 频率(次/min) | 最大拔桩力(kN) | 整机质量(kg) | 振动质量(kg) | 最小宽度(mm) | 长度(mm) | 高度(带夹具)(mm) | 动力柜型号 | 厂家 |
|---|---|---|---|---|---|---|---|---|---|---|---|
| 3 | 3.5 | 27 | 0~3 000 | 44 | 293 | 200 | 180 | 440 | 910 | 14 | |
| 6 | 7 | 68 | 0~3 000 | 44 | 347 | 250 | 180 | 630 | 910 | 14 | |
| 50 | 150 | 445 | 0~1 650 | 534 | 2 220 | 1 542 | 355 | 1 320 | 1 910 | 260 | |
| 100 | 250 | 783 | 400~1 670 | 534 | 2 867 | 2 041 | 355 | 2 230 | 2 438 | 260 | |
| 150 | 250 | 1 067 | 0~1 800 | 711 | 3 970 | 2 722 | 355 | 2 230 | 2 438 | 350 | 美国APE |
| 150T | 300 | 1 067 | 400~1 800 | 711 | 4 060 | 2 812 | 355 | 2 230 | 2 438 | 445 | |
| 200 | 500 | 1 797 | 0~1 650 | 1 335 | 6 577 | 4 025 | 355 | 2 560 | 2 992 | 575 | |
| 200T | 600 | 2 126 | 0~1 800 | 1 335 | 6 668 | 4 116 | 355 | 2 560 | 2 692 | 575 | |
| 300 | 750 | 1 841 | 0~1 500 | 1 335 | 7 939 | 5 602 | 355 | 2 794 | 2 692 | 630 | |
| 400 | 1 500 | 3 203 | 400~1 400 | 2 224 | 16 670 | 9 992 | 660 | 3 050 | 2 440 | 1 000 | |
| 600 | 2 300 | 4 830 | 400~1 400 | 2 224 | 20 071 | 13 633 | 914 | 4 318 | 2 440 | 1 000 | |
| 23~28 | 2.6 | | 1 600 | 116 | | 653 | 270 | 660 | 1 270 | 28 | |
| 23~80 | 2.6 | | 259 | 116 | | 653 | 270 | 660 | 1 270 | 80 | |
| 216 | 12.7 | | 1 600 | 356 | | 1 919 | 300 | 1 270 | 1 750 | 175 | |
| 216E | 12.7 | | 1 600 | 267 | | 1 646 | 300 | 1 400 | 1 600 | 325 | |
| 223 | 12.7 | | 2 300 | 356 | | 2 087 | 320 | 1 240 | 1 760 | 325 | |
| 416L | 25.3 | | 1 600 | 356 | | 3 357 | 360 | 2 410 | 1 780 | 325 | ICE |
| 423 | 25.3 | | 2 300 | 356 | | 3 651 | 320 | 2 410 | 1 770 | 570 | |
| 44~30 | 50.7 | | 1 200 | 712 | | 5 489 | 360 | 2 460 | 2 110 | 325 | |
| 44~50 | 50.7 | | 1 600 | 712 | | 5 489 | 360 | 2 460 | 2 110 | 570 | |
| 44~65 | 50.7 | | 1 650 | 712 | | 5 489 | 360 | 2 460 | 2 110 | 650 | |
| 66~65 | 76.0 | | 1 300 | 712 | | 6 917 | 360 | 2 460 | 2 530 | 650 | |
| 66~80 | 76.0 | | 1 600 | 712 | | 6 917 | 360 | 2 460 | 2 530 | 950 | |
| 1412B | 115.2 | | 1 250 | 1 335 | | 11 680 | 810 | 2 410 | 3 810 | 950 | |
| V360 | 130.0 | 3 203 | 1 500 | 2 000 | | 11 798 | 815 | 3 810 | 3 380 | 1 100 | |

灌注桩成桩设备的选择

灌注桩成桩设备主要是成孔设备，按成孔方法的不同，使用的机械也不同。人工挖孔的设备简单，本节不做介绍。

一般在软土地基中采用钻孔灌注成桩工艺，主要设备为成孔钻机。钻机成孔的主要设备有旋挖钻机、长螺旋钻机、短螺旋钻机、全套管钻机等成孔机械。国内外部分旋挖钻机主要技术性能见表 6.1-20。

表 6.1-20　部分国内外旋挖钻机主要技术参数表

| 型号 | 最大孔径（mm） | 最大孔深（m） | 最大扭矩（kN·m） | 主卷扬拉力（kN） | 功率（kW） | 质量（t） | 生产厂家 |
|---|---|---|---|---|---|---|---|
| ZY120 | 1 500 | 48 | 120 | 160 | 179 | 50 | 北京经纬巨力工程机械有限公司 |
| ZY160 | 1 800 | 48 | 160 | 160 | 223 | 55 | |
| ZY200 | 2 000 | 60 | 200 | 180 | 246 | 60 | |
| TRM160 | 1 800 | 60 | 180 | 180 | 205 | 60 | 徐州东明机械公司 |
| TRM160 | 1 500 | 46 | 140 | 150 | 195 | 45 | |
| AF250 | 2 500 | 91 | 300 | 290 | 272 | 91 | 意大利 |
| SWDM-20 | 2 000 | 60 | 200 | 200 | 246 | 66 | 山河智能机械公司 |
| SR220C | 2 000 | 65 | 224 | 200 | 250 | 65 | 三一重工 |
| DR18 | 1 600 | 60 | 205 | 180 | 246 | 66 | 徐工集团 |
| RD22 | 2 000 | 62 | 250 | 200 | 300 | 78 | |
| YTR230 | 2 000 | 60 | 230 | 210 | 250 | 65 | 宇通重工 |
| ZKL1500D | 1 500 | 40 | 105 | 250 | 附机113HP | | 北京城市建设工程机械厂 |
| ZKL2000D | 2 000 | 60 | 200 | 400 | 附机160HP | | |
| TR-2000C | 2 000 | 62 | 220 | 200 | 224 | | 杭州天锐公司组装 |
| R-518 | 1 800 | 66 | 172 | 148 | 300HP | 59 | 意大利 SOILMEC 公司 |
| NCB12 | 1 500 | 48 | 120 | 120 | 113 | 38 | 意大利 NCB |
| NCB16 | 1 800 | 58 | 160 | 170 | 195 | 55 | |
| NCB18 | 2 000 | 64 | 200 | 185 | 303HP | 62 | |
| NCB22 | 2 200 | 67 | 220 | 200 | 303HP | 66 | |
| LRB-400 | 2 000 | 40 | 400 | 400 | 400 | 88 | 德国 LIEBHER 公司 |
| LRB-250 | 1 500 | 36 | 250 | 350 | 400 | 72 | |
| BG9 | 1 200 | 36 | 93 | 100 | 125 | 39 | 德国 BAUER 公司 |
| BG12 | 1 500 | 48 | 123 | 100 | 169 | 52 | |
| BG15 | 1 800 | 55 | 145 | 160 | 160 | 63 | |
| BG22 | 2 000 | 60 | 220 | 200 | 222 | 70 | |
| BG30 | 3 000 | 63 | 360 | 268 | 180 | 80 | |
| BG40 | 3 000 | 90 | 360 | 300 | 297 | 117 | |
| KP3500 | 3 500（岩层）6 000（松散层） | 130 | 210 | 1 200 | 30×4 | 47 | |
| 中昇 300 | 3 000（岩层）3 500（松散层） | 140 | 210 | 1 500 | 210 | 45 | |

（2）水上沉桩设备的选择

a. 打桩船的选择应符合下列规定：

打桩船应满足施工作业对稳定性的要求；

根据桩位平面布置及打桩船的船型尺寸，检验能否顺利进行沉桩；对墩式码头应考虑打桩船转向移位的可能性；

打桩船的桩架及吊钩等应满足吊重要求，并应具有足够的架高，架高可按下式确定：

$$H \geqslant L+H_1+H_2+H_3+H_4-H_5+2 \tag{6.1-2}$$

式中　$H$——水面以上桩架有效高度；

　　$L$——桩长（m）；

　　$H_1$——桩锤高度（m）；

　　$H_2$——替打高度（m）；

　　$H_3$——吊锤滑轮组高度（m）；

　　$H_4$——富裕高度可取 1.0～2.0m（m）；

　　$H_5$——沉桩时打桩船桩架位置的有效施工水深（m）。

为保证基桩安全，有效水深需扣除 2m。

b. 锤击沉桩时，锤型的选择应根据地质、桩身结构强度、桩的承载力和锤的性能并结合施工经验或试桩情况确定，当缺乏经验时，可参照表 6.1-10 – 表 6.1-12 选用。

c. 锤击沉桩的替打应按使用要求设计，制作应保证质量，并应符合下列规定：

替打应具有一定的刚度和良好的抗疲劳性能，满足反复锤击的要求；

用钢板焊接加工的替打应作回火处理；

替打出龙口长度不应过大，沉斜桩时不宜超过替打有效长度的 1/2，沉直桩时不宜超过替打有效长度的 2/3，当替打兼做送桩时，视替打的形式，替打留在龙口内的长度可适当减小；

替打顶部应设置硬木、钢丝绳等锤垫；锤垫必须与使用的锤型相配套。使用日本生产的水冷式柴油锤锤垫，可以低于替打的上盆口平面，即柴油锤的下活塞可以嵌入替打的上盆口内。采用德国的 DELMAG 风冷式柴油锤时，锤垫必须高出替打的上盆口平面，即柴油锤在最大锤击压力时，应保持柴油锤下活塞的底面高于替打的上盆口平面。主要是德国的 DELMAG 风冷式柴油锤在锤击过程中必须保持下活塞是相对自由的，若下活塞嵌入替打的上盆口内，锤击过程中由于锤和替打的偏心，加之下活塞底部的斜面，就会产生较大的侧向力，会将缸体的外壳打裂。尤其是锤底部刚好位于替打上盆口位置时，最易将锤打坏。这是由于锤垫具有一定的弹性，当锤的冲击力消失或静止状态时，锤底部在盆口以上，活塞打击时，锤垫受力压缩，这时活塞底部将嵌入替打盆口内，由于锤底部四周具有斜面，当斜面作用在替打的上盆口边缘时，替打对锤的反作用力将产生水平力，气缸在瞬间受到水平力作用，所以很容易将气缸打坏。这是柴油锤使用过程中不允许发生的。受力分析见图 6.1-6。

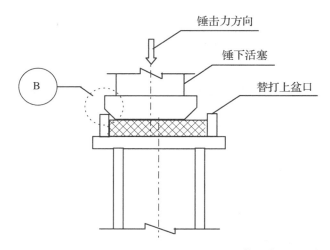
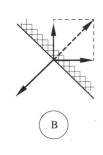

图 6.1-6　偏心锤击受力示意图

图中孔洞即为接桩锚孔

图 6.1-7　预制混凝土方桩接桩锚孔图

用于施打混凝土管桩或敞口混凝土空心桩的替打,应在替打底部或近底部侧面设置孔洞。

d. 在桩顶和替打之间应设置具有适当弹性的具有较小锤击应力峰值和保护桩顶作用的硬纸垫、木板垫、棕绳或麻绳盘根垫,并应符合下列规定:

混凝土桩桩垫尺寸宜与桩顶截面相同,且不得割除钢筋;

桩垫应厚度均匀,并具有足够的厚度,锤击后的桩垫厚度宜满足下列要求:采用纸垫时为 50 ~ 120mm,当沉桩困难时为 150 ~ 200mm;采用木垫时为 100 ~ 120mm;采用其他材料时根据经验或实验确定;

预应力管桩桩垫宜采用纸垫，也可采用棕绳或麻绳盘根垫，或其他经试验后确认的合适桩垫。

国内打桩船技术参数见表6.1-21。打桩船外形见图6.1-8。

表 6.1-21　国内部分打桩船主要技术参数

| 序号 | 船舶名称 | 制造年份 | 制造国家 | GPS配置 | 船体主尺寸（m） | | | 主要使用参数 | | | 满载吃水（m） | 总吨 | 满载排水量(t) |
| --- | --- | --- | --- | --- | --- | --- | --- | --- | --- | --- | --- | --- | --- |
| | | | | | 型长 | 型宽 | 型深 | 最高点离水面(m) | 吊钩能力（t×数量） | 主要用锤 | | | |
| 1 | 一航桩1 | 1996 | 中国 | 无 | 42.0 | 14.00 | 1.20 | 14.10 | 25×2 | D62 | 1.90 | 698.42 | 275.00 |
| 2 | 航桩2 | 1924 | 日本 | 有 | 45.0 | 22.00 | 3.75 | 50.30 | 40×2+80×1 | D100 | 2.03 | 1 176.27 | 1 730.00 |
| 3 | 航桩3 | 1974 | 中国 | 无 | 42.0 | 14.86 | 3.20 | 40.55 | 35×2 | D62 | 1.50 | 610.00 | 906.00 |
| 4 | 航桩5 | 1974 | 日本 | 有 | 49.8 | 22.00 | 3.60 | 73.80 | 80×2+60 | D100/D80 | 2.00 | 1 246.00 | 2 071.45 |
| 5 | 航桩6 | 1974 | 日本 | 有 | 43.8 | 22.00 | 3.60 | 72.10 | 80×2+50 | D80 | 2.00 | 1 050.00 | 1 851.00 |
| 6 | 航桩7 | 1974 | 日本 | 有 | 45.0 | 19.20 | 3.75 | 71.00 | 80×2+40 | D100 | 2.00 | 1 065.00 | 1 967.93 |
| 7 | 航桩8 | 1989 | 日本 | 有 | 48.0 | 22.00 | 4.00 | 71.00 | 80×2+60 | D125 | 2.20 | 1 493.00 | 2 238.25 |
| 8 | 航桩9 | 1967 | 日本 | 有 | 39.8 | 19.30 | 3.40 | 57.65 | 45+35 | D80 | 1.90 | 819.00 | 1 603.00 |
| 9 | 航桩10 | 1876后 | 日本 | 无 | 48.0 | 22.00 | 4.80 | 72.03 | 80×3 | D80 | 2.40 | 1 528.00 | 2 474.90 |
| 10 | 航桩11 | 1981 | 日本 | 有 | 56.0 | 26.00 | 4.50 | 80.04 | 80×2+60 | D127/D125 | 2.16 | 2 398.15 | 2 791.00 |
| 11 | 航桩12 | 1981 | 日本 | 有 | 50.0 | 26.00 | 4.50 | 80.04 | 80×2+60 | D128/D125 | 2.16 | 2 398.15 | 2 791.00 |
| 12 | 航桩15 | 2003 | 中国 | | 63.6 | 27.00 | 5.20 | 93.50 | 120×2+80 | | 2.70 | 3 054.00 | 4 500.00 |
| 13 | 航桩16 | 2004 | 中国 | | 63.6 | 27.00 | 5.20 | 93.50 | 120×2+80 | | 2.70 | 3 054.00 | 4 500.00 |
| 14 | 三航奔腾桩1号 | 2004 | 中国 | 有 | 57.6 | 20.40 | 5.00 | 83.25 | 80×2+60 | D125/D100 | 设计2.30 | | 3 314.05 |

图 6.1-8　打桩船外形图

近年来我国海洋工程得到了快速的发展，已有多个海上打桩平台投入使用。海上打桩平台由于其特殊的施工环境，远离陆地，风浪、海流复杂，平台既有浮在水上的船体功能，又要有打桩施工的功能，还要有施工人员的生活设施等。与一般打桩船不同的是，平台可以适应近外海的大风、大浪海洋环境。详情可参阅有关资料。

**7. 预制桩接桩工艺与要求**

（1）混凝土桩的接桩要求

接桩是基桩工程的关键工序之一。由于陆上桩机桩架高度的限制，接桩是难免的。而水上打桩的高度高，同时可以利用水深，所以水上预制桩一般都是整根沉桩。

陆上预制桩的接桩方式有焊接、锚接、法兰连接、机械快速连接、榫接、套接等。

现行混凝土桩的接桩主要采用焊接方式。

预制非预应力方桩的接桩采用钢桩帽加焊角钢方式，接桩时，上下节桩中心线必须在同一轴线上，桩接头缝隙应填密实，焊接角钢必须符合规范或相应图集的规定。焊接完成，应按规范规定的时间冷却后方可继续沉桩。

非预应力锚接的接桩采用硫磺胶泥锚接方式。在桩的一端预留锚接钢筋，下一节桩顶预留锚孔见图 6.1-7，将熬制好的硫磺胶泥灌入桩顶接头的模板及锚孔内，插入上节桩的锚筋，待冷却后即完成接桩。

预应力桩的接桩目前主要采用端板焊接方式。细读先张法预应力高强混凝土管桩与先张法预应力高强混凝土空心方桩端板的焊接参数就会发现两者的差别非常明显。端板及其主要焊接参数见表 6.1-22。

表 6.1–22　PHC 管桩与 HKFZ 预应力空心方桩端板主要参数对比表

| 直径或边长（mm） | 型号 | PHC 管桩 | | | | HKZF 空心方桩 | | | |
|---|---|---|---|---|---|---|---|---|---|
| | | $t_s$ | $a$ | $H_0$ | 受拉承载力设计值（kN） | $t_s$ | $a$ | $H_0$ | 受拉承载力设计值（kN） |
| 300 | A | 18 | 12 | 4.5 | 204 | 16 | 12 | 4.5 | 322 |
| | AB | | | | 326 | 18 | | | 515 |
| | B | 20 | | | 435 | 20 | | | 724 |
| | C | 20 | | | 612 | — | — | — | — |
| 350 | A | — | — | — | — | 18 | 12 | 4.5 | 515 |
| | AB | — | — | — | — | 20 | | | 724 |
| | B | — | — | — | — | 22 | | | 1 005 |
| | C | — | — | — | — | — | — | — | — |
| 400 | A | 20 | 12 | 4.5 | 381 | 18 | 12 | 4.5 | 515 |
| | AB | | | | 536 | 20 | | | 724 |
| | B | | | | 765 | 22 | | | 1 005 |
| | C | | | | 995 | — | — | — | — |
| 450 | A | — | — | — | — | 18 | 12 | 4.5 | 772 |
| | AB | — | — | — | — | 20 | | | 1 085 |
| | B | — | — | — | — | 22 | | | 1 508 |
| | C | — | — | — | — | — | — | — | — |

| 直径或边长（mm） | 型号 | PHC 管桩 | | | | HKZF 空心方桩 | | | |
|---|---|---|---|---|---|---|---|---|---|
| | | $t_s$ | $a$ | $H_0$ | 受拉承载力设计值（kN） | $t_s$ | $a$ | $H_0$ | 受拉承载力设计值（kN） |
| 500 (100/310) | A | 20 | 12 | 4.5 | 598 | 18 | 12 | 4.5 | 772 |
| | AB | | | | 842 | 20 | | | 1 085 |
| | B | 24 | 17 | 6.5 | 1 169 | 22 | | | 1 508 |
| | C | | | | 1 381 | | | | |
| 550 | A | – | – | – | | 18 | 12 | 4.5 | 1 029 |
| | AB | – | – | – | | 20 | | | 1 447 |
| | B | – | – | – | | 22 | | | 2 010 |
| | C | – | – | – | | – | | | |
| 550 | A | – | – | – | | 18 | 12 | 4.5 | 1 029 |
| | AB | – | – | – | | 20 | | | 1 447 |
| | B | – | – | – | | 22 | | | 2 010 |
| | C | – | – | – | | - | – | – | |
| 600 | A | 20 | 12 | | 762 | 18 | 12 | 4.5 | 1 286 |
| | AB | | | | 1 071 | 20 | | | 1 809 |
| | B | 24 | 17 | 6.5 | 1 488 | 22 | | | 2 513 |
| | C | | | | 1 806 | – | | | |
| 600 | A | – | – | | 870 | 18 | 12 | 4.5 | 1 286 |
| | AB | – | – | | 1 224 | 20 | | | 1 809 |
| | B | – | – | | 1 700 | 22 | | | 2 513 |
| | C | – | – | | 2 125 | – | – | – | |
| 700 | A | 20 | 16 | | 918 | – | 12 | 4.5 | |
| | AB | 24 | 17 | | 1 306 | | | | |
| | B | | | | 1 836 | | | | |
| | C | | | | 2 550 | | | | |
| 800 | A | 20 | 16 | 6.5 | 1 148 | 18 | 12 | 4.5 | 2 058 |
| | AB | 24 | | | 1 594 | 20 | | | 2 894 |
| | B | | | | 2 295 | 22 | | | 4 020 |
| | C | | | | 3 188 | – | – | – | |
| 1 000 | A | 28 | 17 | | 1 741 | 18 | 12 | 4.5 | 2 830 |
| | AB | | | | 2 448 | 20 | | | 3 980 |
| | B | | | | 3 400 | 22 | | | 5 528 |
| | C | | | | 4 189 | – | – | – | |
| 1 200 | A | 30 | | | 2 295 | – | – | – | |
| | AB | | | | 3 188 | – | | | |
| | B | | | | 4 781 | – | | | |
| | C | | | | 5 891 | – | – | – | |

注：$t_s$—管桩端板厚度，$a$—端板坡口深度，$H_0$—端板坡口高度，均以 mm 为单位。

以表中 400mm × 400mm 方桩与周长相近的直径 500 管桩相比，轴心受拉承载力设计值比较接近，但是 500mm 直径的 B 型管桩 a＝17mm，而方桩的 a＝12mm。且所有型号的方桩均为 a=12mm。这与不同桩径或边长具有不同的受力要求不一致。边长为 300mm 的 HKFZ A 型桩桩身结构受拉承载力设计值为 322kN，边长为 1 000mm 的 HKFZ A 型桩桩身结构受拉承载力设计值为 2 830kN，边长为 1 000mm 的 HKFZ B 型桩桩身结构受拉承载力设计值为 5528kN，接头处单位长度的拉力经计算分别为：

$N_{300A}=322/（300×4）=0.268kN/mm$

$N_{1000A}=2\ 830/（1\ 000×4）=0.708kN/mm$

$N_{1000B}=5\ 528/（1\ 000×4）=1.382kN/mm$

$N_{1000A}/N_{300A}=0.708/0.268=2.64$

$N_{1000B}/N_{300A}=1.382/0.268=5.16$

$N_{300A}$——边长为 300 的 A 型桩桩身结构受拉承载力设计值；

$N_{1000A}$——边长为 1 000 的 A 型桩桩身结构受拉承载力设计值；

$N_{1000B}$——边长为 1 000 的 B 型桩桩身结构受拉承载力设计值；

计算结果表明焊缝的深度、高度相同，直径 300A 型桩与直径 1 000B 型桩承受的单位长度拉力却相差 5.16 倍。同样是 A 型桩也要相差 2.64 倍。

如果说受力较大的正好满足，那么受力较小的就浪费了。如果较小的正好满足，那么较大的桩在结构上都存在一定的问题。这是一个潜在的系统性质量风险。不知使用此类桩的设计单位对该桩的结构有没有经过验算，但是在使用过的工程中截面较大（500mm×500mm）的桩接头断裂的比例高达 60% 以上，证明了接头确实存在问题。在某项目工程中，300mm×300mm 断面的方桩没有不合格桩，400mm×400mm 的方桩大约有 1%～2% 不合格桩（断桩）。

PHC 管桩为了保持管桩接头部位达到与桩身相应的要求，对于大直径多配筋的管桩不但加厚端板厚度，还加大了焊缝的深度、高度，并在焊缝的形式上做了处理。实际上在长期的工程实践中，已经有很多工程技术人员认识到，桩接头的焊缝不单受焊接材料或母材的强度控制，并且是由焊接质量、施工时的冷却时间、特殊的受力工况等因素决定的。

桩的沉桩施工与桩的使用过程相比，沉桩的拉压应力可能会大于使用期的应力值。因此，我们在实施桩接头的连接时，特别要保证桩接头的质量，尤其要注意空心方桩的焊接质量。

钢筋混凝土桩电焊接桩的要求除应符合规范要求外，还应注意以下几点：

a. 分节长度应尽可能考虑接桩时桩端处于非硬土层内，便于桩接头完成后继续沉桩。

b. 必须由熟练焊工施焊，使用的焊材、焊机均应符合规范要求，焊条应经烘焙并保持干燥。发现夹渣、气孔等焊缝缺陷的，应及时进行处理和补焊，并对后续焊缝加倍抽查，仍发现焊缝存在缺陷的，应调换焊工。

c. 严格执行焊好后自然冷却 8 分钟的规定。焊缝高温情况下，受力性能大大下降，必须冷却到相应温度后方可继续沉桩。由于混凝土桩的端板仅为局部钢结构，所以规范规定焊接后应冷却 8 分钟，而钢管桩只要冷却 1 分钟即可。因为这两种桩散热条件不一样，不是规范误写。在实际工程中应向沉桩施工单位明确强调，不要为了抢进度就缩短冷却时间。

d. 下节桩有一定倾斜的情况下，上节桩不得纠偏，否则导致上下节桩不在同一轴线上，接头位置形成折线，易导致断桩等质量事故。

（2）钢桩接桩要求

钢桩接桩除应满足有关规范要求外，尚应注意以下几点：

a. 钢桩对接宜设置导向环或导向架。接缝处的内衬环可以用作导向环，导向架可以重复使用。

b. 下节桩桩顶应高于地面 500mm 以上，方便操作。

c. 焊缝焊完后，应清除焊渣，再对焊缝进行外观检查，并按要求的比例进行无损探伤抽查。发现夹渣、气孔等焊缝缺陷的，及时进行处理和补焊，并对后续焊缝加倍抽查，仍发现焊缝存在缺陷的，应调换焊工。

d. 接桩桩端在运输、吊运、沉桩过程中椭圆度发生变化的，应采取适当措施进行校正。

## 8. 预制桩沉桩停沉标准

经常在软土地基从事小型基桩工程的施工人员可能会觉得沉桩停沉非常简单，只要按照设计确定的桩尖或桩顶标高即可。但地质条件没有两处是相同的，很多地下的地质构造与丘陵、山区非常相似，高低起伏、暗藏孤石、悬崖深沟等。因此，一个大型的地质条件复杂的基桩工程，甚至没有两根桩的桩尖标高是相同的。

为了确定沉桩的停沉标准，我们必须弄清几个重要的前提指标：基桩的极限承载力、允许承载力，基本地质情况，持力层的岩土物理力学性能，合适沉桩设备的各项参数（柴油锤的重量、冲击能、柴油锤自身的允许最小贯入度、静压桩架的静压力等）。

按照正常程序，无论是锤击沉桩还是静压沉桩都应先做试沉桩和静载试验。取得相应的沉桩参数，以便确定停沉标准。在确定停沉标准时应注意以下几点：

（1）在使用合适的桩锤情况下，当沉桩贯入度小于桩锤允许最小贯入度；在保证基桩承载力的情况下，宜适当调整桩长。

（2）静压桩的压桩压力大于设计单桩的极限承载力时，应及时终止压桩，会同设计、监理分析原因，调整压桩压力或终沉的桩尖标高。必要时应进行施工补充钻孔勘察地质情况，对桩长作出必要的调整。

（3）充分考虑预制桩的挤土效应。预制桩试桩时，桩数少，挤土效应不明显，无论是沉桩难度，还是对单桩承载力的影响，都没有明显的变化。但当整个桩基工程在沉桩并达到一定数量与密度时，桩端进入持力层时将会发生困难。故应充分考虑挤土效应，以便得到在相同地质条件下相当的桩尖标高，减少在相同地质条件下由于桩尖标高不同可能引起的不均匀沉降。

（4）应区分个别基桩沉桩困难与整个区域沉桩困难的不同情况。个别基桩沉桩困难，可能是碰到障碍物等，即使停沉、截桩，尚应采取其他措施进行弥补，甚至是补桩。整个区域沉桩困难，应会同设计、勘察、监理、建设单位研究解决。

**9. 成桩进度计划与控制**

根据 6.2 节成桩进度计划编制方法，编制相应的进度计划后，应按计划要求配置设备、人员、材料等。

每天检查成桩进度的实际完成情况，与计划进度对比。若没有按计划进度完成，应分析原因，采取相应的措施。若由于技术上不可行，应调整施工技术或施工方案，提出延长工期的申请。

影响成桩进度的主要原因：

（1）复杂地质条件的影响。

（2）成桩机械设备或人员配置不足。

（3）基桩或原材料供应不足。

（4）技术上要求放慢进度，减轻挤土影响。

（5）天气原因，导致不可抗力事件的发生。

（6）原有进度计划不尽合理。

（7）施工组织管理不当。

针对各项影响成桩施工进度的原因，采取相应的措施，保证施工进度能够顺利进行。

**10. 试成桩与试桩**

试成桩与试桩是两个不同的概念。试成桩是在拟建场地的基础内或基础外按初步设计的要求对沉（成）桩进行试验，即预制桩进行试沉桩，灌注桩进行试成孔并灌注钢筋混凝土。试沉桩的目的之一是摸清该地基沉桩的难易程度，尤其桩端在进入设计要求的持力层后桩的可沉性，验证选用的桩锤的合适性，最终经（静载）试桩得到检验。试沉桩之前，是根据地质资料、桩型、设计要求的承载力以及其他工程经验确定沉桩设备，尤其是桩锤。试沉桩之后，可以根据试沉桩的沉桩贯入度（压桩压力）、总锤击数，尤其是进入持力层后的锤击贯入度的变化，分析选择的桩锤是否合适，也可辅以高应变测试，检测桩身应力，检验选择桩锤的合理性。在沉桩结束后经恢复合理时间，进行复打，利用大应变检测，可以估算基桩的单桩承载力。灌注桩经试成孔，可以测试单桩的成孔时间，在相应的泥浆比重条件下，灌注桩孔壁的稳定性，分析灌注桩的成孔条件是否合适，是否改变成桩工艺。

试桩通常包括试成桩与基桩的承载力检测。规范规定单桩承载力：设计等级为甲级的建筑桩基应通过单桩静载试验确定；乙级的建筑桩基，当地质条件简单，可参照地质条件相同的试桩资料，结合静力触探等原位测试和经验参数综合确定，其余均应通过静载试验确定；丙级的建筑桩基，可根据原位测试和经验参数确定。测试方法规范上也做了明确的规定。

**11. 环境保护措施**

以前，对环境保护的要求不高。以没有产生明显的破坏为标准。现在，环境保护已经立法，所以应将环境保护列入中心位置，引起施工企业的高度重视。

施工组织设计中应首先对桩基施工可能产生的环境风险因素进行分析，然后采取相应的保障措施。

预制桩施工对环境造成的影响可能有挤土、沉桩时的噪声、油污、废气，如在夜间施工的还会有灯光等。灌注桩施工，噪声相对较小，但是会产生泥浆等污染环境，甚至堵塞周围的下水道等。

**12. 成（沉）桩**

成桩是基桩施工组织设计中的主要内容。预制桩主要包括测量定位、沉桩顺序、沉桩工艺、接桩、送桩、标高控制等；灌注桩主要包括测量定位、成桩顺序、成孔工艺、钢筋笼制作、安装、清孔，沉渣、孔径孔深的检测、混凝土灌注、制作相应试块、回填桩孔等。

**13. 桩顶与承台的连接**

早期管桩与承台的连接是将相应直径的钢筋弯曲成 L 型焊接在桩顶端板上；若由于截桩没有端板时，则采用灌注桩芯钢筋混凝土，并将桩芯的钢筋延长伸入承台。由于钢筋弯曲后，在弯曲点钢筋强度大大降低，所以现在的图集中采用连接钢板过渡的形式，先焊接一块一定大小的钢板，再将钢筋焊接在连接板上，避免了钢筋弯曲的问题。但是增加了焊接工作量，对端板的受力也不是最好的选择。现已有发明专利"一种预埋件与锚筋的连接构造"解决了端板式桩顶与承台的连接问题，详见专利申请号 201410555759.6 的发明专利。上述专利中的连接方式，不但方便、速度快，而且造价便宜。

灌注桩与承台的连接，直接将钢筋笼，按设计要求预留相应的长度，伸入承台即可。

**14. 安全、文明施工措施**

针对项目的安全风险源进行分析，罗列所有重大和一般安全风险，并采取相应的安全防范措施。同时还要注意一般安全风险当环境条件发生变化时可能会转变为重大安全风险，安全防范措施必须同时跟上。有的在施工过程中可能会改变施工工艺，也要做好安全文明施工措施的应变跟进措施。

**15. 基桩质量验收**

基桩质量验收分中间验收、竣工验收。中间验收主要对成桩时桩的位置、桩顶标高进行验收，现场灌注桩要对钢筋笼的制作、安装质量进行验收。竣工验收是在基坑开挖后进行。验收内容包括桩位、桩顶标高、桩身完整性、混凝土强度、基桩承载力等。桩位、桩顶标高可以通过实测实量获得，桩身完整性按照现行规范要求采用小应变进行检测，当出现不能完全判别桩的完整性情况时，对预制空心桩可以辅助进行桩孔摄像检测时，应进一步进行检测，以便进一步判别桩身缺陷的位置、性质及其程度，为处理桩身缺陷提供比较完整的资料。基桩承载力须按设计确定的试桩数量、位置，进行静载荷试验获得。混凝土强度通过试块进行检测。

中间验收一般是由施工企业完成，竣工验收一般由质监站会同业主、施工监理、施工单位共同完成。小应变检测、静载荷试验、混凝土强度检测均由具有相应资质的检测机构进行。

**16. 质量通病的防治措施**

质量通病防治是施工组织设计中，应根据本项目的具体情况而采取的质量保证措施之一。首先是对本项目的质量风险进行分析，提出相应的防治措施。其中以防为主，以治为辅。详见章9。

**17. 基桩施工组织设计案列**

见本章后附录一。


# 6.2 预制桩的沉桩工艺与施工方案

预制桩包括混凝土桩、钢桩、木桩等各类预先制作的基桩，其沉桩工艺也是多种多样，主要有锤击沉桩、静压沉桩、振动沉桩、埋入式沉桩、水冲沉桩，还有许多辅助沉桩措施，如水冲、预钻孔、注浆等。


## 6.2.1 静力压桩沉桩工艺

静压沉桩施工时，桩尖"刺入"土体中时原状土的初应力状态受到破坏，造成桩尖下土体的压缩变形，土体对桩尖产生相应阻力，随着桩贯入压力的增大，当桩尖处土体所受应力超过其抗剪强度时，土体发生急剧变形而达到极限破坏，土体产生塑性流动（黏性土）或挤密侧移和下拖（砂土），在地表处，黏性土体会向上隆起，砂性土则会被拖带下沉。

在地面深处由于上覆土层的压力，土体主要向桩周水平方向挤开，使贴近桩周处土体结构完全破坏。由于较大的辐射向压力的作用也使邻近桩周处土体受到较大扰动影响，此时，桩身必然会受到土体的强大法向抗力所引起的桩周摩阻力和桩尖阻力的抵抗，当桩顶的静压力大于沉桩时的这些抵抗阻力，桩将继续"刺入"下沉。反之，则停止下沉。有时由于控制失当，会将桩架顶起，甚至发生事故。

静力压桩工艺的最大优点是避免了锤击沉桩的噪音和锤击的振动。有的说法将静力压桩的优点夸大为降低了预制桩的挤土效应，这是不妥的。静压沉桩与锤击沉桩的速率相近，挤土效果主要与预制桩挤入地基的体积及地质有关，与静力压入或锤击打入关系不大。

静力压桩沉桩工艺推广到室内，就是锚杆静力压桩工艺。主要用于已有建（构）筑物的地基加固、纠偏等工程中。

## 6.2.2　锤击沉桩工艺

锤击沉桩施工，随着桩锤冲击力的爆发，桩锤通过替打将锤的爆发力作用于桩身。将桩身近似作为一个刚体，桩顶承受的锤击压力传至桩尖，当桩尖处土体所受应力超过其抗剪强度时，土体发生急剧变形而达到极限破坏，土体产生塑性流动（黏性土）或挤密侧移和下拖（砂土），在地表处，黏性土体会向上隆起，砂性土则会被拖带下沉。在地面深处由于上覆土层的压力，土体主要向桩周水平方向挤开，使贴近桩周处土体结构完全破坏。由于较大的辐射向压力的作用也使邻近桩周处土体受到较大扰动影响，此时，桩身必然会受到土体的强大法向抗力所引起的桩周摩阻力和桩尖阻力的抵抗，当桩顶的锤击压力大于沉桩时的这些抵抗阻力，桩将继续"刺入"下沉。当桩周和桩尖土体的抵抗阻力逐渐增大，桩被锤击下沉的贯入度逐步减小，当小于锤的控制贯入度时，应停止锤击。

锤击沉桩通常是连续不断地锤击将每节桩锤击至事先设定的标高。若选锤不当，锤击压力小于桩的贯入阻力，即使不断锤击，桩仍然无法贯入地基。当锤击压力过大，桩尖已经到达设计标高时，沉桩贯入度仍然很大，使得控制桩顶标高难度很大，停锤稍早，桩顶标高会高出很多，停锤稍晚，桩顶标高会低于设计标高较多。因此选择合适的锤型是锤击沉桩的关键之一。

## 6.2.3　震动沉桩工艺

用振动机械使桩振动而沉入地层的沉桩工艺。作业时，在振动机械的驱动下，桩与周围土壤产生振动，使桩周及桩端的摩擦阻力减小，桩杆系统由于自重克服桩周及桩端的阻力而刺破地层下沉，还可以利用共振原理，加强沉桩效果。

振动沉桩机由振动器、夹桩器、传动装置、驱动设备等组成。驱动设备主要有两种：

一种是电动驱动设备，另一种是液压驱动设备。主要工作装置是定向振动器，其激振部分是成对的水平转轴。在转轴上有若干块质量和形状相同的偏心块。每对转轴的偏心块对称布置，并由一对相同的齿轮传动，转速相同，转向相反，因此，两轴运转时所产生的扰动力在水平方向相互平衡抵消，防止沉桩机和桩的横向摆动，在垂直方向扰动力相互叠加，形成激振力促使桩身振动。转轴的转速可以调节，因而振动器的激振频率、振幅和振动力也是可调的，以适应各种不同规格的桩和不同性质的地质条件。振动器的变频有机械、气压、液压或电磁等多种方式。振动器下部是夹桩器，备有各种不同的规格尺寸，以便与各种不同截面的桩相连接，使沉桩机和桩连成一体。夹桩器的操纵有杠杆式、液压式、气压式等。

冲击式振动沉桩机的振动器与夹桩器之间采用弹性联系，在振动器下面和夹桩器上面分别设有锤头和锤座。当振动器工作时，锤头不断冲击锤座，既能使桩杆产生振动，减小土壤对桩周的摩擦阻力，又能使桩受到纵向冲击力，克服地基对桩端的正面阻力，加快沉桩速度。

作业时，将沉桩机装于桩顶，使之连成一体，由起重机吊起就位。为了防止振动作用通过吊钩钢丝绳传到起重机构上，振动器上部的挂架中设有减振弹簧。振动沉桩机工作时，选用的频率和振幅随桩而异，一般情况下，低频大振幅适用于直径大的钢管桩和重量大的钢筋混凝土预制桩，且宜于砂石类地层施工。中高频、中幅适用于钢板桩。频率达到一定时则能和桩的自振频率产生共振，使沉桩速度快而噪声小，宜于城市施工。冲击式沉桩机适用于黏土地层。

振动沉桩机的基本技术参数是偏心力矩、激振力、振动频率和电动机的功率等。

## 6.2.4　埋入式沉桩工艺

埋入式沉桩工艺包括非挤土沉桩工艺和半挤土沉桩工艺。非挤土埋入沉桩工艺，是先钻挖形成大于等于桩径的孔，深度与桩长相同，然后将桩一节一节埋入孔内，埋置完成后，对桩周、桩端间隙进行加固。小而浅的桩孔可以采用干作业钻孔的方法进行，大而深的桩孔，通常需要采用泥浆护壁的方法进行成孔。埋入式沉桩工艺的主要设备：钻孔、成孔机械、起重机械、桩周、桩端压浆机械、接桩机械、预应力张拉机械（视具体要求配置）、水泵等。埋入式沉桩工艺包括植桩沉桩工艺。

埋入式沉桩工艺可以将桩分节预制。利用预制桩的特点之一，提高混凝土的强度，节约混凝土材料，预制混凝土的质量易于保证。但是埋入式沉桩工序多，程序复杂，临近地面的注浆效果较差，在一定程度上影响桩的承载力。

半挤土沉桩工艺采用小于桩直径的钻头，钻成小于桩径的孔，孔深一般小于桩长，再将桩插入孔内，由于桩径大于钻孔，桩长大于孔深，仍然会遇到桩周及桩端部分阻力，开始插入基桩时，桩自重可以克服桩周阻力，当入土达到一定深度后，仍需要加压或锤击辅助沉桩。这样做的好处是减小预制桩的挤土效应，但是沉桩效率低，现场施工环境差，即使采用日本进口的中掘沉桩设备，经过多次试验效果仍不佳。因此，半挤土埋入式沉桩工艺未能得到相应的推广。

### 6.2.5 水冲沉桩工艺

**1. 概述**

在砂性地质条件下，由于高压水冲作用将桩周及桩端土体变成流沙状，桩由自重就可克服桩周及桩端土阻力，达到使桩下沉的目的，这就是水冲法沉桩。水冲沉桩主要由高压水泵、高压水管、喷嘴、桩架、起重设备等组成。

水冲沉桩适用于空心桩、实心桩。空心桩水冲沉桩可采用内冲内排、内冲外排、外冲外排等方式；实心桩采用外冲外排的方式。

当桩长较长、入土深度较深时，可使用水冲锤击沉桩。为达到更好的水冲效果，水冲时可辅以压缩空气，增加水的动能，加快水的流动，提高水冲沉桩的效率。

水冲沉桩可以提高在砂土中的沉桩效率，使桩达到预定的标高。但是水冲沉桩对环境影响较大，施工作业人员的作业环境较差。尤其是内冲内排，泥浆水随着压缩空气从桩顶排出，如果没有安装排泥浆导管，整个沉桩作业环境将处于泥浆雨之中。即使桩顶安装排泥管，还是容易污染环境。水冲沉桩的另一特点是桩的偏位较大，尤其是内冲外排、外冲外排的水冲沉桩方式。

**2. 水冲沉桩适用的地质条件**

（1）中密至密实砂层（粉、细砂），标准贯入击数 $N \geqslant 30$；当遇到中粗砂时，应辅以压缩空气，达到更好的排泥效果。

（2）虽然 $N < 30$，但砂层较厚，锤型较小，用锤击法穿不透的砂层。

（3）虽然 $N < 30$，但水冲沉桩更有利、更方便、更经济。

**3. 水冲沉桩的分类**

水冲沉桩主要分为完全水冲沉桩、辅助水冲沉桩两大类。从沉桩的场地条件看可分为陆上水冲沉桩和水上水冲沉桩。

完全水冲沉桩（简称水冲沉桩）：由高压水、压缩空气冲散、破坏土体，依靠桩自重下沉至设计标高，达到沉桩的目的。主要适用于砂土、砂性土壤。

辅助水冲沉桩：以锤击或静压桩端至密实砂层等硬土层而无法穿越时，采用水冲破坏桩端土体，使桩端能够顺利穿过相应的硬土层，达到设计要求的持力层。

**4. 水冲沉桩的基本条件**

采用水冲沉桩宜符合以下条件：在桩入土深度范围内为砂土或砂性土，沉桩区域附近有足够的水源。

水冲沉桩可以采用外冲外排、内冲外排、内冲内排等方式。适用的桩型包括：实心桩、空心桩、圆桩、方桩、矩形桩，矩形桩的最大宽度可达 8m。

**5. 水冲沉桩的优缺点**

（1）水冲沉桩的优点

a. 水冲沉桩可以比较容易地将桩沉入密实砂层，避免或较少锤击，或较少压桩压力。

b. 减少预制桩对周围地基的挤土影响，降低预制桩的挤土效应。

（2）水冲沉桩的缺点

a. 由于水冲沉桩对桩周土体的破坏，桩的承载力，尤其是桩的初期承载力明显下降，需要初期承载力较高的，应采取相应的加固措施。

b. 冲水流速较大时，对桩位的影响较大，冲水流速越大，越易导致桩偏位。

c. 有时水冲沉桩的泥浆归集难度较大，尤其是内冲内排，施工环境较差。

d. 采用水冲锤击沉桩工艺的，施工时需要准备水冲设备、压缩空气设备，增加水、气管道等，增加了沉桩的麻烦程度。

## 6.2.6 预制现浇沉桩工艺

这是一种预制、现浇相结合的桩型。将预制桩部分按预制桩的沉桩工艺沉入地基，可以把桩内土部分或全部取出，再将混凝土（钢筋混凝土）或水泥砂浆灌入或注入桩孔内（外），形成预制现浇成型的桩。工程实践中有将之用于钢管注浆微型抗滑群桩，也有用于大型、特大型桥梁的基桩钢管钢筋混凝土桩——先将钢管桩沉入地基，再将桩芯内的土取出，灌注钢筋混凝土，就形成了钢管混凝土桩。

因施工时先沉预制桩，通常将其归入预制桩的范畴。

# 6.3 预制桩沉桩施工方案

## 6.3.1 打入桩沉桩施工方案

**1. 编制依据**

（1）《先张法预应力钢筋混凝土管桩》（GB 13476）。

（2）《建筑地基基础施工质量验收规程》（B 50202）。

（3）《预应力混凝土管桩基础技术规程》（DBJ/T 15-22）。

（4）《建筑工程质量检验评定标准》（GB 50301）。

（5）《建筑桩基技术规范》（JGJ 94-2008）。

（6）《建筑机械使用安全技术规程》（JGJ 33）。

（7）《建设工程施工现场供用电安全规范》（GB 50194）。

（8）《施工现场临时用电安全技术规范》（JGJ 46）。

（9）《建筑地基基础设计规范》（GB 50007）。

（10）本工程建（构）筑物定位图、经批准的施工图。

（11）工程地质详勘报告、周围管线图，周围需要保护的建（构）筑物基础图纸等。

（12）建设工程招投标文件、施工合同。

（13）其他有关法律法规。

**2. 施工总体策划**

（1）工程概况

a. 工程简介

项目名称、建设单位、设计单位、总包单位、监理单位、工程概况、基桩工程详情、工程地质详情、天气气候等自然环境条件、周围管线情况、周围建（构）筑物及其基础情况、交通运输条件。

共计桩数、桩径、桩长，各种桩的分布情况。

b. 现场情况

施工现场范围内外可通行运输材料车辆，水电接驳点位于施工现场边缘。周围建（构）筑物分布情况、道路、埋地及架空管线情况等。

c. 工程要求

计划施工工期；计划开工日期；计划完工日期；质量目标：一次验收合格；质量保修期：按国家有关规定执行。

（2）主要措施

a. 技术措施

测量放线首先要根据设计图纸进行室内计算，对建设单位提供的水准点和控制点进行校核，在图纸上标明。然后利用全站仪进行精确测量放线，复核基准水准点和控制点，并根据施工现场的具体情况定出控制网，并将复核结果和自己设立的控制网交监理审核。

选择合适的桩锤。预制管桩采用锤击法施工，投入柴油打桩机 n 台。打桩过程中，桩锤、桩帽和桩身的中心线应重合，当桩身倾斜率超过 0.8% 时，应找出原因并设法纠正。当桩尖进入硬土层后，严禁用移动桩架等强行回扳的方法纠偏。

接桩焊接时要由两人同时对称施焊，焊缝应连续、饱满，不得有焊接缺陷，如咬边、夹渣、焊瘤等。焊缝应分三层逐层焊接，焊渣应用小锤敲掉。焊接完成后，应冷却 8min 以上。焊接用的电焊条需选用与桩端板协调一致的焊条。

认真审图，仔细研究地质资料。

认真观察环境，采取合适的保护措施。

b. 设备保障措施

c. 人力资源保障措施

d. 材料保障措施

e. 工程造价控制措施

施工企业在保证工程质量、施工安全和合理的工程进度的前提下，通过科学的管理、先进的技术和设备、经济合理的施工方案和工艺、精细的策划和部署、有效的组织、管理、协调，使工程成本和造价得到最为有效的控制。尤其在创新方面要有独到之处，这是节约工程造价的秘密武器。同业主、设计院、监理公司和工程相关各方共同努力，优化施工组织和安排，使工程各个环节衔接紧密，高效顺利地向前推进。从图纸设计、材料设备选型、现场施工组织、管理、协调与控制等方面，提出行之有效的合理建议与方案，加强"过程"控制，尽最大能力减少和节省工程成本和造价。

**3. 施工准备工作**

（1）技术准备工作

a. 组织图纸会审，及时解决图纸中所存在的各种技术问题。

b. 图纸会审后三天完成施工组织设计的编制。

c. 由企业项目部牵头，工程部、质安部、合同预算部组织项目部有关人员进行技术、经济、安全交底。重点项目、关键部位编制专门的单项施工方案。

表 6.3-1　沉桩施工准备工作计划

| 序号 | 施工准备工作内容 | 负责部门 | 要求完成时间 |
|---|---|---|---|
| 1 | 现场测量控制网 | 施工组 | 进场后第 1 天 |
| 2 | 平整场地 | 施工组 | 进场后第 1 天 |
| 3 | 施工水、电设施 | 水电组 | 进场后第 2 天 |
| 4 | 图纸会审 | 项目部 | 进场后第 1 天 |
| 5 | 编制施工组织设计 | 项目部 | 进场后第 4 天 |
| 6 | 成品、半成品、加工品计划 | 施工组 | 进场后第 5 天 |
| 7 | 施工组织设计的审批 | 项目部 | 进场后第 7 天 |

（2）生产准备工作

a. 要取得建设单位配合，及时办理施工许可证及施工标牌。

b. 根据规划部门确定基准点和设计图纸进行放线，建立轴线控制网和标高控制网，认真复核管桩位置的准确性。

c. 在现场内搭建办公室、保卫、料具设备仓等，工人宿舍按甲方或总包指定位置搭设。

d. 按照经审核批准的临电、临水布置图，建立临时供电、供水系统。

e. 按施工组织设计确定所需的机械设备进行检查、保养，作进场准备。

（3）主要施工机械、设备的准备

施工机械设备包括：运桩、吊桩机械，沉桩机械、接桩机械，其他辅助机械、测量设备、检测设备、办公设备、交通设备等。根据开工计划，提前两三天进场，做好准备。

（4）劳动力准备

按照劳动力使用计划调配人员，安排劳动力进场，并对准备进场的劳动力进行安全教育培训；对工程所需的各技术工种进行培训教育，取得有关上岗证、资格证后方许其进场从事相应的工作。劳动力及技术工程人员进场后，定期对其进行劳动安全教育及施工质量教育，以加强工人的劳动安全、质量意识，不断提高施工技术，使工程顺利进行。

（5）施工协调配合工作

办好开工以及工程开工之前需申办的一切手续，并加强与各主办单位及协作单位、相关部门的联系工作，为工程的顺序进行提供有利条件。做好开工前的宣传工作，积极与工地附近居民沟通，对因施工给居民带来的不便致以歉意，并挂牌表明，取得居民的谅解。

（6）地下管线、周围建（构）筑物勘测、监测准备

施工前经过向有关单位联系、沟通及现场目视可见情况，并在施工前进行地下管线探测，全面了解地下管线情况，以免造成不必要的损失。根据勘测到的地下管线及周围建（构）筑物的情况，设计沉桩过程中的监测方案，并实现数字化、信息化施工。

（7）周围环境的保护措施

根据周围管线及建（构）筑物的情况，拟在东侧设置防挤沟，沟深2m，宽1.5m，为减轻西侧多层住宅基础受到的挤土影响，拟打设应力释放孔，具体位置及孔位设置详见施工平面布置图。设计相应的环境保护措施，确保周围管线、建（构）筑物的安全。

（8）交通组织方案

a. 掌握各交叉路口交通转向及车辆流量。在交叉路口设临时导向指示，派专人负责交通疏导。

b. 施工机械进出工地道口应设置明显标识，以防大型施工车辆进出影响交通安全。

c.施工围护附近设置明显标识，并设警示灯、夜间主动发出警示信号标识。

**4. 桩基施工平面布置**

现场平面布置应充分考虑周边环境因素及施工需要，布置时应遵循以下原则：

（1）现场平面随着工程施工进展顺序进行布置和安排，不同阶段平面布置要与该时期的施工重点相适应。桩机的行进、后退路线安排应科学、合理。既要考虑挤土效应影响较小、对敏感环境影响最小，还要考虑沉桩和行进的便利性。

（2）充分考虑文明施工及环保要求，并符合安全规定，各种设施布置必须符合国家及地方的安全文明施工的相关要求。

（3）在平面布置中应充分考虑好大型施工机械设备的布置、现场办公、道路交通、材料周转、临时堆放场地等的优化合理布置。

（4）材料堆放应设在便于装卸、适宜堆放的场地上，以免发生二次搬运。

（5）临电电源、电线敷设要避开人员、车辆流量大的安全出口，以及容易被坠落物体打击的范围，为避让市政管线施工，现场临电电缆宜用架空方式。

（6）施工期间制定详细周密的材料供应计划，计划细化到每周、每天、每个时段，专职调度员负责进场材料的统一调度和规划，以便对大型机具的使用统筹安排。对施工现场进行动态管理，及时合理地调整和分配施工场地。

**5. 进度计划及保障措施**

（1）进度计划安排

根据施工合同规定的工期编制工程进度计划。为更好控制工程进度，保证在规定工期内完成符合质量要求的工程任务，可采取以下措施：

a.确定工程的施工顺序、施工持续时间及相互和合理配合关系，根据基桩施工进度计划编制周、月生产作业计划并督促实施。每周每月检查完成情况，并对下周、下月进度计划进行调整：本周、本月按时完成的，按原计划执行下周、下月计划；本周、本月提前完成的，下周、下月跟着提前；本周、本月延期完成的，应设法在下周、下月赶上去。

b.为确定劳动力各种资源需要计划和编制施工准备工作计划提供依据。

工程实施过程中，应对照施工进度表随时进行检查。

（2）主要工期指标

设计划施工工期为50个日历天，锤击管桩施工：6根/天/台×8台=48根/天。

设项目总沉桩数量为2 000根，所需工作天为：2000根÷48根=42天。

有效工作天数的比例为42/50×100=84％，工期的安排比较紧凑。高峰时宜增加一台桩架；若增加桩架技术上不可行，或可适当延长工期。

（3）工程工期控制要求：一旦接到甲方的开工令，即进入紧张的施工准备阶段，主要工作内容为：人员组织到位，大型设备（打桩机）进场，施工临设的搭建，办理开工的一切手续，熟悉图纸。测量放线在施工准备阶段进行，施工全过程跟进，确保不因测量滞后而延误工期。测量由工程负责人统一指挥，保证关键线路上的工序运行，不得随意拖后。

（4）主要施工机械配备计划

本工程所有大型机械均采用平板车运输进场，最大的打桩机械由 40t 平板车运输。机械设备见表 6.3-2。

表 6.3-2　××工程沉桩施工机械配备一栏表

| 设备名称 | 型号 | 数量 | 产地 | 生产日期 | 性质 | 计划进场时间 |
|---|---|---|---|---|---|---|
| 推土机 | T120 | n | 武汉 | — | 自有 | 准备阶段 |
| 挖掘机 | WY1608 | n | 武汉 | — | 自有 | 准备阶段 |
| 吊车 | Q L25 | n | 上海 | — | 自有 | 准备阶段 |
| 柴油打桩机 | HD50 | n | 上海 | — | 自有 | 开工前两天 |
| 送桩杆 | 与桩配套 | n | 上海 | — | 自有 | 开工前两天 |
| 交流电焊机 | 15KW | n | 广州 | — | 自有 | 开工前两天 |
| 气割工具 | | n | 上海 | — | 自有 | 开工前两天 |
| 自卸汽车 | 10T | n | 长春 | — | 自有 | 按需进场 |
| 平板运输车 | 40T | n | 长春 | — | 自有 | 按需进场 |
| 经纬仪 | DJ2 | n | 上海 | — | 自有 | 准备阶段 |
| 水准仪 | ES1 | n | 上海 | — | 自有 | 准备阶段 |
| 办公设备 | | n | 上海 | — | 自有 | 准备阶段 |
| 交通车辆 | 面包车 | n | 上海 | — | 自有 | 准备阶段 |

（5）保证施工进度计划实现的措施

保证施工进度计划措施主要有技术保证，设备、人员、材料供应保证，辅助工作的保证措施等。

**6. 锤击沉桩施工流程、实施方法**

（1）测量放线

a. 科学合理设置基线、基点

基线、基点应依据规划定位测量资料、现场位置，设置于通视条件好、干扰少的位置，精度等级应符合规范要求，设置数量及位置还要满足并便于实际使用。

b. 层层把关、避免差错

测量放线必须严格把关，反复校核，务求不出任何差错。首先要根据设计图纸进行内业计算，对建设单位提供的水准点和控制点进行校对，在图纸上标明。坐标与尺寸必须一致。

然后利用全站仪进行精确测量放线，复核基准水准点和控制点，并将复核结果和自己设立的控制网交监理审核。如监理审核通过，则今后的测量放线均按复核结果及控制网进行。如未获监理认可，则需继续复核，直至监理审核通过为止，并以监理最终审核通过结果作为施工放线测量的依据。

经过监理认可的控制点和水准点要用水泥砂浆固定以严加保护，防止发生偏位和变形。

c. 测放样桩

根据复核控制网计算出每根桩桩中坐标并利用全站仪、经纬仪放出桩位样桩。测量放出桩位后，用约 25cm 长 $\phi 10$ 钢筋插在桩中心位置，钢筋中上部涂抹红油漆标记，施工时根据标记的样桩即可找到精确的桩位，以防止错、漏施工。对将要施工的桩位以样桩为中心用石灰粉按桩径大小划一个圆圈，以便预制管桩定位。定位误差应小于 10mm。

d. 桩位复核

由于现场施工机械的移动、沉桩挤土效应的影响，对预先测量放样的桩位会产生一定的影响，测放样桩的数量不宜一次过多，一般满足一天沉桩数量即可。数量较多时，在打桩前需对桩位进行复核。

（2）预制桩进场验收

预制管桩出厂运至现场，堆放地点的选择，要根据压桩的顺序和有利于取桩的原则进行堆放。堆放场地要求平整，根据地面的坚实情况，可用枕木作支点，进行两点或三点支垫。管桩最高堆放层数三层，根据用桩计划，先用的桩应放上面，避免翻动桩堆。施工过程中，现场施工计划负责人根据当天桩机的施工情况统计出第二天可能施工的工作量及配桩要求，以确定当天晚上的进桩数量。管桩每天进一批，现场施工计划负责人及施工管理人员要准确确定每天的进桩数量并报监理工程师。管桩进场后，材料员、质检员根据规范要求严格检查桩身的外观尺寸和质量，防止断桩、严重裂缝的桩用于工程，重点检查桩端质量。同时要收集与每批管桩数量相对应的合格证、产品检验报告及出厂证明等资料。如发现严重裂缝、桩端混凝土不密实等不合格的管桩严禁使用，并向有关部门报告。管桩进场时，如有要求需监理工程师在场接收，质检员需会同监理工程师一同验收。监理工程师验收通过后方可沉桩。

（3）其他工器具的配备

根据工程现场的实际情况和设计管桩的类型和数量以及施工经验进行配备，主要包括索具、撬棍、钢丝刷、锯桩器、焊条烘箱、路基箱（板）、钢卷尺等施工用具；每台桩机配备两台经纬仪，一台水准仪，可随时测量桩身的垂直度，确定桩顶标高。

（4）管桩的接桩

设工程桩长为 45m，每根桩配桩拟采用 15m+15m+15m，每根桩有两个接头。若单节桩长小于 15m，则需要 4 节桩组成一根桩，每根桩需要 3 个接头。在本工程中，采用电焊工艺焊接接桩。下节桩桩顶离施工地面高度约 500mm 应停止沉桩，准备接桩。管桩接桩前，用钢丝刷清理干净桩端的泥土杂物。上下两节桩应对齐，上下两节桩偏差必须小于 2mm，并应保证上下两节桩的垂直度。焊接时要由两人同时对称施焊，焊缝应连续、饱满，不得有焊接缺陷，如咬边、夹渣、焊瘤等。应分层施焊，500 管桩宜分三层施焊。每层焊渣应用小锤敲掉。焊接完成后，应冷却 8min 以上。焊接用的电焊条需选用 E43 或以上牌号的焊条。接桩完成后现场质检员会同监理工程师进行验收，验收合格后方可继续进行打桩施工。

**7. 打桩顺序应按下列原则确定**

（1）根据桩的密集程序，打桩顺序可采取从中间向两边对称施打；或从中间向四周施打；或从一侧向另一侧施打。

（2）根据基础设计标高，宜先深后浅进行施打。

（3）根据桩的规格，宜先大后小、先长后短进行施打。

（4）根据桩位与原有建（构）筑物的距离，宜先近后远逐列进行施打。

**8. 管桩施工控制**

在正式打桩之前，要认真检查打桩设备各部分的性能，以保证正常运作。另外，打桩前应在桩身一面标上每 m 标记，以便打桩时记录。第一节桩起吊就位插入地面时的垂直度偏差不得大于 0.5%，并用经纬仪进行校正，必要时，要拔出重插。施工过程中，桩帽（替打）和桩身的中心线应重合，当桩身倾斜率超过 0.8% 时，应找出原因并设法纠正。当桩尖入土深度大于 3$d$ 后，严禁用移动桩架等强行回扳的方法纠偏。

**9. 沉桩停锤标准**

当管桩施打至设计要求的持力层或达到设计要求的贯入度值时，则可停锤。贯入度值的测量以桩头完好无损、柴油锤跳动正常为前提。停锤贯入度的测量采用最后一阵平均贯入度值，以测出最后贯入度值及回弹值，方便真实记录和反映停锤情况，有助于保证和提高打桩质量。

**10. 质量检查**

管桩基础的工程桩沉桩质量检查包括桩身垂直度、桩顶标高、桩身质量，应符合下列规定：

（1）桩身垂直度允许偏差为 1%。

（2）截桩后的桩顶标高允许偏差为 ±10mm。

（3）桩顶平面位置偏差应符合规范的规定。

（4）承载力检测方法应符合建筑桩基检测技术规范有关规定，同业主、设计、监理等共同研究采取检测手段，如单桩竖向抗压静载试验、单桩竖向抗拔静载试验等。

（5）桩身完整性质量检测应按规范要求的检测方法、检测比例进行。对桩身质量有怀疑尚不能完全确定时，可采用桩孔摄像等辅助检测措施进一步确定，为处理桩身问题提供准确资料。

**11. 冬雨季施工管理措施**

（1）冬季施工

我国的北方地区，冬季一般会停止施工。停止施工的时间长短视当地的气温而定。野外施工作业的气温宜在0℃以上；气温在0℃以下应采取切实的安全、质量保证措施方可施工。

（2）雨季施工

雨季施工主要涉及施工人员的作业环境、原有场地的作业条件、接桩时雨天对焊接质量的影响。

a. 雨季中遇到大雨，应停止施工；若遇小雨，应采取相应的措施方可施工。

b. 施工作业人员应准备相应的雨具，班前应召开安全质量交底会，做好雨天的安全、质量保证措施。

c. 做好场地的排水措施，及时排除场地明水，避免沉桩场地浸水，严重降低地表的承载力，防止桩机行走陷落，避免安全事故的发生。

d. 接桩焊接应采取防雨措施，避免因雨水导致焊接缺陷。

**12. 施工注意事项及质量保证措施**

桩制作时，要桩身各处混凝土密实，主筋长度误差应符合规范要求。桩成型后要严格加强养护，在达到设计强度后，自然养护时间应符合规范要求，以增强桩顶抗冲击能力。

（1）严格进行预制桩进场验收，仔细检查桩的外观质量和随桩送达的预制桩质量资料，尤其要检查预制桩端板、桩套箍内部的混凝土密实度，可用检测锤敲击检查或用仪器检测，当用仪器检测时可进行抽检；检查桩顶面有无凹凸情况，桩顶平面是否垂直于桩轴线，桩尖有否偏斜。不符合规范要求的桩不宜采用，或经过修补等处理没有异议方可使用。

（2）应详细探明工程地质情况，必要时应补勘。正确选择持力层或标高。根据工程地质条件、桩断面及自重，合理选择施工机械、施工方法及打桩顺序。

（3）施工前应对桩位下的障碍物清理干净，必要时对每个桩位用钎探探测。对桩构件要进行检查，发现桩身弯曲超过规定（L/1 000 且 ≤ 20mm）或桩尖不在桩纵轴线上的不宜使用。一节桩的细长比不宜过大，一般不宜超过6。

（4）检查桩帽与桩的接触面处及替打木是否平整，如不平整应进行处理方能施工。采用端板式预制桩，端板材质、规格应符合相应的规范要求。

（5）桩在堆放、吊运过程中，应严格按照有关规定执行，发现桩开裂超过有关验收规范时不得使用。

（6）应根据工程地质条件、桩断面尺寸及形状，合理地选择桩锤。

（7）沉桩期间不得同时开挖基坑，需待沉桩完毕后相隔适当时间方可开挖，相隔时间应视具体土质条件、基坑开挖深度、面积、桩的密集程度及孔隙压力消散情况来确定，一般宜两周左右。

（8）科学、合理安排沉桩顺序，加强对已沉桩（或地面标高）观测，发现地面隆起严重时，应控制沉桩速率。

（9）在稳桩过程中，如发现桩不垂直应及时纠正，桩打入一定深度后发生严重倾斜时，不宜采用移架方法来校正。接桩时，要保证上下两节桩在同一轴线上，接头处应严格按照操作要求执行。不得在接头处形成折线。

（10）接桩前对连接部位上的杂质、油污等必须清理干净，保证连接部件清洁。

（11）接桩时，两节桩应在同一轴线上，焊接预埋件应平整服贴；焊接后，锤击数次，再检查一遍，看有无开裂，如有应作补救措施。

（12）采用端板式焊接接桩的混凝土桩，焊接完成后，应确保冷却8分钟以上，方可继续沉桩。

（13）在有淤泥或水上等地质条件的区域沉空心桩时，应在桩顶以下两倍直径位置钻50mm孔，释放桩内液体压力。

**13. 施工安全注意事项**

（1）开工前，应对所有员工根据相应的安全操作规程进行安全教育，中途进入人员应经教育后方可上岗。

（2）所有施工人员必须戴好安全帽。

（3）以桩机高度或吊车旋转半径为范围设置明显标志，标志内禁止与施工无关人员进入。

（4）经常检查机械设备的使用情况，保持性能良好，避免机械故障。

（5）所有施工机械的操作规程应设置于明显位置，严格按照操作规程操作。

（6）起吊管桩等使用的索具应经计算确定使用何种规格，使用过程中应经常检查钢丝绳的完好状况，发现有损伤、扭曲的，应及时更换。

（7）起重指挥人员应持证上岗，应坚持起重十不吊的有关规定。

（8）管桩堆放应垫点准确，并采取防滚动措施，确保管桩堆放稳定。

（9）沉桩机械进场前，应检验场地的地表承载力，必须达到使用机械的接地压力，否则应进行地基加固，确保沉桩机械的稳定性。

（10）场内临时电源线路应符合相应的安全架设要求。配电箱内应设置安全保护装置。

（11）电焊操作人员应持证上岗，焊机性能良好，保持焊机回路接触良好。

（12）送桩后，应及时回填桩孔，避免桩孔朝天，避免施工或无关人员掉落其中，造成工伤事故。

## 6.3.2 静压沉桩施工方案

静压沉桩工艺是目前陆上主要沉桩工艺之一。

静压沉桩与锤击沉桩的主要区别在于施工机械的不同。部分设计由于沉桩工艺的不同，对桩的配筋要求有所不同。静压与锤击沉桩在测量放样、沉桩顺序的选择、接桩、预制桩沉桩挤土效应的预防措施等方面的要求是基本一致的，因此，静压沉桩施工方案着重阐述静压桩机的选择。

静压沉桩与锤击沉桩两者虽然在沉桩时作用于桩上力的方式不同，但都是在克服桩周（动、静）摩阻力、桩端阻力将桩沉入地基。

软土地基沉桩阻力一般都小于基桩的极限承载力。在沉桩结束时，桩所克服的是动摩擦力，一方面静摩擦力大于动摩擦力，另一方面，土体扰动后，承载力有所下降，待固结恢复后，桩的承载力会有较大幅度的提高。由于土质条件的不同，提高的幅度差异较大。黏土、黏性土地基提高幅度较大，砂土地基提高幅度相对较小。因此在采用静压沉桩时，有的设计要求静压沉桩压力达到桩的设计极限承载力，这是不合理的。如果规定在沉桩时，桩的压桩力就要达到桩的设计极限承载力，那么可能在后期，即使超过桩的极限承载力，多数桩仍然达不到设计要求的桩尖标高。不但会给沉桩带来困难，这样设计的桩基也是不合理、不经济的。

**1. 确定压桩力是选择压桩沉桩设备的关键**

建筑桩基技术规范规定：

（1）液压式压桩机的最大压桩力应取压桩机的机架重量和配重之和乘以 0.9。

（2）静压桩场地的地基承载力不应小于压桩机接地压强的 1.2 倍。

（3）抱桩压力不应大于桩身允许侧向压力的 1.1 倍。

设桩架的最大压桩力为 $F_{max}$，机架重量为 $G_1$、配重为 $G_2$，则：

$$F_{max} \leqslant 0.9 \, (G_1 + G_2) \tag{6.3-1}$$

设静压桩机的最大接地压强为 $P_{max}$，压桩场地地基承载力为 $p$，则：

$$p \geqslant 1.2 P_{max} \tag{6.3-2}$$

设抱桩压力为 $P_b$，桩身侧向允许压力为 $F_c$，则：

$$P_b \leqslant 1.1 F_c \tag{6.3-3}$$

最大压桩力是由桩大小、桩长、地质条件确定的。当设计桩型确定，具有地质详勘报告等资料，即可估算最大压桩力 $F_{max}$：

$$F_{max} = \sum_{i=1}^{n} f_i h_i C + A F_j \qquad (6.3\text{-}4)$$

式中　$f_i$ ——桩周第 $i$ 层土摩阻力（kN/m²），可以从地质勘察报告上查阅计算而得；

　　　$h_i$ ——桩周3第 $i$ 层土的厚度（m），可以从地质勘察报告上查阅计算而得；

　　　$C$ ——桩身周长（m）；

　　　$F_j$ ——桩端持力层阻力（kN/m²），可以从地质勘察报告上查阅计算而得；

　　　$A$ ——桩端投影面积（m²）；

　　　$n$ ——桩身进入的土层数。

压桩机的接地压强是由压桩机的性能确定的。压桩机出厂时，压桩机长船、短船的接地面积已经确定，压桩机的自重也是基本已定的。配重可以由压桩力的需要确定，配重也不是无限制配置。压桩机的性能中明确了压桩机的最大配重，一般压桩机的最大压桩力就是在压桩机最大配重时的压桩力，此时压桩机的压强就是压桩机的最大压强。当压桩场地的允许承载力较小时，可以使用较大的压桩机，使用较小的配重，达到减小接地压强的目的，但必须配置合适压力的抱桩器。否则，抱桩器压力过大，会把桩身压坏。

在选配压桩设备时，需要考虑边缘桩的施工空间。一般压桩设备，桩置于桩机的近中心位置。若边缘桩临近河边、建（构）筑物、管线等位置，中置式压桩机无法靠近或横跨在上面压桩，可以选择边置式，但往往边置式的压桩机压桩力小于中置式。

**2. 根据 6.3.2 节的工程概况，拟按表 6.3-3 配备主要沉桩机械设备。**

表 6.3-3　机械机具设备计划用量

| 序号 | 机械设备名称 | 规格型号 | 单位 | 数量 | 额定功率（kW） | 计划进场时间 |
|------|------------|---------|------|------|------------|------------|
| 1 | 静压桩机 | YZJ-700 | 台 | n | 450kW | 开工前两天 |
| 2 | $CO_2$ 保护焊机 | BX3-300-4 | 台 | n | 70kW | 开工前两天 |
| 3 | 交流弧形电焊机 | BH1-500 | 台 | n | 60kW | 开工前两天 |
| 4 | 吊车 | 25t 汽车吊 | 台 | n |  | 开工前两天 |
| 5 | 吊车 | 15t 履带吊 | 台 | n |  | 开工前一天 |
| 6 | 镝灯 | 3kW | 盏 | n | 24kW | 开工前两天 |
| 7 | 碘钨灯 | 1kW | 盏 | n | 12kW | 开工前两天 |
| 8 | 全站仪 | 拓普康 | 台 | n |  | 进场准备起 |
| 9 | 经纬仪 | 苏光 2″ | 台 | n |  | 进场准备起 |
| 10 | 水准仪 | 苏光 | 台 | n |  | 进场准备起 |

**3. 液压静力压桩机主要技术参数**

根据设计说明要求，最大的单桩设计承载力特征值 = 1 000kN。按照以往施工经验，短桩终压力为特征值的 1.5 ~ 2.0 倍。为确保满足施工要求，保证施工进度，选用 N 台静力压桩机（ZYJ700 型）同时进行作业，并准备足够的配重。桩机主要技术参数如下表 6.3-4：

表 6.3-4　桩机主要技术参数

| 技术指标 | | 参数值 | 技术指标 | | 参数值 |
|---|---|---|---|---|---|
| 额定压桩力（kN） | | 7 000 | 最大圆桩（mm） | | φ500/φ600 |
| 额定工作油压（MPa） | | 24.2 | 边桩距离（mm） | | 0.9 |
| 压桩速度（cm/min） | 高速 | 42 | 角桩距离（mm） | | 1.2 |
| | 低速 | | 额定起吊质量（t） | | 16 |
| 压桩行程（m） | | 1.8 | 变幅力矩（tfm） | | 80 |
| 位移（m） | 纵向 | 3.6 | 功率（kW） | 压桩 | 111 |
| | 横向 | 0.7 | | 起重 | 37 |
| 转角（°） | | 8 | 尺寸（mm） | 工作长 | 13 800 |
| 升降（m） | | 1.1 | | 工作宽 | 8 100 |
| 方桩（mm） | 最小 | 350 | | 运输高 | 3 020 |
| | 最大 | 600 | 总重量（含配重）（t） | | ≥ 220 |

其他测量放样、沉桩顺序的选择、接桩、预制桩沉桩挤土效应的预防措施等施工方案这里不再详述。

## 6.3.3 振动沉（拔）桩施工方案

理论上振动沉桩工艺可适用于各种桩型。实际施工中则主要适用于各种钢板桩、钢管桩（钢套管）、型钢桩、组合钢桩等的施工。小型预应力桩视条件可用。当混凝土强度较低，在振动沉桩过程中，桩身容易遭到破坏。而且，混凝土桩与振动锤的连接需要采取相应的措施，否则混凝土桩的桩顶也会因振动导致桩顶破碎。

振动沉（拔）桩施工工艺主要用于钢板桩码头、钢板桩围堰、钢管桩基础的码头、船坞或围堰底部的止水钢板桩、坞壁钢板桩墙、滑道的钢板桩侧墙等永久性工程，临时工程包括施工围堰钢板桩的沉拔、施工平台钢桩的沉拔、基坑围护钢板桩的沉拔、灌注桩的各种钢护筒沉放（拔出，长护筒一般为永久性）、沉管式灌注桩钢管沉拔，需要拆除的老旧工程桩基可以采用振动锤拔除。

陆上沉拔桩施工往往受到起重设备起重量、起重高度的限制，沉拔桩的长度因此受到限制，一般在 20m 以内。水上施工的设备可以采用打桩船、大型起重船，振动沉拔桩的桩型逐渐趋于大型化。振动沉放的钢管桩或钢套管已从 1 500mm 发展到 3 000mm、

3 600mm、5 800mm，长度从 55m 发展到 85m，单根桩质量从 60t 发展到 120t。在单个振动锤不能满足要求的情况下，施工技术人员采用振动锤架将 2 到 4 个振动锤并列起来使用。

振动沉拔桩工艺主要适用于淤泥、软黏土、黏土、人工填土、粉质黏土、粉砂、细砂等地质。

振动沉拔桩是由振动锤带动桩产生激振，使桩周土体产生"液化活动"，降低土壤的摩阻力，在锤和桩自重的作用下克服桩周土的粘滞下沉，在起重设备的上拔作用下将桩拔出。

振动锤的主要作用就是能够带动桩和桩周局部的土体共同振动，达到液化活动的效果。

振动沉拔桩锤型主要根据桩型的大小、桩长、桩质量、地质情况进行选择。

**1. 合理选择锤型**

（1）按振动锤的激振力进行选择：

启动时，振动锤须带动桩克服地基土摩阻力，才能将桩沉入土中：

$$F_\text{v} > F_\text{R} \qquad\qquad (6.3\text{-}5)$$

式中　$F_\text{v}$ ——振动锤的激振力（kN）；
　　　$F_\text{R}$ ——地基土摩阻力（kN）。


土的摩阻力 按下式计算：

$$F_\text{R} = fUL \qquad\qquad (6.3\text{-}6)$$

式中　$F_\text{R}$ ——地基土摩阻力（kN）；
　　　$L$ ——桩的入土深度（m）；
　　　$U$ ——桩的周边长度（m）；
　　　$f$ ——土层单位面积的动摩擦力（kN/m²），可按表 6.3-5 估算。

**表 6.3-5　地基土动摩阻力参考值表**

| 粘性土 | | 砂性土 | |
| --- | --- | --- | --- |
| 标准贯入击数 | （kN/m²） | 标准贯入击数 | （kN/m²） |
| 0 ~ 2 | 10 | 0 ~ 4 | 10 |
| 2 ~ 4 | 15 | 4 ~ 10 | 15 |
| 4 ~ 8 | 20 | 10 ~ 30 | 20 |
| 8 ~ 15 | 25 | 30 ~ 50 | 25 |
| 15 ~ 30 | 40 | > 50 | 40 |
| > 30 | 50 | – | – |

计算出地基土摩阻力，可从振动锤技术性能表中选择适用的振动锤。但是，这种选择方法没有考虑振动沉桩时振动系统总质量对激振力的要求。因此，可以按激振力大于振动

系统总质量的 1.2 ～ 1.4 倍经验公式来验算振动锤。

（2）振动锤激振力的验算：

下列经验公式适用于一般黏性土、淤泥、淤泥质土及人工填土等土层；同时适用于振动沉管灌注桩、钻孔灌注桩钢护筒和冲孔振动锤的选择：

$$F_V > (1.2～1.4) \times W \tag{6.3-7}$$

振动系统结构总重力应包括桩（护筒、沉管）、夹具、振动锤、振动锤架、吊索具等。

下列公式适用于中密密实砂土层中施工大型钢护筒的选择：

$$F_V > F_R - G = \Sigma ( K_1 \times L_1 \times U \times f_1 ) - G \tag{6.3-8}$$

式中　$K_1$——不同土层中的液化系数，可取 =0.25；

　　　$L_1$——钢护筒在不同土层中的入土深度（m）；

　　　$U$——钢护筒周边长度（m）；

　　　$f_1$——不同土层的单位摩阻力（kN/m²）；

　　　$G$——钢护筒和振动锤系统的总重力（kN）。

**2. 振动沉拔桩的基本方法**

（1）振动沉桩的基本程序，见图 6.3-1。

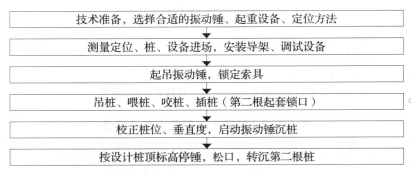

**图 6.3-1 振动沉桩的基本流程**

（2）振动沉（拔）桩的施工要点

a. 振动锤与桩的连接位置应设在桩顶的形心，便于振动锤将激振力传递至桩身。为加快沉桩速度，通常在振动锤的底部设置液压夹具，这种液压夹具主要适用于钢板桩、钢管桩、钢套管、型钢桩等钢质材料的桩。一般在桩起吊直立后，将桩的连接位置置于液压锤的夹具内，通过液压作用收紧夹具，即可将桩与振动锤连成整体。钢板桩、型钢桩可直接将夹具夹在桩中心的钢板上。钢管桩等需设置供振动锤夹具钳夹的连接钢板。连接钢板需要有相应的强度和刚度，钢板应具有一定的厚度，并与桩的重量相配套。

b. 沉"U"型锁扣钢板桩，宜在起始点设置定位桩。定位桩可设计成圆形或方形。桩尖应做成对称型，以便沉桩位置准确。

c. 沉"U"型锁扣钢板桩，可以将 2 ~ 5 根桩组合成组桩，同时沉入。组合的数量要视大小和长短，即桩的总重而定。组合必须牢固，否则，一组桩不可能同时沉入。

d. 通常由起重设备吊起进行沉桩。起重设备起吊时，桩的自由晃动比较严重，对于桩位要求较高的基桩应设置一层或多层（两层以上）导向架，尤其是钢板桩。

e. 为防止先沉桩被后沉桩带下去，可在桩顶设置限位装置。

f. 若钢板桩从两边向中间施打，会出现梯形封口，需要制成特殊的梯形钢板桩，保证锁扣的连续。梯形钢板桩的制作见 5.3 节。

g. 采用振动锤拔桩时，不仅要选择合适的起重设备，宜先下沉约 300mm，再开始拔桩。

## 6.3.4 埋入式沉桩施工方案

此处仅指非挤土埋入式沉桩工艺的主要施工方案。半挤土埋入式沉桩工艺不作详细介绍。

**1. 埋入式沉桩的主要程序**

包括测量定位、桩节预制、成孔、桩节运输、安装沉放桩节、预应力张拉、钢筋孔灌浆、桩空隙回填、桩端桩侧注浆等。

**2. 埋入式沉桩的主要施工方案**

（1）编制施工方案的依据

a. 设计文件、地质资料。

b. 施工规范（由于埋入式沉桩工艺尚在开发试验阶段，还没有足够多的工程案例供总结、编制相应的规范，因此根据各个不同的施工工序，参照相应的规范进行，如测量放样可按照相应的测量规范，钻孔结合钻孔灌注桩的规范及其本工艺的相应要求，预制桩节可参照预制桩的相应规范等，但其各工序与其他类似基桩的施工要求有差异，还要会同设计单位提出具体的验收标准）。

c. 施工合同等。

（2）编制的主要内容

a. 工程概况。

b. 组织管理机构。

c. 施工平面布置与成桩顺序。

d. 主要工序，包括测量定位、预制桩节、钻机就位成孔、桩节运输、安装沉放桩节、穿预应力钢筋或钢绞线、预应力张拉、预应力张拉钢筋孔道灌浆、桩节外围与孔壁之间回填、注浆等。

e. 施工总进度计划。

f. 工、料、机计划。

g. 质量保证措施。

h. 安全、文明施工保证措施。

i. 工程造价控制措施。

j. 季节性安全、质量施工保证措施。

k. 质量通病及其防治措施。

l. 桩基工程验收。

## 6.3.5 水冲沉桩施工方案

**1. 水冲沉桩的准备工作**

（1）对地质资料、设计桩型进行研判，确定是否适合采用水冲沉桩施工方法。

（2）选择沉桩设备。根据桩型选择合适的桩架或起重设备、水冲设备、压缩空气设备等。

（3）陆上采用水冲沉桩时，应准备好泥浆归集池、排浆沟槽或管道，积聚一定泥浆量后，应及时外运；水上水冲沉桩泥浆排放，应对影响环境进行评估，若在重要水体或饮用水取水口附近，应调整沉桩方法，防止污染水体。

（4）应按水冲设备的需要，配备现场的电源或动力。

（5）验收建设单位递交的测量基线、基点，施工基线、基点测设完成。

**2. 水冲沉桩的基本流程**

（1）陆上水冲沉桩的基本流程，见图 6.3-2。

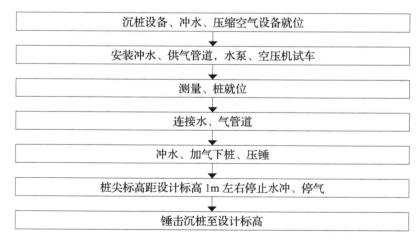

注：最后锤击沉桩的深度视最后沉桩难度、配置的锤型、地质条件等情况，经试验确定。

**图 6.3-2　陆上水冲沉桩的基本流程**

（2）水上水冲沉桩的基本流程，见图 6.3-3。

水上水冲沉桩工作是在打桩船和工作驳船上进行。工作驳船包括运桩方驳和安放水泵和空压机、管道等水冲设备的驳船。

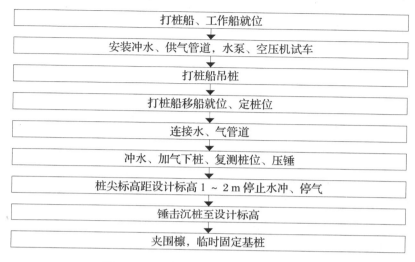

图 6.3-3　水上水冲沉桩的基本流程

**3. 水冲设备的选择**

水冲沉桩与水冲设备关系密切，水冲设备主要是水泵和射水嘴。射水嘴的破土效果与水压、射水嘴的射水角度有关，排泥量、排泥速度与水量、压缩空气的压力、风量有关。水冲沉桩所需水压、水量参考值见表 6.3-6。

表 6.3-6　水冲沉桩所需水压、水量参考值

| 土质 | 沉桩入土深度（m） | 射水嘴处需要的水压（MPa） | 沉桩用水量（L/min） | |
|---|---|---|---|---|
| | | | 方桩 30 ~ 50（cm） | 方桩 50 ~ 60（cm） |
| 松砂、饱和砂 | 15 ~ 25 | 7 ~ 10 | 1 000 ~ 2 000 | 1 200 ~ 2 200 |
| | 25 ~ 35 | 10 ~ 15 | 1 200 ~ 2 000 | 1 500 ~ 2 500 |
| | > 35 | 15 ~ 20 | 3 000 ~ 3 000 | 2 500 ~ 3 500 |
| 含卵石及砾石的密实砂层 | 15 ~ 25 | 10 ~ 15 | 1 500 ~ 2 000 | 2 000 ~ 2 500 |
| | 25 ~ 35 | 15 ~ 20 | 2 000 ~ 3 000 | 2 500 ~ 3 500 |
| | > 35 | 20 ~ 25 | 3 000 ~ 4 000 | 3 500 ~ 5 000 |

根据水冲沉桩所需的水压、水量，配备合适的水冲沉桩设备。根据经验，水冲沉桩的水冲设备可参照表 6.3-7 选用。

表 6.3-7　水冲沉桩的设备性能选用参考表

| 土质 | 桩入土深度（m） | 冲水排泥方法 | 水泵性能 | | 射水无缝管直径（mm） | 水泵出水口水压（MPa） | 高压风管直径（mm） | 风量（m³/min） |
|---|---|---|---|---|---|---|---|---|
| | | | 流量（m³/h） | 扬程（m） | | | | |
| 松砂及中密砂层 | 15 ~ 25 | 内排 | 80 ~ 100 | 80 ~ 120 | 75 | 4 ~ 8 | 25 | 6 |
| | 16 ~ 24 | 内排 | 100 ~ 130 | 100 ~ 150 | 100 | 6 ~ 10 | 32 | 6 ~ 9 |
| 密实砂层及夹砂砾石砂层 | 8 ~ 16 | 内排 | 100 ~ 130 | 100 ~ 150 | 75 ~ 100 | 6 ~ 10 | 32 | 6 ~ 9 |
| | 16 ~ 24 | 内排 | 130 ~ 180 | 130 ~ 180 | 100 | 8 ~ 12 | 32 | 9 |

短时间内水冲沉桩对基桩的承载力会造成一定的影响，必要时可对桩周、桩尖进行注浆处理，较快提高单桩承载力。

**4. 水冲沉桩的进度计划**

水冲沉桩由于工艺较为复杂，直接采用动力沉桩难以达到设计要求的桩端标高，且效率较低，速度较慢。宜先在同区域、同条件下做试桩，在取得试桩数据后再编制水冲沉桩的进度计划，否则误差较大，难以贴合工程实际，对实际工程缺乏指导意义。

**5. 水冲沉桩的注意事项**

（1）水泵的出水口应设止回阀、闸阀和压力表，高压水管应设放水阀，控制射水的水量和水压力，防止射水嘴堵塞时，损坏水泵。

（2）桩端刚入土时，应对水泵的水量进行分流，采用较小的流量和水压，随着桩入土深度的增加，逐渐加大水量和水压。

（3）需要较好的水冲效果，必须达到一定的水量和水压。如果水压较高，但流量较小，其破土、排渣的效果仍较差。所以当在硬土层中破土时，喷嘴的口径不能太小，25 ~ 35mm 较为合适，桩径较大时取大值，桩径较小时取小值。

（4）射水管直径应与射水嘴相配套。射水管直径较小，射水嘴直径稍大且喷嘴多，这样可能会导致射水压力不够，可以通过计算确定射水管的直径。一般射水嘴的总流量应射水管的流量的 70% ~ 80% 比较合适。

（5）采用水冲锤击沉桩时，边冲边打，在桩端距设计要求的标高还有 1 ~ 2m 时应停止水冲和供气，采用锤击方式，将桩沉至设计标高。

## 6.3.6 锚杆静压沉桩施工方案

**1. 施工准备**

（1）技术准备

a. 对地质资料、设计桩型、桩位布置进行研判，确定相应的施工方案。

b. 选择沉桩设备。根据桩型选择合适的桩架、起重设备、接桩设备等。

c. 根据桩位布置、桩型、地质资料、沉桩的环境条件，研判压桩时的挤土效应，选择合适的沉桩速度、控制挤土效应的措施。尤其要查清已有建（构）筑物的地下管网、基础情况，如影响邻近建（构）筑物或构筑物的使用和安全时，应会同有关单位采取有效措施，予以处理。

d. 验收建设单位递交的测量基线、基点，施工基线、基点测设完成。

e. 按照设计及规范要求进行试桩，收集资料，用于指导实际施工。

（2）材料及主要机具准备

a. 预制钢筋混凝土桩：规格、质量必须符合设计要求和施工规范的规定，并有出厂合格证。进场时应对桩外观、合格证明资料进行核验，合格的方可送入施工现场。

b. 采用焊接接桩的焊条：型号、性能必须符合设计要求和有关标准规定，一般宜用 E4303 牌号。接桩用型钢：材质、规格符合设计要求，宜用低碳钢。

c. 采用胶泥接桩的硫磺胶泥：性能符合设计要求，并有出厂合格证书。

d. 锚杆：材质、规格符合设计要求。一般当压桩力小于 400kN 时，用 M24 锚杆，当压桩力在 400 ~ 500kN 时，采用 M27 锚杆。

e. 主要机具：锚杆静力压桩机、风动凿岩机、运桩小车、2t 电动葫芦、千斤顶、钢丝绳、索具、钢桩帽、电焊机或硫磺胶泥溶解炉等。

（3）现场作业条件准备

a. 桩基的轴线和标高均已测定完毕，并经检查办理预检手续；桩基的轴线和标高控制点，应设在不受压桩影响的位置，并应妥善加以保护。

b. 采用托换基础压桩工程时，需按设计要求，开凿压桩孔及埋设好锚杆。

c. 压桩场地整平、清除杂物，排水畅通，保证桩机的移动方便和稳定垂直。

d. 压桩验桩。施工前必须压试验桩，数量不少于 2 根，确定压入力，并校验压桩设备、施工工艺以及技术措施是否适宜。

e. 根据压桩顺序，在压桩场地上做好标识。

f. 按使用要求配置足够的电源，或配备合适的自备发电机组。

**2. 压桩施工**

（1）工艺流程

预留或开凿压桩孔、锚杆孔→埋设锚杆→压桩机就位→压桩→接桩→压桩→焊桩帽钢筋→封桩。

（2）预留或开凿压桩孔

按设计轴线位置，预留或开凿压桩孔。压桩孔呈台形方孔，下大上小。

（3）预留或开凿锚杆孔

根据锚杆静力压桩机结构固定位置要求，预留或开凿锚杆孔。锚杆孔呈直形，对称设置 4 个孔口。

（4）埋设锚杆

根据锚杆静压桩机结构、固定位置、标高要求预埋爪肢型锚杆或后埋镦粗型锚杆，分别由混凝土或硫磺胶泥锚固。

（5）压桩架就位

压桩机就位时，应对准桩位，保证桩架垂直稳定，施工中不发生倾斜、移动。

（6）压桩

桩入土一个行程，再使桩稳定垂直，可用经纬仪或线坠，双向校正，垂直度偏差不得超过 0.5%。

（7）接桩

a. 采用焊接接桩时，预制桩埋件表面清理干净，上下节之间的间隙应用铁片垫实焊牢，焊缝应连续满焊。焊接接桩应待焊缝冷却至一定程度后方可继续压桩。

b. 采用硫磺胶泥接桩时，下节桩压至地面以上约 50cm 左右时停止压桩。熬制胶泥，清理桩顶、锚孔、锚筋，无杂质、无积水。上节桩就位，应将插筋插入锚孔，检查无误，间隙均匀。将上节桩吊起 10cm，安装硫磺胶泥夹模，浇注硫磺胶泥，立即将上节桩保持垂直缓缓放下，整个浇注硫磺胶泥的时间宜控制在 2 分钟时间内。待硫磺胶泥浇注后应至少等待 10 分钟的冷却时间，才能开始继续压桩。

c. 硫磺胶泥的熬制方法：

将硫磺胶泥材料放入专用的胶炉内，温度调至 140℃～150℃，融化 1 小时左右，搅拌胶泥至均匀；

硫磺胶泥完全脱水后即可使用。可观察胶泥液面，如无气泡，则已经完成脱水；

出料前应将胶泥温度调高至 170℃～175℃，保证胶泥在出料至浇灌期间均为熔融状态。环境温度较低时，取较高温度；环境温度较高时，取较低温度；

熬制直至出料的胶泥温度不得超过 180℃，否则会导致胶泥焦化，降低胶泥的粘结强度；

严禁往胶泥内加水，胶泥不可接触明火，遇明火即燃烧；

熬制胶泥的工作人员，应穿戴防护用品，不得赤膊光脚，防止胶泥溅出烫伤。

接桩时，上、下节桩的中心线应保持在一条直线上。

（8）焊桩帽梁钢筋：在压桩孔上部设置桩帽梁，将设计要求钢筋制作成门字型和锚杆焊接成十字交叉形状。

（9）封桩：压桩孔清理干净，排除积水；浇捣混凝土之前，孔壁及桩头面涂刷纯水泥浆，增加粘结力；浇捣掺有微膨胀和早强外加剂的混凝土，予以捣实。

（10）检查验收：每根桩应以设计最终压桩力为主、桩入土深度为辅加以控制，压到满足设计要求时停压，进行中间验收，符合设计要求后，作好施工记录。

（11）压桩过程中遇下列情况应暂停，并及时与设计、勘察、监理等有关单位研究处理：

a. 压桩力剧变。

b. 桩身突然发生倾斜、位移。

c. 桩顶或桩身出现严重裂缝或破碎。

（12）待全部桩压完，桩头密封结束，做最后验收，并将技术资料提交发包单位。

**3. 质量标准**

打（压）入桩（预制混凝土方桩、先张法预应力管桩）的桩位偏差必须符合规范规定。

**4. 成品保护**

（1）桩应达到设计强度的 70% 方可起吊，达到 100% 才能运输、沉桩。

（2）桩在起吊和搬运时，必须做到吊点符合设计要求，应平稳并不得损坏。

（3）桩的堆放应符合下列要求：

a. 场地应平整、坚实，不得产生不均匀下沉。

b. 垫木与吊点的位置应相同，并应保持在同一平面内。

c. 同桩号的桩应堆放在一起，堆放位置及方向应考虑便于沉桩起吊；先沉桩应堆放在上层。

d. 多层垫木应上下对齐，最下层的垫木应适当加宽，堆放层数一般不宜超过 4 层。

（4）妥善保护好桩基的轴线和标高控制桩，不得由于碰撞和振动而移位。

（5）压桩时如发现地质资料与提供的数据不符，应停止施工，并与有关单位共同研究处理。

**5. 应注意的质量问题**

（1）预制桩必须提前定货加工，压桩时预制桩强度必须达到设计强度的 100%。

（2）桩身断裂。由于桩身弯曲过大、强度不足及地下有障碍物等原因造成，或桩在堆放、起吊、运输过程中产生断裂，没有发现而致，应及时检查。

（3）桩顶碎裂。由于桩顶强度不够及钢筋网片不足、主筋距桩顶面太小，或桩顶不平、施工机具选择不当等原因所造成。应加强施工准备时的检查。

（4）桩身倾斜。由于场地不平，压桩机底盘不水平或稳桩不垂直、桩尖在地下遇见硬物等原因造成。应严格按工艺操作规定执行。

（5）接桩处拉脱开裂。连接处表面不干净、连接铁件不平、焊接质量不符合要求、接桩上下中心线不在同一条线上；胶泥接桩的，胶泥质量差、熬制脱水不彻底、桩顶锚孔没有清理干净，或胶液尚未冷却就沉桩等原因所造成的开裂。

## 6.3.7 水上沉桩施工方案

水上沉桩主要有两种情况，一种在水上搭设施工平台，在平台上采用陆上沉桩设备进行沉桩；一种是由打桩船在水上沉桩施工，采用驳船运桩，由打桩船在水上进行沉桩。本节所述为打桩船水上沉桩施工。

**1. 水上沉桩的特点**

（1）水上沉桩通常使用打桩船，在水上采用锤击沉桩的施工方法。利用水上的浮力，可以使打桩船比陆上打桩机大很多，打桩架可以比陆上的打桩架高出两倍以上。可以运用更大的打桩锤，施打最长约 80m 的整根桩。也有少数内河、湖泊使用小型驳船，在驳船上安装陆上打桩架进行打桩，这种未经验算和有关部门审核的自制小型打桩船，使用时比较危险，容易导致工程事故，不宜推广。

（2）为便于打桩船取桩，必须使用驳船，采用水上运输的方法运桩。

（3）由于打桩船承载、平衡等方面的要求，打桩船有一定的吃水深度，水上打桩施工区域必须要有足够的水深和水域面积，方可利用打桩船进行打桩。

（4）打桩船及其运桩船舶，必须要经过相应的航道拖带进入。就像陆上沉桩的设备及基桩要通过道路运输进入现场一样。

（5）由于在水上施工，可能受到水流、风浪、潮汐、大雾、流冰的影响而无法打桩。

（6）水下的地形常常比陆地上复杂，但是无法像陆地上平整以后再打桩，需要直接面对复杂的河床、海底地形条件。

（7）水运工程往往远离岸边，尤其海洋工程的大力发展，给桩的测量定位带来了极大的困难。好在测控技术的发展，逐步解决了远离岸边甚至外海的沉桩测量问题。

（8）港口、码头往往紧挨着主要航道，打桩船舶的施工既要尽可能避免对航道的影响，又要防止航行船舶对打桩船正常施工作业的影响。

（9）当必须采取水上打桩方式，但是水深条件不够时，需要进行疏浚，达到相应的水深条件，方可采用水上打桩的施工方案。

（10）打桩船可以比较方便地施打任意扭角、最大约 3:1 倾角的斜桩（斜度根据设计需要确定）。但在墩式类似群桩的情况下，需要对施工的可行性进行验算，必要时可作适当的调整。

**2. 水上沉桩的组织管理**

任何项目的开展与实施都离不开相应的组织管理。水上沉桩的组织管理有一定的特殊性。

（1）水上沉桩的组织管理机构

水上沉桩通常需要水、陆共同组织实施。主要管理人员、测量人员都在陆上开展工作，制桩在陆上实施，运桩、沉桩在水上实施。操控船舶有其相应的专业性，所以还需要懂得船舶运营管理的专业人员。一般水上沉桩项目的组织管理机构如图 6.3-4。

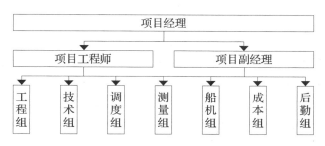

**图 6.3-4　水上沉桩工程组织机构图**

（2）管理机构的主要职责

工程组：负责桩基工程的具体实施；

技术组：负责桩基工程的技术、质量管理；

调度组：负责船舶、机械、装桩、运桩的调度、进度安排；

测量组：测量基线、点的布设，沉桩测量定位、沉桩记录、测量桩位偏差；

船机组：施工船舶机械管理；

成本组：项目成本核算、控制、管理；

后勤组：后勤保障。

**3. 水上沉桩的技术准备**

收集施工及相关区域的水文、地质、气象、航道、工程设计、邻近类似工程施工等资料。

根据设计桩型、桩位布置情况、工程所在地的水文地质情况选择打桩船型、打桩锤锤型、替打、运桩船舶等设备。

根据工程所在地与陆地的相关关系，确定测量方案。

编制水上沉桩施工顺序。水上沉桩顺序的编排比陆上考虑的因素要多。虽然打桩船可以整根施打大型长桩，但是，打桩船是依靠至少 6 根锚缆相对固定在水上的。锚缆的相对位置，尤其是抽心锚位置不当，很容易将已经施打的基桩刮断；编排不当，打桩船还会撞断已经施打的基桩，所以必须要严密编排沉桩顺序，才能确保水上沉桩的安全、顺利进行。

根据地质资料、设计桩型、选用的锤型会同设计、勘察单位确定沉桩停锤标准。周边同类地质条件、类似基桩工程可以参照；当没有同类地质条件、类似基桩工程参考时，应进行试桩或试沉桩，取得相应的数据后确定沉桩停锤标准。

对沉桩区域的水深条件进一步核实，是否有影响沉桩的障碍物。有潮汐的水域，重点关注低水位时的水深条件，如水深条件不够，根据进度等因素选择赶潮作业还是先疏浚再沉桩；当有障碍物时，对其进行评估，影响沉桩施工的必须进行清除。

了解观测沉桩区域的水流情况，当流速大于打桩船的稳定流速时，应避免在潮水急涨急落时段进行沉桩，并考虑对沉桩进度的影响。

编制完整的沉桩施工组织设计，包括完整的沉桩施工方案、测量方案、船机设备使用计划、制桩运输计划、辅助材料使用计划等。

如果沉桩位置离岸较近，抽芯锚的锚定位置将设在岸边。通常将抽芯锚的固定装置叫"地龙"。地龙的设置位置比较讲究，一般抽芯锚与打桩船中心线的夹角不大于 ±20°，如果夹角偏大，需要增加地龙数量。为便于地龙与抽芯缆的连接，地龙设置在高水位以上的岸边。地龙的埋设必须牢固。根据打桩船型的锚机拉力，地龙的埋置深度、锚杆的大小、地龙千斤（钢丝绳）直径做相应调整。

**4. 水上沉桩的设备配置**

水上沉桩的设备主要包括：打桩船、桩锤、替打、运桩驳船、拖轮、临时码头趸船、交通船（船员等上下船）、抛锚船（打桩船抛锚用）、交通车（陆上上下班使用）、测量仪器设备（经纬仪、水准仪、全站仪、GPS 定位系统）等。打桩、运桩设备必须与所打、所运的桩配套。

打桩船的选择要考虑桩的大小、桩位之间的关系、沉桩水域条件、桩的俯仰角度、扭角等因素，不同的船型，桩中心距打桩船船首的距离是不一样的；桩锤的选择主要考虑设计要求承载力、地质情况、桩型等。运桩驳船主要考虑桩的长度。交通船、抛锚船需要能够在该水域安全航行。

测量仪器需要根据测量方案选用。一般采用前方任意角交会测量方案的，可配备经纬仪、全站仪、水准仪等；远离陆域，难以采用任意角交会测量方案的，可采用"海工工程 GPS 远距离打桩定位系统"。

**5. 运桩**

水上沉桩必须采用水上运桩。码头、桥梁的基桩一般都比较长，单根桩长多在 30m 以上。运桩时需要根据桩长、经过航道水域、沉桩区域的风浪情况确定运桩船舶，通常采用平板驳船，主要运输的驳船有 400t 方驳、500t 方驳、1000t 平板驳、2000t 平板驳等船只。运桩驳船的甲板上，在相应龙骨的位置，设置固定的垫木，保证垫木在同一平面上，桩与桩之间必须预留一定空间，便于吊桩时穿吊索，上下层之间使用相同的垫木，并保持与下层垫木在同一竖直平面。运输圆桩时，每根桩的两侧应使用垫木固定，整船桩的两侧必须有固定围挡，尤其是远距离拖运，需要牢固固定。保证碰到风浪时，桩能够相对固定在船上。

桩运至现场后需要靠泊在临时码头上，一般使用一艘趸船作为临时码头。临时码头必须在打桩船锚缆的变动幅度范围内，便于打桩船到桩驳上吊桩。

**6. 水上沉桩的测量定位**

水上沉桩的测量定位工作主要分为内业和外业。内业的计算正确与否，是保证沉桩定位的基础。

由于水上沉桩一般无法测放样桩，沉桩定位采用打桩时测量仪器的实时定位。每一根桩都有多个实时定位参数，这些参数都是事先根据设计桩位、测量定位系统基点、基线的参数、桩的俯仰、扭角参数等数据计算而得。所以定位参数的确定必须经过计算、复核、审核等程序，确保其正确性。

多数水运工程的基桩桩位相对比较规则，计算相对比较简单。大型、特大型桥梁设在水上的弯道、匝道等区域的基桩位置比较复杂，如圆曲线、缓和曲线、卵形曲线上，曲线外任一点的桩位计算比较复杂。好在可编程计算器早已投入使用，再加上便携式电脑，对桩位的计算已经不再是一件难事。

水上测量定位是水上沉桩的关键工序，定位不准确，不仅有可能使已经沉完的桩报废，造成较大的经济损失，还有可能影响后续桩的沉桩工作——将水下、泥面以上的桩处理掉，需要付出更多的代价。因此，沉桩定位的重要性可想而知。

当没有"海工工程 GPS 远距离打桩定位系统"，又离岸比较远时，可以在水上设置临时测量平台。在测量平台上工作的测量人员非常艰苦，有时一整天不能下来，只能带一些干粮或餐盒充饥，女性测量人员尤其不方便。在以往的测量人员中，女性占了相当的比例，因为在工程施工企业，尤其在航务施工企业，测量是既具有一定技术含量，相对而言又比较轻松的工作。实际上海风吹、太阳晒，仍然是非常辛苦的。工作环境既艰苦，还要保证测量工作一丝不苟，这就要求测量人员既有高超的测量技能，又要有高度的工作责任心。

在没有"海工工程 GPS 远距离打桩定位系统"，工程相对离岸又比较近时，大多会采用前方交会定位法，一般需配备 3 台仪器进行交会定位。正常情况下，不同角度的两条直线会有唯一的一个交点，也就是说，两台仪器就可以确定一根桩的位置，但因为测量定位工作的重要性，为了检验校正前面两台仪器定位的正确性，必须设置第三台仪器。

一般沉直桩，仪器直接确定桩边线的位置，桩边线的位置准确，桩中线的位置就准确。

沉斜桩，定位要相对复杂一点。斜桩在不同标高平面，桩的位置是不同的。设计的桩位，是要求在设计标高平面桩的位置。定位时需要确定定位点标高与设计标高的差异，作为一个已知参数进行换算。定位时需要确定定位点的高程，因为，船舶甲板的高程会随着水位、打桩船的荷载的变化而变化。要在桩已经进入打桩船的龙口，倾斜度、扭角已经调整到测量定位标高，标高确定后要在较短的时间内定位完毕。因为，在有潮汐的河口、近海，水位是在不断变化，短时间的变化还在允许误差范围内，时间长，桩位的偏差也会加大。

沉桩定位时必须保证每台仪器与打桩船的通讯联系，除了采用对讲机进行联系外，往往还要使用小红旗等辅助通讯手段。

**7. 沉桩条件**

水上沉桩的基本条件：

（1）打桩船已在现场抛锚就位，抽芯缆已经设置妥当。

（2）运桩驳船已经到达现场，桩身刻度已经按要求刻画完毕。

（3）风力小于5级。大于5级时，由于打桩船的晃动，无法沉桩。

（4）能见度良好。有雾或雾霾、通视条件差（经纬仪前方交会法定位）时无法进行沉桩。

（5）水流流速不能过大。流速过大可能致使打桩船出现走锚，应暂停沉桩。

（6）水深必须大于打桩船的最大吃水深度约0.5m，并保持足够一根桩的沉桩时间。否则应暂停沉桩。

**8. 沉桩**

（1）沉桩的基本流程

打桩船移船吊桩→桩进入打桩船龙口→打桩船在预定位置就位→确定扭转、俯仰角度→测量定位→测定控制标高→下桩→稳桩→压锤→复测桩位→视地质条件开锤→锤击沉桩→送桩→测定最后贯入度→测量桩顶标高→停锤→起吊桩锤与替打→移船→沉下一根桩。

（2）吊桩

打桩船吊桩通常有三组吊钩，一般两边各一组吊钩设置两个吊点，中间一个吊钩设置在桩顶以下1/4～1/3位置。两边的吊钩用于从装桩驳船上起吊、并移船至预定的沉桩区域，在此过程中桩顶一侧的吊钩慢慢提升，桩尖一侧的吊钩慢慢放下，桩端的最低点不得低于河床的泥面。当桩基本处于垂直时，中间的吊钩慢慢收紧受力，两边的吊钩放松解扣，桩顶进入替打桩帽，桩身进入龙口，并用背板将桩锁定。

（3）确定桩的扭转、俯仰角度

采用前方交会法定位时，扭角由船上的花杆与船的方向确定，俯仰角度由打桩船桩架上的刻度盘确定，由船上操作人员直接操作。

（4）测量定位

前方交会法定位由陆上测量人员与船上操作人员协同操作完成。采用海工工程 GPS 远距离打桩定位系统定位的，则根据设置在打桩船上的定位系统由船上的操作人员直接完成。

测量定位、下桩、稳桩、校正桩位、压锤、最终定位，这是一个交替互进的过程，一旦压锤后，桩就不容易纠偏。由于水上沉桩为整根沉桩，桩的自重较大，单由中间的吊钩拔出重新定位是很困难的，就是要吊起桩、锤、替打自重，基本上达到吊钩的最大负荷，很难克服已经入土部分桩周土的摩阻力。若为实心桩，易导致重新定位的桩尖滑入之前插桩形成的桩孔，较难调整桩位，因此必须一次定位正确才能下桩。

（5）打桩船的定位

打桩船是没有航行动力的，打桩时移船依靠打桩船的锚缆进行。通常打桩船的锚缆布置如图 6.3-5。

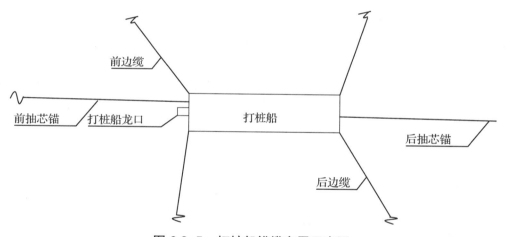

图 6.3-5　打桩船锚缆布置示意图

打桩船定位时，锚机非常灵活，操作人员需要非常丰富的经验，保证在正常情况下定位的正确性。

（6）开锤沉桩

开锤要视地质条件、桩型等情况确定是否连续锤击沉桩。当斜桩遇到河床地表存在硬土层时，桩的自由长度较长，连续锤击容易将桩打断。所以先空锤打击，桩尖穿过硬土层后，桩的贯入度会突然加大，遇到下一层硬土层后，重新开锤，再继续锤击，直至到达设计桩顶标高。

（7）送桩

当桩架高度、吊桩的吊钩起重量足够时，沉桩一开始就将送桩替打按常规替打使用，否则每打一根桩换一次替打，是十分麻烦的。水上换替打比陆上换替打要困难得多。

（8）最后贯入度测定

最后贯入度通常按最后 10 击的平均贯入度推算。最后贯入度通常应在桩顶完好、锤击正常的情况下测定。

（9）停锤

当贯入度小于事先确定的沉桩贯入度，且桩顶标高已经达到设计要求标高的范围，可以停锤。

（10）起吊桩锤与替打

起吊桩锤与替打看似简单，但却是沉桩的最后一道关键工序。有时为了加快沉桩进度，打桩船的替打还套在桩顶上时，操作人员就开始移船，这就很容易将桩拉断。因此必须等到替打帽完全离开桩顶方可移船。

（11）测定沉桩标高、施工沉桩偏位

沉桩结束后，有条件的话应马上测定桩顶标高，作为桩的施工偏差。

**9. 桩的临时固定**

水上沉桩，往往桩顶部分的自由长度较长，一是水流等作用易导致偏位，二是防止船舶碰撞，三是水位涨落使斜桩泥面以上的重心发生改变，可能导致桩断裂，因此应做好临时固定，并设置防撞标志。

**10. 水上沉桩的质量通病与防治**

详见第 9 章。

# 6.4 就地灌注桩成桩工艺与施工组织设计

## 6.4.1 灌注桩成桩工艺

### 1. 灌注桩的分类

灌注桩是指在工程成桩现场通过机械钻孔、钢管挤土成孔、重锤冲击成孔或人力挖掘成孔等手段在地基土中形成桩孔，并在其内放置相应的钢筋笼、灌注混凝土而做成的桩。

依照成孔方式的不同，灌注桩可分为钻孔灌注桩、沉管灌注桩、套管灌注桩、冲孔灌注桩和挖孔灌注桩、开槽灌注桩（地下连续墙）等。按照护壁方式，可分为无护壁法成孔（干作业钻孔成孔）、泥浆护壁法成孔、套管护壁法成孔（包括排桩护壁法）。按成孔的形状，可分为圆柱形、扩孔竹节型、扩底大头型、多孔嵌入型（嵌岩桩）、长方形（地下连续墙）、T 型（地下连续墙）。按照桩径大小，可分为小型桩、中型桩、大型桩、超大型桩。

**2. 钻孔灌注桩成桩工艺**

（1）钻孔灌注桩具有以下技术特点：

a. 施工时噪音低、无振动、无地面隆起或侧移，因此对环境和周边建（构）筑物危害小。

b. 大直径钻孔灌注桩直径大、入土深。

c. 对于桩穿透的土层可以在地基中作原位测试，以检测土层的性质。

d. 扩底钻孔灌注桩能更好地发挥桩端承载力。

e. 经常设计成一柱一桩，无需桩顶承台，简化了基础结构形式。

f. 钻孔灌注桩通常布桩间距大，群桩效应较小。

g. 某些利用"挤扩支盘"的钻孔灌注桩可以有效减小桩径和桩长，提高桩的承载力，减少沉降量。

h. 可以穿越各种土层，更可以嵌入基岩，这是别的桩型很难做到的。

i. 施工设备简单轻便，能在较低的净空条件下成桩。

j. 在施工中，影响成桩质量的因素较多，质量不够稳定，有时候会发生缩径、桩身局部夹泥甚至断桩等现象，桩侧阻力和桩端阻力的发挥会随着工艺而变化，且又在较大程度上受施工操作影响；桩壁不做处理时桩侧摩阻力小于预制桩的侧摩阻力。

k. 因为超大型钻孔灌注桩的承载力非常高，所以进行常规的静载试验一般难以测定其极限荷载，对于各种工艺条件下的桩受力、变形及破坏机理现在尚未完全掌握。设计理论有待进一步完善。

l. 现场灌注混凝土，强度利用受到一定的限制，混凝土的用料相对于预制桩数量较多，往往造价高于预制桩。

m. 由于灌注桩现场施工程序较多，施工周期较长。

（2）钻孔灌注桩一般施工程序，见图 6.4-1。

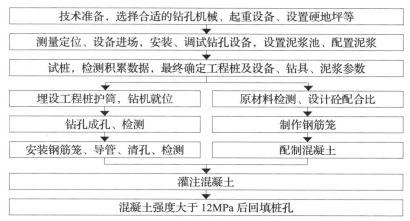

图 6.4-1 钻孔灌注桩基本施工流程

**3. 钻孔灌注桩试桩**

试桩主要包括试成孔、桩身质量检测、基桩承载力静载荷试验。有时三项试验内容作其中的一项或两项。

试成孔的目的是借以掌握施工场地地层稳定性、成孔时间、配置泥浆原料、泥浆配比及其相对密度、钢筋笼吊装时间、混凝土浇注时间和清孔次数及其大约时间等，用以指导正式施工后相关工序的作业安排。试成孔后，应由有资质的专业检测方对试成孔进行定时检测。当设计没有要求时，检查钻头的扩孔性能，即钻头与成孔孔径的配合情况。当设计图纸标明钻头直径为多少时，则施工用钻头直径必须达到相应的尺寸；设计要求桩孔径为多少时，施工选用的钻头，经孔径检测达到并超过设计孔径即可。一般钻头可小于要求孔径的 10 ～ 30mm。新的规范规定钻头直径应等于设计桩径。

桩身质量检测可通过小应变和超声波进行。小应变直接在桩顶进行即可；超声波检测桩身质量，需要在桩身安装至少 3 根声测管，安装时保证声测管至桩端土体且不堵塞。利用超声波测试仪对桩身混凝土的密实度进行测试，可以知道相应范围内混凝土的灌注及密实情况。

基桩承载力静载荷试验，应按照《建筑桩基技术规范》（JGJ 94）、《建筑基桩检测技术规范》（JGJ 106）有关规定进行。

试桩工作完成后，应根据试桩结果最终确定桩基设计参数。

**4. 钻孔灌注桩施工组织设计**

钻孔灌注桩的施工，因其所选护壁形成的不同，分为泥浆护壁法和护筒护壁法两种。冲击钻孔、冲抓钻孔和回转钻削成孔等均可采用泥浆护壁施工法。

（1）施工组织设计的主要内容

a. 编制依据

工程概况：项目名称、建设单位、设计单位、总包单位、监理单位、工程概况、基桩工程详情、工程地质详情、天气气候等自然环境条件、周围管线情况、周围建（构）筑物及其基础情况、交通运输条件。

b. 工程要求

技术要求、质量要求、清孔标准、工期要求等。

c. 施工方案

施工总平面布置方案（临时设施及其供水、供电方案）；测量定位方案；灌注桩成桩基本流程；成孔方案及其设备选择；泥浆制备及其要求；钢筋笼制作安装方案；清孔措施；混凝土质量控制及其灌注方案；

d. 进度计划

e. 工、料、机计划

f. 项目管理组织机构及其人员配备

g. 安全、文明施工措施

h. 质量保证措施

i. 工程造价控制措施

j. 季节性施工保证措施

k. 工程资料管理措施

l. 附图、附表

施工总平面布置图；测量控制点布置图；桩基施工顺序图；硬地坪及其泥浆池布置构造图；钢筋加工场地布置图；临时设施布置详图；施工总进度计划表；施工人员需求量计划表；工程材料、施工材料需求量计划表；工程机械需求量计划表；主要检测仪器设备计划表。

（2）施工总平面布置

钻孔灌注桩桩基施工阶段的施工场地包括成桩施工、钢筋加工场地、泥浆池及其泥浆沟槽布置、其他生产、生活临时设施布置、进出场地的临时道口布置等。在评标实践中经常发现施工总平面布置内容不全、布置不尽合理的问题，这样的布置不仅难以指导实际施工，还会误导施工。

施工期间其他生产性临时设施应包括：临水、临电的布置、场内道路、工程或施工辅材仓库、危险品仓库、混凝土养护室、临时机修间、设备材料堆场等。生活临时设施：施工人员的生活、休息用房，食堂、伙房，施工管理人员、施工监理人员的办公、休息用房，设计、业主方的办公用房，现场临时会议用房，生活区的临时停车场地等。

随着地下空间的开发利用要求越来越高，建（构）筑物地下室几乎充满了整个建筑用地。为避免在建设场地之外借用临时施工场地，即便是桩基施工期间，临时设施的布置也要多次调整。

（3）成桩顺序

钻孔灌注桩的成桩顺序应根据设计桩型、桩位布置、地质条件、施工总平面布置情况统一安排。遇有灌注桩间距较小的、穿过承压水层等地质情况的，相邻桩应跳号成桩，跳一个号不够的可以跳几个号，防止桩与桩之间穿孔。为提高成桩效率，不宜跳过多。

（4）施工准备

施工准备包括技术、设备、材料、人员、临时工程等方面。

a. 技术准备

熟悉施工图纸、地质勘察资料，周围地形、地貌，编制施工组织设计，确定工、料、机计划等。

b. 设备准备

根据施工组织设计确定的方案选择钻机、钻具。钻机是钻孔灌注桩施工的主要设备，可根据地质情况和各种钻孔机的应用条件来选择。钻孔机械的主要性能见表6.1-20、表6.4-1。

由于大量工程的需要，钻孔灌注桩的施工机械制造厂家众多，型号种类繁多。选择钻孔机械的原则：

技术上可行

根据桩型、钻孔深度、基桩所处位置地层地质情况、泥浆排放及处理等条件综合选定成孔机具及其工艺，对孔深大于30m的端承桩，宜采用反循环工艺成孔或清孔。钻机型号主要由桩尖进入设计要求的持力层所需的最大扭矩确定。选用钻机扭矩过大，造成浪费；选用钻机扭矩不足，可能会无法钻至设计要求的桩长、深度，或大大降低钻进工效。因此，要选择合适的钻机。钻机所需扭矩根据不同的地质条件可根据经验公式计算确定。

$$M=A \times M° \times F \tag{6.4-1}$$

式中　$A$——扭矩传递损失系数，取 1.4 ~ 1.7；桩长、桩径大选择较大值，反之，选用较小值；

　　　$M°$——单位破岩面积所需之扭矩，直钻（即一次成孔）经验值为 0.6 ~ 0.8kN·m²，而扩钻取 0.4 ~ 0.88kN·m²；岩石强度高选用较大值，岩石强度较低的选用较小值。

　　　$F$——钻头破岩面积（m²）。

目前国产部分钻机按扭矩分类与机型对照表见表 6.4-1。

表 6.4-1　国产部分钻机型号与扭矩分类对比表

| 序号 | 原型号 | 额定扭矩分类（kN·m） | | | | |
| --- | --- | --- | --- | --- | --- | --- |
| | | 20 以内 | 20 以上 | 30 以上 | 80 ~ 120 | 200 以上 |
| 1 | KP-1200 型 | KP（8.6） | | | | |
| 2 | GXW-100 型 | GXW（11.54） | | | | |
| 3 | BDM-1 型 | BDM（12.12） | | | | |
| 4 | 红星 -400B 型 | 红星（13.2） | | | | |
| 5 | GJC-40HF 型 | GJC（13.92） | | | | |
| 6 | L-3A 型 | L-3A（15.7） | | | | |
| 7 | B3A 型 | B3A（16.0） | | | | |
| 8 | GJP-15 型 | GJP（18.0） | | | | |
| 9 | YG-15 型 | YG（18.0） | | | | |

| 序号 | 原型号 | 额定扭矩分类（kN·m） | | | | |
|---|---|---|---|---|---|---|
| | | 20 以内 | 20 以上 | 30 以上 | 80 ~ 120 | 200 以上 |
| 10 | GPS-15 型 | GPS（18.0） | | | | |
| 11 | KP-15 型 | KP（18.0） | | | | |
| 12 | GPF-15 型 | | GPF（20.0） | | | |
| 13 | XY-5G 型 | | XY（21.3） | | | |
| 14 | ZJ150-1 型 | | ZJ（23.54） | | | |
| 15 | QZ-15 型 | | QZ（23.54） | | | |
| 16 | BDM-2 型 | | BDM（28） | | | |
| 17 | GJD-2 型 | | | GJD（33） | | |
| 18 | QZ-2 型 | | | QZ（33） | | |
| 19 | S2S-1 型 | | | S2S（40） | | |
| 20 | 120mm 钻机 | | | | 工程钻机（70） | |
| 21 | L-4 型 | | | | L-4（80） | |
| 22 | BDM-4 型 | | | | BDM（80） | |
| 23 | HTL-3000 型 | | | | HTL（120） | |
| 24 | KPG-3000 型 | | | | | KPG（200） |
| 25 | QZY-3000 型 | | | | | QZY（200） |
| 26 | KP-3500 型 | | | | | KP（210） |
| 27 | KPY-4000 型 | | | | | KPY（220） |

钻机配备后应根据地质条件配备合适的钻头。在软土中成孔时，选择的钻头不宜钻进过快，否则对孔壁保护不利。对于嵌岩桩的钻头选择，应根据岩石的强度进行选择。

经济上合理

应充分考虑所在企业现有装备，尤其是工程所在地便于采购的设备。根据基桩数量、地质情况，在保证工程质量又满足工期要求的前提下，不一定苛求完全匹配。

钻具主要是指钻头。选择什么样的钻头通常根据地质情况决定。钻具首先要与钻机配套。钻头的直径要符合设计及规范要求。

c. 临时工程准备

平整场地

场地平整包括整平桩基施工场地和硬地坪施工。整平施工场地包括地表整平和地下障碍物清除。对怀疑地下存在障碍物的场地，应进行探摸或物探；对无法避让的障碍物，应进行清除；对深层不能避开的障碍物，应会同设计勘察等单位调整成孔或成桩工艺。

钻孔灌注桩硬地坪施工是 20 世纪 80 年代末，由于老城区改造建设与文明施工的需要，由上海市首先提出，并逐步推向全国的。钻孔灌注桩硬地坪施工的主要好处就是场地易于保洁，进出场地的车辆易于冲洗，不易造成工地雨天全部是泥浆、晴天尘土飞扬的恶劣状况，大大优化了钻孔灌注桩的施工环境。

由于钻孔灌注桩硬地坪是一项临时工程。以完成桩基施工为目标，因此，一般硬地坪的混凝土浇筑厚度以 10 ~ 15cm 为宜，非主要施工道路取较小的数值，主要施工道路，包括泥浆、钢筋运输车辆通行的施工道路，宜对路基进行适当加固，达到减少路面混凝土的厚度，又能保证满足施工需要的目的。

### 铺筑施工道路，疏通运输航道

施工道路分为场内和场外。高速公路、铁路等大型基础设施建设项目场外施工道路是临时工程的重要内容，有的要编制专门的施工方案予以实施。目前发达地区的城市基础设施已经逐步完善，城市道桥的通行能力已经大大增强，常用的运输设备少有限制。稍微偏远的地区，施工前应对必经的道路进行实地勘察，必须满足施工车辆的通行要求，包括地面道路、桥梁的负荷能力，转弯半径、架空线路的高度等。有水上运输条件且计划采用水上运输方案的，应对航道、装卸码头等进行勘察，确保运输的可行性。

场内施工道路，应根据施工运输车辆的通行要求及频次、天气等情况，进行适当加固，遇到雨季施工时，需做好排水措施。

### 解决临水、临电

应根据施工组织设计安排的生产设备情况，计算确定施工用电负荷。为保证工地可以提供足够的临时用电量，需要做好临时线路的架设。临电线路应尽可能少影响施工车辆、设备的移动。通常沿临时围墙架至距离施工点最近的位置再接入。

灌注桩施工时临水主要接至制备泥浆、门口清洗等位置，临水用量应满足使用的需要。

### 搭设生产、生活、办公等临时设施

灌注桩施工的生产临时设施主要有：钢筋加工、临时仓库、危险品仓库、混凝土养护室、临时办公等；生活设施包括：管理及生产工人的休息、住宿用房，食堂、卫生设施、交通车辆停车场地等。

### 解决临时通讯

现代通讯已经进入 e 时代，一般的语音通讯均有手机，工程项目的通讯工具使用需要设立无线或有线网络等通讯设施。

### 施工标识

施工标识包括施工铭牌、宣传标语等。应将工程概况按要求标识于显眼的位置，须按各个地方安全文明施工的管理要求进行设置。临时围护应分层次设置，整个工地应采用临时围墙，防止无关人员进入施工现场，钻机、吊车等大型机械周围应专门设置围栏，严禁无关人员进入。

临时围护

为了安全施工、文明施工需要，施工场地周围应设置必要的临时围护。很多地方对临时围护的设置要求出台了相应的规范性文件，施工组织设计中应按当地的要求设置。

d. 生产及管理人员准备

生产人员应按机械设备的数量进行配备。需要轮班作业的，应按相应的班次增加生产作业人员。应按 8 小时工作制合理安排生产工人的作息时间，避免过度劳累，防止安全事故。钻孔灌注桩主要生产工人包括钻机操作工人、钢筋工、电焊工、测量工、混凝土工、试验工等工种。

管理人员应按各地施工管理的要求配备，包括安全、质量、资料、材料试验等的管理。

e. 材料准备

主材包括钢材、混凝土，辅材包括钢筋连接材料、套筒或者焊接材料，声测管或注浆管，膨润土或黏土，以及其他必要的辅助材料。材料应按进度计划分批、配套进场。

（5）测量定位

a. 施工方必须在钻孔灌注桩开始施工前，根据业主提供的坐标及高程控制点对桩定位放样或设置不受施工影响的临时测量控制点，并提供完整的测量成果资料。业主（监理）对施工方提供的测量成果资料必须及时复核，复核无误后方可同意测放桩位，否则施工方必须重测后再次复核，直到测量结果符合设计要求为止。同时，业主（监理）应要求施工方对经复核无误的测量结果采取有效的保护措施并指定专人负责。

b. 陆上钻孔灌注桩的测量定位比较简单，在基点、基线确定后，可采用直角坐标、极坐标、尺量等方法测放桩位。桩位测放后应经监理验收后方可埋置护筒。

c. 水上钻孔灌注桩测量放样，应将临时控制点放到灌注桩的施工平台上，在施工平台上按放样精度的要求，测放桩位。由于水上施工的条件受到限制，测量方法可采用直角交会法、任意角交会法、GPS 定位法，确定护筒的位置。测量放样完毕后应经监理验收，方可开钻。

（6）埋设护筒

护筒的作用主要有定位、护壁、保持孔内相对水头（泥浆）高度、导向、隔离孔外水源等。护筒的位置即桩位，所以护筒埋设时位置必须正确。

钻孔成功的关键是能否防止孔壁坍塌。很多地基表层为人工填土或属于比较松软的土层，极易坍塌。当钻孔较深时，在地下水位顶面附近的孔壁土也会向孔内坍塌，钻孔内若能保持较高的水头（泥浆液面），增加孔内静水压力，可有效预防塌孔。护筒能起到护壁作用，应根据地质条件选择一定的长度。陆上表层软土较薄（1～2m），选用护筒长度可为 2～3m。水上施工时可按下式计算护筒长度：

$$L_{\mathrm{H}} = H_{\mathrm{S}} + H_{\mathrm{W}} + H_1 \qquad (6.4\text{-}2)$$

式中　　$L_{\mathrm{H}}$——护筒长度（m）；

$\quad\quad\ \ H_{\mathrm{S}}$——护筒的入土深度（m）；

$\quad\quad\ \ H_{\mathrm{W}}$——桩位处的最大水深（m）；

$\quad\quad\ \ H_1$——护筒顶面至最高水位的富裕高度（m）。

一般护筒不宜作为桩架施工平台的支承桩。

制作护筒的材料有木、钢、钢筋混凝土、塑料等。护筒要求坚固耐用，不漏水，其内径应比钻孔直径大（旋转钻约大 20cm，潜水钻、冲击或冲抓锥约大 40cm），每节长度视需要酌定。

钢护筒的材质一般采用 Q235 钢板。钢板厚度可根据施工期间护筒的受力经计算确定。护筒既要有一定的强度，还要有一定的刚度，护筒的变形应小于有关规范的规定，椭圆度变形过大，容易造成卡钻等事故。

（7）泥浆制备

钻孔护壁泥浆由水、黏土（膨润土）和添加剂组成。具有浮悬钻渣、冷却钻头、润滑钻具，增大静水压力，并在孔壁形成泥皮，隔断孔内外渗流，防止坍孔的作用。调制的钻孔泥浆及经过循环净化的泥浆，应根据钻孔方法和地层情况来确定泥浆稠度。泥浆稠度应视地层变化或操作要求机动掌握，泥浆太稀，排渣能力小、护壁效果差；泥浆太稠会削弱钻头冲击功能，降低钻进速度。

（8）钻孔机械的安装与定位

安装钻孔机的基础如果不稳定，施工中易产生钻孔机倾斜、桩孔倾斜和桩偏心等不良后果，因此要求安装地基稳固。对地层较软和有坡度的地基，在平整场地时应进行整平，或利用钢板或枕木进行加固。

为防止桩位不准，施工中很重要的是定好中心位置和正确的安装钻孔机。对有钻塔的钻孔机，先利用钻机的动力与附近的地笼配合，将钻杆移动大致定位，再用千斤顶将机架顶起，准确定位，使起重滑轮、钻头或固定钻杆的卡孔与护筒中心在同一垂直线上，以保证钻机的垂直度。钻机位置的偏差不大于 2cm。对准桩位后，用枕木垫平钻机横梁，并在塔顶对称于钻机轴线位置上拉上缆风绳。

（9）试成孔

详见本节"钻孔灌注桩试桩"。

（10）钻孔

钻孔是一道关键工序，在施工中必须严格按照操作要求进行，才能保证成孔质量。首先要注意开孔质量，为此必须对好中线及钻机垂直度，并压好护筒。在施工中要注意不断添加泥浆和抽渣，还要随时检查成孔是否有偏斜现象。采用冲击式或冲抓式钻机施工时，附近土层可能因受到震动而影响邻孔的稳固，所以钻好的孔应及时清孔，下放钢筋笼和灌注水下混凝土。钻孔的顺序也应事先规划好，既要保证下一个桩孔的施工不影响上一个桩孔，又要使钻机的移动距离不要过远和相互干扰。钻孔时还要注意以下情况：

a. 在有地下水施工时，施工期间护筒内泥浆面应高出地下水位 1.0m 以上（在受水位涨落影响时，泥浆面应高出最高水位 1.5m 以上）；如果钻进期间发生漏水漏浆，应采取以下措施：

因钻头碰碎上部护筒，应先封堵渗漏处，再重新开钻；

因孔壁土体松散不能形成孔壁，可加大泥浆黏度、减慢钻进速度；护筒下口漏水，可用黏土掺少量水泥在护筒外壁处夯实。

b. 为防止成孔期间发生穿孔、坍孔等质量事故，必须做到：

采取大于等于 4d 的隔孔施工工艺；

护筒按规定要求埋设，避免开钻筒体倾斜、孔口土体坍塌、护筒沉陷导致水位下降；

当护筒长度较短，不透水层厚度较小，护筒外的水位变化较大时，宜将护筒内外保持一个合适的水头差，防止护筒内外穿孔；

钻具吊绳下放速度与成孔速度一致，避免空中钻头摆动幅度过大而造成四周孔壁受力不匀；

避免成孔时间和孔壁暴露时间过长；

砂性土成孔护壁泥浆应具有一定黏度，能有效形成护壁泥皮；

钻进速度应根据不同土质情况进行调整，砂性土层中钻进速度不得快于泥浆形成有效护壁泥皮速度；

按规定，在 30m 深度以内的以黏土为主的地层中钻较小孔径的桩时，可用清水提高孔内水头保护孔壁，否则应采用水泥浆护壁措施。如果发生坍孔，可用事先储备的黏土和碎石（直径小于等于 20mm）按 5:1 左右配比，回填至坍孔位置以上 0.5m 处后再重钻，若坍孔严重则可用小沉井方式进行处理。

c. 钻孔灌注桩成孔垂直精度达不到设计要求将导致钢筋笼和导管无法沉放。为确保成孔垂直精度满足设计要求，应采取以下措施：

钻机应设导向装置（潜水钻钻头上应有大于等于 3 倍直径长度的导向装置，利用钻杆加压的正循环回转钻机在钻具中应加设扶正器），为增加桩机稳固性而加大桩机支承面积，不定期校核钻架和钻杆垂直度等，下放钢筋笼前做孔径、倾斜超声波测试。

d. 护筒定位后及时复测其位置及其与地层周围回填的密实性。护筒中心与桩位中心线偏差应小于 20mm，并防止钻孔过程中发生漏浆而污染环境。在成孔过程中自然地面标高会受影响，为准确控制孔深，在桩架就位后，用水准仪复核底梁标高，复测钻具的总长度并作好记录，以便在钻孔时根据钻杆在钻机上留出的长度来校验成孔深度。

e. 成孔时应小心提杆不得碰撞孔壁，否则第 1 次清孔后在提钻具时碰撞孔避可能引起坍孔，这将可能造成第 2 次清孔也无法清除坍落的沉渣。在提出钻具后必须立即用测绳复核成孔深度，如测绳测得的孔深比钻杆测深小一定的数量级，就要重新下钻复钻并清孔，不得强行下笼。同时还要注意有的测绳遇水伸缩（伸缩率最大达 1.2%）现象。为提高测绳的测量精度，测量前应预湿后重新标定并在使用中经常复核。

f. 根据不同土层情况对比地质资料随时调整钻进速度，能有效防止缩颈现象。对于塑性土层遇水膨胀造成缩颈：

钻孔时应加大泵量、加快成孔速度；

快速通过，并调整泥浆配比，在成孔一段时间后孔壁因形成泥皮不渗水而阻止膨胀；

如出现缩孔则采取上下反复扫孔以扩大孔径；

施工期间应经常复核钻头直径，如发现其磨损超过 10mm 应及时调换或修复。

（11）清孔

清孔的目的是清除孔底沉渣，以确保钻孔灌注桩的承载力满足设计要求。为把沉渣对基桩承载力的影响降到最低，可通过改善泥浆性能、延长清孔时间等措施来提高清孔成效。基桩成孔至设计标高后用钻杆进行第 1 次清孔，直到用相对密度计（5 ~ 10min 测一次且 ≥ 3 次）测得孔口泥浆相对密度持续处于 1.10 ± 0.05、距孔底 0.5m 处泥浆相对密度持续处于 1.15 ~ 1.20，用测锤测得端承桩孔底沉渣厚度小于 50mm（摩擦桩孔底沉渣厚度小于 150mm），即抓紧时间吊放钢筋笼和沉放导管。由于孔内原土泥浆在吊放钢筋笼和沉放导管时处于悬浮状态的沉渣再次沉到桩底，可能不被混凝土冲走反而成为永久性沉渣而影响基桩质量；故应在混凝土灌注前利用导管进行第二次清孔，当泥浆相对密度及沉渣厚度均符合上述要求后才可进行水下混凝土灌注施工。另外，清孔期间应不断置换泥浆直至开始灌注混凝土。

清孔一定要清至钻机实际钻至深度。有的施工人员为了清孔方便，实际钻孔深度大于设计桩长，清孔至设计桩长即认为清孔完成，导致沉渣厚度大于设计或规范的规定，严重影响了桩端承载力的发挥，这是不被允许的。

（12）制作、安装钢筋笼

钻孔灌注桩的钢筋笼所需钢材、电焊条等应符合设计及规范要求，且外观质量、规格、型号、数量等应与送检样品及其质保资料一致，否则严禁使用。钢筋笼的直径、长度和制作质量（钢筋的对焊连接垂直度、焊接长度及其饱满度、是否过焊烧筋，所用钢筋规格、数量，主筋及箍筋间距等）应按设计和施工规范要求验收。经验收合格的钢筋笼在吊放过程中，为减少钢筋笼变形并确保其垂直度，应在起吊点增设起吊杆以增加吊点受力面积，在增设的加强箍筋（同钢筋笼一致并焊接在主筋上）上对称设置起吊点来调整起吊时钢筋笼的垂直度。同时应逐节验收钢筋笼的连接焊缝质量，不合格的焊缝、焊口要进行补焊。钢筋笼吊放时不得碰撞孔壁，若吊放受阻应停止吊放并寻找原因，不得加压强制下放（这会造成坍孔、钢筋笼变形等）。应根据钢筋笼的大小、钢筋用量、钢筋笼的长度选用起吊设备，尤其是大型长桩，钢筋用量多钢筋笼接头焊接时间长，条件许可，可将两节钢筋笼拼成一节吊放，加快安装沉放钢筋笼的速度，降低由于安放钢筋笼时间过长造成塌孔的风险。

灌注桩成孔、清孔后至二次清孔、灌注混凝土的时间主要是钢筋笼的安装时间，大型超长灌注桩单桩钢筋用量多，钢筋接头多，钢筋直径较大，大大增加了钢筋接头的焊接工作量。如果按钢筋的出厂长度进行钢筋笼长度的分段，一般钢筋笼的长度为 9m，若 100m 的超长桩，采用焊接接头，则每节钢筋笼的有效长度为 8.8m（扣除约 200mm 钢筋搭接长度），共需 11.36 节，需要 11 个钢筋笼接头。一般采用两人对称焊接，这样，每个钢筋笼接头需要的焊接时间大于 1 小时，整个钢筋笼的安装时间将长达 12 小时以上，给泥浆护壁钻孔灌注桩的护壁效果带来严峻考验。因此，设法缩短钢筋笼的安装时间，就是要缩短钢筋笼接头的焊接时间。也可以从钢筋笼接头数量着手，将常规的两节钢筋笼在制作时就拼接成一节，这样接头数量可以减少一半，缩短 50% 的安装时间。因为钢筋笼的安装是在钻孔灌注桩的关键线路上，这样可以缩短整个基桩工程的施工时间，提高工效。但是，安装两节拼接而成的钢筋笼，要视具体的钢筋笼配筋大小和数量计算其重量，并考虑其长度，配备钢筋笼的起吊安装设备。还有加大起吊设备所增加的费用应与提高工效、加快进度、提高质量进行综合比较，还要考虑是否有相应的大型安装设备，最后由施工企业根据各种情况进行分析，作出决定。

若发现钢筋笼未垂直下放，应提出后重新垂直吊放；成孔偏斜，应复钻纠偏，并重新验收成孔质量后再吊放钢筋笼。钢筋笼接长时在确保连接垂直的基础上要加快焊接速度，尽可能缩短沉放时间，这有利于钢筋笼顺利吊放以及减少孔底沉渣量；另外，应确保钢筋笼垫层保护块不漏放，钢筋笼垫层保护块最好作成半径为垫层厚度的导轮，这既能满足垫层厚度要求，又可减少对孔壁稳定性的破坏。由于钢筋笼吊放后是暂时固定在钻架底梁上，为确保钢筋笼的埋入标高满足设计要求，吊环长度要根据梁底标高变化而变化。在验收时应根据梁底标高逐根复核吊环长度，要特别注意钢筋笼吊环长度能否使钢筋笼准确地吊放到设计标高。吊环的规格应根据钢筋笼的重量选择使用。

（13）安装导管、二次清孔

灌注混凝土的导管主要视桩径和采用的混凝土粗骨料粒径而定。桩径大，骨料粗，选用的导管直径就大，反之，选用的导管直径就小。导管直径的大小也影响到混凝土的初灌量。导管直径大初灌量大，直径小初灌量小。因此直径大的导管应配置较大的混凝土料斗，直径较小的导管应配置较小的混凝土料斗。

一般灌注水下混凝土的导管直径不小于混凝土粗骨料最大直径的 5～8 倍。当桩径较小，钢筋笼的内径较小，使用较小的混凝土骨料，取小值，反之取大值。导管直径过小容易导致堵管。导管直径也不宜过大，否则初灌量的料斗较大，会增加料斗荷载。

导管安装好后进行二次清孔，测沉渣厚度，满足设计及规范要求后即可灌注混凝土。

（14）灌注水下混凝土

a. 总体要求

泥浆护壁钻孔灌注桩浇筑混凝土为水下混凝土。大部分地区已经采用商品混凝土，混凝土质量的保证率较高。也有地区商品混凝土的供应比较困难，需要进行现场拌制。所需混凝土原材料应选用满足水下混凝土拌制质量要求：其粗骨料宜选用卵石或直径小于 40mm（尽可能采用二级配）的碎石，碎石含泥量小于 2%；含砂率在 40%～45%，水泥用量不得小于规范规定的最小用量，适当添加其他材料，以提高混凝土的流动性，防止堵管；为改善和易性、延长缓凝时间，混凝土宜掺外加剂。浅孔小孔径桩灌注混凝土初凝时间应 ≥ 4.5h，深孔大孔径桩灌注混凝土初凝时间 ≥ 8.0h。应加强计量设备精度、混凝土配比、添料搅拌程序、搅拌时间和混凝土坍落度等的监控，以规避因搅拌时间不足或过长而影响混凝土强度。另外，水下混凝土灌注距桩顶约 8.0m 以下时，坍落度应控制在 $180 \pm 20mm$；距桩顶约 8.0m 以上时，坍落度应控制在 $140 \pm 20mm$。气温高、成孔深，导管直径小于 250mm 时，取高值，反之取低值。应尽可能使用集中搅拌供应的商品混凝土，这既可以保证混凝土质量，又能保证混凝土的及时供应。

b. 灌注混凝土施工质量监控

灌注混凝土前业主（监理）必须检测孔底 0.5m 以内的泥浆性能（相对密度 1.15～1.20，含砂率小于等于 8%，黏度小于等于 28s）。为提高混凝土灌注质量，灌注混凝土进度控制在混凝土初凝时间内，同时应合理加快灌注速度，故应做好灌注前各项准备工作以及灌注期间各工序的密切配合工作。导管使用前应检修、试拼装、并以 0.6～1.0MPa 水压力试压，合格后方可使用。沉放导管时检查导管的连接是否牢固和密实，以免漏气、漏浆而影响灌注；确保导管底部至孔底间距在 0.3 ~ 0.5m 以利隔水栓顺利排出及灌注混凝土时挤出沉渣，桩径小于 0.6m 时可加大导管底部至孔底间距。导管在混凝土面的埋置深度一般应在 2.0 ~ 5.0m，不宜大于 6.0m 和小于 1.0m，严禁把导管底端提出混凝土面，必须随时掌握混凝土面标高和导管埋入深度，为此应安排专人测量埋深及其导管内外混凝土高差并记录。为避免钢筋笼上浮，在混凝土埋过钢筋笼底端 3.0m 以上后应及时将导管提至钢筋笼底端以上；当发现钢筋笼有上浮迹象，应立即停止灌注，在准确计算导管埋深和混凝土面标高并提升导管后再进行灌注。

若有接桩，接桩模板必须拼装严密不漏浆并能顺利拆卸，且不得使用油性脱模剂。由于施工工艺不当，钻孔灌注桩水下混凝土灌注经常会出现断桩、堵管、夹泥、蜂窝麻面、少灌等质量问题，所以在进行混凝土施工时应针对不同浇注阶段采用相应施工措施。

混凝土初灌量与泥浆至混凝土面高度、泥浆的密度、导管内径及桩孔直径有关，故首批混凝土应有足够的混凝土储备量，使导管一次埋入混凝土面 0.8m 以上；混凝土因需量大、搅拌（运输）时间长而可能发生离析（可通过改善混凝土配比来减少离析程度，所以应严格复核配比及计量和测试管理，并及时编制原始资料和试件制作）；首批混凝土在下落过程中易堵塞（因和易性变差、所受阻力变大），此时应加大设备的起重及供料能力，迅速向漏斗添加混凝土后稍拉导管，使混凝土顺利下滑至孔底，随后进行的后续灌注应连续进行。

当后续混凝土灌注发生间歇性灌注时，漏斗中的混凝土下落后应牵动导管，并观察孔口反浆情况，直至不再反浆后再继续灌注混凝土。牵动导管的主要目的：一是加速后续混凝土下落，否则导管中混凝土因存留时间稍长而流动性降低，造成水泥浆缓慢流坠而骨料仍滞留在导管中，使混凝土与导管壁摩擦阻力增强而下落困难，可能导致堵管甚至断桩；再则因粗骨料间的大量空隙，使后续混凝土灌入后形成的高压气囊会挤破管节间的密封胶垫而导致漏水、漏浆，甚至会形成蜂窝状混凝土而对桩质量构成严重缺陷。二是增强混凝土向周遍扩散，加强桩身与四周地层的有效结合，增大桩体摩擦阻力，同时加大混凝土与钢筋笼的结合力，从而提高基桩承载力。三是牵动导管使混凝土面上升的力度要适中，升降幅度不能过大，否则因混凝土冲刷孔壁可能导致孔壁下坠或坍落，尤其在砂层厚的地层易造成桩身夹泥砂。

在混凝土灌注后期，当灌注至距桩顶标高 8m 以内时，应及时将坍落度调小至 $140 \pm 20mm$；另外应稍提漏斗增大落差，以提高桩身上部混凝土的密实度和抗压强度。控制好最后一次灌注量，使桩顶标高扣除凿余的泛浆高度后能满足暴露的桩顶混凝土达到设计强度值。为避免钻孔灌注桩质量事故，业主（监理）应督促施工方认真作好清孔，防止泥浆过稠及坍孔。开始浇注混凝土时尽量以积累的混凝土产生的冲击力克服泥浆阻力。为防堵管尽可能提高混凝土灌注速度并快速连续灌注，使混凝土和泥浆一直处于流动状态。严格按操作规程灌注混凝土及提升导管。灌注期间每灌注 2.0m 或 10min（泵送商品混凝土）左右应测 1 次混凝土面上升高度以确定每段桩体的充盈系数，桩身混凝土的充盈系数应大于 1。每根灌注桩混凝土试块大于等于 3 组且至少有 1 组同条件养护试块，这对有拆模要求的基桩尤为重要（通过同条件试块确定拆模时间）。

（15）混凝土养护、回填桩孔

钻孔灌注桩混凝土浇筑后，经养护一定时间，待混凝土强度达到 12MPa 后，回填桩孔，回填前应对桩孔进行临时覆盖，防止人员或物品掉落桩孔。水上施工时一般无需回填，常将混凝土灌注至施工低水位以上，或待施工围堰完成后，再对桩顶进行处理。

在临近通航航道、近海水域成桩后，应在已完成的桩适当位置做好警示标志，防止船舶碰撞，或对已完基桩进行适当的固定保护。

（16）基桩质量检测

钻孔灌注桩的质量检测主要包括桩身混凝土强度检测、桩身完整性检测、基桩承载力检测。桩身完整性检测主要是对钻孔灌注桩的施工质量检测；基桩承载力检测包含了对桩身质量、地基承载力两个方面的检测。由于承载力检测要求高、周期长，采用静载荷试验方法检测基桩承载力尤其如此。规范规定了基桩静载荷试验检测承载力的最低比例，当同类型桩按规范要求检测符合设计要求，且离散性较小，经完整性检测也是符合要求的，就认为该批桩基的质量是符合要求的。

根据《基桩工程检测技术规范》规定，可以采用小应变方法检测基桩的完整性。但是，当出现Ⅲ、Ⅳ类桩时，就较难判断该桩出现质量问题的具体情况。所以当工程重要性程度较高，或对基桩的质量要求较高时，可采用其他的桩身完整性检测方法，如超声波检测法、取芯补充检测法等检测手段，对灌注桩的完整性进行检测。

超声波检测法可以检测整个桩身的完整性。当声测管埋至桩端土层时，可以在一定程度上检测桩端沉渣厚度。

取芯检测法常用于桩端沉渣的检测，也可以用于桩身完整性的检测。但适合用于桩长较短，不适合用于长桩、超长桩。当钻孔达到一定深度后，钻头偏心难以控制，钻头会偏出桩外，无法完成整桩的检测。

桩身混凝土强度检测，由专业检测机构对试块进行检测，详见第 7 章。

基桩承载力检测，详见第 7 章。

（17）钻孔灌注桩的常见质量问题及其防治

详见 9.2 节。

### 6.4.2 冲孔灌注桩成桩工艺

**1. 适用范围**

冲孔灌注桩适用于填土层、黏土层、粉土层、淤泥层、砂土层、碎石土层、砾卵石层、岩溶发育岩层或裂隙发育、回填抛石的地层施工，桩孔直径通常为 600～1 500mm，最大直径可达 2 500mm，冲孔深度最大可达 50m 左右。

**2. 编制施工方案的主要依据**

（1）《建筑桩基技术规范》（JGJ 94）。

（2）《建筑地基基础施工质量验收规程》（B 50202）。

（3）《建筑工程质量检验评定标准》（GB 50301）。

（4）《建筑机械使用安全技术规程》（JGJ 33）。

（5）《建设工程施工现场供用电安全规范》（GB 50194）。

（6）《施工现场临时用电安全技术规范》（JGJ 46）。

（7）《建筑地基基础设计规范》（GB 50007）。

（8）本工程建（构）筑物定位图、经批准的施工图。

（9）工程地质详勘报告、周围管线图，周围需要保护的建（构）筑物基础图纸等。

（10）建设工程招投标文件、施工合同。

（11）其他有关法律法规。

**3. 施工准备**

（1）材料及主要机具材料

a. 材料：钢筋笼、混凝土、黏土。

b. 主要机具：冲击钻机、履带吊、装载机、泥浆泵。

（2）作业条件

灌注桩施工应具备下列资料：

a. 建筑场地工程地质资料、必要的水文地质资料。

b. 基桩工程施工图、设计说明及图纸会审纪要。

c. 建筑场地和邻近区域内的地下管线（管道、电缆）、地下构筑物、危房、精密仪器车间等的调查资料。

d. 《施工许可证》。

e. 水泥、砂、石、钢筋等原材料及制品的质检报告。

f. 有关试桩施工工艺的参考资料。

施工组织设计应结合工程特点，有针对性地制定相关质量管理措施，主要包括下列内容：

a. 施工平面布置图：标明桩位，编号、施工顺序、水电线路和临时设施的位置；应标明泥浆制备设施及其循环系统。

b. 确定成孔机械，计算配备合理的数量。

c. 编制施工作业计划、劳动力组织计划和材料供应计划。

d. 机械设备、备（配）件、工具（包括质量检测工具）准备计划。

e. 基桩施工时，对安全、劳动保护、防火、防雨、防台风、文物和环境保护等应按有关规定执行。

f. 保证工程质量，安全生产和季节性（冬、雨季、高温、台风等）施工的技术措施。

成桩机械必须经鉴定合格，不合格机械不得使用。

施工前组织图纸会审，会审纪要连同施工图等作为施工依据并列入工程档案。

基桩施工用的临时设施，如供水、供电、道路、排水、临设房屋等，必须在开工前准备就绪，施工场地应进行平整处理。以保证施工机械正常作业。

基桩轴线的控制点和水准点应设在不受施工影响的地方，开工前，经复核后应妥善保护，施工中应经常复测。

**4. 操作工艺**

（1）工艺流程，见图 6.4-2。

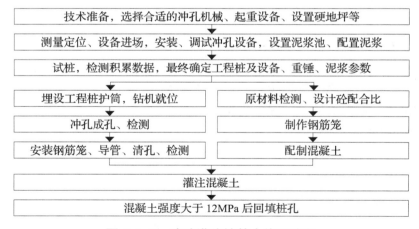

技术准备，选择合适的冲孔机械、起重设备、设置硬地坪等

测量定位、设备进场，安装、调试冲孔设备，设置泥浆池、配置泥浆

试桩，检测积累数据，最终确定工程桩及设备、重锤、泥浆参数

埋设工程桩护筒，钻机就位　　　原材料检测、设计砼配合比

冲孔成孔、检测　　　制作钢筋笼

安装钢筋笼、导管、清孔、检测　　　配制混凝土

灌注混凝土

混凝土强度大于 12MPa 后回填桩孔

**图 6.4-2　冲孔灌注桩基本施工流程**

（2）操作方法

冲孔灌注桩是采用冲击钻机或卷扬机带动一定重量的冲锤，提升到一定的高度内，然后让冲锤自由降落，利用冲击动能冲挤土层或破碎岩层形成桩孔。采用泥浆护壁成孔，用淘渣筒或其他方法将钻渣岩屑排出，每次冲击之后，冲锤在钢丝绳转向装置带动下转动一

定的角度，从而使桩孔得到规则的圆形断面。采用吊车安装钢筋笼、插入导管、浇筑水下混凝土，形成桩体。

a. 桩位放样及控制

在成桩现场或附近需设置水准点，数量不少于 2 个；水准点的设置地点应在受成桩作业影响的范围之外。

对施工现场的轴线控制点及水准点应经常检查，避免发生误差。

桩轴线放线应满足以下要求：双排及以上桩，偏移应小于 20mm；单排桩，偏移应小于 10mm。

b. 护筒设置

护筒内径应比钻头直径大 200 ~ 400mm，直径大于 1m 的护筒如刚度不够时可在顶端焊接加强圆环。

安设护筒时，其中心线位置与桩位中心线偏差应小于 50mm，护筒在砂土中的埋深不宜小于 1.5m，在黏土中埋深不小于 1m。并应保持孔内泥浆面高出地下水位 1m 以上，陆地上埋设护筒，在护筒与坑壁之间应用黏土夯实。

c. 桩机安装

成孔钻机主要由钻架、卷扬机和冲抓工具三部分组成。

钻机安装好后，起吊钻锥并放入护筒内，检查起吊钢丝绳位置，如位置偏差大于 2cm，应予以调整。

d. 冲击成孔

冲孔时先在孔内灌注泥浆，泥浆比重控制在 1.25 ~ 1.5，在冲击过程中，根据地质土层情况调整泥浆比重，保证泥浆补给保持孔内浆面稳定，护筒埋深较浅或地表土质较差，护筒内泥浆液面不宜过高。

一般不宜多用高冲程，以免扰动孔壁易引起坍孔、扩孔或卡锤事故。经常检查钢丝绳磨损情况、卡扣松紧程度，转向是否灵活，以免突然掉钻。

每次掏渣或因其他原因停钻后，再次开钻应由低冲程逐渐加大到正常冲程，以免卡钻。开始冲基岩时应低锤勤击，以免偏斜。如发现孔偏斜应立即回填片石，厚 30 ~ 50cm，重新冲孔。遇到孤石时，可抛填相似硬度的片石或卵石，用高冲程冲击或高低冲程交替冲击，将大孤石击碎挤入孔壁。穿过孤石后，应仍按正常冲程冲孔。

尽量采用泥浆循环排渣，如采用抽渣筒，当钻进 4 ~ 5m 后，每钻进 0.5 ~ 1.0m 应抽查一次，并及时补浆；每钻进 4 ~ 5m 应验孔一次，在更换钻头前或容易缩颈处均应验孔。

冲击成孔终孔时，要充分查验孔底所处的地质情况，必须满足设计要求达到的持力层及深度。从开始进入持力层起到进入相应的深度均应做好记录，留置岩土芯样。

冲孔结束后，应对以下项目进行检查：孔深、孔径、孔垂直度、孔底沉渣厚度应符合质量检验要求。

e. 清孔及第一次沉渣处理

采用抽渣筒或正循环加压缩空气清孔。第一次清孔后孔底的泥浆比重，泥浆含砂率、胶体率及沉渣厚度应符合质量检验要求。

f. 第二次处理沉渣

第一次清孔后下放钢筋笼、安装导管需一定时间，在此段时间内孔底的沉渣又会增加，泥浆浓度亦会增大，故需第二次进行清孔及沉渣处理。处理方法可利用导管加压缩空气升液排渣等方法。

第二次清孔及沉渣处理的检查项目、质量要求与第一次相同。

g. 钢筋笼制作安装、安放导管、混凝土质量要求

钢筋笼制作安装：钢筋笼采取分段制作，质量符合规范要求；吊放钢筋笼时，需对准孔位中心，吊直扶稳，缓慢下沉，钢筋笼下到设计位置后，应立即固定，钢筋笼采用焊接连接；为保证混凝土保护层的厚度，可在钢筋笼上设置定位钢筋环，混凝土垫块等。

导管安放：导管壁厚不宜小于 3mm，直径可采用 200 ~ 250mm。桩径小取小值，桩径大取大值。管壁磨损超过 1/2 时不应再用，应予更换；导管使用前应试拼、试压、不渗漏，并试验隔水球能否顺利通过，中间遇卡住的，应予消除。

混凝土：须具有良好的和易性，配合比先经试验确定，坍落度一般采用 16 ~ 20cm；含砂率为 40% ~ 45%，细骨料选用中砂；粗骨料应尽量选用河卵石，也可用碎石，其粒径不宜大于 4cm。

h. 灌注水下混凝土

为保证水下混凝土的质量，贮料斗内混凝土储存量必须满足首次灌注时导管底端能埋入混凝土中 0.8 ~ 1.2m。

开始灌注时，导管底端到孔底距离应保证隔水球顺利排出，一般保持 30 ~ 50cm 间距，隔水球排出后不得将导管插回孔底。

随着混凝土的上升，要适当提升和拆卸导管，导管底端埋入管外混凝土面以下一般应保持 2 ~ 4m，并不得小于 1m，严禁把导管底端提出混凝土面。

提升导管时，要避免碰擦钢筋笼，并应采取有效措施防止钢筋笼上浮。

水下混凝土的灌注应连续进行，不得中断；如发生堵塞导管进水等事故，应及时采取适当的处理措施。

当一根桩的混凝土灌注出现中间供料脱节时，应测出导管埋入混凝土的深度，在插入深度足够的情况下，每隔 0.5h，可将导管上提 0.5m 或将料斗旋转两圈，防止混凝土凝结。

应注意控制最后一次混凝土的灌入量，应保证在凿除桩浮浆层后，设计桩顶标高位置的混凝土质量达到设计和规范要求。

**5. 质量标准**

（1）原材料质量应符合有关规范的要求，查原材料质保书，现场平行抽检。

（2）混凝土必须现场留置试块，其中包括同条件养护试块，制作试块的材料不得开"小灶"，应为浇筑过程中的随机抽样。使用试模必须标准。

（3）过程质量要求

钢筋笼在制作、运输和安装过程中，应采取措施防止变形，吊入桩孔内，应牢固确定其位置防止上浮或下沉。

（4）基础施工管理要求

灌注桩施工完毕进行基础开挖时，应制定合理的施工顺序和技术措施，防止桩的位移和倾斜。桩顶预留外露钢筋要妥善保护，不得任意弯折或压断。

**6. 职业安全健康、文明施工、环境管理措施**

（1）施工过程存在的主要职业安全健康危害风险及控制措施见表 6.4-2。

**表 6.4-2　职业安全健康风险控制对策表**

| 作业活动 | 不良作业行为 | 可导致事故 | 控制措施 |
|---|---|---|---|
| 大型机械拆装 | 大型施工机械的安装与拆除，未按照操作规程实施，安装后未经检验即投入使用 | 机损或工伤事故 | 制定大型机械安装与拆除操作规程，并严格执行。大型机械异地安装后应经管理部门检验合格方可投入使用 |
| 施工用电 | 用电管理不到位，施工用电保护装置不完善，施工电缆受潮，受机械行走碾压破损 | 触电 | 制定用电管理制度，使用三相五线制，实行三级用电保护，使用标准电源箱 |
| 起重吊装 | 吊装方案不当，索具不符合要求，作业人员违章作业，设备状况不符合要求，不正确使用劳保用品，设备安全控制装置不全 | 物体打击、设备损坏、人员受伤、轧伤等 | 选用符合安全标准的工器具与机械，特殊工种作业人员应持证上岗，大型施工机械安全控制装置不全的不得投入使用 |
| 机械维修、保养 | 机电设备、机具缺乏必要的性能维护保养 | 设备损坏，机械伤害、触电 | 制定机械维修、保养制度，安全操作规程，严格执行 |
| 焊接作业 | 劳保用品不齐，作业人员违章作业；焊接用品不符合要求 | 烫伤、触电、物损 | 按标准配备劳动保护用品，选用合格的焊接用具，动火作业按程序申请，做好消防安全准备工作 |
| 冲孔作业 | 无关人员进入施工范围 | 人身伤亡事故 | 封闭式施工，设安全警示牌和安全员巡视，严禁无关人员进入施工现场 |

| 作业活动 | 不良作业行为 | 可导致事故 | 控制措施 |
|---|---|---|---|
| 桩孔回填 | 冲孔形成的桩孔不能及时覆盖或回填，导致物品掉落，人员摔伤甚至落坑 | 物损或人身伤亡事故 | 混凝土灌注后应及时对桩孔进行覆盖，一旦灌注的混凝土达到相应的强度，应进行回填 |
| 桩架移动 | 桩架移动过程可能由于地面的不平导致桩架可能倾斜，甚至倾覆 | 重大机损或人员伤亡事故 | 桩架移动经过的地面，应平整，具有足够的承载力，否则应平整并采取临时加固措施 |
| 混凝土灌注 | 混凝土灌注、料斗提升时可能会轧手，料斗突然掉落 | 操作人员受伤 | 料斗固定牢固、平稳，必须按照相应的操作规程操作 |

（2）施工过程存在的文明施工和环境影响因素及控制措施见表 6.4-3。

### 表 6.4-3　环境影响控制对策表

| 作业活动 | 影响因素 | 环境问题 | 控制措施 |
|---|---|---|---|
| 泥浆拌制，费浆收集处理 | 泥浆拌制、收集处理不当，工地满溢 | 泥浆污染 | 泥浆沟池砌筑完好，方可拌制泥浆，施工现场硬化地坪，废浆池设置合理，及时处理费浆 |
| 冲孔、浇筑混凝土 | 施工场地道路受软化，施工人员、机械、材料受泥浆污染、管道堵塞 | 泥浆、水泥浆双重污染 | 施工前，编制泥浆排放措施，合理布置泥浆沟池，弃浆采用定点排放，安排定点清洗罐车 |
| 搅拌混凝土 | 拌和站受污染，管道堵塞 | 废水排放 | 完工后清洗场地，污水集中处理达标后再排放 |
| 对焊钢筋 | 对焊机位置安排不当，焊花飞溅 | 对焊焊花飞溅 | 合理安排对焊机位置，设置必要的防护棚，防止焊花飞出 |
| 机械维修 | 废油外流 | 污染土地 | 加强废油的回收管理，禁止直接排放 |
| 混凝土运输、其他施工车辆进出场地 | 产生扬尘、车辆轮胎将泥浆带出，混凝土罐车滴漏水泥浆 | 污染空气、污染周边道路 | 施工场地采用硬地坪，经常浇水除尘，工地大门设置清洗池。车辆轮胎、混凝土罐车冲洗干净方可出入工地 |
| 夜间施工 | 施工机械产生噪音，施工照明 | 噪声污染、光污染 | 按照各地夜间施工管理规定开展夜间作业，灯光不出工地 |

### 7. 应注意的问题

（1）泥浆护壁成孔时，发生斜孔、弯孔、缩孔和塌孔或沿套管（护筒）周围冒浆以及地面沉陷等情况，应停止钻进，经采取措施后，方可继续施工。

（2）冲孔速度，应根据土层情况，孔径、孔深、供水或供浆量的大小，钻机负荷以及成孔质量等具体情况确定。

（3）浇筑水下混凝土，平均上升速度不应小于 0.25m/h，浇筑前，导管中应设置球塞等隔水，导管插入混凝土的深度不宜小于 1m。

（4）施工中应经常测定泥浆密度，并定期测定黏度，含砂率和胶体率，泥浆黏度宜为 18° ~ 25°，含砂率宜为 4% ~ 85%，胶体率不小于 90%。

（5）清孔过程中，必须及时补给足够的泥浆，并保持浆面稳定。

（6）钢筋笼：钢筋笼堆放、运输起吊、入孔等过程中，必须加强对操作人的技术交底，严格执行加固的技术措施，防止钢筋笼变形。

（7）混凝土浇筑接近桩顶时，应随时测量顶部标高，避免过多截桩或接桩。

（8）每根桩施工均应在桩位图上做好标志，填上施工日期，便于查询，防止漏桩、缺桩。

## 8. 记录

冲孔灌注桩应做好以下记录：

（1）施工记录

a. 钻（冲）孔桩或成孔施工记录表。

b. 护壁泥浆质量检查记录表。

c. 钻（冲）孔隐蔽验收记录表。

d. 钻（冲）孔桩地下连续墙灌注水下混凝土记录表。

e. 冲击钻成孔分项工程质量检验评定表。

f. 钢筋笼制作与安装分项工程质量检验评定表。

g. 灌注混凝土分项工程质量检验评定表。

（2）水泥的出厂证明及复验报告。

（3）钢筋的出厂证明或合格证，以及钢筋复试试验报告。

（4）试桩的测试报告。

（5）补桩的平面示意图（若有补桩）。

（6）混凝土试配申请单和试验室签发的配合比通知单。

（7）混凝土试块 28d 标养强度试验报告等。

## 6.4.3 挖孔灌注桩

### 1. 工程概况

（1）工程特点

××市中医院迁建工程位于市区，东临××路，西靠××路，北是××路，南为××路，场地交通便利，所有施工机械设备均可直接进入施工区。因四面环路，周边无多余空地，施工区场地狭窄。

（2）设计概况

本工程基桩为人工挖孔灌注桩，桩径为 800～1 400mm，绝大部分桩径为 800mm，桩身混凝土强度等级为 C35，护壁混凝土强度等级为 C30，厚度约 150mm，纵向钢筋通长为 12$\phi$12，螺旋箍筋为 $\phi$8＠200（加密区为 $\phi$10＠100），加劲箍为 $\phi$14＠2 000，持力

层为中 – 微风化岩，桩端进入持力层 ≥ 500mm。共计桩数 160 根。

（3）地质条件

从地质勘察报告提供的情况看，场地大部分比较平坦，西南角有一约 2m 高的土丘。本工程地质表层为回填土，以下为黄色黏土，再下为强或中风化岩，持力层为微 – 中分化岩，呈斜向分布，岩层间隙水丰富。约 1/3 场地地下埋深 6 ~ 8m 位置有 2m 左右的中粗砂地层，砂层中水量比较丰富。

本工程地质条件较为复杂，施工难度较大，主要表现为以下方面：

a. 场地地势较低，周围雨水有汇流流入的趋势，造成桩孔水量较为丰富，排水工作量较大。需采用水泵降水，降低地下水位。

b. 风化灰岩岩石较硬，掘进较难，需要爆破松动后掘进成孔，采用多孔小药量松动爆破，加快破岩进度。

c. 本工程施工处于冬雨季，气温较低，空气湿度大，挖孔施工人员每天从里到外衣服都是湿的，每天都应洗澡换衣。工地应配备火炉，方便工人烘烤取暖。

d. 地下水量过大，部分桩不宜采用人工挖孔成桩工艺的，可改用其他成孔工艺，如泥浆护壁冲孔成孔法等。

**2. 进度计划**

（1）施工准备工作 3 天。

（2）桩孔定位 3 天。与施工准备同时进行，根据施工平面图及建设方提供的平面坐标点，用全站仪放出各桩位，并砌好井圈，工期 3 天。

（3）成孔工期：根据总工期，所有 160 根桩分二批开挖，计划第一、二批各开挖 80 根。距离较近的桩孔要实行跳挖，每组 2 人，共 40 个组，根据实际情况每组每批挖 2 个桩孔，平均每天每桩完成 1m 进尺，桩孔预计平均孔深约 10m，考虑到特殊情况 20 天可完成一批桩的成孔，前一批桩孔完成后即陆续开挖下一批桩孔，成孔总工期 40 天。

（4）钢筋笼制作：开孔 10 天内开始，配合挖桩，做到挖完当天就下钢筋笼，考虑特殊情况，最后一批桩挖完后 2 天内下完所有钢筋笼。即钢筋笼制作安装共计占用工期 2 天，另约 30 天交叉工期。

（5）灌注混凝土：为了防止桩孔被水长时间浸泡，桩孔完成后尽量当天就下钢筋笼，当天灌注，考虑特殊情况，下完钢筋笼后 3 天内灌完所有桩孔。

合计工期 48 天。

**3. 施工方案**

（1）施工管理目标

a. 质量目标：确保本基桩工程质量优良。

b. 工期目标：确保 50 天人工挖孔桩全部完工（其中两天机动时间）。

c. 安全生产目标：杜绝重大伤亡、重大机损事故、火灾事故，把各种安全隐患消除在萌芽状态。

d. 文明施工目标：执行现场标准化管理，创一流文明施工现场。

e. 服务目标：与各方密切配合，为土建施工创造条件，使业主满意。

（2）施工准备

a. 熟悉图纸、施工图会审，领会施工组织设计意图。提出主要材料、施工机具规格和需用量计划，并根据计划落实供货单位及进场时间。

b. 对业主提供的坐标和水准点进行复核，设置轴线控制点和半永久性水准点，做好相应的保护措施，向施工监理递交测量成果报告，报监理复验。

c. 根据施工总平面布置图，搭设施工临时设施，敷设现场临时水、电管线。

d. 根据开工作业面数量配备劳动力。

（3）施工协调

a. 积极参与包括业主、监理、设计、勘察、施工等各方参加的协调会议，及时解决施工过程中出现的问题，确保施工顺利进行。

b. 争取公安、城管、环卫等政府部门的支持；认真处理好与周边单位、居民的关系，争取他们的理解，防止外界的干扰而影响施工进程。

c. 协调好桩基工程与总包单位的关系，争取总包单位在对外协调、后续施工管理的理解与支持，共同做好基桩的产品保护，确保已完工基桩的完好性。

d. 做好内部协调，提高工效。

（4）施工工艺

a. 人工挖孔桩工艺流程

放线、定桩位→挖第一节桩孔土方→支模浇第一节混凝土护壁→在护壁上二次测放标高及桩位十字轴线→安装垂直运输架→第二节挖土→清理桩四壁、拆上节护壁模板、支下节护壁模板→浇第二节混凝土护壁→重复上述工作，循环作业至设计要求的深度→检查孔底，达到设计要求后进行扩底→清底，检查几何尺寸和孔底地质情况→封底→钢筋笼验收、吊放钢筋笼→浇筑桩身混凝土→清理桩顶→基桩验收。

b. 测量放样

本工程设计比较特殊，桩孔较多，桩位座标用传统的方法计算较繁琐，容易出错，由设计单位提供桩孔座标，用全站仪放出控制桩位，并根据总体坐标进行桩位校正。桩位经施工人员、监理单位测量人员、建设单位在开挖前检验合格，在桩中心位置插入短钢筋，钢筋上涂红油漆标记，放样验收完毕即可进行下一道工序。

c. 桩孔中心点的控制

同时通过桩中心引两条垂直直径与井圈相交得四点，在这四点处设置四个钢钉，或用红油漆在这四点作标记，作为控制中心点及施工中控制垂直度的依据。要求每节模板都进行吊中检验，拆模后进行复检，及时修正，做到中心偏差在10mm以内。

d. 桩孔开挖掘进

土层、砂卵石采用短镐、锄头类工具挖掘，遇坚硬状障碍物或岩层时，改为风镐掘进。弃土采用吊桶装载，用人力绞架或电动卷扬机垂直提升到井口，弃土于离井口1.5m以外或指定地点。桩孔开挖进入持力层，如遇坚硬的中风化灰岩（抗压强度大于50MPa）或中风化石英砂岩（抗压强度大于78MPa），用风镐极难掘进，应采用松动爆破。

爆破钻孔采用手持式风动钻岩机，钻孔前准确标定炮孔位置，并仔细检查风钻的风管及管路是否连接牢固，钻机的风眼、水眼是否畅通，钻杆有无不直、带伤以及钎孔有无堵塞现象等。钻孔由一人操作，双手持钻岩机对正位置，使钻钎与钻孔中心在一条直线上。钻时先开小风门，待钻入岩石，能控制方向方开大风门。钻孔应根据岩层性质、最小抵抗线等因素合理布置并严格掌握钻孔方向、深度及间距。

采用多孔小药量松动爆破，炸药采用防水硝铵炸药，导爆管引爆。

采用松动爆破时炸药用量可根据岩石性质、一次爆破体量、爆破程度等情况进行计算，并严格控制用量，下列计算用量公式可作为参考：

$$Q = 0.33q \cdot a \cdot b \cdot l \qquad (6.4\text{-}3)$$

式中　$Q$——炸药用量（kg）；
　　　$q$——炸药单位消耗量（$kg/m^3$）；
　　　$a$——孔距（m）；
　　　$b$——排距（m）；
　　　$l$——钻孔深度（m）。

实际工作中，可根据经验、炮孔深度和岩石坚硬情况来确定用药量。装药长度一般控制在炮孔深度的 1/3 ~ 1/2。

装药并堵塞炮孔后，对爆破线路进行检查，发出爆破信号，撤离人员，设置警戒方可爆破。

e. 孔内排水

孔内少量泥水可在桩孔内挖小集水坑，随挖随用吊桶随弃土吊出；如大量渗水，可在桩孔内先挖较深集水井，设小型潜水泵将地下水排出桩孔外，随挖随加深集水井，水涌出可采用潜水泵排入场内临时排水沟；涌水量很大时，可将其中一桩超前开挖，利用其降低周边桩孔的地下水位。当遇到局部水量非常丰富，发生流沙时，个别桩孔可采用泥浆护壁冲孔法成孔，配合采用灌注水下混凝土。

f. 护壁支模

每掘进 1.0m 时必须护壁，护壁模板采用工具式钢模拼装而成，拆上节、支下节，模板每根桩准备两套，模板成圆台形，上下直径相差 75mm，护壁混凝土的厚度不小于 100mm。安装模板时，在纵横固定控制桩上栓好绳线，在十字交汇点上拴铅球检测桩孔的垂直度、中心位置和直径大小，然后固定模板。模板间用 U 形卡连接，上下设两道槽钢围圈顶紧，围圈由两个半圆组成，用螺栓连接，不另设支撑，以便于浇混凝土和下节挖土操作。上下护壁间应搭接 50mm，且用钢筋插实以保证护壁混凝土的密实度，应四周均匀浇注，以保证中心点位置的正确。当混凝土达到一定强度（一般为 24 小时）后拆模，拆模后进行校正，对不合格部分进行修正，直至合格。桩位轴线控制在混凝土护壁上设十字控制点，安装提升设备时，使吊桶的绳索中心与桩孔中心一致，以作为挖土时粗略控制中心线用，精确对中需吊大线锤，确定桩孔中心点，再用水平尺找圆周，每挖 1.0m 为一节，护壁一次，垂直度和孔径每节检查一次，发现偏差随时纠正，保证位置、孔径、垂直度符合设计、规范要求。第一节井圈应符合下列规定：

井圈中心线与设计桩轴线的偏差不大于 20mm；

井圈顶面应比场地高出 100 ~ 150mm，壁厚应比下面井壁厚度增加 100 ~ 150mm。

g. 当遇有局部或厚度不大于 1.5m 的流动性淤泥和可能出现涌土涌砂时，护壁施工按下列方法处理：

将每节护壁的高度减小到 300 ~ 500mm，并随挖、随验、随灌注混凝土；

采用钢护筒或有效的降水措施。

h. 扩大头施工，清底验收

当桩孔挖至设计标高时，则停止掘进，通知建设方（或监理单位）会同设计、勘察、监理等单位共同鉴定，满足要求后迅速扩大桩头，清理孔底及时验收。验收后用稍高于设计标号的混凝土封底 100mm。

成孔质量要求标准：

深度和持力层达到要求；

桩径、扩底几何尺寸不小于设计值；

垂直度偏差小于 0.4%，桩平面偏差小于 50mm；

井底浮渣厚度为零。

i. 钢筋笼的制作、吊放

钢筋经试验合格后，即可加工钢筋笼。加工采用电弧焊焊接方式。主筋搭接焊长度、焊接接头的错开要求等均应满足设计及规范要求。由于桩孔不是很深，钢筋笼制作可一次成型，并设置好保护层垫块。经验收合格后临时堆放。

钢筋笼成型要求：钢筋笼长度、钢筋笼直径、主筋间距、箍筋间距（加强段）等均应符合设计及规范要求。

钢筋笼用塔吊吊放，安装时应慢吊慢放，防止碰撞井壁，垂直下放到位后，检查钢筋笼中心与桩孔中心是否重合，防止钢筋笼与井壁间混凝土垫块脱落，以确保保护层的厚度均匀。

j. 桩混凝土灌注

设计桩身混凝土标号为 C35。

灌注前应先对桩孔进行清理，抽干积水，下井清理浮渣，保证井底干净。

为保证混凝土质量，计划采用商品混凝土灌注，商品混凝土坍落度控制在 12 ~ 14cm，混凝土连续灌注不得中断，孔口用漏斗并连接混凝土串筒，串筒出口离混凝土面高度不超过 2.0m。或采用导管灌注，导管底端离桩底初始高度不得大于 2 米。商品混凝土用混凝土运输车运至现场直接浇筑或采用汽车泵浇筑，所有商品混凝土必需有出厂合格证明书。为保证混凝土密实度，采用长振动棒分层振捣密实。振动棒操作做到"快插慢拔"，在振捣过程中宜将振动棒上下略作抽动，以使上下振捣均匀。每点振捣时间一般以 20 ~ 30s 为宜，但还应视表面不再显著下沉，不再出现气泡，表面泛出灰浆为准。上下层连接，振动棒应插入下层混凝土 5cm 左右，以清除两层之间接缝。混凝土灌注过程中，应按要求留置试块，桩顶覆盖草袋养护并经常浇水或蓄水养护。

当桩孔内渗水量较大，孔底积水深度大于 100mm 且无法抽干积水时，宜采用水下灌注混凝土工艺，以钻机或铲车作为提升机械。水下灌注主要技术要求如下：

混凝土坍落度宜控制在 14 ~ 16cm 之间，混凝土标号需提高一级。在现场进行坍落度测定，保证其流动性、和易性。灌注混凝土导管连接处必须密封，导管离井底 30 ~ 40cm，在灌注时，要注意探测混凝土面和导管埋深情况。首次灌注量应保证埋管，拆管时不得将导管提离混凝土面。为保证凿除浮浆后桩顶混凝土质量，视桩长超灌 0.5 ~ 1.0m。桩短取小值，桩长取大值。

**4. 施工安全措施**

（1）凡参加基桩施工的人员均应熟悉和遵守施工安全操作规程。

（2）建立安全员跟班检查制度，发现隐患及时处理解决。

（3）经常检查电路系统安全，所有电器设备均按一桩一台配备漏电保安器，桩孔下作业用电设备每天上班及下班后均应检查其合格性，不合格或有损坏者，严禁继续使用。孔底照明用电采用 36V 以下低电压，严禁电线在场内或桩孔内乱接，所有电线线路应由持证上岗者专人负责接线、检查和维护修理，在潮湿或有水地点，采用防水灯头。

（4）已挖好的桩孔必须用木板或脚手板、钢筋网片盖好，防止土块、杂物、人员坠落。严禁用草袋、塑料布虚掩。

（5）下孔作业人员必须戴安全帽，提土桶不能装得太满，防止土石砸人。

（6）提升或下降必须先发信号，且给予回答信号后方可开始作业。

（7）事先认真研究地质资料，对可能出现流砂、涌水量大、有毒气体的，应做好防范措施，如排水措施（准备水泵）、增加桩孔的送风措施等。

（8）人工下孔作业前，应用鼓风机和送风管向桩孔内正压送入新鲜空气。

（9）孔口应用架板满铺，只留出渣口。下班后孔口应当覆盖，四周设防护栏杆，夜间挂红灯警示；孔内设立挡土板，防止重物下落，保护孔内作业人员安全，同时，桩孔应设牢固可靠的安全软梯，以便施工人员上下。

（10）每天检查施工段孔壁是否牢固稳定，采取有效措施，防止桩孔塌陷。

**5. 冬、雨季施工**

（1）冬季当温度低于 4℃浇筑混凝土时，应采取加热保温措施。浇筑的入模温度应不低于 5℃。在桩顶混凝土未达到设计强度的 50% 以前应采取防冻措施。

（2）雨天不能进行人工挖桩孔的工作。现场必须有排水的措施，严防地面雨水流入桩孔内，致使桩孔塌方。

（3）施工人员应做好防雨、防冻措施，防止人员生病。

**6. 质量保证措施**

（1）桩孔上口外圈应做好挡土台，防止灌水及掉土。

（2）保护好已成形的钢筋笼，不得扭曲、松动变形。吊入桩孔时，不要碰坏孔壁。串桶应垂直放置，防止因混凝土斜向冲击孔壁，破坏护壁土层，造成夹土。

（3）钢筋笼不要被泥浆污染；浇筑混凝土时，在钢筋笼顶部固定牢固，限制钢筋笼上浮、下沉。

（4）桩长及终孔条件必须符合设计要求，桩尖持力层必须达到设计要求的土层。

（5）原材料和混凝土强度必须符合设计要求和施工规范的规定。

（6）已挖好的桩孔及时放好钢筋笼，及时浇筑混凝土，间隔时间越短越好，以防坍方。有地下水的桩孔应随挖、随验、随放钢筋笼、随灌注混凝土，避免地下水浸泡。

（7）在放钢筋笼前后均应认真检查孔底，清除虚土杂物。必要时用水泥砂浆或混凝土封底。

（8）浇筑混凝土后的桩顶标高及浮浆的处理，必须符合设计要求和施工规范的规定。

（9）桩孔混凝土浇筑完毕，应复核桩位和桩顶标高。将桩顶的主筋或插筋扶正，用塑料布或草帘围好，防止混凝土发生收缩、干裂。

（10）施工过程妥善保护好场地的轴线桩、水准点。不得碾压桩头，弯折钢筋。

（11）垂直度偏差过大：由于开挖过程未按要求每节核验垂直度，致使挖完以后垂直超偏。每挖完一节，必须根据桩孔口上的轴线吊直、修边、使孔壁圆弧保持上下顺直。

（12）开挖前应掌握现场土质情况，错开桩位开挖，缩短每节高度，随时观察土体松动情况，必要时可在坍孔处用砌砖、钢板桩、木板桩封堵；操作进程要紧凑，不留间隔空隙，避免坍孔。

（13）桩身混凝土的充盈系数应大于1。

注：本项目在存有砂土地质的区域，地下水相当丰富，桩孔开挖至砂土层时，排水降水成了主要问题。挖孔人员采取很多措施，进行降水、排水，采取各种措施进行护壁，施工进度缓慢，施工作业环境恶劣。应当在该区域改变成孔工艺。如泥浆护壁冲孔成孔工艺等。

## 6.4.4 沉管式灌注桩

### 1. 工程概况

（1）基桩直径、长度、数量、分布情况，桩端处理要求，上部结构的主要情况等。

（2）工程地质情况。

（3）周围管线及建筑情况。

（4）安全、质量、工期目标。

### 2. 编制依据

（1）设计图纸。

（2）地质勘察报告。

（3）施工合同文件。

（4）相关施工验收规范、国家工法。

（5）国家和地方有关的法律、法规、规定等。

### 3 主要施工方法及技术措施

（1）施工准备

*材料准备*

a. 使用自拌混凝土 C25 浇筑桩身，预制混凝土 C35 桩尖。

b. 钢筋：采用 I 级钢、II 级钢；钢筋需搭接时，可采用双面电弧焊，焊缝长度 ≥ 5d，或单面焊，焊缝长度 ≥ 10d，焊缝高度、宽度应符合规范要求，箍筋应与主筋绑扎、焊接牢固。

焊条采用 E43（用于 I 级钢或 I 级钢与 II 级钢焊接）、E50（用于 II 级钢）；钢材有出厂合格证及复检报告，钢筋进场时应有出厂质量合格证明书，钢筋笼的直径除应符合设计要求外，还应比套管内径小 60 ~ 80mm。

机械设备准备

a. 桩机采用 DD-32 型锤击打桩机、卷扬机、加压装置、桩管等，桩管直径为 400mm，长约 22m，与设计要求桩长一致。

b. 配套机具设备：下料斗，FC-10 型机动翻斗车，J2C-350 混凝土搅拌机，钢筋加工机械，交流电焊机，手推车，磅秤等。

技术条件准备

a. 认真审图，组织设计交底，解决相关技术问题。

b. 会同设计单位选定每座构筑物 1 根桩进行打桩工艺试验（即试桩），以核对场地地质情况及基桩设备、施工工艺等是否符合设计图纸要求。

c. 施工前应对场地进行查勘，如有架空电线、地下电线、给排水管道等设施，妨碍施工或对安全操作、工程质量有影响的，应先清除、移位或妥善处理后方能开工。

d. 施工前应做好场地平整工作，对影响施工机械运行的松软场地应进行适当处理（如铺设风化碎石），雨季施工时，采取管井及明排水相结合的排水措施。

e. 工程施工许可手续已经办妥。

f. 科学合理安排成桩顺序。沉管灌注桩属于挤土式成桩工艺，应按挤土成桩的基本要求安排成桩顺序：先深后浅、先长后短、先大后小、先中间后四周。

g. 各种原材料及预制桩尖等的出厂合格证及其抽检试验报告、混凝土配合比设计报告及其有关资料齐全。

h. 按设计图纸要求的位置埋设好桩尖，埋设桩尖前，要根据其定位位置进行钎探，其探测深度一般为 2 ~ 4m，并将探明在桩尖处的旧基础、石块等障碍物清除。

（2）主要施工工艺

a. 锤击沉管灌注桩的施工方法一般为单打法，但根据设计要求或土质情况等也可采用复打法。

b. 锤击沉管灌注桩宜按流水顺序，依次向后退打。对群桩基础及中心距小于 3.5 倍桩径的桩，应采取不影响邻桩质量的技术措施。

c. 桩机就位时，桩管在垂直状态下应对准并垂直套入已定位预埋的桩尖，桩架底座应呈水平状态并定位稳固，桩架垂直度允许偏差不大于 0.5%。

d. 桩尖埋设后应重新复核桩位。桩尖顶面应清扫干净，桩管与桩尖肩部的接触处应加垫草绳或麻袋。

e. 注意检查及保证桩管垂直度无偏斜后再正式施打。施打开始时应低锤慢击，施打过程若发现桩管有偏斜，应采取措施纠正。如偏斜过大无法纠正时，项目施工技术负责人应及时会同设计、勘察、监理等部门研究解决。

f. 沉管深度应以设计要求及经试桩确定的桩端持力层和最后三阵每阵十锤的贯入度来控制，并以桩管入土深度作参考。测量沉管的贯入度应在桩尖无损坏、锤击无偏心、落锤高度符合要求、桩帽及弹性垫层正常的条件下进行。一般最后三阵每阵十锤的贯入度不大于 30mm，且每阵十锤贯入度值不应递增。对于短桩的最后贯入度应严格控制，并应通知监理工程师确认。

g. 沉管结束经检查管内无泥水进入后，应及时灌注混凝土。混凝土塌落度宜采用 80 ~ 100mm。第一次灌入桩管内的混凝土应尽量多灌，第一次拔管高度一般只要能满足第二次所需要灌入的混凝土量时即可，桩管不宜拔出太高。

h. 拔管时采用倒打拔管的方法，用自由落锤小落距轻击不少于 40 次/min，拔管速度应均匀，对一般土层以不大于 1m/min 为宜。在软硬土层交界处及接近地面时，应控制在 0.3 ~ 0.8m/min。在拔管过程中，应用测锤随时检查管内混凝土的下降情况，混凝土灌注完成面应比桩顶设计标高高 0.5m，以便保证设计标高以下的混凝土达到设计要求的质量标准。

i. 凡灌注配有不到桩底的钢筋笼的桩身混凝土时，宜按先灌注混凝土至钢筋笼底标高，再安放钢筋笼，然后继续灌注混凝土的施工顺序进行。在素混凝土桩顶采用构造连接钢筋时，在灌注完毕拔出桩管及桩机退出桩位后，按照设计标高要求，沿桩周对称、均匀、垂直地插入钢筋，并注意钢筋保护层不应小于 35mm。插筋的外露部分宜设置两道箍筋，固定插筋位置。

j. 混凝土灌注充盈系数宜大于 1.15。

k. 按设计要求进行局部复打或全复打施工，应符合下列要求：

第一次灌注混凝土应达到自然地面；

拔管过程中应及时清除黏在管壁上和散落在地面上的混凝土；

初打与复打的桩轴线应重合；

必须在第一次灌注的桩身混凝土初凝之前进行。

l. 灌注桩身混凝土时应按有关规定留置试块。

（3）质量要求

a. 桩的入土深度应满足设计要求的桩端持力层，最后三阵每阵十锤的贯入度、最后 1m 的沉管锤击数和整根桩的总锤击数应符合设计及试桩确定的要求。

b. 混凝土灌注充盈系数不得小于 1.0。对充盈系数小于 1.0 的桩，应全长复打，对可能的断桩和缩颈桩，应进行局部复打。

c. 灌注后的桩顶标高、钢筋笼（插筋）标高，及浮浆处理必须符合设计要求和施工规范的规定。

（4）施工质量保证措施

a. 为防止出现缩颈、断桩、混凝土堵管、钢筋下沉上浮、桩身夹泥等现象，应详细研究工程地质报告，制订切实有效的技术措施。

b. 灌注混凝土时，要准确测定一根桩的混凝土总灌入量是否能满足设计计算的灌入量，在拔管过程中，应严格控制拔管速度，用测锤观测每 50 ~ 100cm 高度的混凝土用量，换算出桩的灌注直径，发现缩颈及时采取措施处理。

c. 采用跳打法施工时，必须等相邻成形的桩达到设计强度的 60% 以上方可进行。

d. 钢筋笼在制作、安装过程中，应设置加强环，防止变形。

e. 钢筋笼放入桩管内应按设计标高固定好，防止插斜、插偏和下沉。

f. 拔管时尽量避免翻插。确需翻插时，翻插的深度不要太大，以防止孔壁周围的泥挤进桩身，造成桩身夹泥。

g. 打桩完毕开挖基坑时，要制订合理的施工顺序和技术措施，防止桩的位移、断裂和倾斜。

（5）主要安全技术措施

a. 施工现场应做好安全围护，设置明显标识，禁止与施工无关人员进入。

b. 清除妨碍施工的高空和地下障碍物，平整打桩范围内的场地和压实打桩机行走的道路。

c. 对邻近原有建（构）筑物，以及地下管线要认真查清情况，并研究采取有效的安全措施，以免振动和挤土造成对附近建（构）筑物及管线的破坏。

d. 打桩过程中，遇有施工地面隆起或下沉时，应随时将桩机垫平，桩架要调直调平。

e. 操作时，司机应集中精神，服从指挥，并不得擅离岗位。打桩过程中，应经常注意打桩机的运转情况，发现异常情况立即停止，并及时纠正后方可继续进行。

f. 打桩时，严禁用手去拨正桩头垫料，严禁桩锤未压至桩顶即起锤或刹车，以免损坏打桩设备。

g. 当设计要求桩顶标高低于施工地面时，应及时用木板等覆盖桩孔。

## 6.4.5 套管式灌注桩

套管式灌注桩包括套管夯扩灌注桩、套管挖孔灌注桩、套管注浆灌注桩、套管组合灌注桩等。本节主要讨论夯扩灌注桩。

## 1. 套管夯扩灌注桩

（1）套管夯扩灌注桩概述

套管夯扩灌注桩简称夯扩桩，建筑桩基技术规范中称之为"内夯沉管灌注桩"，是在普通锤击沉管灌注桩的基础上加以改进发展起来的一种新型桩。它是在桩管内增加了一根与外桩管长度基本相同的内夯管，以代替钢筋混凝土预制桩靴，与外管同步打入设计深度，并作为传力杆，将桩锤击力传至桩端夯扩成大头形，并且增大了地基的密实度；同时，利用内管和桩锤的自重将外管内的现浇桩身混凝土压密成型，使水泥浆压入桩侧土体并挤密桩侧的土，使桩的承载力有一定幅度提高。也正是由于夯扩灌注桩的挤土效应，在比较敏感的地基中会将已经施工完成、但强度较低的基桩挤压变形甚至断裂。

（2）夯扩灌注桩的主要技术参数

夯扩灌注桩单桩承载力按试桩及当地经验确定。

一般情况下，夯扩灌注桩的单桩竖向承载力标准值应通过静载荷试验确定，也可根据地质条件相同的试桩资料对比验算确定。

对初步设计，可按经验公式估算。

夯扩灌注桩其他参数

a. 桩径。夯扩灌注桩桩径等于夯扩灌注桩外管外径，目前配套使用的外管（及内管）外径为 $\phi 325$（219）mm、$\phi 377$（247）mm、$\phi 426$（273）mm，其中以 $\phi 377$mm、$\phi 426$mm 使用较多。

b. 桩的长径比及中心距。桩的长径比一般不宜超过 50，当穿越深厚淤泥质土时不宜超过 40；桩的中心距一般不小于 3.5 倍桩身设计直径（$d$），当穿越饱和软土时不小于 $4d$。桩的中心距还应大于或等于扩大头直径的 2 倍。

c. 桩端进入持力层的深度。以 1 ~ 3 倍桩径为宜。

d. 夯扩次数。多为一次或二次夯扩，必要时用三次夯扩。

e. 桩身构造要求：桩身混凝土强度等级要求不低于 C20；钢筋笼长度一般不小于桩长的 1/3 且不小于 3.5m；一般主筋采用 6 根 $\phi 12$ ~ $\phi 14$mm Ⅱ 或 Ⅲ 级钢筋；箍筋采用 $\phi 6$mm 钢筋；主筋保护层厚≥ 35mm，桩顶主筋预留锚固长度不小于其直径的 35 倍。

（3）夯扩灌注桩施工

施工准备

a. 夯扩灌注桩基础施工前应具备的资料：

建筑场地工程地质资料；桩基施工图；建筑场地内地上及地下障碍物分布和邻近危房等调查资料；施工技术方案和施工组织设计；成桩资料及桩静载荷试验资料。

b. 施工前应具备的现场作业条件：

材料准备：按设计要求使用的材料进场，并经复试合格；商品混凝土经考察，供应厂商质量管理良好，供货能力满足要求；

设备准备：设备是由沉管灌注桩施工设备改装而成，主要由机架、桩锤、内外夯管、行走机构等部分组成。与沉管灌注桩机具的最大区别是在外管内加了一根内夯管；

人员准备：根据作业面数量安排班次，施工人员配备合理；并对现场施工人员进行安全质量等方面的培训；

场地准备：场地平整，地上地下无障碍物；

测量准备：平面控制点、水准点引测到现场，位置合理，保护良好，并经施工监理验收合格；

技术准备：施工图纸已经会审完毕，有关问题经设计交底会全部解决；

施工前必须进行试成桩，数量为 1 ～ 3 个。试桩过程中，应将试桩参数进行全面的记录。

施工步骤

沉管前在桩位放置 100 ～ 200mm 厚、与桩身混凝土同标号的干硬性混凝土，然后将双管扣在干混凝土上开始沉管。桩端入土深度应以桩底标高和贯入度进行双控，一般以贯入度控制为主，以设计标高控制为辅。混疑土的坍落度，扩大头部分干硬性混凝土，桩身部分以 80 ～ 120mm 为宜，桩顶设置钢筋部分宜取大值。

夯扩灌注桩拔管时应将内管连同桩锤压在超灌的混凝土面上。外管缓慢上拔则内管徐徐下压，直至同步终止于桩顶标高处，然后将双管提出地面。拔管速度控制在 1.0 ～ 1.3m/min，在淤泥或淤泥质土层中取小值。

成桩顺序：中间向两端对称进行或自一侧向单一方向进行；先深后浅；先大后小，先长后短；持力层埋深起伏较大时，宜按深度分区进行施工。

试桩

施工前宜进行试桩，并应详细记录混凝土的分次灌注量、外管上拔高度、内管夯击次数、双管同步沉入深度，并应检查外管的封底情况，有无进水、涌泥等，经核定后可作为施工控制依据。

成桩过程

a. 桩位处放置干硬性混凝土。

b. 将双管对准桩位。

c. 将双管打至设计深度。

d. 拔出内夯管。

e. 向外管内灌入高度为 $H$ 的混凝土，高度 $H$ 视桩径、扩大头直径经计算确定（详见《建筑桩基技术规范》推荐的计算公式）。

f. 内管放入外管内压在混凝土面上，外管拔起一定高度 $h$，一般取 $H/2$。

g. 用桩锤及内管夯打外管内混凝土，经夯击形成阻水、阻泥管塞。

h. 继续夯打管下混凝土直至外管底端深度略小于设计桩深（其差值为 C，一般取 200mm），此为一次夯扩；如需二次夯扩则重复 e－h 步骤。

i. 拔出内夯管。

j. 在外管内灌入桩身混凝土至钢筋笼底部，放入钢筋笼，继续灌注桩身混凝土至预定高度，混凝土量应足够内外管拔出时最终混凝土面不低于设计要求的桩顶标高。

k. 将内管压在外管内混凝土面上，边压边缓缓起拔外管。

l. 将双管同步拔出地表，则成桩过程完毕。

（4）夯扩灌注桩质量检测与验收

*施工质量检测*

a. 材质检查：对主要原材料作材质检验，各项指标必须符合规范规定要求，钢筋应具有材质证明，水泥应具有出厂质量合格证。

b. 钢筋笼的制作偏差：主筋间距 ±10mm，箍筋间距 ±20mm，钢筋笼直径 ±10mm，钢筋笼长度 ±50mm。灌注混凝土时按要求制作试件，同配合比混凝土试件每班不得少于一组，试件强度应满足规定的要求。

c. 施工过程中必须随时检查施工记录，并对照预定的施工工艺进行质量评定。

d. 基坑开挖后及时检查桩数、桩位及桩顶外观质量，若有漏桩、桩位偏移超标等质量问题，必须及时采取补救措施。

e. 工程施工结束后，应随机抽样进行桩的动测检验，以检查桩身质量，检测数量符合规范规定。

*夯扩灌注桩工程验收时应具备的主要资料*

a. 桩位竣工图。

b. 施工组织设计或施工方案。

c. 工程材料合格证及检验报告。

d. 混凝土试件试压报告及汇总表。

e. 隐蔽工程验收记录。

f. 成桩施工记录汇总表。

g. 设计变更通知单、事故处理记录及有关文件。

h. 桩质量检测资料（含试成桩、静荷载试验及动测等资料）。

i. 桩基工程质量监理评估报告。

j. 竣工报告。竣工报告的主要内容：工程概况与工程地质条件；设计要求及施工技术措施；施工情况及质量检测；基桩质量评价等。

**2. 套管挖孔灌注桩**

套管挖孔灌注桩是在地基中先打设套管，再在套管中采用人工或机械将套管内的土挖出，挖至一定深度后再在套管内灌注混凝土或钢筋混凝土形成基桩。

套管挖孔灌注桩主要包括：打设沉放套管、套管内取土至持力层（人工或机械，干法或湿法）、安装钢筋笼、灌注混凝土。打设沉放套管可参照预制桩的施工方法，取土、安装钢筋笼、灌注混凝土可参照灌注桩的施工方法。

**3. 套管注浆灌注桩**

套管注浆灌注桩主要是钻孔插入套管，套管通常使用直径为 100 ~ 200mm 的钢管或其他材料的管材，插入地基的部分开若干个小孔，以便注浆的时候浆液向地基扩散。这种基桩主要用于边坡治理工程中，抗滑移要求较高的可以提高插桩密度，桩端插入强度较高的基岩中。套管内渗出的浆液可以凝结表面松散的岩土。

主要施工工序：准备套管→准备钻机设备→钻孔→插入套管→注浆→养护。

**4. 套管组合灌注桩**

套管组合灌注桩由管桩和灌注桩组合而成。管桩可以是混凝土管桩、钢管桩或其他材料的管桩，灌注桩在桩孔内进行施工。管桩按照预制桩的沉桩工艺施工，灌注桩按照套管护壁灌注桩的方法进行施工。

## 6.4.6 灌注桩后压浆

压力注浆自 1961 年在委内瑞拉修建马拉开波湖大桥（Maracaibo）基桩中首次运用以来，在世界多个国家的桥梁工程中得到广泛运用。

桩端后压浆技术在我国的应用始于 20 世纪 80 年代初。1983 年北京市建筑工程研究所在国内首先研究开发出预留压浆空腔方式的桩端压力注浆桩，在室外进行了两根小规格后压浆桩的静载试验，并在北京崇文门 7 号楼首次应用，桩长 1.8 ~ 7.90m，桩径 0.4m，共计 773 根。

1988 年，徐州市第二建筑设计院在国内首先研制开发出泥浆护壁灌注桩的预留压浆通道方式的桩端压力注浆技术。

进入 20 世纪 90 年代后，桩端压力注浆技术在国内得到蓬勃发展，具体表现在作为桩端压力注浆施工工艺的核心部件——桩端压力注浆装置形式众多，目前已有 16 种压力注浆装置。图 6.4-3 为工程中常用的桩端压浆装置。

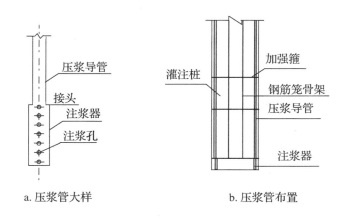

a. 压浆管大样　　　　　　　　　b. 压浆管布置

**图 6.4-3　桩端压浆装置**

　　1993 年至 1994 年，中国建筑科学研究院地基所先后成功研发灌注桩桩底和桩侧后压浆技术，加固灌注桩沉渣、泥皮和桩周一定范围的土体，提高单桩承载力，减小沉降。但试验成功并不等于全面推广，当年并没有编入《建筑桩基技术规范》（JGJ 94-94）中。一是显示推广新技术的慎重，二是必须经过大量的各类工程实践，总结各方面的经验、教训，对新技术进行完善、优化。在《建筑桩基技术规范》（JGJ 94-2008）中对灌注桩后注浆技术作了详细的规定。

　　随着大型、特大型工程的兴建，基桩工程也得到了迅速的发展。在大江、大河上兴建特大型桥梁便是大型工程的典型代表。灌注桩也朝着大直径、超长型发展。1985 年河南省郑州黄河大桥，桩长 70m，桩径 2 200mm；1989 年兴建的武汉长江大桥，桩长 65m，桩径 2 500mm；1990 年兴建的铜陵长江大桥，桩长 100m，桩径 2 800mm；2003 年兴建的东海大桥，桩长 110m，桩径 2 500mm；2003 年兴建的苏通大桥，桩长 117m，桩径 2 500mm；试桩最大桩长为 126m，桩径 2 500mm。

　　目前国内外部分已建大型桥梁深水桩基础见表 6.4-4。

**表 6.4-4　国内外部分已建大型桥梁深水基桩一览表**

| 桥梁名称 | 跨径（m） | 主塔基础形式 | 建成年份 |
|---|---|---|---|
| 苏通大桥 | 1 088 | 131 根直径 2.5 ～ 2.85m 的摩擦桩，桩长 117m，水深 20 ～ 25m | 2008 |
| 昂船洲大桥 | 1 018 | 28 根直径 2.8m 钻孔桩 | 2009 |

| 桥梁名称 | 跨径（m） | 主塔基础形式 | 建成年份 |
|---|---|---|---|
| 湖北鄂东长江大桥 | 926 | 33 根直径 3.0m 钻孔桩，桩长 65m | 2010 |
| 荆岳长江公路大桥 | 816 | 28 根直径 3.0m 摩擦桩，桩长 67m，水深 15m | 2010 |
| 诺曼底大桥 | 856 | 28 根直径 2.1m 钻孔桩 | 1995 |
| 南京长江三桥 | 648 | 30 根直径 2.90m 摩擦桩，桩长 85m，水深 25m | 2005 |
| 南京长江二桥 | 628 | 21 根直径 3.0m 摩擦桩，桩长 83m，水深 20m | 2001 |
| 白沙洲长江公路大桥 | 618 | 40 根直径 1.55m 摩擦桩，桩长 83m，水深 6～12m | 2009 |
| 福州市青州闽江大桥 | 605 | 8 根直径 2.5m 钻孔桩，水深 2～3m | 2000 |

桩端后注浆桩的优缺点：

（1）优点

a. 具有各种灌注桩的优点。

b. 在桩长、桩径相同的情况下，大幅度提高桩的承载力，技术经济效益显著。与非桩底注浆桩相比可减少灌注桩工作量，不但节约基桩成本，合理安排注浆时间，还可缩短工期。

c. 采用桩端压力灌浆工艺，可改变桩端虚土（包括孔底扰动土、孔底沉渣土、孔口与孔壁回落土）的组成结构，解决普通灌注桩桩底虚土这一技术难题，对确保基桩工程质量具有重要意义。

d. 技术工艺简单，施工方法灵活，压浆设备简单，便于普及推广。

e. 压力注浆时可测定注浆量、压浆压力和桩顶上台量等参数，既能进行压浆桩底质量管理，又能预估单桩承载力。

f. 减少基桩的初期沉降量及不均匀沉降。

g. 表面看增加注浆管、增加注浆工作量，可能会增加成本，实际按承载力提高的效果，节约了工程造价。

（2）缺点

a. 须精心施工，否则会造成压浆管被堵、地面冒浆和地下窜浆等现象，桩端承载力难于提高。

b. 须注意相应的灌注桩成孔与成桩工艺，确保施工质量，否则将影响压力注浆工艺的效果。

c. 压力注浆必须在桩身混凝土强度达到一定值后方可进行，组织不好会延长工期。

**1. 后注浆的作用与工艺流程**

后注浆技术的基本原理是通过预先埋设于钢筋笼上的注浆管，在桩体达到一定强度后（6～10 天）向桩底或桩侧注浆，固结孔底沉渣、桩侧泥皮和桩周一定范围内土体，提高上述部位土体的承载力，减少基桩的沉降。

后注浆基桩承载力的提高：

《建筑桩基技术规范》（JGJ 94-2008）规定后注浆桩承载力计算公式如下：

$$Q_{uk} = Q_{sk}+Q_{gsk}+Q_{gpk} = u\sum q_{sjk}l_j + u\sum \beta_{si}q_{sik}l_{gi} + \beta_p q_{pk}A_{pi} \qquad (6.4\text{-}4)$$

式中　$Q_{sk}$ —— 后注浆非竖向增强段的总极限侧阻力标准值；

$\quad\quad Q_{gsk}$ —— 后注浆竖向增强段的总极限侧阻力标准值；

$\quad\quad Q_{gpk}$ —— 后注浆总极限端阻力标准值；

$\quad\quad u$ —— 桩身周长；

$\quad\quad l_j$ —— 后注浆非竖向增强段第 $j$ 层土厚度；

$\quad\quad l_{gi}$ —— 后注浆竖向增强段内第 $i$ 层土厚度；对于泥浆护壁成孔灌注桩，当为单一桩端后注浆时，竖向增强段为桩底以上 12m，当为桩底、桩侧复式注浆时，竖向增强段为桩底以上 12m 及各桩侧注浆断面以上 12m，重叠部分扣除；对于干作业成孔灌注桩，竖向增强段为桩底以上、桩侧注浆断面上下各 6m。

$\quad\quad q_{sjk}、q_{sik}、q_{pk}$ —— 分别为后注浆竖向增强段第 $i$ 土层初始极限阻力标准值、非竖向增强段第 $j$ 土层初始极限侧阻力标准值、初始极限端阻力标准值；

$\quad\quad \beta_{si}、\beta_p$ —— 分别为后注浆侧阻力、端阻力增强系数，无当地经验时，可按表 6.4-5 取值。对于桩径大于 800mm 的桩，应进行侧阻和端阻修正。

表 6.4-5　后注浆侧阻力增强系数 $\beta_{si}$、端阻力增强系数 $\beta_p$

| 土层名称 | 淤泥淤泥质土 | 粘性土粉土 | 粉砂细砂 | 中砂 | 粗砂砾砂 | 砾石卵石 | 全风化岩强风化岩 |
|---|---|---|---|---|---|---|---|
| $\beta_{si}$ | 1.2 ~ 1.3 | 1.4 ~ 1.8 | 1.6 ~ 2.0 | 1.7 ~ 2.1 | 2.0 ~ 2.5 | 2.4 ~ 3.0 | 1.4 ~ 1.8 |
| $\beta_p$ | | 2.2 ~ 2.5 | 2.4 ~ 2.8 | 2.6 ~ 3.0 | 3.0 ~ 3.5 | 3.2 ~ 4.0 | 2.0 ~ 2.4 |

灌注桩后注浆工艺穿插于灌注桩的施工过程，其主要工艺流程见图 6.4-4。

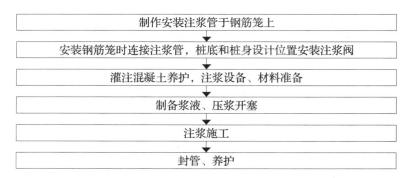

图 6.4-4　灌注桩后注浆工艺流程图

后注浆工艺有多种类型，可按注浆工艺、注浆部位、注浆管埋设方法和浆液循环方式进行分类。

（1）按注浆工艺

按注浆工艺可分为闭式注浆和开式注浆。

a. 闭式注浆：将预制的弹性良好的腔体（又称承压包、预承包、注浆胶囊等）或压力注浆室随钢筋笼放至孔底。成桩后通过地面注浆系统把浆液注入腔体内。随着注浆量的增加，弹性腔体逐渐膨胀、扩张，对沉渣和桩端土层进行压密，并用浆体取代（置换）部分桩端土层，从而在桩端形成扩大头，对提高单桩承载力具有明显作用。

b. 开式注浆：连接于注浆管端部的注浆装置随钢筋笼一起放置于孔内某一部位，成桩后注浆装置通过地面注浆系统把浆液直接注入桩底和桩侧的岩土体中，浆液与桩底沉渣、桩侧泥皮以及桩底桩周土体产生渗透、填充、置换、劈裂等多种效应，在桩侧和桩底形成一定的加固区，对单桩及整个桩群提高承载力和控制沉降的良好效果。

（2）按注浆部位

按注浆部位可分为桩侧注浆、桩底注浆、桩侧桩底注浆。

a. 桩侧注浆：仅在桩侧某一部位或若干部位进行注浆。

b. 桩底注浆：仅在桩底注浆。

c. 桩侧、桩底注浆：在桩身若干部位和桩底进行注浆。

（3）按注浆管埋设方法

按注浆管埋设方法可分为桩身预埋管注浆法和钻孔埋管注浆法。

a. 桩身预埋管注浆法：注浆管预先固定在钢筋笼上，注浆阀随钢筋笼一起沉放至桩孔某一深度或孔底。

b. 钻孔埋管注浆法：钻孔方式有两种，一种在桩身中心钻孔，并深入到桩底持力层一定深度（一般为1倍桩径以上），然后放入压浆管，封孔并间歇一定时间后，进行桩底注浆；另一种是在桩外侧的土层中钻孔，即成桩后，距桩侧0.2 ~ 0.3m钻孔至要求的深度，然后放入压浆管，封孔并间歇一定时间后，进行注浆。

（4）按注浆的循环方式

按注浆的循环方式可分为单向注浆和循环注浆。

a. 单向注浆：每一注浆系统由一个进浆口和桩底或桩侧注浆阀组成。注浆时，浆液由进浆口到压浆器的单向阀，再到土层，呈单向性。注浆管路不能重复使用，不能控制注浆次数和注浆间歇。

b. 循环注浆，也称U形管注浆：每一个注浆系统由一根进口管、一根出口管和一个注浆装置组成。注浆时，浆液通过桩底注浆阀注入土层中。一个循环注完规定的浆量后，将注浆口打开，通过进浆口用清水对管路进行冲洗，同时桩端注浆器的单向阀可防止土层中浆液的回流，保证管路的畅通，便于下一循环继续使用。

**2. 后注浆的作用原理**

注浆浆液在土层中往往以填充、渗透、挤密和劈裂等多种形式与土体相互作用，具体的作用方式随土层的物理、力学性质、浆液的种类和流变性能、注浆工艺和参数等变化相互转化或并存，如在渗透过程中存在劈裂现象，在压密过程中存在劈裂或渗透现象，在劈裂过程中存在渗透现象。但在一定条件下，浆液总是以某种运动方式为主，在渗透性很大（$k > 10^{-1}$cm/s）的砂土中，一般以渗透作用为主；在渗透性小（$k < 10^{-5}$cm/s）的黏性土中，以劈裂作用为主。

桩底注浆的作用机理可归纳为渗透固结作用、挤密填充作用和劈裂加筋作用。桩底注浆的浆液一部分作用于桩底土体，另一部分作用于桩底以上一定范围的桩侧土体。桩底与桩侧的作用原理相似。

（1）渗透固结作用

在渗透性强、可灌性好的砂土和碎石土中，浆液在较小的压力下注入桩底土体中一定距离，形成一个结构性强、强度高的结合体，增大桩端的承载面积，从而提高桩的承载力。

（2）挤密填充作用

钻孔灌注桩桩底存在沉渣，由于强度低，浆液很容易破坏它的结构，相当于形成一个注浆空腔。通过短桩注浆后开挖观察，注浆效果与桩底注浆装置所处平面位置无关，只要一个注浆装置起作用，水泥浆液就向薄弱部位扩散。注浆施工时，桩底注浆装置一般对称布置 2 ~ 4 个，可以保证浆液由桩底均匀向土中扩散。

（3）劈裂加筋作用

桩侧注浆的劈裂机理同桩底注浆。当浆液压力达到起裂压力或注浆流量过大，均可出现劈裂现象，而且劈裂面往往出现在最薄弱方向，规律性较差。

**3. 后注浆装置的设置**

后注浆装置设置应符合下列规定：

（1）后注浆导管应采用钢管，且应与钢筋笼加劲筋绑扎或焊接牢固。桩端注浆导管宜采用公称直径为 $\phi$25mm 的焊接钢管，壁厚 t=3mm；桩侧注浆导管公称直径为 $\phi$20mm，壁厚 2.75mm。注浆管的管壁不应太薄，否则与注浆阀管箍连接易出现断裂。注浆导管也可以与桩身质量超声波检测管兼用，可根据检测要求适当放大。注浆导管一般采用管箍连接或套管焊接两种方式。管箍连接简单，易于操作，管箍连接适用于钢筋笼运输和放置过程中挠度较小、注浆导管受力很小的情况。否则应采用套管焊接。无论是管箍连接还是套管焊接，都应密封不渗漏。焊接时不能将管壁烧穿。

（2）桩底后注浆导管及注浆阀数量宜根据注浆量设置。对于直径不大于1 200mm的桩，宜沿钢筋笼圆周设置2根注浆管；对于直径大于1 200mm小于2 500mm的桩宜对称设置3根。直径大于2 500mm的灌注桩应根据其注浆量设置。

（3）对于桩长超过15m且承载力增幅要求较高者，宜采用桩端桩侧复式注浆。桩侧后注浆管阀设置数量应综合地层情况、桩长和承载力增幅要求等因素确定。可在离桩底5～15m以上、桩顶8m以下，每隔8～12m设置一道桩侧注浆阀，当有粗粒土时，宜将注浆阀设置于粗粒土层下部。对于干作业成孔的灌注桩宜设于粗粒土层的中部。

（4）对于非通长配筋桩，下部应有不少于2根与注浆管等长的主筋组成的钢筋笼通底，螺旋箍筋可适当减少。

（5）钢筋笼应沉放到底，不得悬吊，下笼受阻时不得撞笼、冲笼、扭笼。

（6）注浆阀应具备相应的性能：注浆阀应能承受1MPa以上静水压力，注浆阀外部保护层应能抵抗砂石等的刮擦而不致使管阀受损。注浆阀应具备逆止功能。

**4. 浆液要求**

浆液配比、终止注浆压力、流量、注浆量等参数应符合下列规定：

（1）浆液的水灰比应根据土的饱和度、渗透性确定。饱和土水灰比宜为0.45～0.65，非饱和土水灰比宜为0.7～0.9，松散碎石、沙砾宜为0.5～0.6；低水灰比的浆液宜掺入减水剂。

（2）桩底注浆终止注浆压力应根据土层性质、注浆点深度确定。对于风化岩、非饱和黏性土，注浆压力宜为3～10MPa；对于饱和土层的注浆压力宜为1.2～4MPa；软土宜取低值，密实黏性土宜取高值。同时应观察地面的翻浆情况，虽然注浆压力没有达到上述规定，但是，由于桩长较短，埋深较浅，地面翻浆严重，应暂停注浆，相隔一定时间后在注浆。

（3）注浆量计算：

$$G_c = a_p d + a_s dn \tag{6.4-5}$$

式中　$a_p$、$a_s$ ——分别为桩底、桩侧注浆量经验系数，$a_p$=1.5～1.8，$a_s$=0.5～0.7；对于卵石、砾石、中粗砂宜较高值；

　　　　$n$ ——桩侧注浆断面数；

　　　　$d$ ——基桩设计直径（m）；

　　　　$G_c$ ——注浆量，以水泥质量计（t）。

对于独立单桩、桩距大于$6d$的群桩和群桩初始注浆的数根基桩的注浆量应按上述估算值乘以1.2的系数。

（4）后注浆施工开始前，宜进行注浆试验，优化并最终确定注浆参数。

**5. 注浆施工**

（1）后注浆施工设备及要求

注浆泵宜采用 2 ～ 3SNS 型高压注浆泵，额定压力不小于 8MPa，额定流量 50 ～ 75L/min，功率 11 ～ 18kw。

注浆泵监测压力表为 2.5 级 16MPa 抗震压力表。

浆液搅拌机应与注浆泵匹配，宜采用 YK340 型浆液搅拌机，搅拌桶容积为 0.34m³，搅拌机功率 4kw。

注浆泵与桩顶注浆钢导管之间的输浆管应采用高压流体泵送软管，额定压力不小于 10MPa。

（2）后注浆作业起始时间、顺序和速率规定

a. 注浆作业不少于成桩 2d 后开始，宜在 6 ～ 10d 内进行。

b. 注浆作业点与成孔作业点距离不宜小于 8 ～ 10m。

c. 对于饱和土中的复式注浆顺序，宜先桩侧后桩底；对于非饱和土宜先桩底后桩侧；多断面桩侧注浆宜先上后下；桩底、桩侧注浆间隔时间不宜少于 2 小时。

d. 桩底注浆应依次对各导管实施等量注浆。

e. 对于群桩注浆宜先外围，后中间。

（3）当满足下列条件之一时可以终止注浆：

a. 注浆总量和注浆压力均达到设计要求。

b. 注浆总量已到达设计值的 75%，且注浆压力超过设计值。

（4）当注浆压力长时间低于正常值或地面出现冒浆或周围桩孔串浆，应改为间歇注浆，间歇时间宜为 30 ～ 60min，或调低浆液水灰比。

（5）后注浆施工过程中，应经常对后注浆的各项工艺参数进行检查，发现异常应采取相应处理措施。当注浆量等主要参数达不到设计值时，应根据工程具体情况采取相应措施。

**6. 桩端压浆施工中出现的问题和处理措施**

（1）后压浆导管的安装

*存在问题*

a. 有些施工单位为节约成本常采用焊接的方法连接压浆钢管，但由于压浆钢管管壁比较薄，很容易被电焊焊穿，钢管虽然连接起来了，但是存在漏洞，浇筑灌注桩混凝土时砂浆很容易将压浆导管堵塞。结果无法通过压浆管对桩端进行注浆，有的甚至一根桩内 2 根或 3 根注浆管均被堵塞，导致整个桩端均无法注浆，造成质量事故。

b. 钢管长度不足，未能进入桩底土层。

处理措施

a. 用丝扣连接方式连接压浆管。

b. 多节压浆管安装连接后均应同步进行注水检验，发现管内水位下降，应及时查明原因，并采取相应措施，防止渗漏。

c. 注浆导管必须与钢筋笼固定牢固，注浆管长度必须到达或少量进入桩端原状土层。

（2）压水

存在问题

有些单位只注重压浆施工本身，却往往忽视压水以疏通压浆通道，误以为压浆管安装没有问题就能正常压浆了。事实上，后压浆的通道除了压浆管以外，还应包含包裹住压浆管出口的混凝土覆盖层，如不针对具体情况采取相应的措施，极易导致无法压浆。

处理措施

a. 压浆成功与否的关键程序之一是压水，一般正常情况下应在桩身混凝土浇筑完 24h 内进行压水，以疏通压浆通道。

b. 在桩端或桩侧压浆部位如出现扩孔、塌孔或充盈系数较大时，特别注意提前压水，压水可在混凝土浇完 5h 左右进行。

（3）注浆孔打不开

存在问题

压力达到 10MPa 以上，仍然打不开注浆孔。

处理措施

说明注浆孔已经完全堵塞，不要强行增加压力，只可在另一根注浆管中补足压浆数量。

（4）终止压浆控制不当

存在问题

a. 某些施工单位常以压力大大超过设计压力为由，在压浆量与设计要求相差较大的情况下即终止压浆。

b. 压浆量虽然超过设计要求，压力却很小即终止压浆。

c. 压浆量还未达到设计要求，水泥浆从附近冒出地面就终止压浆。

原因分析

a. 压浆量与设计要求相差较大时压力很高，往往是操作不当造成的，即压浆开始或刚压入部分水泥浆时就挂高档压浆，压力立即升高，形成无法压浆的假象。

b. 如一开始压力就较小，并且浆液从附近冒出，说明水泥浆很可能不是从指定的桩端或桩侧压浆部位出浆，而是从上部压浆管接头处压出。

处理措施

终止压浆中的控制原则是以压浆量控制为主，压力控制为辅。若压浆量已经达到设计压浆量的 80%，水泥浆液在其他桩或者地面、本桩桩侧冒出，说明桩底已经饱和，可以停止压浆；若出现上述情况，但压浆量不足，应暂停压浆，并用清水清洗压浆管道，等到第二天原来压入的水泥浆液终凝固化堵塞冒浆的毛细孔道后，再进行压浆。

**7. 桩端后注浆施工质量检测**

桩端压浆在提高基桩承载力、减少基桩沉降量、改善基桩承载性能方面的作用是显著的。但是，桩端后压浆的效果、浆液在土体中的分布情况以及压浆后承载力的提高幅度，还不是非常稳定。若施工过程中把关不严，更是可能达不到设计要求的承载力。这些都需要一些检测手段来解决。目前的检测方法主要有取芯检测、CT 检测和静载试验等。

（1）取芯检测

取芯检测是通过在桩中预埋钢管或 PVC 管，桩端压浆后间隔一定时间，用钻机通过预埋管钻取桩端以下岩土体芯样来判定压浆后桩底岩土性状的方法。

取芯检测的优点是方法较简单、直观；缺点是事先需要埋管，并动用钻机取芯。

（2）CT 检测

CT 检测主要分为电磁波 CT 层析成像技术与超声波 CT 层析成像技术。

（3）静载试验

桩的静载试验是确定单桩竖向或横向承载能力最为可靠的方法，也是基桩质量检测中一项很重要的方法。传统的基桩轴向静载试验一般采用油压千斤顶加载，千斤顶的反力装置有压重平台反力装置、锚桩承载梁反力装置和锚桩压重联合反力装置，采用这种装置往往需要较多的人力、物力和时间，目前主要有以下方法：

a. 堆载法

传统的承载力较小的单桩承载力静载试验方法多采用堆载法，即根据设计要求的承载力，用同等质量的沙袋或混凝土预制块堆压在桩顶，测出该桩的承载力是否能达到设计要求。该方法因需要较大的荷载，受场地影响较大，堆载比较困难。用该法测试的单桩极限承载力国内文献记载最大达 30 000kN。

b. 锚桩法

锚桩法是指由试桩和锚桩通过主梁和副梁组成一个整体的加载体系。试验时通过千斤顶给试桩施加垂直向下的竖向荷载，同时通过主梁和副梁给各锚桩施加垂直向上的荷载；试桩所受垂直向下的荷载等于各锚桩所受垂直向上的荷载之和。随着试验的进行，试桩所受荷载逐渐增大，试桩的沉降量逐渐增加，各锚桩所受的上拔荷载也逐渐增加，上拔变形量逐渐增大。用该法测试的单桩极限承载力国内文献记载最大达 40 000kN。

  c. 自平衡法

  自平衡测试法是通过预埋在桩底的测压盒进行现场灌注桩静载试验的方法，该法对于划分桩侧摩阻力与桩端阻力以及确定抗拔桩的承载力非常有意义。

  早在 1969 年日本的中山和藤关就提出，用桩侧阻力作为桩端阻力的反力测试桩承载力的概念，当时称为桩端加载试桩法。20 世纪 80 年代中期，在美国类似的技术也为 Cernae 和美国西北大学教授 J.Osterberg 等人研究发展，其中 J.Osterberg 将此技术用于工程实践，并推广到世界各地，所以一般称这种方法为 Osterberg-Cell 载荷试验或 O-Cell 载荷试验。

  近几年，英国、日本、加拿大、新加坡等国和中国香港也广泛使用该法。该法是在桩端埋设荷载箱，沿垂直方向加载，向上顶桩身的同时，向下压桩底，使桩侧摩阻力和端阻力互为反力，分别得到荷载位移曲线，即可求得桩极限承载力。东南大学土木工程学院经过努力于 1996 年率先开始适用性应用，于 1999 年制定江苏省地方标准《桩承载力自平衡测试技术规程》（DB32/T 291-1999）。2002 年建设部、科技部作为重点推广项目，2003 年编入《建筑基桩检测技术规范》（JGJ 106-2003），2004 年编入《公路工程动测技术规程》（JTG/TF 81-01-2004）。目前已经在 20 多个省市应用。

  自平衡法试桩克服了传统试桩方法中存在的困难，具有技术先进、测试自动化、省时、省力、安全、不受场地限制、多根桩可同时测试等优点。其核心技术为把一种特制的加载装置——荷载箱埋入桩内，将荷载箱的高压油管和位移棒引出地面，由高压油泵向荷载箱充油，荷载箱将力传递到桩身，其上部桩身的摩擦力与下部桩端阻力相平衡——自平衡来维持荷载。根据向上、向下 Q-s 曲线判断桩承载力、基桩沉降、桩弹性压缩和岩土塑性变形。

## 8. 桩端后注浆技术的研究方向

  随着大型特大型工程的开工建设，大型超长灌注桩桩底注浆工艺应用越来越多。桩底注浆工艺虽已编入《建筑桩基技术规范》（JGJ 94-2008），但是桩端注浆的效果还不稳定，基桩承载力提高的差异很大，我们能够利用的比例有限。

  （1）进一步优化桩端后压浆施工工艺，提高压浆质量

  后压浆技术，看起来简单，实际具有相当高的技术含量。只有工艺合理，措施得当，管理严格，精心施工，才能得到预期的效果。否则，将会造成压浆管被堵、压浆装置被包裹、地面冒浆、地下窜浆等质量事故。进一步优化压浆管路，使压浆管路可靠、高效、可多次循环压浆；建立起一套有效的桩底后压浆技术施工工艺和检验标准。

  随着桩端后压浆技术的不断成熟，经灌注桩后压浆技术处理后的单桩承载力增幅已由初期的 20% ~ 40% 提高到 40% ~ 120%，增幅明显提高。但是幅度的差异也拉大，说明后

压浆的质量或效果还需不断提高。

（2）采用数值算法模拟桩端压浆机理

压浆桩涉及桩、土及浆液之间的相互作用，而桩、土、浆液三者之间的应力变形是非线性的，再加上材料本身的非均质性及其复杂的边界条件，故须寻求新的数值算法来模拟桩端压浆机理。有限元法适于处理非线性、非均质和复杂的边界计算问题，适宜对压浆后桩土作用进行模拟。因此，可用该方法来建立桩侧摩阻力和桩端阻力计算模型，深入了解后压浆桩端的机理。

（3）后压浆桩沉降计算

桩端压浆后，浆液进入桩端周围土层与土体混合，改变了桩端周围的土层性质。在相同荷载作用下，后压浆桩较未压浆桩沉降大大减小，但沉降量减少的机理、量化计算有待进一步深入研究。

（4）后压浆效果耐久性问题

后压浆桩桩端持力层为浆液和土体的混合体，在压力、地下水及地下温度作用下，性质可能发生变化，从而引发了考虑后压浆桩的耐久性问题。

（5）后压浆桩的群桩效应

后压浆群桩由于桩周桩底得到加固，桩土整体承载变形性能增强，致使桩土相互作用特性和群桩效应发生变化。相对于非压浆群桩而言，群桩的性状变化反映为桩土相对变形减小，桩群内部侧阻力发挥值降低，端阻力提高，群桩效应降低，沉降变形减小。但是，后压浆桩的群桩效应研究以及工程实践还有一定的局限性，应在更大范围内进行实践研究，给出更多种地质条件、更多中桩型的后压浆群桩效应，以便设计人员参考。

（6）进一步优化压浆技术，降低工程成本

桩端后压浆技术提高基桩承载力是非常明显的，虽然与达到相同承载力的非压浆桩成本较低，但是否还有节约成本的空间，还有待进一步研究、优化。

# 附录

## 一、澳门国际机场联络桥桩基工程施工组织设计

### 1. 概述

（1）编制依据

a.联络桥工程施工图纸。

b.联络桥工程初步设计说明。

c.联络桥工程设计说明。

d. 联络桥工程技术规格书。

e. 联络桥工程工程量。

f. 港口工程技术规范：第三篇海港水文；第四篇荷载；第五篇第二册高桩码头（施工部分）；第六篇第二册基桩；第七篇第二册混凝土和钢筋混凝土施工；第七篇第三册海港钢筋混凝土结构防腐蚀；第七篇第五册混凝土试验。

j. 港口工程质量检验评定标准。

h. 工业与民用建筑灌注桩基础设计与施工规程。

i. 承建合约。

j. 总分包合同。

k. 合同工期：1993 年 2 月 28 日至 1995 年 2 月 28 日。

（2）工程概况

联络桥位于航站区与人工岛之间，分南联络桥与北联络桥，南桥长 1 615m，宽 44m，共分 26 分段。北桥分两叉，成 "Y" 形，直段长 700m，其中宽 44m 的长度为 386.5m，分 6 段，宽 60m 的长度为 313.5m，分 5 段，斜叉段中轴线长 221.421m，宽 60m，分为 4 段，另有一连接墩连接直、斜叉段，南北桥总长 2 536.421m。

本工程的结构形式为基桩梁板式结构。与人工岛连接的 3 ~ 6 个排架，采用 $\phi$ 813 或 $\phi$ 914 钢管桩，内灌钢筋混凝土，与航站区连接的采用 $\phi$ 1 000 冲孔灌注桩或钻孔灌注桩，其余均为 $\phi$ 800PHC（AB）型桩，排架间距为 10m，桩的间距一般为 5.25m，宽为 44m 的每排 9 根桩，60m 宽的桥每排为 12 根桩，每个分段有 4 对叉桩。为防止海水腐蚀，部分混凝土暴露区涂刷环氧沥青涂层。基桩上部浇筑桩帽，桩帽上搁置纵梁，再现浇横梁，纵横梁上搁置预制面板，预制面板上现浇叠合面层。

（3）自然条件

a. 工程地点地理位置概述

机场联络桥位于当地氹仔岛、路环岛以东海域，东接机场人工岛，西连航站区。

b. 气象

当地地区属亚热带海洋性气候，长夏无冬，雨量充沛，其气象特征如下：

气温：累年最高气温：38.5℃

　　　累年最低气温：2.5℃

　　　多年平均气温：22.4℃

　　　1 月份平均气温：12℃

　　　7 月份平均气温：31.7℃

降雨：累年最大降雨量：2 873.9mm

累年最小降雨量：1 200.9mm

多年平均降雨量：2 010.5mm

累年日最大降雨量：397.7mm

累年最多降雨日数：153 天

累年最少降雨日数：131 天

多年平均降雨日数：144.7 天

累年最长连续降雨日数：18 天

风：根据当地气象台 1952 年至 1987 年的 36 年风向频率统计资料可知，本地正常风向为 ESE-SE 向，次之为 NNW-N 向，其频率分别为 28.3%、20.8%。就四季而言，春季多行偏东的东南风，夏季以西南风为主，秋季以北向风和东南东向风为主，冬季盛行北风。年出现 10m/S 风速的天数最多为 26 天，平均为 12.6 天；年出现大于 15.3m/s 风速的天数为 6 天，平均仅为 1.4 天。在西太平洋上每年都有相当数量的热带气旋（台风）生成，根据台风路径分析，对珠江口影响较大的台风是广东东南沿海登陆的台风，即称之为南登型台风。影响本地区的台风每年为 3.55 次，最多可达 7 次，7 至 9 月份为台风多发季节，频率为 70.43%，当地实测最大风速为 27.8m/s，风向为北向。

雾：每年 12 月至翌年 4 月有雾，一般从凌晨 4 时起至 10 时消散，能见度小于 1 000m 的雾日统计如下：

累年最多：22 天

累年最少：2 天

多年平均：8.4 天

雷暴：累年最多雷暴日：86 天

累年最少雷暴日：45 天

多年平均雷暴日：61.1 天

湿度：多年平均相对湿度：80%

c. 水文

潮汐与设计水位：平均高高潮位：2.63m

平均低高潮位：1.72m

平均高潮位：2.42m

平均高低潮位：1.65m

平均低低潮位：1.00m

平均低潮位：1.07m

平均海面：1.80m

最大潮差：3.05m

设计高水位：3.02m

设计低水位：0.72m

校核高水位：4.32m

校核低水位：-0.08m

施工水位：根据以上水文资料确定：

施工高水位：2.6m

施工低水位：0.7m

潮流：施工区域为不规则半日潮流，由海流和珠江下泄的径流共同作用形成。

涨潮平均流速：0.77m/s，流向北偏西5°

落潮平均流速：0.93m/s，流向南偏东21°。

波浪：本地区受周围地形的影响，在人工岛外侧海域波浪来向均在15°～215°范围内，其中以东南东向来浪最多，其出现频率为29.9%，次之为南南东向来浪，出现频率为22.4%，再者为东北向来浪出现频率为15.9%。受已建人工岛的防护，按设计计算，在设计高水位时，北桥处H1%波高为3.14m，南桥处H1%波高为2.95m。

d. 工程地质

南北联络桥的地质分布相当复杂。海洋沉积层为淤泥，但局部由于人工岛施工，清淤换砂厚度约10～15m。洪积层与风化花岗岩层面标高相差很大。洪积层中的砂层埋置标高变化大（顶面：-32.0～-35.7m；底面-34.0～-58.0m），层厚相差大。下部Ⅵ1层为含砾中粗砂，标贯击数可达40～50击。但砂层的中部又夹带了黏土层，有的断面砂层风化岩层之间也夹带了黏土层。下卧风化花岗岩层面标高也相差甚远（-6.3～-58.0m以下），这样的地质条件给沉桩施工带来很大困难，桩长种类很多，长度很难确定。特别是处于人工岛和航站区边缘的分段，因下卧硬土层较厚，顶面又有10多米厚的回填砂，开锤时桩的自由长度很长，这对沉桩是很不利的。

（4）施工条件简析

a. 气象条件

根据气象、风况资料分析，该地区水上作业天数约每月约17天，陆上作业天数每月17天。本地所处位置为经常受到台风或热带风暴袭击地区，所有施工船舶都要考虑有避风措施。

b. 水文条件

联络桥施工区域泥面标高不仅相同，部分区域泥面标高为 ±0.0m，施工船舶难于进入，故部分区域工程施工前先要进行挖泥，才能保证施工船舶有足够的正常工作的水深和工作时间。

c. 地质条件

由于地质分层标高变化大，风化岩的风化程度不同，砂层的含泥量和含砾量变化不一，在这样复杂的地质条件下，沉桩时会导致桩顶标高有高有低。为了上部结构的施工方便，可以将略高的桩送到设计标高，有时会相差较大，在满足承载力和允许沉降的前提下，必须采取截桩或接桩措施。这给基桩施工带来了一定的困难，并增加了现场接桩或截桩的工作量，有时还会影响相邻基桩的沉桩施工。

南桥的沉积层，呈多层次夹层，而且第一个 3 ~ 10m 的砂夹层的贯入击数均在 40 ~ 50 击，PHC 桩能否通过锤击穿过这一层，应由试桩确定，这种试桩必须在正式开工前完成。

d. 地形与施工通道

两联络桥间的施工水域和桥基桩施工区，尚有沉船、抛石等障碍物存在，待进一步摸清后清除。

南北联络桥过渡段由于其他标段工程进展协调的原因尚不能将联络桥和航站区联系起来，造成联络桥孤岛施工，这样势必要增加水上施工设备临时施工通道工作量，增加施工运输和交通船舶的数量。

e. 人工岛施工与联络桥施工的干扰

联络桥的部分分段与人工岛航站区的抛砂、抛石堆载预压，施工临时道路相交叉，对基桩和上部结构施工影响很大，在总体工程计划安排中需要相互协调。

f. 工期与施工材料的关系

由于本工程量大、工期紧、点多面广，施工材料周转困难，将增加施工材料的一次投入量。

g. 工程测量

南北联络桥长度较长，需设置打桩测量平台两座。

**2. 施工总体布置**

（1）施工总平面布置

考虑到整个工程及场地条件，把施工区域分为生活区和生产区两个部分。生活区在大堤以东的回填场地，建造并安排一部分生产车间，生产的临时工棚，在联络桥的附近、航站区搭设。见附图 6.1-1。

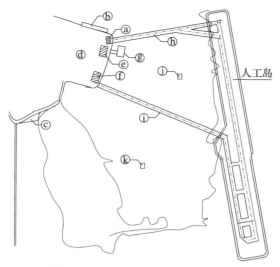

a. 陆上工程施工区    f. 南桥生产大临
b. 临时码头约长 150m   g. 材料码头
c. 施工基地约 20 000m²   h. 北桥
d. 航站区       i. 南桥
e. 北桥生产大临     j. k. 测量平台

**附图 6.1-1 施工总平面布置图**

（2）施工区临设布置

见附图 6.1-2 航站区一侧施工现场平面布置图。

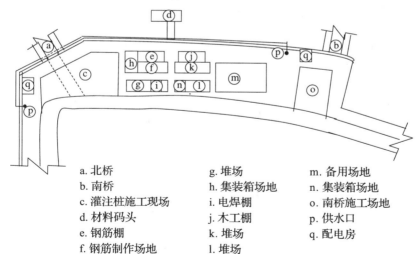

a. 北桥     g. 堆场     m. 备用场地
b. 南桥     h. 集装箱场地  n. 集装箱场地
c. 灌注桩施工现场  i. 电焊棚    o. 南桥施工场地
d. 材料码头   j. 木工棚    p. 供水口
e. 钢筋棚    k. 堆场     q. 配电房
f. 钢筋制作场地  l. 堆场

**附图 6.1-2 航站区一侧施工现场平面布置图**

（3）生活区临时设施

见附图 6.1-3 后方生产、生活大临设施布置图。

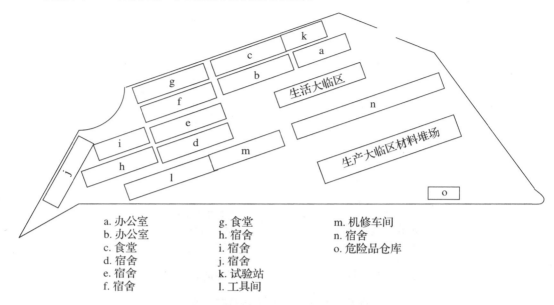

a. 办公室　　　　g. 食堂　　　　　m. 机修车间
b. 办公室　　　　h. 宿舍　　　　　n. 宿舍
c. 食堂　　　　　i. 宿舍　　　　　o. 危险品仓库
d. 宿舍　　　　　j. 宿舍
e. 宿舍　　　　　k. 试验站
f. 宿舍　　　　　l. 工具间

附图 6.1-3　后方生产、生活大临设施布置图

## 3. 主要分部分项工程及其工程量

（1）南北联络桥工程

北桥现场主要分项工程及其工程量见附表 6.1-1、南桥现场主要分项工程及其工程量见附表 6.1-2、北桥预制构件工程量见附表 6.1-3、南桥预制构件工程量见附表 6.1-4。

附表 6.1-1　北桥现场主要分项工程及其工程量

| 序号<br>No. | 项目<br>Items | 单位<br>Unit | 数量<br>Quantity | 备注<br>Notes |
|---|---|---|---|---|
| 1 | 施打钢管桩 | 根 /m | 99/5 488 | $\phi$914、$\phi$813 |
| 2 | 施打 PHC 桩 | 根 /m | 1 023/53 896 | $\phi$800t110AB 型<br>$\phi$800t110A 型 |
| 3 | 钢管桩灌注钢筋混凝土 | 根 /m³ | 99/2 033 | $-21$m 以上 |
| 4 | 施打冲孔桩钢套筒 | 根 /m | 27/810 | $\phi$1 024t12 |
| 5 | 灌注桩 | 根 /m³ | 27/1 113 | $\phi$1 000 |
| 6 | 浇灌 PHC 桩芯混凝土 | m³ | 433 | |
| 其余略 | | | | |

#### 附表 6.1-2　南桥现场主要分项工程及其工程量

| 序号<br>No. | 项目<br>Items | 单位<br>Unit | 数量<br>Quantity | 备注<br>Notes |
|---|---|---|---|---|
| 1 | 水上施工挖泥 | m³ | 500 000 | |
| 2 | 施打钢管桩 | 根 /m | 27/1 566 | φ914、φ813 |
| 3 | 施打 PHC 桩 | 根 /m | 1 418/66 050 | φ800t110AB 型<br>φ800t110A 型 |
| 4 | 钢管桩灌注钢筋混凝土 | 根 /m³ | 27/554 | −21m 以上 |
| 5 | 施打灌注桩桩钢套筒 | 根 /m | 234/7 020 | φ1 024t12 |
| 6 | 冲孔灌注桩 | 根 /m³ | 180/6 300 | φ1 000 |
| 7 | 钻孔灌注桩 | 根 /m³ | 54/2 160 | φ1 000 |
| 8 | 浇灌 PHC 桩芯混凝土 | m³ | 599 | |
| | 其余略 | | | |

#### 附表 6.1-3　北桥预制构件工程量表

| 序号<br>No. | 项目<br>Items | 单位<br>Unit | 数量<br>Quantity | 备注<br>Notes |
|---|---|---|---|---|
| 1 | 制作钢管桩 | 根 /m | 15/810 | φ813 |
| 2 | 制作钢管桩 | 根 /m | 84/4 678 | φ914 |
| 3 | 制作 PHC 桩 | 根 /m | 1 023/53 896 | φ800t110AB 型<br>φ800t110A 型 |
| 4 | 加工冲孔桩钢套筒 | 根 /m | 27/810 | φ1 024t12 |
| | 其余略 | | | |

#### 附表 6.1-4　南桥预制构件工程量表

| 序号<br>No. | 项目<br>Items | 单位<br>Unit | 数量<br>Quantity | 备注<br>Notes |
|---|---|---|---|---|
| 1 | 施打钢管桩 | 根 /m | 27/1 566 | φ914、φ813 |
| 2 | 施打 PHC 桩 | 根 /m | 1 418/66 050 | φ800t110AB 型<br>φ800t110A 型 |
| 3 | 加工冲孔桩钢套筒 | 根 /m³ | 234/7 020 | φ1 024t12 |
| | 其余略 | | | |

（2）临时设施工程量

生活大临设施工程量见附表 6.1-5、生产大临设施工程量见附表 6.1-6。

#### 附表 6.1-5　生活大临设施工程量表

| 序号 | 项目 | 单位 | 数量 |
|---|---|---|---|
| 1 | 宿舍（二层） | 间 /m² | 100/1 400 |
| 2 | 会议室（二层） | 间 /m² | 2/122 |
| 3 | 食堂（一层） | m² | 400 |
| 4 | 办公室（二层） | 间 /m² | 14/224 |
| 5 | 医务室 | 间 /m² | 2/72 |

附表 6.1-6　生产大临设施工程量表

| 序号 | 项目 | 单位 | 数量 | 备注 |
|---|---|---|---|---|
| 1 | 测量平台 | 座 | 2 | 海上 |
| 2 | 临时码头 | 座 | 1 | 航站区 |
| 3 | 钢筋棚 | m² | 1 200 | 生产大临区 |
| 4 | 木工棚 | m² | 800 | |
| 5 | 成型钢筋堆场 | m² | 1 050 | |
| 6 | 集装箱堆场 | m² | 450 | |
| 7 | 模板制作堆场 | m² | 900 | |
| 8 | 电焊棚 | m² | 200 | |
| 9 | 电焊制作堆场 | m² | 1 000 | |
| 10 | 管桩拼接场地 | m² | 5 500 | |
| 11 | 其他堆场 | m² | 1 200 | |
| 12 | 机务车间 | m² | 200 | |
| 13 | 料库 | m² | 96 | |
| 14 | 危险品库 | m² | 96 | |
| 15 | 试验室 | m² | 96 | |

**4. 大临设施**

（1）生活大临设施

生活大临设施的平面布置见附图 6.1-3 后方生产、生活大临设施布置图。

（2）生产大临设施

生产大临设施详见附图 6.1-2 施工现场平面布置图、附图 6.1-3 后方生产、生活大临设施布置图。

**5. 主要分部分项工程施工方法**

（1）主要工艺流程

本项目桩基工程主要工艺流程见附图 6.1-4。

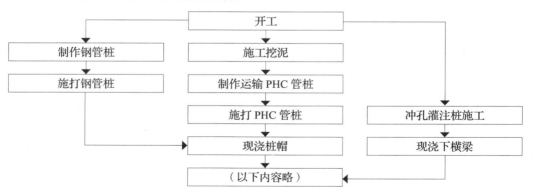

附图 6.1-4　基桩工程施工工艺流程图

（2）施工测量控制网

施工测量控制网采用经监理工程师认可的当地控制点 CP3D1、CP3D2、CP3D3、CP3D4、CP1D1、CP1D2，四标段设置的 DSH1、DSH2、DSH3、DSH4，一标段设置的 DYZ1，三标段设置的 SK3、SK4 共 13 个点。其中 CP1D1、CP1D2 是当地水准基点。DSH1、DSH2、DSH4 近期使用的水准高程点，采用三标段 1993 年 1 月 1 日测量报监理工程师，并经当地土木工程实验室 1993 年 1 月 21 日确认的结果。

施工过程中，在南北联络桥附近水域设置水上测量平台两座。综合考虑其他标段施工进度给前后期基桩工程测量带来的不利和有利条件，测量平台的设置位置见附图 6.1-1 施工总平面布置图、附图 6.1-5 施工测量控制网布置图。施工现场的平面控制点，高层控制点施工过程中利用当地控制点定期校核。在施工区附近，受施工影响可能产生沉降、位移的点，应尽量避免使用，如果必须使用的应先校核后使用。

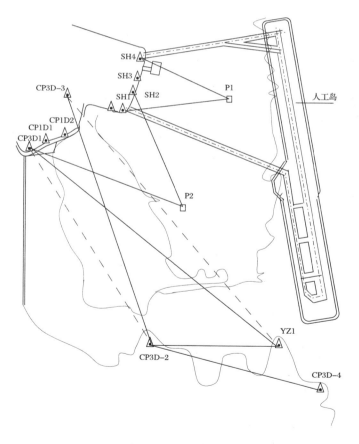

附图 6.1-5　施工测量控制网布置图

（3）施工区域挖泥

北联络桥局部一段泥面偏高，可乘高潮施工，不挖泥。南桥施工区泥面均在 -1.5m 以上，不能满足施工船舶吃水要求，所以必须对施工区和航道进行挖泥，挖泥区域见附图 6.1-6。总挖泥量为 50 万 m³。挖泥采用公司自有的抓斗式挖泥船进行，挖出的淤泥用泥驳抛到指定的弃泥区。

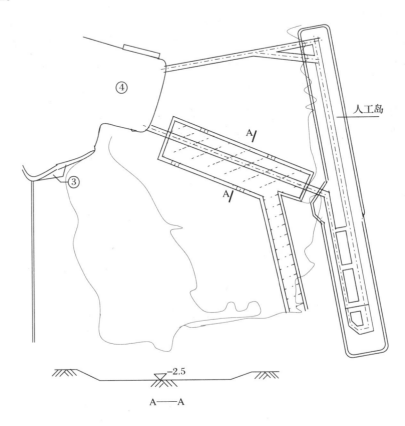

附图 6.1-6  施工挖泥示意图

挖泥的时间：考虑到抓斗式挖泥船留下的泥坑不利于打桩的精确定位，为了避免这一不利因素，工程一开工就进行挖泥作业，在北桥基桩部分完成后再到南桥施工时，大部分泥坑已经被回淤，有利于提高桩定位的准确性。

（4）制桩

制作钢管桩

钢管桩直径分为 $\phi$914mm 与 $\phi$813mm 两种，$\phi$914mm 钢管桩壁厚为 16mm，桩长

50m 及 56.25m 两种；$\phi$ 813mm 钢管桩壁厚 20mm，桩长 50m。根据设计要求，钢管桩的钢种不得低于中国国家标准 GB 700-79（碳素结构钢）A3 钢的标准。

a. 涂层施工

为保证钢管桩的耐久性，根据设计要求，需在钢管桩桩顶以下 1 ~ 25m 范围内外壁面喷涂两次环氧沥青漆（P512）。涂层施工应遵守下列规定：

在工厂车间内采用喷砂工艺将钢管桩表面的铁锈、氧化层及杂物清理干净，使钢板露出金属光泽；

完成除锈作业后立即用喷涂机喷涂第一次环氧沥青漆，喷涂的厚度不小于 100μ．喷涂时注意厚度均匀，漆膜固化后方可移动；

第二次环氧沥青漆的喷涂在完成拼装焊接后进行。操作方法及质量要求与第一次相同；

在运输、吊运过程中，涂层若有破损时，采用与原涂层相同的涂料进行修补。

b. 拼装焊接

拼装前先用砂轮机打磨管端坡口，使坡口处呈现金属光泽，并将焊缝两边各 50mm 范围内的铁锈、油污、水汽及杂物清理干净；对相邻管节的管径进行测量，要求相邻管节的直径之差小于 3mm，管节对口拼接时，如管端椭圆度较大，可采用工具校正。保证相邻管节对口的板边高差小于 2mm。

用水准仪将拼装平台找平，管节吊上拼装平台后，进行定位点焊，点焊高度小于焊缝高度的 2/3，点焊长度为 40 ~ 50mm，点焊时所用材料和工艺与正式施焊时相同，完成定位点焊后即进行正式施焊。

钢管桩的焊接为手工电弧焊，使用 J506 焊条，施焊前对焊条进行烘焙，放入保温桶带至现场使用。管节对接采用四层焊，见附图 6.1-7。第 1、2 层焊缝采用 $\phi$ 3.2mm 焊条施焊，第 3、4 层焊缝采用 $\phi$ 4mm 焊条施焊。每层焊缝焊完后应清除熔渣并进行外观检查，如有缺陷应及时铲除。多层焊的每层接头应错开 100mm 以上。为保证焊缝的强度，焊缝加强面与遮盖宽度大于 2mm。焊接工作完成后，所有拼装辅助装置的焊瘤、熔渣等均应清除，焊工的工号打在焊缝边上，便于执行质量检查制度。品质控制工程师对所有的焊缝进行检查，不得有任何裂缝、未熔合、未焊透等缺陷，否则应责成原焊工返工。外观检查合格后，对焊缝进行内部探伤检查。采用超声波探伤检查每个焊工焊缝总长度的 10%，当难以判明焊缝内部缺陷时，采用 X 光作补充检查。超声波探伤检查执行《船体焊缝超声波探伤》三级标准，X 射线探伤执行《船体焊缝超声波探伤》三级标准。当探伤结果不符合上述标准时，对不符合的焊缝进行修补，对修补的焊缝进行重新检查。

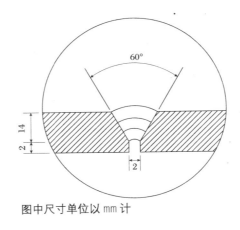

图中尺寸单位以 mm 计

**附图 6.1-7　钢管桩焊缝分层施焊示意图**

制作 PHC 管桩

本工程采用的 PHC 管桩为 $\phi$ 800t110，型号为 AB 型，共有各种长度的桩 2 441 根。PHC 管桩由某混凝土制品公司加工制作。该 PHC 管桩为该公司的定型产品，其质量标准执行交通部第三航务工程局企业标准《先张法预应力离心高强混凝土管桩》（JQ/SH-00-KJ-1-001-92）。

经对混凝土制品公司实际生产能力的考察和测算，完全满足本工程的制桩供桩任务。但是，拼装场地、出运码头、吊运等受到厂内其他预制构件制作的影响，在一定程度上影响了供桩进度。

PHC 管桩的现场拼接

为解决混凝土制品公司拼装场地、出运码头、吊运等受到限制的矛盾，提高驳船运桩装载率，加快运桩、拼装速度，尽快满足现场复杂地质条件下沉桩桩长之需要，当现场具备一定条件时，部分 PHC 管桩的拼接在现场进行。方案如下：

a. 位置选择：为有利于装运管节驳船的停靠，方便管节的起驳、整桩落驳，根据现场条件，拼接 PHC 管桩的场地选在 NT13、NT12 段的联络桥桥面上，桥面面积为 126m×44m，桥面标高为 7.57～7.90m，该处泥面标高为 -1.8～-1.9m。

b. 平面布置：桥面北侧约 20m 宽为堆放管节区域，中间 10m 为吊车道，南侧 14m 为拼接区和设备通道及存放区，具体位置见图 6.1-8。

c. 管节堆放储存要求：堆放管节支架的楞木搁置点设在横梁排架上，管节为纵向堆放，堆高三层，每个桥段可堆四堆，每堆可堆 60 节，共可堆放约 480 节，另拼接小车上可放 24 节，拼接现场共可堆放约 500 节，约合 5 500m。另在卸驳持续时间里可制成整桩 20 根合 80 节，约 800m。则可到达 5 000t 驳船的一次装载量。

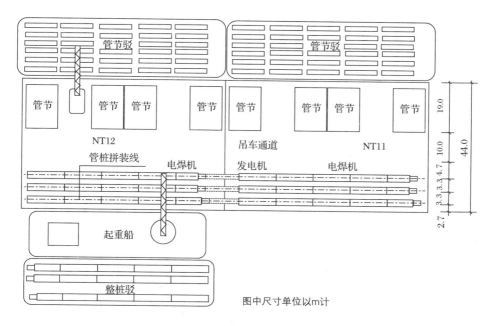

图中尺寸单位以m计

附图 6.1–8　PHC 管桩现场拼接平面布置示意图

　　d. 运输船舶：配备运输管节驳船 3 艘，按一个月一个航次计，则可运到现场的管节约 8 000m，可满足沉桩要求。如遇特殊情况，可另行增加运输管节驳船。现场装运整桩的驳船 2 艘。长途拖运的拖轮由船舶公司按拖带驳船配备，现场装运整桩驳船、起重船的移动拖带由现场配备的拖轮实施。运桩驳船装驳顺序见附图 6.1-9。管桩的装驳顺序必须与现场的沉桩顺序先后一致，即先打的桩要最后装驳，对应的现场沉桩顺序见附图 6.1-10。每根桩位的桩长都可能不一样，所以沉桩顺序必须和装驳顺序一致。

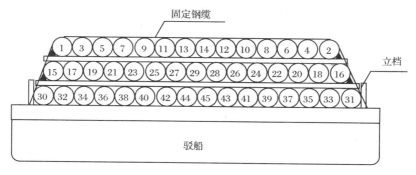

附图 6.1–9　运桩驳船装驳顺序示意图

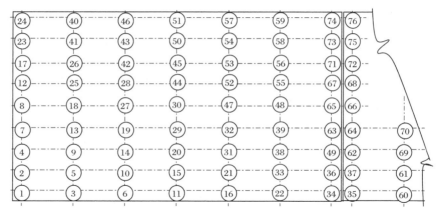

附图 6.1-10　沉桩顺序编号图

e. 主要拼接、起、落驳设备

主要拼接、起、落驳设备根据现场拼接管桩的工作量配备。详见附表 6.1-7。

附表 6.1-7　拼接管桩设备配备一览表

| 序号 | 设备名称 | 规格 | 单位 | 数量 | 备注 |
|---|---|---|---|---|---|
| 1 | 交流多头焊机 | 6 头 | 台 | 2 | |
| 2 | 发电机 | 200kw | 台 | 2 | |
| 3 | 拼装小车 | 轨距 800 | 台 | 30 | |
| 4 | 小车轨道 | [10 | m | 360 | |
| 5 | 吊车 | 80t | 台 | 1 | |
| 6 | 起重船 | 60t | 艘 | 1 | |
| 7 | 远红外烘箱 | | 台 | 1 | |
| 8 | 手提焊条保温桶 | | 只 | 12 | |
| 9 | 空气压缩机 | 0.9 | 台 | 1 | |
| 10 | 风动枪 | | 把 | 8 | |
| 11 | 氧炔割、焊炬 | | 套 | 各 2 | |

f. 管桩的拼接：管桩拼接设三条线，每条线设 10 台可调小车，每条线上拼管桩两根，小车轨道沿 NT12、NT13 纵向通长铺设，小车可在两段上任意移位。管桩的拼接工艺按预制厂的拼接要求实施，管桩现场拼接平面布置见附图 6.1-8。

管节对接前，必须对管节端板进行预处理，清理干净、打磨毛刺、保持干燥。保证管节对接直线度，管节吊上拼装小车后方可用电焊定位。管节拼缝间隙大于 2mm 时，必须在拼缝中镶垫铁，以保证管桩接缝应力的正常传递。管节临时定位，定位焊视情况应用 3.2mm 的焊条，或 4mm 焊条定位焊要求与正式焊，要求相同。

电焊工应持证上岗。施焊前如遇被焊接处有水汽，应用氧炔火焰加热烘干后方可焊接。焊条使用 J422 或 J427 及相似型号 E6013，但在同一焊缝中不得使用两种型号的焊条。焊条使用前应放入烘箱烘焙，从烘箱中取出的焊条，应及时放入保温桶内至作业现场。焊接分 3 ~ 4 层，底层施焊采用一名焊工顺圆周焊接，其他层采用两名焊工对向圆周焊接。施焊过程中发现缺陷应及时用角向砂轮打磨补焊后再进行下一层焊接，如焊缝厚度不足，或有严重咬边等其他缺陷，可用堆焊修补合格。

管桩拼接焊接完成后，应逐根进行检查，检查内容与要求见附表 6.1-8。

附表 6.1-8　现场拼接管桩质量标准一览表

| 序号 | 项目 | 检查方法 | 质量标准 | 备注 |
|---|---|---|---|---|
| 1 | 桩长 | 用钢圈尺量 | +300，−3L% | L—设计桩长 |
| 2 | 桩身弯曲 | ≤L/1000 或 30mm | 拉线尺量，两个方向取大值 | |
| 3 | 管节径向错位 | ≤ 2mm | 用直尺量 | |
| 4 | 外观 | 剖口焊缝必须饱满，不允许焊缝有夹渣、气孔、及严重咬边等缺陷。有严重缺陷危及整桩质量的焊缝区应采用碳刨清除缺陷后进行修补合格。 | | |

g. 管桩接头的防腐处理

管桩混凝土采用离心式制作工艺，混凝土的密实度较高，达到了海工混凝土的防腐蚀要求，对桩身混凝土可不再进行防腐处理。

管桩接头为钢端板焊接接头，在海水中受腐蚀影响较大，应进行防腐处理。处理的方法为对管桩接头的各上下 500mm 范围内采用包覆三环二布的防腐措施。

三环二布：涂刷一层环氧沥青漆→缠绕一层玻璃纤维布→刷二层环氧沥青漆→缠绕第二层玻璃纤维布→涂刷第三层环氧沥青漆。具体施工工艺如下：

材料

环氧树脂：E-44（6101）；

玻璃纤维布：中碱无蜡 0.4mm 厚玻璃纤维布。

表面处理

钢材表面：应用手工或动力工具除锈。钢材表面无可见的油脂、氧化皮、附着物；

混凝土表面：手工清除混凝土表面附着的水泥浆和油污。如有小孔和凹处（钢板和混凝土交界处）用环氧树脂泥抹平。表面处理达到上述要求后，应在 12 小时内包覆。

包覆工艺

环氧树脂液调配：胶液配方（重量比）：环氧：乙二胺：甲苯和丁醇或丙酮

=100:10 ～ 12:50+50（或 50 ～ 100）；配置方法：根据树脂用量（以不超过 1kg 为宜），按配方先在树脂中加入稀释剂，螺旋搅拌均匀，再按配方加入固化剂（乙二醇）螺旋搅拌均匀，随即进行涂刷（环氧树脂胶泥配置是在环氧树脂胶液配置好后，加入立德粉 [200 目 ]30％～ 50％ [ 视粘稠度调节用量 ]）。

包覆施工：表面处理达到要求后，均匀涂刷环氧树脂胶液一遍，然后缠绕一层玻璃纤维布，用毛刷、刮板将其刷平、压紧，使之与钢、混凝土表面紧密结合，注意把气包赶净。然后再涂刷第二道环氧树脂胶液，缠绕第二道玻璃纤维布，按第一道要求刷平、压紧后，再涂刷一道环氧树脂胶液。

h. 管节起驳与整桩落驳

由于桥面宽度大，管节起驳与整桩落驳需分别在桥面的两侧进行。管节驳靠桥的北侧、起重船、整桩驳靠桥的南侧。分别在桥两侧靠船处，抛固定锚，锚缆扣挂在桥侧的适当明显位置，以备系缆时用。管节起驳由桥面上的 80t 吊车完成。根据 80t 吊车的起重性能，250 驳由于宽度大，起驳时驳子需要调头。作业时，驳子上管节层差不得超过一层，保持船体在适当范围内的平衡，并及时调头，船舶靠泊时不得碰撞联络桥。整桩落驳考虑到 42m 长桩起吊钢丝绳与桩的夹角不小于 60°，根据起重船的起重高度，需设置钢扁担，钢扁担两端各设一个 40t 的开口滑轮，相当于打桩船打桩时的起吊状况。见附图 6.1-11。

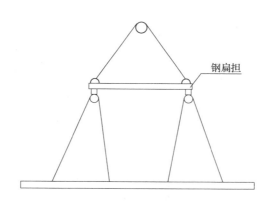

附图 6.1-11　PHC 管桩整桩吊装示意图

i. 其他说明

桩顶管节的防腐处理，应在预制厂施工完后再运到现场，数量、规格由工地通知随时调整。

预制厂应及时提供管节的有关资料，不同标号的管节应有明显标记。现场施工应及时整理好整桩拼接的资料。不同标号管节位置不得弄错。

施工桩长的确定

桩长的施工设计是本项目的难点之一。本工程地质条件非常复杂，持力层的埋深差异很大，经与项目监理工程师多次沟通，在沉桩停锤标准问题上，必须严格执行在具有足够承载力的情况下，按贯入度控制。这样势必造成几乎所有桩顶标高均不一样。在初期阶段几乎所有的桩都高出设计标高 10 多米，甚至要截掉整整一节桩，也有少数的桩要接桩以后再打。

a. 桩长的施工深化设计

设计给出了明确的单桩承载力要求以及基本的桩尖持力层位置，但是按照设计要求先期沉入的基桩，在承载力满足的情况下，桩尖标高差异非常大。

为此施工企业组织专门力量，根据地质钻孔资料分别绘制了每排桩（排距 10m）的地质剖面图，根据每排桩的地质剖面图、已沉桩贯入度与地质标准贯入击数的相关曲线，确定每个桩位的桩长，将每根桩编号，进行统计，并根据各种不同类型的方驳、沉桩顺序，绘制成装驳图（为了避免基桩运至现场翻桩，装驳图必须按照打桩顺序的逆序安排）。再将桩长资料、装驳图传至制桩厂进行制作、装驳。

在确定桩长时，相邻位置的桩长度均有差异，这样桩长的种类就特别多。为了减少桩长的种类，便于桩的制作、运输、沉桩，将相邻、相近的桩长近似取两根桩长的平均值的1.01 ~ 1.02 倍。即使这样，本项目仅预制桩的桩长种类就达 28 种之多，是非常少见的。

沉桩在不断地进行，沉桩资料不断地累积。对已沉桩中相当比例的桩进行 PDA 大应变检测，进行一定比例的静载荷试验。试验结果，已沉桩的承载力均大于确定桩长时预估承载力。因此，沉桩停锤标准作了相应的微调，桩长也作了相应的调整。

b. 桩长误差的处理

由于地质条件的复杂，仍然使得相当部分的桩尖标高与施工设计的桩尖标高有较大的差异，或高或低，只有采用水上接桩或截桩的方法解决。

（5）打桩

a. 打桩定位测量

打桩定位测量的主要方法是用三台经纬仪进行任意角交会，两台定位，另一台进行校核，交会角宜在 45° ~ 135° 之间。经纬仪选用 wildT2（两秒级）。以上方法布置有困难时，用两台经纬仪交会，用一台红外线测距仪采用极坐标法进行校核，测距仪采用 leicaTC-1610（1.5 秒级）。但是，红外线测距仪观测不连续，且打桩开始后无法放置棱镜观测，故这种控制方法精度较差，不适合使用。高程控制测量选用 wild anz 水准仪。由于打桩区域范围大，各个点的情况不同，打桩基线和桩位控制点的布置情况也不同，在近岸处施工时，桩位控制点布置在岸上，在人工岛附近施工时，桩位控制点要放在人工岛的护堤上，在联络桥中间施工时要在已打好的桩上设置测量平台，为保证测量定位精度，在南北联络桥两侧还要设置两座专用测量平台。具体位置见附图 6.1-1。

所有的打桩基线和桩位控制点，在使用前都应该复测验收。对人工岛护堤上和测量平台上的桩位控制点，要进场进行复核。

打桩精度要求，直桩离岸 500m 以上的允许偏差为 d/4，近岸的直桩为 150mm，斜桩为 200mm，直桩倾斜度为 1%。抛石区打桩允许偏位按实际情况另行商定。

b. 打桩作业的船舶

打桩船选用三航桩 10 号。其主要性能为型长 48.00m，型宽 22.00m，吃水 2.40m，最大吊桩重量 75t，最大水面以上桩长 58m。

打桩船配 MB72 柴油锤，柴油锤性能见附表 6.1-9。

附表 6.1-9　MB72 柴油锤主要技术参数表

| 序号 | 项目 | 参数 | 备注 |
|---|---|---|---|
| 1 | 锤总质量（kg） | 20 500 | |
| 2 | 活塞质量（kg） | 7 200 | |
| 3 | 活塞跳高（mm） | 2 500 | |
| 4 | 最大有效能量（焦耳） | 211 680 | |
| 5 | 每分钟锤击次数 | 42 ~ 60 | |
| 6 | 最大爆发力（kN） | 2 744 | |
| 7 | 允许负载限度全贯入量（有效贯入量加回弹）mm | 9 | |

打桩船配相应规格 4m 长的替打。备用替打放置在老锚船上。

运桩驳船选用 1 000 ~ 5 000t 甲板驳，老锚船选用 400t 方驳，另配一条抛锚艇为打桩船、方驳抛锚、起锚，配 400 匹、900 匹拖轮各一条进行港内作业。

打桩区船舶锚缆布置因各个施工地点不同，略有不同。其基本布置是方驳设置四根锚缆，打桩船设置 6 ~ 7 根锚缆，以 NT14 区域施工为例，见附图 6.1-12 打桩船舶锚缆布置图。

c. 沉桩

沉桩方法：采用柴油锤锤击沉桩。在地质条件复杂的情况下，必须随时注意锤击贯入度的变化，根据有关停锤标准，在适当位置及时停锤。

本项目沉桩时，对以下问题应特别引起注意：

在临近抛石区沉桩时，桩自由长度较长，开始锤击时，应逐锤慢慢将桩沉入，穿过可能碰到的抛石层，当桩自由长度较小时，再连续锤击至预定标高或相应的停锤标准时停锤；

在风化岩层埋深较浅，岩面坡度较大区域沉桩时，应密切注意沉桩贯入度和桩身位置的变化，发现有异常变化的趋势立即停锤，并会同设计、监理研究解决；

　　沉桩时应注意船行波和涌浪的影响，尽量避免意外；

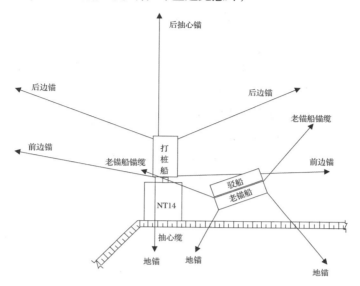

附图 6.1-12　打桩船舶锚缆布置图

　　管桩桩顶应放置相应的桩垫，并及时清理黏在替打内的垫木，破损垫木黏在替打底部，造成桩顶局部受力，打坏桩顶（附图 6.1-13）。

附图 6.1-13　制作好的桩顶垫木

　　第一批施打钢管桩需接长 4m 再沉至原设计桩顶标高，可采用吊桩锤套打的办法继续施打。接桩、套打方案如下：

　　接长钢管桩准备：采购或自行制作与接长钢管桩相一致的钢管管节，规格、型号、长度符合设计要求；

船机设备配备：方驳一艘，其上装载 120kW 发电机一台，500A 交流电焊机 3 台，烘箱 1 台，专用手提砂轮机 1 台，气割设备 1 台，起重船 1 艘，D80-23 柴油锤 1 台，MAR8013 导架 1 套。

现场准备：需要复打的第一排各桩搭好 2.2m×2.2m 的作业平台，平台顶面低于桩顶 0.8m 左右。在桩顶均布焊牢三根导向型钢，见附图 6.1-14 钢管桩接长管节加工图，附图 6.1-15 钢管桩接长现场拼装图。在桩顶端口内壁电焊 40mm 高、壁厚 3mm 与接长钢管桩内径一致的内衬环，上口高出待接钢管桩上口 10mm 左右。在待接钢管桩顶端按 120°均布设置导向型钢三根，型钢内侧内衬圆钢，圆钢直径与原钢管桩加强环厚度一致。在原钢管桩上口设三块 20mm×20mm×2.5mm 垫块。

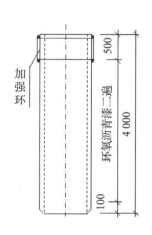

附图 6.1-14　钢管桩接长管节加工图　　附图 6.1-15　钢管桩接长现场拼装图

吊桩拼接：起重船二点垂直吊起管节，割除内部支撑，吊装在原桩上，用 1.2m 直尺在互相垂直的两个方向上检查同心度和折线情况，调整管段使错牙值小于 2mm，对称电焊 4 段，每段为 40～50mm，割除垫块。

焊接：焊条选用 E6013，需在烘箱中加温至 300℃烘焙 1 小时以上，干燥后的焊条放在防潮金属小筒中在现场使用。采用 3.2mm 焊条打底，应保证将衬板和母材熔为一体。第二遍采用 4mm 焊条，逐层均匀焊满，焊接层数为 3～4 层。直到焊缝表面高于母材 1～2mm。各层接头应错开 100mm 以上。焊缝外观检查应无夹渣、气孔、裂缝等缺陷，若有缺陷，则用专用砂轮机打磨掉缺陷，加以补焊。抽 10%按三级超声波检测标准或三级 X 射线检查标准进行现场拼接焊缝无损探伤，合格后方可进行下道工序。

复打：用 8 号起重船或桩 10 号打桩船悬吊 D80-23 柴油锤配 MAR 导架，套在桩顶上，进行复打，用水准仪控制标高，复打至设计标高 -49.25m 时停锤，见附图 6.1-16。

（6）钢桩内浇灌混凝土

按照设计要求，钢桩内 -21m 以上，要将桩内土取出，钢桩内壁清洗干净，钢桩内灌注钢筋混凝土。

钢桩内灌注钢筋混凝土的方法、质量要求与冲孔灌注桩的方法、质量要求一致。详见冲孔灌注桩一节的施工方案。

附图 6.1-16　柴油锤吊打钢管桩

（7）PHC 管桩截桩施工方案

PHC 管桩沉桩后，桩顶标高高于设计标高或其他原因需要截桩,其截桩的施工方法如下:

a. 在设计标高处，安装一个支架（用角钢做成两个半圆环，一端设置铰链，另一端设置拧紧螺栓），用风钻沿 PHC 桩的每根预应力钢筋之间钻一个 $\phi 50$ 的孔（钻穿），在两孔之间的钢筋混凝土保护层用风镐凿除，剥出主筋，用打桩船或起重船吊紧被截除的一段桩，然后用乙炔割具割断主筋；被截断的桩长小于 1m，吊放在泥面上，如果桩长大于 1m，应吊放在驳船上备用。

b. 如果被截除的桩长小于 30cm，应先用乙炔割具割除端板、裙板,再用风镐凿碎混凝土,以满足标高要求。

（8）已打的 PHC 管桩接长工艺

a. 管节处理

选择端板完好,桩身无缺陷的管节,按所需长度截取。截取工艺同 PHC 管桩截桩施工方案。

b. 接口预处理

焊接前必须清除端板接口处的砂浆、铁锈、油污、水分等，使剖口表面呈金属光泽。

c. 管节拼接

在下节桩端板侧面焊 3 根型钢，作为导向杆，上节管节用起重船吊放到位。上下两部分中心线要一致，用 2m 直尺作为靠尺，在两个相互垂直的方向检查，保证桩身弯曲矢高 ≤ L/1 000 或 30mm，管节径向错位 ≤ 2mm，管节间间隙不一致时，应适当旋转管节进行调整，达到最大间隙小于 4mm。在以上调整完成后，用 3.2mm 的焊条进行定位焊，定位焊的要求与正式焊要求相同。

d. 焊接准备

焊工上岗前应进行考核，考核合格的焊工才能上岗。

焊接环境：焊接环境温度 > 5℃，雨天施工必须有挡雨措施。端板焊接处如有水汽，必须用氧乙炔焰加热烘干，方可焊接。

焊条：焊条采用 E6013，焊条必须有厂家的合格鉴定证书，采购进货的焊条应妥善保管，超过存放期或不合格焊条严禁使用。

焊条使用前需要经专用烘箱进行烘焙，温度控制在 300℃ 左右，时间不少于 1 小时，随烘随用，烘焙后的焊条应放在防潮的金属筒内带到现场使用。

e. 焊接

焊接层数：焊接分 5 层进行，见焊接剖口大样图。

焊接参数：见附表 6.1-10。

**附表 6.1-10  焊接参数表**

| 焊缝 | 焊条 | 电流 | 电压 |
|---|---|---|---|
| 第一层 | $\phi$ 3.2 | （100 ~ 130）A | （32 ~ 36）V |
| 第二层 | $\phi$ 4.0 | （100 ~ 140）A | （32 ~ 36）V |
| 第三层 | $\phi$ 4.0 | （100 ~ 140）A | （32 ~ 36）V |
| 第四层 | $\phi$ 4.0 | （100 ~ 140）A | （32 ~ 36）V |
| 第五层 | $\phi$ 4.0 | （100 ~ 140）A | （32 ~ 36）V |

f. 焊接操作：焊接必须沿圆周分层焊接。第一层打底焊缝必须用 3.2mm 的焊条。焊工站立的平台到焊缝位置的高差约 80cm。为减少焊接应力和变形不均，每层的焊道应均匀一致。每层焊渣应清楚干净，如发现有焊接缺陷，应用专用砂轮打磨，补焊合格后方可进行下一层焊缝的焊接。相邻层焊缝的接头应错开 100mm 以上。

g. 焊缝检查：剖口槽焊缝必须饱满，焊缝高度应高于母材 2mm。焊缝不得有裂缝、夹渣、咬边、气孔等缺陷，如发现有裂缝、夹渣等严重缺陷，应用专用砂轮将缺陷彻底清除后方可补焊。如焊缝高度不足、咬边等缺陷，可用堆焊进行修补。

h. 防腐处理

焊缝外观检查合格后，在接头上下各 300mm 范围内，用三浆二布一胶进行包覆。即先用环氧黏合剂刷一遍，贴一层玻璃纤维布，再刷一次黏合剂，贴第二层玻璃纤维布，再刷第三层环氧黏合剂，使之外表光滑平整，等环氧黏合剂固结之后，外涂一层蜡青胶。

i. 接桩桩芯构造处理

原设计 PHC 管桩空心自桩顶以下 1.6m 范围内灌注 C30 混凝土，并加 8ϕ22 钢筋。对桩顶现场接长的桩，这一构造加长到接头以下 1m 处，详见附图 6.1-17。

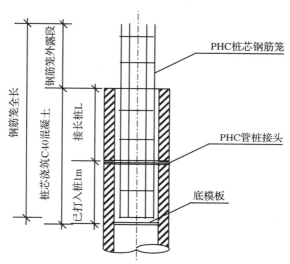

附图 6.1-17　PHC 桩接长桩芯构造图

（9）冲孔灌注桩施工

a. 冲孔灌注桩概况

根据现场地质条件，南北桥与航站区大堤相连的部位、南桥微风化岩层埋藏较浅的区域采用灌注桩基桩，成孔工艺采用冲孔方式。

北桥共 3 排 27 根，南桥共 29 排 261 根，每排均为 9 根，桩距 5.25m，排距 10m，桩径 1m。桩顶标高为当地标高 3.69 ～ 3.89m。桩尖进入中风化岩 2m，桩长为 15 ～ 50m，具体桩长需根据现场地质情况而定。

b. 施工方案

施工设备选择

考虑到桩位于抛石层上，且须进入中风化岩层，采用回旋钻钻进困难，拟采用对抛石和（倾斜）基岩十分有效的冲孔桩机进行冲孔成孔，锤重为 2.5t，落锤高度可根据地质情况控制在 0.5 ～ 6.0m。

施工平台

根据现场条件，为避免对已经施打的 PHC 桩造成不利影响，保证施工期内平台的稳定性，采用部分临时填筑，部分架设临时支架的方案：

回填区的回填顶标高为 +3.5m，坡顶距第⑥排桩中心 2.0m，坡度 1:1.35，坡脚离第⑤排 PHC 桩中心的距离大于 5m；

考虑强风时海浪冲刷的影响，坡顶稳定性较差，坡顶以下 5m 范围可能受冲刷破坏，采用临时支墩方案，即在临时回填区加设临时支墩。支墩底部为 1.2m×1.2m×0.5m 现浇混凝土墩座，支墩顶部用钢护筒或型钢作支撑立柱；

在立柱上安装由 2×28 组成的纵梁，并在纵梁上冲孔桩机前后支撑位置分别布置 4×20、3×20 横梁，形成一组工作平台，每组平台安装一台冲孔桩机。共设置四组平台，周转使用；

支墩设在冲刷稳定线以下，根据现场情况，冲刷稳定后在支墩位置处的回填石料标高为 -1.0 ～ 2.0m，为便于施工，墩座底标高设在 + 0.7m；

经修改，桩机荷载由支墩传到冲刷稳定线以下的基础，不易受冲刷影响，而且位于原堤岸边坡范围内，稳定性较好，对 PHC 管桩的影响也减少；

设计荷载（桩机前后支撑位置）：桩机重 12t，停置时前支撑 4t，后支撑 8t；冲孔时前支撑 4 ～ 8t，后支撑 8 ～ 4t；拉锤时前支撑 4 ～ 20t，后支撑 8 ～ 0t。

施工平台的搭设见附图 6.1-18、6.1-19。

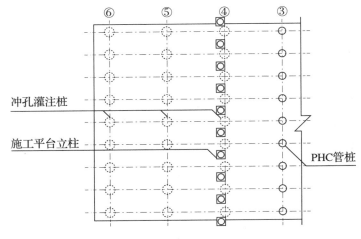

附图 6.1-18

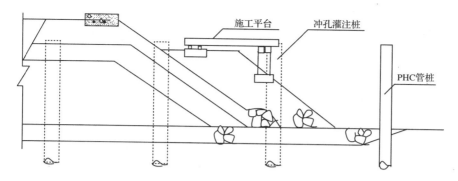

**附图 6.1-19　冲孔灌注桩施工平台布置图**

冲孔灌注桩施工方法

根据现场地质情况，北桥近岸三排桩表层 5 ～ 10m 范围为抛石或有抛石块，其下为回填砂及淤泥，在 -20m 标高左右进入亚黏土层及砂层，底部为强风化花岗岩层及中风化岩层。南桥近岸三排桩，表层同样有抛石，其下为回填砂，随着桥向人工岛延伸部分冲孔桩落在礁石上，岩面标高最高约在 1.0m 左右。

为防止冲孔时出现塌孔，顶部安装内径 1.0m、壁厚 12mm 的永久性钢护筒，护筒应进入亚黏土层 3 ～ 5m，以防筒底漏浆。底部砂层及强风化层遇清水极易塌孔，故采用泥浆护壁，冲孔时采用正循环排渣或捞渣筒捞渣，清孔采用气举反循环清孔。

冲孔灌注桩施工参照《公路桥涵施工技术规范》( JTJ 041 )进行。主要施工控制内容如下：

定位：根据业主提供的桩位资料及测量基线，用尺量从基点交会设定初步桩位，用两基点定位，另用 1 ～ 2 个基点校核。冲孔时应经常用这些基点校核桩位，安装永久钢护筒后用经纬仪、测距仪复核桩位。桩位偏差控制在 ±100mm 以内。

安装外护筒：为便于安装永久护筒，先安装一临时外护筒，外护筒直径为 1.25 ～ 1.5m、高 1.5 ～ 7.0m、埋入泥面以下 1 ～ 1.5m。可用人工埋设，对原护坡位置的桩先用吊机将表层大块石吊走再埋设护筒，外护筒在浇筑完混凝土后拔起重复使用。

**冲孔：**

抛石层的冲孔

顶部抛石在安装完外护筒后用海泥造浆冲孔，泥浆浓度需要足够大，以免从抛石空隙大量流失。泥浆起固壁及浮渣的作用，孔内泥浆面应略高于护筒外水位。冲抛石层时用 1.2m 或 1m 直径的锤配合桩机成孔，孔径应大于 1.05m，以便安装永久护筒，冲孔时控制落锤高度在 4m 以内，以防震动过大，影响孔壁抛石的稳定。

淤泥层、砂及黏土层的冲孔

穿过抛石层后，用吊机配合安装永久护筒，安装时控制护筒的垂直度及位置，如一节过长可分节安装现场焊接。安装护筒后在护筒内补充混合泥浆进行冲孔，用泥浆泵正循环浮渣或捞渣，泥浆比重应控制在 1.1 ～ 1.4 之间，泥浆比重太小容易塌孔，太大冲孔速度较慢。冲孔时要严格控制孔内水位，原则上要保证孔内水位高于孔外水位 1 ～ 2m，严禁低于护筒外水位，否则极易塌孔。冲孔时应避免海水进入孔内，造成泥浆的黏性降低引起塌孔。

孤石区的冲孔

因施工区位于山坡脚下，在砂及强风化岩层可能有孤石的存在，如遇桩位穿过孤石中心，可通过加焊锤齿及调整落锤高度来冲孔；如遇偏心孤石，应注意防止偏孔，用小落锤距离慢慢切割孤石，发现偏孔及时补填块石修孔。

基岩区的冲孔

基岩区冲孔应及时焊锤齿且锤齿焊接应牢固，新焊锤齿后应降低落锤高度，从 1m 逐渐增加到 4m ～ 6m 的高度，以防卡锤。

冲孔时的泥浆要求

冲孔时应根据土质情况来确定所需泥浆的标准。在抛石层冲孔泥浆的比重较大，可直接将海泥抛入孔内进行冲孔，海泥的黏性较好，以满足固壁的要求。在永久护筒内冲孔因有护筒护壁，对泥浆比重要求可适当放宽，泥浆比重可在 1.1. ～ 1.3 之间，可用较好的海泥在孔内造浆。在黏土层中冲孔可直接在孔内利用黏土造浆，施工时应注意控制泥浆的比重。

在砂层和强风化层最易产生塌孔现象，应用较好的泥浆护壁。对泥浆的性能要求如下：比重 1.2 ～ 1.45，失水率 < 15%，酸碱度 8 ～ 10，含砂率 4% ～ 8%，胶体率 > 90% ～ 95%，黏度 16 ～ 22s，静切力 3 ～ 5Pa；施工中主要控制比重、黏度、酸碱度及砂率。

如采用海泥掺膨润土造浆，掺量根据泥浆的黏度及比重现场调整。

安装钢筋笼

钢筋笼分节制作，每节标准长度 12m，包括两端搭接长度 1m。非标准节长度根据孔深确定。钢筋笼在现场焊接制作。保护层垫块为直径 80mm 的圆环，厚度 50mm。垫块用 C30 水泥砂浆制作。在制作钢筋笼时安装在钢筋笼的箍筋上。

钢筋笼之间的搭接用 U 形卡环或焊接，安装用吊机配合。用 U 形卡环连接时，搭接长度取 40D 即 1m 长，每根钢筋用 3 个卡环连接，上中下各一个。用电弧焊焊接时，钢筋笼的搭接长度取为 0.5m，双面分段焊接，总焊缝长度应大于 6D（D 为钢筋直径）。

为检测桩身混凝土质量，需要在钢筋笼上安装超声波检测管 3 根，呈 120° 角对称布置。其中 10% 的桩内需要安装桩尖取芯钢管。超声波检测管直径 40mm，取芯钢管直径

120mm，当需要安装取芯管时，将其中一根40mm的声测管换成120mm的取芯管。

测管安装时，先在钢管的一端加焊一个长约40mm的外套管，外套管的内径大于钢管直径3mm左右，一半焊在钢管上，另一半留作对接钢管时插入另一根钢管。将钢管在陆上接成与钢筋笼净长相等的长度并绑在钢筋笼上，吊装焊接钢筋笼时，将与上节钢筋笼连在一起的钢管插入下节钢管的套管内。调整钢管的垂直度后将上节钢管与套管焊牢。钢管的连接主要应注意保证其垂直度。连接套管应满焊，防止灌注混凝土时，水泥浆进入测管堵塞。

清孔

因工程的桩长在50m左右，用常规的正、反循环清孔速度慢，难以满足沉渣厚度的要求。可采用压缩空气清孔，即在用正循环初步清孔后，安装钢筋笼及灌注混凝土导管，在距离导管底部以上约6～15m的位置安装孔口向上的进气管，进气管的位置根据孔深及排渣管长度、供气量及沉渣情况确定。一般情况下进气管位置在距管底1/3～1/5桩长的位置。通过进气管将压缩空气送入导管内，气孔口顶部形成气液混合二相流，在内外压差及空气动力的作用下将孔底沉渣吸入导管内排出。清孔时应及时向桩孔内补充泥浆，以防孔内泥浆面降低引起塌孔。清孔终止按以下标准控制：孔底沉渣厚度满足要求；泥浆比重1.10～1.15；砂率小于4%。清孔时补充泥浆的标准如下：膨润土浆比重1.08～1.10、黏度19～22s、砂率＜4%；膨润土造浆率9～11m³/t。用清水造浆并搅拌均匀。

灌注混凝土

清孔合格后安装料斗，如清孔后停止时间较长，孔底沉渣超过规定要求，可在浇筑前在料斗内加注泥浆冲洗孔底；剪球、灌注混凝土（吊机配合）；提管、拆管。施工主要控制内容：

料斗容量：应能保证剪球后第一斗混凝土可浇筑至孔底以上2m的位置以保证混凝土埋管大于1m，本工程采用2.5m³的料斗；

导管位置：导管底部距孔底0.5m，以便球塞浮出；

埋管深度：初灌不小于1m，续灌不小于4m，控制在4～6m。太深可能发生埋管、堵管的事故；

混凝土面：施工时应及时测量混凝土面的标高，记录混凝土用量及混凝土面的标高、埋管深度，发现异常情况应及时处理；

桩顶标高：桩顶混凝土面的标高应高于设计标高0.8m以上。超高部分的混凝土在横梁施工前凿除；

混凝土质量：混凝土为BD30型，水灰比0.4，最小水泥用量460kg，塌落度17.5cm，初凝时间大于5小时。混凝土为厂拌，配合比由搅拌厂负责设计。

（10）上部结构施工方案（略）

**6. 施工计划**

（1）联络桥桩基工程进度计划见附表 6.1-11。

附表 6.1-11　联络桥桩基工程进度计划表

| 顺序 | 项目名称 | 单位 | 工程量 | 进度计划（月） | | | | | | | | | | |
|------|----------|------|--------|---|---|---|---|----|----|----|----|----|----|----|
| | | | | 2 | 4 | 6 | 8 | 10 | 12 | 14 | 16 | 18 | 20 | 22 |
| 1 | 南桥施工挖泥 | m³ | 500 000 | | | | | | | | | | | |
| 2 | 打钢管桩 | 根 | 126 | | | | | | | | | | | |
| 2.1 | 北桥直线段 | 根 | 36 | | | | | | | | | | | |
| 2.2 | 北桥斜叉段 | 根 | 63 | | | | | | | | | | | |
| 2.3 | 南桥 | 根 | 27 | | | | | | | | | | | |
| 3 | 水上打 PHC 桩 | 根 | 2 441 | | | | | | | | | | | |
| 3.1 | 北桥直线段 | 根 | 770 | | | | | | | | | | | |
| 3.2 | 北桥斜叉段 | 根 | 253 | | | | | | | | | | | |
| 3.3 | 南桥 | 根 | 1 418 | | | | | | | | | | | |
| 4 | 冲孔灌注桩 | 根 | 288 | | | | | | | | | | | |
| 4.1 | 北桥 | 根 | 27 | | | | | | | | | | | |
| 4.2 | 南桥 | 根 | 261 | | | | | | | | | | | |

根据业主要求，北联络桥 27 根灌注桩的工期为 75 天，加上转移场地等时间，计划北桥的总工期为 90 天；南联络桥 261 根冲孔灌注桩相对桩长约为北桥的一半，计划工期为 150 天。北桥灌注桩施工完成后即可进行南桥灌注桩的施工。

（2）材料使用计划

a. PHC 管桩供应计划

PHC 管桩供应计划应与沉桩计划相对应，并按沉桩进度计划确保供应。

b. 灌注桩材料供应计划

冲孔灌注桩主要材料计划见附表 6.1-12。

附表 6.1-12　灌注桩材料使用计划表

| 序号 | 项目 | 单位 | 数量 | 使用计划（月） | | | | | | | |
|------|------|------|------|------|------|------|-------|-------|-------|-------|------|
| | | | | 1 | 2 | 3 | 4 | 5 | 6 | 7 | 8 |
| 1 | 直径 1 050mm 的护筒 | m | 4 000 | 200 | 250 | 250 | 700 | 800 | 800 | 800 | 200 |
| 2 | 商品混凝土 | m³ | 8 000 | 400 | 500 | 500 | 1 400 | 1 600 | 1 600 | 1 600 | 400 |
| 3 | 钢筋笼 | m | 4 000 | 200 | 250 | 250 | 700 | 800 | 800 | 800 | 200 |
| 4 | 海泥 | m³ | 2 400 | 120 | 150 | 150 | 420 | 480 | 480 | 480 | 120 |
| 5 | 膨润土 | m³ | 800 | 40 | 50 | 50 | 140 | 160 | 160 | 160 | 40 |

（3）主要设备（工具）使用计划

主要设备（工具）使用计划见附表6.1-13。

附表6.1-13　主要设备（工具）使用计划表

| 序号 | 项目 | 单位 | 数量 | 规格 | 配件 |
|---|---|---|---|---|---|
| 1 | 打桩船 | 艘 | 1 | 桩架高80m | |
| 2 | 拖轮 | 艘 | 1 | 900（匹） | |
| 3 | 拖轮 | 艘 | 1 | 400（匹） | |
| 4 | 方驳 | 艘 | 1 | （400t） | |
| 5 | 方驳 | 艘 | 2 | （1 000t） | |
| 6 | 方驳 | 艘 | 1 | （2 000t） | |
| 7 | 方驳 | 艘 | 1 | （5 000t） | |
| 8 | 抛锚船 | 艘 | 1 | 80（匹） | |
| 9 | 交通船 | 艘 | 3 | 50（匹） | |
| 10 | 挖泥船 | 艘 | 1 | $8m^3$ | |
| 11 | 泥驳 | 艘 | 2 | $400m^3$ | |
| 12 | 冲孔桩机 | 台 | 2 | 45kW（5t） | 1m直径桩锤一个 |
| 13 | 冲孔桩机 | 台 | 8 | 22kW（3t） | 1m直径桩锤一个 |
| 14 | 3PNL2泥浆泵 | 台 | 6 | 22kW | |
| 15 | 3PNL2泥浆泵 | 台 | 4 | 40kW | |
| 16 | 空压机 | 台 | 1 | $9m^3$ | 柴油机 |
| 17 | 电焊机 | 台 | 3 | 20 kW | |
| 18 | 发电机 | 台 | 1 | 200 kW | |
| 19 | 全站仪 | 台 | 1 | 2'' | 棱镜、脚架 |
| 20 | 红外测距仪 | 台 | 1 | 2ppm | 棱镜、脚架 |
| 21 | 经纬仪 | 台 | 5 | 2'' | 脚架 |
| 22 | 水准仪 | 台 | 2 | S3 | 脚架、双面尺 |
| 23 | 电脑 | 台 | 4 | 惠普 | |
| 24 | 打印机 | 台 | 2 | 惠普 | |
| 25 | 绘图仪 | 台 | 1 | 惠普 | |

（4）管理人员及劳动力计划

a.管理人员配备计划见附表6.1-14。

附表6.1-14　管理人员配备计划

| 序号 | 部门 | 职务 | 专业 | 人数 |
|---|---|---|---|---|
| 1 | 经理室 | 总经理 | 水工 | 1 |
| 2 | 经理室 | 副经理 | 水工 | 1 |
| 3 | 经理室 | 总工 | 水工 | 1 |
| 4 | 工程部 | 经理 | 水工 | 1 |
| 5 | 工程部 | 工程师 | 水工 | 5 |

| 序号 | 部门 | 职务 | 专业 | 人数 |
|------|------|------|------|------|
| 6 | 船机部 | 经理 | 船机 | 1 |
| 7 | 船机部 | 工程师 | 船舶 | 3 |
| 8 | 船机部 | 工程师 | 工程机械 | 2 |
| 9 | 技术部 | 经理 | 水工 | 1 |
| 10 | 技术部 | 工程师 | 水工 | 3 |
| 11 | 技术部 | 翻译 | 水工 | 2 |
| 12 | 技术部 | 检测 | 水工 | 5 |
| 13 | 经营部 | 经理 | 管理 | 1 |
| 14 | 经营部 | 成本管理 | 建筑经济 | 2 |
| 15 | 经营部 | 分包管理 | 水工 | 2 |
| 16 | 物资部 | 经理 | 材料 | 1 |
| 17 | 物资部 | 材料管理 | 材料员 | 3 |
| 18 | 办公室 | 主任 | 行政管理 | 1 |
| 19 | 办公室 | 财务 | 会计、出纳 | 2 |

注：管理人员包括桩帽以上结构施工的管理人员。

b. 劳动力配备计划见附表 6.1-15。

**附表 6.1-15　劳动力配备计划**

| 工种 | 时　间（月） | | | | | | | | | | |
|------|----|----|----|----|----|----|----|----|----|----|----|
| | 2 | 4 | 6 | 8 | 10 | 12 | 14 | 16 | 18 | 20 | 22 |
| 船员 | 40 | 55 | 70 | 70 | 70 | 70 | 70 | 70 | 55 | 40 | 30 |
| 起重工 | 5 | 8 | 12 | 12 | 12 | 12 | 12 | 12 | 10 | 5 | 5 |
| 测量工 | 5 | 8 | 10 | 10 | 10 | 10 | 10 | 10 | 8 | 6 | 6 |
| 电焊工 | 8 | 12 | 15 | 15 | 15 | 15 | 15 | 12 | 8 | 8 | 8 |
| 打桩工 | 15 | 15 | 15 | 15 | 15 | 15 | 15 | 5 | 5 | 5 | 5 |
| 试验工 | 3 | 3 | 3 | 3 | 3 | 3 | 3 | 3 | 3 | 3 | 3 |
| 混凝土工 | 8 | 8 | 12 | 12 | 12 | 12 | 12 | 12 | 10 | 8 | 8 |
| 机修工 | 5 | 5 | 5 | 5 | 5 | 5 | 5 | 5 | 5 | 5 | 5 |

（5）保证施工进度计划的措施

管理和技术人员及时到位，充分做好管理和技术准备。虽然本项目的建设是在中华人民共和国固有领土上，但由于之前多年受葡萄牙的殖民管理，且项目业主聘请了葡萄牙和英国的三家项目咨询公司组成了项目咨询管理机构，严格按照欧美的项目管理要求，境内的施工企业一时难以适应。所以，实现拟定的进度计划，技术上应做好充分的准备。并采取以下措施：

a. 认真编制各项详细施工方案，并译成英文，及时与项目管理咨询机构保持沟通，取得他们的理解与支持。

b. 充分做好工、料、机的各项准备，及时开工。

c. 认真分析各项自然环境条件，认识其对工期的影响程度，合理安排作业时间，做到先紧后松。

d. 合理安排施工顺序，形成相应的流水作业面，保证打桩、安装、上部结构施工均衡进行。

e. 南北桥的口门尽可能推迟封口，有利于施工船舶近距离调遣，提高船舶的作业效率，同时协调好与工程总体进度的关系，做好准备，服从总进度计划的安排。

f. 保持船机设备良好性能，提高劳动生产率，提高工作效率，加快施工进度。

**7. 施工组织管理措施**

（1）施工组织管理机构

本项目总体上采用矩阵式管理模式由某公司实行总承包。联络桥等工程由本项目部承包。本项目部也采用矩阵式管理组织机构。项目经理由具有相当权威的人员担任。详见附图6.1-20。

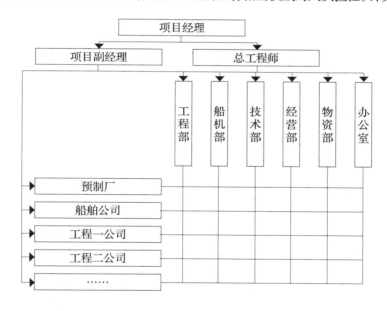

附图 6.1-20　施工组织管理机构图

（2）施工管理人员的配备

由总公司副总经理任项目经理，总公司副总工程师任项目总工程师。项目经理指派项目副经理，项目副经理兼工程部经理，其他部门负责人由项目经理、副经理、总工程师协商确定，并由总公司指派。

（3）各个岗位的管理职责（略）

**8. 安全、质量措施**

（1）施工安全措施

a. 安全施工组织保证体系

贯彻谁负责施工谁负责安全的原则。项目经理为本项目第一安全责任人，主管生产的副经理为本项目主管安全的责任人，其他各部门、各岗位均有相应的安全责任人。具体安全施工组织保证体系见附图 6.1-21。

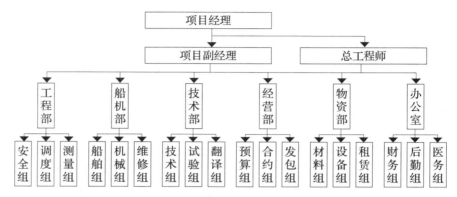

附图 6.1-21　安全施工组织机构图

b. 各个部门的安全岗位职责（略）

c. 安全风险源分析及其对应措施（略）

（2）保证施工质量措施

贯彻谁负责施工谁负责质量的原则。项目经理为本项目第一质量责任人，主管技术的总工程师为本项目主管质量的责任人，其他各部门、各岗位均有相应的质量责任人。具体质量组织保证体系见附图 6.1-22。

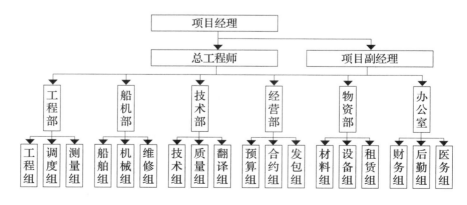

附图 6.1-22　质量控制组织机构图

## 二、澳门国际机场联络桥基桩工程施工总结

### 1. 工程概况

（1）项目概况

澳门国际机场工程是关系到澳门经济发展的重大建设项目，为澳门各界所关注，也是我国当时大陆以外最大的总承包工程。整个工程分航站区、联络桥、人工岛跑道区三大部分。

航站区位于氹仔岛东部海边，部分为氹仔岛大泽山东端形似鸡颈的山包被炸平，部分为开山产生的岩土填海形成的陆域。

由于澳门土地资源紧缺，机场跑道设于人工岛上。人工岛位于氹仔岛和路环岛以东海域，北端距氹仔岛700m，南端距路环岛约300m。

机场跑道区和航站区由两座联络桥相连。分别是北联络桥、南联络桥。北联络桥在人工岛一侧有分叉，见附图6.2-1。北联络桥共有15个分段。其中NT1～NT4、NT7分段宽度为60m，长为61.5～63m；NT5、NT6、NT8-1、NT8-2为过渡段，其余NT9－NT14宽度均为44m，NT9－NT13均为63m长，NT14为61.5m长。北桥主桥全长700m，分叉长259.526m。南联络桥共有26段，全桥宽度均为44m，其中ST1长度为61.5m，ST22长度为51.5m，ST23－ST26长度为60.5m，其余分段长度均为63m。南桥全长1 615m。

基桩的主要类型：NT1、NT2、ST1中的部分为钢管混凝土桩，NT14的部分、ST22－ST26分段为冲（钻）孔灌注桩；其余均为PHC管桩。各种桩型数量占比见附表6.2-1。

附表6.2-1 联络桥基桩规格、数量一览表

| 序号 | 桩型 | 设计数量（根） | 实际数量（根） | 规格 | 备注 |
|---|---|---|---|---|---|
| 1 | PHC管桩 | 2 441 | 2 463 | $\phi 800 \times 110$-AB、A | |
| 2 | 钢管混凝土桩 | 126 | 126 | $\phi 914 \times 16 \times 54\ 000$ | |
| 3 | 钻（冲）孔灌注桩 | 261 | 261 | $\phi 1\ 000$ | |
| | 合计 | 2 828 | 2 850 | | |

PHC管桩的管节长度分别为10m、11m、12m、13m、14m，每根桩桩尖设有500mm的钢桩尖，早期的钢桩尖外径为800mm，中后期的钢桩尖外径为620mm。每根桩都由上述管节及钢桩尖拼接而成。

联络桥为基桩梁板结构。联络桥在使用期间会受到一定的水平力作用，因此在部分桥段设置了一定斜度、不同偏角的斜桩。

基桩基本上按轴线布置，其中纵轴间距为5m，横轴间距为10m，分段之间的轴线间距为3m。

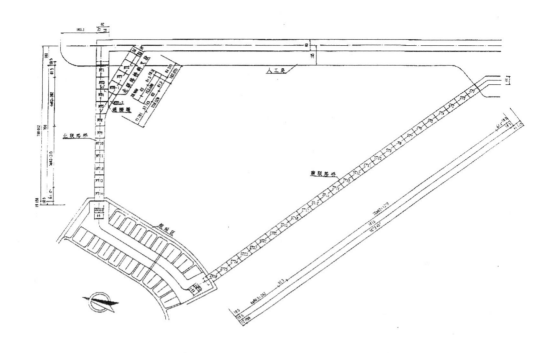

附图 6.2-1 联络桥平面布置图

（2）自然条件

见附录一。

（3）地质概况

在整个联络桥区域，土层大致分为4个工程地质层，15个工程地质单元体：

第一层：包括淤泥、抛填砂、抛填石；

第二层：包括黏性土、黏土、细砂夹黏性土、中粗砂，细中砂；

第三层：包括含砾中粗砂，细中砂，黏性土夹砂，黏土，黏性土，亚砂土；

第四层：包括花岗岩全–强风化层，花岗岩微–中风化层。

联络桥所处位置的地质条件相当复杂，砂层厚度相差大，中间夹层多，硬土层的标贯击数达40～50击，甚至50击以上。风化花岗岩层面标高相差很大，顶面标高为-6.3～-58.0m。联络桥与航站楼连接的一端顶面为抛石填土，底部持力层为微风化岩，中间为黏土、含砾中粗砂；联络桥与跑道区连接的一端位于人工岛外围抛石大堤内。其中较典型的地质剖面见附图 6.2-2 –附图 6.2-5。

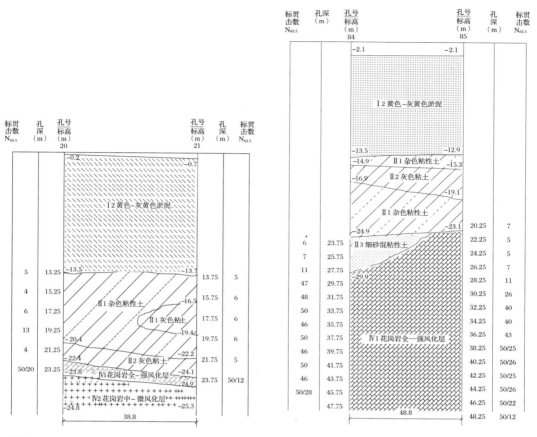

**附图 6.2-2　20#～21#孔地质剖面示意图**　　**附图 6.2-3　84#～85#孔地质剖示意面图**

（4）施工总体安排

a. 人工岛

从现场的自然条件看，人工岛工程量大、工期紧。根据施工断面的安全和稳定要求，施工安排的原则有：从南北两端同时并进，先东后西，分段流水，边围边填，提前预制，早围早护，防滑防台。具体施工方案略。

b. 联络桥

联络桥是机场跑道和航站楼之间的联络通道。建成后南北联络桥之间的水域，工程船舶就无法通过，但是先期整个水上作业面必须要求南北联络桥之间的大片水域供吹填等工程船舶使用。加之，联络桥原由澳门德力公司承包，因造价突破较多，工期也不能满足工程需要，故于 1992 年 11 月 28 日才与中港总公司签订总承包合同（含设计）。

联络桥正式开工是 1993 年 2 月 28 日，竣工时间是 1995 年 6 月。主要工程量见附表 6.2-2。

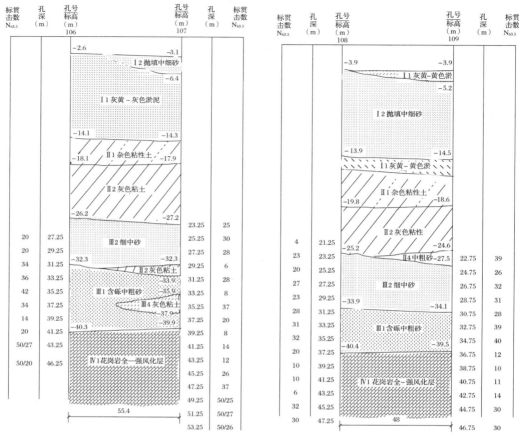

附图 6.2-4 106# ～ 107# 孔地质剖面示意图

附图 6.2-5 108# ～ 109# 孔地质剖面示意图

附表 6.2-2 联络桥主要工程量表

| 序号 | 项目名称 | 单位 | 数量 |
|---|---|---|---|
| 1 | 沉（成）桩 | 根 | 2 850 |
| 2 | 预制安装梁板 | 万 m³ | 57.096 |
| 3 | 现浇钢筋混凝土 | 万 m³ | 81.197 |

　　计划工期 28 个月，时间非常紧张。北桥还要求于 1994 年 10 月 1 日前通车，在安排上先北桥后南桥，先两端后中间，先西段后东段。为了适应联络桥本身施工和人工岛施工的需要，南北桥在一定的期限内还要预留缺口以利工程船舶通过。

　　联络桥东端与人工岛连接的钢管桩必须提前沉桩，确保不误人工岛施工。整个联络桥以 3 ~ 5 个作业面展开。开始的近半年时间，由于国内的工程管理不能适应国际咨询工程师的要求，进展非常缓慢。从 1993 年 9 月份开始，工程进入正常施工阶段。以段为单元的作业面全部打开。最后，北联络桥提前完工，全部联络桥提前 3 个月竣工。

**2. 基桩施工方案**

在工程概况中已经阐述，本工程共有三种基桩形式：预制钢管桩（桩芯灌注钢筋混凝土，简称钢管混凝土桩）、预制 PHC 管桩、冲（钻）孔灌注桩。本工程中 86.32% 是 PHC 管桩，若将钢管混凝土桩归入预制桩范畴，则 90.77% 是预制桩，因此本节重点阐述预制桩施工方案。

（1）桩制品的采购

钢管桩，根据设计要求规格为 $\phi 914 \times 16 \times 50000$，126 根，从韩国采购。PHC 管桩，最初计划约为 12 万 m（设计桩长较长），最终运至机场工地的约为 11.3 万 m（经过施工设计，桩长作了调整），从上海采购。

其中尤其是 PHC 管桩，项目咨询工程师对制桩厂进行了严格的考察和调研。制桩厂向项目咨询工程师提供了详细的相关资料，其中包括主要生产技术的引进情况，该厂的设备、原材料供应情况，使用的混凝土添加剂情况，质量、安全管理情况，制桩能力、接桩能力、出运能力、企业的财务状况等。经过几轮实地考察和论证，最终确定供桩单位。

（2）PHC 管桩的运输

PHC 管桩采用 400 ~ 5000t 方驳海上远洋拖带运输，驳船到达工程施工锚地再绑拖至施工现场，靠泊在施工现场的临时趸船边，供打桩船起吊沉桩。运输以整桩为主，根据现场需要也运输了部分桩节，供接桩使用。

由于现场地质复杂，桩长的种类繁多，最短的桩长为 24.5m，最长的桩长为 55.5m。每艘驳船的运输量不一，最多的一艘船可以运 78 根桩。为了避免桩运至现场后翻桩，每艘船桩装驳的顺序，正好是沉桩顺序的反序。为此，现场将沉桩顺序事先排好，并绘制成装驳图，传至制桩厂，由制桩厂按装驳图顺序制桩并装驳。即便如此还是碰到现场特殊情况或装驳顺序出错，导致部分翻桩。由于断桩等情况的发生，实际运至工地的 PHC 管桩为 2 463 根，272 根管节。详见附表 6.2-3。

附表 6.2-3　联络桥运至现场的各种长度桩统计一栏表

| 序号 | 桩长（m） | 根数 | 总长（m） | 序号 | 桩长（m） | 根数 | 总长（m） |
|------|-----------|------|-----------|------|-----------|------|-----------|
| 1 | 24.5 | 2 | 49.0 | 15 | 40.5 | 103 | 4 171.5 |
| 2 | 25.5 | 6 | 153.0 | 16 | 41.5 | 51 | 2 116.5 |
| 3 | 26.5 | 16 | 424.0 | 17 | 42.5 | 453 | 19 252.5 |

| 序号 | 桩长（m） | 根数 | 总长（m） | 序号 | 桩长（m） | 根数 | 总长（m） |
|---|---|---|---|---|---|---|---|
| 4 | 28.5 | 23 | 655.5 | 18 | 43.5 | 125 | 5 437.5 |
| 5 | 30.5 | 41 | 1 250.5 | 19 | 44.5 | 93 | 4 138.5 |
| 6 | 31.5 | 29 | 913.5 | 20 | 45.5 | 147 | 6 688.5 |
| 7 | 32.5 | 26 | 845.0 | 21 | 46.5 | 135 | 6 277.5 |
| 8 | 33.5 | 26 | 871.0 | 22 | 47.5 | 151 | 7 172.5 |
| 9 | 34.5 | 26 | 897.0 | 23 | 48.5 | 114 | 5 529.0 |
| 10 | 35.5 | 35 | 1 242.5 | 24 | 49.5 | 118 | 5 841.0 |
| 11 | 36.5 | 57 | 2 080.5 | 25 | 50.5 | 97 | 4 898.5 |
| 12 | 37.5 | 11 | 412.5 | 26 | 51.5 | 398 | 20 497.0 |
| 13 | 38.5 | 105 | 4 042.5 | 27 | 55.5 | 59 | 3 274.5 |
| 14 | 39.5 | 16 | 632.0 | 28 | 管节 | 272 | 3 270.0 |
| 累计 | | | 14 468.5 | | | | 98 565.0 |
| 合计 | | | | | | | 113 033.5 |

（3）沉桩施工方案

a. 施工工艺的选择

本工程桩主要有三种：钢管混凝土桩、PHC 管桩、冲（钻）孔灌注桩。PHC 管桩为预制沉入桩，冲（钻）孔灌注桩为现场灌注桩，钢管混凝土桩是先将钢管桩沉入至设计标高，再将桩芯土体取至相应的标高，灌注钢筋混凝土。

钢管桩与 PHC 管桩采用打桩船沉桩。选用的打桩船可以沉最大桩长 58m（另加水深）以内（若水深为 5m，即最大桩长可以沉 63m）、桩径为 1 600mm、桩重小于 70t 的桩。详见后文"沉桩设备的选择"。钢管桩内土体采用水冲法将土取至设计标高，按灌注桩的方式灌注桩内钢筋混凝土。

根据 NT14 的部分、ST24 ~ ST26 分段的地质情况设计采用现场灌注桩，并建议采用冲（钻）孔灌注桩施工工艺。现场地质条件为部分桩位于抛石填埋区，部分基桩岩埋深很浅，且岩面倾斜，考虑了各种钻机，施工难度均较大，后经采用冲孔灌注桩工艺试桩，取得较好的效果，为此灌注桩工程主要采用冲孔灌注桩施工工艺。

出于人工岛围堤施工的需要，钢管桩在围堤施工前沉桩完毕。但是设计需要对钢管桩进行大应变检测基桩承载力，这就要对钢管桩进行复打。打桩船已经不能跨桩套打。后采用 D80-23 蒂马克（DELMAG 的港式音译）套打柴油锤，即用起重船将套打柴油锤吊装放在已经沉毕的钢管桩顶，利用专门的机构启动活塞，达到启动锤击，完成大应变测试任务。

b. 沉桩设备的选择

影响选择沉桩设备的因素：最大桩径 $\phi$914mm；最大桩长 55.5m；最大桩重 33t。

总预制工程桩数量：2 589 根；其中包括测量平台、试锚桩数量 11 根，补桩 11 根。

大应变测试桩：初打 250 根，复打 50 根（由于大应变测试需要安装应变片等仪器，尤其是复打还要等待时间，所以大应变测试无论是初打还是复打，均按一根桩工程量计算所需计划时间）。

设计要求静载荷试桩极限承载力：PHC 管桩 5 600kN，钢桩 7 500kN（钢桩位置为开挖回填区，考虑回填土的负摩阻力作用，故相应提高单桩承载力）。

地质情况：详见本节 1（3）。

计划沉桩工期：18 个月。

水深条件：3 ~ 6m，局部 10m。

由于在境外工作，几乎没有休息日，周围也没有被干扰的居民，但考虑到雾、雨、风等的影响，有效工作日按 70％ 计，平均每个工作日沉桩数为 2 878/（540×0.7）=7.6 根。正常情况下，打桩船一个艘班可以达到 8 根以上。根据现场水深条件、沉桩进度要求、总的沉桩工作量及其时间要求等情况，拟采用一艘打桩船。根据施工单位的设备条件，选用"三航桩 10 号"打桩船。打桩船配备水冷式 MB-72 柴油锤。打桩船的桩架、柴油锤的主要技术参数指标见附表 6.2-4。

附表 6.2-4　三航桩 10 号主要性能表

| | | | | |
|---|---|---|---|---|
| 三航桩十号 | 船型资料 | 总长 | 55m | |
| | | 船长 | 52.8m | |
| | | 船宽 | 22m | |
| | | 型深 | 4.0m | |
| | 桩架 | | MB-72 | |
| | 桩架总高（水面以上 m） | 70.245 | 锤总质量（kN） | 20 500 |
| | 最大桩长（水面以上 m） | 58 | 活塞质量（kN） | 7 200 |
| | 吊钩数 | 3 | 活塞跳高（m） | 2.5 |
| | 最大吊重（kN） | 700 | 最大有效能量（焦耳） | 211 680 |
| | 最大桩直径（mm） | 1 600 | 每分钟锤击次数 | 42 ~ 60 |
| | 桩架斜度 | 0 ~ 3:1 | 最大爆发力 | 2 744 |
| | 吊锤前俯 30° 时伸距（m） | 37.5 | 允许负载限度全贯入量（有效贯入量加回弹 mm） | 9 |

c.测量定位

根据施工总进度计划，各段桩的施工顺序，人工岛及联络桥的逐步形成，分别在航站区、两桥之间的水域（测量平台）、已经形成部分陆域的人工岛上布置施工基线、基点，不同的桩位、不同的船位使用不同的基线、基点。由于当时还没有 GPS 全球定位系统设备，所以，只有根据不同分段的不同桩位采用不同的测量定位方法。

第一种方法：测距仪加经纬仪定位校核。理论上讲，带测角经纬仪的测距仪或者全站仪就可以确定桩的位置。但是，固定在桩上的测距仪棱镜随船晃动较大，固定在船上担心产生较大的扭角和位置误差。而固定在桩上需在下桩之前将棱镜拿下，再下桩，棱镜拿下以后船在移动，桩位的偏差就难于纠正了。即便使用其他经纬仪的校核，也不能达到相应的定位精度。在人工岛筑岛尚未露出水面的情况下，尚无其他更好的办法。经复测，桩位最大偏差达 200mm。勉强将钢管桩沉完。

第二种方法：三台经纬仪定位校核。三台经纬仪交会定位，在本项目中应用较多。定位精度达到了我国相应规范的规定。

第三种方法：直角交会定位。在后期现场条件具备的情况下，采用直角交会定位，这种方法简便有效、精度较高。

本工程中采用的这三种定位方法，都是在具体情况下所能选择的最佳方式。除第一种外，后两种都是常用的水上打桩定位方法。最后实测桩位偏差基本都在我国相关规范的规定范围内。

d. 沉桩施工顺序

沉桩施工顺序是本项目的重点和难点，关系到与人工岛、航站区施工进度的协调，北桥 60m 宽桥段安装顺序、安装方法、安装设备的选用，制桩、运桩顺序，北桥基桩施工何时完成，施工船舶何时撤出两桥之间的水域，南桥何时封闭等重大问题。既有局部的细节问题、也有涉及全局的重大问题需要研究。经总部和分部多次研究、讨论，确定了如下沉桩施工顺序原则：

基本原则是先北桥后南桥、先钢桩后混凝土桩、先 PHC 管桩后现场灌注桩、先两端后中间；

尽可能利用起重船起吊纵梁时的最大起吊幅度，将 60m 宽的桥段分条沉桩，达到方便安装、提高工效的目的。见附图 6.2-6；

北、南桥的口门宽度预留合理，方便施工船舶通航、船舶锚缆系泊，尽可能避免锚缆刮擦基桩，造成已打桩断裂。见附图 6.2-6，Ⅶ区即为北桥的口门区域。北桥封闭后，还可绕道南桥进入北桥的南侧施工；

所有基桩全部编号，按序、按号制作运输，按序沉桩。见附图 6.2-6。

在以上总的原则指导下，结合安装工艺的局部调整，保证整个联络桥工程的顺利进行。

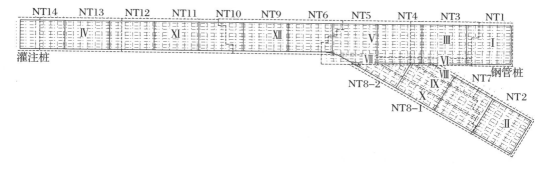

附图 6.2-6　北桥打桩顺序示意图

南桥由于桥宽都为 44m，没有分叉段，虽然南桥最后封闭后，大型施工船舶不能进入两桥之间，还是比北桥的沉桩施工顺序要简单得多。沉桩顺序的编排原则与北桥相似，不再赘述。

e. 沉桩停锤标准

按设计要求，单桩轴向承载力为 2 790kN，极限承载力大于 5 600kN。根据初期打桩动测分析、地质资料进行综合分析计算，经讨论拟定 PHC 管桩打桩停锤标准如下：

桩尖所在土层为强风化岩或局部硬层的停锤标准：当桩尖达到设计标高，且连续锤击贯入度小于 30mm 的连续锤击沉桩深度大于 4m，最后贯入度小于 10mm/ 击可以停锤。当桩尖未达到设计标高，而在 -30m 以下遇硬层，且连续锤击贯入度小于 5mm 的连续锤击沉桩深度大于 1m，最后贯入度小于 3mm/ 击可以停锤；对斜桩尚应满足泥面以上自由长度不大于 15m 的要求，当满足上述条件时，可不需补钻孔和补打桩，当不满足上述条件时，PDA 初测承载力大于 5 500kN，可以停锤。复测 PDA 桩承载力大于等于 6 700kN（PDA 误差按 20% 计算），可以停锤。

桩尖土为砂性土停锤标准：桩尖进入砂层厚度不得小于 8m，桩尖以下砂层厚度要求大于等于 2m，且最后 10 击平均贯入度小于 4mm/ 击，可以停锤；如贯入度大于或等于 4mm/ 击，应打穿砂层将桩沉至预定标高。PDA 初测承载力大于 5 500kN，可以停锤，但桩尖以下砂层厚度不得小于 2m。

f. 桩长的施工设计

桩长的施工设计是本项目的重点、难点之二。经与项目咨询工程师多次沟通，在沉桩停锤标准问题上，必须严格执行在具有足够承载力的情况下，按贯入度控制。这样势必造成几乎所有桩顶标高均不一样。在初期阶段几乎所有的桩都高出设计标高十多米，甚至要截掉整整一节桩，也有少数的桩要接桩以后再打。

桩长的施工深化设计

设计给出了明确的单桩承载力要求以及基本的桩尖持力层位置，但是按照设计要求先期沉入的基桩，在承载力满足的情况下，桩尖标高差异非常大。

为此施工企业组织专门力量，根据地质钻孔资料分别绘制了每排桩的地质剖面图，根据每排桩的地质剖面图、已沉桩贯入度与地质标准贯入击数的相关曲线，确定每个桩位的桩长，将每根桩编号，进行统计，并根据各种不同类型的方驳、沉桩顺序，绘制成装驳图（为避免基桩运至现场翻桩，装驳图必须按照打桩顺序的逆序安排）。再将桩长资料、装驳图传至制桩厂进行制作、装驳。

在确定桩长时，相邻位置的桩长度均有差异，这样桩长的种类就特别多，为了减少桩长的种类，便于桩的制作、运输、沉桩，将相邻、相近的桩长近似取两根桩长平均值的 1.01 ~ 1.02 倍。即使这样，本项目仅预制桩的桩长种类就达 28 种之多，是非常少见的。

沉桩在不断地进行，沉桩资料不断地累积。对已沉桩中相当比例的桩进行 PDA 大应变检测，进行一定比例的静载荷试验。试验结果，已沉桩的承载力均大于确定桩长时预估承载力。因此，沉桩停锤标准作了相应的微调，桩长也作了相应的调整。

桩长误差的处理

由于地质条件的复杂，仍然使得相当部分的桩尖标高与施工设计的桩尖标高有较大的差异，或高或低，只有采用水上接桩或截桩的方法解决。

g. 桩的防腐

PHC 管桩在我国首次大量用于海上工程，海水的腐蚀性是非常强的。管桩的混凝土密实性比以往普通混凝土的密实性要高，可以达到海工混凝土的防腐要求，但是用在该工程中的 PHC 管桩最大管节的长度为 14m，这样势必会有桩接头在水位变动区、在泥面以上，而管桩接头为焊接接头，是相对薄弱区。

就当时的制作水平和条件，PHC 管桩的最大管节长度只有 14m。所以，很难改变在嵌固点以上存在接头这样的现实。只有在接头的防腐措施上下功夫。

桩的防腐问题设计和施工时均有所考虑，桩顶以下 14.5m 均进行防腐处理，涂刷防腐环氧沥青漆。按桩顶标高 5.17m、泥面标高 -2.5m、第一管节 14.0m 计，则正常桩桩顶以下第一接头在泥面以下 6.33m，按照当时的规范，这样桩的接头是没有问题的。但是，在当地地质条件非常复杂的情况下，仍有相当部分桩的接头或高或低，这就使得部分桩的接头在泥面以上或在水位变动区，因此施工上根据桩接头标高的不同还采取了另外两条措施：对已沉桩低水位以上的接头重新进行防腐处理；对 -2.0m 以上的桩接头自接头以下 2m 灌注桩芯钢筋混凝土到顶。

h. 沉（成）桩质量检测

预制桩的沉桩质量检测

沉桩质量检测主要分两大部分：一是仪器检测：分为基桩的承载力检测和基桩的完整性检测；二是沉桩过程及沉桩结束后观察检查。基桩的承载力检测通过静载荷试验结合大应变测试；基桩的完整性检测通过小应变结合大应变检测；观察检查则看基桩是否有纵向裂缝，桩沉毕后一定时间内，桩外壁是否有白色碳酸钙析出。

有的桩在沉桩过程中或桩沉毕后可以明显地看到纵向裂缝甚至横向裂缝，可以立即采取相应的措施。但也有桩在上述过程中肉眼看不到任何问题，过了一段时间才发现有白色碳酸钙析出，可以肯定有白色碳酸钙析出的部位或附近存在裂缝。一旦发现，同样要对其作出相应的处理。

灌注桩的成桩质量控制与检测

项目咨询工程师对成桩质量的控制要求十分严格，事前、事中、事后都必须有明确有效的控制方法和措施，还要有第三方进行抽查。主要采取以下措施：

原材料必须按相应的规定进行检测，除按国内的检测项目进行检测外还要检测钢筋的单位长度实际截面的各项指标，通常是查钢筋每 m 长度的单位重量与理论重量的差异，换算钢筋截面的误差，再换算钢筋的强度指标误差，均符合要求才可使用；

灌注桩主要采用冲孔成孔工艺，灌注桩的孔径必须经检测达到设计要求的孔径；孔深的控制主要看桩进入预定中、微风化岩的深度。进入中、微风化岩深度采用三种检测方法：一是不断检测沉渣情况，从出现中、微风化岩开始，直至相应的深度；二是在桩位上直接钻孔，确定桩尖嵌入的深度；三是结合超声检测，从钢管内直接钻取桩尖的岩芯进行事后验证；

对于桩身混凝土的质量，除了控制混凝土的拌制质量外，还采用桩内 100％埋设三根钢管，其中 10％的桩中有一根钢管是 $\phi$120mm，其余为 40mm，桩内混凝土灌注完毕，达到一定强度后，对混凝土进行超声检测。发现混凝土有不密实情况的，再用钻芯注浆的方法进行修补。其中 $\phi$120mm 的钢管一管两用：除了用作超声检测外，还将用于钻机直接至桩尖取出岩芯。检测完毕后，对所有钢管进行注浆密封。

i. 现场接桩与截桩

根据本项目桩的停锤标准，现场接桩、截桩是必不可少的，尤其是截桩数量较多。从桩长施工设计的出发点考虑，虽然截桩多不太经济，但现场截桩比接桩要容易得多。因此，在桩长设计时考虑设计桩长比满足承载力的桩长略长。

截桩的要求，一是要平整，二是要对保留下来的桩影响最小。经过多次试验，采用在设计标高的位置设置一道钢箍，钢箍的顶面标高比桩顶设计标高低 20mm，以钢箍顶面为依托，用约 50mm 直径的钻孔机沿桩周钻孔，孔距为 60mm。一周全部钻完后，将孔与孔之间的混凝土凿掉，露出全部钢筋，这时可以将起重设备的吊索系于待截除的管桩上，再切割掉钢筋，这样就完成了一根桩的截除。

因有桩芯混凝土的钢筋进入承台，桩身进入承台混凝土 500mm，故桩顶钢筋不再考虑进入承台混凝土内。

接桩与常规接桩相同。部分桩顶较低，必须乘低潮接桩。

（4）沉桩施工进度计划

本工程沉桩施工开工令是 1993 年 2 月 28 日，但是直至 1993 年 9 月份施工进度一直不理想，最慢的时候 3 个月才打几根桩，完全打破了原有计划。1993 年 9 月份以后，平均每天沉桩约 12 根，最多的一天沉桩 22 根。但是，整个沉桩施工进度计划的安排与其施工顺序一样仍然是比较复杂的，并在原施工组织设计的基础上进行了调整。详见附表 6.2-5。

附表 6.2-5　联络桥沉桩施工进度计划表

| 序号 | 项目名称 | 工程量（根） | 时间（月） | | | | | | | | | | | | |
|---|---|---|---|---|---|---|---|---|---|---|---|---|---|---|---|
| | | | 6 | 7 | 8 | 9 | 10 | 11 | 12 | 13 | 14 | 15 | 16 | 17 | 18 |
| 1 | 北桥Ⅰ、Ⅱ、Ⅲ | 110 | ━ | ━ | | | | | | | | | | | |
| 2 | 北桥Ⅹ | 5 | | ▬ | | | | | | | | | | | |
| 3 | 北桥Ⅳ、Ⅴ | 91 | | | ━ | | | | | | | | | | |
| 4 | 北桥Ⅵ | 245 | | | | ━ | | | | | | | | | |
| 5 | 北桥Ⅶ | 29 | | | | | ━ | | | | | | | | |
| 6 | 北桥Ⅷ | 48 | | | | | | ━ | | | | | | | |
| 7 | 北桥Ⅸ | 110 | | | | | | ━ | | | | | | | |
| 8 | 北桥Ⅺ | 107 | | | | | | | ━ | | | | | | |
| 9 | 北桥Ⅻ | 189 | | | | | | | | ━ | | | | | |
| 10 | 南桥Ⅰ | 240 | | | | | | | | ━ | | | | | |
| 11 | 南桥Ⅱ | 260 | | | | | | | | | ━ | | | | |
| 12 | 南桥Ⅲ | 427 | | | | | | | | | | ━ | | | |
| 13 | 南桥Ⅳ | 410 | | | | | | | | | | | ━ | | |
| 14 | 南桥Ⅴ | 115 | | | | | | | | | | | | ━ | |
| 15 | 南桥Ⅵ | 181 | | | | | | | | | | | | | ━ |

注：1. 为了制表方便，前 6 个月的沉桩总数均集中在第 6 个月中。
　　2. 北桥Ⅻ、南桥Ⅵ分别为南北桥的最后封口段。
　　3. 因补桩等原因，桩数比计划数略有增加。

### 3. PHC 管桩沉桩情况

自项目开工至 1993 年底共沉 PHC 管桩约 1 000 根，占 PHC 桩总数的 40%。该部分桩在三个具有典型代表性的区域：一是北桥 NT1、NT2、NT3、NT4 位置，地质条件：顶面有部分填砂，底部砂层较厚，标贯击数高；二是北桥 NT10 ~ NT14，桩尖进入强风化岩较深；三是南桥 ST19 ~ ST22，桩尖支撑于埋藏较浅的中、微风化岩基上。这三个不同的区域都有其不同的特点。

（1）以砂土为主要承载土层的摩擦桩

NT1、NT2 首先打了 71 根桩，这里是较为典型的摩擦桩。选择其中的 8 根桩，将有关数据统计如附表 6.2-6，该区域砂层较厚，但有的桩还是打穿了砂层，桩尖进入强风化岩层。

附表 6.2-6　NT1 ~ NT4 分段部分桩沉桩参数表

| 项目 | 桩号 | | | | | | |
|---|---|---|---|---|---|---|---|
| | NT1 B-6 | NT1 K-6 | NT4 J-1 | NT3 B-4 | NT3 B-3 | NT3 J-4 | NT2 J-6 |
| 桩长（m） | 43.5 | 47.5 | 50.5 | 50.5 | 51.5 | 41.5 | 47.5 |
| 总锤击数 | 1 144 | 1 521 | 1 662 | 1 254 | 863 | 906 | 1 545 |
| 最小贯入度（mm/击） | 3 | 3 | 4 | 3.3 | 3 | 3 | 3 |
| 最小贯入度时桩尖标高（m） | −38.32 | −33.42 | −33.87 | −39.56 | −38.39 | −36.70 | −37.64 |
| 最后贯入度（mm/击） | 3 | 4 | 10 | 10 | 3 | 3 | 3 |
| 最终桩尖标高（m） | −38.35 | −34.59 | −45.63 | −45.66 | −38.39 | −36.70 | 37.64 |
| 贯入度小于 5mm 入土深度 | 0.06 | 2.77 | 2.0 | 6.1 | 1.14 | 0.03 | 1.44 |
| 桩尖进入砂层厚度（m） | 12 | 5.7 | 4.6 | 11.3 | 11 | 6.6 | — |
| 桩尖进入风化岩深度（m） | — | — | 6.2 | 6.08 | — | — | — |
| 桩临近地质钻孔编号 | 106 | 107 | 103 | 104 | 104 | 105 | |

（2）以强风化岩为主要持力层的摩擦桩

黏土和强风化岩地基中的摩擦桩主要在 NT11 ~ NT14 各分段中。这些桩沉桩时贯入度相对较大，但经过 PDA 动测和静载试验，桩的承载力均很高。该区域的沉桩参数见附表 6.2-7。

附表 6.2-7　NT11 ~ NT14 分段部分桩沉桩参数表

| 项目 | 桩号 | | | | | | |
|---|---|---|---|---|---|---|---|
| | NT11 B-2 | NT11 H-4 | NT12 B-4 | NT12 H-6 | NT13 B-2 | NT13 H-5 | NT14 E-1 |
| 桩长（m） | 55.5 | 55.5 | 44.5 | 44.5 | 41.5 | 38.5 | 38.5 |
| 总锤击数 | 952 | 593 | 1 525 | 906 | 971 | 312 | 197 |
| 最小贯入度（mm/击） | 1 | 2 | 3 | 2 | 3 | 4 | 2 |
| 最小贯入度时桩尖标高（m） | −45.04 | −44.49 | −34.40 | −36.79 | −36.78 | −34.91 | −33.42 |
| 最后贯入度（mm/击） | 1 | 2 | 3 | 2 | 3 | 4 | 2 |
| 最终桩尖标高（m） | −45.04 | −44.49 | −34.40 | −36.79 | −36.78 | −34.91 | −33.42 |
| 贯入度小于 5mm 入土深度 | 0.08 | 0.07 | 3.4 | 0.8 | 0.03 | 0.04 | 0.07 |

| 项目 | 桩号 | | | | | | |
|---|---|---|---|---|---|---|---|
| | NT11 B-2 | NT11 H-4 | NT12 B-4 | NT12 H-6 | NT13 B-2 | NT13 H-5 | NT14 E-1 |
| 桩尖进入砂层厚度（m） | – | – | 3.4 | – | – | – | – |
| 桩尖进入风化岩深度（m） | 19.74 | 19.74 | 4.5 | 16.68 | 16.88 | 15.31 | 12.87 |
| 桩临近地质钻孔编号 | – | 85 | 84 | 83 | 82 | 81-1 | 79 ~ 80 |

（3）中、微风化岩地基中的支承桩

中、微风化岩地基中的支承桩主要在南桥 ST19 ~ ST22 分段中，该区域基岩埋藏浅、强度高，锤击数少，贯入度陡变。该区域的沉桩参数统计见附表 6.2-8。

**附表 6.2-8　ST19 ~ ST22 分段部分桩沉桩参数表**

| 项目 | 桩号 | | | | | | | |
|---|---|---|---|---|---|---|---|---|
| | ST19 B-4 | ST19 H-6 | ST20 H-4 | ST21 B-7 | ST21 B-4 | ST21 H-6 | ST22 H-4 | ST22 E-3 |
| 桩长（m） | 31.5 | 31.5 | 34.5 | 31.5 | 34.5 | 30.5 | 28.5 | 30.5 |
| 总锤击数 | 101 | 113 | 110 | 16 | 133 | 25 | 69 | 54 |
| 最小贯入度（mm/击） | 1 | 3 | 3 | 2.5 | 2 | 2 | 2 | 3 |
| 最小贯入度时桩尖标高（m） | −24.45 | −25.74 | −25.70 | −19.79 | −26.26 | −19.26 | −21.55 | −21.75 |
| 最后贯入度（mm/击） | 1 | 3 | 3 | 2.5 | 2 | 2 | 2 | 3 |
| 最终桩尖标高（m） | −24.45 | −25.74 | −25.70 | −19.79 | −26.26 | −19.26 | −21.55 | −21.75 |
| 贯入度小于5mm入土深度 | 0 | 0 | 0 | 0 | 0 | 0 | 0 | 0 |
| 桩尖进入砂层厚度（m） | – | – | – | – | – | – | – | – |
| 桩尖进入风化岩深度（m） | 0.35 | 3.3 | 3.9 | | 3.5 | 0.25 | 5.0 | 3.7 |
| 桩临近地质钻孔编号 | 21 | 20 | 18 | – | 15 | 14 | 12 | 13 |

（4）单根桩的锤击数

单根桩的锤击数最少的为 ST21 分段 B-7 桩，总锤击数仅 16 击；最多的为 NT4 分段 H-4 桩，总锤击数达 3585 击。已沉 PHC 管桩锤击数统计见附表 6.2-9。

**附表 6.2-9　PHC 桩锤击数统计表**

| 锤击数 | 占PHC桩的比例（%） | 锤击数 | 占PHC桩的比例（%） |
|---|---|---|---|
| 0 ~ 200 | 28.3 | 1 601 ~ 1 800 | 2.0 |
| 201 ~ 400 | 19.0 | 1 801 ~ 2 000 | 0.7 |
| 401 ~ 600 | 19.2 | 2 001 ~ 2 200 | 0.5 |
| 601 ~ 800 | 10.3 | 2 201 ~ 2 400 | – |
| 801 ~ 1 000 | 6.8 | 2 401 ~ 2 600 | 0.1 |
| 1 001 ~ 1 200 | 6.3 | 2 601 ~ 2 800 | 0.1 |
| 1 201 ~ 1 400 | 4.3 | 2 801 ~ 3 000 | – |
| 1 401 ~ 1 600 | 2.3 | ≥ 3 001 | 0.1 |

如果将附表 6.2-6 中的桩按照砂层、强风化岩地质与中、微风化岩地质分类统计桩锤击数，则会发现砂层、强风化岩地质中的桩总锤击数多为 200～800 击，占 62.7%，见附表 6.2-10。在中、微风化岩地质中的桩多为 50～200 击，占 74.1%，见附表 6.2-11。

附表 6.2-10　PHC 管桩在砂层、强风化岩地基中锤击数统计表

| 锤击数 | 占 PHC 桩的比例（%） | 锤击数 | 占 PHC 桩的比例（%） |
|---|---|---|---|
| 0～200 | 5.1 | 1 601～1 800 | 2.8 |
| 201～400 | 22.6 | 1 801～2 000 | 1.0 |
| 401～600 | 25.9 | 2 001～2 200 | 0.7 |
| 601～800 | 14.2 | 2 201～2 400 | 0 |
| 801～1 000 | 9.4 | 2 401～2 600 | 0.2 |
| 1 001～1 200 | 8.7 | 2 601～2 800 | 0.2 |
| 1 201～1 400 | 4.1 | 2 801～3 000 | 0 |
| 1 401～1 600 | 3.1 | ≥ 3 001 | 0.2 |

附表 6.2-11　PHC 管桩中微风化岩地基中锤击数统计表

| 锤击数 | 占 PHC 桩的比例（%） | 锤击数 | 占 PHC 桩的比例（%） |
|---|---|---|---|
| 10～20 | 2.5 | 201～400 | 9.7 |
| 21～50 | 11.0 | 401～600 | 2.1 |
| 51～100 | 34.3 | ≥ 601 | 0.4 |
| 101～200 | 39.8 | | |

（5）贯入度

本工程中大多数基桩贯入度均小于 10mm，多数小于 4mm。见表 6.2-12。

附表 6.2-12　PHC 管桩贯入度统计表

| 贯入度（mm/击） | 占统计桩数的比例（%） | 贯入度（mm/击） | 占统计桩数的比例（%） |
|---|---|---|---|
| 0～2.0 | 37.4 | 6.1～8.0 | 0.6 |
| 2.1～4.0 | 49.9 | 8.1～10.0 | 4.6 |
| 4.1～6.0 | 4.5 | ≥ 10.1（初打桩） | 2.9 |

从统计资料看，这些桩的锤击贯入度比较小，3～4mm/击的占大多数，桩顶被打坏的很少。

**4. PHC 管桩沉桩施工的技术改进**

（1）锤垫与桩垫

锤垫多数采用硬木。锤垫的作用是将锤击能量通过锤垫吸收、释放、传递给替打。最好的锤垫是"碟簧桩帽"，但是碟簧桩帽自重太大不宜推广，通常还是采用传统的硬木。硬木锤垫经一定次数锤击后，已经基本上没有弹性，应根据总锤击数进行更换，否则吸收、

释放能量的作用会大大降低，桩受锤击作用时易产生较大的锤击应力峰值，导致桩身产生环向或纵向裂缝，甚至桩被打断。所以，要求打桩船经常更换锤垫木。

桩垫采用较硬的木材或纤维板。由于木材的均质性较纤维板差，易以黏在替打内，桩顶与替打的接触面高低不平，易将桩顶打碎，木材更是紧缺的资源；纤维板易以加工成圆环形，也可以用马粪纸，都不易黏在替打内。管桩桩垫需要的厚度比混凝土方桩的要小些，经过多次试验，采用 6 层纤维板已经起到了良好的保护桩顶的作用。如果能将桩垫固定在替打内，一块 6 层纤维板桩垫可以用于 2 ～ 3 根桩次。由于桩垫延长了锤击作用的时间，也起到了保护桩身不易被打坏的作用。

（2）如何避免桩身裂缝、断桩的发生

a. 用作支承桩的风险

沉桩时部分桩出现了纵向或环向裂缝，少数桩甚至断裂。为便于分析，现将部分裂缝桩的有关参数列于附表 6.2-13。

附表 6.2-13　部分裂缝桩的沉桩参数统计表

| 桩号 | 总锤击数 | 最后贯入度（mm/击） | 入土深度（m） | 备注 |
|---|---|---|---|---|
| ST20I-3 | 93 | 2 | 24.6 | |
| ST20C-3 | 90 | 1 | 25.8 | |
| ST21B-4 | 133 | 2 | 23.9 | |
| ST21H-1 | 53 | 3 | 19.02 | |
| ST20H-6 | 46 | 3 | 16.4 | |
| NT1K-4 | 2 009 | 3 | 32.1 | |
| NT11B-4 | 526 | 2 | 35.9 | 复打桩 |

在不同地质条件中的桩裂缝有明显的区别。中、微风化岩基上的裂缝桩多于砂土、强风化岩地质条件下的桩。且中、微风化岩基为持力层区域中的桩裂缝多数为纵向裂缝，其他区域多数为环缝。经分析，中、微风化岩基为持力层区域中造成桩裂缝的主要原因是桩入土深度小，岩基以上土体强度低，基桩的承载性质为支承桩，桩尖支承于倾斜的岩基上，使得基桩承受了较大的锤击压力，有的甚至是偏心锤击压力，造成桩身径向拉应力过大，再与桩身的薄弱部位相叠加，桩身容易出现纵向裂缝；也有少数桩由于水锤作用，导致桩身纵向裂缝，有的甚至断桩。另一种情况发生在软土层较厚的区域，桩在进入较厚的软土层后，产生溜桩，在溜桩过程中，打桩拉应力过大，所以多数产生环向裂缝破坏，但是所占比例比较小，在 2% 左右。（在中、微风化岩基地质条件中，当桩尖沉至岩面时，贯入度突然变小，现场沉桩指挥人员要求立即停锤，当时大部分桩没有发现开裂或断桩的情况。

但是，咨询工程师代表坚持要求再施打 10 锤，以观测沉桩贯入度，部分桩就是在这最后的 10 锤中被打开裂甚至打断的。这种情况以后施工中应当可以避免。）

因此，在黏土、砂土、强风化岩地质条件中，采用预制 PHC 管桩是可行的。但在中、微风化岩基中，采用 PHC 管桩作为支承桩必须谨慎行事。

b. 水锤作用

PHC 管桩采用开口形式桩尖（不加桩靴），桩尖刚刚入土时，桩芯土体按桩外面的标高相对上升，由于桩空心相对较小，具有一定的土塞效应，因而桩芯泥面的标高低于桩孔外面的标高。若土塞效应增大到足够抵抗桩尖阻力，则桩芯的泥面不再升高。即使土塞效应达不到足以抵抗桩尖阻力，一般不会使桩芯土体高于桩外的泥面标高。

在本项目中，为了较好地穿过硬土层，PHC 管桩桩尖均设置了 500mm 敞口式钢桩尖。带敞口式钢桩尖空心桩在沉入过程中，由于桩尖的作用使得进入桩空心的土体大于桩身空心的体积。如附图 6.2-7 所示。桩尖进入桩芯的土体为钢桩尖所围的体积，很明显原设计的钢桩尖构造使土体进入桩芯的体积大于修改后的体积。

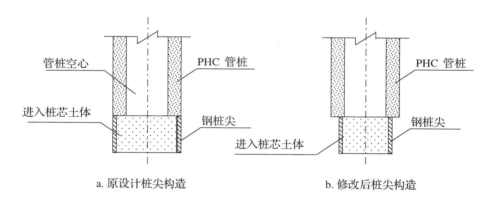

a. 原设计桩尖构造            b. 修改后桩尖构造

附图 6.2-7 敞口钢桩尖构造示意图

由于桩芯内土体、水位升高，直至桩顶溢出，锤击时，替打的底面既作用在桩顶上，也作用在桩芯的水体上。水是不可压缩的，同时又具有向各个方向传递压力的特点，因此，桩内水位达到桩顶的桩，在锤击时，桩内承受了很大的压力，很容易使桩产生纵向或横向裂缝。为了防止水锤作用的产生，采取了以下两个措施：

一是修改钢桩尖的结构，将钢桩尖的外径从 800mm 改为 620mm，这样，桩芯的土体升高值大大减少，即使入土深度 30m 的桩，其桩芯土体升高约 4.5m，一般不会达到桩顶。由于桩尖进入硬土层后，桩尖土体具有一定的闭塞作用，实际升高量将小于理论升高量。

二是在桩顶以下约两倍桩径的位置上钻 50mm 的泄水孔，即使桩芯内有水上升，到达泄水孔就可以排出，使桩芯内的水不再满至桩顶，消除了水锤作用造成的不良后果。尚未预制的桩则要求在制桩时预留泄水孔。

（3）承载力

在沉桩过程中有一定比例的桩做了 PDA 大应变测试。被测试桩基本上发挥出了设计要求的承载力。其中北桥 NT10A-6 桩（试桩 1#）采用 PDA 大应变测试，测出桩承载力为 7 248kN。由于桩材料的强度限制，试验荷载加至 7 328kN，桩顶沉降仅为 24.51mm，残余沉降为 1.52mm。即桩周土尚未破坏。相邻的试桩 2#（$\phi 914 \times 16$ 钢管桩）桩尖标高相同，荷载加至 11 567kN，地基土也未破坏。通过这些试验，对当地的地质情况有了进一步的了解。施工中根据具体地质条件对桩长进行调整。

（4）运输

PHC 管桩由 10 ~ 14m 的管节组成整桩。可以在工厂组成整桩运到现场进行整桩沉入；可以将管节运至现场，在现场拼接成整桩，在场内整桩吊运，进行沉桩；也可以将管节运至现场逐节沉入，在沉桩现场进行接桩。可以根据起吊、场外运输、场内运输、现场拼接、桩架高度等条件决定选用何种方式。

当具有长桩的起吊、场外运输、整桩沉桩条件时，可选择在工厂组成整桩运到现场进行整桩沉入的方式。当具有场内整桩吊运、整桩沉入的条件时，可以选择将管节运至现场，在现场拼接成整桩，在场内整桩吊运，进行沉桩。这两种方式均省却了边沉桩、边接桩的环节，可以提高沉桩速度以及沉桩设备的利用效率。同时，在工厂或场地接桩更能保证接桩质量，保证焊缝的充分冷却。

当长桩运输、起吊困难时——尤其是运输，除水上运输可以运送 60m 长桩外，陆上是非常困难的，即使可运，运价也很高；而且也只有水上可以整根沉长桩——尤其在陆上基桩工程中，采用管节运输、逐节沉桩的方式最为常见。

本项目具有长桩起吊、运输、桩架高度条件，所以，采用工厂拼接、驳船长距离运输、整桩沉桩的为主方式。从运输的经济性看，运送管节的方案更合理、更经济，可提高船舶的装载率，但由于现场拼接是在境外进行，人员派遣、设备调运不便，还涉及到退税等问题，最终，原则上以整根桩在制桩厂完成制作、拼接，整根运输至现场，整根沉桩为主。

（5）沉桩的适应性

本项目为水上锤击沉桩。从沉桩的锤击数看，有 16.4% 的 PHC 管桩锤击数超过 1 000 锤；从沉桩的最后贯入度统计看，有 87.3% 的桩最后贯入度小于等于 4.0mm/ 击。超过 1 000 锤的这些桩中，桩顶完好率为97.8%；其中一根超过了3 000锤。可见PHC桩是经得起锤击的。通常方桩桩顶较易受损，而PHC管桩桩顶的完好率是98.9%。

（6）对工程地质的适应性

从本工程的PHC管桩沉桩情况看，PHC管桩不但适用于黏土、亚黏土的工程地质条件，也较钢筋混凝土方桩更易穿过砂土、密实砂土、密实含砾砂土。

如在中、微风化基岩埋置较浅的地质条件下，采用打入式沉桩工艺用作支承桩，可能会使得PHC桩在锤击沉入时，贯入度突然发生变化，由较大的贯入度在几锤以后就变为零。如果继续锤击，就很容易将桩顶打坏，桩身打裂，甚至将桩打断。在ST19～ST22几段中，就多次发生贯入度已经是1mm/击，接近零，但是项目工程师和建设单位检测机构坚持要看最后10锤的贯入度，再继续打10锤，这时，桩顶和桩尖都是硬碰硬，有些桩就是在这种情况下打坏的。因此，当PHC管桩作为中微风化岩地基上的支承桩时，一是可以将桩的结构作适当的改进，加长钢桩尖，钢桩尖的长度大于3D（桩直径），使桩尖的不均匀受力传至PHC管桩时得以调整，趋于均匀；还可以将管壁壁厚加大，适当增加用钢量，提高箍筋密度，有利于桩抵抗偏心锤击压力。二是在有条件的情况下改变沉桩工艺，如采用静压沉桩工艺，密切注意压桩力的变化，随时停压。三是根据地质条件和承载力的要求，取出桩芯土体，灌注钢筋混凝土，这样还可大大提高桩的承载力。

若采用锤击法沉桩工艺，PHC管桩更适合于用作摩擦桩。在沉桩时，当采用合适的桩锤，单桩的总锤击数不宜超过2 000击，最小贯入度宜控制在大于4mm/击。

（7）与上部结构的相容性

采用PHC管桩做基桩，桩顶与基础承台的连接主要有以下形式：一种是桩顶浅埋式连接另一种是深埋式连接。浅埋式又分平埋式和截埋式；深埋式也分平埋式和截埋式。

桩身进入基础小于等于150mm长度的称为浅埋式；桩身进入基础大于150mm长度的称为深埋式。因为一般浅埋式只进入基础100mm，但是桩身进入基础100～150mm长度的性质类似，所以将桩身进入基础150mm以下均定为浅埋式。而桩身埋入基础150mm以上则会在性质上发生变化，所以将桩身进入基础150mm以上的称为深埋式。

平埋式是沉桩时桩顶标高正好沉至设计标高，无需截桩的埋入方式；截埋式是沉桩时桩顶标高与设计标高不一致，可能需要接桩或截桩再埋入基础的连接方式。

以上两种方式在实际施工中都会碰到。但是，采用深埋式还是采用浅埋式是由设计图纸决定的，多数在一个项目、一个设计单位设计的项目中可能只采用一种方式。二者的优缺点详见附表6.2-14。

附表 6.2–14　管桩深入承台长度的优缺点表

| 序号 | 项目 | 深埋式 | 浅埋式 |
|---|---|---|---|
| 1 | 结构受力 | 桩与基础承台混凝土的连接更牢固、更稳定，抗拔能力更强，基础钢筋遇桩需截断。与承台的连接近似于刚性、半刚性连接。 | 桩与基础承台混凝土的连接较薄弱，不利于基础承台受力传递，抗拔能力较差。与承台的连接近似于柔性连接。 |
| 2 | 施工方便 | 沉桩时桩顶标高控制标准可适当降低，放宽允许误差，减少接桩、截桩数量。增加上部结构配筋的施工难度，增加部分钢筋用量。 | 沉桩时标高控制标准要求高，容易导致接桩或截桩，增加施工难度，桩顶钢筋绑扎较简单，钢筋安装方便。 |
| 3 | 经济性 | 桩进入基础长度增加，增加基桩用量约0.4m，但是提高了沉桩效率，加快了桩顶处理的速度，节约了相应的费用，增加部分桩顶基础部位的钢筋费用，但也减少了承台的部分混凝土。 | 减少基桩用量0.4m，节省了基桩的费用；增加了接桩、截桩的费用，延长了桩顶处理的时间，增加了相应的费用。增加承台混凝土用量。 |
| 4 | 对施工进度的影响 | 较有利于加快施工进度。 | 桩顶处理影响施工进度，在基坑内处理桩顶，对基坑安全不利。 |

本项目设计采用深埋式，桩顶进入桩帽结构 500mm。

## 三、南浦大桥浦东主墩基桩施工小结

### 1. 工程概况

（1）基桩

南浦大桥地处上海市南码头黄浦江边。大桥全长 7 995m，主桥全长 846m，主桥系斜拉结构，主跨 423m，两侧各设主桥墩一个，主墩高 150m，基础承重 $5.0 \times 10^7$kN，主墩基础为 $\phi 914 \times 20 \times 51\ 200$mm 钢管桩结构形式。每个桥墩基础有基桩 98 根，桩顶标高为 0.6m，桩尖标高为 -50.6m，基础位置自然地面标高为 +4.0m。桩间距为 3.0m × 3.2m。桩沉毕后，设计要求采用干取土的方法，将桩内土取至 -27m，然后灌注钢筋混凝土。桩位布置见附图 6.3-1。

（2）地形、地貌

大桥主墩位置紧靠黄浦江边，浦东主墩上游为中华船厂沪南分厂的修船码头。陆上为三层车间。下游为上港七区中华南栈煤码头。主墩位置上有新老两道防汛墙，新防汛墙底部为 300mm × 400mm × 6 000mm 钢筋混凝土桩，桩顶标高为 +1.0m 左右；主桥墩大部分位置上存有原上海港务工程公司预制厂预应力张拉台座、钢筋混凝土行车基础梁、锚定拉杆结构等。主墩北边系原预制厂留下的尚需利用的食堂、锅炉房以及三层的工地办公大楼。

凡是主墩位置上的新老防汛墙、张拉台座、钢筋混凝土行车基础梁、锚定拉杆结构，均应在沉桩前拆除清理完毕，以便统一安排沉桩顺序。基桩和老结构的位置关系图见附图6.3-1。

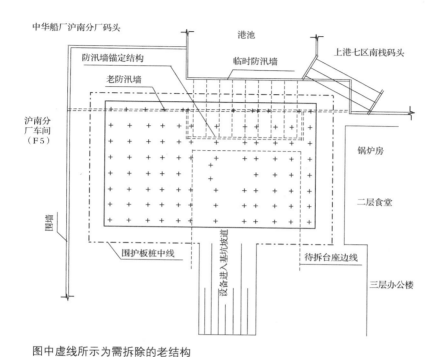

图中虚线所示为需拆除的老结构

**附图 6.3-1　桩位布置和有关建（构）筑物的位置关系图**

（3）地质情况

根据地质勘察报告资料显示，标高在约 -19m 以上均为强度较低的黏土、亚黏土；-19 ～ -24m 为暗绿色亚黏土，-24 ～ -40m 为黄色粉砂土，-40 ～ -58m 为黄色粉细砂，-58 ～ -65m 为青灰色粉细砂，土层主要物理、力学性能指标见附表6.3-1。

（4）试打桩概况

正式开工前共试桩两根，均采用锤击沉桩工艺，位置在浦东主桥墩中心。试桩每根分四节，每节桩长为 14.5m，桩径为 900mm，壁厚 20mm，材质为 A3 钢。采用 KB-80 型日本进口柴油锤。第一根试桩共锤击 7 655 击，入土深度为 49.5m，最后阵平均贯入度为 1.6mm/ 击。从 1988 年 10 月 28 日开始，到 1988 年 11 月 2 日沉桩结束。其中锤击时间较长是一个原因，主要是钢桩的接头焊接时间较长。沉毕时桩内土芯标高为 -3.46m。在地面以下约 8m（试桩时地面标高为 +4.5m）。第二根试桩总锤击数为 6 207 击，总入土深度为

## 附表 6.3-1　基桩分段沉入与地质土层简明对照表

| 基桩分段沉入示意图 | | | | 土层名称（8#孔） | 土层标高（m） | 孔隙比 e | 天然含水量 W（%） | 标贯击数 N | Ps——h 曲线（2#孔简化） | | | | | | | | |
|---|---|---|---|---|---|---|---|---|---|---|---|---|---|---|---|---|---|
| 桩尖标高 | 第一节 | 第二节 | 送桩 | | | | | | 30 | 60 | 90 | 120 | 150 | 180 | 210 | 240 | 280 |
| | | | | 填土 | 3.15 | | | | | | | | | | | | |
| | | | | 黄色亚粘土、粘土 | 1.85 | 1.07 | 38.6 | | | | | | | | | | |
| | | | | 灰色轻亚粘土、夹粘土 | -3.15 | 1.32 | 45.8 | | | | | | | | | | |
| | | | | 灰色淤泥质粘土 局部夹粉砂 | | 1.25 | 36.8 | | | | | | | | | | |
| | | | | | -12.75 | | | | | | | | | | | | |
| | | | | 灰色亚粘土、粘土 | | 1.01 | 36.8 | | | | | | | | | | |
| | | | | | -19.15 | 0.95 | 32.9 | | | | | | | | | | |
| （一）-17.5 | | | | 暗绿色亚粘土 | | 0.65 | 24.2 | | | | | | | | | | |
| | | | | | -23.75 | 0.96 | 32.8 | | | | | | | | | | |
| | | | | 黄色粉砂 | | 0.88 | 30.8 | | | | | | | | | | |
| | | | | | | 0.76 | 26.8 | 32 | | | | | | | | | |
| | | | | | | 0.81 | 32.0 28.2 | 31.5 | | | | | | | | | |
| | | | | | -40.35 | 0.86 | 26.9 | 50.3 | | | | | | | | | |
| （二）-45.9 | | | | 灰黄色粉细砂 | | 0.89 | 28.2 | 35 | | | | | | | | | |
| （三）-50.6 | | | | | | 0.84 | 26.7 | 50 | | | | | | | | | |
| | | | | | -57.85 | 0.84 0.91 | 26.0 29.1 | 58 | | | | | | | | | |
| | | | | 青灰色细砂 | | 0.75 | 25.3 | | | | | | | | | | |
| | | | | | 未钻穿 | | | 45 | | | | | | | | | |

53.5m，在桩尖标高沉至 -24.3m 时，桩内取土并超深至 -31m，最后贯入度为 1.6mm/ 击，沉桩完成后测量桩内土芯标高为 -6.98m，在地面以下 11.48m（桩内取土后由于桩内土上涌所致）。时间从 1988 年 11 月 3 日开始至 1988 年 11 月 6 日结束。

**2. 沉桩方案的优化**

（1）桩结构的优化

根据设计要求和试桩情况，总长为 51.2m 的钢桩可分为四节。这样现场需要三个桩接头，每个桩接头的接桩（焊接）时间正常情况下约为 180min，三个接头就需要 9 小时。这样，一台桩机一个班只能沉 0.4 ~ 0.5 根桩，效率相当低。另设计要求，桩内土需取至 -27m，再灌注钢筋混凝土。桩顶标高为 +0.6m，即桩顶以下 27.6m 需灌注钢筋混凝土。并采用干式取土的方式，这在当时国内尚属首次。为了干取土的方便、充分发挥企业自有桩架的有效高度、减少钢桩在现场的接头数量，提高沉桩效率；同时，与地质资料对比分析，下节桩为 23m 左右时，接桩时的桩尖标高正好落在灰色亚黏土、黏土层内，避免由于接桩时间的停止锤击，土体恢复强度，给第二节沉桩带来一定的难度。经与设计单位协商讨论，确定将桩长分为两节，上节桩长 28.4m，下节桩长 22.8m。这样现场只有一个钢桩接头，大大节约了现场的接桩时间，提高了沉桩效率。

（2）主要沉桩设备

本工程浦东主墩除了墩中心两根试桩外，其余 96 根桩采用两种锤型。其中 90 根系采用 D100-13 西德进口柴油锤，另 6 根桩采用了 MB-72 型日本进口柴油锤，桩架采用了总高为 42m 的液压船行法自制桩架，可沉最大单节长桩 30m。D100-13 与 MB-72 锤的主要技术数据见附表 6.3-2。

附表 6.3-2　D100-13 与 MB-72 锤的主要技术数据

| 项目 | D100-13 | MB-72 |
| --- | --- | --- |
| 锤击能量（kN·m/ 次） | 213.86 ~ 333.54 | 211.68（极值） |
| 锤击频数（次 / 分） | 36 ~ 45 | 42 ~ 60 |
| 爆发力（kN） | 2 600 | 2 744 |
| 适宜打最大规格桩重（kg） | 40 000 | 17 000 |
| 锤重（kg） | 19 820 | 19 200 |
| 活塞重（kg） | 10 000 | 7 200 |
| 锤高（mm） | 6 358/7 358（含加高部分） | |

（3）沉桩顺序

根据对周围环境的保护要求及设计、建设单位对桩位控制的质量要求，提出一个较为理想的沉桩顺序，见附图 6.3-2。

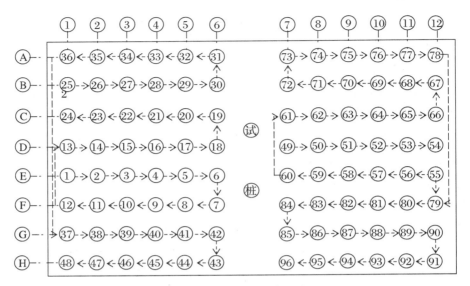

附图 6.3-2　计划沉桩顺序图

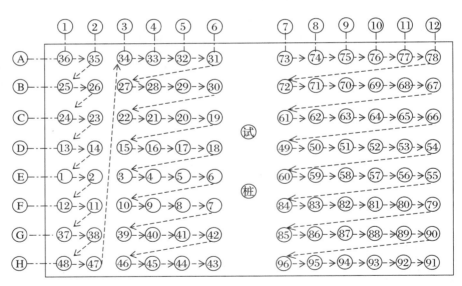

附图 6.3-3　调整后沉桩顺序图

　　但是现场老建（构）筑物的拆除和障碍物的清除进度跟不上市政府要求的开工进度，以及建设单位和设计单位对防汛墙的保护要求，最后作了局部修改，采用附图 6.3-3 的沉桩顺序。从附图 6.3-1 看，主墩的南、西、北三面，都有需要保护的建（构）筑物。从重要性看，当然防汛墙为最。采用原沉桩顺序，既考虑到防汛墙的重要性，也考虑了以下几个因素：

a. 因主墩位置地面标高为 +4.0m，主墩外的防汛墙及码头标高为 +4.5m，在主墩计划施工期间（12 月 15 日 ~ 次年 3 月 31 日）潮位不超过 +4.5m。

b. 从中间往东西方向单排平行推进，对防汛墙不会产生明显的破坏作用，现有的板桩胸墙、防汛墙作为临时防汛墙经计算仍为有效，是安全的。

c. 可以提高沉桩的正位率。即基本以主墩纵横中心线为对称中线安排沉桩顺序，使桩受到土的挤压作用基本对称，从而消除桩由于挤土造成的位移，提高桩的正位率。

按照附图 6.3-3 的沉桩顺序，主要解决了开工打桩与拆除障碍物之间的进度矛盾，基本上以主墩纵轴为对称轴对称沉桩，相应减少了沉桩对防汛墙的挤土作用。

由于沉桩过程中增加两根试桩的要求，以及拆除进度跟不上沉桩进度，因此，实际沉桩顺序又作了局部变动。

（4）桩顶标高的控制

对桩顶标高及最后停锤设计有两点要求：

a. 桩顶标高为 +0.6m，同时贯入度不大于 8mm/ 击。

b. 基坑开挖后，桩顶经接高或切割，标高允许误差为 0.6 ± 0.02m。

在采用 D100-13 锤正式沉桩后，发现桩顶标高在达到 +0.6m 时，多数桩的贯入度仍大于 8mm/ 击。经与勘察、设计单位商量，研究了 KB-80 锤的动测试桩资料，由于 D100-13 锤的锤击能量比 KB-80 锤的锤击能量增加了约 56％。所以，采用 D100-13 锤的最后阵锤击贯入度大于 8mm/ 击，属于正常。因此，改为贯入度大于 8mm/ 击，达到标高也可以停止锤击。一般均按 +0.6m 标高控制终沉标准。

考虑到在基坑开挖后方便下道工序施工，使桩顶标高在无特殊情况时均控制在 0.6 ± 0.02m 范围内，避免了开挖后钢桩顶的大量切割或接桩工作，且平整度良好。沉桩结束，按这个标准验收，合格率达 97.9％。

（5）桩平面位置控制

本工程基桩设计要求在摘除替打时桩位的允许偏差，纵、横两个方向均为 10cm，倾斜度偏差为 1％。

经分析，平面位置的控制关键在桩的倾斜度限制、桩尖定位偏差的控制。如果按设计要求的桩倾斜度允许偏差为 1％，或按施工验收规范要求规定定位倾斜度允许偏差为 1/300，造成的桩顶平面位置偏差加桩本身的允许定位偏差，就会大于桩沉毕时的桩顶允许偏差。因此，将定位时倾斜度偏差定为 1/800 ~ 1/1 000，在纵、横两个方向上的定位允许偏差为 2cm。

为达到上述要求，施工企业采取了以下几条措施：

a. 按照公司和工程队的质量管理规定，首先对建设单位移交的大桥主墩控制点、轴线进行验收，发现问题或大于允许偏差值的应会同建设单位共同解决。再对施工基线、基点实行三级验收，达到要求方可测放样桩。

b. 桩尖的定位采用样桩和定位圆相结合的办法，桩尖圆心对准定位圆定位。

c. 桩的倾斜度以桩的正侧面两个方向，两台经纬仪进行控制。

d. 防止样桩因沉桩挤土或设备移动影响已经测放样桩位置，实行每沉两根桩复测两根样桩位置，发现偏差立即纠正。

e. 送桩前立即进行中间验收，测出桩的实际位置，算出桩位偏差。

由于施工措施落实，施工质检人员把关严格，取得了建设单位质检部门的信任。主墩沉桩中间验收予以免检。竣工桩位合格率达 98.6%。

（6）替打形式的改进

首次进行陆上沉桩，按锤对替打的使用要求，与日本进口的柴油锤相比有很大的区别。日本进口的柴油锤，下活塞底部嵌入替打的上盆口内；而 D100-13 锤下活塞底部不能处于替打盆口附近，否则下活塞将受到盆口侧向水平力的作用，以致破坏锤的部件。为此，施工人员一开始就将替打的上盆口用钢丝绳和钢板垫平，作为锤垫。经试打发现盆口内钢丝绳盘得松，空隙大，在其弹性作用下，活塞仍陷入替打的上盆口一定深度，只要锤和替打稍有偏心，锤的下活塞就会受到水平力的作用。所以对锤垫做了修改，取出部分钢丝绳，改用厚度为 120mm 厚的钢板，放入替打的上盆口内。钢板的顶面比替打的上盆口面高约 30～50mm。在锤击时即使压缩 30mm，替打和锤稍有偏心也不会对锤产生水平力。两种锤型对替打构造的不同要求见附图 6.3-4。

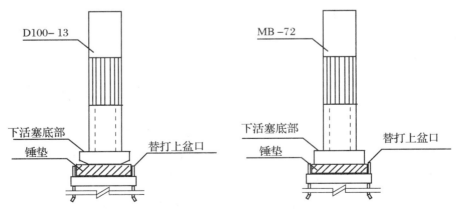

附图 6.3-4　DELMAK100-13 与 MB-72 锤采用不同替打构造示意图

锤垫解决后，另外的问题又突出了，即锤的下活塞不能进入替打的上盆口内，替打仅靠四根钢丝绳吊着。由于钢丝绳的柔性，在水平平面内有较大幅度的移动范围，会造成较大幅度的偏心锤击。

为了保证桩、替打、锤中心线在一条垂线上，一改以往陆上沉桩替打不用跑道的习惯，给替打安上了可沿跑道上下滑动的隼口。起初将隼口直接安装在替打上，但由于桩架跑道受力过大，隼口常常被拉坏，有时甚至将桩架龙口的跑道也拉坏。即使有四个替打轮流使用、修理，还是来不及修就又坏了。后来，经研究设计了活络隼口方案，终于解决了隼口常被拉坏的难题，加快了沉桩进度，保证了沉桩质量。

**3. 钢管桩制作**

本项目一个主墩共计 98 根桩，先前已经完成试桩 2 根，还有 96 根桩，约使用钢材2 200t。为了保证制作质量和进度，方便运输，选择江南造船厂作为钢桩的制作单位。

江南造船厂在钢结构焊接方面具有百年历史，经验丰富、人才济济、设备齐全，这是保证质量和进度的重要基础。且江南造船厂与南浦大桥工地隔江相望，上下游距离仅约1km，具有良好的水上装卸、运输条件，工地现场也有相应的靠泊条件，可以从水上驳船直接吊运至工地现场，避免了陆上运输长桩的困难。还有一个重要原因是，当时钢材紧缺，江南造船厂可以在较短时间内采购到相应的钢材。钢管桩制作期间，建设单位和总包单位均派出了驻厂监理人员，保证钢管桩制作质量 100% 合格方可出厂。

最终制桩单位基本上按照沉桩进度及时供应了合格的钢桩。

**4. 钢桩现场焊接**

钢桩接头处有关参数：桩径 $\phi$914，壁厚 $\delta$ =20mm。设计要求按 CB-827-82 规范 Ⅲ级标准验收并 100% 探伤（超声波），这对现场恶劣条件来说是有很大难度的。经过试验和认真的分析研究，认为除了将常规的钢桩接头处内衬环，由下节桩桩顶改为上节桩的下口处外，还要严格控制焊缝的宽度。焊缝根部太窄，不利于底部施焊，容易出现夹渣等毛病。焊缝根部太宽，整个焊缝随之加宽，使电焊工作量大增，不但浪费人力、物力和时间，而且增加了出现夹渣、气孔等毛病的几率。后经过多次试验，采用三点设卡马的方法收到良好的效果。不但控制了焊缝宽度，而且提高了上节桩的定位速度，提高了沉桩效率。

卡马的结构形式和设置位置见附图 6.3-5。

对于焊缝本身的质量控制：施工单位认真严格地按照有关规范和操作规程，仔细研究了焊接对象，认真编制了本项目的焊接工艺规程，严格按照批准的焊接工艺规程进行施焊。从焊接设备、焊接材料、焊接工艺、施焊人员到具体实施的每个环节，层层把关。

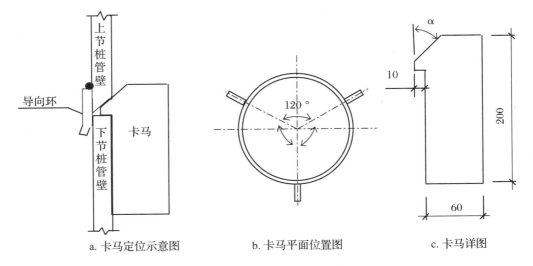

a. 卡马定位示意图　　　　b. 卡马平面位置图　　　　c. 卡马详图

"α"角的大小与上节钢管桩下口电焊坡口角度一致，卡马的厚度为 $\delta=20mm$

**附图 6.3-5　接桩卡马结构与布置示意图**

（1）焊接设备

采用可调式直流焊机，可根据焊接部位，使用焊条直径的大小，按规定调节焊机的电流，使电流的大小适合于该种焊条。避免小焊条使用大电流、大焊条使用小电流。焊接过程中经常测量电流大小，调节到合适的电流强度。

（2）焊接材料

材质上使用设计规定的焊条材质。规格上选用了多种直径的焊条，适宜低层、中层和面层施焊。焊条进货后，储存于干燥的仓库内，施焊前按要求进行烘干。焊接时，焊条均放在具有烘干功能的桶内，保证焊条的干燥程度。

（3）焊接工艺

先按要求编制焊接工艺报告，根据编制的报告进行焊接试验，测试完成后对焊接工艺参数进行调整。调整至满意，再进行现场施焊。

（4）焊接人员

为了保证焊接质量，项目规定现场钢桩的焊接工作，必须由持有5级以上焊工证书者担任。原则上固定三名焊工。这样焊工对环境熟悉，相对适应，更容易保证焊接质量。

（5）焊接环境

由于打桩为野外作业，受风、雨影响较大，项目上专门搭设了焊接棚，起到了遮风挡雨的效果。当雨量达到一定程度时，停止焊接。

（6）焊缝质量检验

为保证焊缝质量，委托第三方对焊缝进行专门检验。经100％无损探伤检测，焊缝一次合格率为99.77％。

**5. 钢管桩的防腐**

经地质勘察，主桥墩位置在黏性土层内，对钢材有一定的腐蚀性。按照钢桩管壁的厚度，在一定年限后，钢桩会被腐蚀至不堪承受大桥的荷载。

为了保证大桥在设计年限（100年）内安全正常的使用，采取了在-27m以上将桩芯土取出，灌注C30钢筋混凝土。在初期钢桩与桩芯钢筋混凝土共同作用，而桩的两个部分，按荷载无论钢桩或桩芯钢筋混凝土都可以单独承受大桥的荷载。

设计要求钢桩内取土须采用干式取土的方法，取完土后，需将桩芯土夯实，并将桩内壁土刮擦干净，才能灌注钢筋混凝土。

经过多次试验，采用植入式钢管取土器，简单、易用、效率高。取土系统的组成包括起重机、振动锤、传力杆、盛土器、活动翻门、翻门锁紧装置等。利用二节钢桩制作成取土器，其下面一节为盛土器，上面一节为传力杆。传力杆的直径小于盛土器。其头部装有活动翻门，翻门采用自动控制，用振动锤振入钢管桩内。取土器入土时，土压将翻门自动打开，土涌入盛土器内。取土器上提时土压将门自动关闭。起拔主要依靠起重机。

**6. 沉桩主要数据的统计分析**

本工程的钢桩直径大、长度长，而主要难度在于桩尖进入密实砂层近27m，砂层的强度指标较高，最大标准贯入击数达50击以上，且首次将D100-13柴油锤引入用于陆上工程。沉桩情况统计见附表6.3-3～附表6.3-6。

附表6.3-3　总锤击数统计表（除MB-72锤沉的桩之外，共90根）

| 总锤击数（击） | 根数 | 比例（％） | 总锤击数（击） | 根数 | 比例（％） |
|---|---|---|---|---|---|
| 1 900以下 | 1 | 1.1 | 2 501～2 600 | 12 | 13.3 |
| 1 901～2 000 | 2 | 2.2 | 2 601～2 700 | 8 | 8.9 |
| 2 001～2 100 | 1 | 1.1 | 2 701～2 800 | 9 | 10.0 |
| 2 101～2 200 | 3 | 3.3 | 2 801～2 900 | 7 | 7.8 |
| 2 201～2 300 | 9 | 10.0 | 2 901～3 000 | 4 | 4.4 |
| 2 301～2 400 | 7 | 7.8 | 3 001～3 200 | 5 | 5.6 |
| 2 401～2 500 | 14 | 15.6 | 3 201～3 500 | 5 | 5.6 |
| | | | 3 500以上 | 3 | 3.3 |

注：MB-72锤的总锤击数为：4 000～8 000击。

附表 6.3-4　最后阵贯入度统计表（除 MB-72 锤沉的桩之外，共 90 根）

| 最后阵贯入度（mm/击） | 根数 | 比例（%） |
|---|---|---|
| 5.0 以下 | 5 | 5.6 |
| 5.1 ~ 6.0 | 6 | 6.6 |
| 6.1 ~ 7.0 | 18 | 20 |
| 7.1 ~ 8.0 | 30 | 33.3 |
| 8.1 ~ 9.0 | 13 | 14.5 |
| 9.1 ~ 10.0 | 16 | 17.8 |
| 10.0 以上 | 2 | 2.2 |

注：MB-72 锤的最后贯入度为：3.65 ~ 5.4mm 击。

附表 6.3-5　桩接头焊接时间统计表（93 根）

| 焊接时间（min） | 根数 | 比例（%） | 焊接时间（min） | 根数 | 比例（%） |
|---|---|---|---|---|---|
| 60 ~ 80 | 7 | 7.5 | 201 ~ 220 | 6 | 6.5 |
| 81 ~ 100 | 15 | 16.1 | 221 ~ 240 | 12 | 12.9 |
| 101 ~ 120 | 11 | 11.8 | 241 ~ 260 | 1 | 1.1 |
| 121 ~ 140 | 7 | 7.5 | 261 ~ 280 | 1 | 1.1 |
| 141 ~ 160 | 11 | 11.8 | 281 ~ 300 | 1 | 1.1 |
| 161 ~ 180 | 13 | 14.0 | 301 以上 | 1 | 1.1 |
| 181 ~ 200 | 7 | 7.5 | | | |

附表 6.3-6　土芯标高统计表（96 根）

| 土芯标高（m） | 根数 | 比例（%） |
|---|---|---|
| 0 ~ −1.0 | 3 | 3.1 |
| −1.1 ~ −2.0 | 4 | 4.2 |
| −2.1 ~ −3.0 | 21 | 21.9 |
| −3.1 ~ −4.0 | 13 | 13.5 |
| −4.1 ~ −5.0 | 18 | 18.8 |
| −5.1 ~ −6.0 | 7 | 7.3 |
| −6.1 ~ −7.0 | 7 | 7.3 |
| −7.1 ~ −8.0 | 12 | 12.5 |
| −8.1 ~ −9.0 | 7 | 7.3 |
| −9.1 ~ −10.0 | 3 | 3.1 |
| −10.1 ~ −11.0 | 1 | 1.0 |

从附表 6.3-3、附表 6.3-4 看，采用 D100-13 西德进口柴油锤沉桩非常到位。

从附表 6.3-5 看，焊接时间差异很大，要提高沉桩效率，缩短焊接时间，潜力很大。

从附表 6.3-6 看，桩内土芯高度差异较大。桩内空芯高度占整个桩长仅约 15％ 左右，至于土芯的形成机理尚待进一步研究。

**7. 开挖后桩位检验**

钢管桩沉毕后即进行基坑开挖，基坑周围均有挡土钢板桩。详见附图 6.3-1。

基坑开挖后在垫层混凝土浇完，对所有桩位进行测量。

按照送桩超深增加偏位值进行计算，桩位合格率仍大于 90％。但发现一些有规律的现象：

a. 从中间验收后，桩位多数向黄浦江一侧（纵向）有所位移，而横向移动较小。

b. 主墩南北两侧的桩多数向中心线位移。

c. 附图 6.3-3 中横向 A ～ H 排桩的平均位移量以第 A 排为最大。

初步分析，上述现象与沉桩顺序、沉桩速率和基坑边的土压力有关。

## 参考文献

1. 徐维钧等 . 桩基施工手册 [M] . 人民交通出版社，2007 .

2. 朱学敏 . 桩工、水工机械（建筑施工机械使用与维护丛书）[M] . 机械工业出版社，2003 .

3. 王浩 . 柴油打桩锤 [M] . 中国建筑工业出版社，1979 .

4. 国家建筑标准设计图集　预应力混凝土管桩（10SG409）[S] . 中国计划出版社，2010 .

5. 上海申城建筑设计有限公司 . HKFZ/KFZ 先张法预应力混凝土空心方桩（2012 沪 G/T——502）[S] . 2012 .

6. 一种预埋件与锚筋的连接工艺 [P] . 中国 . 发明专利（专利申请号 201410555759.8）. 2014 .

7. 龚维明等 . 大型深水桥梁钻孔桩桩端后压浆技术 [M] . 人民交通出版社，2009 .

8. 陈建荣等 . 现代基桩工程试验与检测——新技术·新方法·新设备 [M] . 上海科学技术出版社，2011 .

9. 上海三航混凝土制品公司 . 先张法预应力离心高强混凝土管桩（JQ/SH-00-KJ-1-001-95）[S] . 1992 .

# 7 基桩质量要求及其检测

# 7 基桩质量要求及其检测

## 7.1 基桩质量检测概述

基桩质量的控制应从制桩材料的监控、成桩工艺监控、成桩质量监控等逐层逐级进行，才能保证基桩质量符合设计、规范的要求，达到相应的使用目的，保证建（构）筑物的正常使用。

**1. 制桩材料质量的监控**

目前，桩的主要材料为混凝土、钢筋混凝土、钢、水泥土、木材等。制桩材料的质量要求应符合《混凝土结构工程施工质量验收规范》（GB 50204-2011）、《混凝土结构工程施工规范》（GB 50666-2011）、《钢结构工程施工及验收规范》（GB 50205-2001）、《先张法预应力混凝土管桩》（GB 13476）、《建筑桩基技术规范》（JGJ 94-2008）等国家及行业规范、标准的要求。

原材料质量的检测、控制应由原材料的生产、使用企业实施。国家尤其应对原材料的出厂质量进行监控，达到保证质量的目的。

**2. 桩的承载力测试**

桩的承载力测试分阶段进行：

（1）方案设计阶段

多数项目，根据地质初勘报告或周围建设项目的基桩资料，对基桩的承载力进行估算，不一定进行基桩单桩承载力的测试试验。

（2）初步设计阶段

建（构）筑物的位置基本确定，此时需要详细的地质勘察报告，根据规范规定、使用需求进行相应的工程基桩静载荷测试。这个阶段的静载荷测试是最重要的。在基本选定桩型的情况下，需要确定桩长、桩型布置等。

（3）施工图设计阶段

当上部结构传来的荷载或作用变化较大，需要对基桩的承载力作一定的调整，对基桩的长度等参数进行修正；当超出一定范围时，需要补做试桩，达到基桩设计经济合理的目的。这是科学确定基桩形式，节约工程投资的必要措施。

（4）施工阶段

基桩承载力测试主要出于两个目的：一是地质勘探钻孔不是百分百布孔，孔与孔之间有一定的距离，当沉桩过程中出现一些异常情况时，为了验证基桩的承载力而进行试桩；二是周围的建设项目很多，地质变化较小，为了节省工期，根据地质资料计算桩的承载力，在基桩施工完成后再对桩承载力进行验证。看起来都是为了验证桩的承载力，测试的手段也类似，但对工程的作用和目的性有很大的区别。对于一定规模的基桩工程，应按规范规定，先进行试桩，再确定基桩的各项参数和桩的布置形式。

**3. 成桩工艺质量监控**

桩基质量的最终验收，是一个结论性的意见。但桩质量的好坏，桩构件的形成过程是关键。过程控制好了，结果自然符合预定目标。因此，必须要控制成桩的每个过程。

成桩工艺包括预制桩成桩工艺、灌注桩成桩工艺。预制桩成桩工艺包括预制桩制桩工艺、预制桩沉桩工艺；灌注桩成桩工艺主要包括灌注桩的成孔工艺、钢筋骨架的制作安装工艺、混凝土灌注工艺、灌注桩后注浆工艺等。

（1）预制桩成桩工艺质量监控

预制基桩除了原材料的质量控制，主要就是制桩工艺和沉桩工艺的质量控制。目前，大部分预制桩是工厂预制，桩作为建材产品进行销售，国家既有生产标准，又有验收标准，按理用户可以大胆放心地使用。可是，常常出现产品质量不符合标准、规范的要求，有关部门的检查、处理也不是很严格的情况，即使一些大型企业，也概莫能免。

沉桩工艺的监控，则是施工企业在施工现场进行的。我国实行改革开放后，国家走上了高速发展轨道，一度全国遍地是工地，也出现了很多施工质量问题。为此国家引进了施工监理制度。施工监理在很多项目中起到了很大的作用，避免了很多质量事故。但由于基桩工程技术含量较高，一般监理人员只能做一些浅显的、简单的质量监控工作，因此，一旦出现事故都是比较严重的问题，如承载力达不到要求、完整性检测时出现较大比例的Ⅲ、Ⅳ类桩等。

虽然预制桩沉桩工作技术含量较高，但是由于大量的市场需求，施工的进入门槛较低，很多预制桩沉桩分包企业，有两个测量工人就是较强的技术力量了，于是处理沉桩施工中真正的技术问题就成了真空，即使施工监理指出，现场施工人员也是一头雾水，难于解决。随着国家和各级地方管理机构对施工企业的强化管理，近年这一状况已经有了明显的好转。

（2）灌注桩成桩工艺质量监控

灌注桩除了原材料质量监控，其他的成桩过程主要在现场，所以需要监控的步骤较多。成孔工艺、钢筋骨架的制作安装工艺、混凝土灌注工艺、灌注桩后注浆工艺等，每一个过程出现质量问题，都会对沉桩质量产生影响。为了保证灌注桩的质量，灌注桩施工质量验收规范对每一道工序都有明确的规定。

**4. 成桩质量监控**

成桩质量的监控主要是指基桩成品的质量检测与控制。成桩质量的检测是在预制桩沉桩完成、灌注桩混凝土灌注完成并养护一定时间后进行。多数桩是在基坑开挖后，承台钢筋绑扎、混凝土浇筑前进行。

（1）桩承载力复核检测

成桩质量的检测主要包括桩的承载力检测、桩的完整性检测、桩的偏位与垂直度检测。这里讲的承载力检测主要是指基桩施工完成后，验证桩的承载力的检测活动。

（2）桩完整性检测

桩的完整性检测按规范规定是必须要进行的。成桩过程中尚有许多不可控制的因素，可能影响桩的完整性，导致桩开裂、破损，甚至断桩，灌注桩可能出现缩颈、断桩、开裂、桩长不足等严重质量问题，这是基桩工程严禁出现的。为此必须查出问题的所在，进行桩的完整性检测。

但桩的完整性检测不是万能的。如某省自 1990 年以来进行了多次现场模型桩测试考核，模型桩的几何尺寸都与工程桩相当，模型桩的缺陷都预先设置，按全部判断正确得 100%，第一次考核结果却惨不忍睹。见表 7.1-1。

表 7.1-1　第一次考核检测结果

| 合格率 | ≥ 80% | ≥ 70% | ≥ 50% | < 50% |
|---|---|---|---|---|
| 单位所占百分比 | 23.3% | 53% | 76.7% | 23.3% |

为提高检测单位的水平，制定了管理措施，举办技术培训班。1992 年第二次考核结果见表 7.1-2。

表 7.1-2　第二次考核测试结果

| 合格率 | ≥ 80% | ≥ 70% | ≥ 50% | < 50% |
|---|---|---|---|---|
| 单位所占百分比 | 42.9% | 63.4% | 78.6% | 21.4% |

桩身完整性检测始于发达国家，按理说，发达国家的检测水平要大大高于我国。但 1992 年在荷兰海牙召开的第四届国际应力波会议上，组委会别出心裁，邀请国际著名的 12 家公司的精英，参加了基桩应力波测试竞赛，结果竞赛优胜者的正确率为 70%，12 家的平均正确率为 40%。

由此可见，一是在这个行业国际水平并不如想象中那么高；二是重视管理、加强培训技术水平差距很大；三是经严格考核的单位，60% 以上单位判断的正确率可以达到 70%；四是在当前鱼龙混杂的情况下，一定要选择优秀的检测单位和检测人员，否则不仅不能解决问题，还可能造成更多的后续问题。

## （3）桩的允许偏位和垂直度偏差检测

桩的允许偏位和垂直度偏差，在相关规范中是有明确规定的。当超过规范规定的偏位时，需要在上部结构采取相应的措施。所以，在基坑开挖垫层浇筑完成后，由施工企业对基桩的偏位进行测量。桩的垂直度偏差，大部分是在成桩过程中测量的，当发现垂直度偏差超过规范要求，又不能纠偏时，应做好记录，并通知设计单位，采取相应的措施。

## 7.2 原材料检测

目前极大部分桩材由砂石料、水泥、水、添加剂、掺合料、钢材（线材、卷材、卷板、型材等）合成材料、木材、毛竹等组成。相应的检测都有检测规范。合格材料都有相应的标准，检测程序都有相应的规定，全国各地、各个部门也都在监控建筑材料的质量，主要材料基本属于受控范围。

**1. 材料质量及其检测方法的相关规范**

与材料质量及其检测方法相关的规范、标准、规定很多，主要有：

《预应力混凝土用钢棒》（GB/T 5223.3-2005）；

《碳素结构钢》（GB/T 700-2006）；

《钢筋混凝土用钢筋焊接网》（GB/T 1499.3-2002）；

《钢筋混凝土用钢 第二部分 热轧带肋钢筋》（GB 1499.2）；

《预应力混凝土用螺纹钢筋》（GB/T 20065-2006）；

《预应力混凝土用钢材试验方法》（GB/T 21839-2008）；

《预应力混凝土用钢绞线》（GB/T 5224-2003）；

《混凝土制品用冷拔低碳钢丝》（JC/T 540）；

《低碳钢热轧圆盘条》（GB/T 701-2008）；

《预应力混凝土钢棒用热轧盘条》（YBT 4160-2007）；

《先张法预应力混凝土管桩用端板》（JC/T 947）；

《碳钢焊条》（GB/T 5117）；

《钻芯检测离心高强混凝土抗压强度试验方法》（GB/T 19496-2004）；

《通用硅酸盐水泥》（GB 175-2007）；

《建筑用砂》（GB/T 14684）；

《普通混凝土用砂、石质量及检验方法》（JGJ 52-2006）；

《混凝土用水标准》（JGJ 63-2006）；

《用于水泥和混凝土中的粒化高炉矿渣粉》（GB/T 18046-2008）；

《混凝土外加剂》（GB 8076）；

《粉煤灰混凝土运用技术规范》（GB/T 50146-2014）；

《用于水泥和混凝土中的粒化高炉矿渣粉》（GB/T 18046-2008）；

《混凝土外加剂应用技术规范》（GB 50119-2003）；

《混凝土质量控制标准》（GB 50146）；

《混凝土强度检验评定标准》（GBJ 107）；

《混凝土结构工程施工质量验收规范》（GB 50204-2002）；

《先张法预应力混凝土管桩》（GB 13476-2009）；

《普通混凝土力学性能试验方法标准》（GB/T 50081）。

所有制桩、成桩企业所用原材料，必须符合相关规范、标准的有关规定，否则就无从谈起保证基桩工程的质量。

**2. 管桩主要原材料质量要求**

目前使用最多的就是先张法预应力混凝土管桩。根据 GB 13476 的规定，将生产管桩主要原材料的质量要求简述如下：

（1）水泥

宜采用强度等级不低于 42.5 级的硅酸盐水泥、普通硅酸盐水泥、矿渣硅酸盐水泥，其质量应符合国家规范 GB 175 的规定。

（2）骨料

a. 细骨料宜采用洁净的天然硬质中粗砂或人工砂，天然砂细度模数宜为 2.5 ~ 3.2，人工砂细度模数宜为 2.5 ~ 3.5，含泥量、含有机杂质等质量应符合 GB/T 14684 的规定，且砂的含泥量不大于 1%，氯离子的含量不大于 0.01%，硫化物及硫酸盐的含量不大于 0.5%。

b. 粗骨料宜采用级配碎石或破碎卵石，最大粒径不大于 25mm，且不得超过钢筋净距的 3/4，强度、针片石、级配等质量应符合 GB/T 14684 的规定，且碎石的含泥量不大于 0.5%，硫化物及硫酸盐的含量不大于 0.5%。

c. 对于有抗冻、抗渗和其他特殊要求的管桩，骨料质量还应符合相关标准的规定。

（3）钢材

a. 预应力钢筋应采用预应力混凝土用钢棒，质量标准应符合 GB/T 5223.3 中低松弛螺旋槽预应力钢棒的规定，抗拉强度不小于 1 420MPa、非比例延伸强度不小于 1 280MPa 的规定，断后伸长率应大于 GB/T 5223.3 表 3 中延性 35 级的规定要求。

b. 螺旋筋宜采用低碳钢热轧圆盘条，混凝土制品用冷拔低碳钢丝，其质量应分别符合

GB/T 701、JC/T 540 的规定要求。

c. 当需要设置端部锚固钢筋时，锚固钢筋宜采用低碳钢热轧圆盘条或钢筋混凝土用热轧带肋钢筋，质量应分别符合 GB/T701、GB1449.2 的规定。

d. 端板性能应符合 JC/T 947 的规定，材质应采用 Q235B，其厚度应不小于表 7.2-1 的规定。

表 7.2-1　管桩端板最小厚度

| 钢棒直径（mm） | 7.1 | 9 | 10.7 | 12.6 |
|---|---|---|---|---|
| 端板最小厚度（mm） | 16 | 18 | 20 | 24 |

（4）水

管桩混凝土拌和用水质量应符合 JGJ 63 的规定。

（5）外加剂

外加剂质量应符合 GB 8076 的规定。

（6）掺合料

掺合料宜采用硅砂粉、矿渣微粉、粉煤灰或硅灰等，硅砂粉的质量应符合 JC/T 950-2005 表 1 的有关规定，矿渣微粉质量不低于 GB/T 18046-2008 表 1 中 S95 级的有关规定，粉煤灰的质量不低于 GB/T 1596-2005 Ⅱ级 F 类的有关规定，硅灰的质量应符合 GB/T 18736-2002 中表 1 的有关规定。

当采用其他掺合料时，应经过试验鉴定，确认符合管桩混凝土质量要求时方可使用。

## 7.3　制桩质量要求及检测

预制桩主要有先张法预应力高强混凝土管桩（方桩）、后张法预应力钢筋混凝土大管桩、预制钢筋混凝土方桩、预制钢筋混凝土板桩、钢板桩、钢管桩、钢管混凝土桩、型钢混凝土桩、木桩等。本节主要阐述混凝土预制桩、钢桩的质量检测。

### 7.3.1　混凝土预制桩的制桩质量要求

**1. 管桩制桩规范的要求**

国家标准《先张法预应力预制管桩》（GB 13476-2009）的质量要求：依据上述规范对先张法预应力管桩进行检验,检验项目包括混凝土抗压强度、外观质量、尺寸允许偏差、抗裂、抗弯性能等。

（1）混凝土抗压强度要求

管桩混凝土抗压强度必须符合设计规定的混凝土强度等级，混凝土的质量标准应符合GB 50146 的有关规定；混凝土有效预压应力值应符合 GB 13476 的规定。

（2）管桩的外观质量要求及其检验方法

管桩外观质量要求及其检验方法见表 7.3-1、表 7.3-2。

表 7.3-1　管桩的外观质量要求

| 序号 | 项目 | | 外观质量要求 |
|---|---|---|---|
| 1 | 黏皮和麻面 | | 局部黏皮和麻面累计面积不大于桩总外表面积的 0.5%；每处黏皮和麻面的深度不大于 5mm，且应修补 |
| 2 | 桩身合缝漏浆 | | 漏浆深度不大于 5mm，每处漏浆长度不大于 300mm，累计度不大于管桩长度的 10%，或对称漏浆的搭接长度不大于100mm，且应修补 |
| 3 | 局部磕损 | | 磕损深度不大于 5mm，每处面积不大于 50cm²，且应修补 |
| 4 | 内外表面露筋 | | 不允许 |
| 5 | 表面裂缝 | | 不得出现环向和纵向裂缝，但龟裂、水纹和内壁浮浆层中的收缩裂缝不在此限 |
| 6 | 桩端面平整度 | | 管桩端面混凝土和预应力钢筋镦头不得高出端板平面 |
| 7 | 断筋、脱头 | | 不允许 |
| 8 | 桩套箍凹陷 | | 凹陷深度不大于 5mm，面积不大于 500mm² |
| 9 | 内表面混凝土塌落 | | 不允许 |
| 10 | 接头与桩套箍桩身结合面 | 漏浆 | 漏浆深度不大于 5mm，漏浆长度不大于周长的 1/6，且应修补 |
| | | 空洞和蜂窝 | 不允许 |

表 7.3-2　外观质量及尺寸的检查工具和检查方法

| 序号 | 检查项目 | 检查工具和检测方法 | 测量工具分度值（mm） |
|---|---|---|---|
| 1 | 混凝土保护层厚度 | 用深度游标卡尺或钢直尺在管桩中部同一断面的三处不同部位测量，精确至 0.1mm | 0.05 |
| 2 | 长度 | 用钢卷尺量，精确至 1mm | 1 |
| 3 | 外径 | 用卡尺或钢直尺在同一断面相互垂直的两直径，取其平均值，精确至 1mm | 1 |
| 4 | 壁厚 | 用钢直尺在同一断面相互垂直的两直径上测定四处壁厚，取其平均值，精确至 1mm | 0.5 |
| 5 | 桩端部倾斜 | 将直角靠尺的一边紧靠桩身，另一边与端板紧靠，测其最大间隙处，精确至 1mm | 0.5 |
| 6 | 桩身弯曲度 | 将拉线紧靠桩的两端部，用钢直尺测量其弯曲处的最大距离，精确至 1mm | 0.5 |
| 7 | 漏浆长度 | 用钢卷尺测量，精确至 1mm | 1 |
| 8 | 漏浆深度 | 用深度游标卡尺测量，精确至 0.1mm | 0.02 |
| 9 | 裂缝宽度 | 用 20 倍读数放大镜测量，精确至 0.1mm | 0.01 |
| 10 | 端板端面平整度 | 用钢直尺立起横放在端板面上缓慢旋转，用塞尺量最大间隙，精确至 0.1mm | 0.02 |

（3）混凝土管桩尺寸允许偏差

混凝土管桩尺寸允许偏差见表 7.3-3。

表 7.3-3 混凝土管桩尺寸允许偏差

| 序号 | 项目 | | | 允许偏差（mm） |
|---|---|---|---|---|
| 1 | $L$ | | | $\pm 0.5\%L$ |
| 2 | 端部倾斜 | | | $\leqslant 0.5\%D$ |
| 3 | $D$（mm） | | 300 ~ 700 | +5<br>−2 |
| | | | 800 ~ 1 400 | +7<br>−4 |
| 4 | $t$ | | | +20<br>0 |
| 5 | 保护层厚度 | | | +5<br>0 |
| 6 | 桩身弯曲度 | | $L \leqslant 15m$ | $\leqslant L/1\ 000$ |
| | | | $15m < L \leqslant 30m$ | $\leqslant L/2\ 000$ |
| 7 | 端板 | | 端面平面度 | $\leqslant 0.5$ |
| | | | 外径 | 0<br>−1 |
| | | | 内径 | 0<br>−2 |
| | | | 厚度 | 正偏差不限<br>0 |

注：$L$ 为管桩长度，$D$ 为管桩外径，$t$ 为管桩壁厚。

（4）管桩抗弯、抗裂性能的检验

管桩桩身及焊接接头的抗弯性能、管桩的抗裂性能应按 GB 13476 的规定数量及检验方法进行检验，必须达到规范要求的合格标准。

**2. 地基基础规范的要求**

国家标准《建筑地基基础工程施工质量验收规范》（GB 50202-2002）对先张法预应力管桩质量检验标准规定如表 7.3-4：

表 7.3-4 先张法预应力管桩质量检验标准

| 项 | 序 | 检查项目 | 允许偏差或允许值 | | 检查方法 |
|---|---|---|---|---|---|
| | | | 单位 | 数值 | |
| 主控项目 | 1 | 桩体质量检验 | 按基桩检测技术规范 | | 按基桩检测技术规范 |
| | 2 | 桩位偏差 | 见规范有关条款 | | 用钢尺量 |
| | 3 | 承载力 | 按基桩检测技术规范 | | 按基桩检测技术规范 |

| 项 | 序 | 检查项目 | | 允许偏差或允许值 | | 检查方法 |
|---|---|---|---|---|---|---|
| | | | | 单位 | 数值 | |
| 一般项目 | 1 | 成品桩质量 | 外观 | | 无蜂窝、露筋、裂缝、色感均匀、桩顶处无空隙 | 直观 |
| | | | 桩径 | mm | ±5 | 用钢尺量 |
| | | | 管壁厚度 | mm | ±5 | 用钢尺量 |
| | | | 桩尖中心线 | mm | < 2 | 用钢尺量 |
| | | | 顶面平整度 | mm | 10 | 用钢尺量 |
| | | | 桩体弯曲 | | < 1/1 000l | 用钢尺量，l 为桩长 |
| | 2 | 接桩：焊缝质量 | | 详见相应规范 | | 详见相应规范 |
| | | 电焊结束后停息时间 | | min | 1 | 秒表测定 |
| | | 上下节平面偏差 | | mm | < 10 | 用钢尺量 |
| | | 节点弯曲矢高 | | mm | < 1/1 000l | 用钢尺量，l 为两节桩长 |
| | 3 | 停锤标准 | | 设计要求 | | 现场实测或查沉桩记录 |
| | 4 | 桩顶标高 | | mm | ±50 | 水准仪 |

注：《建筑地基基础工程施工质量验收规范》（GB 50202-2002）中规定管桩焊接接头完成后停息时间不少于 1min 方可沉桩；而《建筑桩基技术规范》（JGJ 94-2008）中明确规定管桩焊接接头完成后冷却时间不少于 8min 方可沉桩。两者差异较大，笔者认为应按《建筑桩基技术规范》冷却 8min 为宜，有利于保证桩接头焊缝质量。

### 3. 建筑基桩规范的质量要求

国家行业标准《建筑桩基技术规范》（JGJ 94-2008）对混凝土预制桩的制作质量要求见表 7.3-5。

表 7.3-5　混凝土预制桩制作允许偏差

| 桩型 | 项目 | 允许偏差（mm） |
|---|---|---|
| 钢筋混凝土实心桩 | 横截面边长 | ±5 |
| | 桩顶对角线之差 | ≤ 5 |
| | 保护层厚度 | ±5 |
| | 桩身弯曲矢高 | 不大于 1/‰ 桩长且不大于 20 |
| | 桩尖偏心 | ≤ 10 |
| | 桩端面倾斜 | ≤ 0.005 |
| | 桩节长度 | ±20 |
| 钢筋混凝土管桩 | 直径 | ±5 |
| | 长度 | ±0.5% 桩长 |
| | 管壁厚度 | -5 |
| | 保护层厚度 | +10，-5 |
| | 桩身弯曲矢高 | 1/‰ 桩长 |
| | 桩尖偏心 | ≤ 10 |
| | 桩头板平整度 | ≤ 2 |
| | 桩头板偏心 | ≤ 2 |
| | 桩接头焊接冷却时间 | 8min |

**4. 港口工程桩基规范的制桩质量要求**

（1）国家行业标准《港口工程桩基规范》（JTS 167-4-2012）对混凝土预制桩的质量实测项目要求见表 7.3-6。

表 7.3-6　预制混凝土方桩允许偏差

| 偏差名称 | | 允许偏差（mm） |
|---|---|---|
| 长度偏差 | | ±50 |
| 横截面 | 边长偏差 | ±5 |
| | 空心桩空心或管心直径偏差 | ±10 |
| | 空心或管心中心与桩中心偏差 | ±20 |
| 桩尖对桩纵轴的偏差 | | <15 |
| 桩顶面与桩纵轴线垂直，其最大倾斜偏差不大于桩顶横截面边长 | | 1% |
| 桩顶外伸钢筋长度偏差 | | ±20 |
| 桩纵轴线的弯曲矢高 | | 不大于 0.1% 桩长，且不大于 20 |
| 混凝土保护层 | | +5，0 |

（2）预制混凝土方桩的外观质量应符合下列要求：

a. 桩身表面干缩产生的细微裂缝宽度不得超过 0.2mm，深度不得超过 20mm，裂缝长度不得超过 1/2 桩宽。

b. 其他桩身缺陷的允许值应满足下列要求：

在桩表面的蜂窝、麻面和气孔的深度不得超过 5mm，且每个面上所占面积的总和不得超过该面面积的 0.5%；沿边缘棱角破损的深度不超过 5mm，且每 10m 长边棱角上只有一处破损，在一根桩上边棱破损总长度不超 500mm。

（3）对不符合上条规定的桩，必须进行修补，在满足质量要求后方可使用。

（4）预应力混凝土管桩制作及拼接要求：

a. 后张法预应力混凝土大直径管桩的管节质量应符合下列规定：管节的外壁面不应产生裂缝，内壁面由干缩产生的细微裂缝宽度不得超过 0.2mm，深度不宜大于 10mm，长度不得超过 0.5 倍桩径；管节混凝土表面密实，不得出现露筋、空洞和缝隙夹渣等缺陷；管节表面蜂窝、麻面、砂线等缺陷程度应满足表 7.3-7 的要求；预制管节允许偏差应满足表 7.3-8 的要求。

表 7.3-7　管节表面缺陷限值

| 缺陷　限值　部位 | 大气区、浪溅区、水位变动区及陆上结构的外露部位 | 水下区及泥面以下部位 |
|---|---|---|
| 蜂窝面积 | 小于所在面积的 2‰，且一处面积不大于 0.4m² | 小于所在面积的 2‰，且一处面积不大于 0.4m² |
| 麻面砂斑面积 | 小于所在面积 5‰ | 小于所在面面积 10‰ |
| 砂线长度 | 每 10m² 累积长度不大于 0.3m | — |

表 7.3-8　预制管节允许偏差

| 项目 | 允许偏差（mm） | 项目 | 允许偏差（mm） | 项目 | 允许偏差（mm） |
|---|---|---|---|---|---|
| 管节外周长 | ±10 | 管节壁厚 | +10 / 0 | 管壁端面倾斜 | $\delta$/100 |
|  |  |  |  | 管节椭圆度 | 5 |
| 管节长度 | ±3 | 管节断面倾斜 | d/1 000 | 预留孔直径 | ±3 |

注：d 为管节直径，$\delta$ 为管壁厚度，单位均为 mm。

　　b. 后张法预应力混凝土大直径管桩拼接所采用的材料在符合现行行业标准《水运工程混凝土施工规范》（JTS 202）的有关规定外，尚应符合下列规定：钢绞线的种类、钢号和直径应符合设计规定，机械性能应符合国家现行标准，运输、堆放和保存应符合现行国家标准《预应力混凝土用钢绞线》（GB/T 5224）的有关规定；钢绞线不应采取氧气切割下料，严禁使用扭曲、损伤或腐蚀的钢绞线，并不得与油脂等有害杂质接触；管桩拼接粘结剂的技术指标应符合现行国家标准《混凝土结构加固设计规范》（GB 50376）的有关规定，且应满足设计和施工要求；粘结剂固化后，龄期 14d 的胶体抗压强度不得小于 70MPa，抗拉强度不得小于 30MPa，试验应按现行国家标准《树脂浇注体性能试验方法》（GB/T 2567）的有关规定进行；粘结剂粘结能力应满足拉伸强度不小于 10MPa 的要求，接头固化后，其胶结处的正拉粘结强度应大于管节混凝土本体劈裂抗拉强度。

　　c. 后张法预应力混凝土大直径管桩的管节拼接应符合下列规定：管节混凝土强度应达到设计强度，且混凝土龄期不应少于 14d；管节端面的浮浆应清楚并磨平，表面缺陷应采用环氧砂浆修补，预留孔孔内的污物杂质应冲洗干净，孔内积水应予排除。

　　d. 后张法预应力混凝土大直径管桩的管节拼接时钢绞线张拉应符合下列规定：对称的两束钢绞线应同时张拉，并应分组同步进行，桩长超过 40m 两端应同时张拉；锚具应按现行国家标准《混凝土结构工程施工质量验收规范》（GB 50204）和《预应力筋锚具、夹具和连接器》（GB/T 14370）的有关规定验收，其锚固力低于钢绞线的破坏强度 90% 时不得使用；张拉过程应按要求记录，张拉预应力的实测值与设计规定值的偏差不应超过 ±5%。

e. 后张法预应力混凝土大直径管桩管节拼接后的管桩允许偏差应满足表 7.3-9 的要求，桩外侧不得产生拼接裂缝，内侧裂缝的宽度、深度和长度均不得超过 a 条的规定。

表 7.3-9　管桩制作允许偏差

| 项目 | 允许偏差（mm） | 项目 | 允许偏差（mm） |
|---|---|---|---|
| 管桩长度 | ±100 | 拼接处错牙 | 6 |
| 桩顶倾斜 | < 0.5%$d$ | 拼缝处弯曲矢高 | 8 |

注：$d$ 为管节直径，单位为 mm。

f. 后张法预应力混凝土大直径管桩的浆体应满足灌浆工艺要求，并应符合下列规定：浆体的稠度 30min 内应保持在 16 ~ 20s；浆体无约束膨胀率应控制在 5% ~ 10% 之内；浆体的水胶比不应大于 0.35，且 28 天强度不应小于 40MPa；气温低于 5℃时不宜进行灌浆，必须灌浆时应采取可靠措施。

g. 后张法预应力混凝土大直径管桩预留孔灌浆后孔内必须密实，浆体强度达到设计强度的 70%，且浆体和钢绞线的粘结力大于 0.2MPa 时，方可切割钢绞线、移动或吊运管桩；浆体强度达到 100% 设计强度时，管桩才能出厂，管桩出厂前必须进行验收。

h. 制作先张法预应力混凝土管桩的原材料、混凝土强度和接头的技术要求以及管节的外观质量和允许偏差等，应符合现行国家标准《先张法预应力混凝土管桩》（GB 13476）的有关规定。拼接后的管桩允许偏差应满足表 7.3-6 的有关规定。

i. 预应力混凝土管桩应进行受弯试验，测出抗弯力矩，对桩身质量进行检验，每 1 000 根管桩或每年随机抽样试验桩数量为 1 根；对重要工程试验桩数可按需要确定。

注：目前，一般工业与民用建筑工程、公路桥涵工程、铁路桥梁工程、港口水运工程等大量工程运用先张法预应力混凝土管桩，使用过程中发生了很多质量问题，有的很难判断是制桩质量问题还是沉桩施工工艺问题。如果深究，多数问题是可以查清的，但需要花费时间、人力、物力、财力，往往由于得不偿失，建设单位放弃了追查真正原因的机会，也使得很多制桩厂家心存侥幸，甚至将明知不合格的桩销售给用户。

### 5. 制品桩进入现场后的质量检测

（1）钻芯取样检测混凝土的强度

钻芯取样检测管桩的混凝土强度应参照国家标准《混凝土结构工程施工质量验收规范》（GB 50204）的有关规定执行。

（2）超声波检测螺旋钢筋的配筋情况。

（3）采用低应变法检测基桩混凝土的完整性。

（4）有的省市桩的质量验收规范中规定，对成品桩质量有怀疑的，必要时每批可抽取2节管桩破开管桩桩身检测配筋，钢筋保护层厚度等。

（5）委托有资质的单位进行抗弯性能试验，确定桩的整体质量。

出于对基桩质量的重视，多地、多个省市制定了当地的相应验收标准，主要内容有：

a. 管桩进入施工现场后，监理人员和施工单位应做下列内容的检查和检测：管桩规格、型号的核查；管桩的尺寸偏差、外观质量的抽检；管桩的端板或机械啮合接头连接部件的抽检；管桩结构钢筋的抽检；管桩堆放及桩身破损情况的检查等。

b. 管桩进入施工现场后，其规格、型号质量等级的核查，应按设计图纸、标准以及规范的要求，对照产品合格证、运货单及管桩外壁的标志，对其规格、型号以及种类逐条进行检查。

c. 运入工地的管桩，应抽查管桩的外观质量和尺寸偏差。抽查数量不得少于2%的桩节数量且不少于2节。当抽查结果有一根不符合质量要求时，应加倍检查，若再发现有不合格的桩节，该批管桩不准使用并必须撤离现场。

d. 当管桩采取焊接接头时，应按有关规定检查桩套箍和端板的质量，重点应检查端板的材质、厚度和电焊坡口的尺寸。抽检端板厚度的桩节数量不得少于2%的桩节数量且不得少于2节；电焊坡口尺寸应逐条进行。凡端板厚度或电焊坡口尺寸不合格的桩严禁使用。端板的材质检查可先查阅管桩或端板生产厂家所提供的材质检验报告，有怀疑时可在工地上随机选取2~3个端板，送到具有金属材料检测资质的单位进行化学分析的检测，若检测不合格，该批桩不得使用。另外应对接桩时使用的焊条等材料进行检验。

e. 管桩结构钢筋抽检的主要内容应为预应力钢筋的数量和直径、螺旋筋的直径、间距及加密区的长度，以及钢筋的混凝土保护层厚度，每个工地抽检桩节数量不少于2根。

f. 管桩的拖拉和起吊应进行旁站监理，在管桩起吊就位前，应认真检查管桩在运输、装卸、拖拉过程中有否产生裂缝，严禁使用有裂缝的管桩，每根桩施工前应检查裂缝。

g. 对同一生产厂家生产的每种规格桩，对每一工地，每施工5 000m应送单节管桩至有资质的单位进行破坏性试验，检验预应力钢筋的数量和直径、间距、及加密区的长度，以及钢筋的混凝土保护层厚度、桩的抗弯性能，试验方法应按照《先张法预应力混凝土管桩》（GB 13476）执行。管桩所用预应力钢筋和螺旋筋的材质应符合国家现行有关标准，检查时可查阅钢材生产厂的抽检报告，有怀疑时可送有资质的检测单位进行检测。

h. 常用桩尖和特殊桩尖的检查和检测，应对闭口桩尖的钢板厚度、桩尖尺寸、焊缝质量等按规定进行检测，检测数量每栋建（构）筑物不少于总桩数的1%，且不应少于2个桩尖。

i. 管桩在沉桩过程中出现较多爆桩，而管桩供应商和沉桩施工方因桩身抗压强度发生争议时，部分地方规程规定由建设单位委托有检测资质的机构进行长径比为1:1的全截面桩身抗压强度检测，确认受检样品的抗压能力是否达到最大压桩力的1.1倍或达到设计桩身混凝土强度等级要求。

## 7.3.2 高强混凝土预应力桩的产品质量检测

高强混凝土预应力桩的产品质量通过控制原材料质量、混凝土质量得到保障。原材料具有各级检测、检验报告证明质量是合格的，混凝土质量则通过试块进行验证。为了保证桩产品质量，很多地方都规定对管桩桩节产品按照国家标准进行一定比例的抗弯试验，定期、不定期地监督管桩产品质量，体现了对工程质量的负责。

基桩质量真正薄弱的地方应该是在桩的接头部位，沉桩过程中出现质量问题的极大部分是因桩接头部位断裂。影响桩接头质量的因素比较多，掺杂了更多的人为因素：一是桩端板的质量，包括端板的材质、焊缝坡口及钢筋孔的加工质量；二是预应力钢棒镦头的加工质量；三是端板下面的混凝土浇筑质量，当混凝土出现蜂窝、空洞时，端板拉压应力会导致局部变形过大；四是现场接头的焊缝质量较难保证，很少进行专业的检测；五是焊缝完成后，冷却时间不足，由于很多地区的地下水位较高，使得焊缝快速冷却，加大了焊缝的焊接应力，甚至产生有害裂缝。《先张法预应力混凝土管桩》标准对管桩产品质量的检验作了比较详细的规定。

**1. 管桩检验的分类**

管桩检验分出厂检验和型式检验两种。

**2. 出厂检验**

检验项目：包括混凝土抗压强度、外观质量、尺寸和抗裂性能等。

检验方法：批量和抽样检验。

（1）混凝土抗压强度：批量和抽样按 GBJ 107 的有关规定执行。

（2）外观质量和尺寸允许偏差：以同品种、同型号、同规格的管桩连续生产 300 000m 为一批，但 3 个月内生产总数不足 300 000m 的仍作为一批，随机抽取 10 根进行检验。

（3）抗裂检验：在外观质量和尺寸质量检验合格的产品中随机抽取 2 根进行抗裂性能检验。

（4）抗弯性能：

a. 管桩的抗弯性能不得低于规范规定的标准值。

b. 管桩按规范规定进行抗弯试验，当加载至规定抗裂弯矩时，桩身不得出现裂缝。

c. 当加载至规范规定的极限弯矩时，管桩不得出现下列任何一种情况：受拉区混凝土裂缝宽度达到 1.5mm；受拉钢筋被拉断；受压区混凝土破坏。

d. 管桩接头处极限弯矩不得低于桩身极限弯矩。

e. 混凝土保护层：外径 300mm 管桩预应力钢筋的混凝土保护层厚度不得小于 25mm，其余规格的管桩预应力钢筋的混凝土保护层厚度不得小于 40mm。

**3. 检验判定规则**

（1）混凝土抗压强度

检查混凝土抗压强度原始记录，评定按 GBJ 107 的有关规定执行。

（2）外观质量

a. 全部符合表 7.3-1 中的规定或表中第 2、4、5、6、7、8、9、10 项规定；其余项经修补能符合规定的管桩，判外观质量为合格。

b. 若抽取的 10 根管桩中有 3 根不符合上条要求，则判定本批次管桩外观质量不合格。若有 2 根及以下管桩不合格，应从同批产品中抽取加倍数量进行复验，复验产品全部符合上条产品合格要求，若仍有 1 根不合格，则判外观质量不合格。不符合表 7.3-1 中第 2、4、5、6、7、8、9、10 任意一项规定的均判外观质量不合格。

（3）尺寸允许偏差

若抽取的 10 根管桩全部符合表 7.3-3 的规定，则判尺寸允许偏差为合格；若有 3 根及以上不符合表 7.3-3 的规定，则判尺寸允许偏差为不合格；若有 2 根及以下不符合表 7.3-3 的规定，应从同批产品中抽取加倍数量进行复验，复验产品全部符合表 7.3-3 的规定，判尺寸允许偏差为合格，若仍有一根不合格，则判尺寸允许偏差为不合格。

（4）抗裂性能

若抽取 2 根全部符合规范规定的标准，则判抗裂性能合格；若有 1 根不符合规范规定的标准，应从同批产品中抽取加倍数量进行复验；复验结果仍有 1 根不合格，则判抗裂性能不合格，若所抽 2 根全部不合格，则判所抽 2 根全部不符合规范规定的标准，抗裂性能为不合格。

（5）总判定

在混凝土抗压强度、抗裂性能合格的基础上，外观质量和尺寸允许偏差全部合格，则判该批产品为合格，否则判为不合格。

**4. 型式检验**

（1）型式检验的条件

有下列情况之一时应进行型式检验：

a. 新产品投产或老产品转厂生产的试制定型鉴定。

b. 当结构、材料、工艺有较大改变时。

c. 正常生产每半年进行一次。

d. 停产半年以上恢复生产时。

e. 出厂检验结果与上次型式检验有较大差异时。

（2）检验项目

包括混凝土抗压强度、外观质量、尺寸允许偏差、保护层厚度、抗弯性能等项目，必要时由双方协商还可增加项目。如无特殊要求管桩接头处抗弯试验可以不做。

（3）抽样

在同品种、同规格、同型号的出厂检验合格产品中，随机抽取 10 根进行外观质量和尺寸允许偏差检验；10 根中随机抽取 2 根进行抗弯性能检验。抗弯试验完成后，在 2 根中抽取 1 根，于管桩中部统一断面的三处不同部位测量保护层厚度。

（4）判定规则

a. 混凝土抗压强度

检查同批次管桩用混凝土抗压强度检验的原始记录。

b. 外观质量

若抽取 10 根桩全部符合本节 3(2) 的要求，则判外观质量为合格；若有 3 根及以上不符合，则判外观质量为不合格；若有 2 根或以下不符合，应从同批产品中抽取加倍数量进行复验，复验产品全部符合的，判外观质量合格，若仍有 1 根不合格，则判外观质量不合格。不符合表 7.3-1 中第 2、4、5、6、7、8、9、10 任意一项规定的管桩，均判外观质量不合格。

c. 尺寸允许偏差

若抽取的 10 根管桩全部符合表 7.3-3 的规定，则判尺寸允许偏差为合格；若有 3 根及以上不符合表 7.3-3 的规定，则判尺寸允许偏差为不合格；若有 2 根及以下不符合表 7.3-3 的规定，应从同批产品中抽取加倍数量进行复验，复验产品全部符合表 7.3-3 的规定，判尺寸允许偏差为合格，若仍有一根不合格，则判尺寸允许偏差为不合格。

d. 抗弯性能

若所抽 2 根全部符合上文 2（4）b、2（4）c 的规定，则判抗弯性能合格；若仍有 1 根不符合，应从同批产品中抽取加倍数量进行复验，复验结果若仍有 1 根不符合，则判抗弯性能不合格，且不得复检。

e. 保护层厚度

若所抽一根中的三个数值全部符合 2（4）e 的规定，则判保护层厚度为合格；若有一个数值不符合，应从同批产品中抽取加倍数量进行复验，复验结果若仍有 1 根不符合，则判保护层厚度不合格，且不得复检。

f. 总判定

在混凝土抗压强度、保护层厚度、抗弯性能合格的基础上，外观质量和尺寸允许偏差全部合格时，则判该批产品为合格，否则判为不合格。

### 7.3.3 预制钢筋混凝土板桩

《板桩码头设计与施工规范》（JTS 167-3-2009）对预制钢筋混凝土板桩允许偏差应符合表 7.3-10 的规定。

表 7.3–10　预制钢筋混凝土板桩允许偏差

| 序号 | 项目 | | 允许偏差（mm） |
|---|---|---|---|
| 1 | 长度 | | ±50 |
| 2 | 横截面 | 宽度 | +10 −5 |
| | | 厚度 | +10 −5 |
| 3 | 榫槽中心对桩轴线偏移 | | 5 |
| 4 | 榫槽表面错台 | | 3 |
| 5 | 抹面平整度（用 2m 靠尺检查） | | 6 |
| 6 | 桩身侧向弯曲矢高 | | $L/1\,000$，且不大于 20 |
| 7 | 桩顶面倾斜 | | 5 |
| 8 | 桩尖对纵轴线偏移 | | 10 |

板桩的原材料及其混凝土强度等必须符合有关规范的要求。

### 7.3.4 钢板桩

**1. 钢板桩制作的质量要求**

钢板桩接长、组合钢板桩和异形钢板桩的加工制作除应满足设计要求、国家现行标准《钢结构工程施工质量验收规范》（GB 50205）、《建筑钢结构焊接技术规程》（JGJ 81）和《水运工程质量检验标准》（JTS 257）的有关规定外，尚应符合下列规定：

（1）沿钢板桩墙轴线方向相邻板桩接长的位置应交错配置，错开的距离不宜小于 5 000mm，且每根钢板桩只允许有一个接头。

（2）钢板桩接长焊接应采用对接焊缝，焊缝宜采用 K 形或 V 形坡口形式。

（3）钢板桩焊接接长时，在钢板桩的腹板内侧和翼缘外侧应设焊接加强版。

（4）楔形钢板桩的斜度不宜大于 3%；当采用中间夹入梯形钢板制作楔形钢板桩时，

梯形钢板的材料强度等级不应低于钢板桩母材的强度等级。

（5）加工后钢板桩的锁扣应保持平直、通顺；使用前应用短节钢板桩或专用检查器做套锁通过检查。

（6）钢板桩接长、异形钢板桩和组合钢板桩制作的允许偏差应符合表 7.3-11 的要求。

表 7.3-11　钢板桩接长、异形钢板桩和组合钢板桩制作的允许偏差

| 序号 | 项目 | 允许偏差（mm） | 序号 | 项目 | 允许偏差（mm） |
|---|---|---|---|---|---|
| 1 | 长度 | ±100 | 4 | 侧向忘却矢高 | $2L/1000$ |
| 2 | 宽度 | ±10 | 5 | 接头错台 | $\delta/10$ |
| 3 | 正向弯曲矢高 | $3L/1000$ | | | |

注：$L$ 为钢板桩长度，$\delta$ 为钢板桩厚度，单位均为 mm。

**2. 钢板桩涂层防腐的相关规定**

防腐涂层及相应的表面处理应满足设计要求，海水环境中尚应符合现行行业标准《海港工程钢结构防腐蚀技术规范》（JTS 153-3）的规定。

## 7.3.5　钢桩

**1.《建筑地基基础工程施工质量验收规范》制作质量要求**

国家标准《建筑地基基础工程施工质量验收规范》（GB 50202-2002）对钢桩制作的质量要求：施工前应检查进入现场的成品钢桩，成品桩的质量标准应符合表 7.3-12 的规定。

表 7.3-12　成品钢桩质量检验标准

| 项 | 序 | 检查项目 | 允许偏差或允许值 | | 检查方法 |
|---|---|---|---|---|---|
| | | | 单位 | 数值 | |
| 主控项目 | 1 | 钢桩外径或断面尺寸：桩端　桩身 | mm | ±0.5%$D$　±1%$D$ | 用钢尺量，$D$ 为外径或边长 |
| | 2 | 矢高 | mm | < 1/1000$l$ | 用钢尺量，$l$ 为桩长 |
| 一般项目 | 1 | 长度 | | +10 | 用钢尺量 |
| | 2 | 端部平整度 | mm | ≤2 | 用水平尺量 |
| | 3 | H 钢桩的方正度 $h>300$　$h≤300$ | mm　mm | $T+T'≤8$　$T+T'≤6$ | 用钢尺量，$h$、$T$、$T'$ 见图示 |
| | 4 | 端部平面与桩中心线的倾斜值 | mm | ≤2 | 用水平尺量 |

**2. 《建筑桩基技术规范》制作质量要求**

（1）《建筑桩基技术规范》（JGJ 94-2008）对钢桩制作的允许偏差应符合表 7.3-13 的规定，钢桩的分段长度应满足规范第 7.1.5 条的规定，且不宜大于 15m。

表 7.3-13　钢桩制作的允许偏差

| 项目 | | 允许偏差（mm） |
|---|---|---|
| 外径或断面尺寸 | 桩端部 | ±0.5% 外径或边长 |
| | 桩身 | ±0.1% 外径或边长 |
| 长度 | | ＞0 |
| 矢高 | | ≤1‰ 桩长 |
| 端部平整度 | | ≤2（H 型桩≤1） |
| 端部平面与桩身中心线的倾斜值 | | ≤2 |

（2）钢桩的焊接质量应符合国家现行标准《钢结构工程施工质量验收规范》（GB 50205）和《建筑钢结构焊接技术规程》（JGJ 81）的规定，每个接头除应按表 7.3-14 规定进行外观检查外，还应按接头总数的 2% 进行 X 射线拍片检查，对于同一工程探伤抽样检验不得少于 3 个接头。

表 7.3-14　接桩焊接外观允许偏差

| 项目 | | 允许偏差（mm） |
|---|---|---|
| 上下节桩错口 | 钢管桩外径≥700mm | 3 |
| | 钢管桩外径＜700mm | 2 |
| H 型钢桩 | | 1 |
| 咬边深度（焊缝） | | 0.5 |
| 加强层高度（焊缝） | | 2 |
| 加强层宽度（焊缝） | | 3 |

**3. 《港口工程桩基规范》制作质量要求**

《港口工程桩基规范》（JTS 167-4-2012）对钢桩制作的质量要求：

（1）钢管桩的制作可根据使用要求和生产条件选用卷制直焊缝或螺旋焊缝形式。

（2）焊接试验所采用的工艺、方法和材料应与正式焊接时相同。试件可在钢管上取样，也可采用试板进行。在钢管上取样时，试样应垂直于焊缝截取；采用试板时，试板的焊接材料和焊接工艺应与正式焊接时相同。试验应满足表 7.3-15 的要求。

表 7.3–15　焊接接头的试验项目及要求

| 试验项目 | 试验要求 | 试件数量 |
|---|---|---|
| 抗拉强度 | 不低于母材的下限 | 不少于 2 个 |
| 冷弯角度 $\alpha$，弯心直径 $d$ | 低碳钢 $\alpha \geq 120°$，$d=2\delta$ | 不少于 2 个 |
| | 第合金钢 $\alpha \geq 120°$，$d=3\delta$ | |
| 冲击韧性 | 不低于母材的下限 | 不少于 3 个 |

（3）焊接接头机械性能试验取样及试验方法应按现行国家标准《焊接接头拉伸试验方法》（GB/T 2651）、《焊接接头弯曲试验方法》（GB/T 2653）和《焊接接头冲击试验方法》（GB/T 2650）等标准的有关规定执行。

（4）对接焊缝应有一定的加强面，加强面高度和遮盖宽度应满足表 7.3-16 的要求；采用双面焊或单面焊双面成型工艺时，管内也应有一定的加强高度，可取 1mm 左右；采用带有内衬板的 V 形剖面单面焊时，应保证衬板与母材融合。

表 7.3–16　对接焊缝加强尺寸（mm）

| 项目＼管壁厚度 | ＜ 10 | 10 ~ 20 | ＞ 20 |
|---|---|---|---|
| 高度 C | 1.5 ~ 2.5 | 2 ~ 3 | 2 ~ 4 |
| 宽度 e | 1 ~ 2 | 2 ~ 3 | 2 ~ 3 |
| 示意图 | | | |

（5）角焊缝高度的允许偏差应为 +2mm；0mm。

（6）焊缝外观缺陷的允许范围和处理方法应满足表 7.3-17 的要求。

表 7.3–17　焊缝外观缺陷的允许范围和处理方法

| 缺陷名称 | 允许范围 | 超过允许范围的处理方法 |
|---|---|---|
| 咬边 | 深度不超过 0.5mm，累计总长度不超过焊缝长度的 10% | 补焊 |
| 超高 | 2 ~ 3mm | 进行修正 |
| 表面裂缝未熔合 | 不允许 | 铲除缺陷后重新焊接 |
| 表面气孔、弧坑、未熔合 | 不允许 | 铲除缺陷后重新补焊 |

（7）对焊缝内部应进行无损检测，其检测方法和数量按设计要求确定。设计未作规定时，可按现行国家标准《钢结构设计规范》（GB 50017）有关规定确定焊缝的质量等级。

应满足表 7.3-18 的规定。探伤方法和内部缺陷分级应符合现行国家标准《钢焊缝手工超声波探伤方法和探伤结果分级》（GB 11345）和《钢熔化焊对接接头射线照相和质量分级》（GB 3323）的有关规定。

表 7.3-18　无损焊缝探伤的方法和要求

| 探伤数量　　探伤方法<br>焊缝种类 | 焊缝质量等级 | 超声波探伤 | 射线探伤 |
|---|---|---|---|
| 环缝 | 一级 | 100% | 超声波有疑问时采用 |
| 纵缝 | | 100% | |
| 环缝 | 二级 | 100% | 超声波有疑问时，增加射线探伤检查 |
| 纵缝 | | 20% | |

注：（1）T形焊缝、十字形焊缝，焊接时的起弧点及近桩顶环缝应作重点检查。
　　（2）现场拼装焊缝的探伤数量应适当增加。
　　（3）表中检测数量以每根桩的焊缝总长度计算。
　　（4）柔性靠船桩等孤立建（构）筑物的焊缝等级应取一级。

（8）钢桩涂层施工应符合现行行业标准《海港工程钢结构防腐蚀技术规范》（JTS 153-3）的有关规定施工。

（9）螺旋焊缝钢管所需钢带宽度，应按所制钢管的直径和螺旋成型的角度确定，钢带对接焊缝与管端的距离不得小于 100mm。

（10）管节外形尺寸允许偏差应满足表 7.3-19 的要求。

表 7.3-19　管节外形尺寸允许偏差

| 偏差名称 | 允许偏差 | 说明 |
|---|---|---|
| 钢管外周长 | ±0.5% 周长，且不大于 10mm | 测量外周长 |
| 管端椭圆度 | ±0.5%$d$，且不大于 5mm | 两相互垂直的直径之差 |
| 管端平整度 | 2mm | 多管节拼接时，以整桩质量要求为准 |
| 管端平面倾斜 | 0.5%$d$，且不大于 4mm | |
| 桩管壁厚度 | 按所用钢材的相应标准规定 | |

注：$d$ 为钢管桩外径。

（11）管节对口拼装时，相邻管节的焊缝应错开 1/8 周长以上，相邻管节的管径差应满足表 7.3-20 的要求

表 7.3-20　相邻管节的管径差

| 管径（mm） | 相邻管节的管径差（mm） | 说明 |
|---|---|---|
| ≤700 | ≤2 | 用两管节外周长之差表示，此差应 ≤2π |
| >700 | ≤3 | 两相互垂直的直径之差 |

（12）管节对口拼接时可采用夹具和楔子等辅助工具校正管端圆度；相邻管节对口的板边高差 $\Delta$，应满足下列要求：板厚 $\delta \leq 10\text{mm}$ 时，$\Delta$ 不超过 1mm；$10\text{mm} < \delta \leq 20\text{mm}$ 时，$\Delta$ 不超过 2mm；$\delta > 20\text{mm}$ 时，$\Delta$ 不超过 $\delta/10$，且不大于 3mm。

（13）钢管桩成品的外形尺寸允许偏差应满足表 7.3-21 的要求。

表 7.3-21　钢管桩外形尺寸允许偏差

| 偏差名称 | 允许偏差（mm） |
| --- | --- |
| 桩长偏差 | +300<br>0 |
| 桩纵轴线弯曲矢高 | 不大于桩长的 0.1%，且不得大于 30 |

# 7.4　成桩过程质量要求

成桩过程对于预制桩主要是现场沉入的过程；对于现场灌注桩主要包括成孔、安装钢筋笼、灌注混凝土、后注浆等工艺过程。

## 7.4.1　预制桩沉桩质量要求

**1. 建筑地基基础工程质量验收规范的要求**

国家标准《建筑地基基础工程施工质量验收规范》（GB 50202-2002）的质量要求：

（1）桩位放样允许偏差：群桩 20mm；单排桩 10mm。

（2）预制桩施工前，应对进场基桩进行外观及强度检验，接桩用焊条或半成品的硫磺胶泥，应有产品合格证书，或送有资质的单位进行检验合格后方可使用。硫磺胶泥半成品应每 100kg 做 1 组试件（3 件）。压桩用压力表应检验合格；锚杆规格及质量应符合设计及有关规范的要求。

（3）预制桩沉桩过程中应对桩垂直度、接桩间隙时间、桩连接质量、桩的沉入深度、沉桩顺序、沉桩情况进行检验和记录，静压法还应记录压桩时的压力、压桩时间，打入桩应记录沉桩锤型、锤击时间、贯入度等参数。重要工程应对电焊接桩的接头做 10% 的探伤检查。

**2. 建筑基桩规范的质量要求**

行业标准《建筑桩基技术规范》（JGJ 94-2008）对沉桩过程的质量要求：

（1）预制桩（混凝土预制桩、钢桩）施工过程中应进行下列检验：

a. 打入（静压）深度、停锤标准、静压终止压力值及桩身（架）垂直度检查。

b. 接桩质量、接桩间歇时间及桩顶完整情况。

c. 每米进尺锤击数、最后 1m 进尺锤击数、总锤击数、最后 3 阵贯入度及桩尖标高等。

（2）接桩材料应符合下列规定：

a. 焊接接桩：钢板宜采用低碳钢，焊条宜采用 E43；并应符合现行行业标准《建筑钢结构焊接技术规程》（JGJ 81）的要求。

b. 法兰接桩：钢板和螺栓宜采用低碳钢。

（3）采用焊接接桩除应符合现行行业标准《建筑钢结构焊接技术规程》JGJ 81 的要求外，尚应符合下列规定：

a. 下节桩段的桩头宜高出施工地面 0.5m。

b. 下节桩的桩头处宜设导向箍；接桩时上下节桩段应保持顺直，错位偏差不宜大于 2mm；接桩就位纠偏时，不得采用大锤横向敲打。

c. 桩对接前，上下端板表面应采用钢丝刷清刷干净，坡口处应刷至露出金属光泽。

d. 焊接宜在四周对称地进行，待上下节桩固定后拆除导向箍再分成施焊；焊接层数不得少于 2 层，第 1 层焊接完成后必须把焊渣清理干净，方可进行第 2 层施焊，焊缝应连续饱满。

e. 焊好后的桩接头应自然冷却后方可继续锤击，自然冷却时间混凝土桩接头不少于 8min，钢桩不少于 1min；严禁采用水冷却焊好即施打。

f. 雨天焊接时，应采取可靠额防雨措施。

g. 焊接接头的质量检查宜采用探伤检测，同一工程探伤抽样检验不得少于 3 个接头。

（4）采用机械快速螺纹接桩的操作与质量应符合下列规定：

a. 接桩前应检查桩两端制作的尺寸偏差及连接件，无受损后方可起吊施工，其下节桩端宜高出施工现场地面 0.8m。

b. 接桩时，卸下上下节桩两端的保护装置后，应清理接头残物，涂上润滑脂。

c. 应采用专用接头锥度对中，对准上下接桩进行旋紧连接。

d. 可采用专用链条式扳手进行旋紧；（臂长 1m，卡紧后人工旋紧再用铁锤敲击板臂）锁紧后两端板尚应有 1 ~ 2mm 的间隙。

（5）采用机械咬合接头接桩的操作与质量应符合下列规定：

a. 将上下接头板清理干净，用扳手将已涂抹沥青涂料的连接销逐根旋入上节桩 I 型端头板的螺栓孔内，并用钢模板调整好连接销的方位。

b. 剔除下节桩 II 型端头板连接槽内泡沫塑料保护块，在连接槽内注入沥青涂料，并在端头板面周围抹上宽度为 20mm、厚度 3mm 的沥青涂料；当地基土、地下水含中等以上腐蚀介质时，桩端板板面应满涂沥青涂料。

c. 将上节桩吊起，使连接销与 Ⅱ 型端头板上各连接口对准，随即将连接销插入连接槽内。

d. 加压使上下节桩的接头板接触，完成接桩。

（6）预制桩终止锤击的控制应符合下列规定：

a. 当桩端位于一般土层时，应以控制设计标高为主，贯入度为辅。

b. 桩端达到坚硬、硬塑的黏性土，中密以上粉土、砂土、碎石类土及风化岩时，应以贯入度控制为主，桩端标高为辅。

c. 贯入度已达到设计要求而桩端标高未达到时，应继续锤击 3 阵，并按每阵 10 击的贯入度不应大于设计的数值确认，必要时施工控制贯入通过实验确定。注：若设计为端承桩，使用锤型合理，最后贯入度小于 3mm/ 击，明显进入持力层，应立即停锤。

（7）当遇到贯入度剧变、桩身突然发生倾斜、位移或有严重回弹、桩顶或桩身出现严重裂缝、破碎等情况时，应暂停打桩，并分析原因，采取相应措施。

（8）当采用射水法沉桩时，应符合下列规定：

a. 射水法沉桩宜用于砂土和碎石土。

b. 沉桩至最后 1 ～ 2m 时，应停止射水，并采用锤击至规定标高，终锤控制标准可按上文（6）的有关规定执行。

（9）预应力混凝土管桩的总锤击数及最后 1m 沉桩锤击数应根据桩身强度和当地工程经验确定。

（10）锤击沉桩送桩应符合下列规定：

a. 送桩深度不宜大于 2m（注：实际目前工程中送桩深度大于 2m 的项目比较多）。

b. 当桩打至地面接近送桩时应测出桩的垂直度并检查桩顶质量，合格后应及时送桩。

c. 送桩的最后贯入度应参考相同条件下不送桩时的最后贯入度并修正。

d. 当送桩深度超过 2m 且不大于 6m 时，打桩机应为三点支撑履带自行式或步履式柴油打桩机；桩帽和桩锤之间应用竖纹硬木或盘圆层叠的钢丝绳做"锤垫"，其厚度宜取 150 ～ 200mm。

（11）合适的压桩机参数是保证压桩质量的基本条件，规范规定选择压桩机应包括下列内容：

a. 压桩机型号、桩机质量（不含配重）、最大压桩力等。

b. 压桩机的外形尺寸及拖运尺寸。

c. 压桩机的最小边桩距及最大压桩力。

d. 长、短船型履靴的接地压强。

e. 夹持机构的型式。

f. 液压油缸的数量、直径，率定后的压力表读数与压桩力的对应关系。

d. 吊桩机构的性能及吊桩能力。

（12）最大压桩力不宜大于压桩机及其配重总和的 90%。

（13）最大压桩力不宜小于设计的单桩竖向极限承载力标准值。（应视不同地质条件，经实验确定地基土承载力的恢复系数。一般黏性软土地基的承载力恢复系数大于 1.5。）

（14）静力压桩施工质量控制应符合下列规定：

a. 第一节桩下压时桩身垂直度偏差不应大于 0.5%。

b. 宜将每根桩一次性连续压到底，且最后一节桩长不宜小于 5m。

c. 抱压力不应大于桩身允许侧向压力的 1.1 倍。

d. 对于大面积桩群，应控制日压桩量。

（15）压桩终压条件应符合下列规定：

a. 应根据现场试压桩的试验结果确定终压标准。

b. 终压连续复压次数应根据桩长及地质条件等因素确定。对于入土深度大于或等于 8m 的桩，复压次数可为 2 ~ 3 次；对于入土深度小于 8m 的桩，复压次数可为 3 ~ 5 次。

c. 稳压压桩力不得小于终压力，稳定压桩的时间宜为 5 ~ 10s。

（16）静压送桩的质量应符合下列规定：

a. 测量桩的垂直度并检查桩头质量，合格后方可送桩，压桩送桩应连续进行。

b. 送桩应采用专制钢质送桩器，不得将工程桩用作送桩器。

c. 当场地上多数桩长小于或等于 15m 或桩端持力层为风化软质岩，需要复压时，静压桩送桩深度不宜超过 1.5m。

d. 除满足上述 3 项规定外，当桩的垂直度偏差小于 1%，且桩的有效桩长大于 15m 时，静压桩送桩深度不宜超过 8m。

e. 送桩的最大压桩力不宜超过桩身允许抱压压桩力的 1.1 倍。

（17）引孔压桩法质量控制应符合下列规定：

a. 引孔宜采用螺旋钻干作业法；引孔的垂直度偏差不宜大于 0.5%。

b. 引孔作业和压桩作业应连续进行，间隔时间不宜大于 12h，在软土地基中不宜大于 3h。

c. 引孔中有积水时宜采用开口型桩尖。

（18）钢桩现场接桩应符合下列规定：

a. 必须清除桩端部的浮锈、油污等脏物，保持干燥；下节桩顶经锤击后变形的部分应割除。

b. 上下节桩焊接时应校正垂直度，对口的间隙宜为 2 ~ 3mm。

c. 焊丝（自动焊）或焊条应烘干。

d. 焊接应对称进行。

e. 应采用多层焊，钢管桩各层焊缝的接头应错开，焊渣应清除。

f. 当气温低于 0℃或雨雪天及无可靠措施确保施焊质量时，不得焊接。

g. 每个接头焊接完毕，应冷却 1min 后方可锤击。

h. 焊接质量应符合现行国家标准《钢结构工程施工质量验收规范》（GB 50205）和《建筑钢结构焊接技术规程》（JGJ 81）的规定，每个接头除应按表 5.3-9 规定进行外观检查外，还应按接头总数的 5%进行超声或 2%进行 X 射线拍片检查，对于同一工程探伤抽样检验不得少于 3 个接头。

**3. 港口工程桩基规范的质量要求**

国家行业标准《港口工程桩基规范》（JTS 167-4-2012）对沉桩施工的质量要求：

（1）施打混凝土预制桩时，在桩顶和替打之间应设置具有适当弹性、减少锤击应力峰值、保护桩顶作用的硬纸垫、棕绳、麻绳盘根垫、木板垫等桩垫，并应符合下列规定：

a. 混凝土桩桩垫尺寸宜与桩顶截面相同，且不得割除钢筋。

b. 桩垫应厚度均匀，并具有足够的厚度，锤击后的桩垫厚度宜满足下列要求：采用纸垫时为 100 ~ 200mm，当沉桩困难时为 150 ~ 200mm；采用木垫时为 50 ~ 100mm（一般每根桩设一个桩垫，但应每桩锤击完成后检查替打内木垫的粘结情况，发现有粘结的残余木垫应清理干净，否则残余垫木造成替打底部高低不平，易将桩顶打坏）；采用其他材料时根据经验或实验确定。

c. 预应力混凝土管桩桩垫宜采用纸垫，也可采用棕绳或麻绳盘根垫，或其他经实验后确认的合适桩垫。

（2）沉桩定位应符合下列规定：

a. 采取任何一种定位方法应有校核观测。

b. 沉桩定位可采用直角交会或前方交会，当采用前方交会时，相邻两台仪器视线的夹角应控制在 45° ~ 120° 范围以内。

c. 三台仪器作角度交会时，所产生的空间误差三角形，其重心距各三角边距离允许偏差为 ±50mm。

d. 采用 GPS 定位时，宜采用全站仪进行校核。

e. 定位中，采用水准仪测设桩的定位高程和停锤高程时，宜使前、后视等距，减少仪器 i 角产生的误差。

f. 应及时测定沉桩施工偏位及竣工偏位。

g. 每根桩应按表 7.4-1 记录，全部基桩沉放后应按表 7.4-2 做好综合记录。

### 表 7.4-1  沉桩、定位记录表（锤击沉桩）

| 工程名称 | | | | 沉桩日期 | | 船名及规格 | | 沉桩小组 | | | | |
|---|---|---|---|---|---|---|---|---|---|---|---|---|
| 基桩部位 | | | | 天气 | | 桩锤型号 | | 测量小组 | | | | |
| 基桩参数 | 材料 | | 阵次顺序 | 每阵锤击数 | 桩身读尺数 | 入土深度 | 平均贯入度 | 阵次顺序 | 每阵锤击数 | 桩身读尺数 | 入土深度 | 平均贯入度 |
| 基桩参数 | 规格 | | | | | | | | | | | |
| | 制桩日期 | | 1 | | | | | 26 | | | | |
| 工作时间 | 开始锤击 | | 2 | | | | | 27 | | | | |
| 工作时间 | 停止锤击 | | 3 | | | | | 28 | | | | |
| | 小计 | | 4 | | | | | 29 | | | | |
| 编号 | 沉桩 | | 5 | | | | | 30 | | | | |
| 编号 | 设计 | | 6 | | | | | 31 | | | | |
| 桩身斜度 | 设计 | | 7 | | | | | 32 | | | | |
| 桩身斜度 | 竣工 | | 8 | | | | | 33 | | | | |
| 水准点高程 | | | 9 | | | | | 34 | | | | |
| 后视读数 | | | 10 | | | | | 35 | | | | |
| 仪器高程 | | | 11 | | | | | 36 | | | | |
| 替打长度 | | | 12 | | | | | 37 | | | | |
| 垫层厚度 | | | 13 | | | | | 38 | | | | |
| 垫层材料 | | | 14 | | | | | 39 | | | | |
| 最后停锤读尺数 | 理论 | | 15 | | | | | 40 | | | | |
| 最后停锤读尺数 | 实际 | | 16 | | | | | 41 | | | | |
| 稳桩读数 | | | 17 | | | | | 42 | | | | |
| 压锤读数 | | | 18 | | | | | 43 | | | | |
| 泥面高程 | | | 19 | | | | | 44 | | | | |
| 桩尖高程 | 设计 | | 20 | | | | | 45 | | | | |
| 桩尖高程 | 实际 | | 21 | | | | | 46 | | | | |
| 桩顶高程 | 设计 | | 22 | | | | | 47 | | | | |
| 桩顶高程 | 实际 | | 23 | | | | | 48 | | | | |
| 沉桩偏位 | 纵向 A 横向 B | | 24 | | | | | 49 | | | | |
| 沉桩偏位 | 纵向 A 横向 B | | 25 | | | | | 50 | | | | |
| 竣工偏位 | 纵向 A 横向 B | 桩位布置草图 | | | | | | | | | | |
| 竣工偏位 | 纵向 A 横向 B | | | | | | | | | | | |
| 仪器 | | | | | | | | | | | | |
| | | 测量 | | 记录 | | 计算 | | 校核 | | | | |
| 校核 | | 誊写 | | | | 记录 | | | | | | |

表 7.4-2　锤击沉桩综合记录表

| 打桩顺序号 | 桩位编号 | 桩身斜度 | 桩规格 | 打桩日期 | 打桩时间 | | 泥面高程（m） | 自沉入土（m） | 压锤入土（m） | 土芯高程（m） | 桩尖高程（m） | | 总锤击数 | 锤击时间 | 最后平均贯入度（mm） | 桩偏位（cm） | | 垂直度偏差 | 备注 |
|---|---|---|---|---|---|---|---|---|---|---|---|---|---|---|---|---|---|---|---|
| | | | | | 开始 | 结束 | | | | | 设计 | 实际 | | | | X | Y | | |
| 1 | | | | | | | | | | | | | | | | | | | |
| 2 | | | | | | | | | | | | | | | | | | | |
| 3 | | | | | | | | | | | | | | | | | | | |
| 4 | | | | | | | | | | | | | | | | | | | |
| 5 | | | | | | | | | | | | | | | | | | | |
| 6 | | | | | | | | | | | | | | | | | | | |
| 7 | | | | | | | | | | | | | | | | | | | |
| 8 | | | | | | | | | | | | | | | | | | | |
| 9 | | | | | | | | | | | | | | | | | | | |
| 10 | | | | | | | | | | | | | | | | | | | |
| 11 | | | | | | | | | | | | | | | | | | | |
| 12 | | | | | | | | | | | | | | | | | | | |
| 13 | | | | | | | | | | | | | | | | | | | |
| 14 | | | | | | | | | | | | | | | | | | | |
| 15 | | | | | | | | | | | | | | | | | | | |
| 16 | | | | | | | | | | | | | | | | | | | |
| 17 | | | | | | | | | | | | | | | | | | | |
| 18 | | | | | | | | | | | | | | | | | | | |
| 19 | | | | | | | | | | | | | | | | | | | |
| 20 | | | | | | | | | | | | | | | | | | | |
| 21 | | | | | | | | | | | | | | | | | | | |
| 22 | | | | | | | | | | | | | | | | | | | |
| 23 | | | | | | | | | | | | | | | | | | | |
| 24 | | | | | | | | | | | | | | | | | | | |
| 25 | | | | | | | | | | | | | | | | | | | |
| 26 | | | | | | | | | | | | | | | | | | | |
| 27 | | | | | | | | | | | | | | | | | | | |
| 28 | | | | | | | | | | | | | | | | | | | |
| 29 | | | | | | | | | | | | | | | | | | | |

填表人：　　　　　　　　校核：　　　　　　　　　　　　　　　　　年　　月　　日

h. 锤击沉桩记录应符合下列规定：锤击记录应分阵次，一般阵次以桩身每下沉 1m 划分，当桩尖穿越硬夹层或进入硬土层时，宜取 0.1～0.5m 为一阵，当桩尖接近控制标高时应取 0.1m 为一阵；打入硬土层的桩，最后贯入度可取 0.1m 或最后 10 击的平均 10 击下沉量；

对沉桩过程中发生的断桩、桩身破损、溜桩、贯入度反常、桩周冒泡、桩位异常以及设备损坏等异常现象均应记录。

i. 水冲沉桩记录应符合下列要求：水冲锤击沉桩工序分为冲水下桩、压锤、边冲边击和停水锤击等；边冲边击阵次以每下沉 1m 为一阵，最后停水锤击以每下沉 0.1m 划分；沉桩时的风压异常、水压异常、冲水管堵塞、排泥不畅和机具发生故障等异常现象，均应按表 7.4-3 要求做记录。

表 7.4-3　水冲锤击沉桩记录表

| 工程名称 | | 基桩位置 | | | 沉桩日期 | | | 沉桩船名 | | | 备注 |
|---|---|---|---|---|---|---|---|---|---|---|---|
| 水泵型号 | | 冲水管直径/水嘴直径(mm) | | | 水嘴距桩尖距离(mm) | | | 水冲方式 | | | |
| 锤型资料 | 锤型 | | 阵次 | 工序名称 | 工序各时间 起／止 | 水压(MPa) | 风压(MPa) | 锤击次数 | 桩身读数(m) | 阵贯入量(mm) | 平均贯入度(mm/击) | 桩尖高程(mm) | 入土深度(m) |
| | 锤总重(t) | | | | | | | | | | | |
| | 活塞重(t) | | | | | | | | | | | |
| | 冲程(mm) | | | | | | | | | | | |
| 基桩资料 | 桩型及材料 | | | | | | | | | | | |
| | 尺寸(mm) | | | | | | | | | | | |
| | 制桩日期 | | | | | | | | | | | |
| 桩垫材料及厚度 | | | | | | | | | | | | |
| 标号 | 设计 | | | | | | | | | | | |
| | 施工 | | | | | | | | | | | |
| 设计桩身斜度 | | | | | | | | | | | | |
| 测量资料(m) | 水准点高程 | | | | | | | | | | | |
| | 后视 | | | | | | | | | | | |
| | 仪高 | | | | | | | | | | | |
| 泥面高程(m) | | | | | | | | | | | | |
| 桩尖高程(mm) | 设计 | | | | | | | | | | | |
| | 施工 | | | | | | | | | | | |
| 桩顶高程(mm) | 设计 | | | | | | | | | | | |
| | 施工 | | | | | | | | | | | |
| 桩身倾斜偏差(%) | | | | | | | | | | | | |
| 沉桩偏位 | 东 | | | | | | | | | | | |
| | 南 | | | | | | | | | | | |
| | 西 | | | | | | | | | | | |
| | 北 | | | | | | | | | | | |
| 测量 | | | 记录 | | | 校核 | | | | | | |

（注：表头分列为"阵次、工序名称、工序各时间（起／止）、水压(MPa)、风压(MPa)、锤击次数、桩身读数(m)、阵贯入量(mm)、平均贯入度(mm/击)、桩尖高程(mm)、入土深度(m)"）

j. 打桩船吊桩时，桩的吊点应按设计布置。采用 4 点吊时，下吊索长度可取 0.5～0.6L，桩较长时不宜小于 0.5L，吊桩高度 $H$ 不宜小于 0.8L（见图 7.4-1）。采用 6 点吊时，下吊索长度可取 0.45 ~ 0.5L，中吊索可取与下吊索同长，吊桩高度不宜小于 0.8L（见图 7.4-2）。

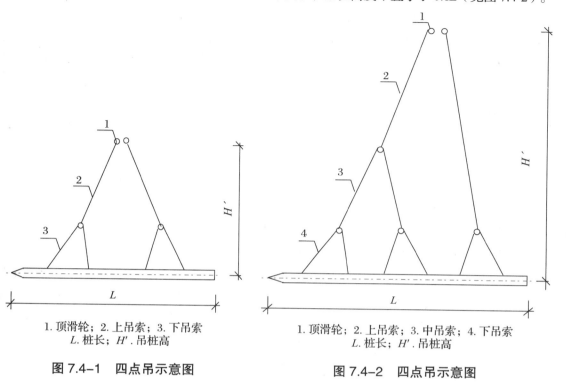

1. 顶滑轮；2. 上吊索；3. 下吊索
L. 桩长；H′. 吊桩高

**图 7.4-1　四点吊示意图**

1. 顶滑轮；2. 上吊索；3. 中吊索；4. 下吊索
L. 桩长；H′. 吊桩高

**图 7.4-2　四点吊示意图**

k. 水冲锤击沉桩沉至距设计高程为下列距离时，应停止冲水，将水压降至 0 ~ 0.1MPa，并改用锤击：桩径或边长小于等于 600mm 时，为 1.5 倍桩径或边长；桩径或边长大于 600mm 时，为 1.0 倍桩径或边长。

l. 桩顶高程与设计高程不符或桩顶破碎时，应按下列规定进行处理：桩顶高程高于设计高程或桩顶混凝土破碎时，裂损部分应予凿除，凿除时应防止桩顶混凝土掉角、松动、开裂，桩顶凿毛后的高程允许偏差为 -30 ~ +10mm，现场浇筑桩帽或墩式码头的桩顶凿毛后高程允许偏差，可根据结构要求确定；桩顶低于设计高程时，可采用局部降低桩帽高程或接桩进行处理，接高部分应满足设计要求。

m. 锤击沉桩停止锤击的控制标准应根据地质情况、设计承载力、锤型、桩型和桩长等因素综合考虑确定。并符合下列要求：设计桩端土层为一般黏性土时，应以高程控制，沉桩后桩顶高程允许偏差为 +100mm，0mm；设计桩端土层为砾石、密实砂土或风化岩时，应以贯入度控制，当沉桩贯入度已达到控制贯入度，而桩端未达到设计高程时，应继续锤击 100mm 或锤击 30 ~ 50 击，其平均贯入度不应大于控制贯入度，且桩端距设计高程不宜超过 1 ~ 3m，硬土层顶面高程相差不大时取小值，超过上述规定时应由有关单位研究解决；设计桩端为硬塑状的黏性土或粉细砂时，应首先以高程控制，当桩端达不到设计高程但相差不大时，可以贯入度作为停锤控制标准。桩端已达到设计高程而贯入度仍然较大时，应继续锤击使其贯入度接近控制贯入度，但继续锤击的下沉的深度应考虑施工水位的影响，必要时由设计单位核算后确定是否停锤，当桩端距设计高程较大，而贯入度小于控制贯入度时，可按上款执行；贯入度应由设计、施工、监理考虑不同的锤型和锤击能力确定。

**4. 公路桥涵施工规范的质量要求**

（1）除一般的中、小桥沉桩工程，其地质不复杂并有可靠的数据和实践经验可不进行试桩外，其他沉桩工程均应在施工前进行工艺试桩和承载力试桩，确定沉桩的施工工艺、技术参数和检验桩的承载力。

（2）试桩的数量不宜少于 2 根，且附近应有钻探资料；试桩的规格应与工程桩一致，所用船机应与正式施工时相同。试桩试验办法按规范规定。

（3）特大桥和地质复杂的大、中桥，宜采用静压试验方法确定单桩允许承载力；一般大、中桥的试桩，在缺乏上述试验条件时，亦可采用可靠的动力检测法；锤击沉入的中、小桥试桩，在缺乏上述试验条件时，可结合具体情况，选择适当的动力公式计算单桩允许承载力。当确定的单桩允许承载力不能满足设计要求时，应会同设计和监理单位研究处理。

（4）桩的连接应符合设计要求，并应符合下列规定：

a. 在同一镦、台的基桩中，同一水平面内的桩接头数不得超过基桩总数的 1/4，但采用法兰盘按等强度设计的接头，可不受此限。

b. 接桩时应保持各节桩的轴线在同一直线上，接好后应进行检查，符合要求方可进行下道工序。

c. 接桩可采用焊接和法兰盘连接。当采用焊接连接时，焊接应牢固，位置应准确；采用法兰盘接桩时，法兰盘的结合处应密贴，法兰螺栓应逐个拧紧，应加设弹簧圈或加焊，锤击时应采取有效措施防止螺栓松动。

d. 在宽阔水域沉设的大直径管桩或钢管桩，宜在厂（场）内制作时按设计桩长拼接成整根，不宜在现场连接接桩；必须在现场连接时，每根桩的接头数不得超过 1 个。

（5）锤击沉桩施工应符合下列规定：

a. 预制钢筋混凝土桩和预应力混凝土桩在锤击沉桩前，桩身混凝土强度应达到设计要求。

b. 桩锤的选择宜根据地质条件、桩身结构强度、单桩承载力、锤的性能并结合试桩情况确定，且宜选用液压锤和柴油锤。其他辅助装备应与所选用的桩锤相匹配。

c. 开始沉桩时宜采用较低落距，且桩锤、送桩与桩宜保持在同一轴线上；在锤击过程中宜采用重锤低击。

d. 沉桩过程中，若遇到贯入度剧变，桩身突然发生倾斜、移位或有严重回弹，桩顶出现严重裂缝、破碎、桩身开裂等情况时，应暂停沉桩，查明原因，采取有效措施后方可继续沉桩。

e. 锤击沉桩应考虑锤击震动对其他新浇筑混凝土的影响，当结构物混凝土未达到 5MPa 时，距结构物 30m 范围内不得进行沉桩。

f. 锤击沉桩控制应根据地质情况、设计承载力、锤型、桩型和桩长综合考虑，并应符合下列规定：设计桩尖土层为一般黏性土时，应以高程控制，桩沉入后，桩顶高程的允许偏差为 +100mm，0mm；设计桩尖土层为砾石、密实砂土或风化岩时，应以贯入度控制，当沉桩贯入度已达到控制贯入度，而桩端未达到设计高程时，应继续锤击贯入 100mm 或锤击 30 ~ 50 击，其平均贯入度应不大于控制贯入度，且桩端距设计高程不宜超过 1 ~ 3m（硬土层顶面高程相差不大时取小值），超过上述规定，应会同设计和监理单位研究处理；设计桩尖为硬塑状的黏性土或粉细砂时，应以高程控制为主，贯入度作为校核，桩端已达到设计高程而贯入度仍然较大时，应继续锤击使其贯入度接近控制贯入度，但继续锤击的下沉的深度应考虑施工水位的影响，当桩端距设计高程较大，而贯入度小于控制贯入度时，可按上款执行。

g. 对发生"假极限"、"吸入"、"上浮"现象的桩，应进行复打。

（6）振动沉桩的施工应符合下列规定：

振动沉桩时，应以设计规定的或通过试桩验证的桩尖高程控制为主，以最终贯入度（mm/min）作为校核，当桩尖已达到设计高程，而与最终的贯入度相差较大时应查明原因，会同监理和设计单位处理。

（7）冲水沉桩应符合下列规定：

冲水法沉桩时，应根据土质情况随时调整射水压力，控制沉桩速度；当桩尖接近设计高程时应停止射水，改用锤击，保证桩的承载力。停止射水桩的高程，可根据沉桩试验确定的数据及施工情况决定；当缺乏资料时距设计高程不得小于 2m。

## 7.4.2 现场灌注桩成桩质量要求

### 1. 地基基础规范的要求

国家标准《建筑地基基础工程施工质量验收规范》（GB 50202-2002）的质量要求：

（1）混凝土灌注桩钢筋笼质量检验标准应符合表 7.4-4。

表 7.4-4　混凝土灌注桩钢筋笼质量检验标准（mm）

| 项 | 序 | 检查项目 | 允许偏差或允许值 | 检查方法 |
|---|---|---|---|---|
| 主控项目 | 1 | 主筋间距 | ±10 | 用钢尺量 |
| | 2 | 长度 | ±100 | 用钢尺量 |
| 一般项目 | 1 | 钢筋材质检验 | 设计要求 | 抽样送检 |
| | 2 | 箍筋间距 | ±20 | 用钢尺量 |
| | 3 | 直径 | ±10 | 用钢尺量 |

（2）混凝土灌注桩平面位置和垂直度允许偏差见表 7.4-5。

表 7.4-5　灌注桩成孔施工允许偏差

| 成孔方法 | | 桩径允许偏差（mm） | 垂直度允许偏差（%） | 桩位允许偏差（mm） | |
|---|---|---|---|---|---|
| | | | | 1～3根桩、条形基桩沿垂直轴线方向和群桩基础中的边桩 | 条形基桩沿轴线方向和群桩基础中的中间桩 |
| 泥浆护壁灌注桩 | $D \leqslant 1\,000$mm | ±50 | ＜1 | $D/6$ 且不大于 100 | $D/4$ 且不大于 150 |
| | $D > 1\,000$mm | ±50 | | 100+0.01$H$ | 150+0.01$H$ |
| 套管成孔灌注桩 | $D \leqslant 500$mm | −20 | ＜1 | 70 | 150 |
| | $D > 500$mm | | | 100 | 150 |
| 干成孔灌注桩 | | −20 | ＜1 | 70 | 150 |
| 人工挖孔桩 | 混凝土护壁 | +50 | ＜0.5 | 50 | 150 |
| | 钢套管护壁 | +50 | ＜1 | 100 | 200 |

注：（1）桩径允许偏差的负值是指个别断面。
　　（2）采用复打、反插法施工的桩，其桩径允许偏差不受上表限制。
　　（3）$H$ 为施工现场地面标高与桩顶设计标高的距离，$D$ 为设计桩径。

（3）混凝土灌注桩质量检验标准见表 7.4-6。

表 7.4-6　混凝土灌注桩质量检验标准

| 项 | 序 | 检查项目 | 允许偏差或允许值 | | 检查方法 |
|---|---|---|---|---|---|
| | | | 单位 | 数值 | |
| 主控项目 | 1 | 桩位 | 见表 7.4-5 | | 基坑开挖前量护筒，开挖后量桩中心 |
| | 2 | 孔深 | mm | +300 | 只深不浅，用重锤测，或测钻杆套管长度，嵌岩桩应确保进入设计要求的嵌岩深度 |
| | 3 | 桩体质量检验 | 按基桩检测技术规范。如钻芯取样，大直径嵌岩桩应钻至桩尖下 50cm | | 按基桩检测技术规范 |
| | 4 | 混凝土强度 | 混凝土强度 | 设计要求 | 试件报告或钻芯取样送检 |
| | 5 | 承载力 | 按基桩检测技术规范 | | 按基桩检测技术规范 |

| 项 | 序 | 检查项目 | 允许偏差或允许值 | | 检查方法 |
|---|---|---|---|---|---|
| | | | 单位 | 数值 | |
| 一般项目 | 1 | 垂直度 | 见表 7.3-3 | | 册套管或钻杆，或用超声波探测，干施工时吊垂球 |
| | 2 | 桩径 | 见表 7.3-3 | | 井径仪或超声波检测，干施工时用钢尺量，人工挖孔桩不包括内衬厚度 |
| | 3 | 泥浆比重（黏土或砂性土） | 1.15 ~ 1.2 | | 用比重计测，清孔后在距孔底50cm处取样 |
| | 4 | 泥浆面标高（高于地下水位） | m | 0.5 ~ 1.0 | 目测 |
| | 5 | 沉渣厚度：端承桩　　　　　摩擦桩 | mm | ≤ 50 ≤ 150 | 用沉渣仪或重锤测量 |
| | 6 | 混凝土塌落度：水下灌注　　　　　　　干施工 | mm | 160 ~ 220 70 ~ 100 | 塌落度仪 |
| | 7 | 钢筋笼安装深度 | mm | ±100 | 用钢尺量 |
| | 8 | 混凝土充盈系数 | > 1 | | 检查每根桩的实际灌注量 |
| | 9 | 桩顶标高 | mm | | 水准仪，需扣除桩顶浮浆层及劣质桩体 |

**2. 建筑基桩规范的要求**

行业标准《建筑桩基技术规范》（JGJ 94-2008）对灌注桩成桩过程的质量要求：

（1）成孔

a. 正式施工前，宜进行试成孔。对相应工艺的成孔速度、孔径、孔深、沉渣厚度、泥浆护壁成孔的泥浆比重、护壁效果、塌孔、缩颈情况、进入持力层的深度等进行试验或验证，为正式施工提供较可靠的现场测试依据。

b. 泥浆护壁成孔时，宜采用孔口护筒，护筒设置应符合下列规定：护筒埋设应位置准确、稳定，护筒中心与桩位中心的偏差不得大于 50mm；护筒可用 4 ~ 8mm 厚钢板制作，其内径应大于钻头直径100mm，上部宜开设 1 ~ 2 个溢浆口；护筒的埋设深度在黏性土中不宜小于 1m，砂土中不宜小于 1.5m，护筒下端外侧应采用黏土填实，其高度尚应满足孔内泥浆面高度的要求；受水位涨落影响或水下施工的钻孔灌注桩，护筒应加高加深，必要时应打入不透水层。

c. 泥浆护壁应符合下列规定：施工期间护筒内的泥浆面应高出地下水位 1.0m 以上，在受水位涨落影响时，泥浆面应高出最高水位 1.5m 以上，当水位涨落较大时，应随着上升或下降，避免内外水头差过大；在清孔过程中，应不断置换泥浆，直至灌注水下混凝土；灌注混凝土前，孔底500mm 以内的泥浆相对密度应小于 1.25，含砂率不得大于 8%，黏度不得大于 28s；在容易产生泥浆渗漏的土层中应采取维持孔壁稳定的措施。

d. 成孔的控制深度应符合下列要求：摩擦型桩，应按设计桩长控制成孔深度，端承摩擦桩必须保证设计桩长即桩端进入持力层深度，当采用锤击沉管法成孔时，桩管入土深度控制应以标高为主，以贯入度控制为辅；端承型桩，当采用钻（冲）挖掘成孔时，必须保证桩端进入持力层的设计深度，当采用锤击沉管法成孔时，桩管入土深度宜以贯入度控制为主，以控制标高为辅。

e. 灌注桩成孔施工的允许偏差应满足表 7.4-7 的要求。

**表 7.4-7　灌注桩成孔施工允许偏差**

| 成孔方法 | | 桩径允许偏差（mm） | 垂直度允许偏差（%） | 桩位允许偏差（mm） | |
|---|---|---|---|---|---|
| | | | | 1～3 根桩、条形基桩沿垂直轴线方向和群桩基础中的边桩 | 条形基桩沿轴线方向和群桩基础中的中间桩 |
| 泥浆护壁钻、挖、冲孔桩 | $d \leqslant 1000mm$ | ±50 | 1 | $d/6$ 且不大于 100 | $d/4$ 且不大于 150 |
| | $d > 1000mm$ | ±50 | | 100+0.01$H$ | 150+0.01$H$ |
| 锤击震动沉管震动冲击沉管成孔 | $d \leqslant 500mm$ | −20 | 1 | 70 | 150 |
| | $d > 500mm$ | | | 100 | 150 |
| 螺旋钻、机动洛阳铲干作业成孔 | | −20 | 1 | 70 | 150 |
| 人工挖孔桩 | 现浇混凝土护壁 | ±50 | 0.5 | 50 | 150 |
| | 长钢套管护壁 | ±20 | 1 | 100 | 200 |

注：（1）桩径允许偏差的负值是指个别断面。
　　（2）$H$ 为施工现场地面标高与桩顶设计标高的距离，$d$ 为设计桩径。

f. 钻孔达到设计深度，灌注混凝土之前，孔底沉渣厚度指标应符合下列规定：端承型桩不应大于 50mm；摩擦型桩不应大于 100mm；抗拔、抗水平力桩不应大于 200mm。

g. 冲击成孔灌注桩的成孔质量要求：开孔时应低锤密击，当表层土为淤泥、细砂等软弱土层时，可加黏土块夹小片石反复冲击造壁，孔内泥浆面应保持稳定；在各种不同的土层、岩层中成孔时，可按照表 7.4-9 的操作要点进行；进入基岩后，应采用大冲程，低频率冲击，当发现成孔偏移时，应回填片石至偏孔上方 300～500mm 处，然后重新冲孔；当遇到孤石时，可预爆或采用高低冲程交替冲击，将大孤石击碎或挤入孔壁；应采取有效的技术措施防止扰动孔壁、塌孔、扩孔、卡钻及泥浆流失等事故；每钻进 4～5m 应验孔一次，在更换钻头前或容易缩孔处均应验孔；进入基岩后，非桩端持力层每钻进 300～500mm 和桩端持力层每钻进 100～300mm 时，应清孔取样一次，并应做记录。

表 7.4-8　冲击成孔操作要点

| 项目 | 允许偏差（mm） |
|---|---|
| 在护筒刃脚以下 2m 范围内 | 小冲程 1m 左右，泥浆相对密度 1.2 ~ 1.5，软弱土层投入黏土块夹小片石 |
| 黏性土层 | 中、小冲程 1 ~ 2m，泵如清水或稀泥浆，经常清除钻头上的泥块 |
| 砂土或中粗砂层 | 中冲程 2 ~ 3m，泥浆相对密度 1.2 ~ 1.5，投入黏土块，勤冲、勤掏渣 |
| 砂卵石层 | 中、高冲程 3 ~ 4m，泥浆相对密度 1.3 左右，勤掏渣 |
| 软弱土层或塌孔回填重钻 | 小冲程反复冲击，加黏土块夹小片石，泥浆相对密度 1.3 ~ 1.5 |

表 7.4-9　钢筋笼制作允许偏差

| 项目 | 允许偏差（mm） |
|---|---|
| 主筋间距 | ±10 |
| 箍筋间距 | ±20 |
| 钢筋笼直径 | ±10 |
| 钢筋笼长度 | ±100 |

（2）钢筋笼

钢筋笼制作、安装的质量应符合下列要求：

a. 钢筋笼的材质、尺寸应符合设计要求，制作允许偏差应符合表 7.4-9 的规定。

b. 分段制作的钢筋笼，其接头宜采用焊接或机械式接头（钢筋直径大于 20mm），并应遵守国家现行标准《钢筋机械连接通用技术规程》（JGJ 107）、《钢筋焊接及验收规范》（JGJ 18）和《混凝土结构施工质量验收规范》（GB 50204）的规定。

c. 加劲箍宜设在主筋外侧，当施工工艺有特殊要求时也可置于内侧。

d. 导管接头处的外径应比钢筋笼的内径小 100mm 以上。

e. 搬运和吊装钢筋笼时，应防止变形，安放应对准孔位，避免碰撞孔壁和自由落下，就位后应立即固定。

（3）灌注混凝土

水下灌注混凝土应符合下列规定：

a. 水下灌注混凝土必须具备良好的和易性，配合比应通过试验确定；塌落度宜为 180 ~ 220mm；水泥用量不应少于 360kg（当掺入粉煤灰时水泥用量可不受此限）。

b. 水下灌注混凝土的含砂率宜为 40% ~ 50%，并宜选用中粗砂；粗骨料可选用破碎卵石或碎石，粗骨料的粒径应小于 40mm，且不得大于钢筋间最小净距的 1/3。

c. 水下灌注混凝土宜采用外加剂。

导管的构造和使用应符合下列规定：

a. 导管壁厚不宜小于3mm，直径宜为200～250mm；直径制作偏差不应超过2mm，导管的分节长度可视工艺要求确定，底管长度不宜小于4m，接头宜采用双螺纹方扣快速接头。

b. 导管使用前应试拼装、试压，试水压力可取0.6～1.0MPa。

c. 每次灌注后应对导管内外进行清洗。

灌注水下混凝土的质量控制应满足下列要求：

a. 开始灌注混凝土时导管底部至孔底的距离宜为300～500mm。

b. 应有足够的混凝土储备量，导管一次埋入混凝土灌注面以下不应少于0.8m。

c. 灌注过程中导管埋入混凝土深度宜为2～6m。严禁将导管提出混凝土灌注面，并应均匀提拔导管，应有专人测量导管埋深及管内外混凝土灌注面的高差，填写水下混凝土灌注记录。

d. 灌注水下混凝土必须连续施工，每根桩的灌注时间应按初盘混凝土的初凝时间控制，对灌注过程中的故障应记录备案。

e. 应控制最后一次灌注量，超灌高度宜为0.8～1.0m（桩长较长、直径较大的取较大值，反之取较小值，地质条件等情况特殊的，根据现场情况确定），凿除翻浆后必须保证暴露的桩顶混凝土强度达到设计等级。

直径大于1m或单桩混凝土量超过25m³的桩，每根桩桩身混凝土应留有一组试件；直径不大于1m的桩或单桩混凝土量不超过25m³的桩，每个灌注台班不得少于1组；每组试件应为3件。

**3. 港口工程桩基规范的要求**

国家行业标准《港口工程桩基规范》（JTS 167-4-2012）对灌注桩施工过程的质量要求：

（1）护筒顶高程和埋深应根据施工区域、地下水位或潮位及波高、地质条件等因素确定，并应符合下列规定：

a. 陆域护筒应高出地面300mm以上，并应高出地下水位1.5～2.0m；护筒最小埋深可取1.0～2.0m；对砂土，应将护筒周围0.5～1.0m范围内的砂土挖出，夯填黏性土至护筒底0.5m以下。

b. 水域护筒的顶高程应高出施工期最高水位1.5～2.0m，并应考虑波浪的影响，护筒埋深应综合考虑地质条件、护筒使用功能和稳定要求，通过计算比较确定。置入不透水层或较密实的砂卵石层的护筒长度不宜小于1.0m。

c. 地层内有承压水时护筒顶高程应高于稳定后的承压水位1.5～2.0m。

（2）护壁泥浆可由水、黏土或膨润土、添加剂组成，泥浆性能指标应满足表 7.4-10 的规定。

表 7.4-10　泥浆性能指标

| 钻孔方法 | 地层情况 | 泥浆性能指标 | | | | | | | |
|---|---|---|---|---|---|---|---|---|---|
| | | 相对密度 | 黏度 Pa.s | 含砂率（%） | 胶体率（%） | 失水率（mm/30min） | 泥皮厚（mm/30min） | 静切力（Pa） | 酸碱度（pH） |
| 正循环 | 一般地层 | 1.05 ~ 1.20 | 16 ~ 22 | 8 ~ 4 | ≥96 | ≤ 25 | ≤ 2 | 1.0 ~ 2.5 | 8 ~ 10 |
| | 易坍地层 | 1.20 ~ 1.45 | 19 ~ 28 | 8 ~ 4 | ≥96 | ≤ 15 | ≤ 2 | 3.0 ~ 5.0 | 8 ~ 10 |
| 反循环 | 一般地层 | 1.02 ~ 1.06 | 16 ~ 20 | ≤ 4 | ≥95 | ≤ 20 | ≤ 3 | 1.0 ~ 2.5 | 8 ~ 10 |
| | 易坍地层 | 1.06 ~ 1.10 | 18 ~ 28 | ≤ 4 | ≥95 | ≤ 20 | ≤ 3 | 1.0 ~ 2.5 | 8 ~ 10 |
| | 卵石层 | 1.10 ~ 1.15 | 20 ~ 35 | ≤ 4 | ≥85 | ≤ 20 | ≤ 3 | 1.0 ~ 2.5 | 8 ~ 10 |
| 冲抓 | 一般地层 | 1.10 ~ 1.20 | 18 ~ 24 | ≤ 4 | ≥95 | ≤ 20 | ≤ 3 | 1.0 ~ 2.5 | 8 ~ 11 |
| 冲击 | 易坍地层 | 1.20 ~ 1.40 | 22 ~ 30 | ≤ 4 | ≥95 | ≤ 20 | ≤ 3 | 3.0 ~ 5.0 | 8 ~ 11 |

注：（1）地下水位高或流速大时，指标取高限，反之取低限。
　　（2）地质状态较好、孔径或孔深较小的取低限，反之取高限。

（3）钻进成孔过程中，孔内液面应高于孔外水位 1.5 ~ 2.0m；当孔内外水头变化较大时，应采取保持孔内外水头差稳定的措施。

（4）灌注桩成孔后应逐孔进行检测，检测内容应包括孔位偏差、孔深、孔径、孔的垂直度、孔底沉渣厚度以及浇筑混凝土前孔内泥浆的主要指标等，其质量控制应符合下列规定：

a. 灌注桩成孔的孔位偏差可通过检测成孔后的护筒位置偏差确定，孔位允许偏差应满足表 7.4-11 的规定。

表 7.4-11　灌注桩孔位允许偏差

| 项目 | 直桩（mm） | 斜桩（mm） |
|---|---|---|
| 陆上 | 50 | 100 |
| 内河和有掩护水域 | 100 | 150 |
| 近岸无掩护水域 | 150 | 200 |
| 离岸无掩护水域 | 250 | 300 |

注：（1）近岸至距岸 500m 及以内，离岸指距岸超过 500m。
　　（2）长江和掩护条件较差的河口港按"近岸无掩护水域"标准执行。

b. 以摩擦力为主的桩，孔深应达到设计高程；以端承力为主的桩，孔深应比设计深度超深 50mm，发现持力层与设计条件不符时应由设计单位重新确定终孔高程。

c. 孔径不得小于设计桩径，直桩成孔垂直度偏差不得大于 1%。

d. 混凝土浇筑前孔底沉渣厚度，以摩擦力为主的桩，不得大于 100mm；以端承力为主的桩，不得大于 50mm；对抗拔、抗水平力桩，不得大于 200mm。

e. 混凝土浇筑前孔内泥浆的相对密度应符合设计规定，设计无规定时，泥浆的相对密度取 1.10 ～ 1.20，含砂率取 4% ～ 6%，稠度宜取 20 ～ 22s。

f. 灌注桩钢筋笼的质量应符合现行行业标准《水运工程混凝土施工规范》（JTS 202）的有关规定。钢筋笼制作偏差应满足表 7.4-12 的要求。

表 7.4-12　钢筋笼制作允许偏差

| 项目 | 允许偏差（mm） |
| --- | --- |
| 主筋间距 | ±10 |
| 箍筋间距或螺旋间距 | ±10 |
| 钢筋笼直径 | ±10 |
| 钢筋笼长度 | +100 |
| 顶高程 | ±50 |

（5）桩身应满足下列要求：

a. 混凝土强度等级满足设计要求。

b. 无断层或夹层。

c. 嵌入桩帽的桩头及锚固钢筋的长度满足设计要求。

（6）灌注桩混凝土检测和桩身混凝土完整性检测除应符合现行行业标准《水运工程混凝土施工规范》（JTS 202）和《港口工程基桩动力检测规范》（JTJ 249）的有关规定外，尚应符合下列规定：

a. 用于灌注桩混凝土强度评定的标准试件，每根桩应至少留置 2 组，桩长大于 50m 的桩，应增加 1 组。

b. 桩身混凝土完整性检测数量应为 100% 桩数，检测方法可采用低应变动力检测法或超声波检测法；对桩径大于 1 000mm、泥面以下长度大于 30m 和地质条件复杂情况的桩，应采用超声波检测法检测。

c. 桩身混凝土达到设计强度后应进行钻芯取样检测，且应满足下列要求：按桩的总数抽取 1% ～ 3%，且不少于 3 根，并对混凝土浇筑异常和完整性检测异常的桩进行检测；受检桩桩径不小于 800mm，长径比不大于 30；钻孔钻到桩底 0.5m 以下，取出的混凝土芯柱直径大于 100mm；每孔取样组数根据桩长及施工情况确定，但不少于 3 组。

d. 经凿除的桩顶混凝土应有完整的桩形，不得有浮浆、裂缝或夹渣。

#### 4. 公路桥涵规范的要求

国家行业推荐标准《公路桥涵施工技术规范》（JTG/TF 50-2011）对灌注桩的施工质量要求：

（1）护筒设置应符合下列规定：

a. 除设计另有规定外，护筒中心与桩中心的平面位置偏差不大于 50mm，护筒在垂直方向的倾斜度偏差不大于 1%；对深水基础中的护筒，平面位置的偏差可适当放宽，但不应大于 80mm；在旱地或筑岛处设置护筒时，可采用挖坑埋设法实测定位，且护筒的底部和外侧四周应采用黏质土回填并分层夯实，使护筒底口处不致漏失泥浆；在水中沉设护筒时宜采用导向架定位，并应采取有效措施保证其平面位置、倾斜度的准确，以及护筒接长连接处的质量，焊接连接处的内壁应无突出物，且应耐拉、压，不渗水。

b. 护筒顶宜高于地面 0.3m 或水面 1.0 ~ 2.0m，在有潮汐影响的水域，护筒顶应高出施工期最高水位 1.5 ~ 2.0m，并应在施工期间采取稳定孔内水头的措施；当桩孔内有承压水时护筒顶应高于稳定后的承压水位 2.0m 以上。

c. 护筒的埋置深度在旱地或筑岛处宜为 2.0 ~ 4.0m，在水中或特殊情况下应根据设计要求或水文、地质情况经计算确定。对有冲刷影响的河床，护筒宜沉入施工期局部冲刷线以下 1.0 ~ 1.5m，且宜采取防止河床在施工期过度冲刷的防护措施。

（2）钻孔应符合下列规定：

a. 钻孔达到设计高程后，应对孔径、孔深和孔的倾斜度进行检验，符合表 7.4-13 的规定方可进行清孔作业。

#### 表 7.4-13　钻（挖）孔灌注桩成孔质量标准

| 项目 | | 规定值或允许偏差 |
|---|---|---|
| 钻（挖）孔桩 | 孔的中心位置（mm） | 群桩：100，单排桩：50 |
| | 孔径（mm） | 不小于设计桩径 |
| | 倾斜度（%） | 钻孔：< 1；挖孔 < 0.5 |
| | 孔深（m） | 摩擦桩：不小于设计规定<br>支承桩：比设计深度超深不小于 0.05 |
| 钻孔桩 | 沉渣厚度（mm） | 摩擦桩：符合设计规定。设计未规定时，对于直径 ≤ 1.5m 的桩，≤ 200；对桩径 > 1.5m 或桩长 > 40m 或土质较差的桩，≤ 300<br>支承桩：不大于设计规定；设计未规定时 ≤ 50 |
| | 清孔后泥浆指标 | 相对密度：1.03 ~ 1.10；黏度：17 ~ 20Pa.s；含砂率：< 2%；胶体率 > 98% |

注：（1）清孔后的泥浆指标，是从桩孔的顶、中、底部分别取样检验的平均值。本项指标的确定，限指大直径桩或有特定要求的桩。

（2）对冲击成孔的桩，清孔后泥浆的相对密度可适当提高，但不宜超过 1.15。

b. 不得用加深钻孔深度的方法代替清孔。

（3）灌注桩钢筋骨架的制作、运输和安装应符合下列规定：

a. 制作时应采取必要措施，保证骨架的刚度，主筋的接头应错开布置。大直径长桩的钢筋骨架以在胎架上分段制作，且宜编号，安装时应按编号顺序连接。

b. 应在骨架外侧设置混凝土保护层厚度的垫块，垫块的间距在竖向不应大于 2m，在横向圆周不少于 4 处。

c. 钢筋骨架在运输过程中，应采取适当的措施防止其变形。钢筋的顶端应设置吊环。

d. 灌注桩钢筋骨架的制作和安装质量应符合表 7.4-14 的规定。

表 7.4-14　灌注桩钢筋骨架制作和安装质量标准

| 项目 | 允许偏差 | 项目 | 允许偏差 |
|---|---|---|---|
| 主筋间距（mm） | ±10 | 保护层厚度（mm） | ±20 |
| 箍筋间距（mm） | ±20 | 中心平面位置（mm） | 20 |
| 外径（mm） | ±10 | 顶端高程（mm） | ±20 |
| 倾斜度（%） | 0.5 | 底面高程（mm） | ±50 |

（4）水下混凝土的灌注应符合下列规定：

a. 混凝土灌注前，宜采用相对密度小于 1.05 的优质泥浆循环置换孔内泥浆。

b. 采用搅拌船或水上搅拌站拌制混凝土时，材料的储备应满足一根桩混凝土连续灌注的需要。

c. 首批混凝土灌注时，宜采用大小储料斗同时储料，料斗的出口应能方便快捷地开启或关闭，储料斗的体积应大于或等于首批灌注混凝土的体积，并应满足混凝土能完全充满导管连续灌注的要求。

（5）钻（挖）孔灌注桩的混凝土质量检验应符合下列规定：

a. 桩身混凝土和桩底后注浆中水泥浆的抗压强度应符合设计要求。每桩的试件取样组数应各为 3 ~ 4 组，混凝土和水泥浆的检验要求应分别符合规范相关章节的规定。

b. 对桩身的完整性进行检验时，检测的数量和方法应符合设计规定。宜选择有代表性的桩进行无破损检测，重要工程或重要部位的桩宜逐根进行检测；设计有规定时或对桩的质量有疑问时，应采用钻取芯样法对桩进行检测，当需检验柱桩的桩底沉淀与地层的结合情况时，其芯样应钻到桩底 0.5m 以下。

c. 经检验桩身质量不符合要求时，应研究处理方案，报批处理。

（6）桩底后压浆施工应符合下列规定：

a. 桩身混凝土灌注后应及时采用高压水冲洗压浆管，疏通压浆通道。压浆工作宜在桩身混凝土强度达到设计强度的 75% 后进行，或在桩身的超声波检测工作结束后进行。

b. 桩底压浆时，同一根桩中的全部压浆管宜同时均匀压入水泥浆，并应随时检测桩顶的位移和桩周土层的变化情况。压浆终止的时间应根据压浆量、压浆压力和孔口返浆等因素确定。在压浆 10m 范围内停止进行其他钻孔桩的施工作业。

c. 桩底后压浆宜采取压浆量与压力双控，以压浆量控制为主，压力控制为辅。若压浆压力达到控制压力，并在持荷 5min 后达到设计压浆量的 80%，可认为满足要求。压浆压力宜为桩底静水压力的 2 ~ 4 倍。

d. 对桩底采取开放式压浆时压浆宜分 3 次进行，且宜依次按 40%、40%、20% 的压浆量循环压入。

e. 每次循环压浆完成后，应立即采用清水将压浆软管清洗干净，再关闭阀门；压浆停顿时间超过 30min，应对管路进行清洗。3 次循环压浆完毕，应在阀门关闭 40min 后，方可拆卸阀门。

f. 桩底后压浆的施工应记录压浆的起止时间、压浆量、压浆压力及桩的上抬量。

**5. 灌注桩主要质量检测方法**

（1）成孔检测

成孔检测主要包括孔径、孔深和沉渣厚度检测。

a. 孔径、孔深主要用声波法成孔质量检测。通常使用的仪器有 JJC-1D 灌注桩孔径检测系统。该系统可以同时检测灌注桩成孔孔径、孔的垂直度以及孔的深度。一般检测工作由专业的检测单位进行，检测后提供相应的检测报告。

b. 孔底沉渣检测方法有重锤法、取样法、声波法、电阻率法、额定压力法、偏心探头法、电探法以及取芯法、侧钻法等。上述方法中重锤法是最常用的一种，但是该法往往误差比较大，测量人员的经验及其判断能力非常重要，施工方和监测方易引起扯皮。取样法比较直观，检测也比较方便。声波法、电阻率法、额定压力法、偏心探头法、电探法等都是使用相应的仪器进行检测沉渣的一种方法，有的比较简单，有的相对复杂一些。取芯法和侧钻法主要是灌注桩成桩后采用取芯检测的一种方法。取芯法可以结合声波检测桩身完整性的声测管，其中一根测管按取芯钻头要求的直径进行布管，待超声波检测完成后，安装钻机取芯。当没有声测管时，可采用侧钻法取芯检测。

（2）桩孔混凝土顶面标高检测

最简单、方便的检测方法就是使用测绳对灌注混凝土的顶面标高进行检测，有时有一定的误差，正误差可能会浪费一定的混凝土，负误差则可能导致桩顶混凝土达不到设计要求的标高。这种误差虽然不会很大，但还是有很多专业人员或机构设计了各种检测混凝土顶面标高的装置或仪器。主要有简易的探锤测力报警器、JTG-1A 混凝土灌注标高定位仪、日本铁矿业生产的 B-110DNN 界面仪等。

## 7.5　成品桩质量检测

成品桩是指预制桩已经沉入地基、灌注桩已经灌注完成混凝土，设计需要桩底注浆的已经注浆完成，桩顶已经按设计或规范要求处理完毕的基桩。成品桩质量检测主要包括桩位、桩倾斜度、桩身完整性、桩身混凝土强度、基桩的单桩竖向承载力、竖向抗拔能力、水平承载力等。

**1. 建筑地基基础规范的质量要求**

（1）基桩工程的桩位验收，除设计有规定外，应按下述要求进行：

a. 当桩顶设计标高与施工场地标高相同时，或基桩施工结束后，有可能对桩位进行检查时，基桩工程的验收应在施工结束时进行。

b. 当桩顶设计标高低于施工场地标高，送桩后无法对桩位进行检查时，对预制沉入桩可在每根桩桩顶沉至场地标高时，进行中间验收，待全部桩施工结束，承台或底板开挖到设计标高后，再做最终验收。对灌注桩可对护筒位置进行中间验收。

（2）打（压）入桩（预制混凝土方桩、先张法预应力管桩、钢桩）的桩位偏差，必须符合表 7.5-1 的规定。斜桩倾斜度的偏差不得大于倾斜角正切值的 15%（倾斜角系桩的纵向中心线与铅垂线间的夹角）。

表 7.5-1　预制桩（钢桩）桩位的允许偏差（mm）

| 项 | 项目 | 允许偏差 |
|---|---|---|
| 1 | 盖有基础梁的桩：<br>（1）垂直基础梁中心线<br>（2）沿基础梁中心线 | $100+0.01H$<br>$150+0.01H$ |
| 2 | 桩数为 1～3 根基桩中的桩 | 100 |
| 3 | 桩数为 4～16 根基桩中的桩 | 1/2 桩径或边长 |
| 4 | 桩数大于 16 根基桩中的桩<br>（1）最外边的桩<br>（2）中间桩 | 1/3 桩径或边长<br>1/2 桩径或边长 |

注：$H$ 为施工现场地面标高与桩顶设计标高的距离。

（3）灌注桩的桩位偏差必须符合表 7.4-6 的规定，桩顶标高至少高出设计标高 0.5m，桩底情况质量按不同的沉桩工艺有不同的要求,应按《建筑地基基础工程施工质量验收规范》（GB 50202-2002）的要求执行。每浇筑 $50\text{m}^3$ 的桩,每根桩有一组试件。

（4）桩身质量应进行检验。对于地基基础设计等级为甲级或地质条件复杂,成桩质量可靠性低的灌注桩,抽检数量不应少于总桩数的 30%,且不应少于 20 根;其他基桩工程的抽检数量不应少于总数的 20%,且不应少于 10 根;对混凝土预制桩及地下水位以上且终孔后经过核验的灌注桩,检验数量不应少于 10%,且不得少于 10 根。每个柱子承台下不得少于 1 根。

（5）工程桩承载力检验、桩身质量检验按规范规定数量进行检验外,其他主控项目应全部检查。对一般项目,除已明确规定外,其他可按 20% 抽查,但混凝土灌注桩应全部检查。

**2. 建筑基桩规范的质量要求**

（1）按规范规定检查成桩偏差。

（2）工程桩应进行承载力和桩身质量检验。

（3）有下列情况之一的基桩工程,应采用静载荷试验对工程桩竖向承载力进行检验,检测数量应根据基桩设计等级、施工前获取试验数据的可靠性因素,按现行行业标准《建筑基桩检测技术规范》（JGJ 106）确定:

a. 工程施工前已进行单桩静载试验,但施工过程变更了工艺参数或施工质量出现异常时。

b. 施工前未按规范规定进行单桩静载试验的工程。

c. 地质条件复杂、桩的施工质量可靠性低。

d. 采用新桩型或新工艺。

（4）有下列情况之一的基桩工程,可采用高应变动测法对工程桩单桩竖向承载力进行检测:

a. 上文（3）规定条件外的基桩。

b. 设计等级为甲、乙级的建筑基桩静载试验检测的辅助检测。

（5）桩身质量除对预留混凝土试件进行强度等级检验外,尚应进行现场检测。检测方法可采用可靠的动测法,对于大直径桩还可采用钻芯法、声波透射法;检测数量可根据现行行业标准《建筑基桩检测技术规范》（JGJ 106）确定。

（6）对专用抗拔桩和对水平承载力有特殊要求的基桩工程,应进行单桩抗拔静载试验和水平静载试验检测。

**3. 港口工程桩基规范的质量要求**

沉桩后允许偏差应符合下列规定:

（1）水上沉桩桩顶偏位应满足表 7.5-2 的要求。

表 7.5-2　水上沉桩桩顶允许偏差（mm）

| 桩型<br>沉桩区域 | 混凝土方桩 | | 预应力混凝土管桩、钢桩 | |
|---|---|---|---|---|
| | 直桩 | 斜桩 | 直桩 | 斜桩 |
| 内河和有掩护水域 | 100 | 150 | 100 | 150 |
| 近岸无掩护水域 | 150 | 200 | 150 | 200 |
| 离岸无掩护水域 | 200 | 250 | 250 | 300 |

注：（1）近岸至距岸 500m 以内，离岸指距岸超过 500m。
　　（2）直径小于 600mm 的管桩按方桩允许偏差执行。
　　（3）长江和掩护条件较差的河口港沉桩可按"近岸无掩护水域"标准执行。
　　（4）墩台中间桩可按上表规定放宽 50mm 执行。
　　（5）表列允许偏差不包括由锤击震动等所引起的岸坡变形产生的基桩位移。

　　（2）沉桩后应及时测定并记录桩顶处于自由状态的桩顶偏位，偏位值较大时应及时与设计联系；夹桩铺底板后应再次测定桩顶偏位，并以此作为竣工偏位的最终值，夹桩时严禁拉桩。

　　（3）有柴排、木笼、抛石棱体、浅层风化岩等特殊地区的沉桩，以及长替打沉桩，桩位偏差值应经论证确定。

　　（4）桩和护筒的纵轴线倾斜度偏差不宜大于 1%；桩的纵轴线倾斜度偏差超过 1%，但不大于 2% 的直桩数量不应超过 10%。

**4. 公路桥涵施工技术规范的质量要求**

　　《公路桥涵施工技术规范》（JTG/T F50-2011）沉桩施工桩位允许偏差应符合表 7.5-3 的规定：

表 7.5-3　沉桩施工桩位允许偏差

| 检查项目 | | | 允许偏差 |
|---|---|---|---|
| 桩位（mm） | 群桩 | 中间桩 | $d/2$，且不大于 250 |
| | | 外缘桩 | $d/4$ |
| | 单排桩 | 顺桥方向 | 40 |
| | | 垂直桥轴方向 | 50 |
| 倾斜度 | | 直桩 | 1% |
| | | 斜桩 | $\pm 0.15 \tan \theta$ |

注：（1）$d$ 为桩的直径或短边长度。
　　（2）$\theta$ 为斜桩轴线与垂线间的夹角。
　　（3）深水中采用打桩船沉桩时，其允许偏差应符合设计文件或现行行业标准《港口工程桩基规范》
　　　　（JTJ 254）的规定。

**5. 基桩检测技术规范的有关要求**

　　国家行业标准《建筑基桩检测技术规范》（JGJ 106-2003）规定：

（1）工程桩应进行单桩承载力和桩身完整性抽样检测。基桩检测方法应根据检测目的按表 7.5-4 选择。

表 7.5-4　建筑基桩检测方法及检测目的

| 检测方法 | 检测目的 |
|---|---|
| 单桩竖向抗压静载试验 | 确定单桩竖向抗压极限承载力；判定竖向抗压承载力是否满足设计要求；通过桩身内力和变形测试，测定桩侧、桩端阻力；验证高应变的单桩竖向抗压承载力检测结果 |
| 单桩竖向抗拔静载试验 | 确定单桩竖向抗拔极限承载力；判定竖向抗拔承载力是否满足设计要求；通过桩身内力和变形测试，测定桩的抗拔摩阻力 |
| 单桩水平静载试验 | 确定单桩水平临界和极限承载力，推定土抗力参数；判定水平承载力是否满足设计要求；通过桩身内力及变形测试，测定桩身弯矩 |
| 钻芯法 | 检测灌注桩桩长，桩身混凝土强度、桩底沉渣厚度；判定或鉴别桩端岩土性状；判定桩身完整性类别 |
| 低应变法 | 检测桩身缺陷和位置，判定桩身完整性类别 |
| 高应变法 | 判定单桩竖向抗压承载力是否满足设计要求 |
| 声波透射法 | 检测灌注桩桩身缺陷及其位置，判定桩身完整性类别 |
| 摄像检测法 | 进一步确定桩身缺陷位置，桩身缺陷性质，为处理桩身缺陷提供更多信息 |

（2）桩身完整性检测宜采用两种或多种合适的检测方法进行。

（3）基桩检测除应在施工前和施工后进行外，尚应采取符合规范规定的检测方法或专业验收规范规定的其他检测方法，进行基桩施工过程中的检测，加强施工过程质量控制。

（4）基桩检测之前应调查、收集以下资料：

a. 收集被检测工程的岩土工程勘察资料。

b. 基桩设计图纸及说明。

c. 施工工艺。

d. 施工记录及施工过程中出现的异常情况。

e. 委托方的具体要求。

f. 检测项目现场实施的可行性。

（5）基桩检测开始时间应符合下列规定：

a. 当采用低应变法或声波透射法检测时，受检桩混凝土强度至少达到设计强度的 70%，且不小于 15MPa。

b. 当采用钻芯法检测时，受检桩的混凝土龄期达到 28 天或预留同条件养护试块强度达到设计强度。

c. 承载力检测前的休止时间除应达到上款规定的混凝土强度外，当无成熟地区经验时尚不应少于表 7.5-5 规定的时间。

表 7.5–5  基桩承载力检测休止时间（沉桩结束至检测）

| 土的类别 | | 休止时间（d） |
|---|---|---|
| 砂土 | | 7 |
| 粉土 | | 10 |
| 黏性土 | 非饱和 | 15 |
| | 饱和 | 25 |

注：对于泥浆护壁灌注桩，宜适当延长休止时间。

（6）基桩检测时，宜先进行桩身完整性检测，后进行承载力检测。

（7）检测数量的确定：

a. 当设计有要求或满足下列条件之一时，施工前应采取静载试验确定单桩竖向抗压承载力特征值：

设计等级为甲级、乙级的基桩；

地质条件复杂，桩施工质量可靠性低；

本地区采用的新桩型、新工艺。

检测数量在同一条件下不应少于 3 根，且不宜少于总桩数的 1%；当工程桩总数在 50 根以内时，不应少于 2 根。

b. 打入式预制桩有下列条件要求之一时，应采用高应变法进行试打桩的打桩过程监测：

控制打桩过程中的桩身应力；

选择沉桩设备和确定工艺参数；

选择桩端持力层。

在相同施工工艺和地质条件下，试打桩数量不应少于 3 根。

c. 单桩承载力和桩身完整性验收抽样检测的受检桩选择宜符合下列规定：

施工质量有疑问的桩；

设计方认为重要的桩；

局部地质条件出现异常的桩；

施工工艺不同的桩；

承载力验收监测时适量选择完整性检测中判定的Ⅲ类桩。

除上述规定外，同类型桩宜均匀随机分布。

d. 混凝土桩的桩身完整性检测的抽检数量应符合下列规定：

柱下三桩或三桩以下承台抽检桩数不得少于 1 根；

设计等级为甲级，或地质条件复杂、成桩质量可靠性较低的灌注桩，抽检数量不应少于 3%，且不得少于 20 根，其他基桩工程的抽检数量不应少于总桩数的 20%，且不得少于 10 根；

对于端承型大直径灌注桩，应在上述两款规定的抽检桩数范围内，选用钻芯法或声波透射法对部分受检桩进行桩身完整性检测，抽检数量不应少于总桩数的 10%；

地下水位以上且终孔以后桩端持力层已通过核验的人工挖孔桩，以及单节混凝土预制桩，抽检数量可适当减少，但不应少于总桩数的 10%，且不应少于 10 根；当符合上条规定前四点要求的桩数较多时，或为了全面了解整个工程基桩的桩身完整性情况时，应适当增加抽检数量。

e. 对单位工程内且在同一条件下的工程桩，当符合下列条件之一时，应采用单桩竖向抗压承载力静载试验进行验收检测：

设计等级为甲级的基桩；

地质条件复杂、桩施工质量可靠性低；

本地区采用的新桩型或新工艺；

施工产生挤土效应的挤土群桩。

f. 对上条规定条件外的预制桩和满足高应变法适用检测范围的灌注桩，可采用高应变法进行单桩竖向抗压承载力验收检测。当有本地区相近条件的对比验证资料时，高应变法也可作为上条规定条件下单桩竖向抗压承载力验收检测的补充。抽检数量不宜少于 5%，且不得少于 5 根。

g. 对于端承型大直径灌注桩，当受设备或现场条件限制无法检测单桩竖向抗压承载力时，可采用钻芯法测定桩底沉渣厚度并钻取桩端持力层岩土芯样检验桩端持力层。抽检数量不应少于总桩数的 10%，且不应少于 10 根。

h. 对于承受拔力和水平力较大的基桩，应进行单桩竖向抗拔、水平承载力检测。检测数量不应少于总桩数的 1%，且不应少于 3 根。

（8）当出现下列情况时，应进行验证检测。验证方法宜采用单桩竖向抗压静载试验；对于嵌岩灌注桩，可采用钻芯法验证。

a. 对于嵌岩桩，桩底时域反射信号为单一反射波且与锤击脉冲信号相同时，应采取其他方法核验桩端嵌岩情况。

b. 出现下列情况之一，桩身完整性判定宜结合其他检测方法进行：实测信号复杂，无规律，无法对其进行准确评价；桩身截面渐变或多变，且变化幅度较大的灌注桩。

c. 以下情况时，应采用静载法进一步验证：桩身存在缺陷，无法判定桩的竖向承载力；桩身缺陷对水平承载力有影响；单击贯入度大，桩底同向反射强烈且反射峰较宽，侧阻力波反射弱，即波形表现出竖向承载性状明显与勘察报告中的地质条件不符；嵌岩桩桩底同向反射强烈，且在时间 $2L/c$ 后明显端阻力反射，也可采用钻芯法核验。

（9）桩身出现浅部缺陷、接头存在裂隙、钻芯发现问题或仍不能确定桩身质量的、低应变检测中不能明确完整性类别的桩或Ⅲ类桩应采用下列（其他）方法继续验证或扩大验证数量：

a. 桩身浅部缺陷可开挖验证。

b. 接头存在裂隙可采用高应变法验证。

c. 单孔钻芯检测发现桩身混凝土质量问题时，宜在同一基桩增加钻孔验证。

d. 对低应变法检测中不能明确完整性类别的桩或Ⅲ类桩，可根据实际情况用静载法、钻芯法、高应变法、开挖等适宜的方法验证检测。

e. 当采用低应变法、高应变法和声波透射法抽检桩身完整性所发现的Ⅲ、Ⅳ类桩之和大于抽检桩数20％时，宜采用原检测方法（声波透射法可改用钻芯法），在未检桩中继续扩大抽检。

（10）桩身完整性检测结果的评价与处理

a. 桩身完整性检测结果，应给出每根受检桩的桩身完整性类别。桩身完整性分类应符合表 7.5-6 的规定。

表 7.5-6　桩身完整性分类表

| 桩身完整性类别 | 分类原则 |
|---|---|
| Ⅰ类桩 | 桩身完整 |
| Ⅱ类桩 | 桩身有轻微缺陷，不会影响桩身结构承载力的正常发挥 |
| Ⅲ类桩 | 桩身有明显缺陷，对桩身结构承载力有影响 |
| Ⅳ类桩 | 桩身存在严重缺陷 |

b. Ⅳ类桩应进行工程处理。

c. 工程桩承载力检测结果的评价，应给出每根受检桩的承载力检测值，并据此给出单位工程同一条件下的单桩承载力特征值是否满足设计要求的结论。

（11）单桩竖向抗压承载力检测的主要规定

a. 为设计提供依据的竖向抗压静载试验应采用慢速维持荷载法。

b. 单位工程同一条件下的单桩竖向抗压承载力特征值 Ra 应按单桩竖向抗压极限承载力统计值的一半取值。

c. 试桩、锚桩（或压重平台支镦边）和基准桩之间的中心距离应符合表 7.5-7。

**表 7.5-7　试桩、锚桩（或压重平台支墩边）和基准桩之间的中心距离**

| 反力装置　　　距离 | 试桩中心与锚桩中心（或压重平台支墩边） | 试桩中心与基准桩中心 | 基准桩中心与锚桩中心（或压重平台支墩边） |
|---|---|---|---|
| 锚桩横梁 | ≥4（3）且>2.0m | ≥4（3）且>2.0m | ≥4（3）且>2.0m |
| 压重平台 | ≥4且>2.0m | ≥4（3）且>2.0m | ≥4且>2.0m |
| 地锚装置 | ≥4且>2.0m | ≥4（3）且>2.0m | ≥4且>2.0m |

注：（1）D为试桩、锚桩或地锚的设计直径或边宽，取其较大值。
（2）如试桩或锚桩为扩底桩或多支盘桩，试桩与锚桩的中心距尚不应小于2倍的扩大端直径。
（3）括号内数值可用于工程桩验收检测时多排桩设计桩中心距离小于4D的情况。
（4）软土场地堆载重量较大时，宜增加支墩边与基准桩中心和试桩中心之间的距离，并在试验过程中观测基准桩的竖向位移。

d. 慢速维持荷载法试验步骤应符合下列规定：每级荷载施加后按 5min、15min、30min、45min、60min 测读桩顶沉降量，以后每隔 30min 测读一次；试桩沉降相对稳定标准：每一小时内的桩顶沉降量不超过 0.1mm，并连续出现两次（从分级荷载施加后第 30min 开始，按 1.5h 连续 3 次每 30min 的沉降观测值计算）；当桩顶沉降速率达到相对稳定标准时，再施加下一级荷载；卸载时，每级荷载维持 1h，按第 15min、30min、60min 测读桩顶沉降量后，即可卸下一级荷载，卸载至零后，测读桩顶残余沉降量，维持时间为 3h，测读时间为 15min、30min，以后每隔 30min 测读一次。

e. 施工后的工程桩验收检测宜采用慢速维持荷载法。当有成熟的地区经验时，也可采用快速维持荷载法。快速维持荷载法的每级荷载维持时间至少为 1h，是否延长维持荷载时间应根据桩顶沉降收敛情况确定。

f. 当出现下列情况时可终止加载：某级荷载作用下，桩顶沉降量大于前一级荷载作用下沉降量的 5 倍（当桩顶沉降相对稳定且总沉降量小于 40mm 时，宜加载至桩顶沉降量超过 40mm）；某级荷载作用下，桩顶沉降量大于前一级荷载作用下沉降量的两倍，且经 24h 尚未达到稳定标准；已经达到设计要求的最大加载量；当工程桩做锚桩时，锚桩上拔量已达到允许值；当荷载－沉降曲线呈缓变型时，可加载至桩顶总沉降量 60～80mm，在特殊情况下，可根据具体要求加载至桩顶累计沉降量超过 80mm。

g. 检测数据的整理应符合下列规定：确定单桩竖向抗压承载力时，应绘制竖向荷载－沉降（Q-s）、沉降－时间对数（s-lgt）曲线，需要时也可绘制其他辅助分析所需曲线；当进行桩身应力、应变和桩底反力测定时，应整理出有关数据的记录表，并按规范绘制桩身轴力分布图、计算不同土层的分层摩阻力和端阻力值。

h. 单桩竖向抗压极限承载力 $Q_u$ 可按下列方法综合分析确定：根据沉降随荷载变化的特征确定：对于陡降型 Q-s 曲线，取其发生明显陡降的起始点对应的荷载值；根据沉降随时间的变化的特征确定：取 s-lgt 曲线尾部出现明显向下弯曲的前一级荷载值，出现上文 f 第二种情况，取前一级荷载值；对于缓变形 Q-s 曲线可根据沉降量确定，宜取 s=40mm 对应的荷载值，当桩长大于 40m 时，宜考虑桩身弹性压缩量，对直径大于或等于 800mm 的桩，可取 s=0.05D（D 为桩端直径）对应的荷载值。

注：当根据本条内容判定桩的竖向抗压承载力未达到极限时，桩的竖向抗压极限承载力应取最大试验荷载值。

h. 单桩竖向抗压极限承载力统计值的确定应符合下列规定：参加统计的试桩结果，当满足其极差不超过其平均值的 30% 时，取其平均值为单桩竖向抗压极限承载力；当极差超过其平均值的 30% 时，应分析极差过大的原因，结合工程具体情况确定，必要时可增加工程试桩数量；对桩数为 3 根或 3 根以下的柱下平台，或工程桩抽检数量少于 3 根时，应取低值。

**6. 竣工桩位及垂直度偏差测量**

（1）桩的偏位测量就是测量实际桩位与设计桩位的偏移距离。一般在垫层或底模板铺设后、基础轴线放样完成进行测量。测量方法直接用钢尺量。测量后将桩的实际偏位标注到桩位竣工图上。

（2）桩的倾斜度测量。由于桩身倾斜达到一定值后，会降低桩的承载力，因此，测量桩身垂直度也是检验沉桩质量的重要内容。空心桩可采用吊锤法直接测量桩孔光滑内壁的倾斜度，由于很多桩桩孔内壁存在浮浆，故内壁倾斜度的测量也存在误差。测量时应选择合适的位置。也可运用其他间接或直接方法进行测量桩倾斜度，主要有倾斜回波法、模拟法、瑞雷波法、弹性波法、测斜仪法、陀螺仪法、井径仪法（灌注桩或空心桩）等方法。条件允许的情况下，选择简单、可靠性较高的方法进行测量。

**7. 桩身完整性其他检测方法**

桩的完整性检测是直接评定桩身质量的检测手段。当桩的完整性被评定为Ⅲ、Ⅳ级时，桩将无法正常使用。如本章开篇所述，低应变法桩身完整性的检测水平远没有想象中高。因此，首先要选择信誉较高、经验丰富的检测机构和人员进行检测。

（1）由于低应变检测技术工艺简单、检测方便、成本低、速度快，是人们通常采用的桩身完整性检测技术。但是，低应变检测技术本身具有一定的局限性，不是所有桩的质量问题都能检测出来。低应变检测技术的适用范围见表 7.5-8。

表 7.5-8　低应变技术的适用范围

| 序号 | 缺陷的具体类型 | 适用性 |
|---|---|---|
| 1 | 桩身明显倾斜 | 局部适用 |
| 2 | 桩身裂缝或破碎 | 纵向裂缝无法检出，其余局部适用 |
| 3 | 接桩处脱开或错位 | 局部适用 |
| 4 | 桩身结构强度不足 | 不适用 |
| 5 | 桩身壁厚不足 | 不适用 |
| 6 | 桩长不足 | 仅在有桩底反射且桩长缺陷明显时适用 |
| 7 | 桩端破碎 | 不适用 |
| 8 | 桩身缩颈 | 可检测出明显的缩颈，局部缩颈较小的较难判断 |

因此，工程技术人员开发了其他很多基桩质量的检测技术。

（2）管桩孔内摄像技术、水下摄影技术

随着检测技术的发展，结合常用基桩的特点，为进一步确定基桩的桩身完整性，出现了管桩孔内摄像技术、水下摄影技术辅助评定基桩的完整性。这两种技术是在低应变检测结论可能存在异议的情况下，所采用的辅助、补充检测手段。由于其要求较高，需要将检测部位以上桩孔内土体清除并将管壁冲洗干净才能进行检测，当地下水位较高，且水量较大时，可能需要进行水下摄像检测。因此，其成本也较高。

在实践中，一般软土地基的基桩沉毕后，桩孔内通常存在泥土，其高度一般在桩长的 2/3 ~ 3/4，多数泥面超过上部第一节桩的接头位置。因此，采用桩孔内摄影技术，就要将桩孔内泥土取出，低应变怀疑桩的质量缺陷有多深，桩孔内取土的深度至少超过其深度 2 ~ 3m，这样才可方便检测，当然也为日后处理缺陷创造一定的条件。

水下摄像拍摄检查主要在两种情况下使用：一是水上基桩泥面以上出现质量问题，二是在地下水位较高，渗透系数较大的地基中的管桩，较难清除桩孔内积水的情况下。

在条件许可的情况下也可采用高应变法检测基桩的完整性。其他还有内窥检测技术、全景钻孔摄像检测等。

（3）声波法

声波法主要包括多孔声波法（适用直径较大的灌注桩，事先在桩身埋设 3 ~ 4 根声测管）、三维成像技术、单孔折射波法（适用直径较小的灌注桩）、旁孔透射法（适用于已建建 [ 构 ] 筑物的基桩检测）等。声波法可根据基桩的具体情况、检测要求以及工程的重要性等情况选择使用。

（4）弹性波法

根据具体使用仪器的区别、检测要求、现场条件，弹性波法可分为双速度法、桩侧接收法、弯曲波法、冲击荷载法、频率法、超震波法、扭转波法、相干函数法、钻孔声呐法、瞬态瑞雷波法等工艺和方法。实际检测工作中，可根据需要和条件选择使用。

（5）电磁法

电磁法主要有电法、磁法、电磁法、电探法、电阻率法等，主要用于测量桩长、钢筋笼的位置与钢筋笼长度等。

桩的完整性检测还有水化热法、放射性射线法、钻芯检测等技术。

**8. 静载荷试桩极限承载力的判定**

单桩极限承载力是单桩最大的承载能力。当桩身强度足够支撑荷载时，桩周地基土（包括桩的四周和桩端的地基土）对桩的支承是构成单桩承载力的主要因素。当桩周地基土不能承受过大荷载而破坏时，桩身便急剧下沉。出现桩周土破坏的前提条件是桩身结构强度必须足以传递如此大的轴力，如桩身强度不足，则桩身必然先于地基破坏，此时桩身可能发生折断或压屈破坏。上述两种可能的破坏都会在试桩曲线上表现出来。因此，可以从单桩竖向静载荷试验曲线判定单桩的极限承载力。当桩顶荷载达到极限承载力时，不同情况的试验曲线具有不同的特征，可以采用下列不同的方法判定单桩的极限承载力：

（1）Q-s 明显转折点法

具有明显转折点的 Q-s 曲线通常可划分为三个阶段：基本上呈直线的初始阶段、曲率逐渐增大的曲线段和斜率很大的（甚至竖直）的末段直线。三段曲线的分界点分别称为第一与第二拐点。三段曲线反映了桩的承载性状变化的三个阶段：从加载至第一拐点 A 为线性变化阶段，此时桩周土的变形处于弹性阶段；第一拐点后，桩周土逐渐出现塑性变形，沉降速率逐渐增大，直至第二拐点 B，此为弹塑性变形阶段；在第二拐点以后，沉降急剧增大，以致无法停止，标志桩已进入破坏阶段，可能是桩周土的塑性破坏，也可能是桩身强度破坏。不同的破坏机理，曲线的形态不同，桩身强度破坏时曲线呈脆性破坏特征，而桩周土的破坏可能是延性的。试桩曲线上的第一拐点所对应的荷载称为临界（屈服）荷载，记为 $Q_j$；第二拐点对应的荷载称为极限荷载，记为 $Q_u$。见图 7.5-1。

（2）沉降速率法

当荷载较小时，各级荷载下的 s-lgt 关系呈一条条平坦的直线；超过屈服荷载，s-lgt 的斜率逐级增大，超过极限荷载后，s-lgt 的斜率急剧增大，且随时间向下曲折，表明桩的沉降速率在随着时间而增加，这标志着桩已处于平衡状态。因此，斜率急剧增大而向下曲折的曲线所对应的荷载应为破坏荷载，其前一级荷载即为极限荷载。

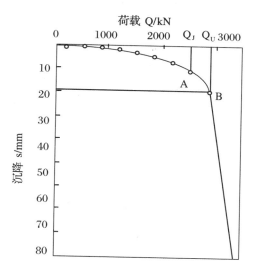

**图 7.5-1 单桩荷载－沉降（Q-s）曲线**

极限承载力的判定看似简单，实际上需要技术和经验的积累，才能做出比较正确的判断。

（3）相对变形标准

当 Q-s 曲线没有明显转折点时，表明该桩的破坏模式属于刺入型。这一类试桩的极限荷载判定通常参照变形标准。我国《建筑桩基技术规范》（JGJ 94-2008）推荐：一般取 S=40 ~ 60mm 对应的荷载；对于大直径桩（$d > 800$mm）可取 S=0.03 ~ 0.06D（D 为桩端直径，大直径桩取低值，小直径桩取高值）所对应的荷载；对于长桩（$l/d > 80$）可取 S=60 ~ 80mm 所对应的荷载为其极限荷载，即该试桩的极限承载力。采取变形标准确定极限承载力完全是基于对单桩的破坏变形规律性的分析得出的，而与群桩基础的沉降控制值无关，不能将这一标准与建（构）筑物的允许沉降值建立任何关系。

（4）经验参数法确定单桩极限承载力

桩的承载力由桩侧摩阻力和端阻力两部分组成，如果知道桩周各层土的单位侧摩阻力和桩底土的单位端阻力，就可以利用这些参数和桩的几何尺寸估算出单桩承载力。由于侧摩阻力和端阻力的直接测定资料比较少，通常利用试桩资料，运用统计分析方法估计各种桩型在各类土中不同状态和不同深度时的桩侧摩阻力和桩端阻力。这种参数常由规范推荐。如表 7.5-9 等给出的参数是《建筑桩基技术规范》推荐的，其他规范也建立了类似的参数表，可以在工程勘察和工程设计中选用。对于一些特殊的桩型，如大直径桩、钢管桩、嵌岩桩等，其单桩承载力的确定都有一些特殊情况，规范中也都做了具体的规定。

a. 一般表达式

对于一般混凝土预制桩、钻孔灌注桩，用经验参数法计算单桩极限承载力标准值 $Q_{uk}$ 的表达式为：

$$Q_{uk}=Q_{sk}+Q_{pk}=u\Sigma q_{sik}L_i+q_{pk}A_p \qquad (7.5-1)$$

式中　$Q_{sk}$、$Q_{pk}$——单桩极限摩阻力标准值，极限端阻力标准值（kN）；

　　　　$u$、$A_p$——桩的横断面周长（m）和桩底面积（m²）；

　　　　$L_i$——桩周各层土的厚度（m）；

　　　　$q_{sik}$——桩周第 $i$ 层土的单位极限摩阻力标准值（kPa）可由表 7.5-9 查得；

　　　　$q_{pk}$——桩底土的单位极限标准值（kPa）可由表 7.5-10 查得。

表 7.5-9　桩的极限侧阻力标准值 $q_{sik}$（kPa）

| 土名 | 土的状态 | | 混凝土预制桩 | 泥浆护壁钻（冲）孔桩 | 干作业钻孔桩 |
|---|---|---|---|---|---|
| 填土 | | | 22～30 | 20～28 | 20～28 |
| 淤泥 | | | 14～20 | 12～18 | 12～18 |
| 淤泥质土 | | | 22～30 | 20～28 | 20～28 |
| 黏性土 | 流塑 | $I_L>1$ | 21～36 | 21～38 | 21～38 |
| | 软塑 | $0.75<I_L\leq1$ | 36～50 | 38～53 | 38～53 |
| | 可塑 | $0.50<I_L\leq0.75$ | 50～66 | 53～68 | 53～66 |
| | 硬可塑 | $0.25<I_L\leq0.50$ | 66～82 | 68～84 | 66～82 |
| | 硬塑 | $0<I_L\leq0.25$ | 82～91 | 84～96 | 82～94 |
| | 坚硬 | $I_L\leq0$ | 91～101 | 96～102 | 94～104 |
| 红黏土 | $0.7<\alpha_\omega\leq1$ | | 13～32 | 12～30 | 12～30 |
| | $0.5<\alpha_\omega\leq0.7$ | | 32～74 | 30～70 | 30～70 |
| 粉土 | 稍密 | $e>0.9$ | 26～46 | 24～42 | 24～42 |
| | 中密 | $0.75<e\leq0.9$ | 46～66 | 42～62 | 42～62 |
| | 密实 | $e<0.75$ | 66～88 | 62～82 | 62～82 |
| 粉细砂 | 稍密 | $10<N\leq15$ | 24～48 | 22～46 | 22～46 |
| | 中密 | $15<N\leq30$ | 48～66 | 46～64 | 46～64 |
| | 密实 | $N>30$ | 66～88 | 64～86 | 64～86 |
| 中砂 | 中密 | $15<N\leq30$ | 54～74 | 53～72 | 53～72 |
| | 密实 | $N>30$ | 74～95 | 72～94 | 72～94 |
| 粗砂 | 中密 | $15<N\leq30$ | 74～95 | 74～95 | 76～98 |
| | 密实 | $N>30$ | 95～116 | 95～116 | 98～120 |
| 砾砂 | 稍密 | $5<N_{63.5}\leq15$ | 70～110 | 50～90 | 60～100 |
| | 中密（密实） | $N_{63.5}>15$ | 116～138 | 116～130 | 112～130 |
| 圆砾、角砾 | 中密、密实 | $N_{63.5}>10$ | 160～200 | 135～150 | 135～150 |
| 碎石、卵石 | 中密、密实 | $N_{63.5}>10$ | 200～300 | 140～170 | 150～170 |
| 全风化软质岩 | — | $30<N\leq50$ | 100～120 | 80～100 | 80～100 |
| 全风化硬质岩 | — | $30<N\leq50$ | 140～160 | 120～140 | 120～150 |
| 强风化软质岩 | — | $N_{63.5}>10$ | 160～240 | 140～200 | 140～220 |
| 强风化硬质岩 | — | $N_{63.5}10$ | 220～300 | 160～240 | 160～260 |

注：（1）对于尚未完成自重固结的填土和以生活垃圾为主的杂填土，不计算其侧阻力。

　　（2）$\alpha_\omega$ 为含水比，$\alpha_\omega=\omega/\omega_1$，$\omega$ 为土的天然含水量，$\omega_1$ 为土的液限。

（3）N 为标准贯入击数；$N_{63.5}$ 为重型圆锥动力触探击数。

（4）全风化、强风化软质岩和全风化、强风化硬质岩系指其母岩分别为 $f_{rk} \leq 15MPa$、$f_{rk} > 30MPa$ 的岩石。

### 表 7.5-10　桩的极限端阻力标准值 $q_{pk}$（kPa）

| 土名称 | 土的状态 | | 混凝土预制桩桩长 l（m） | | | | 泥浆护壁钻（冲）桩桩长 l（m） | | | | 干作业钻孔桩桩长 l（m） | | |
|---|---|---|---|---|---|---|---|---|---|---|---|---|---|
| | | 桩型 | $l \leq 9$ | $9 < l \leq 16$ | $16 < l \leq 30$ | $l > 30$ | $5 \leq l < 10$ | $10 \leq l < 15$ | $l < 30$ | $30 \leq l$ | $l < 10$ | $10 \leq l < 15$ | $15 \leq l$ |
| 黏性土 | 软塑 | $0.75 < I_L \leq 1$ | 210~850 | 650~1400 | 1200~1800 | 1300~1900 | 150~250 | 250~300 | 300~450 | 300~450 | 200~400 | 40~700 | 700~950 |
| | 可塑 | $0.50 < I_L \leq 0.75$ | 850~1700 | 1400~2200 | 1900~2800 | 2300~3600 | 350~450 | 450~600 | 600~750 | 750~800 | 500~700 | 800~1100 | 1000~1600 |
| | 硬可塑 | $0.25 < I_L \leq 0.50$ | 1500~2300 | 2300~3300 | 2700~3600 | 3600~4400 | 800~900 | 900~1000 | 1000~1200 | 1200~1400 | 850~1100 | 1500~1700 | 1700~1900 |
| | 硬塑 | $0 < I_L \leq 0.25$ | 2500~3800 | 3800~5500 | 5500~6000 | 6000~6800 | 1100~1200 | 1200~1400 | 1400~1600 | 1600~1800 | 1600~1800 | 2200~2400 | 2600~2800 |
| 粉土 | 中密 | $0.75 < e \leq 0.9$ | 950~1700 | 1400~2100 | 1900~2700 | 2500~3400 | 300~500 | 500~650 | 650~750 | 750~850 | 800~1200 | 1200~1700 | 1400~1900 |
| | 密实 | $e < 0.75$ | 1500~2600 | 2100~3000 | 2700~3600 | 3600~4400 | 650~900 | 750~950 | 900~1100 | 110~1200 | 1200~1700 | 1400~1900 | 1600~2100 |
| 粉砂 | 稍密 | $10 < N \leq 15$ | 1000~1600 | 2100~3000 | 3000~4500 | 3800~5500 | 600~750 | 750~900 | 900~1100 | 1100~1200 | 900~1100 | 1700~1900 | 1700~1900 |
| | 中密、密实 | $N > 15$ | 2500~4000 | 3600~5000 | 4400~6000 | 5300~7000 | 650~850 | 900~1200 | 1200~1500 | 1500~1800 | 1200~1600 | 2000~2400 | 2400~2700 |
| 细砂 | 中密、密实 | $N > 15$ | 2500~4000 | 3600~5000 | 4400~6000 | 5300~7000 | 650~850 | 900~1200 | 1200~1500 | 1500~1800 | 1200~1600 | 2000~2400 | 2400~2700 |
| 中砂 | | | 4000~6000 | 5500~7000 | 6500~8000 | 7500~9000 | 850~1050 | 1100~1500 | 1500~1900 | 1900~2100 | 1800~2400 | 2800~3800 | 3600~4400 |
| 粗砂 | | | 5700~7500 | 7500~8500 | 9000~10000 | 9500~11000 | 1500~1800 | 2100~2400 | 2400~2600 | 2600~2800 | 2900~3600 | 4000~4600 | 4600~5200 |
| 砾砂 | | $N > 15$ | 6000~9500 | | 9000~10500 | | 1400~2000 | | 2000~3200 | | 3500~5000 | | |
| 角砾、圆砾 | | $N_{63.5} > 10$ | 7000~10000 | | 9500~11500 | | 1800~2200 | | 2200~3600 | | 4000~5500 | | |
| 碎石、卵石 | | $N_{63.5} > 10$ | 8000~11000 | | 10500~13000 | | 2000~3000 | | 3000~4000 | | 4500~6500 | | |
| 全风化软质岩 | | $30 < N \leq 50$ | 4000~6000 | | | | 1000~1600 | | | | 1200~2000 | | |
| 全风化硬质岩 | | $30 < N \leq 50$ | 5000~8000 | | | | 1200~2000 | | | | 1400~2400 | | |
| 强风化软质岩 | | $N_{63.5} > 10$ | 6000~9000 | | | | 1400~2200 | | | | 1600~2600 | | |
| 强风化硬质岩 | | $N_{63.5} > 10$ | 7000~11000 | | | | 1800~2800 | | | | 2000~3000 | | |

注：（1）砂土和碎石类土中桩的极限端阻力取值，宜综合考虑土的密实度、桩端进入持力层的深径比 $h_d/d$，土愈密实，$h_d/d$ 愈大，取值愈高。

（2）预制桩的岩石极限端阻力指桩端支承于中微风化基岩表面或进入强风化岩、软质岩一定深度条件下极限端阻力。

（3）全风化、强风化软质岩和全风化、强风化硬质岩指其母岩分别为 $f_{rk} \leq 15MPa$、$f_{rk} > 30MPa$ 的岩石。

由表 7.5-9、7.5-10 可以看出，上式适用面很广，几乎各大类土和主要桩型（预制桩、水下钻孔桩、挖孔桩、沉管灌注桩以及干作业钻孔桩）均适用。但必须明确，它仍是一个基本表达式，对于钢管桩、嵌岩桩等不同桩型和不同的施工工艺，规范还给出了补充项或修正系数。因此，在设计计算时必须根据实际情况，查明相应的规范和公式，而不应简单套用公式及相应参数。对新开发的桩型，尚须通过大量试验得出针对性的经验参数。

b. 关于大直径桩

这里所说的大直径桩是桩径大于 800mm 的桩，一般采用扩大头以提高桩的端阻力。其载荷试验 Q-s 曲线呈缓变型，通常取对应沉降 s=10 ~ 20mm 或 s=0.11 ~ 0.15D 的荷载为允许承载力，或取 s=40 ~ 60mm 的对应荷载为极限承载力。大直径桩的桩端承载力一般呈渐进性破坏，其极限端阻力随桩径增大而减小，黏性土和粉土的减小幅度比较小，粉细砂次之，砾石降低的幅度最大；减小的幅度随砂的密实度而变化，愈密实的砂土降低的幅度愈大。因此在采用经验系数方法确定大直径桩的单桩承载力时，应考虑其尺寸效应，采用如下的公式计算：

$$Q_{uk}=Q_{sk}+Q_{pk}=u\sum\psi_{si}q_{sik}L_i+\psi_p q_{pk}A_p \qquad （7.5-2）$$

式中　$q_{sik}$ ——桩侧第 $i$ 层土的极限摩阻力标准值，如无当地经验时，可按表 7.5-9 取用，对于扩底桩变截面以下部分不计侧阻力；

　　　$q_{pk}$ ——桩径为 800mm 的极限端阻力标准值，有条件时可在孔底进行载荷试验测定，当不能进行试验时，可用当地经验或按表 7.5-11 取值，对于干作业桩，如清底干净，可按表 7.5-9 取值；

　　　$\psi_{si}$、$\psi_p$ ——大直径桩的侧阻、端阻尺寸效应系数，可按表 4.3-37 取值。

（5）单桩竖向静载荷试验结果异常情况的分析与处理

上文对试验结果的分析都是针对正常情况，如出现异常情况，需要加以综合分析和判断，才能正确地评价场地的单桩承载力。

异常情况是指在试验过程中，当试验荷载远小于试验的预计最大荷载时就出现破坏的迹象，在 Q-s 曲线上明显出现的陡降，或沉降速率不能满足稳定的要求；有时在同一场地的试桩中仅个别桩出现这种异常现象，有时可能许多桩都出现异常情况。

分析异常情况时需要掌握场地的工程地质情况和施工工艺、施工顺序，调阅有关的施工记录和施工质量验收文件，还需要查阅桩身材料的质量保证单，静载试桩之前所做的低应变检验记录等资料。在调查研究的基础上，根据试桩的具体性状分析其原因，判断对工程质量的影响程度，从而提出处理的意见。

试验时出现的异常情况原因可能是多方面的，包括试验装备失灵、地层划分有误、选择桩端持力层不当、桩身材料强度不足、桩身质量问题、沉桩的施工顺序等。

出现异常情况时，一般应首先检查试桩的设备是否处于正常的工作条件，加荷装置和荷载的量测仪表是否工作正常，是否与标定时的工作状态一致。在排除了试验装备的问题后，可以检查勘察报告的地层划分和持力层的选择是否有问题，如果没有发现问题，则进一步检查施工中可能产生的问题。

不同的桩型、不同的成桩方法、不同的施工流程可能产生的异常是不同的，可以根据试桩时出现的现象进行判断。

**9. 静动法检测基桩承载力**

静动法亦称快速荷载试验，是国际上 20 世纪 90 年代发展起来的一种高应变检测桩承载力的方法。1989 年加拿大伯明翰公司（Berming Hammer）和荷兰应用科学研究协会建筑材料与结构研究所（TNO）共同研制成功一种特殊的加载装置，主要特点是使作用在桩顶的力脉冲延续时间较长，一般为几十毫秒，甚至几百毫秒，这样可使桩产生较大的贯入量，又不破坏桩顶。在此动力作用下，桩身的应力和位移与应力波的传播无关，而接近于静态承压桩，因此分析上比较简单，无需像波动方法那样，需要许多假定和一系列的参数。

由于静动法能推算出静荷载曲线，结果比较可靠，适用范围较广，打入桩、灌注桩、直桩、斜桩、水平桩、群桩都可运用，同时兼有动测的速度、经济等优点，已经在二十多个国家和地区得到运用。目前可以测试的最大承载力已达到 70MN。我国于 1995 年 6 月生产了第一台试验研究样机，并经实测试验取得成功。

静动法检测基桩的承载力具有一定的适应范围。对于钢管桩，当波数 ≤ 12 时，静动法测定的承载力与静载试验相比误差大于 5%；对于混凝土桩，当波数 ≤ 10 时，静动法测定的承载力与静载试验相比误差大于 6%。

# 7.6 桩基础监测

桩基础监测主要包括桩基础施工期监测和桩基础使用期监测。

桩基础施工期监测包括预制桩挤土效应监测（基础周围的管线、路面、已建建（构）筑物等）、振动监测、噪声监测、已沉桩上浮监测、沉降监测、桩顶位移监测、桩内力监测、岸坡（坡地、边坡）稳定监测等。基桩使用期监测主要包括基桩沉降监测、基桩位移监测、桩身内力监测、桩负摩阻力监测、防腐监测、地震应力监测、桩周地温监测（冻土地区）等。

预制桩施工挤土效应对周围环境的不利影响，轻则使建（构）筑物的粉刷脱落、墙体和地坪开裂，重则使圈梁和过梁变形开裂、门窗启闭困难、临近的地下管线破损或断裂、路基变形、基坑坍塌等。

在施工前没有对周边建（构）筑物安全跟踪监测，要想在基桩施工后精确评估其影响范围往往变得比较困难。因此，施工前应对建设场地周边的原有建（构）筑物进行查看，对结构可靠性及主要的裂缝进行评价，并在有代表性的裂缝表面贴观测灰饼，在原有建（构）筑物的基础设沉降、位移观测点，施工过程中定期观测。在原有建（构）筑物的基础周边布置位移与孔隙水压监测点，监测深层土体水平位移与孔压变化，了解建（构）筑物下的基桩内力与变形受挤土的影响，对其安全性作出评价，并将相应的监测信息及时传递给基桩施工单位、监理单位、设计单位，以便根据监测情况及时采取相应的措施。

监测前，应对基桩施工周围场地的建（构）筑物分布情况、基础情况、周边市政管线的埋设情况、周边道路及河道堤岸情况、地质情况进行必要的调查，在适当的位置设置监测点。监测单位应持有相应的监测、检测资质，应事先编制监测方案，报现场施工监理审批。

基桩使用期监测是根据建（构）筑物的使用情况、环境情况所需要采取的监测监控措施。实施前应先编制监测方案，报有关单位批准后实施。

## 参考文献

1. 中华人民共和国住房和建设部、中华人民共和国国家质量监督检验检疫总局．中华人民共和国国家标准．建筑工程施工质量统一验收标准（GB 50300-2013）[S]．中国建筑工业出版社，2013．

2. 中华人民共和国国家标准　混凝土结构设计规范（GB 50010-2010）[S]．中国建筑工业出版社，2002．

3. 中华人民共和国住房和建设部、中华人民共和国国家质量监督检验检疫总局．中华人民共和国国家标准．混凝土结构工程施工质量验收规范（GB 50204-2015）[S]．中国建筑工业出版社，2015．

4. 中华人民共和国住房和建设部．中华人民共和国行业标准．建筑基桩检测技术规范（JGJ 106-2014）[S]．中国建筑工业出版社，2014．

5. 中华人民共和国国家质量监督检验检疫总局、中国国家标准化管理委员会．中华人民共和国国家标准．先张法预应力混凝土管桩（GB 13476-2009）[S]．中国标准出版社，2010．

6. 中交公路规划设计院有限公司．公路桥涵地基与基础设计规范（JTG D63-2007）[S]．人民交通出版社，2007．

7. 中华人民共和国交通运输部．中华人民共和国行业标准．港口工程桩基规范（JTS 167-4-2012）[S]．人民交通出版社，2012．

8. 陈建荣等．现代基桩工程试验与检测——新技术·新方法·新设备[M]．上海科学技术出版社，2011．

9. 罗骐先等．桩基工程检测手册[M]．人民交通出版社，2010．

# 8 基桩工程监理

工程监理是我国工程建设行业的过渡性产物,在出现至今确实预防了很多甚至重大的工程质量、安全事故,在我国工程建设高速发展过程中,起到了非常重要的作用。但是从我国建筑业本身的行业管理出发,项目建设的总目标由建设单位负责,勘察、设计的质量由勘察、设计单位负责,建筑材料的质量由材料制造厂负责,项目施工安全、质量、进度由施工单位负责;上述各方的责任不应由第五方的"监理"来负责。

时至今日,建设监理作为我国建设行业的一项制度写入了《建筑法》。如果要对此项制度进行改革,首先要修改相应的法律制度,这需要时间和诚信体系的建立,需要社会中介机构的独立成熟运行。如建筑材料的质量,应该由建材的制造厂家来控制,出厂前由社会独立的中介机构进行检测,不合格产品不能让其出厂,而不是通过施工单位采购到了工地再由施工监理进行平行检测。这不但减轻了制造厂、施工单位的质量责任,助长了个别制造厂粗制滥造的歪风,也浪费了社会资源。

在目前尚存的监理制度下,我们的监理企业和监理人员仍要做好自己的本职工作,为建设精品工程站岗放哨。

## 8.1 预制桩工程的监理

### 8.1.1 监理准备工作

基桩工程的开工往往标志着该项工程的开工,而工程开工的准备工作是相当广泛、重要的,包括技术准备、组织准备、资金准备、设备材料的准备等。监理应提醒建设单位、督促施工单位办好相关手续、做好设备材料的准备,监理自身也要做好相关的监理准备,为工程的顺利开工和正常进行奠定基础。

**1. 收集资料和文件**

监理在开工前应收集获取以下资料和文件:

(1)工程施工执照。

(2)工程招投标文件、中标通知书、施工承包合同。

(3)测量控制点资料。

(4)工程总平面图、桩位图、桩结构图。

(5)地形图、周围管线图。

(6)工程地质详勘报告。

（7）设计对试桩的要求、设计单桩承载力要求、极限承载力。

（8）沉桩控制要求、设计说明文件。

（9）基桩周围预计影响范围内的建（构）筑物和特殊建（构）筑物、地上、地下、空中管线资料。

（10）施工合同中明确的或设计要求采用的施工规范、质量验收标准、标准图集。

（11）施工单位编制的基桩施工组织设计。

**2. 编制监理规划及监理细则**

（1）监理规划的主要内容

a. 工程概况。

b. 项目参与各方信息。

c. 监理依据。

d. 监理工作的范围、内容、目标。

e. 监理组织机构、人员配备及进退场计划。

f. 监理机构主要检测仪器、设备配备计划。

g. 各个岗位的监理职责。

h. 本工程基桩的技术要求。

i. 旁站监理的主要部位。

j. 本工程主要检验、检测要求。

k. 质量控制监理措施。

l. 安全文明施工监理措施。

m. 环境保护监理措施。

n. 合同与信息管理。

o. 防火监理措施。

p. 工程计量管理。

q. 组织协调措施。

r. 监理工作制度。

（2）监理规划的上报

项目监理规划应在项目开工前编制完成，报建设单位；遇项目分阶段开工的，应在下一阶段收集完整的资料后进行补充修改，再报建设单位。

（3）监理细则的编制依据

a. 监理规划。

b. 工程建设标准、工程设计文件。

c. 施工组织设计、专项施工方案。

（4）监理实施细则的主要内容

监理细则应由专业监理工程师负责编制，项目总监理工程师审核。在该分项实施前编制、审核完成。主要内容包括：

a. 工程基桩的详细情况、工程特点。

b. 监理工作流程，施工单位的配合要求。

c. 监理工作要点。

d. 监理工作方法及措施。

## 8.1.2 基桩制作监理

### 1. 混凝土桩现场制桩监理

（1）现场制桩监理概述

现场制桩的工程，为了布置制桩场地，防止场地内多次翻桩，制桩前建设单位应提供工程总平面图、地形图、桩位图、周围管线图、地质资料、工程围护施工方案、试桩成果报告、确定的设计承载力、施工承包合同、测量点位的点之记及其成果一览表，做好施工现场七通一平，组织设计交底等工作。

现场制桩的工程，制桩前施工单位应提供的资料和完成的准备工作有：施工总平面布置图、工程围护施工方案、沉桩顺序图；制桩施工方案；具有质保书的原材料进场并具有复检合格的复检报告；按批准的施工方案准备施工机械并按计划进场；施工人员按计划进场；制桩场地处理完毕，浇筑制桩场地混凝土地坪。

制桩前项目监理机构的准备工作如下：

a. 应获取的资料文件：施工招投标文件、中标通知书、施工承包合同、工程总平面图、桩位图、桩结构图、地形图、周围管线图、地质资料、工程围护施工方案、试桩成果报告、施工组织设计、原材料质保单及复检合格报告、施工机械设备性能等资料。

b. 认真学习和掌握已取得的资料文件，整理有关需要在设计交底会及审批施工方案时应搞清的问题。

c. 制桩分包单位尚未确定的，协助业主确定制桩分包单位，审核分包单位的资质。

d. 参与制桩工程的设计交底，签发设计交底会议纪要；设计交底需要确定的内容和问题；各种规格的桩长和数量；对桩结构有无特殊要求，如试桩用桩；采用何种标准桩结构图，接桩形式；上下节桩接头位置的合理性，尽量避免进入硬土层接桩；确定备桩数量和规格；不同沉桩方法对桩结构的要求。

e. 组织审批施工单位的制桩方案，审批要点如下：

施工总平面布置应合理：制桩场地靠近沉桩现场，有足够面积的存桩场地，并有出运条件；制桩区与沉桩区距离不宜小于 1.5 倍桩长；制桩区从总进度计划安排考虑不影响围护结构的施工，尽量避免翻桩；预制桩场地地面应不受水淹，必要时应设置排水设施；

制桩工艺应可靠先进：现场预制钢筋混凝土桩可采用重叠法制作；重叠法制桩的隔离剂应保证有效；钢筋的焊接工艺应符合规范；应使用商品混凝土；重叠法制桩工艺的重叠层数一般不超过四层；浇筑混凝土应有保证不出现冷缝的施工措施；

制桩进度：应满足计划的开工沉桩进度，并保证开工后沉桩的连续进行（每一堆桩以该堆最后一批桩达到 28 天养护期为可使用时间）。制桩进度不宜过快，防止桩过多而占用场地；

翻桩、堆桩：必须待桩混凝土强度达到设计强度的 70% 及其以上方可进行，临时堆桩场地不得超过两层；且上下层桩规格长度应相同，垫点位置上下层应对齐；

施工、生活用水、电：应满足现场实际需要；

主要材料供应：按计划并有相应的保证措施；

安全质量措施包括安全质量管理体系健全有效，文明施工管理措施有效；

项目管理组织机构齐全，人员到位；

沉桩防护方案合理有效，周围需要保护的管线、建（构）筑物已落实相应的检测、监测措施；审批后应由总监签发施工方案批复文件，对施工方案不详或有漏项的应要求施工单位补充完善。

f. 现场抽检工程材料的质量，核验材料质保书和施工单位的质检报告，必要时可进行抽检。同时应注意以下问题：材料质保书必须有供料单位的红章和复印人签名；施工单位的复检报告，应在具有资格的实验室完成，并有当地有关部门规定的明确标记；如有明显怀疑者应重新取样，可由第三方有资质的单位进行试验；进口钢筋应按规定进行化学分析，计算碳当量，根据碳当量确定采用何种钢筋连接方式。

g. 明确施工管理、施工质量记录用表，如有不妥，建议施工单位修改。

（2）现场制桩质量监理控制要点

a. 检查制桩材料与混凝土的配合比、拌和、运输、灌注和养护等，应符合《钢筋混凝土工程施工及验收规范》的有关规定。

b. 提醒施工单位，桩身混凝土不得留施工缝，应从桩顶浇筑到桩尖，如有接桩用钢桩帽时，应在顶部位置开排气孔。

c. 采用重叠法制桩时，督促施工单位确保桩与桩的接触面采取防粘隔离措施。

d. 采用重叠法制桩时，监督施工单位，桩身混凝土强度应达到设计强度的 30% 方可浇筑相邻或上层桩的混凝土。

e. 要求施工单位，每节桩均应有编号，应根据计划编绘制桩场地的编号图，将制桩日期、编号等数据标注到编号图上。

f. 督促施工单位现场制作混凝土强度试块，旁站监督施工单位人员不得随意向商品混凝土内加水，检测送达现场的商品混凝土塌落度，不符合要求的应予坚决退回，并不得再用。

g. 检查混凝土强度试验报告，每堆顶层桩最后一批混凝土的强度未达到 70%，不准施工单位开桩起吊基桩；基桩混凝土强度未达到设计强度的 100% 及养护期未达到 28 天不得使用。

h. 桩的外观质量必须符合规范要求，否则不得使用。经过修补的桩应慎重使用。

（3）监理的具体工作

a. 对现场质量控制点必须适时检查，监督实施。

b. 核查原材料质保书、复检报告、钢材焊接试验报告、焊工、起重工、测量工等特殊工种操作证。

c. 核查混凝土配合比报告是否符合规范规定。

d. 核验桩钢筋笼制作和绑扎是否符合图纸和规范规定，符合要求在隐蔽工程验收单上签字。

隐蔽工程验收要点：钢筋规格应与设计图纸或标准图集一致，尺寸或间距应符合设计图纸和规范规定；主筋接头应采用可靠的连接工艺，接头在同一断面不超过 50%，桩顶钢筋网不得漏放，桩尖应设置相应的钢筋，钢筋保护层应垫顺直，钢筋笼不得弯曲；焊接接桩的法兰或钢桩帽是否与主筋焊牢，桩顶平面是否与桩纵轴线垂直；桩顶保护层不得小于粗骨料直径的 1.2 倍，且不小于 30mm，预防沉桩压力直接作用于桩顶钢筋，易造成桩顶破坏。

e. 抽查混凝土塌落度。

f. 记好监理日记。

g. 定期召开监理例会。

i. 及时检查预制桩的外观质量，对成品桩的质量作出评定，对不合格桩作出明确标记，不得使用。

预制桩钢筋骨架质量应按表 8.1-1 进行检查，并做好记录。

## 表 8.1-1　预制桩钢筋骨架质量检查记录表

| 序号 | 检查项目 | 允许偏差（mm） | 实测记录 | | | | | | |
|---|---|---|---|---|---|---|---|---|---|
| 1 | 主筋间距 | ±5 | | | | | | | |
| 2 | 桩尖中心线 | 10 | | | | | | | |
| 3 | 箍筋间距或螺旋筋间距 | ±20 | | | | | | | |
| 4 | 吊环沿纵轴线方向 | ±20 | | | | | | | |
| 5 | 吊环沿垂直于纵轴线方向 | ±20 | | | | | | | |
| 6 | 吊环露出桩表面的高度 | ±10 | | | | | | | |
| 7 | 主筋距桩顶的距离 | ±5 | | | | | | | |
| 8 | 桩顶钢筋网片位置 | ±10 | | | | | | | |
| 9 | 多节桩桩顶预埋件位置 | ±3 | | | | | | | |
| | | | | | | | | | |
| | | | | | | | | | |

测量：　　　　　记录：　　　　　校对：
时间：

预制钢筋混凝土成品桩质量应按表 8.1-2 进行检查，做好相应记录。

## 表 8.1-2　预制钢筋混凝土成品桩检查验收记录表（实心方桩）

| 序号 | 检查项目 | 允许偏差（mm） | 实测记录 | | | | | | |
|---|---|---|---|---|---|---|---|---|---|
| 1 | 砂、石、水泥、钢材等原材料（现场预制时） | 符合设计要求 | | | | | | | |
| 2 | 混凝土强度及配合比（现场预制时） | 符合设计要求 | | | | | | | |
| 3 | 桩节长 | ±20 | | | | | | | |
| 4 | 横截面边长 | ±5 | | | | | | | |
| 5 | 桩顶面对角线之差 | ≤5 | | | | | | | |
| 6 | 桩身弯曲矢高 | ＜0.1%桩长，且＜20 | | | | | | | |
| 7 | 桩尖偏心 | ≤10 | | | | | | | |
| 8 | 桩端面倾斜 | ≤0.005 | | | | | | | |
| 9 | 沿边缘棱角破损 | 深度10 | | | | | | | |
| 10 | 成品桩外形 | 表面平整，颜色均匀，掉角深度10mm，蜂窝面积小于桩表面积的0.5%，不得过分集中，桩顶和桩尖不得有蜂窝、麻面、气泡等缺陷 | | | | | | | |
| 11 | 成品桩裂缝（收缩裂缝或起吊、装运、堆放引起的裂缝） | 宽度＜0.25mm，深度＜20mm，横向裂缝长度＜1/2桩宽（地下水有侵蚀时不适用） | | | | | | | |
| | | | | | | | | | |

测量：　　　　　记录：　　　　　校对：
时间：

注：不同桩型可调整表中相应的检查项目和允许偏差。如接桩形式不同，可增加相应的桩接头部位的检查项目。

预制管桩质量应按表8.1-3进行检查，并做好相应记录。

**表 8.1-3　预制管桩检查验收记录表**

| 序号 | 检查项目 | 允许偏差（mm） | 实测记录 | | | | | | |
|---|---|---|---|---|---|---|---|---|---|
| 1 | 桩长 | ±0.5% | | | | | | | |
| 2 | 直径 | ±5 | | | | | | | |
| 3 | 管壁厚度 | −5 | | | | | | | |
| 4 | 保护层厚度 | +10，−5 | | | | | | | |
| 5 | 桩身弯曲（度）矢高 | 1‰桩长 | | | | | | | |
| 6 | 桩尖中心线 | ≤10 | | | | | | | |
| 7 | 桩头板平整度 | ≤2 | | | | | | | |
| 8 | 桩头板偏心 | ≤2 | | | | | | | |
| 9 | 局部表面的蜂窝、麻面、气泡 | 不得超过桩表面积的0.5%，不得过分集中，桩顶和桩尖不得有蜂窝、麻面、气泡等缺陷 | | | | | | | |
| 10 | 桩表面由混凝土干缩产生的细微裂缝 | 宽度<0.25，深度<20，长度<1/2桩宽 | | | | | | | |
| 11 | 纵向裂缝 | 不应出现纵向裂缝 | | | | | | | |
| | | | | | | | | | |
| | | | | | | | | | |
| | | | | | | | | | |

测量：　　　　　　　记录：　　　　　　　校对：

时间：

预制钢筋混凝土板桩质量应按表8.1-4进行检查，并做好记录。

**表 8.1-4　预制钢筋混凝土板桩检查验收记录表**

| 序号 | 项目 | | 允许偏差（mm） | 实测记录 | | | | | | |
|---|---|---|---|---|---|---|---|---|---|---|
| 1 | 长度 | | ±50 | | | | | | | |
| 2 | 横截面 | 宽度 | +10 −5 | | | | | | | |
| | | 厚度 | +10 −5 | | | | | | | |
| 3 | 榫槽中心对桩轴线偏移 | | 5 | | | | | | | |
| 4 | 榫槽表面错台 | | 3 | | | | | | | |
| 5 | 抹面平整度（用2m靠尺检查） | | 6 | | | | | | | |
| 6 | 桩身侧向弯曲矢高 | | L/1 000且不大于20 | | | | | | | |
| 7 | 桩顶面倾斜 | | 5 | | | | | | | |
| 8 | 桩尖对纵轴线偏移 | | 10 | | | | | | | |

测量：　　　　　　　记录：　　　　　　　校对：

时间：

预制钢管桩质量应按表 8.1-5 进行检查，并做好记录。

表 8.1–5　预制钢管桩检查验收记录表

| 序号 | 检查项目 | | 允许偏差（mm） | 实测记录 | | | | | | |
|---|---|---|---|---|---|---|---|---|---|---|
| 1 | 桩长 | | ＞0 | | | | | | | |
| 2 | 外径或断面尺寸：桩端部 | | ±0.5% 外径 | | | | | | | |
| | | 桩身 | ±0.1% 外径 | | | | | | | |
| 3 | 矢高 | | 1‰桩长 | | | | | | | |
| 4 | 端部平整度 | | ≤2（H 型钢≤1） | | | | | | | |
| 5 | 端部平面与桩身中心线的倾斜值 | | ≤2 | | | | | | | |
| | | | | | | | | | | |
| | | | | | | | | | | |
| | | | | | | | | | | |
| 测量：<br>时间： | | | 记录： | | | | 校对： | | | |

钢板桩制作质量应按表 8.1-6 进行检查验收，并做好记录。

表 8.1–6　预制钢板桩检查验收记录表

| 序号 | 检查项目 | | 允许偏差（mm） | 实测记录 | | | | | | |
|---|---|---|---|---|---|---|---|---|---|---|
| 1 | 桩长 | | ＞0 | | | | | | | |
| 2 | 断面尺寸：桩端部 | | ±0.5% 边长 | | | | | | | |
| | | 桩身 | ±0.1% 边长 | | | | | | | |
| 3 | 矢高 | | 1‰桩长 | | | | | | | |
| 4 | 端部平整度 | | ≤2 | | | | | | | |
| 5 | 端部平面与桩身中心线的倾斜值 | | ≤2 | | | | | | | |
| 6 | | | | | | | | | | |
| | | | | | | | | | | |
| | | | | | | | | | | |
| 测量：<br>时间： | | | 记录： | | | | 校对： | | | |

**2. 现场制作钢桩的监理工作**

现场制作钢桩除应做好常规的准备工作外，尚应符合下列要求：

（1）监理应检查进场材料，质量应符合设计和规范要求。

检查方法和手段：查出厂合格证和试验报告，应将资料和钢材包装的钢材炉批号对照检查，并按规范规定或发现疑问的进行复试，根据复试结果确定该批钢材是否使用。

（2）现场焊接制作钢桩，应根据现场条件进行焊接工艺评定，应按通过评定的焊接工艺焊接制作钢桩。

（3）现场制作钢桩应有平整的场地和遮风挡雨措施。

（4）制作人员应持证上岗，焊工等人员应有相应的操作证书和安全操作证书，并应人、证相符。

（5）钢桩的制作设备应经检验合格并附有合格证，在设备操作醒目处悬挂该设备的安全操作说明，监理在开工前应进行检查并做记录，在有效期满前督促复检。

（6）钢桩的焊缝应根据基桩的设计等级，按焊接规范进行相应的检测，焊缝质量应符合国家现行标准《钢结构工程施工质量验收规范》和《建筑钢结构焊接技术规程》的要求。监理查验检测报告，发现不合格的焊缝，督促制作单位返工。

（7）钢桩制作的允许偏差应符合表 8.1-5、表 8.1-6。

（8）设计要求防腐处理的应按有关规范做好防腐处理，并有相应的记录。

**3. 购买成品桩的主要监理工作**

（1）考察制桩企业

应对制桩企业进行相应的考察，考察企业规模、质量管理、制桩能力、制桩经验等。如发现管理混乱、制桩能力差等情况，应建议取消采购计划，变更制桩单位。或者加强基桩进场检验，可以先将运至现场的基桩进行无损检测，发现不合格基桩必须退回。

（2）现场检验

a. 运至现场的桩必须有出厂合格证和混凝土强度证明资料，桩的规格和质量等级必须符合设计和规范要求；外观无明显损伤，无有害裂缝，桩尖或桩接头材料、形式符合设计或规范要求；采用端板焊接接桩的端板材料不得采用铸铁等不符合设计或规范要求的材料，否则，易造成桩接头部位断裂等不良后果；若为预应力桩不应有裂缝。必要时可在未沉桩前进行小应变检测，确定桩的质量是否合格。

b. 桩端质量的简易检测。为防止桩端板、桩套箍内的混凝土质量出现蜂窝、空洞等质量缺陷，监理人员可使用检测锤，在桩端板、桩套箍上进行轻击，听其是否存有空洞声，尤其在桩套箍上听到有空洞声的，可采取钻孔等措施进行进一步检测，证明确有空洞的，应将桩做退货处理，不得使用。

（3）运到现场的桩应堆放整齐，一般混凝土桩堆高不得超过两层，堆桩场地必须坚实平整，不受水淹，各支点必须在同一垂直线上，各层垫木材质均匀相同。

（4）运至现场的钢桩，应检查出厂合格证，包括材质报告、加工制作质量证明、焊缝探伤报告等资料，当设计或依据的规范有要求时，尚应提供钢材疲劳试验报告等。

### 8.1.3 陆上预制桩沉桩监理

**1. 沉桩前的准备工作**

（1）沉桩前建设单位应提供的资料和准备工作：

a. 施工开工许可证。

b. 周围环境对沉桩噪声和环境污染的控制要求。

c. 检测单位对周围管线、建（构）筑物的检测大纲。

d. 组织上水、下水、电力、煤气、电话、市容监督等单位召开防护工程协调会，审批监测单位的监测大纲，确定各种管线的报警值。

e. 提供围护工程及其施工方案。

f. 组织沉桩工程设计交底会（当工程比较简单，也没有现场制桩，可组织一次设计交底或与项目整体工程设计交底一同进行）。

g. 若桩与地铁(隧道)距离较近,应主动与地铁管理部门取得联系,提供合理的施工方案,聘请专业的检测单位进行监测。

（2）施工单位在沉桩前应递交的技术资料和准备工作：

a. 沉桩施工组织设计。

b. 测量放线、测放样桩。

c. 沉桩机械设备进场。

d. 做好场地必要的排水工作。

e. 会同设计确定沉桩停锤标准。

f. 会同设计确定试桩和检测方案。

g. 沉桩所需基桩资料齐全，验收合格，桩身画好刻度。

h. 可先进行试打桩，当设计确定的沉桩停锤标准施工单位凭自身的经验难以达到设计要求的桩尖标高，施工单位可提出正式开工前先进行试打桩，根据试打桩的结果分析确定停锤标准，试打桩时可辅助大应变测试等措施。

（3）打桩前现场监理的准备工作：

a. 学习设计图纸、设计说明、试桩资料、地质资料等文件，参与设计交底，签发设计交底会议纪要。在设计交底会议上应确认的问题：设计意图、设计要求的单桩极限承载力；设计图纸中可能存在的其他问题；沉桩过程中是否要求试桩；沉桩停锤标准：贯入度或标高要求；停压标准：压桩力和标高要求；设计对桩身质量的检测有否特殊要求，如采用何种方案检测，检测比例是多少，当需要采用大应变检测时，是基坑开挖前检测还是开挖后检测，开挖前检测基桩是否加长；开挖后检测，采用何种工艺。

b. 审批施工单位沉桩施工组织设计，包括以下内容：

施工总平面布置是否合理；

沉桩施工顺序是否合理、科学、符合规范规定：一般沉桩顺序编排有以下几种需遵循的原则：群桩基础，场地周围较空旷，应从中心向四周，或向两边对称顺序；从需要保护的管线或建（构）筑物开始向后边沉边边退顺序；先沉较长、桩尖入土深度较深的桩，后沉较短入土深度较浅的桩，先较大后较小的桩；先沉实心桩，后沉空心桩；先沉挤土桩，后沉半挤土桩；当两者发生矛盾时，应根据现场的实际情况进行分析比较后确定；

选择的沉桩工艺是否科学合理：预制桩的沉桩工艺主要有锤击沉桩、静压沉桩、震动沉桩等，各种施工工艺都有一定的适用范围。选择桩机应符合以下要求：桩架高度应满足沉该项目最长单节桩的要求，通常桩架高度 H ≥单节最大桩长 + 锤高 + 替打长度 + 吊钩占有高度 + 桩架富裕高度；在桩锤和替打升至桩架顶时，桩架的起吊能力应大于最大桩重；施工过程中地面所能承受的压力应大于桩机对地面的压力，由于有的基桩要求承载力较高，如采用压桩机械，则压桩机需要的荷载较大，压桩机对地面的压力也相应增大；适合沉本项目任何位置的基桩，如靠近河边、建（构）筑物附近的桩不能选用中心式压桩机。选择锤型是沉桩施工组织设计中非常重要的内容，要综合设计要求的单桩极限承载力、穿过硬土层的硬度和厚度、进入持力层的深度、设计和地质勘察报告的建议等进行。锤型是否合理直接影响到沉桩质量：小桩用大锤容易将桩打断，桩顶标高控制困难，也不经济；大桩用小锤根本打不下，或锤击数过多，易引起桩身材料疲劳。压桩机构则指压桩机采用哪种方式，顶压式还是包压式，不同方式会对桩的结构有不同的要求。所以锤型或压桩机构的选择应符合下列要求：按设计要求选用；根据试桩沉沉或动测结果选用；可根据波动方程推算桩的允许最大压应力，进行计算确定；根据经验结合现场地质条件选用；

接桩工艺和接桩材料应符合设计和规范要求；

测量定位方法准确，使用的测量仪器、器具经有效计量检测单位检测并在有效期内；

防护措施有效，常用方法有：科学、合理编排沉桩顺序；在合适的位置开挖防震、防挤土沟；合理控制沉桩速率；采取加速排水措施，减少孔隙水压力；设置应力释放孔，防止一定深度的挤土效应；改变桩型，采用薄壁管桩或钢桩等；改变成桩形式，采用非挤土或半挤土沉桩工艺；

质量验收标准明确：桩顶偏位符合规范规定，桩位验收记录表见表 8.1-7、表 8.1-8。当送桩深度大于 2m 时，应事先同设计单位商定允许偏差的验收标准。打桩的停锤标准应符合设计和规范要求，一般应事先通过试桩或试打再会同设计单位共同研究确定，以上海地区为例：通常以标高控制为准，当桩尖进入硬土层较深，土的力学指标较高时，可以辅以贯入度（压桩力）相结合的控制方法。即当锤击贯入度较小（前提是根据基桩的设计极限承载力选择的锤型是合理的）或静压桩的压桩力较大时（桩架的加载符合要求），虽然桩尖标高尚未达到设计要求的标高，但根据沉桩情况显示，桩的承载力已经到达或超过设计极限承载力，进入硬土层的深度合适，可以停止沉桩。必要时可通过大应变测试验证基桩单桩的极限承载力；

表 8.1-7  预制桩沉桩位置偏差实测记录表（基础桩）

| 项目 | 基础梁桩 | | 独立桩或单排桩 | 桩数为 3～20 根基桩中的桩 | 基桩大于 20 根的基础桩 | |
| --- | --- | --- | --- | --- | --- | --- |
| | 垂直中心线 | 沿梁中心线 | | | 最外边的桩 | 中间桩 |
| 允许偏差 | 100 | 150 | 100 | 1/2 桩径或边长 | 1/2 桩径或边长 | 一个桩径或边长 |
| 实测偏差 1 | | | | | | |
| 2 | | | | | | |
| 3 | | | | | | |
| 4 | | | | | | |
| 5 | | | | | | |
| 6 | | | | | | |
| 7 | | | | | | |
| 8 | | | | | | |
| 9 | | | | | | |
| 10 | | | | | | |
| 11 | | | | | | |
| 12 | | | | | | |
| 13 | | | | | | |
| 14 | | | | | | |
| 15 | | | | | | |
| 16 | | | | | | |
| 17 | | | | | | |
| 18 | | | | | | |
| 19 | | | | | | |
| 20 | | | | | | |
| 共测点 | | 合格点 | | 合格率 | | |
| 测量 | | 记录 | | 校对 | | |

注：桩之偏位应为桩中心之偏位。基础梁桩应测量记录两个方向的偏位；其他桩测量两个方向的偏位，计取其中的大值。

## 表 8.1-8　预制桩沉桩位置偏差实测记录表（板桩）

| 项目 | | 钢筋混凝土板桩 | | | | 钢板桩 | |
|---|---|---|---|---|---|---|---|
| | | 位置（mm） | 垂直度 | 防渗缝（mm） | 挡土缝（mm） | 位置（mm） | 垂直度 |
| 允许偏差 | | 100 | 1% | 20 | 25 | 100 | 1% |
| 实测偏差 | 1 | | | | | | |
| | 2 | | | | | | |
| | 3 | | | | | | |
| | 4 | | | | | | |
| | 5 | | | | | | |
| | 6 | | | | | | |
| | 7 | | | | | | |
| | 8 | | | | | | |
| | 9 | | | | | | |
| | 10 | | | | | | |
| | 11 | | | | | | |
| | 12 | | | | | | |
| | 13 | | | | | | |
| | 14 | | | | | | |
| | 15 | | | | | | |
| | 16 | | | | | | |
| | 17 | | | | | | |
| | 18 | | | | | | |
| | 19 | | | | | | |
| | 20 | | | | | | |
| 共测点 | | | 合格点 | | 合格率 | % | |
| 测量 | | | 记录 | | 校对 | | |

注：板桩垂直度、位置指垂直于板桩轴线方向的垂直度、位置。

沉桩记录表内容应齐全；

施工进度计划是否符合业主和合同要求，编排是否合理；

安全质量措施是否合理有效：安全保证体系应健全，人员持证到位；常规安全措施已经落实，安全设施有效；应急安全措施方案可行，应急安全措施物资已经到位。施工单位必须要有健全的质量保证体系，桩位测量计算必须要有计算、复核、审核，层层把关；测量仪器的精度必须符合相关规范的要求，并有检验、检定机构的有效证明，测放样桩的允许误差应小于10mm；桩的吊点位置应根据桩长的不同，按设计或规范规定的吊点数，已经计算好吊点的位置。吊点位置如图 8-1 所示。沉桩施工措施中应有保证（除试桩外）每根桩均一鼓作气沉完的措施，避免中间停息后，由于土体强度的恢复，造成沉桩困难。

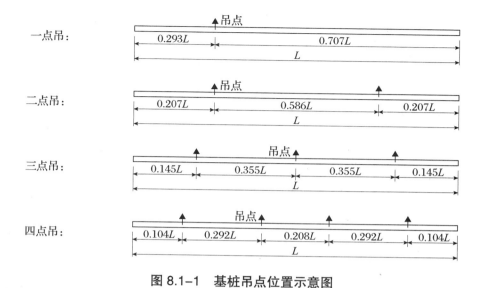

一点吊：

二点吊：

三点吊：

四点吊：

图 8.1-1　基桩吊点位置示意图

c. 根据合同规定，与业主商定设计好投资控制的措施方法，和实际操作程序。

d. 会同业主召开开工前的监理交底预备会，主要需研究确定的问题有：工程开工报告的审批程序及开工令的发布；质量控制的操作程序和纠偏措施、工程验收流程；原材料和半成品质量验收流程；隐蔽工程验收流程；进度控制的操作程序和纠偏措施；投资控制的操作程序和付款流程；设计修改单、技术核定单、业务联系单的审核、签发、实施程序；监测资料的提供及报警流程。

e. 召开施工监理交底会，应出席的单位和人员：业主项目负责人和现场有关人员；施工单位项目负责人、项目技术负责人、质量员、安全员、施工员、施工班组长；项目监理机构总监理工程师、监理组全体人员；项目监测负责人及有关监测人员。

监理交底会的主要内容：计划开工时间；防护工程的验收要求与允许开工条件；安全文明施工的要求和有关规定；质量控制的要求和操作程序；投资控制的要求和操作程序；进度控制的要求和操作程序；设计修改通知单、技术核定单、业务联系单的审核、签发、实施程序；统一使用施工记录表和质量评定表；材料与半成品检验及使用操作程序；监测报警界限与应急预案；工程验收操作程序；竣工资料的收集编制要求。

f. 监理组织检查沉桩施工的防震和防挤土的工程措施，应符合施工方案的要求。

**2. 沉桩施工监理**

（1）测量监理工作要点

通常具有基桩工程的项目，基桩施工是现场施工的第一道工序。换句话说，确定基桩位置就是确定了建（构）筑物的位置。建（构）筑物的位置从项目选址、可行性研究、初步设计至施工设计一步比一步精确，当第一根基桩沉入地基后，就完全确定了建（构）筑物的位置，因此，第一根桩的测量定位何等重要可想而知，项目监理机构中的测量工程师必须对第一根桩的位置进行复测。具体的测量监理工作如下：

a. 建设单位应将规划测量部门或设计勘察单位提供的工程测量控制点，和水准点的点位及其资料递交施工单位、监理机构，施工单位应对其进行验收。因为，在规划测量部门或设计勘察单位提供工程测量控制点后，在保护不力或遇特殊情况下测量控制点位可能会被移动、沉降等影响。复测无误后，施工单位接收后应采取相应的措施，将其保护好，防止移交的测量点位移动沉降。施工单位根据完好的测量控制点位测放沉桩施工控制网点；监理单位根据完好的测量控制点位进行验收。

b. 施工单位在现场设置施工平面控制点和标高控制点，各控制点数量不得少于两个，以便使用并相互之间校核。若施工单位设置的测量控制点位处于施工干扰、通视条件差的地方，应建议其进行调整。在没有条件的地方，无法避免影响时，应定期对测量控制点进行复测，有误差时应及时进行调整。一般控制点与边缘桩的距离不宜小于30m或桩长，测点标志应明显并加以保护。

c. 大型或特大型工程应设置施工测量控制网和施工基线。控制网点的布置应根据规划移交的控制网点或设计勘察控制成果，结合施工建（构）筑物桩位的控制距离，并按测量精度的控制要求进行，可选用下列形式：四等三角网、一级小三角网、二级小三角网、一级导线、二级导线、直角形开口或矩形方格网等。施工测量控制网和施工基线测量与监理的具体要求可参照有关测量规范。

d. 使用的测量仪器必须在计量检验规定的合格期内。

e. 高程施工测量控制点允许误差见表8.1-9。

表 8.1-9　水准观测的技术要求

| 等级 | 三 | | 四 |
|---|---|---|---|
| 水准仪型号 | DS1 | DS3 | DS3 |
| 视线长度（m） | 100 | 75 | 100 |
| 前后视距较差（m） | 3 | 3 | 5 |
| 前后视距较差累积（m） | 6 | 6 | 10 |
| 视线离地面最低高度（m） | 0.3 | 0.3 | 0.2 |
| 基、辅分划或红黑面读数较差（mm） | 1.0 | 2.0 | 3.0 |
| 基、辅分划或红黑面所测高程较差（mm） | 1.5 | 3.0 | 5.0 |

注：（1）采用单面标尺变动仪器高度时，所测两次高差较差，应与红黑面所测高差之差的要求相同。
　　（2）数字水准仪观测，不受基、辅分划或红黑面读数较差指标的限制，但测站两次观测的高差较差，应满足表中相应等级基、辅分划或红黑面读数较差的限值。

f. 施工单位采用施工控制点进行测量定位，应先由施工单位测量，经施工单位的上级部门对施工控制点进行验收后，再填报验收单，报监理验收，符合规范技术要求后，方可用作施工放样的原点。当有位移偏差时应进行调整或重新设置，重新验收。

g. 基桩定位测量可以采用直角交会法、任意角交会法（交会角宜控制在45°～120°之间）、极坐标定位法等方法。

h. 当确定采用某种桩位样桩的放样方法后，检查施工单位的内业计算工作，并应有校核、复核无误。

i. 为了防止样桩偏位，基桩样桩的测放应分期分批进行，不同规格桩的样桩，不应同时测放；样桩中心点的位置放样偏差不得大于10mm；每天开始沉桩前应对当天计划沉桩的桩位样桩进行复测，发现有偏移的应进行纠正。样桩桩位的复核记录见表8.1-10。

表 8.1–10　样桩桩位复核记录表

| 桩号 | 设计坐标（m） | | 施工坐标（m） | | 放样坐标（m） | | 极径（m） | 放样角 | 简图 |
|---|---|---|---|---|---|---|---|---|---|
| | X | Y | A | B | X | Y | R | °　′　″ | |
| 1 | | | | | | | | | |
| 2 | | | | | | | | | |
| 3 | | | | | | | | | |
| 4 | | | | | | | | | |
| 5 | | | | | | | | | |
| 6 | | | | | | | | | |
| 7 | | | | | | | | | |
| 8 | | | | | | | | | |
| 9 | | | | | | | | | |
| 10 | | | | | | | | | |
| 11 | | | | | | | | | |
| 12 | | | | | | | | | |
| 13 | | | | | | | | | |
| 14 | | | | | | | | | |
| 15 | | | | | | | | | |
| 16 | | | | | | | | | |
| 17 | | | | | | | | | |
| 18 | | | | | | | | | |
| 19 | | | | | | | | | |
| 20 | | | | | | | | | |
| 21 | | | | | | | | | |
| 22 | | | | | | | | | |
| 23 | | | | | | | | | |
| 24 | | | | | | | | | |
| 测量 | | | 计算 | | 复核 | | | 时间 | |

j. 直桩的两条垂直边的桩位控制点上分别加设经纬仪，检查桩身的垂直度，其偏差不得大于 1/200。

k. 斜桩定位，应根据设计桩顶标高和设计倾斜度，结合施工提高量，计算斜桩的定位坐标；桩机的平面位置必须同斜桩的平面位置保持一致，并在桩身或替打上测出定位标高控制点。

l. 测量工作是沉桩工作中的关键一环，不仅控制桩的位置，而且可由测量工记录整个沉桩过程。锤击沉桩应按表 7.4-2 记录相关内容；静压沉桩应按表 8.1-11 记录相关内容。

### 表 8.1–11　静压沉桩记录表

| 工程名称 | | | 沉桩日期 | | | 桩机名称 | | | |
|---|---|---|---|---|---|---|---|---|---|
| 基桩部位 | | | 天气 | | | 桩机型号 | | | |

| 基桩参数 | 材料 | | 程次 | 每程初读压力 | 每程终读压力 | 桩身读尺数 | 程次 | 每程初读压力 | 每程终读压力 | 桩身读尺数 |
|---|---|---|---|---|---|---|---|---|---|---|
| | 规格 | | | | | | | | | |
| | 制桩日期 | | 1 | | | | 25 | | | |
| 编号 | 计划 | | 2 | | | | 26 | | | |
| | 实际 | | 3 | | | | 27 | | | |
| 桩机参数 | 压力比 | | 4 | | | | 28 | | | |
| | 油缸行程 | | 5 | | | | 29 | | | |
| 工作时间 | 开始压桩 | | 6 | | | | 30 | | | |
| | 停止压桩 | | 7 | | | | 31 | | | |
| | 累计压桩 | | 8 | | | | 32 | | | |
| 桩身斜度 | 设计 | | 9 | | | | 33 | | | |
| | 实际 | | 10 | | | | 34 | | | |
| 水准点 | 点号 | | 11 | | | | 35 | | | |
| | 标高 | | 12 | | | | 36 | | | |
| 后视读数 | | | 13 | | | | 37 | | | |
| 仪器高程 | | | 14 | | | | 38 | | | |
| 送桩长度 | | | 15 | | | | 39 | | | |
| 最后停压读尺数 | 设计 | | 16 | | | | 40 | | | |
| | 实际 | | 17 | | | | 41 | | | |
| 稳桩读数 | | | 18 | | | | 42 | | | |
| 初压读数 | | | 19 | | | | 43 | | | |
| 地面标高 | | | 20 | | | | 44 | | | |
| 桩尖标高 | 设计 | | 21 | | | | 45 | | | |
| | 实际 | | 22 | | | | 46 | | | |
| 桩顶标高 | 设计 | | 23 | | | | 47 | | | |
| | 实际 | | 24 | | | | 48 | | | |
| 沉桩偏位 | 纵向 | A | 横向 | A | | | 49 | | | |
| | | B | | B | | | 50 | | | |
| 竣工偏位 | 纵向 | A | 横向 | A | | | | | | |
| | | B | | B | | | | | | |
| 仪器 | | 测量 | | 记录 | | 计算 | | 校对 | | |
| 施工队 | | 备注 | | | | | | | | |

注：遇到接桩的情况，分别在程次编号后面记录接桩开始时间、接桩结束时间。

m. 锤击沉桩的阵次一般以桩身下沉 1m 划分，静压沉桩通常以油缸一个行程为一个程次划分。当桩尖进入硬夹层或硬持力层时可按 50cm 为 1 阵次，当桩尖接近标高时可以 10cm 为 1 阵次。停锤前的贯入度应以最后 10cm 的锤击数或以最后 10 击的下沉量计算而得；当桩尖标高在贯入度较大的土层中时，可适当调整。

n. 沉桩记录表应将沉桩过程中发生的异常情况在备注栏中做详细记录。

o. 监理应在基桩沉至地面标高时进行中间验收，测出桩顶偏位，当桩顶送至设计标高时应进行桩顶标高验收，做好记录，作为竣工验收的依据。

（2）沉桩质量控制点

a. 沉桩设备特别是桩锤设备应采用已经批准的施工组织设计中规定的设备。

b. 选用合适的锤垫和桩垫，可根据选用的锤型、基桩所能承受最大锤击压应力，按波动理论的计算公式验算锤垫的厚度。

c. 核验样桩桩位，应每天对计划沉桩的桩位样桩进行复测。

d. 沉桩顺序应按已批准的施工组织设计中的沉桩顺序进行。

e. 沉桩场地应满足打桩机的最大接地压力要求，且地面倾斜度不得大于 1%，当达不到上述要求时，应采取下列措施：铺垫道渣，用压路机压平；铺设路基箱，沿打桩机走向铺平；挖设排水明沟或盲沟，以利地表固结。

f. 沉桩开始宜先空击 3 ~ 5 击，在观察每击桩身贯入情况和桩尖的滑移偏位无异常后可进行连续锤击。

g. 锤击时，桩锤、替打和桩，应尽量保持在同一轴线上。

h. 施打预应力空心桩时，宜开设排水减压孔。

i. 应认真做好沉桩记录。

j. 当沉桩过程中出现下列情况应立即停止锤击，查明原因，进行必要的处理后方可继续：贯入度出现反常；桩身突然下沉或倾斜；桩身突然位移；桩周大量涌水；地面严重隆起；桩身出现严重裂缝；桩顶严重破碎；锤击过程中桩身出现严重振动、摇晃；开锤后不得强行纠偏。

k. 接桩应符合下列规定：上节桩与下节桩的轴线应在同一直线上；焊接接桩，焊接件表面应清除铁锈、油污等杂质，并保持干燥，焊条在使用前应经过烘干，并保持干燥，上下节桩端板间隙不得大于 2mm，超过时应用铁片垫实焊牢，焊接操作还应符合《钢结构工程施工质量验收规范》和《建筑钢结构焊接技术规程》规定，焊工应经考试合格持证上岗，焊缝应饱满，无咬边等缺陷，防止焊接变形，焊完后做好记录。钢桩，待降温后，应按设计要求，进行外观和探伤检查合格后，方可进行继续锤击。桩接头隐蔽验收记录表见

表 8.1-12；其他方法接桩，应符合相关规定。

表 8.1-12　桩接头焊接隐蔽验收记录表

| 序号 | 桩号 | | 端板间隙（mm） | 焊接方法 | 焊缝高度（mm） | 外观 | 焊接时间（分） | 冷却时间（分） | 记录签名 |
|---|---|---|---|---|---|---|---|---|---|
| | 设计 | 实际 | | | | | | | |
| 1 | | | | | | | | | |
| 2 | | | | | | | | | |
| 3 | | | | | | | | | |
| 4 | | | | | | | | | |
| 5 | | | | | | | | | |
| 6 | | | | | | | | | |
| 7 | | | | | | | | | |
| 8 | | | | | | | | | |
| 9 | | | | | | | | | |
| 10 | | | | | | | | | |
| 11 | | | | | | | | | |
| 12 | | | | | | | | | |
| 13 | | | | | | | | | |
| 14 | | | | | | | | | |
| 15 | | | | | | | | | |
| 16 | | | | | | | | | |
| 17 | | | | | | | | | |
| 18 | | | | | | | | | |
| 19 | | | | | | | | | |
| 20 | | | | | | | | | |
| 21 | | | | | | | | | |
| 22 | | | | | | | | | |
| 23 | | | | | | | | | |
| 24 | | | | | | | | | |
| 25 | | | | | | | | | |

注：（1）焊接方法主要有：手工焊，埋弧焊，二氧化碳保护焊等，由于限于现场条件，二氧化碳保护焊的
　　　　效果并不好。
　　（2）焊缝冷却时间不少于 8 分钟方可继续沉桩。

l. 按照经批准的施工组织设计中规定的沉桩设备沉桩的，满足下列条件之一的可停止
沉桩：桩尖位于设计硬土层的摩擦桩，桩尖标高已经达到设计标高；桩尖标高达到事先商
定好的范围，贯入度小于等于事先确定的贯入度；桩尖进入持力层一定的深度范围，压桩
力达到或超过基桩的单桩设计极限承载力。

m. 当钢筋混凝土单桩总锤击数超过 1 500 击，预应力钢筋混凝土桩单桩总锤击数超过
2 000 击，钢桩单桩总锤击数超过 3 000 击，且连续锤击 10cm，平均贯入度小于等于 3mm/ 击，

但尚未达到设计标高或离设计标高差距较大者，应会同设计单位研究，重新确定设计停锤标准。

n. 在同一结构的建（构）筑物中，地基地质变化不大的，相同型号的基桩桩尖标高不宜相差过大。

o. 在建筑基桩的沉桩工程中，基桩的先后沉桩，其终沉的沉桩贯入度或压桩力均有相应的变化。由于预制桩沉入地基后挤土效应的作用，同一个建（构）筑物的基桩，后沉桩的地基土被挤密，导致要求的沉桩力加大，当采用的先后沉桩力相近或相似时，后沉桩就无法沉至原先要求的桩尖标高。如要达到原先要求的桩尖标高，就要加大沉桩力：加大锤击能量或加大压桩力。而这种加大的数量级往往大于原先准备的沉桩设备的极限值。

这种情况在预制桩沉桩工程中非常常见，尤其是群桩布置，桩比较长、桩径比较大、工期比较紧、沉桩速率比较快的工程中。而出现这个问题对保证工程质量是非常不利的。就像有 10 个人扛一个物体，其中 8 个人中午按照应该摄入的能量吃好了中饭，体能相近；另外 2 个人中午没有吃饱，开始的时候还能坚持，时间久了便难以支撑，他们扛的重量就分配到了相邻的人身上，相邻的人会感觉超重，腿就会压弯。建（构）筑物基桩与此类似，只是建（构）筑物的重量是随着每层结构的建造，逐步增加的。初期没有沉到设计标高的桩，其抗压能力随着地基挤密效应的降低，孔隙水压力的逐步消散，会有所降低，或低于原先已经沉至设计标高的基桩。当建（构）筑物的荷载（重量）增加至一定值时，这些没有沉至设计标高的桩，可能会首先出现沉降。这就导致有的桩沉降、有的桩不沉降，或者有的桩沉降量大，有的桩沉降量小，这在工程上叫做不均匀沉降，比所有桩全部统一沉降更可怕。因为不均匀沉降对建（构）筑物的破坏性更大。这是建筑师最为担心的问题。同理，高层建筑与周围的多层裙房之间经常会产生裂缝，就是因为它们的基础不同。高层或多层的建筑基桩是按其上面的荷载（重量）的比例设计相应的桩长、桩径的，高层建筑的桩比较长、大，但出于经济上的考量，裙房的桩多比较短、小，导致上述情况的发生。

p. 若以贯入度作为主要沉桩停锤标准的，其贯入度应在下列条件下测定：锤芯跳高正常（可以通过记录一定时间内的锤击数计算确定）；锤垫、桩垫和替打正常；锤、替打、基桩在一直线上；桩顶没有破碎或破碎已经修平，且施打 10 锤以上没有继续碎裂。

（3）监理主要工作

a. 抽查测量样桩桩位。

b. 逐根检查进场预制桩的质量以及质保资料，发现不合格的基桩做好标记，应予退回，禁止使用。

c. 检查桩机、起重设备、焊接设备等桩工机械的安全合格证、施工人员的安全操作证是否合格有效。发现设备安全合格证无效的，应通知施工单位重新进行检测，检测不合格的，禁止使用；人员操作证无效的，应调换具有有效操作证的人员，方可上岗。

d. 对接桩、基桩终沉阶段进行旁站，对接头焊缝、终沉标高、位置进行验收，做好相应的记录。对隐蔽工程验收进行签字确认。对终沉条件不满足设计要求条件的，应通知设计单位到场研究确定。

e. 无特殊情况，督促施工单位按预定沉桩顺序进行沉桩。

f. 沉桩过程中发现单桩的锤击数远小于（或远大于）事先的估计数，最后阵锤击贯入度远大于（或远小于）预计的贯入度，应通知施工单位暂停施工，提请设计、勘察单位研究处理。

g. 当发生本节（2）j 各种情况之一时，应通知施工单位暂停施工，会同设计、勘察、建设单位共同研究处理，直至继续施工。

h. 审核施工过程中发生的技术核定单、业务联系单、设计修改通知单以及与工程质量、安全、进度、费用有关的各种文件。

i. 监理工程师应对工程现场进行巡视、旁站、检查，制止各种违章作业，禁止无关人员进入现场。

j. 保持与环境监测单位的无障碍、不间断沟通，及时掌握周围建（构）筑物、管线的变形动态，在接近控制限值时，应分析后续沉桩的进一步影响及其趋势，研究确定是否需要进一步采取措施或采取什么样的措施，保证周围建（构）筑物、管线等的安全。

k. 定期召开工程监理例会，总结、布置、协调各项工作。

## 8.1.4 板桩质量监理要点

### 1. 钢筋混凝土板桩质量监理控制要点

事前准备、测量控制、原材料半成品的质量控制与钢筋混凝土桩的要求相类似，本节主要针对钢筋混凝土板桩的特点阐述其控制要点：

（1）钢筋混凝土板桩桩型除满足设计、规范要求外，尚应满足以下要求：钢筋混凝土板桩的始桩与转角桩长度应较其他桩加长 2 ~ 3m，转角桩也可作为始桩。转角处必须设置转角桩。始桩和转角桩的桩尖应制成对称型。

（2）板桩沉桩应沿板桩两侧设置导向围囹，围囹应有足够的强度和刚度；板桩应顺围囹沉桩，并应随时检验和校正围囹；当板桩沉入一定数量后，可以先沉板桩作为围囹的支撑，但需调整好围囹的位置。

（3）沉板桩宜凸隼套凹隼，并做好记录。

（4）沉转角桩或始桩时宜适当提高垂直度标准。

（5）板桩桩尖进入一定的硬土层时，间隔一定根数，可布置一根桩尖对称的板桩。

**2. 钢板桩质量控制要点**

钢板桩主要有拉森钢板桩和槽钢钢板桩。拉森钢板桩也称小锁扣钢板桩、止水钢板桩，具有独特的造型和锁扣、一定的抗弯能力和止水效果，在土中，由于泥浆等嵌入锁扣缝中，止水效果更好。槽钢板桩可以挡土，但不能止水。从桩的结构看，拉森钢板桩结构要求高，沉桩难度大；槽钢板桩要求低、沉桩容易。故以沉拉森板桩为例介绍钢板桩的沉桩控制要点：

（1）钢板桩应检查锁扣的完好，并涂黄油或其他油类润滑剂。用于永久性工程的钢板桩应按设计要求做好防腐处理。

（2）应选择合适的沉桩设备。沉钢板桩可以选用锤击沉桩、静压沉桩、振动沉桩等工艺。具体应根据现场条件，选择大小合适的沉桩设备、沉桩工艺。

（3）采用振动锤沉桩工艺的应考虑每组板桩的总根数、总重量，选择合适的起重设备与振动锤。临时的工具式板桩组合时，应避免焊在桩尖位置，应焊在靠近桩顶位置，便于拆除。

（4）钢板桩沉桩时宜设置起始钢桩。起始钢桩可以是圆形也可以是方形，在起始钢桩的相应位置焊上半根拉森板桩，起到导向定位作用。

（5）沉钢板桩时，应采取有效措施，防止后沉桩将先沉桩带入地基，造成挡土位置缺口。

（6）沉钢板桩宜分段或阶梯式进行。根据各段长度计算板桩所需数量。

（7）钢板桩的围合位置，应根据两侧钢板桩的倾斜度，计算围合位置上下开口的大小，制作异形钢板桩，避免硬拉，将钢板桩的锁扣拉坏。

## 8.1.5 预制桩试桩工程的监理要点

**1. 基本要求**

（1）试桩的规格、长度应根据设计要求、地形、地质条件结合施工机械的性能、沉桩、试桩方法以及试桩单位的要求，进行综合考虑确定。当设计要求采用大应变测试桩的承载力时，应既要考虑桩尖达到预定的设计标高，又要考虑桩顶在泥面以上留有安装仪器的长度。试桩长度一般按下式确定：

试桩长度 = 工程桩长度 + 送桩深度 +0.5（m）

（2）试桩的数量通常由设计单位根据工程桩的数量、地基形式、工程等级、地质条件等确定。地质条件复杂的地区可适当增加试桩数量。在有地区性经验和周围有足够的已施工沉桩资料或经验可参考时，可以适当减少试桩数量。

（3）试桩的位置，应根据设计要求选择既具有代表性，又要考虑试桩的方便、并尽可能作为工程桩的试桩，减少工程浪费。

（4）试桩方法应符合设计和规范要求。加载方法视现场条件、加载的大小；一般极限荷载值较小，现场又有条件，可采用堆载法，当桩位布置可以采用锚桩法时，应优先选用锚桩法进行。

（5）选择锚桩法试桩时，对锚桩结构进行验算，验算抗拔强度不能满足要求时，应对锚桩的配筋进行加强，达到锚桩的抗拔要求。

（6）监理应审核沉桩施工单位的施工资质、试桩测试单位的检测资质，以及审核施工单位的试桩沉桩方案、检测单位的试桩测试方案。

a. 试桩沉桩方案的主要内容：工程概况；试桩沉桩顺序，当采用锚桩法试桩时，试桩尽可能安排在较后顺序沉桩；施工总平面布置；测量方案；沉桩停锤标准；采购、供桩计划；沉桩计划；沉桩设备的选用；截桩与桩顶处理方案；安全措施；质量保证措施；环境保护与文明施工措施；配合检测单位检测方案等。

b. 试桩测试方案的主要内容：工程概况；试桩位置的地质剖面图及其主要参数；试桩数量及其有关参数；当采用锚桩法提供试验反力时，锚桩与试桩的间距、基准桩与试锚桩的间距应符合规范规定；试验方法、设备、测试参数；试验步骤；设备安装方案，反力架安装方案，采用锚桩法试桩的锚筋根数，焊接要求；试桩对桩顶的要求；试桩计划；试桩沉桩结束后与静载试验加载的最短时间应符合规范要求；试桩的安全措施；试桩成果的提供格式、时间等。

（7）试桩沉桩开工前应办妥相应的试桩开工手续。

（8）当试桩难于沉至设计标高或试桩桩顶被打碎，应对桩顶做适当的处理，采取人工凿平或加做钢混凝土桩帽。并对试桩进行小应变检测，确定试桩的完整性良好。

**2. 试桩沉桩监理**

试桩沉桩是该项目对地质情况的一次实质性检验，是对沉桩工艺、设备选用的一次全面测试。根据试桩情况可以调整沉桩设备和沉桩工艺，调整沉桩终沉的停锤或停压标准。所以，试桩沉桩是基桩工程非常关键的一环。有的设计单位对试桩沉桩非常重视，主要设计人员会在试桩沉桩期间，亲临现场，观察沉桩情况，对确定终沉标准做到心中有数。

因此，试桩沉桩的监理工作是非常重要的。试桩沉桩期间应着重做好以下工作：

（1）对进场的基桩做好检查验收工作。查验随桩提供的基桩资料，如没有资料或资料查验不符合要求的，不得使用。检查试桩、锚桩的型号与设计要求的一致性，检查进场基桩的外观质量，混凝土桩外观无混凝土的表面缺陷、无裂缝，接头表面良好；钢桩无明显锈蚀、接缝坡口无明显损伤、符合设计要求。并做好相应记录。

（2）检查沉桩设备与试桩方案的一致性。若采用锤击沉桩工艺的，主要是桩锤性能应与所沉桩的承载力相匹配；若采用静压沉桩，桩架所能提供的最大静压力应与所沉桩的承载力相匹配。

（3）检查试锚桩的位置。试锚桩的位置应符合设计要求，放样位置正确。

（4）对沉桩过程进行旁站并做详细记录。旁站监理的主要内容：

a.沉桩定位准确，桩垂直度符合规范要求。

b.没有特殊情况，沉桩顺序应按照施工方案确定的沉桩顺序进行。

c.选用合适的锤垫或桩垫材料。

d.上下节桩的垂直度应基本一致，接缝应垫实，焊缝应牢固，外观无缺陷、饱满，焊渣应清除。

e.停锤或终压应符合事先确定的标准，当达不到标准时，应通知设计单位到场研究确定新的停锤或终压标准，或作个别处理。

f.对旁站监理内容作详细记录。

**3.静载荷试验的监理**

（1）督促沉桩施工单位按照试桩沉桩方案进行沉桩，做好相应记录，按照试桩标准进行中间验收，确保试、锚桩质量符合设计和规范要求。当发现试桩沉桩质量有问题的，应立即通知设计单位，另行选择试桩位置，重新进行试桩沉桩。

（2）督促试桩测试单位按照试桩方案，先对试、锚桩进行小应变检测，小应变检测桩身质量完好的，进行静载荷试验。

（3）静载荷试验设备安装应有相应的安全措施，安装完成后，应对设备的安全稳定进行检验，确保试验在安全状态下进行。

（4）试桩的加载试验应符合设计和规范规定，加载分级不得少于规范规定的级数。试桩加载期间应采用自动或半自动记录。原始记录应妥善保存。监理应对关键数据进行记录备份。

（5）试桩卸载试验应符合设计和规范规定，卸载分级不得少于规范规定的级数。卸载期间做好记录，原始记录应妥善保存。监理应对关键数据进行记录备份。

（6）试桩试验完成后，督促沉桩和试验单位按照相关合同的规定按时提供试桩速报和试桩报告。

## 8.1.6　预制桩陆上基桩工程进度控制监理要点

（1）监理应收集进度控制的相关资料

其中主要包括：

a.基桩工程施工合同、工期要求。

b. 制桩、供桩单位的制桩供桩能力、运输能力。

c. 地质资料、周围管线、已建建（构）筑物情况，沉桩期间的保护措施方案。

d. 周围环境保护要求沉桩速率的控制情况。

e. 总桩数、施工组织设计中的沉桩进度、沉桩强度（平均每天沉桩数量）。

f. 沉桩设备的沉桩能力及其发挥效率。

g. 试沉桩的工效验证情况等。

（2）审核施工单位编制的施工进度计划，验算其合理性、可行性

a. 单台桩机的沉桩数量与桩机的沉桩效率是否一致、环境保护要求对沉桩速率的控制是否一致；单台桩机的沉桩效率可从试桩或附近类似工程获得。

b. 多台桩机现场布置是否合理，同时工作天数是否合理。

c. 多台桩机的沉桩施工人员是否到位，测量、电焊等配套人员是否到位。

d. 供桩单位的制桩、供桩能力是否满足要求，是否有其他工程同时供桩。

e. 沉桩有效天数应视采用的沉桩工艺、周围的环境要求、天气情况、节假日、当地政府对周围道路的管制情况等，不能按照合同天数满打满算；否则应增加桩机数量，调整施工进度计划。

（3）施工进度的监督管理

a. 每天统计沉桩施工进度完成情况，与计划进度做对比，实际进度与计划进度基本一致的督促施工单位按进度计划继续施工。

b. 发现有延误情况时，应组织施工单位的管理者分析原因，找出问题的关键所在，及时处理，并调整后续施工进度计划，确保沉桩工程按计划完成。

（4）影响沉桩工程进度的主要原因

a. 供桩单位不能按进度计划要求及时供桩。

b. 沉桩单位桩机设备或人员不足，不能按进度计划完成每天的计划工作量。

c. 沉桩时碰到较大范围不明障碍物，影响工程进度。

d. 由于挤土效应导致周围管线或建（构）筑物变形超警戒值，需要控制沉桩速率。

e. 异常地质条件，导致沉桩难度大大增加，设计单位不敢轻易调整终沉条件。

f. 由于环境影响，沉桩时间受到较大限制，不能按预定计划完成沉桩计划等。

（5）消除影响沉桩工程进度的措施

a. 签订制桩、供桩合同前，应前往制桩供桩企业进行调查，了解其制桩能力、供桩运输能力。一般情况单项工程要求的供桩能力不要超过供桩企业制桩能力的 50%。

b. 应按预定计划组织足够的沉桩设备，配备相应的施工作业人员；当施工作业面足够

时，应先紧后松。开始应安排足够的沉桩设备，后期作业面逐渐减少，沉桩机械随之减少。

c. 开工前应对场地条件进行全面检查、评估，若有障碍物应清除，若地质条件复杂应进行补充钻探以充分了解。

d. 事先做好周围环境的保护措施，以免影响沉桩进度。

## 8.1.7 预制桩陆上基桩工程验收

（1）基桩工程验收应符合设计要求及规范规定。

（2）设计桩顶标高在施工场地标高以上时，基桩工程的验收应在沉桩完毕、基坑开挖前完成。设计桩顶标高在施工场地标高以下时，基桩工程的验收应在沉桩完毕、基坑开挖、基础垫层混凝土浇筑完进行。

（3）当桩顶标高低于场地标高需送桩时，在每一根桩的桩顶沉至地面标高时，应进行中间验收，中间验收记录表见表8.1-13、表8.1-14。待全部桩沉完，开挖至设计基坑标高垫层混凝土浇完进行竣工检验。沉桩位置偏差实测数据见表8.1-15、表8.1-16。

（4）当送桩深度超过2m或由于地质、降水、基坑开挖等原因引起的桩顶位移，应与设计研究处理方案。一般不能作为沉桩的质量问题。

（5）设计要求按标高控制的预制桩，桩顶标高的允许偏差：-50～100mm。由于地质条件复杂，事先与设计单位约定验收条件的按事先约定值验收。

（6）板桩的垂直度偏差和平面位置实测记录参照表8.1-15、表8.1-16。

（7）根据事先商定的方案，由有资质的第三方对已沉毕的桩进行完整性检测。检测数量不少于规范规定的最小比例。当检测出基桩中存在Ⅲ、Ⅳ类桩时，应会同设计单位研究处理方案，并增加检测数量。

（8）基桩工程验收时监理应督促施工单位准备并提交以下资料：

a. 沉桩、试桩工程合同。

b. 试桩沉桩顺序图。

c. 桩位竣工平面图、桩结构竣工图。

d. 材料试验记录、制桩质量资料或出厂合格证。

e. 沉桩记录、沉桩记录主要参数汇总表。

f. 桩接头隐蔽验收记录表。

g. 试桩资料。

h. 基桩的完整性检测报告。

i. 断桩、补桩资料（若有）。

j. 沉桩和测试过程中应收集的其他资料。

（9）基桩工程质量验收的主要工作

a. 抽查测量桩顶位置的竣工偏位，做好记录，并与施工单位的实测资料进行核对，发现明显差异的应督促施工单位重新检测。

b. 对桩顶标高未达设计要求的标高（超高或低于设计标高）、平面位置偏差过大的桩，应要求施工单位会同设计单位，共同研究、分析原因，采取相应的措施，并应有相应的书面确认。

c. 查验沉桩工程竣工资料：齐全、正确、有效。

### 表 8.1-13 沉桩中间验收记录表（锤击）

| 序号 | 桩号 | | 最后阵平均贯入度（mm） | 桩尖标高(m) | 桩顶标高(m) | 桩顶位置偏差（cm） | | | | 记录签名 |
|---|---|---|---|---|---|---|---|---|---|---|
| | 设计 | 实际 | | | | 东 | 西 | 南 | 北 | |
| 1 | | | | | | | | | | |
| 2 | | | | | | | | | | |
| 3 | | | | | | | | | | |
| 4 | | | | | | | | | | |
| 5 | | | | | | | | | | |
| 6 | | | | | | | | | | |
| 7 | | | | | | | | | | |
| 8 | | | | | | | | | | |
| 9 | | | | | | | | | | |
| 10 | | | | | | | | | | |
| 11 | | | | | | | | | | |
| 12 | | | | | | | | | | |
| 13 | | | | | | | | | | |
| 14 | | | | | | | | | | |
| 15 | | | | | | | | | | |
| 16 | | | | | | | | | | |
| 17 | | | | | | | | | | |
| 18 | | | | | | | | | | |
| 19 | | | | | | | | | | |
| 20 | | | | | | | | | | |
| 21 | | | | | | | | | | |
| 22 | | | | | | | | | | |
| 23 | | | | | | | | | | |
| 24 | | | | | | | | | | |
| 25 | | | | | | | | | | |
| 26 | | | | | | | | | | |
| 27 | | | | | | | | | | |
| 28 | | | | | | | | | | |
| 29 | | | | | | | | | | |

| 序号 | 桩号 | | 最后阵平均贯入·度（mm） | 桩尖标高(m) | 桩顶标高(m) | 桩顶位置偏差（cm） | | | | 记录签名 |
|---|---|---|---|---|---|---|---|---|---|---|
| | 设计 | 实际 | | | | 东 | 西 | 南 | 北 | |
| 30 | | | | | | | | | | |
| 31 | | | | | | | | | | |
| 32 | | | | | | | | | | |
| 33 | | | | | | | | | | |
| 34 | | | | | | | | | | |
| 35 | | | | | | | | | | |
| 36 | | | | | | | | | | |
| 37 | | | | | | | | | | |
| 38 | | | | | | | | | | |
| 39 | | | | | | | | | | |
| 40 | | | | | | | | | | |

### 表 8.1-14 沉桩中间验收记录表（静压）

| 序号 | 桩号 | | 最后压力(MPa) | 桩尖标高(m) | 桩顶标高(m) | 桩顶位置偏差（cm） | | | | 记录签名 |
|---|---|---|---|---|---|---|---|---|---|---|
| | 设计 | 实际 | | | | 东 | 西 | 南 | 北 | |
| 1 | | | | | | | | | | |
| 2 | | | | | | | | | | |
| 3 | | | | | | | | | | |
| 4 | | | | | | | | | | |
| 5 | | | | | | | | | | |
| 6 | | | | | | | | | | |
| 7 | | | | | | | | | | |
| 8 | | | | | | | | | | |
| 9 | | | | | | | | | | |
| 10 | | | | | | | | | | |
| 11 | | | | | | | | | | |
| 12 | | | | | | | | | | |
| 13 | | | | | | | | | | |
| 14 | | | | | | | | | | |
| 15 | | | | | | | | | | |
| 16 | | | | | | | | | | |
| 17 | | | | | | | | | | |
| 18 | | | | | | | | | | |
| 19 | | | | | | | | | | |
| 20 | | | | | | | | | | |
| 21 | | | | | | | | | | |
| 22 | | | | | | | | | | |
| 23 | | | | | | | | | | |
| 24 | | | | | | | | | | |
| 25 | | | | | | | | | | |
| 26 | | | | | | | | | | |
| 27 | | | | | | | | | | |

| 序号 | 桩号 | | 最后压力(MPa) | 桩尖标高(m) | 桩顶标高(m) | 桩顶位置偏差（cm） | | | | 记录签名 |
|---|---|---|---|---|---|---|---|---|---|---|
| | 设计 | 实际 | | | | 东 | 西 | 南 | 北 | |
| 28 | | | | | | | | | | |
| 29 | | | | | | | | | | |
| 30 | | | | | | | | | | |
| 31 | | | | | | | | | | |
| 32 | | | | | | | | | | |
| 33 | | | | | | | | | | |
| 34 | | | | | | | | | | |
| 35 | | | | | | | | | | |
| 36 | | | | | | | | | | |
| 37 | | | | | | | | | | |
| 38 | | | | | | | | | | |
| 39 | | | | | | | | | | |
| 40 | | | | | | | | | | |

## 表 8.1-15 桩基验收主要参数汇总表（锤击沉桩）

| 序号 | 桩号 | | 桩规格(cm) | 制桩编号 | 制桩日期 | 沉桩日期 | 锤型 | 桩顶标高 | | 总锤击数 | 锤击时间 | 地面标高 | 土芯标高 | 最后贯入度(mm/击) | 桩顶偏位(cm) | | | | 桩身倾斜(%) |
|---|---|---|---|---|---|---|---|---|---|---|---|---|---|---|---|---|---|---|---|
| | 设计 | 实际 | | | | | | 设计 | 实际 | | | | | | A | B | C | D | |
| 1 | | | | | | | | | | | | | | | | | | | |
| 2 | | | | | | | | | | | | | | | | | | | |
| 3 | | | | | | | | | | | | | | | | | | | |
| 4 | | | | | | | | | | | | | | | | | | | |
| 5 | | | | | | | | | | | | | | | | | | | |
| 6 | | | | | | | | | | | | | | | | | | | |
| 7 | | | | | | | | | | | | | | | | | | | |
| 8 | | | | | | | | | | | | | | | | | | | |
| 9 | | | | | | | | | | | | | | | | | | | |
| 10 | | | | | | | | | | | | | | | | | | | |
| 11 | | | | | | | | | | | | | | | | | | | |
| 12 | | | | | | | | | | | | | | | | | | | |
| 13 | | | | | | | | | | | | | | | | | | | |
| 14 | | | | | | | | | | | | | | | | | | | |
| 15 | | | | | | | | | | | | | | | | | | | |
| 16 | | | | | | | | | | | | | | | | | | | |
| 17 | | | | | | | | | | | | | | | | | | | |
| 18 | | | | | | | | | | | | | | | | | | | |
| 19 | | | | | | | | | | | | | | | | | | | |
| 20 | | | | | | | | | | | | | | | | | | | |

注：A、B、C、D 表示桩顶平行、垂直轴线的四个方向。

表 8-16　桩基验收主要参数汇总表（静压沉桩）

| 序号 | 桩号 | | 桩规格（cm） | 制桩编号 | 制桩日期 | 沉桩日期 | 桩架型号 | 桩顶标高 | | 桩架总重(kN) | 地面标高 | 土芯标高 | 终沉压桩力(kN) | 桩顶偏位(cm) | | | | 桩身倾斜(%) |
|---|---|---|---|---|---|---|---|---|---|---|---|---|---|---|---|---|---|---|
| | 设计 | 实际 | | | | | | 设计 | 实际 | | | | | A | B | C | D | |
| 1 | | | | | | | | | | | | | | | | | | |
| 2 | | | | | | | | | | | | | | | | | | |
| 3 | | | | | | | | | | | | | | | | | | |
| 4 | | | | | | | | | | | | | | | | | | |
| 5 | | | | | | | | | | | | | | | | | | |
| 6 | | | | | | | | | | | | | | | | | | |
| 7 | | | | | | | | | | | | | | | | | | |
| 8 | | | | | | | | | | | | | | | | | | |
| 9 | | | | | | | | | | | | | | | | | | |
| 10 | | | | | | | | | | | | | | | | | | |
| 11 | | | | | | | | | | | | | | | | | | |
| 12 | | | | | | | | | | | | | | | | | | |
| 13 | | | | | | | | | | | | | | | | | | |
| 14 | | | | | | | | | | | | | | | | | | |
| 15 | | | | | | | | | | | | | | | | | | |
| 16 | | | | | | | | | | | | | | | | | | |
| 17 | | | | | | | | | | | | | | | | | | |
| 18 | | | | | | | | | | | | | | | | | | |
| 19 | | | | | | | | | | | | | | | | | | |
| 20 | | | | | | | | | | | | | | | | | | |

注：A、B、C、D 表示桩顶平行、垂直轴线的四个方向。

## 8.2　灌注桩工程监理

灌注桩成桩的过程均在现场，工序较多，影响工程质量的因素多，加强现场的质量控制非常必要。本节以某具体项目的试桩、工程桩的施工监理案例为例，介绍灌注桩工程的监理工作。

### 8.2.1　试桩工程监理

**1. 试桩工程概况**

本工程试桩共计6根，锚桩24根；其中主楼试桩4根，锚桩16根；裙房试桩2根，锚桩8根。主楼试锚桩均为 $\phi$ 850mm，桩长 58.5m（工程桩长为40.5m，基坑开挖深度为18m，最大开挖深度约23m），采用桩尖后注浆工艺（开式注浆）。

试桩配筋与工程桩一致，锚桩配筋为 $18\phi32$，全笼，钢筋笼内设注浆管两根，注浆管比钢筋笼桩尖部分约长 500mm，防止管端被埋入混凝土中，管顶预留适当长度，以便连接注浆管。裙房试锚桩均为 $\phi$ 650mm，试桩配筋与工程桩一致，锚桩配筋也有所加强。

工程桩桩顶埋深约18m，试锚桩为了试桩的需要，桩顶高出地面约 500mm。

试桩采用锚桩反力架进行。裙楼和主楼的锚桩均为工程桩。静载试桩前均需进行小应变检测基桩的完整性。完整性良好方可进行静载试桩。

**2. 地质、地形概况**

根据地质勘察报告资料显示，本工程场地标高约为 4.1m，约至 1.0m 标高为杂填土，局部达 -3.0m；1.0 ~ -6.1m 为灰色黏质粉土，局部达 -8.0m；约标高在 -6.1 ~ -13.8m 为灰色淤泥质粘土，局部深度达 -14.9m；-13.8 ~ -25.2m 为灰色粉质粘土（软塑），局部达 -26.1m；-25.2 ~ -30.8m 为灰色粉质粘土（软塑 ~ 可塑），局部达 -34.1m；-30.8 ~ -34.2m 为暗绿色 ~ 灰绿色粉质粘土（可塑 ~ 硬塑），局部深度达 -38.1；-34.2 ~ -34.8m 为灰绿色 ~ 灰黄色砂质粉土，局部达 -37.1；-34.8 ~ -40.2m 为灰黄色粉砂，局部深度达 -41.7m；-40.2 ~ -66.7m 为灰黄色 ~ 灰色粉细砂，局部深度达 -68.1m；-66.7 ~ -82.8m 为灰色粉细砂，局部深度达 -83.0m；-82.8 ~ -87.5m 为灰色 ~ 蓝灰色粉质粘土，局部深度达 -91.2m；-87.5m 以下为青灰色粉细砂。场地西南角有老的砖混地下人防结构，最大埋深约 7m。

该地块为该市金融、文化中心之一。场地附近各种大型文化、金融活动频繁，每年发生多次周边道路交通管制情况。场地西侧一端离地铁中心线约 35m，另一侧约 60m。基坑东西边线临近建筑红线，东边为市政道路，南边临近已建高层建筑约 20m，北边距离道路红线约 15m。东、北边均有大量市政管线，包括燃气、通信、电力、雨、污水管道等。

**3. 试桩工程监理组织机构**

（1）监理组织机构及人员安排

由于整个工程的施工图纸没有完成、施工总包单位尚未确定，整个项目的监理规划难以编制。因此，应该列入监理规划的内容，暂在监理实施细则中进行阐述。

根据本项目试桩工程量、工作时间安排，试桩工程监理组织形式采用直线式组织机构，主要人员配备见表 8.2-1。

表 8.2-1　主要监理人员配备一览表

| 序号 | 姓名 | 专业 | 岗位 | 职称 | 执业资格 | 备注 |
|---|---|---|---|---|---|---|
| 1 | | 土建 | 总监 | 高工 | 注册监理工程师 | |
| 2 | | 土建 | 总监代表 | 工程师 | 监理师 | 兼进度控制 |
| 3 | | 土建 | 安全监理师 | 工程师 | 监理师 | |
| 4 | | 土建 | 现场监理 | 工程师 | 监理师 | 兼工程计量 |
| 5 | | 土建 | 现场监理 | 助工 | 监理员、见证员 | 兼见证员 |
| 6 | | 土建 | 见证员 | 助工 | 见证员 | |
| 7 | | 土建 | 资料员 | 技术员 | 监理员 | |

（2）各个岗位的职责（略）

**4. 试桩工程监理控制重点**

本工程的试桩工作关系到本工程桩长、桩径和后注浆工艺的确定，直接影响工程桩基以致整个工程的造价，因此该工作尤其重要。从工程总进度的安排看应有足够的时间进行试桩。项目监理机构对本工程试桩的监理要足够重视，主要监理内容和控制方法见表8.2-2。

表 8.2-2　试桩工程监理控制方法

| 序号 | 监理控制内容 | 监理控制方法 |
|---|---|---|
| 1 | 试桩方案：试桩的布置位置、数量，桩长、桩径的选择，后注浆工艺的选择，试桩试验极限荷载的确定，试桩反力架的布置形式，确定锚桩的数量、要求 | 认真审阅试桩设计图纸、工程地质详勘资料，聘请专家复算试桩的极限承载力；试验的结果应能充分反应试桩的极限承载力及基桩的沉降指标，为最后设计确定桩长、桩径提供科学、合理、可靠的依据 |
| 2 | 试桩施工工艺的选择：可采用两种不同的施工工艺 | 对两种不同的施工工艺进行详细的观察、记录，试桩结束，根据试桩质量，对两种施工工艺作出客观评估，确定工程桩的施工工艺 |
| 3 | 测量定位：本次试桩应尽可能将其作为工程桩使用。因此，测量定位应与工程桩要求一致 | 按照正式开工的要求进行测量定位。测量验收程序先规划验收，建（构）筑物定位，再测放试桩位置，每根桩都必须验收 |
| 4 | 试桩的质量控制：为充分反应地基的承载力指标，试桩质量必须保证一次验收合格。并记录相应的数据指标 | 巡视、旁站、隐蔽验收。由于试桩锚桩的钢筋较多，钢筋接头的焊接时间较长，应对钢筋笼的安装引起特别注意 |
| 5 | 试桩测试 | 旁站，同步记录 |
| 6 | 试桩结果的评估 | 由监理机构根据试桩方案、试桩过程、试桩报告编制试桩的评估报告，必要时可召开专家评估会，为业主提供评估意见 |

**5. 试桩施工监理控制措施**

（1）预检项目

施工组织设计

严格审核施工方的生产、技术管理、劳动力组织、施工机械配备及管理、材料供应计划、泥浆排放措施、进度计划安排、施工场布等方面的严密性、合理性、科学性，尤其重点审查施工方三级质保体系落实情况。

施工工艺的审核

a.审查施工现场平面布置

首先审查硬地平施工措施是否符合本市有关规定，大型场地的泛水，泥浆沟槽布置的合理性。

b. 审查成孔工艺

选用钻具是否与地质构造相吻合，其次审查泥浆护壁钻孔灌注桩施工方案。泥浆污染场地，泥浆的排放、收集、清理是一大难题，要合理解决，否则会影响施工。

c. 审查浇筑水下混凝土工艺

采用商品混凝土，以保证桩身混凝土有良好的密实性，采用导管浇筑混凝土。根据锚桩的配筋情况，混凝土使用粗骨料不宜大于30mm，应加入减水剂，适当延长初凝时间，以保证混凝土有足够的坍落度、和易性。

d. 审查沉桩顺序

桩位要排流水序号，施工要安排好钻孔开工顺序，防止场地污染影响施工。

e. 审查质量保证措施的具体落实

粘土层钻孔易缩径、砂层钻孔易塌孔、成孔及清孔时泥浆质量、比重控制、钻孔进入持力层深度确认。沉渣测定、混凝土堵塞导管处理方法，料斗容积计算数据要认真复核，必须保证第一斗投料后能将导管下端埋入混凝土内0.8m。如采用高位浇筑法，应复核料斗高度计算数据。

f. 熟悉地质资料

应充分了解场内土层情况，督促施工单位针对不同土层特点制订相应成孔措施。

g. 场地条件

检查场地三通一平条件，检查硬地施工法落实情况，同时事先应查明场内地下障碍物分布情况，必要时应提前清理。

h. 原材料质量

按设计图纸及混凝土配合比检查场内原材料品种、规格、质保书，并按规范要求进行抽检。

i. 测量放样控制

桩基工程的测量放样就是建（构）筑物的测量放样，所以桩基的测量放样是控制建筑工程质量的重要一环。测量放样应分两步进行：第一步应确定建（构）筑物的轮廓线位置，在施工单位自检、互检，公司专职检查的基础上报监理审查，监理应采用完全不同的方法进行全面的复核，再报业主，由业主报请政府规划部门审定；第二步在轮廓线确定的基础上测放工程桩位，现场应设置不少于两个标高点，并定期对其进行检查复核。监理对桩位的复测比例为100%。

（2）业主提供及监理应收集的资料

a. 设计图纸及技术要求。

b. 工程地质勘察报告。

c. 施工方案。

d. 技术核定单。

e. 工程变更签证。

f. 质量检验评定表。

g. 隐蔽工程验收单。

（3）质量验收标准

a. 依据标准

《建筑桩基技术规范》（JGJ 94-94）；

《钻孔灌注桩施工规程》（DBJ 08-202-92）；

《混凝土结构工程施工及验收规范》（GBJ 50204-2002）；

《地基与基础工程施工及验收规范》（GB 50202-2002）。

b. 基本要求

灌注桩用的原材料和混凝土强度必须符合设计要求和施工规范的规定；成孔深度必须符合设计要求，裙房基桩以摩擦力为主，主楼基桩考虑采用后注浆工艺以提高桩端承载力，按摩擦端承桩考虑，沉渣厚度均应符合设计或规范要求；实际浇筑混凝土量严禁小于计算体积，桩身任意一段平均直径与设计直径之比严禁小于1；浇筑后的桩顶标高及浮浆的处理必须符合设计要求和施工规范的规定。

c. 允许偏差

钢筋笼制作允许偏差主筋间距 ±10mm，箍筋间距 ±20mm，钢筋笼直径 ±10mm，钢筋笼长度 ±50mm；钢筋笼安装允许偏差钢筋笼安装深度 ±100mm，钢筋笼保护层 ±10mm；桩的位置偏移，裙房桩按独立柱桩基承台考虑，桩偏位不大于100mm，主楼桩基的桩按群桩考虑，中间桩 ≤ $d/4$，且不大于150mm，边桩偏位不大于100mm，支护桩 ≤ $d/12$，桩径偏差 -0.1$d$，且 ≤ -50mm；成桩垂直度偏差 ≤ $H/100$。

（4）灌注桩的监理流程，见图 8.2-1。

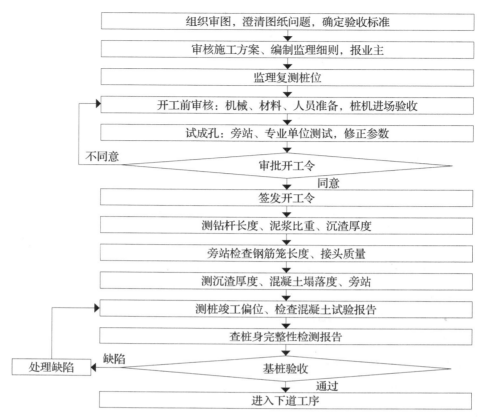

图 8.2-1　灌注桩施工监理基本流程图

（5）隐蔽工程监理要点

a. 成孔深度：根据设计桩长、标高及钻头长度、护筒口标高确定钻杆上余量加以控制，并采用测深复核。

b. 钢筋笼制作质量：钢筋的规格、形状、尺寸、数量、间距、接头设置必须符合设计要求和施工规范规定。

c. 钢筋笼接头焊接：检查焊缝长度、宽度、高度，根据桩顶标高及桩护筒标高计算吊筋长度，并复核实际吊筋长度。

d. 检查用于后注浆的管道安装是否到位，外露长度是否正确，管端封闭是否正确，接头是否密封，注浆器安装是否正确。

e. 沉淤厚度：测量钻杆长度、清孔前后桩深，手感双重措施检查沉渣厚度。

f. 混凝土上翻高度：主楼试桩需要承受试桩压力，必须按规范要求上翻 1.5 ~ 2.0m，由于试桩桩顶标高只要高出地面 0.5m，故试桩桩顶护筒接长至地面以上 0.5m，上翻高度直接将混凝土泥浆混合物从护筒上口溢出，但导管必须埋深2m以上；根据试桩直径计算，试桩顶翻浆混凝土量为0.85～1.13m³；锚桩只要浇筑至地面以上0.5m，清除泥浆，能够安装试桩反力架即可；裙房试桩为抗拔桩，作用力与承压桩正好相反，为保证试桩顺利进行，翻浆高度应达到1.0～1.5m。

g. 单桩综合评定：根据验收结果及实际施工情况进行综合评定并验收。

（6）旁站监理

a. 成孔：检查钻机就位"三心一线"（桩位中心、转盘中心及天轮中心）、稳固程度及钻机转盘平整度，检查钻孔记录及不同土层实际钻进速度、终孔孔深、沉渣厚度、泥浆性能。

b. 钢筋笼安装：检查钢筋笼吊装垂直度控制，搭接焊质量、吊装操作规范，垫块安放，吊筋到位率等。注浆管管端的封闭、接头密封程度。

c. 混凝土灌注：检查导管至孔底距离；隔水球使用情况、灌注返浆情况、导管埋深及提升导管操作等。

d. 试块制作养护：检查制作方法准确性及养护条件。

e. 意外事故处理：任何施工故障一旦发生，监理应作详细记录。督促施工单位采取相应的措施。

（7）重要质量控制点

a. 桩位控制

桩位控制包括桩在水平方向的位置，桩顶埋深（垂直方向位置），以及桩身垂直度的控制。桩在水平方向位置控制包括检查红线、灰线、护筒埋设情况及钻机就位情况。由于桩位放样随施工阶段性进行，监理应对桩位100%检查。桩顶埋深主要通过控制吊筋长度及混凝土上翻高度进行检测。吊筋长度采用理论计算值与实际长度相比较的方法来控制，避免吊筋采用统一长度而不考虑地坪和机架标高的变化。在混凝土浇捣结束之前，监理检查实测的上翻高度。由经纬仪控制桩架垂直度，以控制桩身垂直度。

b. 桩长控制

桩长控制主要包括桩尖标高与桩顶标高的控制。控制桩长是保证灌注桩承载性能的重要措施。桩长控制措施：第一控制钻杆长度，钻杆在施工过程中有一定的变化，包括钻杆伸缩、磨损和更换，监理在施工过程中应对钻杆进行多次复测，并与施工单位校核，保证钻杆长度的真实性；另一方面检查钻孔转盘标高，控制钻杆上余量，确保实际钻杆上余量与理论钻杆上余量之差控制在误差范围内（10cm），监理在每根桩终孔之前检查钻杆上余量，并结合孔深检测，确保桩尖标高达到设计要求。第二控制清孔质量达到规范或设计要求，沉渣厚度过厚不但影响桩尖承载力的发挥，也相应缩短了桩长。第三控制桩顶标高。

c. 桩径控制

桩径是反映桩承载能力的另一个重要指标，监理工作为保证桩径，主要采取控制桩成孔操作，钻头直径、测径以及控制钻孔静止时间、泥浆质量等，同时由于平均桩径变化与充盈系数密切相关，存在以下关系：实际桩径 = 设计桩径 × 充盈系数，因此监理工作将充盈系数作为控制桩径的一大依据。由于充盈系数是在桩成型后计算而得，是事后校核参考，但可以指导后续成桩。钻孔操作与桩径密切相关，钻孔操作不当容易产生缩颈和扩颈现象，把好钻孔操作关是成桩质量得以保证的重要方面。监理督促施工单位针对不同机械和土层，制定相应的钻孔操作方案，确保成孔质量。通过测径和充盈系数变化情况来控制钻头直径，也是监理工作的一个部分。一方面监理要求施工单位明确钻头直径范围值，同时针对钻头磨损及更换作经常性检查，确保钻头使用直径。控制钻孔静止时间是保证桩径的另一项重要措施，钻孔静止时间过长容易引起软土层内缩径，砂土层内容易塌孔，静止时间长也会导致孔壁泥皮增厚影响桩的直径。应根据试成孔时测试的孔壁稳定性参数确定钻孔灌注桩的静止时间，尽可能保证灌注桩施工的连续性。为防止坍孔应严格控制泥浆比重。

d. 桩身质量控制

控制桩身质量包括钢筋笼制作及安装质量，混凝土质量及混凝土浇捣质量。钢筋笼制作完毕，监理实施验收制度，按设计要求检查钢筋笼的各项技术指标（包括筋笼直径、长度、主筋数量、箍筋间距、焊接质量、注浆管大于钢筋笼长度 500mm 等）。钢筋笼安装质量：检查钢筋笼安装长度是否满足设计要求，钢筋接头连接是否符合规范规定；注浆管连接密封良好，采用无压清水注入注浆管，检查是否渗漏。控制笼顶所处位置（吊筋长度控制），同时检查钢筋笼定位的固定措施。商品混凝土搅拌质量主要通过目测和塌落度检查来进行。混凝土浇捣质量控制主要有四个方面，包括混凝土初灌量、导管距孔底位置、浇捣过程中导管在混凝土内的埋深及每次导管上拔长度和上拔速度的检查。混凝土浇筑应按规定现场留置试块，对试块制作进行旁站。

e. 桩端施工质量监理

桩端施工质量影响桩端承载性能，为保证桩端质量，监理除控制桩径外，还要严格控制沉渣厚度。监理以孔底部（钻头尖部所处位置）为控制沉渣标准，要求沉渣厚度不大于10cm。同时监理应严格控制二次清孔结束至混凝土浇捣之间间隔时间 ≤ 30min。沉淤厚度与清孔质量是密切相关的，为保证清孔质量，监理一方面检查清孔时泥浆性能，严禁清水清孔、钻孔用同一泥浆池；再者复校导管长度，控制清孔时导管埋深，以保证清孔效果。改变单纯量测沉渣厚度的方法，变被动为主动，比较好地保证本工程桩基的施工质量。桩底沉渣厚度应小于100mm。清孔时对泥浆要加强控制，孔底500mm以内的泥浆比重应小于1.25；含水率小于8%，黏度小于28s。清孔导管（钻杆）应尽量深入孔底，以保证清孔效果。

（8）实测抽查

a. 原材料：每进场一批抽查一批，按质量标准及级配单要求实施。

b. 护筒埋设：抽查护筒定位精度及埋设质量。

c. 泥浆性能：检查泥浆比重及粘度，成孔与清孔分开检查。

d. 一次清孔沉渣：主要检查一次清孔落实情况。

e. 混凝土坍落度：每搅拌车混凝土查一次。

f. 混凝土初灌量：根据实际孔深、孔径，按计算要求确定初灌量并检查。实际用量导管埋深及提升导管埋深应在2～6m之间，一次提升导管不大于4m。

（9）试验项目

a. 钢筋：同规格、同一炉罐号不大于60t为一批。

b. 钢筋焊接接头：每300个接头（电弧焊）为一批。

c. 混凝土试块：每根桩不少于一组，每组三块。

监理见证员应旁站见证取样。

（10）桩尖压力注浆

当桩身混凝土达到设计规定的混凝土标号时，应及时组织人员和设备对桩尖进行压力注浆。桩尖压力注浆监理应注意以下要点：

a. 压浆设备的压力指标应符合设计要求。

b. 拌制的浆液应符合设计、规范和试桩时的控制值。

c. 每根桩桩尖压入浆液量应按设计要求的总量、最终的压力值进行双控。

d. 当发现压浆管堵塞时应采取措施进行疏通，无法疏通时，应在另一根注浆管注入整根桩的注浆量，按单桩的注浆总量进行控制。当两根注浆管全部堵塞时，应另行钻孔埋管后再进行压力注浆。

e. 监理应对注浆全过程进行旁站监理，对每根桩的注浆量，终止压力进行记录。

（11）静载试验

审查静载试验大纲。按照慢速维持荷载法，查荷载的分级，加载的控制，试验记录设备、液压控制、表具设备是否完好。试验期间应有监理人员旁站观察、记录。

（12）试桩资料

a. 试桩工程合同（招投标资料）。

b. 试桩工程完工图纸。

表 8.2-3　桩端压力注浆检查记录表

| 序号 | 桩号 | 注浆管 | 清水开通 | 开始时间 | 结束时间 | 开始压力(MPa) | 终止压力(MPa) | 注浆量 | 注浆日期 | 地表情况 |
|---|---|---|---|---|---|---|---|---|---|---|
| 1 | | 1 | | | | | | | | |
| | | 2 | | | | | | | | |
| 2 | | 1 | | | | | | | | |
| | | 2 | | | | | | | | |
| 3 | | 1 | | | | | | | | |
| | | 2 | | | | | | | | |
| 4 | | 1 | | | | | | | | |
| | | 2 | | | | | | | | |

记录：　　　　　　　　时间：

  c. 试桩工程大纲。

  d. 材料检验资料。

  e. 施工记录资料。桩身完整性测试报告。

  f. 基桩静载荷试验测试报告。

  g. 试桩工程监理评估报告。

## 8.2.2 灌注桩工程施工监理细则

  工程名称：×× 大厦

  编制人：专业监理工程师

  审批：总监理工程师

  ×× 工程监理有限责任公司

  ×× 年 11 月 26 日

**1. 工程概况、特点以及测试的基本情况**

  （1）参与单位及名称

  工程名称：×× 大厦

  建设单位：×× 有限公司

  设计单位：×× 设计师事务所

  设计顾问单位：×× 建筑设计研究院有限公司

  围护设计单位：×× 建筑设计研究院有限公司地基所

  监理单位：×× 建设咨询监理有限公司

  施工单位：×× 有限公司

测试单位：××有限公司

（2）桩基概况

本工程总桩数为1 500根。主楼桩$\phi$850钻孔灌注桩计420根（已完成20根试锚桩），桩深40.5m，采用桩端后注浆工艺；裙房桩$\phi$650钻孔灌注桩，计1 080根，桩深31m、36.4m（已完成10根试锚桩）。

裙房桩分以下几种：裙房桩1：240根，桩深31m；裙房桩2：780根，桩深31m，为抗拔桩；裙房桩3：60根，桩深36.4m，为抗拔桩。其中含补做抗拔试桩2根，抗拔试桩锚桩8根。

（3）地质情况

$\phi$850桩底标高为-53.5m；桩端进入持力层⑦2-2层约12m，$\phi$650桩底标高为-42.6m，桩端进入持力层⑦2-2层约3m。从地质资料可以看出，⑤1层到⑤4层全部是粉质黏土，（⑦2-1）-（⑦2-2）为粉沙和细粉沙，所以要注意泥浆护壁。砂层较厚，控制难度较大，施工单位须有充分的思想准备，确保桩基一次验收合格。

（4）测试要求

本工程对桩基的质量要求特别高，$\phi$850桩，桩长40.5m，采用桩端后注浆工艺（单桩竖向承载力设计值为$R_D$=6 500kN），在施工和桩基验收的整个过程中设计规定将采用多种方法进行检验和测试，其中包括5％超声波检验桩身的混凝土质量，5％大应变检验桩基的承载力，50％的小应变对桩身的完整性检测。裙房$\phi$650桩桩长31m（单桩竖向承载力设计值为$R_D$=2 000kN），裙房桩的试验检验要求为：10％孔径、孔深、沉渣测试，混凝土试块试验，50％的小应变对桩身的完整性检测，2组抗拔桩试验。工程桩应严格按试桩所确定的技术措施及质量要求进行。

本工程桩基较深，桩顶标高有所不同，控制较难，本监理组人员严格按图纸要求执行，使所有工程桩顶标高达到设计要求。

（5）桩身材料

混凝土强度等级为C35水下混凝土，钢筋$\phi$-HPB235级钢筋，$\phi$-HPB335钢筋，焊条型号：HBP235级钢为E43、HRB335级钢为E50。

（6）工程特点

a. 主楼基桩承载要求高，沉降控制严，必须对桩底沉渣厚度严格控制。

b. 桩尖采用后注浆工艺，是保证基桩承载力的重要措施，必须严格控制注浆量。

c. 测试要求高。本工程桩的试验包括大应变、小应变、超声波、静荷载试验等，测试条件复杂，监理的协调难度大。

d. 桩径大，砂层厚，泥浆的比重及沉渣的厚度控制难度高。

e. 基础埋置深度大，桩顶标高变化多，控制难度大。

f. 桩基工程量大，工期紧，工艺较复杂。

g. 工程位置处于金融开发区的中心，环境对文明施工的要求很高。

h. 围护方式采用地下连续墙，设三层混凝土结构支撑。其中外围护与地下室外墙为两墙合一的方式。

**2. 监理依据**

（1）上海市地基基础设计规范（DBJ 08-11）。

（2）地基与基础工程施工及验收规范（GB 50202）。

（3）建筑桩基技术规范（JGJ 94）。

（4）混凝土结构工程施工及验收规范（GB 50204）。

（5）建筑工程质量检验评定统一标准（GB 50301）。

（6）钻孔灌注桩施工规程（DBJ 08-202）。

（7）建筑基桩检测技术规范（JGJ 106）。

（8）设计施工图：建筑 1、建筑 2A、结构 3、结构 4、结构 5。

（9）桩基施工合同。

（10）本工程地质详勘报告。

**3. 钻孔灌注桩工程监理流程**

详见试桩工程监理流程。

**4. 监理措施**

（1）开工前准备工作检查

检查桩基施工单位拟派人员资格的结构，各主要工种的上岗证，进场机械设备的合格证，所进材料，钢材的质保书、合格证及有关的准用证等。审核施工单位提交的施工组织设计，对进场所用测量定位控制点及标高进行复测。

（2）准备充分，适时下达开工令

各项准备工作完成，并取得施工许可证后，适时下达开工令。

**5. 过程控制要点**

（1）桩位控制

测量复合桩位，检查护筒埋设定位精度及埋设质量，做好相应记录。允许偏差应符合设计及规范要求。

（2）成孔

a. 检查钻机位置、钻台平整度，控制钻孔垂直度，测量钻杆长度，计算钻杆上余量；钻孔过程中，测出钻杆上余量，就可以测定钻孔深度。

b. 检查钻头直径（即桩径直径）不小于设计规定。

c. 清孔，检查出入口泥浆比重、黏度，达到要求后同意下钢筋笼。

（3）筋笼安装

a. 钢筋笼制作质量应符合设计及施工规范要求。钢筋笼安装应做好隐蔽工程验收检查，做好监理实测项目检查记录。

b. 检查钢筋笼吊装垂直度，主筋焊接焊缝长度、宽度、高度应符合规范要求；吊筋长度计算准确，垫块安放到位。

c. 注浆管应符合设计要求，安装时应注意连接牢固，接头不渗漏。

（4）二清

a. 导管安放，检查导管长度，导管至孔底距离。

b. 二清，泥浆性能测试符合要求，沉渣厚度测试符合设计要求，方可同意灌注混凝土。

（5）混凝土灌注

a. 检查商品混凝土配合比单，测试混凝土坍落度是否符合规定（每根桩不少于 2 次）。

b. 混凝土料斗应符合初灌量的要求，初灌量应保证导管底部埋入混凝土不少于 0.8m。

c. 严格控制导管入混凝土的深度，每次拔导管时检查混凝土实际用量，导管埋深，一次拔除导管不大于 6m，导管埋入混凝土深度不小于 2m。

d. 最后一节导管拔除前用测绳检查混凝土面标高。混凝土超灌高度应符合规定，充盈系数不小于设计或规范规定。

e. 混凝土试块：每根桩制作一组试块。

由于桩尖后注浆工艺目前尚没有国家或地方的标准规范，为使监理工作有据可依，施工单位应编制一份桩尖后注浆工艺注浆标准报设计单位认可，送监理备案。另应在注浆三天前编制一份桩尖后注浆工艺的施工方案报监理审查，监理将作出书面批复。

**6. 钻孔灌注桩工程验收**

（1）成桩待土方开挖，完成桩顶处理后，核验桩位及桩顶标高。

（2）进行小应变测试成桩质量情况。抽查方法：

a. 对施工期间有疑问的基桩，全部进行检测。

b. 对其他工程桩，按设计要求的比例进行检测（设计要求的比例高于规范规定的比例）。

c. 检测结果Ⅰ类桩比例小于 95% 的增加 10% 抽查比例。

（3）监理编制工程质量评估报告。评估报告的主要内容：

a. 工程概况。

b. 桩基施工简况。

c. 试桩情况。

d. 基桩质量控制及检测情况。

e. 桩位偏差情况。

f. 监理评估意见。

（4）验收时，施工单位应提供以下资料：

a. 桩位竣工图。

b. 材料检验报告，试块试压报告。

c. 桩的工艺试验记录。

d. 施工记录。

e. 隐蔽工程验收记录。

f. 材料质保书。

g. 试桩测试报告。

h. 设计变更及材料代换签证记录。

i. 质量事故处理记录和报告。

**7. 桩基工程的安全文明施工监理要点**

（1）审核施工承包单位编制的施工组织设计、安全技术措施、高危作业安全施工及应急抢险方案是否符合强制性标准。

（2）督促施工承包单位建立、健全施工现场安全生产保证体系；督促施工承包单位检查各分包企业的安全生产制度。

（3）协助建设单位与施工承包单位签订工程项目施工安全协议书。

（4）审查专业分包和劳务分包单位资质。

（5）审查电工、焊工、架子工、起重指挥、吊车司机人员等特种作业人员资格，督促施工企业雇佣具备安全生产基础知识的一线操作人员。

（6）督促施工承包单位做好逐级安全交底工作并做好相应记录。

（7）监督施工承包单位按照工程建设强制性标准和专项安全施工方案组织施工。制止违规施工作业。

（8）对施工过程中的高危作业等进行巡视检查，每天不少于一次。发现严重违规施工和存在安全事故隐患的，应当要求施工承包单位整改，并检查整改结果，签署复查意见；情况严重的，由总监下达工程暂停令并报告建设单位；施工承包单位拒不整改的应及时向安全监督部门报告。

（9）督促施工承包单位进行安全自查工作。

（10）检查施工承包单位施工机械、安全设施是否完好，大型机械设备应经有关监测部门监测合格，方可投入使用。

（11）安全监理人员应对高危作业的关键工序实施现场跟班监督检查。

（12）安全监理人员应在监理日记中记录当天施工现场安全生产和安全监理情况，记录发现和处理的安全施工问题。总监应定期审阅并签署意见。

（13）项目监理机构应编制安全监理月报表，对当月施工现场的施工状况和安全监理工作做出评述，报建设单位和安全监督部门。

（14）安全监理资料必须真实、完整。

（15）安全事故发生后积极协助建设单位及有关主管部门对事故采取抢险、处理工作。在认定非监理方责任后参与事故取证、责任认定等工作。

（16）法律法规所规定的其他要求。

（17）安全监理师岗位职责

a. 在总监理工程师的领导下从事施工现场日常安全监理工作，协助总监理工程师编制安全监理方案及负责编制安全监理实施细则。

b. 协助建设单位与施工承包单位签订工程项目施工安全协议书。

c. 审查分包单位资质、特种作业人员资格和上报的施工组织设计或专项施工方案中的安全技术措施、高危作业安全施工及应急抢险方案。

d. 督促各施工承包单位建立、健全施工现场安全生产保证体系。

e. 督促施工承包单位做好逐级安全交底工作。

f. 监督施工承包单位按照工程建设强制性标准和专项安全施工方案组织施工，制止违规施工作业。

g. 负责施工现场安全巡视检查工作，并对其中高危作业实施旁站。

h. 参与施工现场的安全生产检查，复核施工承包单位施工机械、安全设施的验收手续，并签署意见。

i. 负责安全监理资料的填写、收集工作，编写安全监理月报表，对当月施工现场的施工状况和安全监理工作作出评述，报总监理工程师审阅。

（18）现场监理人员安全守则

a. 工程项目监理人员进驻现场应遵守施工现场规定的安全和保卫工作。

b. 进入施工作业区必须戴安全帽并扣好帽带。

c. 不擅自进入无安全措施的作业区。

d. 不准在起吊重物下停留或行走；不准在脚手架或防护栏上休息；不准在高处向下抛投物件。

e. 在工地上有权阻止施工人员的违章作业。

f. 严禁在禁烟区内吸烟。

g. 现场办公室内不许使用电炉、灯泡取暖或烘物。

# 附录

## 一、关于"××大厦项目试桩工程调整进度计划"的批复意见

××公司：

贵公司于××年7月8日报送的试桩工程施工进度调整计划表收悉，根据前一段时间的施工实际情况，提出如下批复意见：

**1. 进度现状及后期计划的分析**

（1）标书承诺工期：自准备期开始至试桩完成共计49天。准备期至沉桩、注浆完成为14天，而按目前的进度推算实际耗时约26天。比计划工期拖延12天。其中注浆占用工期约6天，而在原计划中注浆工作不在关键线路上，是不占总工期的。

（2）本次计划中试桩的养护期自试锚桩的成桩完成开始，这和投标文件、施工组织设计中自成桩及压浆完成开始均不一样。上述二文件的计划表中均显示试锚桩的养护期为成桩、注浆完成后28天。这是符合有关规定的，也是贵公司原先承诺的。如果贵公司由于前期进度的延期，擅自压缩注浆后桩的养护期，又有何根据？若没有可靠依据，应确保试桩在注浆后达到28天的养护期，方可进行试压桩。

（3）至目前为止尚未提供测试大纲，故无法正确确定测试的计划时间。按照慢速维持荷载法的检测要求，检测单位口头表示每根桩的检测时间约需48小时，另加反力架的安装时间，整个测试时间则可想而知。这和承包单位安排的时间有较大的差距。

根据以上的情况分析，本次试桩延期已在所难免，为了尽量减少工程的延期天数，施工单位应引起高度重视。

**2. 监理对控制工期的几点要求**

（1）按照符合投标技术文件、施工组织设计的技术要求为原则，编制一份科学、合理的尽可能符合工程实际情况的试桩工程后阶段进度计划，报监理和业主。

（2）尽可能在可压缩工期的工序上缩短工期，必要时，应增加相应的设备，努力将延

期的天数压缩到最少。

（3）应对静载荷测试和试桩资料整理的时间有充分的估计，统筹安排，试桩工程的完工应以提交试桩工程测试资料为标志。

（4）重视加强试桩现场的后期管理和合同管理。试桩工程已处在本工程前期工作的关键线路上，试桩工程延期一天，将直接影响桩基与基础工程的进度，从而影响工程的总工期。因此，如果延期，业主势必将按合同的有关条款进行处罚。施工单位要免去或减少工期的处罚，就必须加强试桩工程的后期管理，合理缩短工期。

（5）在加强工期管理的同时，必须确保试桩工程的质量，采取有效的措施保证后期试桩工程的安全。特别对试桩反力架（梁）的运输、安装、装卸全过程要编制专项安全施工方案，在施工3天前报业主、监理审批后方可施工。

## 二、关于"××大厦基础桩试验计划大纲"的审批意见

××公司：

贵公司报来的由××工程质量检测中心编制的"××大厦基础桩试验计划大纲"（以下称本大纲）收悉，经认真阅读，原则上同意本大纲的基本内容，但对以下问题需作进一步的澄清和补充说明。请贵公司根据本审批意见进行必要的补充和完善，并将补充内容于试桩设备、反力架等安装前3天书面报监理机构复审，复审通过后方可进行设备的进场卸车、安装和测试工作。

（1）单桩垂直静载荷试验的时间：没有桩尖后注浆的施工时间安排，按照试锚桩的混凝土满足28天养护期后进行；桩尖进行后注浆的试桩，应按照注浆后养护期28天的要求，方可进行试验。如同样按照试锚桩的混凝土满足28天养护期后进行试验，应有可靠的依据。

（2）在试验目的及内容中已阐明了包含三根桩的分层摩阻力测试，所以在提交的成果中应包含相应的分层摩阻力数据。

（3）本大纲中没有对试验计划进行详细的安排，请贵公司补充一份详细的符合试验实际情况的自试验开始至提交测试报告的进度计划，以便及早从中发现问题，解决问题。

（4）本大纲中没有对试验用的反力梁自运至工地卸车开始、安装、试验、拆除运出工地的全过程施工方案、安全措施进行详细的描述。请补充一份详细的施工方案、安全措施。内容应包括运进场内时的卸车方案，卸车、安装用的起重设备及其性能要素：起吊该重量（大梁的最大重量）时的最大安全旋转半径，起重设备对地面承载的要求，吊索具计算与选用，吊车司机、起重指挥、电焊工等特殊工种的操作证明、现场的准备工作，全过程的安全措施，

试验期间的劳动组织体系，现场负责人的联系方式等。但不限于上述内容。

（5）请提供有关设备的计量合格证明和安全使用证明文件。

# 三、××大厦试桩工程监理小结

## 1. 工程概况

工程名称：××大厦

建设单位：××股份有限公司

设计单位：××设计事务所、××有限公司

施工单位：××工程有限公司

测试单位：××工程质量检测中心

监理单位：××建设咨询监理有限公司

试桩工程：共6组，30根桩。试桩均为钻孔灌注桩。其中主楼试桩4组，SP1三组，采用桩尖后注浆工艺。SP2一组，不采用桩尖后注浆工艺。桩径均为850mm，桩长57m；裙楼试桩二组，桩径均为650mm，桩长46.6mm。试成孔4个，两种桩径各二个。

试桩施工工作时间安排见附表8.3-1。

附表8.3-1　试桩施工工作时间表

| 序号 | 时间 | 工作内容 | 备注 |
|---|---|---|---|
| 1 | 6.23 | 试桩设计交底 | |
| 2 | 6.25 | 测量监理工程师冒雨复测桩位 | |
| 3 | 6.27 | 试桩监理交底 | |
| 4 | 6.28 | 试成孔 | |
| 5 | 7.1 | 试桩开钻 | |
| 6 | 7.1 | 设计决定增做分层摩阻力和超声波测试 | |
| 7 | 7.4 | 晚上10：00签发监理通知要求对MP1-8桩少放一节钢筋笼进行整改 | |
| 8 | 7.5 | 监理召开现场协调会，督促施工单位对MP1-8桩少放一节钢筋笼进行整改，加快施工进度 | |
| 9 | 7.7 | 施工单位增加15型钻机一台 | |
| 10 | 7.11 | 施工单位增加发电机二台 | |
| 11 | 7.15 | 试桩成桩完成 | |
| 12 | 7.19 | 后注浆桩开始注浆 | |
| 13 | 7.20 | 注浆完成 | |
| 14 | 8.1 | 施工单位提交测试方案 | |
| 15 | 8.4 | 监理对试桩测试大纲提出书面审批意见 | |
| 16 | 8.14 | 第一根试桩测试开始（无桩尖注浆） | |

| 序号 | 时间 | 工作内容 | 备注 |
|------|------|----------|------|
| 17 | 8.22 | 最后一根试桩测试完成 | |
| 18 | 8.25 | 试桩速报报业主 | |
| 19 | 9.1 | 试桩报告报业主 | |
| 19 | 9.16 | SP2 试桩注浆完成 | |
| 20 | 9.20 | 全部试桩工程资料报业主 | |

注：SP2 试桩是为了做注浆与未注浆对比试验的，故待试桩完成后进行桩尖注浆。

（1）试桩施工情况综述

试桩工程于 6 月 28 日凌晨 00:20 试桩成孔，7 月 1 日正式开始至 7 月 15 日全部完成试桩成桩任务。

a. 试桩工程质量情况

试桩工程质量经监理的巡视、傍站检查督促，符合设计和施工规范的规定。小应变和超声波测试证明。桩身混凝土的完整性均为 I 类。

但是在施工过程中出现了未遂的性质严重的质量问题：

MP1-8 桩由于钢筋笼放时间过长，导致了钢筋笼放不下的局面，迫使施工单位割掉最后一节钢筋笼，但在割掉以后，不是积极想办法，如何将最后一节钢筋笼放下去，而是谎称已经放下去了，监理当场严肃指出。这是一起严重的质量事故苗子，幸好监理及时发现和制止，才未造成最终遗憾。但性质是恶劣的。为此，监理第二天就召开了专题工程质量会议，对施工单位提出了严肃的批评，并坚决要求予以整改。MP1-8 桩于 × × 年 7 月 9 日按设计和施工要求整改施工完毕。

就在 MP1-8 桩的处理过程中，又发生一根主楼锚桩钢筋笼少放一节的事件，这使监理人员失去了对施工单位相应的信任。虽最后均得到了纠正，但足见施工单位内部的管理之混乱，质保体系之形同虚设，试桩尚且如此，工程桩之质量将更难保证。

b. 试桩工程进度情况

根据试桩投标文件所显示的工期，自试桩准备工作开始至全部试桩完成为 49 天，其中准备期为 3 天，试成孔 1 天，成桩 10 天，养护 28 天，测试 7 天，共计 49 天。但实际上准备期按 2 天计，试成孔 3 天，成桩 15 天，注浆 5 天（含间隔 3 天），养护 28 天，测试 9 天，速报 3 天，正式报告 7 天，共计 73 天。

原因分析：从上述对比看，很明显试成孔多出 2 天，成桩延长 5 天，注浆 5 天，测试延长 2 天，出报告 10 天。

直接原因：原计划安排的漏洞，出报告 10 天未排入计划中；成桩时间延长，注浆工作未能交叉进行；对测试时间估计不足。

间接原因：技术准备不充分，对这种桩型的施工难度估计不足，按照拟定的施工设备布置施工，现场施工用电电力不足；由于质量问题导致工程延误。MP1-8 桩仅处理钢筋笼就花了 7 天时间；设计调整测试内容。

监理对进度控制的措施：监理在审核施工单位的施工方案时，就意识到，保证成桩和注浆工程按计划完成是本工程按计划完成的第一关键。到 7 月 4 日，监理即向施工单位提出了采取措施加快施工进度计划的要求，同时得到了业主的大力支持。

施工单位虽于 7 月 7 日又进了一台桩机，但为时已晚，此时还有 2/3 的桩没有完成。于 7 月 11 日又增加了发电机才加快了施工进度。

由于本工程总工期较短，施工过程中调节的余地较小，施工单位的反应慢，没有体现出一级施工单位的反应能力。

（2）安全文明施工情况

由于试桩工程未采取"硬地坪法"施工方法，泥浆满溢，泥浆池也未按标准设置，部分试成孔的泥浆更是随地排放。监理虽在开工前就提出了相应的要求，但由于现场施工条件的限制和施工单位自身管理不力，现场文明施工情况不理想。无安全事故。

**2. 监理工作**

监理机构于 6 月 23 日收到试桩图纸（初稿），进行了认真审阅，参与设计交底会，立即编制了试桩工程监理细则，对施工单位的试桩方案提出了书面审核意见，组织召开了监理交底会，对试桩全过程实行巡视、旁站监理。对工程材料实行见证取样、送样。

在试桩监理过程中，监理机构除了做好日常监理工作外，还及时查出施工单位在两根桩中各少放一节钢筋笼，并得到了及时的纠正。进行了现场文明施工和安全用电的检查，制止了各种违章操作，确保了工程安全顺利的完成。

在试桩测试前，监理对试桩的测试大纲进行了认真的审核，提出了书面审批意见，测试单位进行了认真的整改，重新提交了相应的测试大纲，为试验的顺利进行打下了基础。

在试桩工程监理过程中，签发了监理文件 32 件。

**3. 对试桩工程的评估意见**

根据监理对成桩过程的巡视、旁站和检查测试单位的小应变，超声波检测和静荷载试验报告，桩身质量良好。

从静荷载试验结果看，SP2-1 桩桩尖未注浆的极限荷载仅为 8 800kN，达到设计极限荷载 11 000kN 的 80%，而后注浆的桩极限荷载超过 13 200kN，则比未注浆的桩极限荷载提高 50％以上。

监理认为：注浆后桩的极限荷载有了很大的提高，但注浆后灌注桩荷载提高的幅度有一个变化范围，在工程桩中注浆后桩的极限荷载使用值应小于 13 200kN。

## 四、××大厦桩基工程施工图监理审图意见

××大厦项目部：

××大厦桩基工程施工图已于 ×× 年 ×× 月 ×× 日收悉，现将监理机构的审图意见报贵部，以供参考。

（1）根据本项目围护工程可能发生的情况，在整个基础工程桩中将有相当一部分桩作为栈桥立柱桩。建议将栈桥立柱桩的位置、结构标注在桩位图上，并列入桩基工程一起招标。这样，便于保证工程质量，控制工程造价、加快工程施工进度。同时标明工程桩中部分可以用作立柱桩的位置，与地下室结构图纸相对照，宜选用对上部结构影响最小的工程桩作为立柱桩。

（2）我国行业标准《建筑桩基技术规范》（JGJ 94-94）第 5.2.5 条规定，采用现场静载荷试验确定单桩竖向极限承载力标准值时，在同条件下的试桩数量不宜小于总桩数的 1％，且不应小于 3 根，工程总桩数在 50 根以内时，不应小于 2 根。第 9.2.1 条为确保实际单桩竖向极限承载力标准值达到设计要求，应根据工程重要性、地质条件、设计要求及工程施工情况进行单桩静载荷试验或可靠的动力试验。第 9.2.2 条下列情况之一的桩基工程应采用静载试验对工程桩单桩竖向承载力进行检测，检测桩数不少于第 5.2.5 条规定的要求：第 9.2.2.1 条工程桩施工前未进行单桩静载试验的一级建筑桩基；第 9.2.2.2 条工程桩施工前未进行单桩静载试验，且有下列情况之一者：地质条件复杂、桩的施工质量可靠性低、确定单桩竖向承载力的可靠性低、桩数多的二级建筑桩基。第 9.2.3 条下列情况之一的桩基工程，可采用可靠的动测法对工程桩单桩竖向承载力进行检测：第 9.2.3.1 条工程桩施工前已进行单桩静载试验的一级建筑桩基；第 9.2.3.2 条属于第 9.2.2.2 款规定范围外的二级建筑桩基；第 9.2.3.3 条三级建筑桩基；第 9.2.3.3 条一、二级建筑桩基静载试验检测的辅助检测。国家标准《建筑地基基础工程施工验收规范》（GB 50202-2002）也有类似的规定。

本工程已在工程施工前进行了静荷载试验，主楼试桩数量已经基本满足规范要求的数量。除了应按规定补做抗拔桩试桩、桩身质量检测外，是否还要进行高应变承载力检测是值得商榷的问题。虽主楼抗震等级为一级，但规范中均未强调采用动力法检测桩之承载力。而动力法检测误差较大，可靠性低，所以，其检测结果意义不大。本工程基坑开挖深度为

18 ～ 23m，采用高应变动测基桩承载力，可有两种方案，一是将所有需要动测的桩全部加长 18 ～ 23m，按 10%计算，主楼共有 42 根桩需要进行大应变检测，大应变检测在原施工地面进行，则需要将这些桩全部接长 18.5 ～ 23.5m；二是在基坑开挖后进行，将大应变设备放入基坑，在垫层施工、桩顶处理完成，再进行大应变检测。第一种方案，需增加较多工程造价，而且在土方开挖时，挖掘机犹如在水泥森林里边作业，截桩的工作量也很大，增加了很大的安全风险；第二种方案，需要将起吊 10t 左右的大锤的起重设备下基坑（由于基坑较大，其中设备在基坑边无法进行作业），再做大应变试验，周期较长，严重影响坑底的其他施工作业，对施工带来很大的麻烦，也会增加工程造价。对于基坑的安全来说，暴露的时间越短越好。因此在已经做静荷载试验和确保工程桩质量（基桩质量采用小应变检测或超声波检测）的前提下，建议设计取消采用大应变检测桩承载力的要求。

（3）结构图中应注明超声波测试管的布置和要求。

（4）裙房桩为 818 根（图中所注根数为 823 根）。

（5）1a 与 Ca 轴位置附近桩缺定位尺寸。

（6）2A 图中的 Ja-Ha-Ga 轴线间的距离与 03、05 图不一致，请设计确认。

（7）主楼桩桩尖后注浆要求应在桩基施工图说明中注明，否则投标单位将无法报价。

（8）桩位图 2 中未注明图纸的比例，请设计单位明确。

（9）X 轴的以外部分和中心圆的各条直径宜给予一个轴线的编号，以便于统一名称，方便操作。

（10）A-42 ～ T-42 轴图示尺寸与坐标间的距离不符：图示尺寸应为 62.000m，坐标间的距离为 57.000m，请澄清。

## 8.3 基桩工程造价管理

**1. 基桩工程造价控制阶段的划分**

按照全寿命造价管理的思想，基桩工程造价管理分五个阶段：设计阶段、实施准备阶段、实施阶段、结算阶段、使用阶段。设计阶段是基桩成本控制的主要阶段。

**2. 基桩工程造价管理的要素**

（1）使用材料的多少、贵贱，是影响基桩成本的主要因素。

（2）成桩工序的多少，反映成桩的繁简程度，耗用人工、机械、时间的多少；一般工序越多，成桩越繁琐，延续时间越长，成本越高；成桩工序中可以分为有用工序和辅助工序。辅助工序包括场地为桩机进场施工而铺设的道路，为防止挤土而开设防挤沟等防挤土措施，为文明施工而进行的地坪硬化，灌注桩桩顶混凝土的截除等。辅助工序不产生直接的成桩效果。每道工序都是有工、料、机消耗的，都会产生成本。

（3）使用机械的大小及效率，使用机械越大型，成本越高，使用机械的效率越高，成本越低；一般陆上的沉桩机械要小一些，但是需要接桩；水上的打桩船比较庞大，但是可以整根沉桩，单桩沉桩效率，打桩船要快一些，但是由于水上的施工难度，整体效率不一定高。

（4）成桩过程中占用人工的多少，平均耗用人工越多，成本越高，反之越低。

（5）桩越长，接头越多，沉桩效率下降，增加接头费用，成本上升。

（6）承载能力的发挥程度。一般情况下，预制桩的侧摩阻力大于灌注桩，一般预制桩的造价会低于灌注桩；灌注桩经过注浆处理后可以达到甚至超过预制桩，但是，灌注桩后注浆也会增加成本，这就要看相互之间的关系。

（7）使用寿命期限以及使用期的维护成本管理。相同造价有效使用期限越长，单位使用期的成本越低，反之越高；使用期维护成本越低，总成本越低，反之总成本越高。

**3. 监理参与基桩造价管理的时间**

设计阶段是控制整个工程造价的主要阶段。但是，往往建设单位在施工图设计完成以后再聘请监理，这时需要监理修改设计，是非常困难的。同时，现阶段的施工监理，很多监理人员（总监）一是在技术上没有能力提出更好的建议（这其中包括设计本身已经是一个很好的方案，很难再有更优的方案提出）；二是在工程造价的研判上缺乏经验和能力。由于施工监理和投资监理分开以后，施工监理已经不再对工程的造价进行监控。因此，桩基工程造价管理，一是需要施工监理与造价管理人员的通力合作；二是需要造价管理人员和施工监理人员具有相应的职业能力；三是造价管理人员需要在初步设计之前提前介入，才有机会尽早提出相应的合理化建议。

**4. 不同材料基桩造价的初步比较**

控制基桩工程的造价，首先要确定使用何种桩材，采用何种桩型。当年我国在建造某大型钢厂时，使用了很多日本进口的钢桩。其中原因很多，包括当时认为国内的预制混凝土桩还达不到相应的承载力，灌注桩质量保证措施也没有严格标准。为了赶时间，主要设备的基础桩都从日本进口，造价很高。

使用何种材料，以钢桩和混凝土桩进行比较。钢桩的强度高，相应使用钢材的体量少，但是钢材的价格比混凝土要高很多；混凝土的用量比钢材多很多，但是价格便宜很多。所以要计算单位面积与使用桩材的造价之比，即同样的表面积达到相同的抗压强度与使用材料的造价之比。假设 $K$ 为单位面积的造价系数，则：

$$K = \frac{单位长度造价}{单位长度面积} \tag{8.3-1}$$

$$K_{钢} = \frac{单位长度钢材用量 \times 钢材单价}{单位长度面积} \tag{8.3-2}$$

$$K_{混凝土} = \frac{单位长度价格}{单位长度面积} \tag{8.3-3}$$

式中：$K$——造价系数；

  $K_{钢}$——钢管桩造价系数；

  $K_{混凝土}$——混凝土管桩造价系数。

试以 $\phi 600 \times 10$ 钢管桩、$\phi 600$（110 壁厚）混凝土管桩为例计算其造价系数（假设在相同的地质条件下，满足相同的桩长设计要求）：

（1）钢管桩造价系数计算

钢管桩单位长度用钢量：（$6^2$-$5.8^2$）$\times$ 3.14 $\times$ 7.85 $\times$ 10/4=145.43kg；

钢管桩每米长度表面积：0.6 $\times$ 3.14 $\times$ 1.00=1.884m$^2$；

钢管桩造价系数：取钢管桩单价为 4 元/kg，$K_{钢}$=（145.43 $\times$ 4）/1.884=309 元/m$^2$。

（2）混凝土管桩的造价系数计算

600（110）AB 型混凝土管桩的单位长度价格为 210 元/m，管桩每米的表面积：0.6 $\times$ 3.14 $\times$ 1.00=1.884m$^2$；$K_{混凝土}$=210/1.884=111 元/m$^2$。

（3）计算结果

$$K_{钢}=309 > K_{混凝土}=111$$

$$K_{钢}：K_{混凝土}=309:111=2.78:1$$

说明钢桩的造价约为混凝土管桩造价的 2.78 倍，混凝土管桩具有明显的优势。从计算过程可以看出，钢管桩的用量降低，单价下降，均可降低钢桩造价。若设计要求钢桩壁厚加大，钢桩的造价还要上升。

虽然，钢管桩有重量轻、施工方便、挤土效应低等优点，但是，由于造价高很多，仍然很少使用。当技术上混凝土桩无法替代钢管桩时，只能使用钢管桩。

从以上分析可知，设计确定采用何种材料、何种桩型，已经大部分决定了基桩工程的造价。当然，在后续的几个阶段中，仍然对基桩工程的造价有着相应的影响，只是影响程度会大大降低。

在上述的比较中，没有充分考虑钢管桩与混凝土管桩在强度、质量控制、施工便易性等方面的差异。

将预制桩与灌注桩进行比较时，还要考虑预制桩与一般灌注桩在相同地质条件下，单位面积承载力存在的差异。当采用桩底后注浆工艺时，承载力有了较大的提高，同时要考虑注浆所增加的造价。

准确确定基桩的材质、桩型还要进行其他方面的分析、比选，从使用的满足程度、施工的可行性、简便性等方面全面分析，最终确定相应的桩型。

其他影响基桩工程造价的因素仅对其作一些定性的比较和分析，见表8.3-1。

表 8.3-1　预制桩与灌注桩影响造价主要因素比较表

| 序号 | 比较项目 | 预制桩 | 灌注桩 |
|---|---|---|---|
| 1 | 材料用量 | 工厂制作，质量易于保证，强度较高，节省材料 | 现场灌注，质量控制难度大，相对强度较低，材料消耗量较大 |
| 2 | 工序多少 | 制作、运输、沉桩、接桩、桩顶处理，现场工序相对较少 | 成孔、安装钢筋笼、灌注混凝土、桩底桩周后注浆、桩顶处理，现场工序较多 |
| 3 | 使用机械 | 打桩机：中大型；压桩机：大型 | 钻孔机械：中大型 |
| 4 | 人工消耗量 | 机械化程度更高，人工消耗较少 | 现场工作多，人工含量较多 |
| 5 | 机械消耗量 | 使用的机械：制桩机械、运输起重机械、沉桩机械、接桩机械 | 钻孔机械、起重机械、钢筋加工机械、运输灌注混凝土机械、泥浆制备与处理机械、注浆机械 |
| 6 | 质量保证率 | 质量保证率稍高 | 质量保证率偏低 |
| 7 | 对环境的影响程度 | 挤土，影响周围环境，可能给周围基础造成影响，防挤土需要增加造价 | 泥浆污染环境，处理泥浆费用较高 |
| 8 | 成桩速度 | 现场工序减少，成桩速度较快，时间成本下降 | 现场工序较多，成桩速度较慢，时间成本上升 |

**5. 实施准备阶段的造价管理**

实施准备阶段的主要工作就是确定施工单位，确定工程的合同造价，确定工程的结算方式。一旦上述内容确定，基本上确定了桩基工程的造价。

（1）委托施工的方式选择

实施准备阶段主要是选择合适的施工企业完成桩基施工任务。一般国有投资的项目按照要求实行公开招标，并具有充分的竞争性，这是最好的控制造价的方法。

不需要招标的项目，在充分了解市场信息的基础上，选择信誉好、施工能力强的几家施工企业，进行直接谈判，达到控制造价的目的。

（2）公开招标的注意事项

a. 宜聘请有经验、信誉好的的招标代理公司，挑选服务好、职业道德佳的代理工程师作为项目的代理负责人。

b. 合理确定参与投标的资格条件，不要轻易放弃具有潜在竞争力的投标单位。

c. 招标文件的内容应全面、正确、具有针对性，对施工过程中可能发生的情况全面约定，提交的招标资料应完整，对工程概况的描述、报价要求、报价范围的约定、分项工程工作内容的描述正确，工程变更的约定、政策性变化的约定、不明地质情况的约定、结算规定、合同的主要条款具有针对性。

d. 工程量清单的内容应全面详细，工程特征描述正确，既不能漏项、缺项，工作内容不全；也不能增项，增加工作内容。

e. 若需要设置招标控制价的，应按市场合理设置，避免影响投标的充分合理竞争。

f. 合理设置招标评标办法。招标评标办法具有引导竞争、影响评标结果的重要作用，评标办法的内容、分值设置合理。

**6. 实施阶段的造价管理**

实施阶段主要控制基桩工程的变更、地基的意外情况可能导致的工程造价的变化，针对政策性变化、不可抗力等事件的发生费用的处理。需要施工监理和投资监理合作做得更好。

（1）工程变更的造价控制

工程变更分为建设方提出的工程变更和施工方提出的工程变更。

a. 建设方提出的变更

建设方由于建设方案的变化、设计荷载的调整等非施工方原因引起的变更属于建设方提出的变更。其中即使是设计考虑不周，均应由建设方承担由于变更引起的费用变化。

建设方变更的结果有两种，一种是造价增加，一种是造价减少。一般在招标或合同签订阶段对上述变更的造价如何增减应有明确的规定。投标企业会根据项目信息、自身条件、可能发生的几率等作出调整报价方案，部分费用将作出单独的报价，或将部分费用隐含在有关项目的报价内。因此，第一种处理方案，就是按照合同文件的规定进行处理。一般建设方提出的变更，工程量可以明确计算。第二种处理方案：若在合同中没有明确的约定，发生变更前，先进行谈判，再进行施工。第三种处理方案：有的项目管理差，变更发生后继续施工，等到结算时，再洽谈变更的费用，则可能发生施工单位无法追偿相应的工程造价的情况。因为，目前大多合同中均有明确规定，变更发生后一定时间内应办理相应的书面手续，超过规定时间，作默认已经发生的事实，且不再给予费用的补偿。

b. 不明地质条件引起的变更

很多施工合同，在提供了完整的地质勘察报告、充分踏勘现场、了解周围环境后，明确要求施工企业对施工现场地上地下发生任何情况所处理的费用均包括在工程报价内。所以即使发生了原先意想不到的地质条件，发生的额外费用由施工企业承担。施工企业通常在投标报价的过程中，会考虑部分或全部不明地质条件发生的风险费用。

c. 施工方提出的变更

施工方提出的由于施工原因增加费用的变更，应由施工方自行承担。当施工方提出减少费用的变更，在不影响工程的使用功能、安全、质量的前提下，经设计、建设方认可可以变更，但所降低工程造价获得的效益，建设方可与施工方共享。分成比例由双方协商确定。

（2）政策性变化、不可抗力导致的费用增减

根据合同约定处理政策性变化、不可抗力事件导致的费用增减。

**7. 竣工阶段造价管理**

应按照施工合同、竣工图纸等文件，由投资监理单位审核基桩工程的竣工结算，最终确定桩基工程的竣工造价。

a. 审核原则

以合同、经审核的竣工图纸、有效的工程签证、有关的法律法规为依据，以甲乙双方确认的范围为内容，对竣工结算进行审核。

b. 审核方法

全面逐项审核。工程量应根据竣工图纸、工程签证，逐项计算、逐项核对，审核无误后双方签字确认。

c. 各项措施费、规费、税金等审核

应按照合同规定，属于包干的费用应按照合同费用包干结算，当发生影响措施费包干使用的事件后，视事件对措施费的影响性质，作出增加或扣减的审核意见。按直接费计算的规费、税金应按相应的计费基数进行调整计入。

**8. 使用阶段的造价管理**

根据现在的技术，使用阶段的基本费用是可以预测的。如钢桩，在一般环境中使用的，设计时就要考虑环境对桩的腐蚀作用，所以在强度满足要求的情况下，还要预留厚度，一般在 0.5 ~ 1.0mm，这将增加工程造价；涂刷防腐涂料费用也是工程造价的一部分；在海洋等环境中使用钢桩时，常采用设置阴极保护预防钢桩腐蚀，阴极保护需要在一定的时间进行维护，保证钢桩的正常使用。

很多桩基工程，需要在工程竣工后继续对建筑物的沉降进行观测，验证桩基设计参数的正确性。当经过一定时间的观测，满足预期要求时，可以减少观测或取消观测。但当观

测结果不满足预期要求，如总沉降量大于规范允许值，或差异沉降大于规范规定值时，需要继续观测，直到稳定为止。根据最大沉降或差异沉降值，需要对地基进行新的加固。这属于使用阶段非正常情况，需要进一步检测，分析原因。原则上可以分清勘察原因、设计原因还是施工原因。

处理超规范沉降的费用一般都会大于新建时直接达到规范要求的费用。超规范沉降的原因比较复杂，如果是设计、勘察的原因，由其承担工程加固的费用是比较困难的。所以做好防范工作是非常重要的。如是使用问题，应由使用单位承担责任。若周边或地下施工引起的，应由相应的施工企业或项目建设方负责。

## 参考文献

1. 中华人民共和国国家质量监督检验检疫总局、中华人民共和国国家质量监督检验检疫总局．中华人民共和国国家标准．建筑地基基础工程施工质量验收规范（GB 50202-2002）[S]．中国计划出版社，2002．

2. 上海建筑建材业市场管理总站．建设工程建材与造价咨询（第3期）[J]，2015．

3. 中国建筑标准设计研究院．国家建筑标准设计图集预应力混凝土空心方桩（08SG360）[J]．中国计划出版社，2010．

4. 上海申城建筑设计有限公司．HKFZ/KFZ 先张法预应力混凝土空心方桩（2009沪 G/T-502）[S]．2009．

5. 浙江大学建筑设计研究院．预应力离心混凝土空心方桩（2010浙 G35）[S]．2010．

6. 上海市城乡建设和交通委员会．关于进一步加强本市基坑和桩基工程质量安全管理的通知（〔2012〕沪建交645号）[R]．2012．

# 9

## 基桩工程质量通病与防治要点

# 9 基桩工程质量通病与防治要点

## 9.1 预制桩常见质量通病与防治

### 9.1.1 高强混凝土预应力桩图集中几个问题的探讨

预制先张法预应力高强混凝土桩主要包括 PHC 桩、PHS（HKFZ）桩、后张法预应力钢筋混凝土大管桩等。本节主要对 PHC 桩、PHS（HKFZ）桩的几种情况进行讨论。

**1. 关于桩套箍**

刚开始生产管桩时，经常发现桩端板下面混凝土存在蜂窝、空洞、缝隙等缺陷，给桩身质量造成了严重的危害，使得工厂生产的产品合格率较低。由于制桩程序、技术上的要求，当初难以调配相应级别混凝土进行修补（小面积、深度浅的表面缺陷，需要采用环氧树脂砂浆进行修补），要么就要将该桩降级使用，要么做废桩处理。要收回这些桩的制桩成本，将废桩的成本摊到合格桩中，就会使得合格桩的价格非常昂贵。为了提高桩端质量，引进该项技术的企业，进行了一系列的技术攻关，成品率有所提高，但是仍没有彻底解决。

不知什么时候，PHC 管桩的制桩技术没有什么难度了，制桩企业遍地开花，管桩的合格率都是100%。原来增加了桩套箍！真是一俊遮百丑啊。在没有桩套箍的时候，桩端板以下的混凝土质量一目了然，自从有了桩套箍，桩端板之下的混凝土质量全部是密实的。当然，管桩的混凝土浇筑工艺有了很大的改进。但是，桩套箍这块遮羞布，自从装上以后，就再也没有拿掉过。而且由小到大，由薄变厚。最早的桩套箍钢板厚度为 1.0 ~ 1.5mm，现在的标准图集中为 1.5 ~ 2.3mm。PHS（HKFZ）桩的桩套箍为 1.2 ~ 2.0。

建议取消桩套箍，理由有四：

（1）取消桩套箍后可以直观地观察到桩端板以下的混凝土，当发现混凝土存在蜂窝、空洞等质量问题就可以进行处理。虽然从桩孔内侧可以发现一些大的问题，但是，一些较小但是有害的混凝土缺陷同时被内壁混凝土的表象所遮盖。

（2）随着新型混凝土添加剂的研发，非压蒸养护的 C80、C100 混凝土已经配置成功，甚至有的已经达到 C120。这样即使管桩出现蜂窝、空洞等质量问题也有能力进行快速修补，保证桩端板以下的混凝土是密实的。一般的蜂窝、空洞等质量缺陷，不需要把整根桩都报废了。

（3）取消桩套箍可以节约钢材，降低成本。

（4）取消桩套箍后应在桩接头一定的范围内涂刷防腐涂料。实际上桩套箍的钢板由于厚度薄，很容易腐蚀掉，如果在焊缝上下一定范围内涂上防腐涂料，比桩套箍的防腐效果要好，可以提高桩使用的耐久性。

也许，桩端板后面混凝土的一部分缺陷造成的能力上的缺失，可以由桩套箍承担。但是，应该以保证桩端混凝土的基本质量为前提。

**2. 桩端板及其焊缝**

1992年，国内首次进行 $\phi 800$ 直径的 PHC 管桩生产。PHC 管桩在作为试桩的锚桩时，荷载尚未达到设计荷载的 80% 即被拔断，断裂位置就是在端板部位。实际拉应力远小于桩的极限拉应力。PHC 管桩端板的设计是一个不断实践、不断改进、不断提高的过程，焊缝坡口的形式经过多次"微小"的改进，这种微小的改进对提高焊缝质量却有很大的帮助。如图集中，直径大于 800 的管桩端板焊缝坡口后面增加一个 5mm 的半圆弧，是为了提高桩端板焊接质量而设的。焊缝的高度、宽度随着管桩的直径加大而增大。

而 PHS（HKFZ）桩的图集中端板焊缝的高度和宽度从截面为 300mm×300mm 到 1 000mm×1 000mm 都是一样的。从表面看最大断面的桩其焊缝的拉应力也没有超过焊缝材料的允许拉应力。实际上桩端板焊缝的拉应力仅仅是设计需要考虑的一个方面，预制桩接头的受力、工况均较复杂。建议有关单位对图集中的焊缝参数、端板厚度参数邀请有关焊接、结构方面的专家进行进一步论证。

陆上桩基工程中使用 500mm×500mm 断面以上的桩项目较少，看似发生问题的几率较低，但从使用过 500mm×500mm 断面的空心方桩的项目看，发生问题的概率较高，希望能够引起有关单位足够的重视。

**3. 对先张法预应力混凝土桩接桩焊缝的几点建议**

（1）高度重视接桩焊缝的重要性，应安排具有五级及以上资格的电焊工实施桩接头的焊接工作。

（2）应对桩接头的焊缝性能进行实物力学性能试验，取得相应的试验数据，再对焊缝设计进行优化。

（3）在尚未优化之前，宜对 PHS（HKFZ）空心方桩的进行适当加固，尤其对 450mm×450mm 截面以上的桩接头，在直角位置增加小型角钢，并与上下端板焊接，增加直角部位的连接强度。

（4）对 500mm×500mm 以上截面的 PHS（HKFZ）桩根据其受力大小增加端板厚度，加大焊缝高度，减少桩接头的质量风险。

（5）焊缝焊接后应坚持冷却 8min，方可继续沉桩。

**4. PHC 管桩与 HKFZ 空心方桩用料分析**

（1）混凝土用量

PHC 管桩与 HKFZ 空心方桩混凝土用量比较见表 9.1-1，为了比较方便，将管桩与空心方桩周长相近的规格进行对比。

表 9.1-1　PHC 管桩与 HKFZ 空心方桩周长相近每米体积比较

| PHC 管桩配筋参数 | | | | HKFZ 配筋参数 | | | | 周长差(m) | 体积差(m³) | 单位周长体积差(m³/m) | 单位周长体积差与HKFZ桩单位周长体积百分比 |
|---|---|---|---|---|---|---|---|---|---|---|---|
| 管桩直径(mm) | 空心直径(mm) | 周长(m) | 每米体积(m³) | 方桩边长(mm) | 空心直径(mm) | 周长(m) | 每米体积(m³) | | | | |
| 400 | 210 | 1.256 | 0.0910 | 300 | 130 | 1.2 | 0.0767 | 0.0560 | 0.014 | 0.0085 | 11.07 |
| 450 | 240 | 1.413 | 0.1137 | 350 | 170 | 1.4 | 0.0998 | 0.0130 | 0.014 | 0.0092 | 9.22 |
| 500 | 300 | 1.570 | 0.1256 | 400 | 220 | 1.6 | 0.1220 | −0.0300 | 0.004 | 0.0037 | 3.07 |
| 600 | 380 | 1.884 | 0.1692 | 450 | 260 | 1.8 | 0.1494 | 0.0840 | 0.020 | 0.0068 | 4.56 |
| 700 | 480 | 2.198 | 0.2038 | 500 | 310 | 2.0 | 0.1746 | 0.1980 | 0.029 | 0.0054 | 3.11 |
| 700 | 440 | 2.198 | 0.2327 | 550 | 310 | 2.2 | 0.2271 | −0.0020 | 0.006 | 0.0026 | 1.17 |
| 700 | 480 | 2.198 | 0.2038 | 550 | 350 | 2.2 | 0.2063 | −0.0020 | −0.003 | −0.0011 | −0.52 |
| 800 | 540 | 2.512 | 0.2735 | 600 | 360 | 2.4 | 0.2583 | 0.1120 | 0.015 | 0.0013 | 0.49 |
| 800 | 580 | 2.512 | 0.2383 | 600 | 410 | 2.4 | 0.2280 | 0.1120 | 0.010 | −0.0001 | −0.06 |
| 1 000 | 740 | 3.140 | 0.3551 | 800 | 560 | 3.2 | 0.3938 | −0.0600 | −0.039 | −0.0100 | −2.53 |
| 1 200 | 900 | 3.768 | 0.4946 | 1 000 | 760 | 4 | 0.5466 | −0.2320 | −0.052 | −0.0054 | −0.99 |

（2）桩主筋配筋

各种不同直径的桩主筋配筋参数以周长相近的 AB 型桩为例对比分析列于表 9.1-2。从表中可以看出，相近直径的管桩配筋高于空心方桩的配筋。

表 9.1-2　PHC 管桩与 HKFZ 空心方桩配筋比较

| PHC 管桩配筋参数（AB 型） | | | | HKFZ 空心方桩配筋参数（AB 型） | | | | 配筋面积差(mm²) | PHC 单位周长配筋(mm²/m) | HKFZ 单位周长配筋(mm²/m) | 单位周长配筋差(mm²/m) |
|---|---|---|---|---|---|---|---|---|---|---|---|
| 管桩直径(mm) | 空心直径(mm) | 配筋（根数.直径） | 配筋面积(mm²) | 方桩边长(mm) | 空心直径(mm) | 配筋（根数.直径） | 配筋面积(mm²) | | | | |
| 400 | 210 | 7φ10.7 | 629.1 | 300 | 130 | 8φ9.0 | 508.7 | 120.4 | 0.501 | 0.424 | 0.077 |
| 450 | 240 | — | — | 350 | 170 | 8φ10.7 | 719.0 | | | | |
| 500 | 300 | 11φ10.7 | 988.6 | 400 | 220 | 8φ10.7 | 719.0 | 269.6 | 0.630 | 0.449 | 0.180 |
| 600 | 380 | 14φ10.7 | 1 258.2 | 450 | 260 | 12φ10.7 | 1 078.5 | 179.7 | 0.668 | 0.599 | 0.069 |
| 700 | 480 | 24φ9.0 | 1 526.0 | 500 | 310 | 12φ10.7 | 1 078.5 | 447.5 | 0.694 | 0.539 | 0.155 |
| 700 | 440 | 26φ9.0 | 1 653.2 | 550 | 310 | 16φ10.7 | 1 438.0 | 215.2 | 0.752 | 0.654 | 0.099 |
| 700 | 480 | 24φ9.0 | 1 526.0 | 550 | 350 | 16φ10.7 | 1 438.0 | 86.0 | 0.693 | 0.654 | 0.040 |
| 800 | 580 | 15φ12.6 | 1 869.4 | 600 | 360 | 20φ10.7 | 1 797.5 | 71.9 | 0.744 | 0.749 | −0.005 |
| 800 | 540 | 16φ12.6 | 1 994.0 | 600 | 410 | 20φ10.7 | 1 797.5 | 196.5 | 0.794 | 0.749 | 0.045 |
| 1 000 | 740 | 32φ10.7 | 2 876.0 | 800 | 560 | 32φ10.7 | 2 876.0 | 0.0 | 0.916 | 0.899 | 0.017 |
| 1 200 | 900 | 30φ12.6 | 3 738.8 | 1 000 | 760 | 44φ10.7 | 3 954.5 | −215.7 | 0.992 | 0.989 | 0.004 |

注：（1）表中钢筋配筋面积根据公称直径计算。

　　（2）配筋面积差 =PHC 管桩配筋面积 − HKFZ 空心方桩配筋面积。

　　（3）单位周长配筋差 =PHC 管桩单位周长配筋面积 − HKFZ 空心方桩配筋面积。

（3）箍筋用量

管桩与空心方桩的箍筋用量对比见表 9.1-3。从表中可以看出管桩的箍筋配筋率大于空心方桩。

表 9.1-3　PHC 管桩与 HKFZ 空心方桩筋箍用量比较

| PHC 管桩配筋参数（AB 型） | | | | HKFZ 空心方桩配筋参数（AB 型） | | | |
|---|---|---|---|---|---|---|---|
| 管桩直径（mm） | 空心直径（mm） | 箍筋直径（mm） | 箍筋间距（mm） | 方桩边长（mm） | 空心直径（mm） | 箍筋直径（mm） | 箍筋间距（mm） |
| 400 | 210 | $\phi^b 4$ | 80/45 | 300 | 130 | $\phi^b 4$ | 100/50 |
| 450 | 240 | $\phi^b$ | 80/45 | 350 | 170 | $\phi^b 4$ | 100/50 |
| 500 | 300 | $\phi^b 4$ | 80/45 | 400 | 220 | $\phi^b 4$ | 100/50 |
| 600 | 380 | $\phi^b 4$ | 80/45 | 450 | 260 | $\phi^b 4$ | 100/50 |
| 700 | 480 | $\phi^b 6$ | 80/45 | 500 | 310 | $\phi^b 5$ | 100/50 |
| 700 | 440 | $\phi^b 6$ | 80/45 | 550 | 310 | $\phi^b 5$ | 100/50 |
| 700 | 480 | $\phi^b 6$ | 80/45 | 550 | 350 | $\phi^b 5$ | 100/50 |
| 800 | 540 | $\phi^b 6$ | 80/45 | 600 | 360 | $\phi^b 5$ | 100/50 |
| 800 | 580 | $\phi^b 6$ | 80/45 | 600 | 410 | $\phi^b 5$ | 100/50 |
| 1 000 | 740 | $\phi^b 6$ | 80/45 | 800 | 560 | $\phi^b 6$ | 100/50 |
| 1 200 | 900 | $\phi^b 6$ | 80/45 | 1 000 | 760 | $\phi^b 6$ | 100/50 |

（4）主要受力性能

管桩与空心方桩的主要受力性能见表 9.1-4。

表 9.1-4　管桩与空心方桩主要力学性能表

| PHC 管桩力学性能参数（AB 型） | | | | | HKFZ 力学性能参数（AB 型） | | | | |
|---|---|---|---|---|---|---|---|---|---|
| 管桩直径（mm） | 空心直径（mm） | 桩身轴心受压承载力设计值（未考虑压屈影响）[R]（kN） | 桩身受弯承载力设计值 [M]（kN·m） | 桩身轴心受拉承载力设计值 [N]（kN） | 方桩边长（mm） | 空心直径（mm） | 桩身竖向承载力设计值 Rp（kN） | 极限弯矩 Mu（kN·m） | 桩身结构受拉承载力设计值 N（kN） |
| 400 | 210 | 2 288 | 88 | 536 | 300 | 130 | 1 905 | 78 | 515 |
| 450 | 240 | | | | 350 | 170 | 2 463 | 129 | 724 |
| 500 | 300 | 3 158 | 178 | 842 | 400 | 220 | 3 055 | 153 | 724 |
| 600 | 380 | 4 255 | 281 | 1 071 | 450 | 260 | 3 686 | 255 | 1 085 |
| 700 | 480 | 5 124 | 410 | 1 306 | 500 | 310 | 4 357 | 290 | 1 085 |
| 700 | 440 | 5 850 | 434 | 1 414 | 550 | 310 | 5 658 | 444 | 1 447 |
| 700 | 480 | 5 124 | 410 | 1 306 | 550 | 350 | 5 104 | 445 | 1 447 |
| 800 | 540 | 6 876 | 610 | 1 700 | 600 | 360 | 6 389 | 600 | 1 809 |
| 800 | 580 | 5 992 | 582 | 1 594 | 600 | 410 | 5 582 | 602 | 1 809 |
| 1 000 | 740 | 8 929 | 1 123 | 2 448 | 800 | 560 | 9 703 | 1 350 | 2 894 |
| 1 200 | 900 | 12 434 | 1 781 | 3 188 | 1 000 | 760 | 13 476 | 2 355 | 3 980 |

（5）材料用量与性能的初步分析

a. PHC 管桩与 HKFZ 空心方桩都是利用了高强混凝土这一特性，减少桩身混凝土用量，不降低桩身竖向承载力，两种桩型都可以做到。从理论上讲，围合体积相同的情况下，正圆柱的表面积最小，六面体中以正方体的表面积最小。但正方体的周长比圆柱体的周长大约多 11%。管桩与方桩要达到相同的周长，似乎管桩要消耗更多的材料。其实不然。因为 PHC 管桩的内外都是圆的；空心方桩的外周是方的，但内部是圆的。方桩边长逐渐加大时，空心方桩与周长相近的管桩比，混凝土材料更省的优势逐渐消失。当方桩边长超过 550mm×550mm 后，单位长度空心方桩的体积逐渐大于管桩。详见表 9.1-1。将其体积的差异换算成单位周长体积差更能反映体积与周长的关系。

在起吊运输过程中，方形的截面形式优于圆形。但如起吊运输均能满足要求，方形的优势就没有那么重要了。

从表 9.1-2、表 9.1-3 可以看出管桩的主筋和箍筋配筋均大于空心方桩，从经济的角度看空心方桩比管桩更经济，但受力性能比是相反的。

b. PHC 管桩 A 型的配筋率均低于《混凝土结构设计规范》（GB 50010-2010）9.5.1 条的规定（强制性规定）：受压构件全部纵向钢筋的配筋率不小于 0.7（一般构件 0.6，预应力构件 0.7），AB 型、B 型、C 型均大于规范规定。HKFZ（PHS）空心方桩 A 型桩的配筋率均小于《混凝土结构设计规范》（GB 50010-2010）的规定，其中边长 550mm 以下的桩 AB 型的配筋率均小于规范规定，仅 B 型桩的配筋率大于规范规定。由于多种原因，其中包括配筋率偏低，上海市已于 2012 年 6 月规定禁止使用 A 型桩。所以不是材料越节约越好，是有一定限度的。

通常一般工程中 500mm×500mm 以下的基桩使用较多，目前使用最多的就是 AB 型，因 B 型、C 型桩（PHC）的价格较贵。

### 9.1.2 陆上预制桩施工常见质量通病与防治

**1. 陆上静压桩沉桩常见质量通病的防治**

（1）断桩

现象

压桩过程中或在沉桩后检测时发现桩断裂。

原因分析

a. 桩身质量达不到规范要求，承受压桩力后断裂。

b. 桩接头可能存在端板材质不符合规范要求、使用铸铁端板等问题。

c. 接桩焊缝质量存在缺陷。

d. 焊接后冷却时间不足，马上压桩，桩接头焊缝浸入地下水中，突然冷却，焊缝性能改变。

e. 压桩力过大，大于桩能承受的最大压力。

f. 群桩密度高，挤土效应特别明显，加之桩某一部位比较弱。

g. 桩端碰到孤石等障碍物。

h. 桩身倾斜大，桩身偏心受压等。

i. 桩设计可能存在缺陷。

预防措施

a. 对制桩企业建立信用管理体系，已经发现使用不合格材料，应向社会公布，并加倍抽检其产品，防止不合格产品流入市场。

b. 加强进入现场的成品桩质量检测，防止不合格桩使用，并将不合格桩向社会公布。

c. 加强对现场接桩焊接质量管理，应安排中级以上焊工实施接桩焊接作业，按规范规定进行焊缝质量检测。

d. 焊接后必须冷却 8 分钟方可继续沉桩。

e. 密度较高的群桩，一方面是否可以加大桩径，增加桩长，减少桩数，另一方面根据地质条件，预计可能产生较大的群桩挤土效应的，可采取打设排水板、设置应力释放孔、控制沉桩速率等措施。

f. 沉桩定位时应确保桩垂直度偏差小于规范规定。

g. 摸清地质条件，清除可清除的障碍物。

h. 针对不同的地质条件，可采用不同的成桩工艺。

i. 合理选用桩型及其规格。

治理措施

a. 已经沉毕的桩发现断裂，根据断裂部位，可以采取将断裂部位连接起来的措施，并经试桩（静载试验）后达到设计要求承载力，则可继续使用。

b. 沉桩过程中发现断桩，应立即停止沉桩，分析原因，与设计、勘察等单位共同研究解决方案。

（2）桩位偏差过大

现象

沉桩时发现桩位偏差过大，甚至倾斜，或桩顶已经沉至地面或桩位验收时发现，桩位偏差过大。

原因分析

a. 定位偏差大，测量错误。

b. 定位时倾斜度大于规范规定。

c. 沉桩过程中碰到障碍物，导致桩偏位或倾斜。

d. 先沉桩由于后沉桩挤土导致偏位加大。

预防措施

a. 对于有疑似障碍物的建设场地，应事先进行物探等勘察工作，沉桩前清理障碍物，保证沉桩的顺利进行。

b. 采取措施提高第一节桩的定位正确度，定位时的倾斜度误差应小于规范的允许偏差。

c. 合理安排沉桩顺序、沉桩速度，把挤土效应降到最低，若经估算采取常规性措施后，挤土效应仍然比较明显的场地，应采取进一步的工程措施，有效降低挤土效应后沉桩施工。如释放地基应力、降低孔隙水压力等。

治理方案

一般出现沉桩偏位较大，需要同结构设计人员共同研究，可以在上部结构进行处理的，进行适当的加固措施。当偏位特别大时，需要采取补桩措施，补桩方案需要同结构设计协商确定。

（3）桩尖达不到设计要求的标高

现象

按照设计规定的桩长，压桩至最终桩端未能达到设计规定的标高。

原因分析

a. 桩端持力层强度高，大于设计规定的单桩极限承载力，压桩机的压桩力达到极限，仍无法将桩压至设计标高。

b. 由于地质不均，局部地质勘探钻孔未及之处，持力层顶面较高。

c. 压桩机配重不足，无法将达不到设计要求极限承载力的桩压至设计标高。

预防措施

a. 充分、认真研究地质资料，对基桩持力层有充分认识。若没有当地经验，正式确定基桩参数前应进行试桩，试桩数量应达到相应的比例。当发现进入持力层深度过大、沉桩困难时，应调整桩端进入持力层的深度。

b. 压桩机及其配重应达到设计要求极限承载力的 1.2 倍。压桩时，压桩机对桩最大施加压力不应超过基桩的极限承载力。

治理方案

a. 补充勘探地质情况，确因地质条件无法沉至设计标高的应调整设计桩长。

b. 按设计要求配备压桩机及其配重。

（4）桩尖达到持力层压桩力明显偏小

现象

按照设计要求的桩规格、长度,压桩至设计标高,压桩力仍比基桩设计极限承载力小很多。

原因分析

a. 对地基承载力的判断失误,以致预计的基桩未能达到设计要求的极限承载力。

b. 粘土等软土地基,往往地基的承载力大于沉桩时地基承受的刺破性动摩擦力,等到一定的恢复期后,基桩的承载力会有较大的提高。

预防措施

正式沉桩前应进行试桩,真正了解地基承载力后再确定基桩的设计参数。

治理方案

a. 分析桩端进入持力层的深度,若将桩继续压入持力层有限深度即可达到设计要求的承载力,可将桩复压至相应深度,并将桩顶接长至设计标高。

b. 可对桩端持力层进行开式注浆,提高桩端及桩端以上一定范围内地基承载力,以使基桩达到设计要求的承载力。注浆量可以根据地质条件需要的承载力等因素经试验确定。

（5）桩顶碎裂

现象

送桩时,沉桩贯入量突然加大,基坑开挖后桩顶碎裂。

原因分析

a. 压桩送桩过程中,往往是施工阶段基桩受力最大的时候,由于桩顶不平,桩顶混凝土质量不密实,导致桩顶碎裂。

b. 偏心压桩。

c. 压桩力过大。

预防措施

a. 基桩出厂、进入工地均应进行检查,防止桩顶混凝土不密实的桩出厂使用。

b. 压桩送桩时,应将送桩杆底部、桩顶清理干净,防止桩顶不平,导致局部受力压碎桩顶。

c. 确保送桩杆垂直,避免偏心压桩。

d. 应根据桩身的极限承载力,控制桩身压力,防止桩顶碎裂、断桩。

治理方案

a. 桩端已经进入持力层足够深度,修复桩顶,检测桩身完整性良好的可以使用。

b. 桩端进入持力层深度不足的,应修复桩顶,继续压至设计标高。

c. 当桩端进入持力层不足,且桩顶无法修复继续沉桩的,应与设计研究补桩措施。

（6）桩身裂缝

现象

沉桩过程中桩身出现纵向裂缝。

原因分析

a. 由于压桩力过大，桩身出现纵向裂缝，甚至爆裂破坏。

b. 桩身质量缺陷，导致桩身出现裂缝。

预防措施

a. 按要求控制压桩力，防止压桩力过大。

b. 严格检验基桩质量，防止劣质基桩产品投入使用。

治理方案

a. 截桩，与设计单位研究，在合适的位置补桩。

b. 对基桩进行修补加固，再继续沉桩至设计标高。

（7）桩接头质量不符合设计或规范要求

现象

焊接接桩质量经无损检测，发现焊接质量缺陷。

原因分析

a. 焊工能力差，焊接水平低，没有按照相应的焊接工艺施焊。

b. 现场焊接工况不符合焊接条件，强行施焊。

预防措施

a. 选择中级以上焊工施焊。

b. 根据现场工况、焊接对象情况，编制针对性的焊接工艺，按照经评定的焊接工艺施焊。

治理方案

将存在缺陷的焊缝刨去或打磨掉，重新施焊。

（8）挤土影响

现象

群桩布置的预制桩，随着基桩沉入的增多，地面隆起，先沉桩桩身上浮，桩尖与持力层脱空，致使周边建构筑物基础上浮，路面、管线变形，导致先沉桩桩位偏移。

原因分析

挤土作用，孔隙水消散缓慢，导致地面隆起，桩身上浮，初期承载力下降；影响周边建构筑物、道路、管线的安全。

防治措施

a. 合理布置桩位，尽可能增大桩间距，减少挤土作用。

b. 合理安排沉桩顺序，控制沉桩速率，延缓并降低挤土效应。

c. 采取相应的工程措施，避免挤土影响：开挖防挤沟，设置应力释放孔，打设排水板，预钻孔沉桩等。

d. 改用钻孔灌注桩。

**2. 陆上锤击沉桩的质量通病及其防治**

（1）沉桩偏位过大

现象

沉桩结束或基坑开挖后桩顶偏位大于规范的验收标准。

原因分析

a. 定位偏差大，测量错误。

b. 定位时倾斜度大于规范规定。

c. 沉桩过程中碰到障碍物，导致桩偏位或倾斜。

d. 基坑开挖后，边坡压力致使桩顶偏移。

e. 先沉桩由于后沉桩挤土导致偏位加大。

预防措施

a. 对于有疑似障碍物的建设场地，应事先进行物探等勘察工作，沉桩前清理障碍物，保证沉桩的顺利进行。

b. 采取措施提高第一节桩的定位正确度，定位时的倾斜度误差应小于规范的允许偏差。

c. 合理安排沉桩顺序、沉桩速度，把挤土效应降到最低。若经估算采取常规性措施后，挤土效应仍然比较明显的场地，应采取进一步的工程措施，有效降低挤土效应后沉桩施工，如释放地基应力、降低孔隙水压力等。

d. 应有保证基坑边坡稳定的措施，防止边坡位移致使桩偏位。

治理方案

一般出现沉桩偏位较大，需要同结构设计人员共同研究，可以在上部结构进行处理的，进行适当的加固措施。当偏位特别大时，需要采取补桩措施，补桩方案需要同结构设计协商确定。

（2）桩身裂缝

现象

桩身在沉桩前后可能出现纵向或横向裂缝，有的是贯穿性的。

原因分析

a. 制作或运输过程中产生的裂缝，其中需要区分有害与无害的。无害的就是规范中定义的细微裂纹，深度、长度、宽度都有相应的规定；无害裂纹以外的裂缝就是有害裂缝。

b. 沉桩过程中出现的裂缝。沉桩过程中由于锤击拉、压应力过大可能导致基桩出现横向或纵向裂缝。

预防措施

a. 基桩运至现场后应由施工单位、现场监理工程师或建设单位管理人员逐根验收，发现存在有害裂缝的应进行处理：可修补的裂缝应进行修补，不可修补的应作废桩处理。

b. 合理选用桩锤。锤击沉桩过程中，会产生锤击拉、压应力，当选锤不合理时，沉桩过程中拉压应力比较容易超过桩能承受的应力，导致桩身出现裂缝，因此选择锤击沉桩的桩锤非常重要，必须根据桩型、地质条件、设计要求的承载力等确定。详见有关章节。

治理方案

沉桩过程中出现裂缝，应立即停锤，暂停沉桩，分析裂缝的原因及其危害，经各方研究可以加固继续沉桩的，应先加固，再沉桩，防止断桩造成工程事故。不能加固修复利用的，应进行截桩，并研究补桩方案。

（3）断桩

现象

沉桩过程中或沉桩结束后经检测发现断桩。混凝土预制桩尤其是高强混凝土预制桩在桩接头位置的断桩比例较高。

原因分析

a. 选择的桩型经不住锤击拉压应力的反复作用，导致断裂。

b. 桩身制作质量存在问题，外观无法发现。如桩端板的材质存在问题，桩裙板内的混凝土不密实，钢筋镦头质量存在问题，混凝土拉压强度不达标等。

c. 选择的沉桩桩锤过大，锤击拉压应力大于桩能承受的应力值。

d. 挤土效应，致使桩承受水平挤土力及土体上浮拉拔力，导致桩的薄弱部位断裂。

e. 接头焊缝没有足够的时间冷却就锤击，接头强度较低，易将焊接接头打断。

f. 偏心锤击。

g. 桩接头焊接质量存在缺陷，锤击后焊接缺陷处破坏。

预防措施

a. 合理选用桩型、规格，避免沉桩过程中锤击拉、压应力大于桩身设计的拉压应力值，导致基桩的"天然"缺陷。

b. 加强制桩质量控制，对桩的关键部位材料质量进行抽检，发现厂家弄虚作假的，有关部门应给予严厉制裁。

c. 进一步优化制桩工艺，形成国家标准，在全国推广，不按标准程序制作的基桩应按不合格产品论处。

d. 合理选择桩锤。

e. 锤击沉桩应保持桩、锤、替打在一直线上，防止偏心锤击。

f. 加强桩节质量检测。进一步提高桩节实体质量的检测力度，防止不良产品流入市场。

g. 接桩焊接冷却时间应满足规范规定的时间，不少于 8min。

h. 加强桩接头焊接质量管理，选用优秀焊工，采用经评定合格的焊接工艺，加强焊缝的质量检测，确保焊缝性能达到设计要求。

治理措施

a. 经检测发现桩身断裂的，根据断裂的部位、断裂的具体情况，确定断桩的处理方案。如空心桩，若桩的断裂位置较深，且断裂位置错位较小，或基本没有错位，可以采用先将断裂位置以上的部位重新压入地基，至断裂部位的裂缝最小，再将桩空心内土体清除，断裂位置的上下一定长度范围灌注钢筋混凝土，待强度达到后，再进行承载力试验，到达设计要求方可通过验收。桩的断裂位置较浅，可以直接在桩空心内断裂面以下一定位置起，灌注钢筋混凝土至桩顶。或者直接将断裂部位清除，浇筑相应标号的钢筋混凝土。具体修复方案需要与设计单位研究确定。当断桩位置埋深较深，且严重影响基桩承载力、修复困难的，应采取补桩措施，以满足设计要求的承载力。

b. 若在沉桩过程中发现断桩，应立即停锤，防止事故发生。将地面以上的桩截除，研究采取补桩措施。

（4）桩顶达不到设计要求的标高

现象

由于锤击贯入度小于允许贯入度，总锤击数较多，仍无法将桩送至设计要求的标高。

原因分析

a. 由于土层强度较高，按照正常配置的桩锤，无法将桩送至设计要求的标高。

b. 土层强度正常，由于选择的桩锤能量偏小，无法将桩送至设计要求的标高。

c. 桩顶已经打碎，无法正常锤击将桩送至设计标高。

预防措施

a. 充分研究地质资料，并在已掌握的地质资料的基础上先进行试桩。根据试桩结果调整桩长、桩型设计参数，并作为配备沉桩设备的依据，达到正确选择锤型的目的。

b. 认真地分析、预测、估算地基的挤土效应。试桩和前半部分的桩能够打至设计标高，不等于全部的桩都能顺利地打至设计标高，如何科学合理确定桩端进入持力层的深度是一个相当困难的工作，必须引起勘察、设计、施工等单位高度重视。既要能够顺利地施工，达到设计要求的承载力，还要在满足要求的前提下，经济合理。

c. 合理选择沉桩锤型。

治理方案

a. 截桩，确保后续沉桩的顺利进行。

b. 可以进行试桩，在保证设计承载力、沉降控制要求的情况下，调整桩长，调整停锤标准。

（5）桩身倾斜过大

现象

在沉桩过程中或基桩验收时，发现桩身倾斜过大，不仅影响基桩的承载力，而且有可能已经断桩。

原因分析

a. 桩尖在浅层地基中遇到障碍物，导致倾斜。

b. 定位时倾斜度超过规范标准，随着基桩入土深度的增加，倾斜度加大。

c. 接桩时控制不当，桩在接头位置形成折线，导致桩倾斜。

预防措施

a. 沉桩前对沉桩场地进行探摸，清除浅层障碍物，遇有深层障碍物时，应会同设计单位研究调整桩基设计方案或桩位，避开障碍物的影响。

b. 准确定位，基桩斜度应控制在规范规定之内。

c. 接桩时应保持上下接桩的中心线基本在一条直线上。

治理方案

a. 当桩尖入土深度较浅时，将桩拔出，清除障碍物后，重新定位打桩。

b. 当桩入土深度较深且无法正常拔出时，应视桩的偏位与倾斜情况作出利用或废桩的处理。可以利用的桩，在一定的偏差范围内进行适当校正；按废桩处理的，应将高出地面尚未沉完的桩截除，研究相应的补桩方案。

（6）桩顶碎裂

现象

桩尖进入第一层硬土层或桩尖将要达到设计标高时，桩顶出现严重碎裂，以致无法继续沉桩。

原因分析

a. 设计时没有考虑到工程地质条件、施工机具等因素，混凝土设计强度偏低，或者桩顶钢筋网片不足，主筋距桩顶面距离过小。

b. 桩预制时，混凝土配合比不良，施工控制不严，局部混凝土不密实等。

c. 混凝土养护时间短或养护措施不当，致使钢筋与混凝土在承受冲击荷载时，不能很好地协同工作，桩顶容易严重碎裂。

d. 桩顶面不平，桩顶平面与桩轴线不垂直，桩顶保护层过厚，桩顶端板材质、规格不符合设计要求。

e. 桩顶与桩帽的接触面不平，桩沉入时不垂直，使桩顶面倾斜，造成桩顶面局部受集中应力而破碎。

f. 沉桩时，桩顶未加衬垫或衬垫已损坏未及时更换，使桩顶直接承受冲击荷载。

g. 锤型选择不当。桩锤小，桩顶受打击次数过多，桩顶混凝土容易产生疲劳破坏而打碎；桩锤大，打击力过大，桩顶混凝土承受不了过大的打击力，也会发生碎裂。

h. 桩尖遇到硬土层，锤击应力过大。

i. 偏心锤击。

*预防措施*

a. 严格检查制桩质量，确保桩顶质量与桩身保持一致。

b. 合理选锤，使用桩锤应与桩允许锤击力以及设计要求的承载力相一致。

c. 合理选择锤垫、桩垫材料，并正确使用。

d. 根据承载力要求、工程地质情况，合理选用桩型。

*治理措施*

一旦发生桩顶碎裂，应立即停止沉桩，防止发生沉桩事故。根据桩顶碎裂情况，进行处理。桩尖尚未进入持力层，且桩顶碎裂情况不严重，可使用高强环氧砂浆进行修补，设置好桩垫、锤垫继续沉桩至相应的持力层。桩顶碎裂严重，且未达到持力层，基桩的承载力达不到设计要求的，应采取补桩措施。桩尖已经进入持力层，但深度不足的，桩顶修补困难，可以采取桩尖注浆措施，达到设计要求的承载力及沉降控制标准。

（7）桩接头质量不符合设计或规范要求

*现象*

桩接头的焊缝质量未达到设计或规范要求的质量标准，有的甚至出现焊缝脱开。

*原因分析*

a. 焊工无证上岗，不知道焊接质量标准。

b. 焊缝不饱满，内部存在质量缺陷。

*预防措施*

a. 焊工应持有效证件，在施工监理或建设管理单位备案后方可上岗。

b. 焊缝经隐蔽验收后方可进入下道工序。

*治理方案*

现场检测，不符合要求者返工。

（8）基桩承载力达不到设计要求

现象

基桩的承载力经静载荷试验或大应变试验检测，未能达到设计要求的承载力。

原因分析

a. 地质变化、起伏大，勘察遗漏不明地质条件，地基本身未能达到设计要求。

b. 整个地基达不到设计要求，对地基承载力的判别有误。

c. 沉桩桩锤选择不当，桩尖标高没有达到相应的持力层。

预防措施

a. 地质勘察应全面充分，对资质情况有疑问的施工前应进行补充勘察，充分掌握地质情况。

b. 对不熟悉的地质，应先进行试桩，根据试桩资料最终确定基桩参数。

c. 选择合理桩锤，既要能够穿过中间硬土层，还要保证桩基能够达到相应的承载力。

治理方案

a. 可根据承载力的不足程度、桩尖达到的持力层情况，采用桩尖、桩周、满堂地基注浆的方法提高桩基承载力。

b. 有条件的情况下，可接桩继续沉桩，使桩达到设计要求的承载力。

### 9.1.3 高桩码头工程预制桩常见质量通病与防治

高桩码头工程的基桩施工有其特殊性，施工中碰到的问题与陆上基桩施工有所不同。现将高桩码头工程预制桩常见质量通病与防治措施简述如下。

（1）沉桩偏位过大

现象

沉桩偏位过大，使梁或桩帽包不住桩，顺梁轴线方向梁的跨度与原设计不符。

原因分析

a. 水下有不明障碍物。

b. 土坡滑移，使桩产生位移。

c. 测量错误。

d. 挖泥抓斗过大，挖成一个个深坑，桩尖在陡坡上易滑移，不易掌握桩的准确定位。见图 9.1-1。

e. 偏心锤击。打桩船锚车失灵，走锚移位。

防治措施

a. 沉桩前应对沉桩区域内进行周密调查和施工勘探工作，发现障碍物，应对照桩位设法清除。

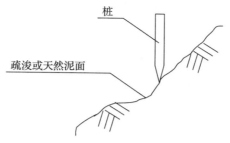

图 9.1-1　桩尖滑移示意图

b. 挖泥坡度不要太陡, 宜采用小抓斗挖, 挖好后过一段时间再打桩。

c. 试桩时应探索在同一区域内沉桩的定位规律, 并在施工中不断总结, 达到正确定位。

d. 对桩位的计算, 应建立计算、校核、复核制度, 在校核、复核时应采用不同的计算、输入方法。

e. 沉桩前应检查打桩船、锚车和其他部位的完好性, 如发现有故障, 应排除后再打桩。

（2）桩身裂缝或断裂

现象

在沉桩过程中发现桩身有横向环形裂缝, 且裂缝达到一定宽度, 有的在锤击过程中桩身完全断裂。

原因分析

a. 桩在运输过程中, 或在预制厂吊运时已有损伤。

b. 沉桩过程中发现桩有偏位时, 进行纠偏, 但实际纠偏量过大造成桩身断裂。

c. 桩尖入土深度较浅, 长细比较大, 桩尖碰到障碍物或硬土层, 俯仰打桩时, 更易断桩。

d. 碰桩。

e. 偏心锤击：预制桩顶不平, 桩身弯曲, 局部拉应力过大；桩架直, 桩身斜；桩身直, 桩架斜；桩长细比大, 桩挠度大；采用两节或多节桩时, 相接的两节桩中心线不在一直线上, 形成折线；替打桩帽过大, 锤、替打、桩中心线不在一直线上。各种偏心锤击现象见图 9.1-2。

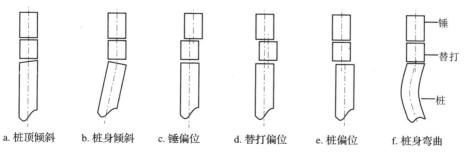

a. 桩顶倾斜　　b. 桩身倾斜　　c. 锤偏位　　d. 替打偏位　　e. 桩偏位　　f. 桩身弯曲

图 9.1-2　偏心锤击各种情况

f. 拉应力过大，如在溜桩过程中锤击，锤型选择不当。

g. 桩身混凝土强度不能满足相应的沉桩要求：地质条件变化起伏大，设计桩身混凝土标号不能满足特殊地质条件下的强度要求；预制桩时混凝土标号未达到设计标号；养护不当，虽到养护期，混凝土强度未达到设计要求。

h. 沉桩过程中，打桩船"走锚"使桩断裂。

*防治措施*

a. 预制钢筋混凝土预应力桩应达到设计强度的 70%、非预应力钢筋混凝土桩达到设计强度的 100% 方能起吊。沉桩时，应达到 100% 设计强度，必要时还应考虑混凝土拉应力也要达到设计强度。

b. 发现桩偏位较大时，只能适量纠偏，不得强行纠偏。尚存偏位应立即会同有关单位商量，能否在上部结构弥补，否则应进行补桩。

c. 对斜桩、斜桩与直桩或新老码头交界处，应画桩位大样图，并计算复核是否相碰，空间位置至少保持 $1.5d$（$d$ 为桩直径或边长）的净距离。

d. 避免偏心锤击，保持桩、替打、锤中心线在一条直线上。

e. 发现桩尖碰到障碍物应立即停止沉桩，进行处理。桩入土较浅时，根据打桩船的起重能力、桩的材质等情况，可以将桩拔出，待排除障碍物或弄清障碍物的具体情况后再打桩；因障碍物的影响，桩的位移情况应及时与设计单位取得联系，以便进行善后处理。桩的入土深度较深，但承载力不能满足设计要求，应进行补桩；补桩位置应与设计单位商定。

f. 合理选择沉桩锤型。主要锤型见第 6 章。部分锤型选择见表 9.1-5。

表 9.1-5　各种情况下锤型选择参考表

| 项目 | | 常用锤型 | MB-40 | MB-70 | MB-80 | D100-13 |
|---|---|---|---|---|---|---|
| 锤型资料 | 锤芯重（t） | | 4.1 | 7.2 | 8.0 | 10.0 |
| | 锤总重（t） | | 10.9 | 21.1 | 21 | 20.6 |
| | 最大冲程（m） | | 2.3 | 2.5 | 2.3 | 3.4 |
| 与锤型相适应的桩断面尺寸（直径或桩边长：cm） | 混凝土 | | $\phi30\sim\phi45$ 30～45 | $\phi60\sim\phi80$ 50～60 | $\phi70\sim\phi100$ 55～60 | $\phi80\sim\phi120$ |
| | 钢 | | $\phi40\sim\phi60$ | $\phi60\sim\phi100$ | $\phi70\sim\phi120$ | $\phi80\sim\phi120$ |
| 可贯穿中密砂夹层的厚度（m） | 混凝土 | | 3.5～5 | 5～10 | 5～10 | 5～15 |
| | 钢 | | 4～10 | 10～15 | 10～15 | 10～25 |

| 项目 | | 常用锤型 | MB-40 | MB-70 | MB-80 | D100-13 |
|---|---|---|---|---|---|---|
| 锤击沉桩时，桩可打入硬土层的能力 | 硬黏土可打入深度（m） | | 5 ~ 8 | 7 ~ 10 | | |
| | 硬塑状亚黏土和中密至密实状砂 | 桩尖所能达到的硬土层 N 值 | 35 ~ 45 击 | ~ 50 击 | | |
| | | 可打入深度（m） | 1.5 ~ 2.5 | 2.5 ~ 3.5 | | |
| | 砾砂或极密砂可打入深度（m） | | 0 ~ 0.5 | 0.5 ~ 1.0 | | |
| | 风化岩 | 桩尖所能达到风化岩的 N 值 | 35 ~ 45 击 | | | |
| | | 可打入深度（m） | 1.0 ~ 2.0 | | | |
| 所用锤型可能达到的极限承载力（kN） | | | 3 000 ~ 5 000 | 4 000 ~ 7 000 | 4 000 ~ 7 000 | 6 000 ~ 12 000 |
| 锤的控制贯入度（cm/10 击） | | | 3.0 ~ 10.0 | 5.0 ~ 15.0 | 6.0 ~ 15.0 | 5.0 ~ 20.0 |

注：（1）本表仅供施工选锤时参考，不能作为确定承载力和控制贯入度的依据。

（2）一般情况宜考虑到 MB-80 锤。

（3）桩身倾斜

现象

桩沉毕后发现桩身倾斜、桩帽歪扭或明显断桩。

原因分析

a. 外来船舶撞击断裂。

b. 直接系缆拉断或被缆绳侧向刮断。

c. 土坡滑移，水平土压力大于桩允许承受的水平力。

d. 斜桩、嵌固点以上桩身自由长度太大，当替打帽脱去后加上水流压力，即可造成桩身裂缝或断裂。

e. 替打帽尚未脱离桩顶就移船，造成桩断裂。

f. 平行斜桩的桩帽尚未固定，上部结构未形成整体，就安装大型预制构件，可能将桩压断或倾斜。见图 9.1-3。

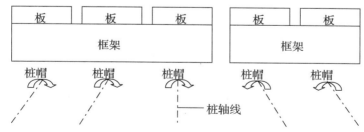

注："⌒" 表示可能产生的位移方向。

图 9.1-3　施工期间结构失稳示意图

预防措施

a. 打好的桩立即设红灯、标杆示警，避免船舶碰撞。

b. 无可靠依据不得在桩或桩帽上系缆。

c. 沉桩前认真分析桩位附近土坡的稳定情况，如有不稳定应采取相应的工程措施，达到稳定后沉桩。

d. 对斜桩的"自立能力"应进行复核，如桩不能自立，应会同设计商量解决，增大桩断面或增加预应力钢筋等。

e. 打桩结束后必须在替打帽脱离桩顶钢筋后，打桩船才能松缆移船。

f. 对一些特殊基桩结构须采取特殊施工工艺，如将桩帽采用有效的临时结构固定等措施。

断桩处理

a. 进行补桩。

b. 如系土坡失稳，致使桩断裂，应采取措施稳定土坡。并与设计单位研究，采取补救措施。

c. 对部分断桩可采取局部加固处理。

（4）桩顶钢筋弯曲断裂

现象

桩顶钢筋弯曲、断落或锚固长度不够。

原因分析

a. 预制桩顶外露钢筋偏位，套桩帽时压弯，以致锤击断落。

b. 桩顶标高低，接桩后主筋未接，不满足锚固长度要求。

c. 为方便桩帽或下横梁钢筋绑扎，人为割断。

防治措施

a. 预制桩时应确保钢筋位置正确。

b. 沉桩时注意钢筋位置，发现稍有弯曲，应将桩顶钢筋调直再打桩。

c. 发现断裂、锚固长度不够，应采用电焊接长到设计要求或规范规定的长度，一般不小于 50cm。

（5）桩顶碎裂

现象

下横梁或桩帽与桩顶连接处，桩顶混凝土劈裂、剥落、甚至露筋，影响桩的耐久性。

原因分析

a. 沉桩时，桩顶碎裂未修补。桩顶碎裂的原因有：偏心锤击；桩顶混凝土强度偏低，混凝土密实度差，正常锤击也会将桩顶打坏；桩垫设置不当，有的桩垫经锤击后，局部会粘在桩帽内，导致沉桩时桩顶不平，受力不均，桩顶很容易被打坏。

b. 桩顶修凿时，将桩凿坏，因底板已经铺设，不认真检查，没有发现。

*防治措施*

a. 因沉桩碎裂，标高低于设计标高，应进行严格的接长修补，修补至无裂缝为准。

b. 凿桩顶时，可先将设计桩顶的标高部位采用铁箍箍住，再进行修凿桩顶，接近桩顶标高时，宜由外向里凿，预防桩顶劈裂。

c. 对已经劈裂的桩，可将低层局部降低，以保证劈裂部分包在梁内。降低部分应低于劈裂下端并不得小于 5cm，一般以 10cm × 10cm 为宜。见图 9.1-4。

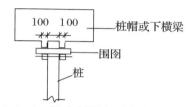

**图 9.1-4　梁底板局部降低标高示意图**

大型、特大型桥梁的水上沉桩质量通病防治可参照水运工程基桩质量通病的防治方法，结合桥梁工程的特点，提出针对性措施。

## 附录

### 关于预制桩群桩挤土效应的简易计算

**1. 沉桩挤土效应的研究进展**

预制桩成桩在基桩工程中具有诸多优点，但也存在一些问题，如预制桩沉桩导致的挤土变形。从 20 世纪 50 年代以来，众多科技人员对之进行了诸多研究。

（1）土体的隆起变形

许多研究者发现桩周土体的隆起量与桩压入土体内的总体积比存在如下关系式：

$$平均隆起量 = \alpha \times \frac{桩的体积}{桩基础所占的面积} \qquad （附9-1）$$

式中　$\alpha$——排土量占整个桩体积的百分比。

Avery & Wilson 于 1950 年测得 $\alpha$ 为 60%；Orrje & Broms 于 1967 年发现钢筋混凝土预制桩在灵敏黏土中的排土量为 30%；Adams & Hanna 于 1971 年发现 H 型钢桩压入较硬的土体时 $\alpha$ 为 100%；Hagerty & Peck 于 1971 年发现不敏感黏土中 $\alpha$ 为 50%。

实测结果表明，对于不同的土体其实测值离散性较大。

（2）近年沉桩孔隙水压力的研究成果

2001 年 jin-Hung、Huang 等人通过一个大尺寸的压入桩试验得出以下结论：

a. 砂性土与黏性土的孔压变化存在差异。

b. 当桩压入孔压仪下方 4 倍桩径时，孔压达到最大。

c. 在砂土中，从桩中心 3 倍的距离，低于地面 6m 的地方，超孔压为上覆应力的 1.5 倍。

d. 在 15 倍桩径之外几乎不存在超孔隙水压力。

（3）邻桩上浮量的估算

a. Hagerty & Peck 于 1971 年根据现场实测，在桩身受力平衡的基础上给出了邻桩上浮量的估计。

b. Chow & The 于 1990 年利用 Sagaseta（1989）的方法得到桩周土体位移场的情况下，采用弹性理论给出了邻桩隆起量的矩阵形式，并分析了隆起量随着桩与土的模量比及长径比的变化规律。

c. Poulos 于 1994 年采用边界元的数值方法，分析了挤土效应造成的轴向力和桩身弯矩，并给出了桩长、桩距、桩数等对其的影响。

d. 樊良本于 1998 年分析打桩抬高的机理，认为打桩挤压的土体位移是邻桩抬高的主要原因，但没有给出桩抬高量的估算方式。

e. 周建等于 2000 年在平面应变条件下，采用圆孔扩张的有限元方法对群桩挤土的效应进行了数值模拟，测得的结果与实测差异较大，但趋势是一致的。

f. 王浩、魏道垛于 2002 年采用数值方法分析表面约束下的沉桩挤土效应问题，讨论了周边环境与沉桩的相互作用对地表隆起及水平位移的情况。

（4）现有文献中减少群桩挤土效应的工程措施

a. 采用预钻孔取土的沉桩工艺。

b. 合理安排沉桩顺序。

c. 控制沉桩速率。

d. 设置排水沙井或塑料排水板。

e. 挖槽或钻孔取土阻隔挤土效应的传递。

f. 提高桩身的极限承载力，适当增加桩长，减少桩数，降低挤土效应。

（5）近年的研究成果

浙江大学2004届罗战友的博士生论文《静压桩挤土效应及施工措施研究》，在前人研究的基础上，运用应变路径法（SPM）法，并对其做了创新和发展，主要的研究解释和结论如下：

a. 采用应变路径法（SPM）需要假定：土体为均匀、各向同性的理想弹—塑性材料；沉桩过程作用于无限空间体中；土体是不可压缩的。

b. 应变路径法没有解决的问题：地表面的自由边界问题；土体不可压缩的问题；管桩及预钻孔的问题；大应变与小应变的问题。

c. 研究者主要解决了以下问题：在小应变假定的情况下，推导了静压单桩挤土位移场的解析解；不同桩长情况下，所得到的位移场变化规律是一致的；开口管桩的内外径及土塞情况对静压沉桩产生的位移场影响较大，同样预钻孔的孔径与孔深也具有类似的规律；从单桩推导出了群桩静压桩的挤土位移场的解析解；群桩情况下理论上迎桩面与背桩面存在一定的差异，迎桩面位移较大，背桩面位移较小；随着桩数的增加，迎桩面的挤土效应将会增强，背桩面的挤土效应将会减弱。

（6）以上研究中存在的问题

a. 研究假定的问题

以上研究均假定土体是各向同性的无限体，无论是从宏观还是微观分析，与实际地质条件差距较大：不同时期形成的各层土体其性质差异较大，土的颗粒、含水量、排水性能均差异较大。

土体的有限压缩性。在沉桩过程中，桩的快速刺入，土体在孔隙水压力的抵抗下，土体压缩较小。实际上土体是可压缩的，埋深较浅的土体其压缩性更大。还要看土质情况分别对待。

b. 工程措施存在的主要问题

已沉预制桩隆起后的治理措施。预制桩隆起后，桩尖与土体之间形成的空隙，对降低预制桩的承载力、增加初期沉降量的影响，学界与工程界均没有引起足够的重视，没有提出相应的工程措施。实际上，在一个基础中部分桩没有发挥桩尖土的承载力，这是一个值得重视的大问题，就像灌注桩桩尖存在沉渣一样。

钻孔取土沉桩施工措施的可行性。钻孔取土的施工工艺可以起到降低挤土效应的目的，但是，增加施工机械和工序，尤其对于需要接长的桩，其施工工序更为复杂，且采用这种工艺施工的基桩，初期承载力较低。交通部第三航务工程局曾做过多次中掘法沉桩试验，还进口了专用设备，但由于效率低、难度大而无法推广。

**2. 预制桩桩身和桩尖的承载力**

预制桩的沉桩是通过外力作用于预制桩桩身，由桩尖挤开土体，克服桩尖和桩周土体阻力，进而将桩沉入地基土。如果偌大一个基础只有一根桩，桩沉毕后，桩周土体基本没有其他因素的扰动，等待一段时间的恢复，桩和土体形成整体，随着上部建筑的逐步形成，桩身荷载的逐步增加，桩周和桩尖土体的承载能力逐步得以体现。随着桩身荷载的不断增加，由于桩身材料的微小压缩以及桩周土体的弹性变形，使得桩尖的承载能力稍滞后于桩身承载能力的发挥。在桩周的土体产生微量变形后，强度较高的桩尖底部土体即可发挥其承载能力，桩尖的持力层也是控制沉降的主要"帮手"。这也是所有桩都要寻找一个合适的持力层的主要原因。

　　但群桩沉桩后，由于受到群桩挤土效应的作用，其桩身会随着桩尖以上土体隆起，桩尖和桩尖部位的土体之间产生缝隙。待桩顶荷载克服桩周土阻力并沉降至缝隙密合，桩尖部位的持力层才发挥作用。若桩顶荷载不是足够大，没有使得桩身沉降达到相应的数值，则桩尖部位的持力层不会发挥作用。

**3. 预制桩的群桩挤土效应**

　　一般工程不可能只有一根桩，很小的工程也会有数十根。根据桩位布置情况，很多工程的基桩都属于群桩布置。预制桩群桩基础就会产生"群桩挤土效应"。

　　群桩的定义：桩间距小于8倍大于3倍桩径、桩数大于等于4根、布置多于2排的一群桩，称为群桩。如果6根桩布置成一排（板桩除外），与我们所称的群桩有所区别。

　　这里所称的群桩有三个条件：

　　（1）桩布置的间距小于等于$8d$（$d$为桩直径或边长，该距离约为由于沉桩引起的空隙水压力降至为零的距离的一半），间距很大，两根桩之间基本没有影响，不是本章研究的群桩对象。

　　（2）桩达到一定的数量。有人认为多于2根桩即为群桩，也许从传递荷载、作用考虑具有一定的群桩效果，但是从挤土效应考察，不是很明显，挤土作用不大。

　　（3）以"群"布置，不是以单排布置。

　　群桩效应：群桩基础受竖向荷载后，由于承台、桩、土的相互作用使其桩侧阻力、桩端阻力、沉降等性状发生变化而与单桩明显不同，承载力往往不等于各单桩承载力之和，称其为群桩效应。

　　群桩挤土效应受土性、桩距、桩数、桩的长径比、桩长、桩径与承台宽度比、成桩方法等多种因素的影响而变化。群桩内的单桩竖向承载力一般小于相同规格、长度、采用相同沉桩工艺成型的独立桩竖向承载力，尤其是预制桩。规范中阐述的群桩效应涵盖了预制桩和就地灌注桩。这里主要研究预制桩的群桩挤土效应。

　　预制桩（无论是挤土桩还是半挤土桩）在沉桩过程中，桩身沉入地基土的同时，将桩身位置的土体全部或部分向四周挤压扩散，产生相应的挤土效应。挤土效应具有叠加作用。后沉的桩对先沉的桩都有相应的挤土效应。但随着距离的增加，挤土效应会相应递减，直至消失。

挤土效应就是沉桩过程中，将桩周土体挤压隆起，当遇有已经沉毕的桩时，桩身随土体作相应的隆起。桩位布置越密挤土效应越明显，在挤土效应的影响范围内，最先沉的桩隆起的高度最大。尤其中间桩先沉，四周的桩后沉。当沉桩顺序具有一定的规律时，桩身会发生偏位倾斜，桩顶是最明显的。见附图 9.1-1、附图 9.1-2、附图 9.1-3。

 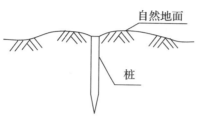 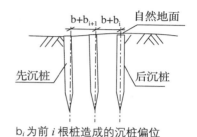

$b_i$ 为前 $i$ 根桩造成的沉桩偏位

附图 9.1-1　单桩沉桩挤土示意图

附图 9.1-2　沉桩后土体隆起示意图

附图 9.1-3　先后沉桩对桩位的影响

沉桩时的挤土量：当沉实心桩时，挤土量就等于沉入土体的桩的体积；沉空心桩时，挤土量基本等于沉入地基桩的体积减去进入桩空心的土的体积。

假如桩周围土体只有一层土，土体的压缩性基本一致（很多研究人员假设土体是不可压缩的），将沉入地基的桩的体积假定为 $V_i$；被沉桩影响的周围的土的体积为 $V$；挤土影响半径为桩长的 $L/2$，桩尖部位的挤土影响近似于零，即一根桩的挤土影响范围相当于以 $L/2$ 桩长为半径的椭球范围内（实际范围会大于该假定范围，假定超出该范围的影响甚微），如附图 9.1-4。

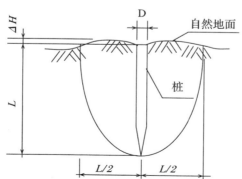

附图 9.1-4　沉桩后土体隆起示意图

假定在沉桩前这个半椭球体的体积近似为 $V_1$，则：

根据椭球的体积公式：

$$V = \frac{1}{2} \times \frac{4}{3} \pi abc \qquad （附 9-2）$$

其中 $a = b = \dfrac{L}{2}$，$c = L$，则：

$$V_1 = \frac{1}{6} \times \pi L^3 \qquad （附 9-3）$$

沉桩后半椭球的体积近似为 $V_2$，则：

$$V_2 = \frac{1}{6} \times \pi L^2 \ (L + \Delta H) \qquad （附 9-4）$$

设桩的体积为 $V_3$，则：

$$V_3 = \frac{1}{4} \times \pi D^2 L \qquad （附 9-5）$$

式中　$D$——桩直径（m）；

　　　$L$——桩长（m）；

　　　$\Delta H$——沉桩后桩周围土体隆起的平均高度（m）。

根据沉桩前后的关系，沉桩前土的体积 $V_1$、沉桩后桩土体积 $V_2$、桩的体积 $V_3$ 存在如下之间的关系：

$$V_1 + V_3 = V_2$$

$$\frac{1}{6} \pi L^3 + \frac{1}{4} \pi D^2 L = \frac{1}{6} \pi L^2 \ (L + \Delta H)$$

则可得到基桩周围土体隆起的高度简易计算公式为：

$$\Delta H = \frac{3D^2}{2L} \qquad （附 9-6）$$

讨论：

（1）如桩为空心桩，桩尖进入土体时会有部分土进入桩空心，则沉桩挤出的土体会有所减少。设土体进入空心的长度为 $L_1$（土体进入桩空心的长度与桩尖的形式有密切的关系，若采用与管桩外径相同的钢桩尖，则进入桩空心的土体大于桩空心体积；一般不建议采用与外径相同的钢桩尖，如采用封闭式桩尖，则桩空心内没有土体），此时的沉桩挤土高度为 $\Delta H_k$，则桩土体积存在下式关系：

$$\frac{1}{6} \pi L^3 + \frac{1}{4} \pi D^2 L - \frac{1}{4} \pi d^2 L_1 = \frac{1}{6} \pi L^2 \ (L + \Delta H_k)$$

则：

$$\Delta H_k = \frac{3}{2L^2} \ (D^2 L - d^2 L_1) \qquad\qquad （附 9-7）$$

按沉桩实测所得，桩空心内的土芯高度一般约为整桩长度的 3/4（设桩端开口），即 $L_1 = 3/4 \ L$，所以：

$$\Delta H_k = \frac{3}{2L} \ (D^2 - \frac{3}{4} d^2) \qquad\qquad （附 9-8）$$

（2）挤土效应的递减。虽然，在地下水位以下，土体内存在着大量的孔隙水。由于水的存在及其体积的不可压缩性，沉桩过程短暂，挤压速度较快，孔隙水来不及排出，随着压力的传递，土体作相应的位移。可以认为土体近似于不可压缩。但从实测数据看，在距离桩中 15D 的位置孔隙水压力近似于零。取 $K_1$ 为距离折减系数。我们以群桩布置常见距离 4 ~ 5d 为一个折减单位，临近第一个折减单位范围内的桩取 $K_1 = 0.9$，其后每增加一个单位 $K_1$ 减小 0.30。则：

$$\Delta H_k = \frac{3K_1}{2L} \ (D^2 - \frac{3}{4} d^2) \qquad\qquad （附 9-9）$$

（3）土体的压缩性。桩沉入地基时，无论是实心桩还是空心桩壁，均以碌形向地基刺入，速度虽然较快，且有孔隙水作支撑，但压力大，土体仍然有一定的塑性变形。考虑部分自由水的排出，沉桩期间，桩排出部分的土体压缩率 $K_2$ 约为 70％。则沉桩挤土高度为 $\Delta H_k$ 修正为：

$$\Delta H_k = \frac{21K_1}{20L} \ (D^2 - \frac{3}{4} d^2) \qquad\qquad （附 9-10）$$

当有一群 n 根桩时，算出 n 根桩的叠加挤土效应，可以计算出 n 根桩沉毕后地面的隆起高度：

$$\sum_{i=1}^{n} \Delta H_k = \frac{21K_1}{20L} \ (D^2 - \frac{3}{4} d^2) \qquad\qquad （附 9-11）$$

式中　$n$ ——对某一点有效影响的桩数。取 1/2 桩长为半径范围内的桩数，且挤土效应递减；

　　　$d$ ——空心桩的内径（m）；

　　　$K_1$ ——挤土效应递减系数。

挤土效应的计算举例：

如附图 9.1-5 沉桩顺序自 2 号桩开始，按逐排逐根向后退行的顺序沉桩。地质条件见附表 9.1-2。

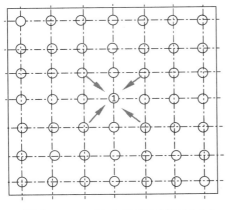

附图 9.1-5　挤土效应示意图（1）

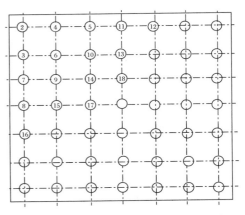

附图 9.1-6　挤土效应示意图（2）

### 附表 9.1-2　分层地质资料简况表

| 序号 | 土层编号 | 土层名称 | 土层厚度（m） | 含水量（%） | 压缩系数 |
|---|---|---|---|---|---|
| 1 | ① | 素填土 | 0.6 | 26.5 | 0.48 |
| 2 | ② | 灰黄 - 兰灰色粉质黏土 | 2.6 | 32.5 | 0.4 |
| 3 | ③ | 灰色淤泥质粉质黏土 | 7.1 | 35 | 0.67 |
| 4 | ④ | 灰色黏土 | 6.0 | 43.5 | 0.86 |
| 5 | ⑤ | 灰色黏土 | 6.0 | 48.5 | 0.81 |
| 6 | ⑥ | 暗绿色粉质黏土 | 2.7 | 25 | 0.25 |
| 7 | ⑦1 | 灰黄色粉质黏土 | 5.0 | 26.5 | 0.14 |
| 8 | ⑦2 | 灰黄 - 灰色粉砂 | ≮ 10 | 23 | 0.12 |

桩长为 30m，假定桩顶标高与原地面标高一致；桩径为 500mm，桩间距为 2m，总桩数为 49 根。按图 9.1-5 所示的基桩布置形式，按挤土影响范围为 $l/2$ =30/2=15m，对 2 号桩具有挤土影响的桩数约为 17 根，2 号桩周围的挤土隆起标高计算见附表 9.1-3。

### 附表 9.1-3　桩周围挤土隆起高度计算表

| $L$（m） | $D$（m） | $d$（m） | $D^2-0.75d^2$ | $K_1$ | $\Delta H_k$（m） | 桩数 $n$ | $n\Delta H_k$（m） |
|---|---|---|---|---|---|---|---|
| 30 | 0.6 | 0.38 | 0.2517 | 0.9 | 0.0079 | 2 | 0.016 |
| 30 | 0.6 | 0.38 | 0.2517 | 0.6 | 0.0053 | 6 | 0.032 |
| 30 | 0.6 | 0.38 | 0.2517 | 0.3 | 0.0026 | 9 | 0.024 |
| $\Sigma$ | | | | | | | 0.071 |

挤土效应主要是非常有害的副作用。如果说挤土后可以提高承载力的话，那也是在计算之外的、被忽略的。

挤土效应会造成施工基桩周边其他地基的破坏，会使先沉桩挤拔上提，有时其作用力非常大。桩在土体中受挤压上拔，桩的薄弱部位可能被拔断，如桩的接头，PC、PHC、PHS等桩，其接头部位是一个相对薄弱的部位。在工程实践中有很多这样的实例。

桩被挤压上拔的另一个副作用就像一个人在拥挤的人群中，往往被挤得脚不着地。预制桩刚被沉入地基时，桩尖与桩尖部位的土体基本是紧密贴合的，当被后沉桩挤压上拔后，在桩的整体性完好时，桩尖就像被挤的人一样（脚不着地），桩尖和土体脱开，见附图9.1-7。虽然桩尖部位的土体会反弹，但是其直接的承载能力大大降低。

挤土效应的递增与递减。在挤土效应的有效范围内（约为桩长的半径），随着桩数的增加，挤土效应逐渐递增；随着桩位的远离，挤土效应逐渐减弱，挤土效应随着距离的增大逐渐减弱为零；当挤土效应达到峰值后，随着时间的推移，土体隆起的值会逐渐减小。由于土体的挤密，基桩隆起的标高不会完全消除。

附图9.1-7表示沉桩顺序从中间1号桩开始向四周逐根沉桩，所以1号桩的受到的挤土效应最大，图中箭头仅表示了其他桩一个方向对1号桩的作用。

附图9.1-6表示从2号桩开始按序号依次沉桩，开始时2号桩受到的挤土效应最明显，随着沉桩位置向后推移，挤土效应最大的桩位有所改变，且还存在先沉桩向2号桩方向位移的趋势。

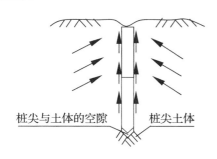

附图9.1-7　挤土效应下桩受力状

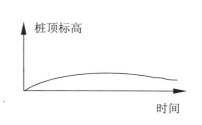

附图9.1-8　群桩挤土效应下桩顶标高随时间变化曲线

以群桩中最先沉的一根桩为例，当后沉桩的挤土效应使其整体上升，后沉桩的桩位逐渐远离时，先沉的桩在地基土体内附加应力、孔隙水压力逐渐消除，隆起的土体会慢慢的沉降。由于地基内桩体的加入，隆起的土体不可能恢复到原有的标高，桩顶的标高也不会恢复到原有的标高。曾经对江南造船厂2#船台水上部分的预制预应力钢筋混凝土大头桩项目实测桩顶标高的观测结果证实了上述结论。桩顶标高变化见附图 9.1-8。桩顶标高的变化曲线的曲率与桩型、桩位布置形式、桩间距、沉桩速率、地质条件等有关。

### 4. 群桩挤土效应的副作用

群桩挤土效应直观的作用是将土体挤密，部分提高地基的承载力。但是，按照基本建设程序，先试桩，再确定基桩的单桩承载力。试桩时，由于试桩数量少，试桩受到的挤土效应不是很明显。因此，一般基桩设计不会考虑因土体挤密提高桩的承载力。但是，群桩挤土产生的有害作用是非常明显的：

（1）在挤土效应的作用范围内，土体挤密、地面隆起，导致周围管线、建筑或构筑物基础变形，产生不均应沉降，严重的达到破坏的程度。

（2）在土体挤密、地面隆起的过程中，已经沉毕的桩受到土体隆起的上拔力，轻者，桩整体上浮，降低桩尖的承载能力；重者，桩的缺陷位置可能会被拉断、错位。

（3）正常情况下，一个基桩工程的前半部分沉桩会比较顺利，后半部分由于挤土作用，土体比较密实，尤其桩尖持力层的土体密实度提高，使得后半部分的部分桩在沉至设计持力层时，按正常压力或使用相应的锤型，不能沉至设计标高，有的高出自然地面，必须截桩以后方可继续，而设计不能马上确定，导致工程暂停。

### 5. 群桩挤土效应的应对措施

群桩的挤土效应所产生的副作用，既难于消除又不能利用（目前的技术）。为了降低挤土效应所产生的副作用，许多工程技术人员潜心研究，提出了很多解决方案，或者沉桩效率太低、或者降低了基桩的承载力，或者效果不明显、或者沉桩作业环境差。如中掘法、预钻孔法、水冲法等，效果都不理想。群桩挤土效应对基桩承载力的影响比较复杂，至于群桩效应如何修正基桩的承载力，暂不讨论。

（1）对周围环境影响的预防措施

a. 改变成桩工艺。当周围环境复杂，需要保护的管线多、距离沉桩位置较近，或者桩基础周围有需要重点保护的建（构）筑物，被保护的建（构）筑物结构性能较差、建造年代比较久远，应采用钻孔灌注桩作为基桩的首选桩型；当结构需要采用预制桩，工程造价不受限制，可以采用钢管桩。不应采用预制混凝土桩、PHC 管桩、PHS 空心方桩等预制混凝土桩。若采用预钻孔措施，其工程造价并不能降低。

b. 部分降低群桩挤土作用。当周围环境简单，需要保护的管线较少、管径小，距离较远（最近的桩距离需要保护的管线大于 $0.5L$，$L$ 为桩长）基本没有需要保护的建筑或构筑物，可以选用预制混凝土桩。但是，只要在 L 为半径的范围内有需要保护的管线或建（构）筑物，需要采取以下措施：

按有关规定对需要保护的管线及建（构）筑物设置观测点，在沉桩期间及其沉桩之后的一定时间内进行观测，动态掌握被观测管线或建（构）筑物的沉降位移情况，根据观测结果及时采取相应的措施；设置应力释放孔，其位置、深度、密度、孔径等参数应视沉桩具体情况确定；选择合适的沉桩顺序，不同的沉桩顺序，产生的挤土效应也不同，合适的沉桩顺序是避免沉桩挤土效应产生不良后果比较有效且廉价的方法；控制沉桩速率，沉桩速率过快，挤压土体的速度快，土体孔隙水压力上升快，前一根桩的孔隙水压力还未消除，后一根桩的孔隙水压力紧跟而来，叠加的作用就明显，沉桩速率放缓，降低孔隙水压力的叠加作用，土体挤压隆起的作用就会降低；设置一定深度的防挤沟，可降低浅层的挤土效应。

（2）对已沉桩上浮的防治措施

土体隆起势必导致已沉桩上浮，上浮量与土体的隆起量存在一定的关系。桩尖进入硬土层较深的桩上浮量较小，进入硬土层较浅的上浮量较大，据以往研究人员的研究成果，桩的上浮量约为土体隆起量的 40% ~ 80%。

a. 防止预制桩上浮，首先从设计方案上考虑。选择合适的桩型、桩位布置形式，充分发挥桩身的承载力，适当拉大桩间距，减小沉桩时相互间的挤土作用。这项工作应该先从设计、试桩开始。

b. 在条件允许的情况下，可以对已沉桩进行复打、复压。但是，间隔时间不宜过长，最好不要超过几小时。几小时之内周边有挤土影响的桩还没有沉完，所以这种复压意义不是很大。间隔时间加长，桩周土体承载力提高，使用原有的压桩、打桩设备，压不动、打不下。需要调整压桩机配重或更换打桩桩锤，给施工增加相应的工作量或困难，甚至超过桩身的承载能力。复打的另一个重要条件是，基础埋深较浅。但是一般的基础埋深都在两m以上，桩孔回填以后，要重新将桩顶挖出，才能复打、复压，或者大开挖以后，打、压桩机落坑施工，这也是一个相当麻烦的过程，不仅增加较大的工作量，而且增加基坑的安全风险，是一个不宜选择的方案。

c. 预制桩桩尖后注浆工艺。预制桩桩尖后注浆工艺操作简单、施工方便、效果明显。基桩预制或沉桩时在桩身或桩的一定部位安装注浆管道，管道的端部超出桩尖一定长度，每节桩接桩时必须将注浆管道完好地连接起来，待桩沉毕，桩顶挖出后，将桩顶的管道与注浆泵连接，往桩尖注入一定数量和配比的水泥浆液。注浆管一般设置两根，注浆时至少有一根达到相应的注浆量。注浆量的多少应根据桩径大小、地质条件确定。经后注浆处理后的桩尖，可以大大提高桩尖的承载力，达到与灌注桩后注浆同样的效果。预制桩后注浆是一项尚待开发、前途光明的应用技术。

d. 加强桩身完整性检测。某工程项目中曾使用 PHS 桩。桩断面有 500mm × 500mm、

400mm × 400mm 等,经基坑开挖后检测,发现 500mm × 500mm 断面的桩存在较多Ⅲ、Ⅳ类桩。这引起了各方的高度关注,对所有 500mm × 500mm 断面的桩进行全部检测,并采用桩孔内摄像技术做进一步检测,发现多数桩在上部第一节桩与第二节桩的接头部位出现断裂,有的是端板与混凝土脱开,有的是端板与端板断开。总的Ⅲ、Ⅳ类桩约占同规格桩的 65%。因此,预制桩桩身完整性检测是一项非常重要的基桩检测措施。

（3）沉桩时达不到设计标高的防治措施

由于挤土效应,使得地基土逐步挤密。持力层的土质具有较高的密实度,被基桩挤密后,其密实度更高。因此,按照事先勘察报告所列资料进行施工设计配备的沉桩机械,如压桩机的配重、锤击桩机的锤型,可能会不能满足后期沉桩的需要。施工单位为了抓紧时间继续沉桩,这时,桩顶标高将会达不到原设计的桩顶标高。

如前所述,先期试桩时沉的桩,由于桩数少,挤土效应相当有限,沉桩难度较小。也有很多项目不是先试桩,而是工程桩打完后,抽其中的几根做试桩。这种情况,到后期沉桩达不到设计标高,给设计人员带来了困扰:同一个建筑,地质条件比较均匀,先期沉的桩进入持力层比较深,如果为了顺利沉桩,缩短桩长,提高桩尖标高,使得同一建筑的桩尖标高进入持力层的深度不一样,有可能造成不均匀沉降,这样的后果是非常严重的。所以到后期再让设计人员修改桩长就非常困难了。为了防止这种被动局面,宜采取以下措施加以防范:

a. 采用预制桩桩尖后注浆工艺。采用预制桩后注浆工艺可以相应缩短桩长,减少桩尖进入持力层的长度,又不降低基桩的承载力。这样可以大大提高基桩的可沉性。开工前应对后注浆工艺的基桩进行全面试桩,根据桩身的极限承载力测试地基的极限承载力,就是要测试到地基的破坏前的承载力。宜利用不同桩长测试基桩进入持力层不同深度时的承载力、沉降量、回弹量等参数,科学合理地确定桩长。当持力层为密实砂层的时候,桩尖进入持力层的深度不宜过长,否则当采用预制桩时,后期沉桩将会异常困难,难于达到设计要求的标高。采用后注浆工艺,可以事先有的放矢地缩短桩长,使桩尖处于同一持力层标高,减少基桩的不均匀沉降。

b. 必须根据持力层层面标高的变化调整桩长。有的施工单位为了制桩、施工管理上的方便,即使在持力层层面标高有变化甚至变化较大的情况下,仍要求统一桩长,这是很不明智的做法。一般的设计不会同意。也有强势的施工企业要求设计修改,设计作出让步。这样,在持力层层面标高较高的情况下,沉桩就会相当困难,这时又会要求设计缩短桩长。

c. 重视周围类似项目的沉桩情况、资料的分析,再通过试桩进行验证,根据具体情况作出相应的应对措施。

d. 发现沉桩困难，就要充分研究地质资料，及早解决可能沉不下的问题。当桩尖进入较密实砂土 2.5m 以上的基桩，沉桩发生困难时，宜补钻土层原状孔，进一步摸清地质情况，为是否调整桩长提供新的证据。

**6. 预制桩群桩挤土效应需进一步研究的问题**

本附录对预制桩群桩挤土效应提出了一个粗略的估算方法，虽然简单，但使用方便，也有部分工程实测数据可以证实，但其理论不够完善，还有较多的影响因素没有考虑，没有验证其精确性。如不同地质条件的挤土规律，土体隆起后对基桩本身的影响程度，土体隆起后的恢复量等；另群桩挤土效应是否有利用的价值尚待探索。希望广大一线工程技术人员收集相关资料，进一步研究预制桩群桩挤土效应的相应规律，为工程建设服务。

# 9.2 就地灌注桩常见质量通病与防治

## 9.2.1 钻孔灌注桩质量通病与防治

（1）坍孔

现象

在钻孔灌注桩成孔至灌注混凝土过程中，如果钻孔内水位突然下降，孔口冒细密的水泡，就表示可能已坍孔。此时，出渣量显著增加而不见钻头进尺，但钻机负荷显著增加，泥浆泵压力突然上升，甚至造成憋泵。一旦坍孔，钻孔便无法正常进行，易造成掉钻、埋钻事故。

清孔、安装钢筋笼等过程中，发现孔壁坍塌，有的导致钢筋笼无法安装，孔底沉渣加厚。

成因分析

a. 地质疏松或遇砂层，泥浆性能未达到护壁的要求，泥浆比重小，粘度低，未采用膨润土造浆。

b. 钻进速度过快。

c. 孔内泥浆液面过低，几乎完全没有护壁效果。

d. 孔内外水头差过大，孔外水突然涌入。

防治措施

a. 在松散粉砂土或流砂中钻孔时，应选用较大比重、粘度的泥浆。应根据施工当地的地质条件，一般可选用优质黄泥、黏土等制作泥浆，要求泥浆中不得含有砂石等杂质，泥浆的护壁性能良好。并放慢进尺速度（钻孔进尺的平均速度一般控制在 6 ~ 7m/h 为宜），也可投入黏土，低锤冲击，将粘土膏挤入孔壁稳定孔壁。

b. 根据不同地质，调整泥浆比重。泥浆应具有足够的稠度。在水上施工时，确保孔内外水位差不大于 0.14H（H 水深），维护孔壁稳定。钻进时泥浆的比重宜控制在 1.25 ~ 1.30 左右，泥浆池的体积应设置为不少于单桩井孔体积的 2 倍。实践证明，高质充足的优质泥浆是确保钻孔灌注桩成孔施工质量的关键之一。钻进桩孔上段 6 ~ 7m 时，可不必向井孔内输入高压水，让钻渣自然形成浓稠的低质泥浆护壁，特别是护住护筒底脚处的井壁（这一位置最易坍塌）。

c. 清孔时应指定专人负责补水，保证钻孔内必要的水头高度，中段 6 ~ 7m 可输入高压水承压清孔，下段 6 ~ 7m 输入黄泥浆，如此做法，既有效地保证了施工质量，又节省了费用较高的泥浆用量。

d. 发生孔口坍塌时，可立即拆除护筒并回填钻孔，重新埋设护筒再钻。坍孔部位不深时，可用深埋护筒法，将护筒周围土夯填密实重新钻孔。

e. 发生孔内坍塌时，判明坍塌位置，回填砂和粘土（或砂砾和黄土）混合物到坍孔处以上 1 ~ 2m。如坍孔严重时应全部回填，待回填物沉积密实后再进行钻进。

f. 每根桩开孔前，应全面检查钻机设备、混凝土供应情况、钢筋笼的制作情况，确保准备工作充分到位，一旦开钻应一鼓作气，直至混凝土浇筑完成，避免中途停钻、等待钢筋笼安装、等待浇筑混凝土等，导致成孔时间过久而塌孔。

（2）钻孔偏斜

现象

现场钻成的桩孔，垂直桩不竖直、斜桩斜度不符合要求的标准或桩位偏离设计桩位等称为钻孔偏斜。钻孔偏斜会使灌注桩施工时钢筋笼难吊入，或造成桩的承载力小于设计要求。

原因分析

a. 钻孔中遇有较大孤石或探头石、地下障碍物等。

b. 在有倾斜度的软硬地层交界处，岩面倾斜处钻进，或在粒径大小悬殊的卵石层中钻进，钻头受力不均。

c. 扩孔较大处，钻头摆动偏向一方。

d. 钻机底座未安置水平或产生不均匀沉陷。

e. 钻杆弯曲，接头不正。

防治措施

a. 安装钻机时要使用转盘，底座水平，起重滑轮轮轴、固定钻杆的卡孔和护筒中心三者在一条竖直线上，并经常检查校正。

b. 由于主动钻杆较长，转动时上部摆动过大，必须在钻架上增设导向架，控制钻杆上的提引水笼头，使其沿导向架向中钻进。

c. 钻杆、接头应逐个检查，及时调正。主动钻杆弯曲，要用千斤顶进行调直，使其保持平直，或更换平直的钻杆。

d. 在有倾斜的软硬地层中钻进时，应吊着钻杆控制进尺，低速钻进。或回填片石、卵石冲平后再钻。当发现倾斜的岩层较硬，斜度较大，钻进特别困难时，宜改变成孔工艺，如采用冲孔成孔等方式。

e. 在偏斜处吊住钻头上下反复扫孔，使孔正直。

f. 偏斜严重时应回填砂粘土到偏斜处，待沉积密实后再继续钻进，也可以在开始偏斜处设置少量炸药（少于 1kg）爆破，然后用砂石和砂砾石回填到该位置以上 1m 左右，重新冲钻。

（3）缩孔

现象

孔径小于设计孔径的现象称为缩孔，有的地区也叫缩颈。缩孔产生钢筋笼的混凝土保护层过小及降低桩承载力的质量问题，严重的导致钢筋笼无法安装。

原因分析

a. 钻具焊补不及时，严重磨损的钻锥往往钻出比设计桩径稍小的孔。

b. 钻进地层中有软塑土，遇水膨胀后使孔径缩小。

c. 塌孔往往带来缩颈的后果。

防治措施

a. 经常检查钻具尺寸，及时补焊或更换钻齿。有软塑土时，采用失水率小的优质泥浆护壁。

b. 采用钻具上、下反复扫孔的方法来扩大孔径。

c. 见坍孔的相应防治措施。

（4）掉钻、卡钻和埋钻

现象

钻头被卡住为卡钻，钻头脱开钻杆掉入孔内为掉钻，钻头被埋入桩孔无法拔出，则为埋钻。出现上述现象影响钻孔正常进行，延误工期，造成人力和财力的浪费。

原因分析

a. 冲击钻孔时钻头旋转不匀，产生梅花形孔。或孔内有探头石等障碍物均能发生卡钻。倾斜长护筒下端被钻头撞击变形及钻头倾倒，也可能发生卡钻。

b. 卡钻时强提、强扭，使钻杆、钢丝绳断裂；钻杆接头不良、滑丝；电机接线错误，使不能反转的钻杆松脱，钻杆、钢丝绳、联结装置磨损，未及时更换等均有可能造成掉钻事故。

c. 掉钻后打捞造成坍孔为埋钻。有时由于钻机及起重系统出现问题而较长时间静止不动，严重的也会出现埋钻现象。

防治措施

a. 经常检查转向装置，保证灵活；经常检查钻杆、钢丝绳及联结装置的磨损情况，及时更换磨损件，防止掉钻。

b. 用低冲程时，隔一段时间要更换高一些的冲程，使冲锥有足够的转动时间，避免形成梅花孔而卡钻。

c. 对于卡钻，不宜强提，只宜轻提钻头。如轻提不动时，可用小冲击钻冲击，或用冲、吸的方法将钻头周围的钻渣松动后再提出。

d. 对于掉钻，宜迅速用打捞叉、钩、绳套等工具打捞。

e. 对于埋钻，较轻的是糊钻，此时应对泥浆稠度、钻渣、进出口、钻杆内径大小、排渣设备进行检查、计算，并控制适当的进尺。若已严重糊钻，应停钻提出钻头，清除钻渣，冲击钻糊钻时，应减小冲程，降低泥浆稠度，并在粘土层上回填部分砂、砾石。如是坍孔或其他原因造成的埋钻，应使用空气吸泥机吸走埋钻的泥砂，提出钻头。

f. 与设计单位研究，原孔回填，修改桩位，重新钻孔。

（5）护筒冒水、钻孔漏浆

现象

护筒外壁冒水，护筒刃脚或钻孔壁向孔外漏泥浆的现象称为护筒冒水、钻孔漏浆。一旦漏浆，护筒内承压水头高并得不到保障，易引发坍孔，也会造成护筒倾斜、位移及周围地面下沉。

原因分析

a. 护筒埋设太浅，周围填土不密实或护筒的接缝不严密，在护筒刃脚或其接缝处产生漏水。

b. 钻头起落时，碰撞护筒，造成漏水。

c. 钻孔中遇有透水性强或地下水流动的地层。

d. 护筒内水位过高。

e. 在有明水环境下成孔，护筒内外水位差过大。

防治措施

a. 埋设护筒时，护筒四周土要分层夯实，应选择含水量适当的粘土。外护筒一般采用钢制护筒，内径比设计桩径大 100mm 左右为宜，其主要作用是固定桩位，控制孔口有一定的水头，避免孔口塌陷，不穿孔。在旱地上埋设外护筒一般采用挖埋法。埋置深度以进入硬土或原状土 1m 以上为宜，并在护筒周围对称地、均匀地回填粘土（根据当地地质条件，也可选用黄土等），要分层回填夯实，以达到密实状态。在水中埋设护筒可采用振动加压下沉法，护筒底应下沉至硬土 1m 左右，否则易坍塌、穿孔，护筒口的标高应根据环境水位变化、波浪情况，高出高水位 0.5 ~ 1.0m。

b. 起落钻头，要注意对中，避免碰撞护筒。

c. 有钻孔漏浆相应情况时，可增加护筒埋置深度，采取加大泥浆比重，倒入粘土慢速转动。用冲击法钻孔时，还可填入片石、碎卵石土，反复冲击增强护壁。

d. 适当控制护筒的水位。施工中，严格控制好护筒内水位，一般情况下，护筒内外的水位差应控制在 0.15H（H 为护筒外的水深）。筒内水头过高易从护筒底脚处产生孔管现象，导致泥浆或灌注的混凝土外泄；水头过低又会减弱井孔内的水压外渗护壁作用，甚至产生反渗现象。

e. 护筒刃脚冒水，可用粘土在周围填实、加固。如护筒接缝漏水，应将护筒拔出修补，重新填埋护筒，确保护筒不再漏水。

f. 如护筒严重下沉、位移，则应返工重埋护筒。

g. 钻孔孔壁漏水，可倒入粘土或黄土，间隔一定时间，得到适当固结后继续钻孔。

（6）清孔后孔底沉渣超厚

现象

灌注混凝土前，桩孔孔底沉渣厚度超出设计文件或规范规定，导致桩长达不到设计要求，或桩尖承载力达不到要求，易引起桩身混凝土产生夹泥，甚至发生断桩。如只用掏渣法清孔，或采用喷射清孔法，或用加深孔底深度的方法代替清渣，会导致清孔后孔底沉淀超厚。清孔的目的是抽、换孔内泥浆，降低孔内水的泥浆相对密度。掏渣法、喷射法及加深孔底均未达到清孔的目的，不仅使桩尖承载力降低；且易引起桩身混凝土产生夹泥或有灰层，甚至发生断桩。

原因分析

a. 掏渣法清孔只能去除孔底粗粒钻渣，不能降低泥浆的相对密度，灌注混凝土时，会有部分泥浆成分沉淀至孔底使桩尖沉淀层加厚。

b. 喷射清孔时，射水（或射风）的压力过大易引起坍孔，压力过小，又不能有效翻动孔底沉淀物。

c. 加深孔底不能降低孔内水中泥浆的相对密度，同时，加深孔底增加的承载力不能补偿未清孔造成的承载力损失。

d. 一清不到位，二清间隔时间过长，包括安装钢筋笼的时间过长等，二清结束时的泥浆比重过大。

　　防治措施

　　a. 清孔应根据设计要求、钻孔方法、机具设备条件和土层情况选择合适的方法，应达到降低泥浆相对密度、清除钻渣、清除沉淀层或尽量减少其厚度的目的。

　　b. 对于各种钻孔方法，采用抽浆清孔法清孔最彻底。清孔中，应注意始终保持孔内泥浆的相对水位，以防坍孔。

　　c. 清孔后，应从孔口、孔中部和孔底部分提取泥浆，测定要求的各项指标。要求这三部分指标的平均值，应符合质量标准的要求。

　　d. 支承桩清孔后，将取样盒吊到孔底，灌注水下混凝土前取出样盒检查沉淀在盒内的渣土，其厚度应不大于设计规定。

　　e. 对于清渣难度较大的地质条件，可采取预埋钢管、桩尖注浆的方法，避免桩尖沉渣过厚降低承载力或基桩加载后沉降量过大的问题。

　　（7）桩顶混凝土强度不满足设计要求

　　现象

　　灌注桩混凝土灌注完毕，养护期结束后，桩顶修凿至设计标高位置，桩顶混凝土标号达不到设计要求的混凝土标号，有的桩中心混凝土标号明细偏低，甚至夹有泥土等杂物。

　　原因分析

　　a. 灌注混凝土时，桩顶混凝土的翻浆高度不够，泥浆、混凝土的混合物未能彻底清除。

　　b. 灌注混凝土的导管插入混凝土过深，或灌注最后一罐混凝土间隔时间过长，导致导管拔出时，导管内的上部混凝土下沉，最终顶部的泥浆混凝土混合物贯入导管孔，桩中心一定深度内为泥浆混凝土混合物。

　　c. 混凝土本身强度不满足设计要求。

　　d. 混凝土灌注施工中，若导管插入混凝土内过浅（<1.5m），则成桩过程中混凝土的上升就不是顶升式的，而是摊铺式的，这时，泥浆、泥块就容易混入混凝土中，进而影响到桩身的质量。除此之外，若设计的桩身直径过小，则混凝土上翻时就会受到孔壁的限制，从而使桩体产生空洞、蜂窝缺陷。

　　防止措施

　　a. 钢筋笼安装完成、灌注混凝土的导管已经安装后应对桩底进行二次清渣，保证桩底沉渣厚度小于设计及规范规定。

　　b. 混凝土灌注至桩顶时应有足够的翻浆高度。一般翻浆高度可取 1.5 ~ 2.5m，桩短、直径较小的取小值，桩长、直径大的取大值。在有条件时也可以进行试验确定。

c. 灌注混凝土时，导管插入混凝土的深度应适宜，不宜过深也不宜过浅，灌注时应根据混凝土的灌注量不断调整导管长度，保持导管内外混凝土面高度基本相同，且均具流动性。

d. 泥浆护壁灌注桩，通常采用水下混凝土灌注工艺，混凝土配合比应符合设计和规范的要求。

e. 混凝土灌注应连续进行，避免长时间等待。

（8）断桩

现象

灌注混凝土时，导管拔出混凝土面而没有采取任何措施继续灌注混凝土，或灌注混凝土时因较长时间不能继续灌注，导管插入深度较大。当需要继续灌注时，不能拔出导管，导致堵管的，或灌注过程中出现塌孔，最后在小应变检测中发现断桩，或采用其他方法的检测中（预埋钢管超声波检测、大应变检测等）发现桩身夹泥、严重缩颈等现象。

原因分析

a. 初灌量设计不当。即第一罐混凝土灌注时，没有足够的混凝土量将导管的端部埋入混凝土内。通常混凝土的初灌量应能将导管的端口至少埋入不小于 0.5 ~ 1.0m，且能达到导管内混凝土与管外泥浆的压力平衡，否则会形成泥浆倒灌入导管内。这样在初灌时就出现了断桩。

b. 混凝土灌注过程中导管提升过快，导管下端口未能埋入混凝土内，导致断桩。

c. 混凝土灌注过程中间隔时间过长，堵管导致断桩。

d. 灌注过程中塌孔，导致断桩。

e. 由于材料规格或配合比选取不当，如粗骨料粒径与导管管径不协调，或者是因为导管漏水漏浆导致管内混凝土与管壁的摩擦力增大、流动性降低造成堵管，迫使拔出导管清管，导致断桩。

防治措施

a. 灌注水下混凝土时，应根据桩长即导管长度、导管直径、桩径设计混凝土的初灌量。随着施工设备、施工工艺的改进，初灌量的计算也有所改变。按照现场搅拌，翻斗车运输的混凝土施工工艺，初灌量 $V_1$ 的计算：

$$V_1 = 1 \times D^2 \times \frac{\pi}{4} + \left(\frac{1.15}{2.4}\right) \times L \times d^2 \times \frac{\pi}{4} \qquad (9.2\text{-}1)$$

式中    1 ——表示导管外混凝土的初始灌注高度应达到 1m；

        1.15 ——表示最后清孔结束时的泥浆比重；

        2.4 ——混凝土的容重；

$V_1$ —— 初灌量（m³）；

D —— 灌注桩桩端直径，桩端扩孔的为扩大头直径（m³）；

L —— 桩长度（m）；

d —— 灌注混凝土导管直径（m）。

当桩径较大、桩较长时，计算出的初灌量较大，灌注混凝土的储料斗会相当大。但是往往施工企业会做不到，因此很容易导致断桩，或最终混凝土质量不合格。因此，按照上述工艺施工的，必须设计相应的储料斗，才能保证混凝土初始灌注的质量。

根据目前使用商品混凝土的施工工艺，初灌量的确定可根据搅拌运输车性能进行设计。可以认为搅拌车释放混凝土的速度近似等于导管向外释放混凝土的速度，因此，一般将混凝土的储料斗设计为 0.3 ~ 0.5m³。但是一旦释放混凝土隔水球后，搅拌车内的混凝土必须连续不断的向储料斗内倾卸，使导管内保持连续供应混凝土的状态。

b. 灌注混凝土时导管的埋置深度以 4 ~ 6m 为宜，当混凝土供应不能连续时，每隔半小时可将导管上提 0.5m，但导管埋入混凝土的深度不宜小于 2m，过浅容易拔出混凝土面，过深容易导致堵管。

c. 采用导管法灌注混凝土，应选择合适的导管直径或混凝土的骨料粒径。当桩径小，选用导管的直径较小时，宜选用较小的混凝土骨料粒径；当桩径较大，选用的导管直径可适当放大，混凝土骨料的粒径也可适当加大。

d. 混凝土灌注过程中应及时提升导管，并将多余导管拆除。应避免将导管反复提出插入的方法，这样会将泥浆拌入混凝土。

e. 拔出的导管应及时清洗，避免混凝土粘结其上，导致下次混凝土浇筑时灌注不畅，并对导管进行检查，发现破损、漏洞的应进行修补，无法修补的应予剔除，不得再用。

f. 钻孔灌注桩自开孔后应连续施工，一鼓作气，直至完成混凝土灌注，将施工时间尽可能缩短，避免塌孔。

（9）桩长、桩径不足

现象

经检测，桩身直径不足，桩长不满足设计要求，有的是在施工过程中发现，有的是在成桩完成后才发现。

原因分析

a. 钻头磨损后没有及时补焊，保持钻头直径达到设计要求，导致桩径达不到设计要求。

b. 钻杆长度计算错误。

c. 沉渣过厚，导致桩长不足，桩身进入硬土层长度不足。

d. 桩身塌孔，导致桩长不足，局部桩径过大、局部桩径变小。

e. 在钻孔成孔、拆除钻杆泥浆、停止循环至吊放钢筋笼、浇灌水下混凝土的全过程中，施工环节多，时间长，会在孔底淤积较厚的淤泥而影响成桩质量。静置的时间越长，淤积的淤泥越多。

防治措施

a. 工程施工前，应先做 2 个以上的试验钻孔，通过检测钻孔的孔径、垂直度、孔壁稳定性和孔底沉淤等指标，用以核对所选设备、工艺方法是否符合技术要求。检测时，孔壁的稳定时间应 ≮ 12h，检测数目 ≮ 2 个。对一些重要工程，可视情况相应增加试成孔测试数量。

b. 护壁用的泥浆应满足护壁要求，液面需高于地下水位 0.5m 以上，有条件时，以高于地下水位 2m 以上更好。若护壁的泥浆胶体率低、砂率大，则不仅护壁性能差，而且因其容重较大，势必产生沉淀速度过快的问题。一般来讲，当在黏土或亚黏土中成孔时，可注入清水以原土造浆护壁，控制排碴泥浆的相对密度在 1.1 ~ 1.2 之间；当在砂性土质或较厚的夹砂层中成孔时，应控制泥浆的相对密度在 1.1 ~ 1.3 之间；在砂夹卵石或容易坍孔的土层中成孔时，应控制泥浆的相对密度在 1.3 ~ 1.5 之间。施工过程中，应经常测定泥浆的相对密度、黏度、含砂率和胶体率等指标，使灌注混凝土前孔底 500mm 以内泥浆的相对密度 ≯ 1.25，含砂率 ≯ 8%，黏度 ≯ 28Pa·s。对一些直径 <1m 的小直径桩，即使在泥浆停止循环期间，也要使孔内保持合理的泥浆液面。

c. 及时检查钻头直径，发现钻头磨损严重，应及时补焊，确保钻头直径符合设计及规范要求，保证钻孔的直径达到设计和规范要求。

d. 吊放入孔的钢筋笼不得碰撞壁孔，不得有变形损坏。吊放后，先将钢筋笼在垂直位置上固定好，然后进行第二次清孔，检测孔底的淤泥厚度，符合规定后，于 0.5h 之内开始混凝土的灌注施工。

e. 完成钻孔到混凝土浇灌过程的作业时间要紧凑，不宜过长；混凝土的浆体浓度要恰当，浇灌量不得低于设计值的 1.05 倍（充盈系数）；而地质条件较差，或钻进过程中出现过塌孔等情况的，可能会达到 1.2 倍甚至以上。

（10）钢筋设置不符合设计及规范要求

现象

在开挖至桩顶设计标高时，发现有的桩没有钢筋，有的桩钢筋规格不符合设计规定，也有的桩钢筋根数不对，有的在安装钢筋笼时少放一节钢筋笼，有的钢筋笼安装接头不符合规范要求。

原因分析

a. 由于成孔直径不满足设计要求，钢筋笼难以安装到设计标高，不作任何处理，将高出的钢筋笼切割掉。

b. 掉笼。即非全笼的钻孔灌注桩，由于安装钢筋笼的吊筋焊接不牢，钢筋笼掉落至桩底，致使桩顶找不到钢筋笼的钢筋。

c. 由于塌孔，导致钢筋笼无法安装至设计标高。

d. 偷工减料。安装钢筋笼时，接头不按规范要求进行焊接，降低箍筋密度，用小一级规格的钢筋替代等。

防治措施

a. 现场施工监理应对钻头直径定期进行检测，确保钻头直径符合设计和规范要求。

b. 钢筋笼安装前，应由施工监理对已经制作的钢筋笼进行验收，并做好标记，安装时应有监理人员进行旁站，确保钢筋笼全部安装、安装到位；钢筋笼接头焊接符合规范要求。

c. 最后一节钢筋笼，安装前就应将吊筋安装好，并检查是否牢固，不够牢固的应进行加固，防止钢筋笼掉落；大型桩的钢筋笼吊筋应进行计算，确保吊筋安全。

d. 对于直径较大，长度较长的试锚桩钢筋笼，宜采用大型吊车，将钢筋笼在地面上拼成两根钢筋长度的一节钢筋笼进行安装，减少在桩孔内安装钢筋笼的焊接时间，避免由于安装钢筋笼的时间过长，造成塌孔等不良后果。

## 9.2.2 夯扩桩的质量通病及其防治

沉管夯扩灌注桩施工工艺，以其施工技术简单、施工速度较快、工程造价较低、单桩承载力较高等特点，较多地被建设单位及设计单位所采用。但是由于夯扩桩施工技术要求的特点，目前市场经济竞争下夯扩桩的价格偏低，施工单位的技术水平参差不齐，一些施工队伍对夯扩桩的认识不足，施工防范措施不到位等因素，造成了施工后桩的质量水平差异较大，在不少工程中出现了桩身断裂、桩身缩颈、桩身混凝土离析夹泥、混凝土强度偏低、桩端达不到设计标高、扩大头达不到预计的直径、桩位偏移大等问题。

上述现象如不能及时解决，将给建筑工程留下隐患，严重影响桩的承载能力，很可能会造成巨大的经济损失，给上部结构的使用带来严重影响，也从而会给夯扩桩的推广应用带来困难。以下结合有关资料，就夯扩桩施工中存在的一些问题，做一些讨论。

（1）桩身断裂问题

原因分析

a. 在施工过程中，由于夯扩桩施工设备一般较重，在临近桩施工时机械行走、所产生的挤压、振动，可能对临近桩产生水平剪力，以至造成桩身断裂。

b. 土体受挤压后产生侧向位移，同时还会伴随产生地面隆起现象，这时会对相邻桩产生水平侧向和向上浮力，很容易将处于初凝状态的桩体挤断裂。

c. 施工时灌注混凝土的配合比不当、和易性差，拔管速度过快，混凝土在管内的流动性不好，桩管上提后管壁塌孔，也极易产生断桩。

防范措施

a. 采取退打施工方案，尽量避免施工设备在成型桩上运行。

b. 施工桩应尽可能连续打完，使其在临近桩未达到初凝状态前全部完成。

c. 施工沉管过程中，地层上部的挤土效应最为明显，因而对邻近桩的影响也最大，因此在沉管入土时尽量采用静加压方式，减少对临近桩的影响。

治理方案

桩基工程中间验收时，应采用小应变等方法进行桩身完整性检测，发现桩身断裂，应采取补桩或接桩等措施，保证使用的基桩达到质量要求。

（2）桩身缩颈问题

原因分析

a. 拔管速度过快，由于桩体的形成过程是在拔管的过程中混凝土在振动条件下流出管外，与周围土体接触形成桩体，如果拔管速度过快，管内混凝土不能及时充分流出管外。

b. 软塑状态的土体在临近桩施工振动作用下侧向应力恢复较快，对流塑状态的混凝土产生挤压，致使桩体断面变小。

c. 越是靠近地面桩管的摩擦阻力越小，拔管速度容易变快，此时管内混凝土的压力又很小，混凝土越不易流出管外。

d. 混凝土材料粒径过大，混凝土的配合比不当，浇注时产生"抱管"现象，也会形成夯扩桩缩颈现象。

防范措施

a. 降低提管速度，特别是在接近地表 3m 范围内速度应严格控制在 0.8m/min 以内。

b. 采用"留振"措施或拔出管后采用振动棒在桩体上部振捣措施。

c. 施工前在场地周边预先施工一些砂桩、碎石桩泄压井，这样再施工夯扩桩时，产生的超静水压力从渗透性能较好的砂石桩中顺利泄放，减小地基挤土应力。

d. 地下水位埋深较浅时，应采取适度的井点降水措施，或者沉管成孔后孔中放入滤布包好的钢筋笼，以此来控制减小沉管产生的超静孔隙水压力。

e. 合理布置打桩顺序，不集中打桩，以利孔隙水压力的消散。

治理方案

桩基工程中间验收时，应采用小应变等方法进行桩身完整性检测，发现桩身缩颈，应进一步确认其缩颈的程度，影响桩身承载力的，应采取补桩或采取扩径等措施，保证使用的基桩达到质量要求。

（3）桩身混凝土离析、夹泥、强度偏低

原因分析

a. 地下水位过高，土体含水量大，施工沉管过程中形成超静孔隙水压力乃至形成地下承压水流，造成对临近刚施工过夯扩桩体的冲刷，甚至可能出现喷水冒浆现象，最终水泥被泥浆置换。

b. 桩端密封不严密，或沉管后桩管在土体中停留时间过长，致使管内进水、进泥，然后灌入混凝土后造成桩端混凝土离析、夹泥现象。

c. 混凝土材料的选取不当、配合比不当，造成桩体产生离析、桩体强度偏低现象。

防范措施

a. 施工前采取降水措施，打一些降水井或施工一些泄压井以减轻土体中的超静孔隙水压力。

b. 沉管前严格检查桩端的密封情况，保证其严密性，防止沉管过程中进水、进泥，若沉管后发现管内少量进水，可先倒入一些干水泥进行吸干，方可进行下一步工序。

c. 做好混凝土材料的选取、验收工作，严禁使用不合格材料，必要时应进行洗料，严格控制混凝土的配合比，坍落度宜控制在 8 ~ 10cm。

治理方案

桩基工程中间验收时，应采用小应变等方法进行桩身完整性检测，发现桩身严重缺陷，应进一步确认其缺陷的程度，影响桩身承载力的，应采取补桩等措施，当缺陷距离桩顶较近的，可将其挖出重新浇筑混凝土，保证使用的基桩达到质量要求。

（4）桩顶或桩端达不到设计标高、扩大头不足问题

原因分析

a. 对桩体的灌料量估算不足，投入混凝土量偏少。

b. 对场地的岩土工程条件了解不明确，尤其是桩端持力层的起伏标高不明，局部桩端贯入持力层深度较大，超过了机械施工能力。

c. 桩体扩大头夯扩量过大，一方面造成临近桩难以下沉到设计标高，另一方面造成整个场地持力层越挤越密，最终有沉不下的现象。

d. 夯扩头材料的投放量不足、夯扩头材料的坍落度过大、持力层的密实度较大、选用

机械设备的参数不满足要求等因素都会造成夯扩头不足。

防范措施

a. 正式开工之前，详细了解场地的岩土工程条件，必要时应作补充勘察，了解硬夹层、持力层情况；正确理解沉管夯扩灌注桩施工图纸的要求，制定合理的施工组织设计，计算好夯扩头材料用量，夯扩过程中的锤击数，桩体材料的充填量。

b. 合理选择施工机械、施工方法。实践证明，沉管难以下沉时，更换大能量级的锤、利用配重增加压力都是行之有效的办法；夯扩头材料选用干硬性的混凝土质量较易保证。

治理方案

桩基工程中间验收时，应采用静载荷试验确认基桩的承载力是否达到设计要求的承载力或控制沉降要求，发现基桩承载力不足，应采取补桩、桩底注浆等措施，保证使用的基桩达到设计要求的承载力或沉降控制要求。

（5）桩顶位移量大、桩中钢筋笼偏移、桩顶预留钢筋长度不足

原因分析

a. 桩管在入土下沉时，导向架与地面不垂直，往往下沉到一定深度后再用行走桩架方式，难以校正桩位。

b. 桩管下沉时在地表如遇到虚填土坑、大块硬障碍物，桩尖都会偏向较软的方向，造成桩位的偏移。

c. 群桩施工时，由于挤土效应也常常会造成桩位的偏移。

d. 桩中钢筋笼偏移现象主要是笼上未设置导向筋或导向块。

e. 混凝土灌注完毕拔管过程中，吊放钢筋笼装置出现提拉现象。

f. 拔管过程中，吊放钢筋笼装置出现松动，产生向下滑移现象。

g. 因刚浇注的混凝土坍落度大、桩体混凝土处于流塑状态，钢筋的比重比混凝土的比重大，在施工振动作用下，钢筋沉入混凝土。

防范措施

a. 施工前应将地表、地下障碍物（建筑垃圾等）彻底清除。

b. 在桩管对准桩位开始沉管之前，应进行打桩设备的底盘调平、导向架的调直，保证沉管与导向架平行、与地表面呈垂直状态。

c. 在最初沉管时，若发现沉管不垂直应及时调整，打入一定深度后发现偏移较大时，应拔出管后回填素土或砂重新沉管。

d. 钢筋笼应按要求焊接加强筋、焊接导向筋或绑扎导向块，防止钢筋笼在振动拔管过程中受外力作用致使主筋偏移成束状，或整笼偏移产生桩体露筋现象。

e. 在灌注混凝土拔管过程中，固定好笼的吊放装置，防止内管或内锤挤压钢筋笼，在桩体浇桩完毕后，利用焊接细钢筋将笼体固定于地表一段时间。

**治理方案**

a. 应按要求接长钢筋。

b. 会同设计商量，在承台等结构中进行加固。

c. 上部结构中无法处理的，按设计要求进行补桩，保证使用的基桩达到质量要求。

**参考文献**

1. 顾孙平. 高桩码头工程质量通病防治（中下）[J]. 水运工程（第10期），1992.

2. 罗战友. 静压桩挤土效应与及施工措施研究 [D]. 浙江大学. 2004.

# 10

基桩工程展望

# 10 基桩工程展望

实践是检验真理的唯一标准。生产实践推动技术革命，生产实践的需要就是技术进步的方向。基桩工程的技术发展建立在建（构）筑物需要的基础之上。软土地基上建造超高层、特大型桥梁、高耸构筑物需要超深、超长、超大的基桩承载，造就了相应的施工机械的诞生、施工技术的创新。随着新型建（构）筑物的需要，计算机技术的高速发展，新材料、新理论、新方法的不断出现，基桩工程必将得到快速发展。

## 10.1 对基桩工程的新要求

任何事物的发展离不开社会的需求。社会对基桩的理想化要求是承载力高、耐久性好、施工方便、造价低廉、无噪声、无污染，甚至可以重复使用、节约资源。这也是无数工程技术人员的梦想与追求。

## 10.2 基桩设计的新思路

（1）网上设计思路

随着我国基本建设遍地开花，全国都成为建设工地，我们的巨大付出，造就了巨大的资源，那就是已经形成的基本建设的勘察、设计、试验、施工成果。如果能将其建成一个巨大的数据库，那将产生巨大的财富。如果将此数据库与现代设计软件相连，加上新建（构）筑物的常规勘察资料，借鉴、模拟临近、类似工程的勘察、设计、试验、施工成果，利用大数据、云计算进行综合分析、计算，一项大型基础工程的设计工作可以很快完成，能够极大地提高我们的设计效率，降低勘察、设计成本。

（2）变截面、变强度设计思路，节约材料、节约能源、节约工程造价

（3）尽可能使用预制桩的思路

（4）复合断面桩的思路

（5）采用钻埋式先张法大直径管桩

## 10.3 新型基桩不断涌现

（1）基桩向大、长、粗、高承载力的方向发展

大型、特大型、专业需求的工程不断提出新的基桩需求，已经使用过的基桩已不足为奇。

从近年的发展趋势看，基桩向大、长、粗的方向发展。

（2）向高强度方向发展

随着材料科学的发展，尤其是对高强混凝土研究的深入，已经配置出 C100、C120 工厂化生产的高强混凝土，为生产高强度预制桩提供了强有力的保障。今后会向 C150 甚至更高的混凝土强度挺进。为配合高强度混凝土预制构件，已经研究开发出低松弛高强度预应力混凝土用钢棒。高强混凝土预制桩可以提供更大的单桩承载力，更耐锤击。钢管桩、型钢桩、钢板桩的强度也有提高的趋势。

制桩材料还有待科研人员的研发。目前，日本等国家已经研制出普通蒸汽养护条件下 C120 的混凝土配方，我国也有个别企业研制出了普通蒸汽养护条件下 C100 的混凝土配方，但是质量还不够稳定，难以推广。大直径管桩用 $\phi14$ 低松弛高强预应力钢棒还有待开发。其他复合、化学材料不久的将来也会出现在基桩工程中。

（3）对环保因素越来越重视

无论是预制桩还是钻孔灌注桩，都会对环境造成一定危害。无论是锤击还是静压预制桩，都会产生挤土效应，在比较敏感的软土地基中对周围建筑基础造成比较大的危害。灌注桩的泥浆也会严重影响周边的环境质量。采用哪种桩对环境的影响最小，一直是设计、施工技术人员追求的目标。

（4）桩底、桩侧注浆技术发展前景广阔

桩底、桩侧注浆对提高基桩的承载力有明显的帮助。灌注桩注浆技术经过多年的实践已经比较成熟。预制桩注浆技术已有多人申请了专利。其中申请号为 201410490010.8 "一种预制桩后注浆装置及其工艺"的专利技术，对各种预制桩型提出了相应的注浆技术及施工工艺。当设计、施工人员意识到在同样桩长条件下还可以大幅提高预制桩承载力、减小基础沉降时，这将是桩基工程的又一进步。

（5）复杂地质条件下的基桩施工获得突破性进展

人们已经取得在喀斯特地貌、地下溶沟、溶洞发育地区实施大型桩基工程的成功经验，在深层抛石基础中施工桩基也有先列。将有更多的大型工程在复杂地质条件中进行建设。

（6）更多的复合基桩将得到开发

复合基桩是精细化设计桩基工程的发展趋势。复合基桩的内容相当广泛，包括材料复合、形状复合、施工工艺复合等；将两种或两种以上的多种材料复合在一根桩上；一根桩的横截面或纵剖面有多种形状；一根桩上采用预制桩和灌注桩等多种方法进行施工。

（7）基桩的使用寿命更长

更长的基桩使用寿命，是大型工程建设的需要。虽然现在的民用建筑设计使用年限一般只有 50 年，大型的桥梁等公共建（构）筑物使用寿命是 100 年，但是，我们正在使用的很多建筑已经超过 100 年了。地上建筑的维修比较方便，地下的基础维修就要困难得多，因此保持基桩更长的有效使用寿命是设计、施工技术人员的又一研究课题。

（8）向节材型基桩方向发展

节材、降耗是节约型社会的基本要求。节约型基桩具有巨大的空间，如高强度的空心桩就是要降低桩芯部分的材料使用，达到节约材料的目的。各种各样的空心桩将得到更广泛的应用。近十年，钻孔灌注桩成孔设备有了极大的发展，最大钻孔直径达到甚至超过 5 000mm，钻进的效率有所下降。同时桩的自重降低了桩的利用效率，因此在钻进直径不断扩大的时候，设计人员正在考虑使用钻埋预应力空心混凝土桩，提高桩身混凝土强度，加大桩周土的承载力利用率，节约材料，降低桩身自重。

（9）人工合成材料的基桩将会开发出更多新品

为了节约天然资源，廉价的人工合成材料基桩将会得到广泛运用。

（10）异形截面桩得到更好的利用

灌注桩可以做成扩大头、变截面，预制桩也将出现多种不同形状的基桩，为各种不同的使用要求提供最合适的基桩。

（11）多功能快速接桩技术进一步发展

陆上基桩工程多数需要接桩，接桩不但需要花较多的时间，降低了沉桩效率，而且桩接头部位的质量增加了不确定因素，新型接桩技术的研发是必须的。

（12）向便于保证基桩质量的方向发展

由于基桩最终成型于地基中，很多时候看不见摸不着，需要采用相对保证质量的施工工艺。

# 10.4 基桩施工设备的不断改进

基桩施工设备主要包括预制桩施工设备和灌注桩施工设备。预制桩施工设备主要有制桩设备、运桩设备、沉桩设备。

（1）制桩设备的改进与材料的研发

多年来工厂化制桩设备正在不断改进，当发明离心法预制混凝土桩后，制桩设备又得到了很大的改进。桩径已经达到 1 400mm，单节桩长已经达到 55m。设备的自动化程度进一步提高，日本、韩国等一些国家，一个相当规模的制桩厂配备的操作工人只有我国的 1/2 ~ 2/3。我国人多，需要相应的工作岗位，但是，一是企业的效益降低了，企业就没有竞争力，后续可能会造成更多的失业；二是有些岗位工人操作相当危险，采用机械操作更安全；三是人的行为具有不稳定性，影响产品的质量。我国目前的制桩厂家非常多，总产量为全球之最，但是单个企业最大产能的却不在我国，因此，预制混凝土桩的生产现代化还有待提高。

钢桩的制桩工艺主要有三种：热轧型钢或钢管、螺纹卷管、直缝卷管。螺纹卷管、直缝卷管制作设备的更新与发展似乎遇到了瓶颈，没有新设备发展趋向。热轧钢管有向大型化发展的空间。

（2）运桩设备

随着预制桩型向长、大方向发展，尤其是单节桩长的加长，增加了陆上运桩的难度，主要体现在运输道路对长车转弯时的限制。现在的城市交通如此繁忙，一般不允许限制性车辆在白天上路。水上船舶运输已经可以运输能施打的最大单根长桩。

（3）沉桩设备的发展

沉桩设备主要包括锤击沉桩设备、静压沉桩设备、振动沉桩设备等。

锤击沉桩设备主要包括桩架、桩锤。陆上桩架最大可沉单节桩长约30m，桩径约1 000mm；水上沉桩最大桩径已达3 000mm，最大桩长约80m。最大、最长的单桩不是以上的直接组合。最大、最长的混凝土单桩自重将会超过打桩船的最大起重能力，设计最大、最长的钢桩，普通的桩锤将无法将其沉至设计标高。实际工程对打桩船的起重能力提出了新的要求。海上风力发电装置的基础桩，其要求的承载力及沉降控制标准，为D260筒式柴油锤提供了使用的舞台。目前陆上使用的最大柴油锤为D100，液压锤为HH300（水上也可使用），但是随着材料学等的发展，桩锤、桩架都有进一步发展的需求。

目前，最大静压沉桩设备已经达到静压沉桩能力12 000kN，已经是一个相当惊人的数字，也是在特定的环境下使用的。一般软土地基很难承受这样的静压沉桩机械，这也是静压沉桩机械在向大型化发展的瓶颈，但不影响静压沉桩设备在中小型基桩工程的运用。

振动沉桩设备会随着钢桩使用频率的增加而增加。当我国钢材产量达到相当高的水准，价格具有足够的竞争力时，钢桩的使用会大幅增加。振动沉桩设备比较适合于沉拔钢桩，会有更大的振动沉拔桩机出现。

（4）成孔设备的研发

工程机械厂商和科研人员不断研制出新型钻孔机械，液压驱动、快速破岩、快速排渣等设备的推出，设计采用的大直径、嵌岩桩得以实现。随着环保要求的提高，钻孔灌注桩的钻孔机械在渣土收集、泥浆的循环利用等方面继续做出改进，并使得机械行走、定位等机械化、自动化程度更高。为提高单桩承载力，机械扩孔设备不断优化。

（5）测量定位设备的现代化

陆上基桩的精确测量定位早已不是问题，但是，在远离陆地的海上定位就困难得多。

目前已经开发出GPS工程测量定位系统。随着我国的北斗卫星导航定位系统（BDS）的建立，在不久的将来完全可以开发出基于我国自行开发的北斗卫星系统的工程测量定位系统。

## 10.5 检测技术更科学，准确率高，速度快

桩身静载荷试验是检验桩身质量的最好办法之一，但由于其周期长、费用高，将所有桩全部进行静载荷试验既不科学，也不经济。采用小应变技术检测成桩质量的方法已经使用了几十年，但是国内外高手的水平准确率只有70％这一事实，仍然没有令检测技术有所改变。在电子扫描、影像技术的不断发展、进步的今天应有新的检测技术替代，大大提高检测的准确率。

静载荷试验已从传统的堆载法、反力架法，发展到桩的自平衡荷载试验，大应变法、静动法等，已从人工记录发展到电子自动加载、自动记录，随着电子计算机、网络技术的发展，可以进行远程操控、远程记录。

## 10.6 新标准、新规范不断推出

随着新桩型、新技术、新工艺的不断出现，新的基桩标准、验收规范也将不断推出。随着建筑质量要求的提高，原有的规范将不断改进，颁布新的基桩规范和验收标准，标志着该项基桩技术已经趋于成熟，可以全面推广，进而推动基桩技术的不断发展，为人们的生产、生活服务。

表 10.6-1　基桩工程部分相关规范、标准一览表

| 序号 | 规范标准编号 | 规范标准名称 | 发布或批准单位 | 最新版本 |
|------|------|------|------|------|
| 1 | GB 50153 | 工程结构可靠性设计统一标准 | 联合发布注 | 2008 |
| 2 | GB 50009 | 建筑结构荷载规范 | 联合发布 | 2012 |
| 3 | GB 50300 | 建筑工程施工质量统一验收标准 | 联合发布 | 2013 |
| 4 | GB 506666 | 混凝土结构工程施工规范 | 联合发布 | 2011 |
| 5 | GB 50204 | 混凝土结构工程施工质量验收规范 | 联合发布 | 2015 |
| 6 | GB 50205 | 钢结构工程施工及验收规范 | 联合发布 | 2001 |
| 7 | JGJ 94 | 建筑桩基技术规范 | 住房和城乡建设部 | 2008 |
| 8 | GB 50007 | 建筑地基基础设计规范 | 联合发布 | 2011 |
| 9 | GB 50202 | 建筑地基基础工程施工质量验收规范 | 联合发布 | 2002 |
| 10 | JTS 167-4 | 港口工程桩基规范 | 交通部 | 2012 |

| 序号 | 规范标准编号 | 规范标准名称 | 发布或批准单位 | 最新版本 |
|------|-------------|-------------|--------------|---------|
| 11 | JTGD 63 | 公路桥涵地基基础设计规范 | 交通部 | 2007 |
| 12 | JTGTF 50 | 公路桥涵施工技术规范 | 交通部 | 2011 |
| 13 | TB 1002.5 | 铁路桥涵地基和基础设计规范 | 铁道部 | 2005 |
| 14 | TB 10203 | 铁路桥涵施工规范 | 铁道部 | 2002 |
| 15 | JGJ 106 | 建筑基桩检测技术规程 | 建设部 | 2003 |
| 16 | JTS 167-3 | 板桩码头设计与施工规范 | 交通部 | 2009 |
| 17 | JGJ 135 | 载体桩设计规程 | 建设部 | 2007 |
| 18 | GB 50021 | 岩土工程勘察规范 | 住房和城乡建设部 | 2009 |
| 19 | DGJ 08-37 | 岩土工程勘察规范 | 上海市城乡建设和交通委员会 | 2012 |
| 20 | GB 50307 | 城市轨道交通岩土工程勘察规范 | 住房和城乡建设部 | 2012 |
| 21 | GB 13476 | 先张法预应力混凝土管桩 | 联合发布 | 2009 |
| 22 | 04G361 | 预制钢筋混凝土方桩 | 建设部 | 2004 |
| 23 | 10SG409 | 预应力混凝土管桩 | 住房和城乡建设部 | 2010 |
| 24 | JGJ/T 213、备案号 J1073 | 现浇混凝土大直径管桩复合地基技术规程 | 住房和城乡建设部 | 2010 |
| 25 | JGJ/T 225、备案号 J1122 | 大直径扩底灌注桩技术规程 | 住房和城乡建设部 | 2010 |
| 26 | JGJ/T 199、备案号 J994 | 型钢水泥土搅拌墙技术规程 | 住房和城乡建设部 | 2010 |
| 27 | JGJ/T 210、备案号 J1005 | 刚-柔性桩复合地基技术规程 | 住房和城乡建设部 | 2010 |
| 28 | JGJ/T186、备案号 J952 | 逆作复合基桩技术规程 | 住房和城乡建设部 | 2010 |
| 29 | JGJ/T233、备案号 J1144 | 水泥土配合比设计规程 | 住房和城乡建设部 | 2011 |
| 30 | CECS 253 | 基桩孔内摄像检测技术规程 | 中国工程建设协会 | 2009 |
| 31 | CECS 147 | 加筋水泥土桩锚支护技术规程 | 中国工程建设标准化协会 | 2004 |
| 32 | JGJ 167 | 湿陷性黄土地区建·筑基坑工程安全技术规程 | 住房和城乡建设部 | 2009 |

注：联合发布单位：中华人民共和国住房和城乡建设部、中华人民共和国国家质量监督检验检疫总局。

  基桩是建（构）筑物的基础，基桩的好坏直接影响到建（构）筑物正常使用。基桩出现的问题很多都是重大问题。虽然原因很多，归结起来不外勘察、设计、施工三大环节。我国的基本建设管理体制是科学的，但是在执行过程中可能会出现偏差。我们的创新也一样，一项新事物的出现，需要各方的倍加呵护，才能茁壮成长。呵护不仅需要培土、施肥，还要除草、除病害，这样才是真正的呵护。我们的创新需要这样的环境、这样的土壤。

# 计量单位对照表

**长度单位**

| | |
|---|---|
| 千米、公里 | km |
| 米 | m |
| 厘米 | cm |
| 毫米 | mm |

**面积单位**

| | |
|---|---|
| 平方千米、平方公里 | $km^2$ |
| 平方米 | $m^2$ |
| 平方厘米 | $cm^2$ |
| 平方毫米 | $mm^2$ |
| 公顷 | $hm^2$ |

**时间单位**

| | |
|---|---|
| 小时 | h |
| 分钟 | min |
| 秒 | s |
| 年 | a |

**体积单位**

| | |
|---|---|
| 立方千米、立方公里 | $km^3$ |
| 立方米 | $m^3$ |
| 立方厘米 | $cm^3$ |
| 立方毫米 | $mm^3$ |

**容积单位**

| | |
|---|---|
| 升 | l |
| 毫升 | ml |

**质量单位**

| | |
|---|---|
| 千克、公斤 | kg |
| 克 | g |
| 毫克 | mg |
| 吨 | t |
| 原子质量单位 | u |

**力单位**

| | |
|---|---|
| 牛顿 | N |
| 千牛 | kN |
| 兆牛 | MN |

**力矩单位**

| | |
|---|---|
| 牛米 | N·m |
| 千牛米 | kN·m |

**压力单位**

| | |
|---|---|
| 帕斯卡 | Pa |
| 千帕 | kPa |
| 兆帕 | MPa |

**温度单位**

| | |
|---|---|
| 开尔文 | K |
| 摄氏度 | ℃ |

**能单位**

| | |
|---|---|
| 焦耳 | J |
| 电子伏 | eV |
| 千瓦时 | kWh |
| 卡 | cal |

**功率单位**

| | |
|---|---|
| 瓦特 | W |
| 千瓦 | kW |

**角度单位**

| | |
|---|---|
| 弧度 | rad |
| 度 | ° |
| 分 | ′ |
| 秒 | ″ |

**频率单位**

| | |
|---|---|
| 赫兹 | Hz |
| 千赫 | kHz |

**速度单位**

| | |
|---|---|
| 米每秒 | m/s |
| 米每分 | m/min |
| 千米每小时 | km/h |
| 节 | kn |
| 弧度每秒 | rad/s |
| 弧度每分 | rad/min |
| 弧度每小时 | rad/h |

**电流单位**

| | |
|---|---|
| 安培 | A |
| 千安 | kA |
| 毫安 | mA |
| 微安 | μA |

**电压单位**

| | |
|---|---|
| 伏特 | V |
| 兆伏 | MV |
| 千伏 | kV |
| 毫伏 | mV |
| 微伏 | μV |

**电阻率单位**

| | |
|---|---|
| 欧姆米 | Ω·m |
| 欧姆厘米 | Ω·cm |
| 欧姆毫米 | Ω·mm |

**粘度单位**

| | |
|---|---|
| 帕秒 | Pa·s |

# 符号一览表

**第一章**

|  |  |
|---|---|
| PHC | ——先张法预应力高强混凝土管桩 |
| PHS | ——先张法预应力高强混凝土空心方桩 |
| SC | ——钢管混凝土复合桩 |
| PRC | ——密集型螺旋筋桩 |
| RC | ——钢筋混凝土管桩 |
| PC | ——混凝土管桩 |
| SC | ——钢管混凝土管桩 |
| PRC | ——混凝土管桩 |
| AG | ——竹节管桩 |
| AHS-ST | ——根柱管桩 |
| PTC | ——先张法预应力混凝土薄壁管桩 |
| $\phi$ | ——桩或钢筋等的直径 |
| $\beta$ | ——可靠指标 |
| $P_f$ | ——失效概率 |
| $\phi^{-1}$ | ——标准正态分布函数的反函数 |
| $\omega_M$ | ——弹性半无限体中群桩基础按Mindlin（明德林）解计算的沉降量 |
| $\omega_B$ | ——弹性半无限体中群桩基础按等代墩基Boussinesq解计算的沉降量 |
| C | ——混凝土的强度等级 |
| R | ——天然状态单轴抗压强度 |

**第二章**

|  |  |
|---|---|
| PHC | ——先张法预应力高强混凝土管桩 |
| PHS | ——先张法预应力高强混凝土空心方桩 |
| C | ——混凝土的强度等级 |
| $\phi$ | ——桩或钢筋等的直径 |
| SMW | ——水泥土型钢桩 |
| PS | ——预应力混凝土空心方桩 |
| CFG | ——水泥、粉煤灰、碎石桩 |
| TC | ——塑料套管混凝土桩 |
| PC | ——混凝土管桩 |
| HKFZ | ——先张法预应力高强混凝土空心方桩 |
| KFZ | ——先张法预应力混凝土空心方桩 |
| $\lambda$ | ——桩长细比 |

**第三章**

|  |  |
|---|---|
| $d$ | ——桩径 |
| $I_L$ | ——液性指数 |
| $I_p$ | ——塑性指数 |
| $f_r$、$f_{rk}$ | ——岩石饱和单轴抗压强度标准值 |

**第四章**

|  |  |
|---|---|
| $\gamma^0$ | ——结构的重要性系数 |
| $S_d$ | ——作用组合的效应（如轴力、弯矩或表示几个轴力弯矩的向量）设计值 |
| $R_d$ | ——结构构件抗力的设计值 |
| $\gamma_{Gj}$ | ——第j个永久荷载的分项系数 |
| $\gamma_{Qi}$ | ——第i个可变荷载的分项系数，其中$\gamma_{Q1}$为主导可变荷载$Q_1$的分项系数 |
| $\gamma_{Li}$ | ——第i个可变荷载考虑设计使用年限的调整系数，其中$\gamma_{L1}$为主导可变荷载$Q_1$考虑设计使用年限的调整系数 |
| $S_{Gjk}$ | ——按第j个永久荷载标准值$G_{jk}$计算的荷载效应值 |
| $S_{Qik}$ | ——按第i个可变荷载标准值$Q_{ik}$计算的荷载效应值，其中$S_{Qik}$为诸可变荷载效应中起控制作用者 |
| $\psi_{ci}$ | ——第i个可变荷载$Q_i$的组合值系数 |
| $m$ | ——参与组合的永久荷载数 |
| $n$ | ——参与组合的可变荷载数 |
| $H_g$ | ——为自室外地面起算的建（构）筑物高度 |
| l | ——为相邻柱基的距离 |
| $F_k$ | ——相应于荷载效应标准组合时，作用于基桩承台顶面的竖向力 |
| $G_k$ | ——基桩承台自重及承台上土自重标准值 |
| $Q_k$ | ——相应于荷载效应标准组合轴心竖向力作用下任一单桩的竖向力 |
| $n$ | ——基桩中的桩数 |
| $M_{xk}$、$M_{yk}$ | ——相应于荷载效应标准组合作用于承台底面通过桩群形心的x、y轴的力矩 |
| $x_i$、$y_i$ | ——桩i至桩群形心的y、x轴线的距离 |

| $H_k$ | ——相应于荷载效应标准组合时，作用于承台底面的水平力 |
| $H_{ik}$ | ——相应于荷载效应标准组合时，作用于任一单桩的水平力 |
| $R_a$ | ——单桩竖向承载力特征值 |
| $R_{Ha}$ | ——单桩水平承载力特征值 |
| $q_{pa}$、$q_{sia}$ | ——桩端端阻力、桩侧阻力特征值 (kPa) |
| $A_p$ | ——桩底端横截面面积 |
| $u_p$ | ——桩身周边长度 |
| $l$ | ——第 $i$ 层岩土的厚度 |
| $q_{pa}$ | ——桩端岩石承载力特征值 |
| $Q$ | ——相应于荷载效应基本组合时的单桩竖向力设计值 |
| $A_p$ | ——桩身横截面积 |
| $f_c$ | ——混凝土轴心抗压强度设计值 |
| $\phi_c$ | ——工作条件系数 |
| $F_k$ | ——荷载效应标准组合下作用于承台顶面的竖向力 |
| $G_k$ | ——基桩承台和承台上土自重标准值 |
| $N_k$ | ——荷载效应标准组合轴心竖向力作用下，基桩或复合桩的平均竖向力 |
| $N_{ik}$ | ——荷载效应标准组合偏心竖向力作用下，第 $i$ 基桩或复合桩的平均竖向力 |
| $M_{xk}$、$M_{yk}$ | ——荷载效应标准组合下，作用于承台底面，绕通过桩群形心的 $x$、$y$ 主轴的力矩 |
| $x_i$、$x_j$、$y_i$、$y_j$ | ——第 $i$、j 基桩或复合基桩至 $y$、$x$ 轴的距离 |
| $H_k$ | ——荷载效应标准组合下，作用于基桩承台底面的水平力 |
| $H_{ik}$ | ——荷载效应标准组合下，作用于第 $i$ 基桩或复合基桩的水平力 |
| $N_k$ | ——荷载效应标准组合轴心竖向力作用下，基桩或复合基桩的平均竖向力 |
| $N_{kmax}$ | ——荷载效应标准组合轴心竖向力作用下，桩顶最大竖向力 |
| $N_{Fk}$ | ——地震作用效应和荷载效应标准组合下，基桩或复合基桩的平均竖向力 |
| $N_{Fkmax}$ | ——地震作用效应和荷载效应标准组合下，基桩或复合基桩的最大竖向力 |
| $R$ | ——基桩或复合基桩竖向承载力特征值 |
| $Q_{uk}$ | ——单桩竖向极限承载力标准值 |
| $K$ | ——安全系数 |
| $\eta_c$ | ——承台效应系数 |
| $f_{ak}$ | ——承台下 1/2 承台宽度且不超过 5m 深度范围内各层土的地基承载力特征值 |
| $A_c$ | ——计算基桩所对应的承台底净面积 |
| $A_{ps}$ | ——桩身截面面积 |
| $A$ | ——承台计算域面积 |
| $\zeta_a$ | ——地基抗震承载力调整系数 |
| $S_a$ | ——桩与桩之间中心距 |
| $Q_{sk}$、$Q_{pk}$ | ——分别为总极限侧阻力标准值和总极限端阻力标准值 |
| u | ——桩身周长 |
| $q_{sik}$ | ——用静力触探比贯入阻力值估算桩周第 $i$ 层土的极限侧阻力标准值 |
| $l_i$ | ——桩周第 $i$ 层土的厚度 |
| $\alpha$ | ——桩端阻力修正系数 |
| $p_{sk}$ | ——桩端附近的静力触探比贯入阻力标准值（平均值） |
| $A_p$ | ——桩端面积 |
| $p_{sk1}$ | ——桩端全截面以上 8 倍桩径范围内的比贯入阻力平均值 |
| $p_{sk2}$ | ——桩端全截面以下 4 倍桩径范围内的比贯入阻力平均值 |
| $\beta$ | ——折减系数 |
| $f_{si}$ | ——第 $i$ 层土的探头平均侧阻力 |
| $q_c$ | ——桩端平面上、下探头阻力 |
| $\alpha$ | ——桩端阻力修正系数 |
| $\beta_i$ | ——第 $i$ 层桩侧阻力综合修正系数 |
| $q_{sik}$ | ——桩侧第 $i$ 层土的极限侧阻力标准值 |
| $Q_{pk}$ | ——极限端阻力标准值 |
| $N$ | ——标准贯入击数 |
| $N_{63.5}$ | ——重型圆锥静力触探锤击数 |
| $q_{sik}$ | ——桩侧第 $i$ 层土的极限侧阻力标准值 |
| $q_{pk}$ | ——桩径为 800mm 的极限端阻力标准值 |
| $\psi_{si}$、$\psi_p$ | ——大直径桩侧阻力、端阻力尺寸效应系数 |
| $h_b$ | ——桩端进入持力层深度 |
| $\lambda_p$ | ——桩端土塞效应系数 |
| $A_j$ | ——空心桩桩端净面积 |
| $A_{p1}$ | ——空心桩敞口面积 |
| $d$、$b$ | ——空心桩外径、边长 |
| $d_1$ | ——空心桩内径 |
| $Q_{sk}$、$Q_{rk}$ | ——分别为土的总极限侧阻力、嵌岩段总极限阻力 |
| $q_{ski}$ | ——桩周第 $i$ 层土的极限侧阻力 |
| $f_{rk}$ | ——岩石饱和单轴抗压强度标准值 |
| $\zeta_r$ | ——嵌岩段侧阻和端阻综合系数 |
| $Q_{sk}$ | ——后注浆竖向增强段的总极限侧阻力标准值 |
| $Q_{gsk}$ | ——后注浆竖向增强段的总极限侧阻力标准值 |
| $Q_{gpk}$ | ——后注浆总极限端阻力标准值 |
| $l_j$ | ——后注浆非竖向增强段第 j 层土厚度 |

| | |
|---|---|
| $l_{gi}$ | ——后注浆竖向增强段内第 $i$ 层土厚度 |
| $q_{sjk}$、$q_{sik}$、$q_{pk}$ | ——分别为后注浆竖向增强段第 $i$ 土层初始极限侧阻力标准值、非竖向增强段第 $j$ 土层初始极限侧阻力标准值、初始极限端阻力标准值 |
| $\beta_{si}$、$\beta_p$ | ——分别为后注浆侧阻力、端阻力增强系数 |
| $\psi_l$ | ——土层液化影响折减系数 |
| $N_{cr}$ | ——液化判别标贯击数临界值 |
| $d_L$ | ——自地面算起的液化土层深度 |
| $\sigma_z$ | ——作用于软弱下卧层顶面的附加应力 |
| $\gamma_m$ | ——软弱层顶面以上各层重度（地下水位以下取浮重度）按厚度加权平均值 |
| $t$ | ——硬持力层厚度 |
| $f_{az}$ | ——软弱下卧层经深度 $z$ 修正的地基承载力特征值 |
| | ——桩群外缘矩形底面的长、短边边长 |
| $q_{sik}$ | ——桩周第 $i$ 层土的极限侧阻力标准值 |
| $\theta$ | ——桩端硬持力层压力扩散角 |
| $E_{s1}$、$E_{s2}$ | ——为硬持力层、软弱下卧层的压缩模量 |
| $Q_g^n$ | ——负摩阻力引起的下拉荷载 |
| $q_{si}^n$ | ——第 $i$ 层土桩侧负摩阻力标准值 |
| $\xi_{ni}$ | ——桩周第 $i$ 层土负摩阻力系数 |
| $\sigma'_{\gamma i}$ | ——由土自重引起的桩周第 $i$ 层土平均竖向有效应力 |
| $\sigma'_i$ | ——桩周第 $i$ 层平均竖向有效应力 |
| $\gamma_e$、$\gamma_i$ | ——分别为第 $i$ 计算土层和其上第 $e$ 层土的重度，地下水位以下取浮重度 |
| $|z_e$、$|z_i$ | ——第 $i$ 层土、第 $e$ 层土厚度 |
| $p$ | ——地面均布荷载 |
| $n$ | ——中性点以上土层数 |
| $l_i$ | ——中性点以上第 $i$ 土层的厚度 |
| $\eta_n$ | ——负摩阻力群桩效应系数 |
| $S_{ax}$、$S_{ay}$ | ——分别为纵、横向桩的中心距 |
| $q_s^n$ | ——中性点以上桩周土层厚度加权平均负摩阻力标准值 |
| $\gamma_m$ | ——中性点以上桩周土层厚度加权平均重度 |
| $l_n$、$l_o$ | ——分别为自桩顶算起的中性点深度和桩周软弱土层深度 |
| $N_k$ | ——按荷载效应标准组合计算的基桩拔力 |
| $T_{gk}$ | ——群桩呈整体破坏时基桩的抗拔极限承载力标准值 |
| $T_{uk}$ | ——群桩呈非整体破坏时基桩的抗拔极限承载力标准值 |
| $G_{gp}$ | ——群桩基础所包围体积的桩土总自重除 |

| | |
|---|---|
| | 以总桩数 |
| $G_p$ | ——基桩自重，地下水位以下取浮重度 |
| $T_{uk}$ | ——基桩抗拔极限承载力标准值； |
| $u_i$ | ——桩身周长 |
| $q_{sik}$ | ——桩侧表面第 $i$ 层土的抗压极限侧阻力标准值 |
| $\lambda_i$ | ——抗拔系数 |
| $u_l$ | ——桩群外围周长 |
| $\eta_f$ | ——冻深影响系数，按表 4.3-20 采用； |
| $q_f$ | ——切向冻胀力 |
| $u_0$ | ——季节性冻土的标准冻深 |
| $T_{gk}$ | ——标准冻深线以下群桩呈整体破坏时基桩抗拔极限承载力标准值 |
| $T_{uk}$ | ——标准冻深线以下单桩抗拔极限承载力标准值 |
| $N_G$ | ——基桩承受的桩承台底面以上建（构）筑物自重、承台及其上土重标准值 |
| $q_{ei}$ | ——大气影响急剧层中第 $i$ 层土的极限胀切力 |
| $l_{ei}$ | ——大气影响急剧层中第 $i$ 层土的厚度 |
| $l_0$ | ——为相邻柱（墙）二测点间距离， |
| $H_g$ | ——为自室外地面算起的建（构）筑物高度 |
| $s$ | ——基桩最终沉降量 |
| $s'$ | ——采用布辛奈斯克（Boussinesq）解，按实体深基础分层总和法计算出的基桩沉降量 |
| $\psi$ | ——基桩沉降计算经验系数 |
| $\psi_e$ | ——基桩等效沉降系数 |
| $m$ | ——角点法计算点对应的矩形荷载分块数 |
| $p_{0j}$ | ——第 $j$ 块矩形地面在荷载效应准永久组合下的附加压力 |
| $n$ | ——基桩沉降计算深度范围内所划分的土层数 |
| $E_{si}$ | ——等效作用面以下第 $i$ 层土的压缩模量（MPa），采用地基土在自重压力至自重压力加附加压力作用时的压缩模量 |
| $z_{ij}$、$z_{i(i-1)}$ | ——桩端平面第 $j$ 块荷载作用面到第 $i$ 层土、第 $i-1$ 层土底面的距离 |
| $\bar{a}_{ij}$ | ——桩端平面第 $j$ 块荷载计算点至第 $i$ 层土、第 $i-1$ 层土底面深度范围内平均附加应力系数 |
| $p_0$ | ——在荷载效应准永久组合下承台底的平均附加应力 |
| $\bar{a}_i$、$\bar{a}_{i-1}$ | ——平均附加应力系数 |
| $a_j$ | ——附加应力系数 |

| | | | |
|---|---|---|---|
| $\psi_e$ | ——基桩等效沉降系数 | $l$ | ——垂直于 b 边的基础长度 |
| $n_b$ | ——矩形布桩时的短边布桩数 | $e_b$、$e_l$ | ——偏心作用在宽度和长度方向的偏心距 |
| $C_0$ | ——根据群桩距径比 $\dfrac{s_a}{d///\!/l}$ 及基础长宽比 $\dfrac{l_c}{B_c}$ | $\gamma_R$ | ——抗力系数 |
| | | $Q_d$ | ——单桩轴向承载力设计值 |
| $L_0$ | ——分别为矩形承台的长、宽及中桩数 | $Q_k$ | ——单桩轴向极限承载力标准值 |
| $A$ | ——桩基承台总面积 | $\gamma_R$ | ——桩轴向承载力分项系数 |
| $b$ | ——方形桩截面边长 | $Q_d$ | ——单桩轴向承载力设计值 |
| $\bar{E}_a$ | ——沉降计算深度范围内压缩模量的当量值 | $\gamma_R$ | ——单桩轴向承载力分项系数 |
| | | $U$ | ——桩身截面周长 |
| $m$ | ——以沉降计算点为圆心，0.6 倍桩长为半径的水平面影响范围内的基桩数 | $q_{fi}$ | ——单桩第 i 层土的单位面积极限桩侧摩阻力标准值 |
| $n$ | ——沉降计算深度范围内土层的计算分层数 | $l_i$ | ——桩身穿过第 i 层土的长度 |
| | | $q_R$ | ——单桩单位面积极限桩端阻力标准值 |
| $\sigma_{zi}$ | ——水平面影响范围内各基桩对应力计算点桩端平面以下第 i 层土 1/2 厚度处产生的附加竖向应力之和 | $A$ | ——桩身截面面积 |
| | | $Q_d$ | ——单桩轴向承载力设计值 |
| $\sigma_{zci}$ | ——承台压力对应力计算点桩端平面以下第 i 层土 1/2 厚度处产生的应力 | $\gamma_R$ | ——单桩轴向承载力分项系数 |
| | | $U$ | ——桩身截面周长 |
| $|z_i$ | ——第 i 计算土层厚度 | $q_{fi}$ | ——单桩第 i 层土的单位面积极限桩侧摩阻力标准值 |
| $E_{si}$ | ——第 i 土层的压缩模量 | $l_i$ | ——桩身穿过第 i 层土的长度 |
| $Q_j$ | ——第 j 桩在荷载效应准永久组合作用下（对于复合桩基应扣除承台底土分担荷载），桩顶的附加荷载 | $\eta$ | ——承载力折减系数 |
| | | $q_R$ | ——单桩单位面积极限桩端阻力标准值 |
| $l_j$ | ——第 j 桩桩长 | $A$ | ——桩身截面面积 |
| $A_{ps}$ | ——桩身截面面积； | $Q_d$ | ——单桩轴向承载力设计值 |
| $\alpha_j$ | ——第 j 桩总桩端阻力与桩顶荷载之比 | $\gamma_R$ | ——单桩轴向承载力分项系数 |
| $I_{p,ij}$、$I_{s,ij}$ | ——分别为第 j 桩的桩端阻力和桩侧阻力对计算轴线第 i 计算土层 1/2 厚度处应力影响系数 | $U$ | ——桩身截面周长 |
| | | $q_{fi}$ | ——单桩第 i 层土的单位面积极限桩侧摩阻力标准值 |
| $E_c$ | ——桩身混凝土的弹性模量 | $l_i$ | ——桩身穿过第 i 层土的长度 |
| $p_{c,k}$ | ——第 k 块承台底均布压力 | $\psi_{si}$、$\psi_p$ | ——桩侧阻力、端阻力尺寸效应系数 |
| $\alpha_{ki}$ | ——第 k 块承台底角点处，桩端平面以下第 i 计算土层 1/2 厚度处的附加应力系数 | $q_R$ | ——单桩单位面积极限桩端阻力标准值 |
| | | $A$ | ——桩身截面面积 |
| $s_e$ | ——计算桩身压缩 | $e$ | ——孔隙比 |
| $\xi_e$ | ——桩身压缩系数 | $Q_{cd}$ | ——嵌岩桩单桩轴向抗压承载力设计值 |
| $[f_a]$ | ——修正后的地基承载力允许值 | $U_1$、$U_2$ | ——分别为覆盖层桩身周长和嵌岩段桩身周长 |
| $b$ | ——基础底面的最小边宽 | | |
| $h$ | ——基底埋置深度 | $\xi_{fi}$ | ——桩周第 i 层土的侧阻力计算系数 |
| $k_1$、$k_2$ | ——基底宽度、深度修正系数 | $q_{fi}$ | ——桩周第 i 层土的单位面积极限侧阻力标准值 |
| $\gamma_1$ | ——基地持力层土的天然重度 | | |
| $\gamma_2$ | ——基底以上各土层的加权平均重度 | $l_i$ | ——桩穿过第 i 层土的长度 |
| $m$ | ——抗力修正系数 | $\gamma_{cs}$ | ——覆盖层单桩轴向受压承载力分项系数 |
| $C_u$ | ——地基不排水抗剪强度标准值 | $\zeta_c$、$\zeta_p$ | ——分别为嵌岩段侧阻力和端阻力计算系数 |
| $k_p$ | ——系数 | | |
| $H$ | ——由作用（标准值）引起的水平力 | $f_{rk}$ | ——岩石饱和单轴抗压强度标准值 |
| $b$ | ——基础宽度 | $h_r$ | ——桩身嵌入基岩的长度 |
| | | $A$ | ——嵌岩段桩端面积 |

| | | | |
|---|---|---|---|
| $\gamma_{cR}$ | ——嵌岩段单桩轴向受压承载力分项系数 | $L_e$ | ——锚杆有效锚固长度 |
| $Q_d$ | ——单桩轴向承载力设计值 | $\gamma_d$ | ——分项系数 |
| $\gamma_R$ | ——单桩轴向承载力分项系数 | $P_{di}$ | ——单孔锚杆抗拔力设计值 |
| $U$ | ——桩身截面周长 | $d'$ | ——锚杆钢筋直径（mm）; |
| $\beta_{si}$ | ——第 $i$ 层土的侧阻力增强系数 | $q_{fk}$ | ——锚杆钢筋与水泥浆体或混凝土的粘结强度标准值 |
| $\psi_{si}$、$\psi_p$ | ——桩侧阻力、端阻力尺寸效应系数 | | |
| $q_{fi}$ | ——单桩第 $i$ 层土的单位面积极限侧阻力标准值 | $d$ | ——锚孔直径 |
| | | $d'_{fk}$ | ——水泥浆体与岩石间的粘结强度标准值 |
| $l_i$ | ——桩穿过第 $i$ 层土的长度 | $n$ | ——高桩承台横向每排桩的桩数 |
| $\beta_p$ | ——端阻力增强系数 | $m$ | ——高桩承台纵向每排桩的桩数 |
| $q_R$ | ——单桩单位面积极限桩端阻力标准值 | $L$ | ——相邻桩的平均入土深度 |
| $A$ | ——桩端截面面积 | $S_1$ | ——纵向桩距 |
| $T_d$ | ——单桩抗拔极限承载力设计值 | $\phi$ | ——土的固结快剪内摩擦角 |
| $\gamma_R$ | ——单桩抗拔承载力分项系数 | $d$ | ——桩径或桩宽 |
| $U$ | ——桩身截面周长 | $t$ | ——受弯嵌固点距泥面深度 |
| $\xi_i$ | ——折减系数 | $\eta$ | ——系数 |
| $q_{fi}$ | ——单桩第 $i$ 层土的单位面积极限侧阻力标准值 | $T$ | ——桩的相对刚度特征值 |
| | | $\sigma_{h/3}$、$\sigma_h$ | ——泥面以下 $h/3$ 处和 $h$ 处土的水平压应力 |
| $l_i$ | ——桩身穿过第 $i$ 层土的长度 | | |
| $\beta_p$ | ——端阻力增强系数 | $\gamma$ | ——土的容重 |
| $G$ | ——桩重力 | $h$ | ——桩的入土深度 |
| $\alpha$ | ——桩轴线与垂线夹角 | $c$ | ——土的粘聚力 |
| $Q_{id}$ | ——嵌岩桩单桩轴向抗拔承载力设计值 | $\eta$ | ——考虑总荷载中恒载所占比例的影响系数 |
| $U_1$、$U_2$ | ——分别为覆盖层桩身截面周长和嵌岩段桩身周长 | | |
| | | $M_g$ | ——恒载对桩底中心产生的力矩 |
| $\xi'_{fi}$ | ——第 $i$ 层土的侧阻力抗拔折减系数 | $M$ | ——总荷载对桩底产生的力矩 |
| $\xi_{fi}$ | ——桩周第 $i$ 层土的侧阻力计算系数 | $l'_T$ | ——计算嵌岩深度 |
| $q_{fi}$ | ——桩周第 $i$ 层土的单位面积极限侧阻力标准值 | $V_d$ | ——基岩顶面处桩身剪力设计值 |
| | | $\beta$ | ——系数 |
| $l_i$ | ——桩身穿过第 $i$ 层土的长度 | $f_{rk}$ | ——岩石饱和单轴抗压强度标准值 |
| $G$ | ——桩重力 | $M_d$ | ——基岩顶面处桩身弯矩设计值 |
| $\alpha$ | ——桩轴线与垂线夹角 | $D'$ | ——嵌岩段桩身直径 |
| $\gamma_{si}$ | ——覆盖层桩轴向抗拔承载分项系数 | $h_b$ | ——抗压桩扩底端矢高 |
| $\xi'_s$ | ——嵌岩段侧阻力抗拔计算系数 | $d_e$ | ——束筋成束后等代直径 |
| $f_{rk}$ | ——岩石饱和单轴抗压强度标准值 | | |
| $h_r$ | ——桩身嵌入基岩的长度 | **第五章** | |
| $\gamma_{ir}$ | ——嵌岩段单桩轴向抗拔承载力分项系数 | PHC | ——先张法预应力高强混凝土管桩 |
| $P_d$ | ——嵌岩桩中锚杆总的抗拔设计值 | PHS | ——先张法预应力高强混凝土空心方桩 |
| $P_{di}$ | ——单根锚杆抗拔力设计值 | SC | ——钢管混凝土复合桩 |
| $\gamma_p$ | ——抗拔力综合系数 | RC | ——钢筋混凝土管桩 |
| $P_{di}$ | ——单根锚杆抗拔力设计值 | PC | ——混凝土管桩 |
| $P_{ki}$ | ——单根锚杆极限抗拔力标准值 | SC | ——钢管混凝土管桩 |
| $\gamma_k$ | ——抗拔分项系数 | A、AB、B、C | ——管桩型号 |
| $A_s$ | ——单根锚杆钢筋截面积 | | |
| $P_{di}$ | ——单根锚杆抗拔力设计值 | $t$ | ——管桩壁厚 |
| $f_\gamma$ | ——锚杆钢筋抗拉强度设计值 | $D$ | ——管桩外径 |
| | | $\sigma_{ce}$ | ——混凝土有效预压应力计算值 |

| | | | | |
|---|---|---|---|---|
| $d$ | ——天 | | $H_0$ | ——管桩或空心方桩的端板焊缝坡口高度 |
| $h$ | ——小时 | | $N$ | ——桩身结构受拉承载力设计值 |
| $\phi$ | ——预应力钢筋直径 | | $N$ | ——标准贯入击数 |
| HKFZ | ——先张法预应力高强混凝土空心方桩 | | $F_{max}$ | ——最大压桩力 |
| KFZ | ——先张法预应力混凝土空心方桩 | | $G_1$ | ——机架重量 |
| $d_g$ | ——非预应力混凝土桩主筋直径 | | $G_2$ | ——桩架配重 |
| $d$ | ——后张法预应力混凝土管桩管节直径 | | $P_{max}$ | ——静压桩机的最大接地压强 |
| $б$ | ——后张法预应力混凝土管桩管节壁厚 | | $p$ | ——压桩场地地基承载力 |
| $L$ | ——为板桩长度 | | $P_b$ | ——抱桩压力 |
| $\alpha$ | ——钢材试验冷弯角度 | | $F_c$ | ——桩身侧向允许压力 |
| $d$ | ——钢材试验弯心直径 | | $f_i$ | ——桩周第 $i$ 层土摩阻力 |
| $\delta$ | ——钢板厚度 | | $l_i$ | ——桩周第 $i$ 层土的厚度 |
| c | ——焊缝加强面高度 | | $C$ | ——桩身周长 |
| e | ——焊缝宽度偏差 | | $F_j$ | ——桩端持力层阻力 |
| $\Delta\delta$ | ——在建（构）筑物使用年限 t 年内，钢管桩所需要的管壁预留的单面预留厚度 | | $A$ | ——桩端投影面积 |
| | | | n | ——桩身进入的土层数 |
| $V$ | ——钢材的单面年平均腐蚀速度 | | $F_v$ | ——振动锤的激振力 |
| $P_t$ | ——采用土层保护或阴极保护，或采用阴极保护与土层联合防腐措施时的保护效率 | | $F_R$ | ——地基土摩阻力 |
| | | | $L$ | ——桩的入土深度 |
| | | | $U$ | ——桩的周边长度 |
| $t_1$ | ——采用土层保护或阴极保护，或采用阴极保护与土层联合防腐措施时的使用年限 | | $f$ | ——土层单位面积的动摩擦力 |
| | | | $K_1$ | ——不同土层中的液化系数 |
| | | | $L_1$ | ——钢护筒在不同土层中的入土深度 |
| $t$ | ——被保护的钢结构设计使用年限 | | $U$ | ——钢护筒周边长度 |
| | | | $f_1$ | ——不同土层的单位摩阻力 |
| **第六章** | | | $G$ | ——钢护筒和振动锤系统的总重力 |
| $P\text{-}S$ | ——试桩沉降位移曲线 | | $A$ | ——扭矩传递损失系数 |
| $D$ | ——测量仪器至桩的距离 | | $M°$ | ——单位破岩面积所需之扭矩 |
| $H$ | ——施工现场地面标高至桩顶设计标高的距离 | | $F$ | ——钻头破岩面积 |
| | | | $L_H$ | ——护筒长度 |
| $d$ | ——桩的直径或短边边长 | | $H_s$ | ——护筒的入土深度（m）; |
| $\theta$ | ——桩纵轴线与垂直线的夹角 | | $H_w$ | ——桩位处的最大水深 |
| $H$ | ——柴油锤活塞冲程 | | $H_1$ | ——护筒顶面至最高水位的富裕高度 |
| $g$ | ——重力加速度 | | q | ——炸药单位消耗量 |
| $t$ | ——时间 | | a | ——孔距 |
| $N$ | ——柴油锤活塞跳动频率 | | b | ——排距 |
| $H$ | ——水面以上桩架有效高度 | | l | ——钻孔深度 |
| $L$ | ——桩长 | | $\phi$ | ——桩径或钢筋直径 |
| $H_1$ | ——桩锤高度 | | $Q_{sk}$ | ——后注浆非竖向增强段的总极限侧阻力标准值 |
| $H_2$ | ——替打高度 | | | |
| $H_3$ | ——吊锤滑轮组高度 | | $Q_{gsk}$ | ——后注浆竖向增强段的总极限侧阻力标准值 |
| $H_4$ | ——富裕高度 | | | |
| $H_5$ | ——沉桩时打桩船桩架位置的有效施工水深 | | $Q_{gpk}$ | ——后注浆总极限端阻力标准值 |
| | | | u | ——桩身周长 |
| $t_s$ | ——管桩或空心方桩的端板厚度 | | $l_j$ | ——后注浆非竖向增强段第 j 层土厚度 |
| $a$ | ——管桩或空心方桩的端板焊缝坡口深度 | | $l_{gi}$ | ——后注浆竖向增强段内第 i 层土厚度 |

| | | | | |
|---|---|---|---|---|
| $q_{sjk}$、$q_{sfk}$、$q_{pk}$ | ——分别为后注浆竖向增强段第 $i$ 土层初始极限阻力标准值、非竖向增强段第 j 土层初始极限侧阻力标准值、初始极限端阻力标准值; | | $\alpha_w$ | ——含水比 |
| | | | w | ——土的天然含水量 |
| | | | $w_1$ | ——土的液限 |

| | |
|---|---|
| $\beta_{si}$、$\beta_p$ | ——分别为后注浆侧阻力、端阻力增强系数 |
| $a_p$、$a_s$ | ——分别为桩底、桩侧注浆量经验系数 |
| $n$ | ——桩侧注浆断面数 |
| $d$ | ——基桩设计直径 |
| $G_c$ | ——注浆量 |
| PHC | ——先张法预应力高强混凝土管桩 |
| A、AB、B、C | ——管桩型号 |
| $W$ | ——天然含水量 |
| $e$ | ——孔隙比 |
| $N$ | ——标贯击数 |
| Ps —h | ——贯入阻力与深度 |

**第八章**

| | |
|---|---|
| $L$ | ——桩长 |
| $d$ | ——桩径 |
| $X$、$Y$ | ——设计坐标 |
| $A$、$B$ | ——施工坐标 |
| $\phi$ | ——桩径 |
| $R_D$ | ——单桩竖向承载力设计值为 |
| I、II、III、VI | ——基桩质量类别 |
| $K$ | ——造价系数 |
| $K_{钢}$ | ——钢管桩造价系数 |
| $K_{混凝土}$ | ——混凝土管桩造价系数 |

**第七章**

| | |
|---|---|
| $L$ | ——管桩长度 |
| $D$ | ——管桩外径 |
| $t$ | ——管桩壁厚 |
| $l$ | ——两节桩长 |
| $d$ | ——管桩直径 |
| $d$ | ——管节直径 |
| $\delta$ | ——为管壁厚度 |
| $h$ | ——H 钢桩的断面高度 |
| $c$ | ——焊缝加强面高度 |
| $e$ | ——焊缝宽度偏差 |
| $\Delta$ | ——钢管桩相邻管节对口的板边高差 |
| $L$ | ——桩长 |
| $H'$ | ——吊桩高度 |
| $H$ | ——施工现场地面标高与桩顶设计标高的距离 |
| $d$ | ——设计桩径 |
| $Q_u$ | ——单桩竖向抗压极限承载力 |
| $L$ | ——桩长 |
| $d$ | ——桩径 |
| $Q_{sk}$、$Q_{pk}$ | ——单桩极限摩阻力标准值,极限端阻力标准值 |
| $u$、$A_P$ | ——桩的横断面周长和桩底面积 |
| $L_i$ | ——桩周各层土的厚度 |
| $q_{sik}$ | ——桩周第 $i$ 层土的单位极限摩阻力标准值 |
| $q_{pk}$ | ——桩底土的单位极限标准值 |
| $q_{sik}$ | ——桩侧第 $i$ 层土的极限摩阻力标准值 |
| $q_{pk}$ | ——桩径为 800mm 的极限端阻力标准值 |
| $\psi_{si}$、$\psi_p$ | ——大直径桩的侧阻、端阻尺寸效应系数 |

**第九章**

| | |
|---|---|
| PHC | ——先张法预应力高强混凝土管桩 |
| PHS | ——先张法预应力高强混凝土空心方桩 |
| HKFZ | ——先张法预应力高强混凝土空心方桩 |
| KFZ | ——先张法预应力混凝土空心方桩 |
| $d$ | ——桩径 |
| $h$ | ——理论上桩可能相碰的位置距离泥面的深度 |
| $\alpha$ | ——排土量占整个桩体积的百分比 |
| $V$ | ——被沉桩影响的桩周围的土的体积 |
| $L$ | ——桩长 |
| $D$ | ——桩径 |
| $\Delta H$ | ——沉桩后桩周围土体隆起的高度 |
| $\Delta H_k$ | ——空心桩沉桩后桩周围土体隆起的高度 |
| $K_1$ | ——挤土效应递减系数 |
| PC | ——混凝土管桩 |
| $H$ | ——护筒外的水深 |
| $V_1$ | ——混凝土初灌量 |
| D | ——灌注桩桩端直径,桩端扩孔的为扩大头直径 |
| $L$ | ——灌注混凝土导管长度 |
| $d$ | ——灌注混凝土导管直径 |

**第十章**

| | |
|---|---|
| C | ——混凝土强度 |

# 后记

女儿读研究生前，考虑报什么专业、读什么学校。想给她一些建议，根据现在的家庭条件，学校可以读好一点、专业要便于找工作。女儿跟我说，你不是说要让我自己决定、学我自己喜欢的专业吗？我无言以对。结果，她考了普通大学、一个我并不看好的专业。后来才知道，女儿是为了保证早点考上，且名牌大学学费较高。都是为了减轻家里的负担。豁然觉得女儿长大了。也许我们也都是这样过来的。

我大学毕业时，曾有很多梦想。但是，到了生活实际中，首先要解决自己的温饱，后来就是家庭的温饱、赡养父母的责任，再后来是自己想要提高家庭的生活质量。大半生为了生活而奔忙。

现在生活有了基本保障，重温年轻时的梦想，觉得可以做一些自己想做的事情了。于是想到把工作中的体会写下来，既是对自己前半生所做、所学的一点总结，又可以对社会作一些贡献。于是，在2012年的春节家庭聚会上说出了自己的想法，得到家人的大力支持与鼓励，终于在2012年3月落笔。

我的工作是在施工单位开始的。建设工程施工的重要内容之一，就是建筑物的基础，从此我与基础施工结下了不解之缘。我在担任施工管理工作的岗位上，承担了多种桩基工程的施工管理工作，其中基桩的累计长度大约为100万米。在施工监理、造价咨询的岗位上，也遇到了很多桩基工程。因此，我希望能够在实践的基础之上，全面地介绍基桩工程。

基桩工程涉及的专业多、内容多，要全面介绍不是一件容易的事，自己也是边学边写。但对我而言，不失为一种有益的尝试。虽然水平不高，但也可以作为"基础"中的一粒沙子，希望读者能够带着审视的眼光看，本书能起到基础中的"沙子"作用足矣。

本书的编著过程得到家人和同事、朋友的大力支持，尤其是王舒同学，为我提供了宝贵的参考资料，编辑人员也提出了中肯的修改意见，在此表示衷心的感谢。

由于水平所限，书中难免存在错误，敬请广大读者谅解并指正。

顾孙平

2015年10月

**图书在版编目（CIP）数据**

建筑基桩通论 / 顾孙平著. —— 上海 : 同济大学出版社，2015.12

ISBN 978-7-5608-6117-3

Ⅰ. ①建… Ⅱ. ①顾… Ⅲ. ①桩基础 Ⅳ.
① TU473.1

中国版本图书馆 CIP 数据核字 (2015) 第 313948 号

**建筑基桩通论**

顾孙平　著

出 品 人：支文军
责任编辑：张　翠
责任校对：徐春莲
装帧设计：每日一文

出版发行：同济大学出版社 www.tongjipress.com.cn
地　　址：上海市四平路 1239 号
邮　　编：200092
电　　话：021-65985622
经　　销：全国新华书店
印　　刷：大丰科星印刷有限责任公司
开　　本：787mm × 960mm　1/16
印　　张：36
字　　数：720 000
版　　次：2016 年 1 月第 1 版　2016 年 1 月第 1 次印刷
书　　号：ISBN 978-7-5608-6117-3
定　　价：78.00 元